И · В · 普罗斯库烈柯夫
线性代数习题集解答

第三册

戈衍三　编演

北京理工大学出版社
BEIJING INSTITUTE OF TECHNOLOGY PRESS

内容简介

本书编选了行列式、线性方程组、矩阵和二次型、向量空间及其线性变换、群、环、域、模、仿射空间等方面的习题共1938道，并附有解答。不少题目是名家提供的，有些题目比较新颖，证明题较多。可供高等院校设置线性代数课程的专业的师生教学时参考。

图书在版编目(CIP)数据

И. В. 普罗斯库烈柯夫线性代数习题集解答. 第三册 / 戈衍三编演. —北京：北京理工大学出版社，2021. 11

ISBN 978－7－5763－0649－1

Ⅰ. ①И…　Ⅱ. ①戈…　Ⅲ. ①线性代数－高等学校－习题集　Ⅳ. ①O151. 2－44

中国版本图书馆CIP数据核字(2021)第219770号

出版发行 / 北京理工大学出版社有限责任公司
社　　址 / 北京市海淀区中关村南大街5号
邮　　编 / 100081
电　　话 / (010)68914775(总编室)
(010)82562903(教材售后服务热线)
(010)68944723(其他图书服务热线)
网　　址 / http://www.bitpress.com.cn
经　　销 / 全国各地新华书店
印　　刷 / 三河市华骏印务包装有限公司
开　　本 / 787毫米×1092毫米　1/16
印　　张 / 22. 25
字　　数 / 506千字
版　　次 / 2021年11月第1版　2021年11月第1次印刷
定　　价 / 40. 00元

责任编辑 / 孟祥雪
文案编辑 / 孟祥雪
责任校对 / 周瑞红
责任印制 / 李志强

出 版 说 明

［苏］И·В·普罗斯库烈柯夫著《线性代数习题集》一书的中译本，自 1981 年 12 月在我国翻译出版以来，引起了全国各大专院校广大师生的巨大反响. 凡从事线性代数教学的师生，常以试解该习题集中的习题，作为检验掌握线性代数基本知识和基本技能的一项重要手段. 三十多年来，此书对我国线性代数的教学工作是甚为有益的.

该书习题数量多，内容丰富，由浅入深，部分题目难度大，涉及的内容有行列式、线性方程组等方面. 不少题目是名家提供的，有些题目比较新颖，证明题较多，且难度大. 当前，我国广大读者，特别是肯于刻苦自学的广大数学爱好者，在为四个现代化而勤奋学习的热潮中，迫切需要对一些疑难习题有一个较明确的回答. 有鉴于此，我们特约作者，将全书习题的解答尽可能详尽地给出，以供参考. 书中难免存在疏漏之处，希望得到广大读者批评指正，以提高我们的认识能力和学习数学的兴趣.

《线性代数习题集》序言摘要

作者在编写这本习题集时,力图:

第一,提供足够数量的练习题,以培养学生解典型习题的技能(例如,计算数值元素的行列式,解数值系数的线性方程组,等等);

第二,提供有助于阐明基本概念及其相互联系的习题(例如,矩阵性质和二次型性质之间的联系,以及矩阵性质和线性变换性质之间的联系);

第三,提供一组能够补充课堂教学并有助于扩大学生的数学眼界的习题(例如,斜对称行列式的 Pfaffian 的性质,相伴矩阵的性质等等).

本书也提供了一些涉及定理证明的习题,这些定理可见诸教科书,之所以收编这些习题是因为教师常常(由于时间不够)在教科书的基础上将一部分材料作为学生的家庭作业,而这恰恰可根据本习题集来作,因为它提供了完成证明的提示. 作者认为这将有助于学生养成科学研究的习惯.

同其他习题集比较起来,本书有一些新的基本的特点,即:包含了涉及多项式矩阵的习题(§13)仿射空间和度量空间的线性变换的习题,§18 和 §19,以及关于群、环和域的补充. 这一补充中的习题涉及该理论的最基本部分. 因而,我认为,这一部分的习题可用于第一、第二学年学习中的课堂讨论.

讲授的内容和顺序主要取决于讲授者. 作者曾考虑到讲授方法的这种不同,结果书中出现了一定数量的重复. 例如,同样的事实,先是在二次型一节中给出,然后又在线性变换一章中给出;有一些习题是这样叙述的:既可以在实欧几里得空间中解这些习题,也可以在复酉空间中解这些习题. 我相信,这将很有助于灵活地使用本习题集.

由于现有教科书中使用的某些定义、术语和符号不完全统一,因此有些章节包含了引言,这些引言包括某些定义和关于术语和符号的简短讨论,但第五节的引言例外. 在这一节的引言里介绍了计算任何阶行列式的基本方法,并对每种方法作了举例说明. 这样做是因为普通教科书通常对此不予介绍,而学生在这方面又常常感到很困难.

在编写本书过程中,作者采用了国立莫斯科大学高等代数教研室成员提出的有益意见,谨向他们表示深切的谢意.

И·В·普罗斯库烈柯夫

1978.5.20　莫斯科

序

线性代数是代数学的重要分支之一. 线性函数是线性代数的研究对象. 历史上线性代数的第一个问题是求解线性方程组. 从线性代数的研究对象必然会导致对矩阵的研究. 矩阵论是线性代数中重要而且不可缺少的部分,它在提出与解决线性代数的问题中起着工具性的作用. 几何学,特别是解析几何学的研究需要发展线性代数. 采用向量的概念,将通常的几何空间推广到 n 维向量空间,使解析几何和线性方程组的理论显得特别简单和清楚. 为进一步地推广 n 维向量空间而引进一般的线性空间的概念是自然的和有益的. 这种广义空间的元素可以是任意的数学对象或物理对象. 高等代数中线性代数部分介绍的内容及其进一步的理论,就其应用的重要性和广泛性来说,是第一位的,很难指出在数学、理论力学或理论物理等学科以及科学技术中,有不用到线性代数的结果和方法的. 例如,线性代数对于泛函分析的发展就起着决定性的影响.

高等代数就其内容来说不同于几何和数学分析. 几何和数学分析是在实数范围内讨论问题的,而高等代数基本上是在任意数域上讨论其各种问题的. 高等代数不同于几何和数学分析的另一个特点是方法的不同. 代数方法,即对不同对象的代数运算及其性质的讨论和研究的方法,是高等代数最重要的主题. 例如,多项式、矩阵、线性变换等的加法与乘法及其性质的研究和讨论几乎贯穿高等代数的始末,是高等代数研究的中心问题. 高等代数还有一个重要的思想方法,即利用等价分类并从每个等价类中寻求适当的代表元的方法. 例如,矩阵的秩、矩阵按相似或合同分类、解线性方程组、求二次型的各种标准形、线性空间的同构以及矩阵和 λ 矩阵在各种不同分类中求标准形的问题等,都属于这种情况. 当然,从根本上说,这种思想方法不仅在代数而且在其他的数学学科,甚至在任何科学领域中都要频频涉及,然而在高等代数中,这种思想方法的特点尤为明显和突出,并几乎贯穿于高等代数的所有内容之中.

戈衍三老师运用他的数学基础功底,认真作了著名教材[苏]И·В·普罗斯库烈柯夫著《线性代数习题集》的习题,将此习题集题解出版以助大学生学习线性代数是很有意义的事.

我因年老多病,此序言请戈先生代笔,内容可能较多是读者已熟悉的,希望大家在看此书的同时,也学习戈先生刻苦钻研的精神!

王世强

2013 年 2 月 2 日于北京师范大学

“序”的补言

王世强老先生请戈衍三先生代笔写的序言真实、明瞭、易懂，外加王世强言真意切的重要结尾语构成了一个好序言，但戈先生依自己体会告我言，王老有意在“序”中再深入补言几句为好！体现王老意图很难！因我是一名科技工作者，不懂深入的数学内容和前沿，为了贯彻王老意图，只能勉为其难简单表达如下：

1. 数学是研究形和数的科学，虽不属于自然科学领域，但数学的发展永远代表人类概括、抽象严格思维能力和解决复杂问题的进步进化，是人类智慧进步的重要组成，值得重视和珍惜！

2. 无论多么抽象、概括，超出现象的数学，在人类的发展进程中总会发挥重要作用的！试粗举三例：

(a) 四十年前被认为很难实用被称为数学家的橡皮几何的拓扑几何，现在广泛应用，如移动网络的架构就是拓扑结构.

(b) 量子力学中量子态用“波矢”表达(它是一种特殊的具概率特征的矢量)，薛定谔方程是计算量子态波动特性的基本方程，它是线性方程组，可不要轻线性方程组！

(c) 代数中群结构及李群李代数等在量子力学及量子信息发展中起重要作用，一些新发展的新代数结构起重要作用，如钟万勰院士将“辛”变换及辛代数用于航天及力学中展现重要前景！

3. 如“序”中已举出高等代数中划分等价类，从其中寻求代表元的方法具有普遍方法论的意义，用下例佐证：

在研究复杂系统时重点是掌握其自组织机能，进一步可集中在表征自组织机能的“序”关系，再进一步浓缩为争取掌握序参数作为代表，就是逐次浓缩寻找重要“代表”的通用方法！

4. 希望广大科技工作者、研究生、大学生等重视数学，应用发展数学，共同携手在中华复兴的征程中不断作出新贡献，以此共勉！

王越
北京理工大学
2014. 5

目　　录

第三章　矩阵和二次型

第三章　矩阵和二次型

§12　矩阵的运算

计算下列矩阵的乘积：

788. $\begin{pmatrix}3 & -2\\5 & -4\end{pmatrix}\cdot\begin{pmatrix}3 & 4\\2 & 5\end{pmatrix}=\begin{pmatrix}5 & 2\\7 & 0\end{pmatrix}.$

789. $\begin{pmatrix}a & b\\c & d\end{pmatrix}\begin{pmatrix}\alpha & \beta\\\gamma & \delta\end{pmatrix}=\begin{pmatrix}a\alpha+b\gamma & a\beta+b\delta\\c\alpha+d\gamma & c\beta+d\delta\end{pmatrix}.$

790. $\begin{pmatrix}1 & -3 & 2\\3 & -4 & 1\\2 & -5 & 3\end{pmatrix}\begin{pmatrix}2 & 5 & 6\\1 & 2 & 5\\1 & 3 & 2\end{pmatrix}=\begin{pmatrix}1 & 5 & -5\\3 & 10 & 0\\2 & 9 & -7\end{pmatrix}.$

791. $\begin{pmatrix}5 & 8 & -4\\6 & 9 & -5\\4 & 7 & -3\end{pmatrix}\begin{pmatrix}3 & 2 & 5\\4 & -1 & 3\\9 & 6 & 5\end{pmatrix}=\begin{pmatrix}11 & -22 & 29\\9 & -27 & 32\\13 & -17 & 26\end{pmatrix}.$

792. $\begin{pmatrix}2 & -1 & 3 & -4\\3 & -2 & 4 & -3\\5 & -3 & -2 & 1\\3 & -3 & -1 & 2\end{pmatrix}\begin{pmatrix}7 & 8 & 6 & 9\\5 & 7 & 4 & 5\\3 & 4 & 5 & 6\\2 & 1 & 1 & 2\end{pmatrix}=\begin{pmatrix}10 & 17 & 19 & 23\\17 & 23 & 27 & 35\\16 & 12 & 9 & 20\\7 & 1 & 3 & 10\end{pmatrix}.$

793. $\begin{pmatrix}5 & 7 & -3 & -4\\7 & 6 & -4 & -5\\6 & 4 & -3 & -2\\8 & 5 & -6 & -1\end{pmatrix}\begin{pmatrix}1 & 2 & 3 & 4\\2 & 3 & 4 & 5\\1 & 3 & 5 & 7\\2 & 4 & 6 & 8\end{pmatrix}=\begin{pmatrix}8 & 6 & 4 & 2\\5 & 0 & -5 & -10\\7 & 7 & 7 & 7\\10 & 9 & 8 & 7\end{pmatrix}.$

794. $\begin{pmatrix}2 & -3\\4 & -6\end{pmatrix}\begin{pmatrix}9 & -6\\6 & -4\end{pmatrix}=\begin{pmatrix}0 & 0\\0 & 0\end{pmatrix}.$

795. $\begin{pmatrix}5&2&-2&3\\6&4&-3&5\\9&2&-3&4\\7&6&-4&7\end{pmatrix}\begin{pmatrix}2&2&2&2\\-1&-5&3&11\\16&24&8&-8\\8&16&0&-16\end{pmatrix}=\begin{pmatrix}0&0&0&0\\0&0&0&0\\0&0&0&0\\0&0&0&0\end{pmatrix}.$

796. $\begin{pmatrix}4&3\\7&5\end{pmatrix}\begin{pmatrix}-28&93\\38&-126\end{pmatrix}\begin{pmatrix}7&3\\2&1\end{pmatrix}=\begin{pmatrix}2&-6\\-6&21\end{pmatrix}\begin{pmatrix}7&3\\2&1\end{pmatrix}=\begin{pmatrix}2&0\\0&3\end{pmatrix}.$

797. $\begin{pmatrix}0&2&-1\\-2&-1&2\\3&-2&-1\end{pmatrix}\begin{pmatrix}70&34&-107\\52&26&-68\\101&50&-140\end{pmatrix}\begin{pmatrix}27&-18&10\\-46&31&-17\\3&2&1\end{pmatrix}$

$$=\begin{pmatrix}3&2&4\\10&6&2\\5&0&-45\end{pmatrix}\begin{pmatrix}27&-18&10\\-46&31&-17\\3&2&1\end{pmatrix}=\begin{pmatrix}1&16&0\\0&10&0\\0&-180&5\end{pmatrix}.$$

可以使用乘法结合律

$$\boldsymbol{ABC}=\boldsymbol{A}(\boldsymbol{BC})=\begin{pmatrix}0&2&-1\\-2&-1&2\\3&-2&-1\end{pmatrix}\begin{pmatrix}5&-420&15\\4&-266&10\\7&-548&20\end{pmatrix}=\begin{pmatrix}1&16&0\\0&10&0\\0&-180&5\end{pmatrix}.$$

由此证明了 797

$$(\boldsymbol{AB})\boldsymbol{C}=\begin{pmatrix}1&16&0\\0&10&0\\0&-180&5\end{pmatrix}\text{正确.}$$

书末答案

$$\begin{pmatrix}1&0&0\\0&2&0\\0&0&5\end{pmatrix}\text{是不正确的.}$$

798. $\begin{pmatrix}1&1&1&-1\\-5&-3&-4&4\\5&1&4&-3\\-16&-11&-15&14\end{pmatrix}\begin{pmatrix}7&-2&3&4\\11&0&3&4\\5&4&3&0\\22&2&9&8\end{pmatrix}=\begin{pmatrix}1&0&0&0\\0&2&0&0\\0&0&3&0\\0&0&0&4\end{pmatrix}.$

计算下列表达式：

799. $\begin{pmatrix}1&-2\\3&-4\end{pmatrix}^3=\begin{pmatrix}1&-2\\3&-4\end{pmatrix}\begin{pmatrix}1&-2\\3&-4\end{pmatrix}\begin{pmatrix}1&-2\\3&-4\end{pmatrix}=\begin{pmatrix}-5&6\\-9&10\end{pmatrix}\begin{pmatrix}1&-2\\3&-4\end{pmatrix}=\begin{pmatrix}13&-14\\21&-22\end{pmatrix}.$

800. $\begin{pmatrix}4&-1\\5&-2\end{pmatrix}^5=\left[\begin{pmatrix}4&-1\\5&-2\end{pmatrix}^2\right]^2\begin{pmatrix}4&-1\\5&-2\end{pmatrix}=\begin{pmatrix}11&-2\\10&-1\end{pmatrix}^2\begin{pmatrix}4&-1\\5&-2\end{pmatrix}$

$$=\begin{pmatrix}101 & -20\\100 & -18\end{pmatrix}\begin{pmatrix}4 & -1\\5 & -2\end{pmatrix}=\begin{pmatrix}304 & -61\\310 & -64\end{pmatrix}.$$

801. $\begin{pmatrix}2 & -1\\3 & -2\end{pmatrix}^n$.

解　命 $\boldsymbol{A}=\begin{pmatrix}2 & -1\\3 & -2\end{pmatrix}$,将 $\boldsymbol{A}=\begin{pmatrix}2 & -1\\3 & -2\end{pmatrix}$在相似变换下化为标准形.

$$|\lambda \boldsymbol{E}-\boldsymbol{A}| = \begin{vmatrix}\lambda-2 & 1\\-3 & \lambda+2\end{vmatrix}=\lambda^2-4+3=\lambda^2-1$$

$$\lambda_1=1,\quad \lambda_2=-1$$

当 $\lambda=1$ 时

$$\begin{pmatrix}-1 & 1\\-3 & 3\end{pmatrix}\to\begin{pmatrix}1 & -1\\0 & 0\end{pmatrix}$$

$$-Z_1+Z_2=0$$

得 $Z_1=Z_2$,有特征向量为$\begin{pmatrix}1\\1\end{pmatrix}$.

当 $\lambda=-1$ 时

$$\begin{pmatrix}-3 & 1\\-3 & 1\end{pmatrix}\to\begin{pmatrix}1 & -\frac{1}{3}\\0 & 0\end{pmatrix}$$

$-3Z_1+Z_2=0$,得 $Z_2=3Z_1$,有特征向量为$\begin{pmatrix}1\\3\end{pmatrix}$.

由上得

$$\boldsymbol{P}=\begin{pmatrix}1 & 1\\1 & 3\end{pmatrix}$$

求逆阵

$$\begin{pmatrix}1 & 1 & 1 & 0\\1 & 3 & 0 & 1\end{pmatrix}\to\begin{pmatrix}1 & 1 & 1 & 0\\0 & 2 & -1 & 1\end{pmatrix}\to\begin{pmatrix}1 & 1 & 1 & 0\\0 & 1 & -\frac{1}{2} & \frac{1}{2}\end{pmatrix}\to\begin{pmatrix}1 & 0 & \frac{3}{2} & -\frac{1}{2}\\0 & 1 & -\frac{1}{2} & \frac{1}{2}\end{pmatrix}$$

$$\boldsymbol{P}^{-1}\boldsymbol{A}\boldsymbol{P}=\begin{pmatrix}\frac{3}{2} & -\frac{1}{2}\\-\frac{1}{2} & \frac{1}{2}\end{pmatrix}\begin{pmatrix}2 & -1\\3 & -2\end{pmatrix}\begin{pmatrix}1 & 1\\1 & 3\end{pmatrix}=\begin{pmatrix}\frac{3}{2} & -\frac{1}{2}\\\frac{1}{2} & -\frac{1}{2}\end{pmatrix}\begin{pmatrix}1 & 1\\1 & 3\end{pmatrix}=\begin{pmatrix}1 & 0\\0 & -1\end{pmatrix}$$

每一步小心谨慎,完全按照规范要求来化为对角形.

$$\boldsymbol{A}=\boldsymbol{P}\begin{pmatrix}1 & 0\\0 & -1\end{pmatrix}\boldsymbol{P}^{-1}$$

$$\boldsymbol{A}^n=\boldsymbol{P}\begin{pmatrix}1^n & \\ & (-1)^n\end{pmatrix}\boldsymbol{P}^{-1}$$

当 n 为偶数时

$$A^n=\begin{pmatrix}1&1\\1&3\end{pmatrix}\begin{pmatrix}1&0\\0&1\end{pmatrix}\begin{pmatrix}\frac{3}{2}&-\frac{1}{2}\\-\frac{1}{2}&\frac{1}{2}\end{pmatrix}=\begin{pmatrix}1&1\\1&3\end{pmatrix}\begin{pmatrix}\frac{3}{2}&-\frac{1}{2}\\-\frac{1}{2}&\frac{1}{2}\end{pmatrix}=\begin{pmatrix}1&0\\0&1\end{pmatrix}$$

当 n 为奇数时

$$A^n=\begin{pmatrix}1&1\\1&3\end{pmatrix}\begin{pmatrix}1&0\\0&-1\end{pmatrix}\begin{pmatrix}\frac{3}{2}&-\frac{1}{2}\\-\frac{1}{2}&\frac{1}{2}\end{pmatrix}=\begin{pmatrix}1&-1\\1&-3\end{pmatrix}\begin{pmatrix}\frac{3}{2}&-\frac{1}{2}\\-\frac{1}{2}&\frac{1}{2}\end{pmatrix}=\begin{pmatrix}2&-1\\3&-2\end{pmatrix}$$

802. $\begin{pmatrix}\cos\alpha&-\sin\alpha\\\sin\alpha&\cos\alpha\end{pmatrix}^n$.

解　特征多项式

$$|\lambda E-A|=\begin{vmatrix}\lambda-\cos\alpha&\sin\alpha\\-\sin x&\lambda-\cos\alpha\end{vmatrix}=(\lambda-\cos\alpha)^2+\sin^2\alpha$$

$$=(\lambda-\cos\alpha+\mathrm{i}\sin\alpha)(\lambda-\cos\alpha-\mathrm{i}\sin\alpha)$$

当 $\lambda=\cos\alpha-\mathrm{i}\sin\alpha$ 时

$$-\mathrm{i}\sin\alpha Z_1+\sin\alpha Z_2=0$$

$$-\mathrm{i}Z_1+Z_2=0$$

$$Z_1=\frac{1}{\mathrm{i}}Z_2=-\mathrm{i}Z_2$$

特征向量为 $\begin{pmatrix}-\mathrm{i}\\1\end{pmatrix}$

当 $\lambda=\cos\alpha+\mathrm{i}\sin\alpha$ 时　$\mathrm{i}\sin\alpha Z_1+\sin\alpha Z_2=0$

$Z_1=\mathrm{i}Z_2$　特征向量为 $\begin{pmatrix}\mathrm{i}\\1\end{pmatrix}$

由上得

$$P=\begin{pmatrix}-\mathrm{i}&\mathrm{i}\\1&1\end{pmatrix}$$

求逆阵

$$\begin{pmatrix}-\mathrm{i}&\mathrm{i}&1&0\\1&1&0&1\end{pmatrix}\to\begin{pmatrix}1&-1&\mathrm{i}&0\\1&1&0&1\end{pmatrix}\to\begin{pmatrix}2&0&\mathrm{i}&1\\0&2&-\mathrm{i}&1\end{pmatrix}\to\begin{pmatrix}1&0&\frac{\mathrm{i}}{2}&\frac{1}{2}\\0&1&-\frac{\mathrm{i}}{2}&\frac{1}{2}\end{pmatrix}$$

$$P^{-1}=\begin{pmatrix}\frac{\mathrm{i}}{2}&\frac{1}{2}\\-\frac{\mathrm{i}}{2}&\frac{1}{2}\end{pmatrix}$$

$$P^{-1}AP=\begin{pmatrix}\frac{\mathrm{i}}{2}&\frac{1}{2}\\-\frac{\mathrm{i}}{2}&\frac{1}{2}\end{pmatrix}\begin{pmatrix}\cos\alpha&-\sin\alpha\\\sin\alpha&\cos\alpha\end{pmatrix}\begin{pmatrix}-\mathrm{i}&\mathrm{i}\\1&1\end{pmatrix}$$

$$=\begin{pmatrix}\frac{1}{2}\sin\alpha+\frac{i}{2}\cos\alpha & \frac{1}{2}\cos\alpha-\frac{i}{2}\sin\alpha\\ \frac{1}{2}\sin\alpha-\frac{i}{2}\cos\alpha & \frac{1}{2}\cos\alpha+\frac{i}{2}\sin\alpha\end{pmatrix}\begin{pmatrix}-i & i\\ 1 & 1\end{pmatrix}$$

$$=\begin{pmatrix}\frac{1}{2}\sin\alpha\cdot(-i)+\frac{1}{2}\cos\alpha+\frac{1}{2}\cos\alpha-\frac{i}{2}\sin\alpha & \frac{i}{2}\sin\alpha-\frac{1}{2}\cos\alpha+\frac{1}{2}\cos\alpha-\frac{i}{2}\sin\alpha\\ -\frac{1}{2}\sin\alpha(-i)-\frac{1}{2}\cos\alpha+\frac{1}{2}\cos\alpha+\frac{i}{2}\sin\alpha & \frac{i}{2}\sin\alpha+\frac{1}{2}\cos\alpha+\frac{1}{2}\cos\alpha+\frac{i}{2}\sin\alpha\end{pmatrix}$$

$$=\begin{pmatrix}\cos\alpha-i\sin\alpha & 0\\ 0 & \cos\alpha+i\sin\alpha\end{pmatrix}$$

$$\boldsymbol{A}^n=\boldsymbol{P}\begin{pmatrix}(\cos\alpha-i\sin\alpha)^n & 0\\ 0 & (\cos\alpha+i\sin\alpha)^n\end{pmatrix}\boldsymbol{P}^{-1}$$

$$=\begin{pmatrix}-i & i\\ 1 & 1\end{pmatrix}\begin{pmatrix}(\cos\alpha-i\sin\alpha)^n & 0\\ 0 & (\cos\alpha+i\sin\alpha)^n\end{pmatrix}\begin{pmatrix}\frac{i}{2} & \frac{1}{2}\\ -\frac{i}{2} & \frac{1}{2}\end{pmatrix}$$

$$=\begin{pmatrix}-i(\cos\alpha-i\sin\alpha)^n & i(\cos\alpha+i\sin\alpha)^n\\ (\cos\alpha-i\sin\alpha)^n & (\cos\alpha+i\sin\alpha)^n\end{pmatrix}\begin{pmatrix}\frac{i}{2} & \frac{1}{2}\\ -\frac{i}{2} & \frac{1}{2}\end{pmatrix}$$

$$=\begin{pmatrix}\frac{1}{2}(\cos\alpha-i\sin\alpha)^n+\frac{1}{2}(\cos\alpha+i\sin\alpha)^n & -\frac{i}{2}(\cos\alpha-i\sin\alpha)^n+\frac{i}{2}(\cos\alpha+i\sin\alpha)^n\\ \frac{i}{2}(\cos\alpha-i\sin\alpha)^n-\frac{i}{2}(\cos\alpha+i\sin\alpha)^n & \frac{1}{2}(\cos\alpha-i\sin\alpha)^n+\frac{1}{2}(\cos\alpha+i\sin\alpha)^n\end{pmatrix}$$

$$=\begin{pmatrix}\cos n\alpha & -\sin n\alpha\\ \sin n\alpha & \cos n\alpha\end{pmatrix}$$

803. $\begin{pmatrix}\lambda_1 & & & \\ & \lambda_2 & & \\ & & \ddots & \\ & & & \lambda_n\end{pmatrix}^k$,

其中位于主对角线之外的元素全都等于零.

解　根据矩阵乘法的定义得

$$\begin{pmatrix}\lambda_1 & & & \\ & \lambda_2 & & \\ & & \ddots & \\ & & & \lambda_n\end{pmatrix}^k=\begin{pmatrix}\lambda_1^k & & & \\ & \lambda_2^k & & \\ & & \ddots & \\ & & & \lambda_n^k\end{pmatrix}$$

804. $\begin{pmatrix}1 & 1\\ 0 & 1\end{pmatrix}^n$.

解 $\begin{pmatrix}1&1\\0&1\end{pmatrix}^2=\begin{pmatrix}1&1\\0&1\end{pmatrix}\begin{pmatrix}1&1\\0&1\end{pmatrix}=\begin{pmatrix}1&2\\0&1\end{pmatrix}.$

$\begin{pmatrix}1&1\\0&1\end{pmatrix}^3=\begin{pmatrix}1&2\\0&1\end{pmatrix}\begin{pmatrix}1&1\\0&1\end{pmatrix}=\begin{pmatrix}1&3\\0&1\end{pmatrix}.$

假设$\begin{pmatrix}1&1\\0&1\end{pmatrix}^{k-1}=\begin{pmatrix}1&k-1\\0&1\end{pmatrix}.$

$\begin{pmatrix}1&1\\0&1\end{pmatrix}^k=\begin{pmatrix}1&k-1\\0&1\end{pmatrix}\begin{pmatrix}1&1\\0&1\end{pmatrix}=\begin{pmatrix}1&k\\0&1\end{pmatrix}.$

所以$\begin{pmatrix}1&1\\0&1\end{pmatrix}^n=\begin{pmatrix}1&n\\0&1\end{pmatrix}.$

805. $\begin{pmatrix}\lambda&1\\0&\lambda\end{pmatrix}^n.$

解 $\begin{pmatrix}\lambda&1\\0&\lambda\end{pmatrix}^2=\begin{pmatrix}\lambda&1\\0&\lambda\end{pmatrix}\begin{pmatrix}\lambda&1\\0&\lambda\end{pmatrix}=\begin{pmatrix}\lambda^2&2\lambda\\0&\lambda^2\end{pmatrix}.$

$\begin{pmatrix}\lambda&1\\0&\lambda\end{pmatrix}^3=\begin{pmatrix}\lambda^2&2\lambda\\0&\lambda^2\end{pmatrix}\begin{pmatrix}\lambda&1\\0&\lambda\end{pmatrix}=\begin{pmatrix}\lambda^3&3\lambda^2\\0&\lambda^3\end{pmatrix}.$

假设$\begin{pmatrix}\lambda&1\\0&\lambda\end{pmatrix}^{k-1}=\begin{pmatrix}\lambda^{k-1}&(k-1)\lambda^{k-2}\\0&\lambda^{k-1}\end{pmatrix}$,则

$$\begin{pmatrix}\lambda&1\\0&\lambda\end{pmatrix}^k=\begin{pmatrix}\lambda^{k-1}&(k-1)\lambda^{k-2}\\0&\lambda^{k-1}\end{pmatrix}\begin{pmatrix}\lambda&1\\0&\lambda\end{pmatrix}=\begin{pmatrix}\lambda^k&k\lambda^{k-1}\\0&\lambda^k\end{pmatrix}$$

所以$\begin{pmatrix}\lambda&1\\0&\lambda\end{pmatrix}^n=\begin{pmatrix}\lambda^n&n\lambda^{n-1}\\0&\lambda^n\end{pmatrix}.$

806. $\begin{pmatrix}1&1&1&\cdots&1\\0&1&1&\cdots&1\\0&0&1&\cdots&1\\\vdots&\vdots&\vdots&&\vdots\\0&0&0&\cdots&1\end{pmatrix}^3.$

解 原式$=\begin{pmatrix}1&2&3&\cdots&n\\&1&2&\cdots&n-1\\&&1&\cdots&n-2\\&&&\ddots&\vdots\\&&&&1\end{pmatrix}\begin{pmatrix}1&1&1&\cdots&1\\0&1&1&\cdots&1\\0&0&1&\cdots&1\\\vdots&\vdots&\vdots&&\vdots\\0&0&0&\cdots&1\end{pmatrix}=\begin{pmatrix}1&3&6&\cdots&\frac{n(n+1)}{2}\\&1&3&\cdots&\frac{n(n-1)}{2}\\&&1&\cdots&\frac{(n-2)(n-1)}{2}\\&&&\ddots&\vdots\\&&&&1\end{pmatrix}$

其中 n 是给定矩阵的阶.

807. $\begin{pmatrix} 1 & 1 & 0 & 0 & \cdots & 0 & 0 \\ 0 & 1 & 1 & 0 & \cdots & 0 & 0 \\ 0 & 0 & 1 & 1 & \cdots & 0 & 0 \\ \vdots & \vdots & \vdots & \vdots & & \vdots & \vdots \\ 0 & 0 & 0 & 0 & \cdots & 0 & 1 \end{pmatrix}^{n-1}$ （该矩阵的阶是 n）.

解　$n=2$ 时

$$\boldsymbol{A} = \begin{pmatrix} 1 & 1 \\ 0 & 1 \end{pmatrix}$$

$n=3$ 时

$$\boldsymbol{A} = \begin{pmatrix} 1 & 1 & 0 \\ 0 & 1 & 1 \\ 0 & 0 & 1 \end{pmatrix}^2 = \begin{pmatrix} 1 & 1 & 0 \\ 0 & 1 & 1 \\ 0 & 0 & 1 \end{pmatrix}\begin{pmatrix} 1 & 1 & 0 \\ 0 & 1 & 1 \\ 0 & 0 & 1 \end{pmatrix} = \begin{pmatrix} 1 & 2 & 1 \\ 0 & 1 & 2 \\ 0 & 0 & 1 \end{pmatrix}$$

$n=4$ 时

$$\boldsymbol{A} = \begin{pmatrix} 1 & 1 & 0 & 0 \\ 0 & 1 & 1 & 0 \\ 0 & 0 & 1 & 1 \\ 0 & 0 & 0 & 1 \end{pmatrix}^3 = \begin{pmatrix} 1 & 2 & 1 & 0 \\ 0 & 1 & 2 & 1 \\ 0 & 0 & 1 & 2 \\ 0 & 0 & 0 & 1 \end{pmatrix}\begin{pmatrix} 1 & 1 & 0 & 0 \\ 0 & 1 & 1 & 0 \\ 0 & 0 & 1 & 1 \\ 0 & 0 & 0 & 1 \end{pmatrix} = \begin{pmatrix} 1 & 3 & 3 & 1 \\ 0 & 1 & 3 & 3 \\ 0 & 0 & 1 & 3 \\ 0 & 0 & 0 & 1 \end{pmatrix}$$

$n=5$ 时

$$\boldsymbol{A} = \begin{pmatrix} 1 & 1 & 0 & 0 & 0 \\ 0 & 1 & 1 & 0 & 0 \\ 0 & 0 & 1 & 1 & 0 \\ 0 & 0 & 0 & 1 & 1 \\ 0 & 0 & 0 & 0 & 1 \end{pmatrix}^4 = \left[\begin{pmatrix} 1 & 1 & 0 & 0 & 0 \\ 0 & 1 & 1 & 0 & 0 \\ 0 & 0 & 1 & 1 & 0 \\ 0 & 0 & 0 & 1 & 1 \\ 0 & 0 & 0 & 0 & 1 \end{pmatrix}^2\right]^2 = \begin{pmatrix} 1 & 2 & 1 & 0 & 0 \\ 0 & 1 & 2 & 1 & 0 \\ 0 & 0 & 1 & 2 & 1 \\ 0 & 0 & 0 & 1 & 2 \\ 0 & 0 & 0 & 0 & 1 \end{pmatrix}^2$$

$$= \begin{pmatrix} 1 & 4 & 6 & 4 & 1 \\ 0 & 1 & 4 & 6 & 4 \\ 0 & 0 & 1 & 4 & 6 \\ 0 & 0 & 0 & 1 & 4 \\ 0 & 0 & 0 & 0 & 1 \end{pmatrix} = \begin{pmatrix} 1 & C_4^1 & C_4^2 & C_4^3 & C_4^4 \\ 0 & 1 & C_4^1 & C_4^2 & C_4^3 \\ 0 & 0 & 1 & C_4^1 & C_4^2 \\ 0 & 0 & 0 & 1 & C_4^1 \\ 0 & 0 & 0 & 0 & 1 \end{pmatrix}$$

把 4 换为 $n-1$

$$\text{原式} = \begin{pmatrix} 1 & C_{n-1}^1 & C_{n-1}^2 & C_{n-1}^3 & \cdots & C_{n-1}^{n-1} \\ 0 & 1 & C_{n-1}^1 & C_{n-1}^2 & \cdots & C_{n-1}^{n-2} \\ 0 & 0 & 1 & C_{n-1}^1 & \cdots & C_{n-1}^{n-3} \\ \vdots & \vdots & \vdots & \vdots & & \vdots \\ 0 & 0 & 0 & 0 & \cdots & 1 \end{pmatrix}$$

808. 利用等式

$$\begin{pmatrix}17 & -6\\35 & -12\end{pmatrix}=\begin{pmatrix}2 & 3\\5 & 7\end{pmatrix}\begin{pmatrix}2 & 0\\0 & 3\end{pmatrix}\begin{pmatrix}-7 & 3\\5 & -2\end{pmatrix}$$

计算

$$\begin{pmatrix}17 & -6\\35 & -12\end{pmatrix}^5.$$

解　求$\begin{pmatrix}-7 & 3\\5 & -2\end{pmatrix}^{-1}$.

$$\begin{pmatrix}-7 & 3 & 1 & 0\\5 & -2 & 0 & 1\end{pmatrix}=\begin{pmatrix}5 & -2 & 0 & 1\\-7 & 3 & 1 & 0\end{pmatrix}=\begin{pmatrix}1 & -\frac{2}{5} & 0 & \frac{1}{5}\\-7 & 3 & 1 & 0\end{pmatrix}$$

$$=\begin{pmatrix}1 & -\frac{2}{5} & 0 & \frac{1}{5}\\0 & 3-\frac{14}{5} & 1 & \frac{7}{5}\end{pmatrix}=\begin{pmatrix}1 & -\frac{2}{5} & 0 & \frac{1}{5}\\0 & \frac{1}{5} & 1 & \frac{7}{5}\end{pmatrix}=\begin{pmatrix}1 & -\frac{2}{5} & 0 & \frac{1}{5}\\0 & 1 & 5 & 7\end{pmatrix}$$

$$=\begin{pmatrix}1 & 0 & 2 & 3\\0 & 1 & 5 & 7\end{pmatrix}$$

$$\begin{pmatrix}-7 & 3\\5 & -2\end{pmatrix}\begin{pmatrix}2 & 3\\5 & 7\end{pmatrix}=\begin{pmatrix}1 & 0\\0 & 1\end{pmatrix}$$

$$\begin{pmatrix}17 & -6\\35 & -12\end{pmatrix}^5=\begin{pmatrix}2 & 3\\5 & 7\end{pmatrix}\begin{pmatrix}2^5 & 0\\0 & 3^5\end{pmatrix}\begin{pmatrix}-7 & 3\\5 & -2\end{pmatrix}=\begin{pmatrix}2^6 & 3^6\\5\cdot 2^5 & 7\cdot 3^5\end{pmatrix}\begin{pmatrix}-7 & 3\\5 & -2\end{pmatrix}$$

$$=\begin{pmatrix}-7\cdot 2^6+5\cdot 3^6 & 3\cdot 2^6-2\cdot 3^6\\-35\cdot 2^5+35\cdot 3^5 & 15\cdot 2^5-14\cdot 3^5\end{pmatrix}=\begin{pmatrix}3\ 197 & -1\ 266\\7\ 385 & -2\ 922\end{pmatrix}$$

809. 利用等式

$$\begin{pmatrix}4 & 3 & -3\\2 & 3 & -2\\4 & 4 & -3\end{pmatrix}=\begin{pmatrix}1 & 3 & 1\\2 & 2 & 1\\3 & 4 & 2\end{pmatrix}\begin{pmatrix}1 & 0 & 0\\0 & 2 & 0\\0 & 0 & 1\end{pmatrix}\begin{pmatrix}0 & 2 & -1\\1 & 1 & -1\\-2 & -5 & 4\end{pmatrix}$$

计算

$$\begin{pmatrix}4 & 3 & -3\\2 & 3 & -2\\4 & 4 & -3\end{pmatrix}^6.$$

解　求$\begin{pmatrix}0 & 2 & -1\\1 & 1 & -1\\-2 & -5 & 4\end{pmatrix}$的逆阵.

$$\begin{pmatrix}0&2&-1&1&0&0\\1&1&-1&0&1&0\\-2&-5&4&0&0&1\end{pmatrix}\to\begin{pmatrix}1&1&-1&0&1&0\\0&2&-1&1&0&0\\-2&-5&4&0&0&1\end{pmatrix}\to\begin{pmatrix}1&1&-1&0&1&0\\0&2&-1&1&0&0\\0&-3&2&0&2&1\end{pmatrix}\to$$

$$\begin{pmatrix}1&1&-1&0&1&0\\0&-1&1&1&2&1\\0&2&-1&1&0&0\end{pmatrix}\to\begin{pmatrix}1&1&-1&0&1&0\\0&1&0&2&2&1\\0&2&-1&1&0&0\end{pmatrix}\to\begin{pmatrix}1&1&-1&0&1&0\\0&1&0&2&2&1\\0&0&-1&-3&-4&-2\end{pmatrix}\to$$

$$\begin{pmatrix}1&0&-1&-2&-1&-1\\0&1&0&2&2&1\\0&0&1&3&4&2\end{pmatrix}\to\begin{pmatrix}1&0&0&1&3&1\\0&1&0&2&2&1\\0&0&1&3&4&2\end{pmatrix}$$

$$\begin{pmatrix}0&2&-1\\1&1&-1\\-2&-5&4\end{pmatrix}\begin{pmatrix}1&3&1\\2&2&1\\3&4&2\end{pmatrix}=\begin{pmatrix}1&0&0\\0&1&0\\0&0&1\end{pmatrix}$$

$$\begin{pmatrix}4&3&-3\\2&3&-2\\4&4&-3\end{pmatrix}^6=\begin{pmatrix}1&3&1\\2&2&1\\3&4&2\end{pmatrix}\begin{pmatrix}1&&\\&2^6&\\&&1\end{pmatrix}\begin{pmatrix}0&2&-1\\1&1&-1\\-2&-5&4\end{pmatrix}=\begin{pmatrix}1&192&1\\2&128&1\\3&256&2\end{pmatrix}\begin{pmatrix}0&2&-1\\1&1&-1\\-2&-5&4\end{pmatrix}$$

$$=\begin{pmatrix}190&189&-189\\126&127&-126\\252&252&-251\end{pmatrix}$$

810. 证明：如果对矩阵 $\boldsymbol{A}$ 和 $\boldsymbol{B}$ 而言，两个乘积 $\boldsymbol{AB}$ 和 $\boldsymbol{BA}$ 存在，并且 $\boldsymbol{AB}=\boldsymbol{BA}$，则矩阵 $\boldsymbol{A}$ 和 $\boldsymbol{B}$ 是方阵且有相同的阶.

证明　因为 $\boldsymbol{AB}$ 存在，我们设 $\boldsymbol{A}$ 是 $n\times m$ 矩阵，$\boldsymbol{B}$ 是 $m\times p$ 矩阵. $\boldsymbol{AB}$ 是 $n\times p$ 矩阵. 既然 $\boldsymbol{B}$ 是 $m\times p$ 矩阵，$\boldsymbol{A}$ 是 $n\times m$ 矩阵，因为 $\boldsymbol{BA}$ 存在，所以必须 $p=n$.
按矩阵乘法，得 $\boldsymbol{BA}$ 是 $m\times m$ 矩阵，题目假设 $\boldsymbol{AB}=\boldsymbol{BA}$，$\boldsymbol{AB}$ 是 n 阶方阵，$\boldsymbol{BA}$ 是 m 阶方阵并且有相同的阶.

811. 如果
(a)将矩阵 $\boldsymbol{A}$ 的第 i 行和第 j 行交换；
(b)在矩阵 $\boldsymbol{A}$ 中，将第 j 行乘以数 C 加到第 i 行上去；
(c)将矩阵 $\boldsymbol{B}$ 的第 i 列和第 j 列交换；
(d)在矩阵 $\boldsymbol{B}$ 中，将第 j 列乘以数 C 加到第 i 列上去.
问：矩阵 $\boldsymbol{A}$ 和 $\boldsymbol{B}$ 的积 $\boldsymbol{AB}$ 分别怎样变化？
解　(a)我们把矩阵用向量来表示.

$$\boldsymbol{AB}=\begin{pmatrix}\boldsymbol{\alpha}_1\\ \vdots\\ \boldsymbol{\alpha}_i\\ \vdots\\ \boldsymbol{\alpha}_j\\ \vdots\\ \boldsymbol{\alpha}_n\end{pmatrix}(\boldsymbol{\beta}_1,\boldsymbol{\beta}_2,\cdots,\boldsymbol{\beta}_n)=\begin{pmatrix}\boldsymbol{\alpha}_1\boldsymbol{\beta}_1 & \boldsymbol{\alpha}_1\boldsymbol{\beta}_2 & \cdots & \boldsymbol{\alpha}_1\boldsymbol{\beta}_n\\ \vdots & \vdots & & \vdots\\ \boldsymbol{\alpha}_i\boldsymbol{\beta}_1 & \boldsymbol{\alpha}_i\boldsymbol{\beta}_2 & \cdots & \boldsymbol{\alpha}_i\boldsymbol{\beta}_n\\ \vdots & \vdots & & \vdots\\ \boldsymbol{\alpha}_j\boldsymbol{\beta}_1 & \boldsymbol{\alpha}_j\boldsymbol{\beta}_2 & \cdots & \boldsymbol{\alpha}_j\boldsymbol{\beta}_n\\ \vdots & \vdots & & \vdots\\ \boldsymbol{\alpha}_n\boldsymbol{\beta}_1 & \boldsymbol{\alpha}_n\boldsymbol{\beta}_2 & \cdots & \boldsymbol{\alpha}_n\boldsymbol{\beta}_n\end{pmatrix}$$

$$\widetilde{\boldsymbol{A}}\ \boldsymbol{B}=\begin{pmatrix}\boldsymbol{\alpha}_1\\ \vdots\\ \boldsymbol{\alpha}_j\\ \vdots\\ \boldsymbol{\alpha}_i\\ \vdots\\ \boldsymbol{\alpha}_n\end{pmatrix}(\boldsymbol{\beta}_1,\boldsymbol{\beta}_2,\cdots,\boldsymbol{\beta}_n)=\begin{pmatrix}\boldsymbol{\alpha}_1\boldsymbol{\beta}_1 & \boldsymbol{\alpha}_1\boldsymbol{\beta}_2 & \cdots & \boldsymbol{\alpha}_1\boldsymbol{\beta}_n\\ \vdots & \vdots & & \vdots\\ \boldsymbol{\alpha}_j\boldsymbol{\beta}_1 & \boldsymbol{\alpha}_j\boldsymbol{\beta}_2 & \cdots & \boldsymbol{\alpha}_j\boldsymbol{\beta}_n\\ \vdots & \vdots & & \vdots\\ \boldsymbol{\alpha}_i\boldsymbol{\beta}_1 & \boldsymbol{\alpha}_i\boldsymbol{\beta}_2 & \cdots & \boldsymbol{\alpha}_i\boldsymbol{\beta}_n\\ \vdots & \vdots & & \vdots\\ \boldsymbol{\alpha}_n\boldsymbol{\beta}_1 & \boldsymbol{\alpha}_n\boldsymbol{\beta}_2 & \cdots & \boldsymbol{\alpha}_n\boldsymbol{\beta}_n\end{pmatrix}$$

我们看到乘积$\widetilde{\boldsymbol{A}}\boldsymbol{B}$是乘积$\boldsymbol{AB}$第$i$行和第$j$行互换位置.

(b)我们把矩阵用向量来表示.

$$\boldsymbol{AB}=\begin{pmatrix}\boldsymbol{\alpha}_1\\ \vdots\\ \boldsymbol{\alpha}_i\\ \vdots\\ \boldsymbol{\alpha}_j\\ \vdots\\ \boldsymbol{\alpha}_n\end{pmatrix}(\boldsymbol{\beta}_1,\boldsymbol{\beta}_2,\cdots,\boldsymbol{\beta}_n)=\begin{pmatrix}\boldsymbol{\alpha}_1\boldsymbol{\beta}_1 & \boldsymbol{\alpha}_1\boldsymbol{\beta}_2 & \cdots & \boldsymbol{\alpha}_1\boldsymbol{\beta}_n\\ \vdots & \vdots & & \vdots\\ \boldsymbol{\alpha}_i\boldsymbol{\beta}_1 & \boldsymbol{\alpha}_i\boldsymbol{\beta}_2 & \cdots & \boldsymbol{\alpha}_i\boldsymbol{\beta}_n\\ \vdots & \vdots & & \vdots\\ \boldsymbol{\alpha}_j\boldsymbol{\beta}_1 & \boldsymbol{\alpha}_j\boldsymbol{\beta}_2 & \cdots & \boldsymbol{\alpha}_j\boldsymbol{\beta}_n\\ \vdots & \vdots & & \vdots\\ \boldsymbol{\alpha}_n\boldsymbol{\beta}_1 & \boldsymbol{\alpha}_n\boldsymbol{\beta}_2 & \cdots & \boldsymbol{\alpha}_n\boldsymbol{\beta}_n\end{pmatrix}$$

$$\widetilde{\boldsymbol{A}}\boldsymbol{B}=\begin{pmatrix}\boldsymbol{\alpha}_1\\ \vdots\\ \boldsymbol{\alpha}_i+C\boldsymbol{\alpha}_j\\ \vdots\\ \boldsymbol{\alpha}_j\\ \vdots\\ \boldsymbol{\alpha}_n\end{pmatrix}(\boldsymbol{\beta}_1,\boldsymbol{\beta}_2,\cdots,\boldsymbol{\beta}_n)=\begin{pmatrix}\boldsymbol{\alpha}_1\boldsymbol{\beta}_1 & \boldsymbol{\alpha}_1\boldsymbol{\beta}_2 & \cdots & \boldsymbol{\alpha}_1\boldsymbol{\beta}_n\\ \vdots & \vdots & & \vdots\\ \boldsymbol{\alpha}_i\boldsymbol{\beta}_1+C\boldsymbol{\alpha}_j\boldsymbol{\beta}_1 & \boldsymbol{\alpha}_i\boldsymbol{\beta}_2+C\boldsymbol{\alpha}_j\boldsymbol{\beta}_2 & \cdots & \boldsymbol{\alpha}_i\boldsymbol{\beta}_n+C\boldsymbol{\alpha}_j\boldsymbol{\beta}_n\\ \vdots & \vdots & & \vdots\\ \boldsymbol{\alpha}_j\boldsymbol{\beta}_1 & \boldsymbol{\alpha}_j\boldsymbol{\beta}_2 & \cdots & \boldsymbol{\alpha}_j\boldsymbol{\beta}_n\\ \vdots & \vdots & & \vdots\\ \boldsymbol{\alpha}_n\boldsymbol{\beta}_1 & \boldsymbol{\alpha}_n\boldsymbol{\beta}_2 & \cdots & \boldsymbol{\alpha}_n\boldsymbol{\beta}_n\end{pmatrix}$$

我们看到乘积$\widetilde{\boldsymbol{A}}\boldsymbol{B}$是乘积$\boldsymbol{AB}$的第$j$行乘以$C$加到第$i$行上去.

(c)我们把矩阵用向量来表示.

$$\boldsymbol{AB}=\begin{pmatrix}\boldsymbol{\alpha}_1\\ \boldsymbol{\alpha}_2\\ \vdots\\ \boldsymbol{\alpha}_n\end{pmatrix}(\boldsymbol{\beta}_1,\boldsymbol{\beta}_2,\cdots,\boldsymbol{\beta}_n)=\begin{pmatrix}\boldsymbol{\alpha}_1\boldsymbol{\beta}_1 & \boldsymbol{\alpha}_1\boldsymbol{\beta}_2 & \cdots & \boldsymbol{\alpha}_1\boldsymbol{\beta}_n\\ \boldsymbol{\alpha}_2\boldsymbol{\beta}_1 & \boldsymbol{\alpha}_2\boldsymbol{\beta}_2 & \cdots & \boldsymbol{\alpha}_2\boldsymbol{\beta}_n\\ \vdots & \vdots & & \vdots\\ \boldsymbol{\alpha}_n\boldsymbol{\beta}_1 & \boldsymbol{\alpha}_n\boldsymbol{\beta}_2 & \cdots & \boldsymbol{\alpha}_n\boldsymbol{\beta}_n\end{pmatrix}$$

$$A\widetilde{B}=\begin{pmatrix}\boldsymbol{\alpha}_1\\ \boldsymbol{\alpha}_2\\ \vdots\\ \boldsymbol{\alpha}_n\end{pmatrix}(\boldsymbol{\beta}_1,\cdots,\boldsymbol{\beta}_j,\cdots,\boldsymbol{\beta}_i,\cdots,\boldsymbol{\beta}_n)=\begin{pmatrix}\boldsymbol{\alpha}_1\boldsymbol{\beta}_1 & \cdots & \boldsymbol{\alpha}_1\boldsymbol{\beta}_j & \cdots & \boldsymbol{\alpha}_1\boldsymbol{\beta}_i & \cdots & \boldsymbol{\alpha}_1\boldsymbol{\beta}_n\\ \boldsymbol{\alpha}_2\boldsymbol{\beta}_1 & \cdots & \boldsymbol{\alpha}_2\boldsymbol{\beta}_j & \cdots & \boldsymbol{\alpha}_2\boldsymbol{\beta}_i & \cdots & \boldsymbol{\alpha}_2\boldsymbol{\beta}_n\\ \vdots & & \vdots & & \vdots & & \vdots\\ \boldsymbol{\alpha}_n\boldsymbol{\beta}_1 & \cdots & \boldsymbol{\alpha}_n\boldsymbol{\beta}_j & \cdots & \boldsymbol{\alpha}_n\boldsymbol{\beta}_i & \cdots & \boldsymbol{\alpha}_n\boldsymbol{\beta}_n\end{pmatrix}$$

我们看到乘积 $A\widetilde{B}$ 是乘积 AB 的第 i 列和第 j 列变换位置.

(d)我们把矩阵用向量来表示.

$$AB=\begin{pmatrix}\boldsymbol{\alpha}_1\\ \boldsymbol{\alpha}_2\\ \vdots\\ \boldsymbol{\alpha}_n\end{pmatrix}(\boldsymbol{\beta}_1,\boldsymbol{\beta}_2,\cdots,\boldsymbol{\beta}_n)=\begin{pmatrix}\boldsymbol{\alpha}_1\boldsymbol{\beta}_1 & \boldsymbol{\alpha}_1\boldsymbol{\beta}_2 & \cdots & \boldsymbol{\alpha}_1\boldsymbol{\beta}_n\\ \boldsymbol{\alpha}_2\boldsymbol{\beta}_1 & \boldsymbol{\alpha}_2\boldsymbol{\beta}_2 & \cdots & \boldsymbol{\alpha}_2\boldsymbol{\beta}_n\\ \vdots & \vdots & & \vdots\\ \boldsymbol{\alpha}_n\boldsymbol{\beta}_1 & \boldsymbol{\alpha}_n\boldsymbol{\beta}_2 & \cdots & \boldsymbol{\alpha}_n\boldsymbol{\beta}_n\end{pmatrix}$$

$$A\widetilde{B}=\begin{pmatrix}\boldsymbol{\alpha}_1\\ \boldsymbol{\alpha}_2\\ \vdots\\ \boldsymbol{\alpha}_n\end{pmatrix}(\boldsymbol{\beta}_1,\cdots,\boldsymbol{\beta}_i+C\boldsymbol{\beta}_j,\cdots,\boldsymbol{\beta}_n)=\begin{pmatrix}\boldsymbol{\alpha}_1\boldsymbol{\beta}_1 & \cdots & \boldsymbol{\alpha}_1(\boldsymbol{\beta}_i+C\boldsymbol{\beta}_j) & \cdots & \boldsymbol{\alpha}_1\boldsymbol{\beta}_n\\ \boldsymbol{\alpha}_2\boldsymbol{\beta}_1 & \cdots & \boldsymbol{\alpha}_2(\boldsymbol{\beta}_i+C\boldsymbol{\beta}_j) & \cdots & \boldsymbol{\alpha}_2\boldsymbol{\beta}_n\\ \vdots & & \vdots & & \vdots\\ \boldsymbol{\alpha}_n\boldsymbol{\beta}_1 & \cdots & \boldsymbol{\alpha}_n(\boldsymbol{\beta}_i+C\boldsymbol{\beta}_j) & \cdots & \boldsymbol{\alpha}_n\boldsymbol{\beta}_n\end{pmatrix}$$

我们看到乘积 $A\widetilde{B}$ 是乘积 AB 的第 j 列乘以 C 加到第 i 列上去.

812. 利用前题和在初等变换下秩的不变性(参看习题615)证明两个矩阵积的秩不大于每个因子的秩.

证明　设矩阵 A 秩为 γ_1,存在非奇异方阵 P_1,Q_1 使 $P_1AQ_1=\begin{pmatrix}1 & & & \\ & \ddots & & \\ & & 1 & \\ & & & 0\end{pmatrix}\Big\}\gamma_1$ 个,设矩阵 B 秩为 γ_2,存在非奇异方阵 P_2,Q_2 使 $P_2BQ_2=\begin{pmatrix}1 & & & \\ & \ddots & & \\ & & 1 & \\ & & & 0\end{pmatrix}\Big\}\gamma_2$ 个.

$$R(AB)=\min\{R(A),R(B)\}$$

即

$$R(AB)\leqslant R(A)$$
$$R(AB)\leqslant R(B)$$

813. 证明:一些矩阵的积的秩,不大于被连乘矩阵的每一个矩阵的秩.

证明　我们对于 $n=3$ 进行证明,其余情况可以类推.

矩阵 A_1,秩为 γ_1,存在非奇异矩阵 P_1,Q_1 使 $P_1A_1Q_1=\begin{pmatrix}1 & & & \\ & \ddots & & \\ & & 1 & \\ & & & 0\end{pmatrix}\Big\}\gamma_1$;

矩阵 $\boldsymbol{A}_2$,秩为 γ_2,存在非奇异矩阵 $\boldsymbol{P}_2,\boldsymbol{Q}_2$ 使 $\boldsymbol{P}_2\boldsymbol{A}_2\boldsymbol{Q}_2 = \begin{pmatrix} 1 & & & \\ & \ddots & & \\ & & 1 & \\ & & & 0 \end{pmatrix}\Big\}\gamma_2$;

矩阵 $\boldsymbol{A}_3$,秩为 γ_3,存在非奇异矩阵 $\boldsymbol{P}_3,\boldsymbol{Q}_3$ 使 $\boldsymbol{P}_3\boldsymbol{A}_3\boldsymbol{Q}_3 = \begin{pmatrix} 1 & & & \\ & \ddots & & \\ & & 1 & \\ & & & 0 \end{pmatrix}\Big\}\gamma_3$;

$$\boldsymbol{A}_1 = \boldsymbol{P}_1^{-1}\begin{pmatrix} 1 & & & \\ & \ddots & & \\ & & 1 & \\ & & & 0 \end{pmatrix}\Big\}\gamma_1\boldsymbol{Q}_1^{-1}$$

$$\boldsymbol{A}_2 = \boldsymbol{P}_2^{-1}\begin{pmatrix} 1 & & & \\ & \ddots & & \\ & & 1 & \\ & & & 0 \end{pmatrix}\Big\}\gamma_2\boldsymbol{Q}_2^{-1}$$

$$\boldsymbol{A}_3 = \boldsymbol{P}_3^{-1}\begin{pmatrix} 1 & & & \\ & \ddots & & \\ & & 1 & \\ & & & 0 \end{pmatrix}\Big\}\gamma_3\boldsymbol{Q}_3^{-1}$$

$$\boldsymbol{A}_1\boldsymbol{A}_2\boldsymbol{A}_3 = \boldsymbol{P}_1^{-1}\boldsymbol{Q}_1^{-1}\boldsymbol{P}_2^{-1}\boldsymbol{Q}_2^{-1}\boldsymbol{P}_3^{-1}\boldsymbol{Q}_3^{-1}\begin{pmatrix} 1 & & & \\ & \ddots & & \\ & & 1 & \\ & & & 0 \end{pmatrix}\Big\}\gamma$$

$$r = \min\{\gamma_1,\gamma_2,\gamma_3\}$$

即

$$R(\boldsymbol{A}_1\boldsymbol{A}_2\boldsymbol{A}_3) \leqslant R(\boldsymbol{A}_1)$$
$$R(\boldsymbol{A}_1\boldsymbol{A}_2\boldsymbol{A}_3) \leqslant R(\boldsymbol{A}_2)$$
$$R(\boldsymbol{A}_1\boldsymbol{A}_2\boldsymbol{A}_3) \leqslant R(\boldsymbol{A}_3)$$

类似可得,一些矩阵的积的秩,不大于被连乘矩阵的每一个矩阵的秩.

814. 主对角线元素的和称为方阵的迹. 证明:$\boldsymbol{AB}$ 的迹等于 $\boldsymbol{BA}$ 的迹.

证明

$$\begin{aligned}\mathrm{tr}(\boldsymbol{AB}) = {} & a_{11}b_{11} + a_{12}b_{21} + \cdots + a_{1n}b_{n1} + \\ & a_{21}b_{12} + a_{22}b_{22} + \cdots + a_{2n}b_{n2} + \\ & \cdots + \\ & a_{n1}b_{1n} + a_{n2}b_{2n} + \cdots + a_{nn}b_{nn}\end{aligned}$$

$$\mathrm{tr}(\boldsymbol{BA}) = b_{11}a_{11} + b_{12}a_{21} + \cdots + b_{1n}a_{n1} +$$

$$b_{21}a_{12}+b_{22}a_{22}+\cdots+b_{2n}a_{n2}+$$
$$\cdots+$$
$$b_{n1}a_{1n}+b_{n2}a_{2n}+\cdots+b_{nn}a_{nn}$$
$$\mathrm{tr}(\boldsymbol{AB})=\mathrm{tr}(\boldsymbol{BA})$$

815. 证明:如果 $\boldsymbol{A}$ 和 $\boldsymbol{B}$ 是同阶方阵,并且 $\boldsymbol{AB}\neq\boldsymbol{BA}$,则

(a) $(\boldsymbol{A}+\boldsymbol{B})^2\neq\boldsymbol{A}^2+2\boldsymbol{AB}+\boldsymbol{B}^2$;

(b) $(\boldsymbol{A}+\boldsymbol{B})(\boldsymbol{A}-\boldsymbol{B})\neq\boldsymbol{A}^2-\boldsymbol{B}^2$.

证明

(a) $$左=(\boldsymbol{A}+\boldsymbol{B})^2=(\boldsymbol{A}+\boldsymbol{B})(\boldsymbol{A}+\boldsymbol{B})=\boldsymbol{A}^2+\boldsymbol{BA}+\boldsymbol{AB}+\boldsymbol{B}^2$$
$$右=\boldsymbol{A}^2+2\boldsymbol{AB}+\boldsymbol{B}^2$$

只要证明

$$\boldsymbol{BA}\neq\boldsymbol{AB}$$

(b) $$左=(\boldsymbol{A}+\boldsymbol{B})(\boldsymbol{A}-\boldsymbol{B})=\boldsymbol{A}^2+\boldsymbol{BA}-\boldsymbol{AB}-\boldsymbol{B}^2=\boldsymbol{BA}-\boldsymbol{AB}+\boldsymbol{A}^2-\boldsymbol{B}^2$$
$$右=\boldsymbol{A}^2-\boldsymbol{B}^2$$

只要证明

$$\boldsymbol{BA}-\boldsymbol{AB}\neq\boldsymbol{O}$$
$$\boldsymbol{BA}\neq\boldsymbol{AB}$$

816. 证明:如果 $\boldsymbol{AB}=\boldsymbol{BA}$,则

$$(\boldsymbol{A}+\boldsymbol{B})^n=\boldsymbol{A}^n+n\boldsymbol{A}^{n-1}\boldsymbol{B}+\frac{n(n-1)}{2}\boldsymbol{A}^{n-2}\boldsymbol{B}^2+\cdots+\boldsymbol{B}^n$$

此处 $\boldsymbol{A}$ 和 $\boldsymbol{B}$ 是同阶的方阵.

证明　如果　$\boldsymbol{AB}=\boldsymbol{BA}$

$$(\boldsymbol{A}+\boldsymbol{B})^2=\boldsymbol{A}^2+\boldsymbol{BA}+\boldsymbol{AB}+\boldsymbol{B}^2=\boldsymbol{A}^2+2\boldsymbol{AB}+\boldsymbol{B}^2$$

对指数 n 进行数学归纳法证明,$n=2$ 真. 假设对 $n-1$ 真.

即

$$(\boldsymbol{A}+\boldsymbol{B})^{n-1}=\boldsymbol{A}^{n-1}+(n-1)\boldsymbol{A}^{n-2}\boldsymbol{B}+\frac{(n-1)(n-2)}{2}\boldsymbol{A}^{n-3}\boldsymbol{B}^2+\cdots+\boldsymbol{B}^{n-1}$$

$$(\boldsymbol{A}+\boldsymbol{B})^{n-1}=\mathrm{C}_{n-1}^0\boldsymbol{A}^{n-1}+\mathrm{C}_{n-1}^1\boldsymbol{A}^{n-2}\boldsymbol{B}+\mathrm{C}_{n-1}^2\boldsymbol{A}^{n-3}\boldsymbol{B}^2+\cdots+\mathrm{C}_{n-1}^k\boldsymbol{A}^{n-k-1}\boldsymbol{B}^k+\cdots+\mathrm{C}_{n-1}^{n-1}\boldsymbol{B}^{n-1}$$

左右两边同乘以 $\boldsymbol{A}+\boldsymbol{B}$ 得

$$\begin{aligned}(\boldsymbol{A}+\boldsymbol{B})^n&=\mathrm{C}_{n-1}^0\boldsymbol{A}^n+\mathrm{C}_{n-1}^1\boldsymbol{A}^{n-1}\boldsymbol{B}+\mathrm{C}_{n-1}^2\boldsymbol{A}^{n-2}\boldsymbol{B}^2+\cdots+\mathrm{C}_{n-1}^k\boldsymbol{A}^{n-k}\boldsymbol{B}^k+\cdots+\mathrm{C}_{n-1}^{n-1}\boldsymbol{AB}^{n-1}+\\&\quad\mathrm{C}_{n-1}^0\boldsymbol{A}^{n-1}\boldsymbol{B}+\mathrm{C}_{n-1}^1\boldsymbol{A}^{n-2}\boldsymbol{B}^2+\cdots+\mathrm{C}_{n-1}^{k-1}\boldsymbol{A}^{n-k}\boldsymbol{B}^k+\cdots+\boldsymbol{B}^n\\&=\mathrm{C}_n^0\boldsymbol{A}^n+\mathrm{C}_n^1\boldsymbol{A}^{n-1}\boldsymbol{B}+\mathrm{C}_n^2\boldsymbol{A}^{n-2}\boldsymbol{B}^2+\cdots+\mathrm{C}_n^k\boldsymbol{A}^{n-k}\boldsymbol{B}^k+\cdots+\mathrm{C}_n^n\boldsymbol{B}^n\end{aligned}$$

二项式展开对 n 也真. 证完.

817. 证明:任一方阵 $\boldsymbol{A}$ 可以,并且是唯一的,表为形式 $\boldsymbol{A}=\boldsymbol{B}+\boldsymbol{C}$,此处 $\boldsymbol{B}$ 是对称矩阵,$\boldsymbol{C}$ 是斜对称矩阵.

证明　按照题目要求

$$\begin{pmatrix} a_{11} & a_{12} & \cdots & a_{1n} \\ a_{21} & a_{22} & \cdots & a_{2n} \\ \vdots & \vdots & & \vdots \\ a_{n1} & a_{n2} & \cdots & a_{nn} \end{pmatrix} = \begin{pmatrix} b_{11} & b_{12} & \cdots & b_{1n} \\ b_{12} & b_{22} & \cdots & b_{2n} \\ \vdots & \vdots & & \vdots \\ b_{1n} & b_{2n} & \cdots & b_{nn} \end{pmatrix} + \begin{pmatrix} c_{11} & c_{12} & \cdots & c_{1n} \\ -c_{12} & c_{22} & \cdots & c_{2n} \\ \vdots & \vdots & & \vdots \\ -c_{1n} & c_{2n} & \cdots & c_{nn} \end{pmatrix}$$

$$b_{ij} + c_{ij} = a_{ij} \quad (i < j)$$

$$b_{ij} - c_{ij} = a_{ji}$$

$$c_{ii} = 0 \quad (i = 1, 2, \cdots, n)$$

$$b_{ij} = \frac{a_{ij} + a_{ji}}{2}$$

$$c_{ij} = \frac{a_{ij} - a_{ji}}{2}$$

即

$$\begin{pmatrix} a_{11} & a_{12} & \cdots & a_{1n} \\ a_{21} & a_{22} & \cdots & a_{2n} \\ \vdots & \vdots & & \vdots \\ a_{n1} & a_{n2} & \cdots & a_{nn} \end{pmatrix} = \begin{pmatrix} a_{11} & \frac{a_{12} + a_{21}}{2} & \cdots & \frac{a_{1n} + a_{n1}}{2} \\ \frac{a_{12} + a_{21}}{2} & a_{22} & \cdots & \frac{a_{2n} + a_{n2}}{2} \\ \vdots & \vdots & & \vdots \\ -\frac{a_{1n} - a_{n1}}{2} & -\frac{a_{2n} - a_{n2}}{2} & \cdots & a_{nn} \end{pmatrix} +$$

$$\begin{pmatrix} 0 & \frac{a_{12} - a_{21}}{2} & \cdots & \frac{a_{1n} - a_{n1}}{2} \\ -\frac{a_{12} - a_{21}}{2} & 0 & \cdots & \frac{a_{2n} - a_{n2}}{2} \\ \vdots & \vdots & & \vdots \\ -\frac{a_{1n} - a_{n1}}{2} & -\frac{a_{2n} - a_{n2}}{2} & \cdots & 0 \end{pmatrix}$$

818. 如果 $\boldsymbol{AB} = \boldsymbol{BA}$,则称矩阵 $\boldsymbol{A}$ 和 $\boldsymbol{B}$ 是可换的. 方阵 $\boldsymbol{A}$ 称为纯量矩阵,如果它所有主对角线之外的元素都等于零,而主对角线元素彼此相等,即 $\boldsymbol{A} = C\boldsymbol{E}$,其中 C 是一数,而 $\boldsymbol{E}$ 是单位矩阵. 证明:为使方阵 $\boldsymbol{A}$ 是可换阵(即 $\boldsymbol{A}$ 与所有和它同阶的方阵可换),必要且充分的条件是:矩阵 $\boldsymbol{A}$ 是纯量矩阵.

用 E_{ij} 表示第 i 行第 j 列的元素为 1,其余元素全为零的 $n \times n$ 矩阵,而 $\boldsymbol{A} = (a_{ij})_{n \times n}$,试证:

(1)如果 $\boldsymbol{AE}_{12} = \boldsymbol{E}_{12}\boldsymbol{A}$,那么当 $k \neq 1$ 时,必有 $a_{k1} = 0$;

当 $k \neq 2$ 时,必有 $a_{2k} = 0$.

(2)如果 $\boldsymbol{AE}_{ij} = \boldsymbol{E}_{ij}\boldsymbol{A}$,那么当 $k \neq i$ 时,$a_{ki} = 0$;

当 $k \neq j$ 时,$a_{jk} = 0$　且 $a_{ii} = a_{jj}$.

(3)如果 $\boldsymbol{A}$ 与一切 n 级矩阵都可交换,那么 $\boldsymbol{A}$ 一定是数量矩阵,即 $\boldsymbol{A} = a\boldsymbol{E}$.

证明

(1)
$$\begin{pmatrix} a_{11} & a_{12} & \cdots & a_{1n} \\ a_{21} & a_{22} & \cdots & a_{2n} \\ \vdots & \vdots & & \vdots \\ a_{n1} & a_{n2} & \cdots & a_{nn} \end{pmatrix}\begin{pmatrix} 0 & 1 & \cdots & 0 \\ 0 & 0 & \cdots & 0 \\ \vdots & \vdots & & \vdots \\ 0 & 0 & \cdots & 0 \end{pmatrix} = \begin{pmatrix} 0 & 1 & \cdots & 0 \\ 0 & 0 & \cdots & 0 \\ \vdots & \vdots & & \vdots \\ 0 & 0 & \cdots & 0 \end{pmatrix}\begin{pmatrix} a_{11} & a_{12} & \cdots & a_{1n} \\ a_{21} & a_{22} & \cdots & a_{2n} \\ \vdots & \vdots & & \vdots \\ a_{n1} & a_{n2} & \cdots & a_{nn} \end{pmatrix}$$

$$\begin{pmatrix} 0 & a_{11} & \cdots & 0 \\ 0 & a_{21} & \cdots & 0 \\ \vdots & \vdots & & \vdots \\ 0 & a_{n1} & \cdots & 0 \end{pmatrix} = \begin{pmatrix} a_{21} & a_{22} & \cdots & a_{2n} \\ 0 & 0 & \cdots & 0 \\ \vdots & \vdots & & \vdots \\ 0 & 0 & \cdots & 0 \end{pmatrix}$$

$$a_{11} = a_{22}$$

$$\text{当 } k \neq 1 \text{ 时}, a_{k1} = 0$$

$$\text{当 } k \neq 2 \text{ 时}, a_{2k} = 0$$

(2) 第 j 列 第 i 列转到第 j 列

第 i 列转到第 j 列.

$$AE_{ij} = \begin{pmatrix} a_{11} & \cdots & a_{1j} & \cdots & a_{1n} \\ \vdots & & \vdots & & \vdots \\ a_{i1} & \cdots & a_{ij} & \cdots & a_{in} \\ \vdots & & \vdots & & \vdots \\ a_{n1} & \cdots & a_{nj} & \cdots & a_{nn} \end{pmatrix}\begin{pmatrix} 0 & \cdots & 0 & \cdots & 0 \\ \vdots & & \vdots & & \vdots \\ 0 & \cdots & 1 & \cdots & 0 \\ \vdots & & \vdots & & \vdots \\ 0 & \cdots & 0 & \cdots & 0 \end{pmatrix} \text{第 } i \text{ 行} = \begin{pmatrix} 0 & \cdots & a_{1j} & \cdots & 0 \\ \vdots & & \vdots & & \\ 0 & & a_{ij} & \cdots & 0 \\ \vdots & & \vdots & & \\ 0 & \cdots & a_{nj} & \cdots & 0 \end{pmatrix} \text{第 } i \text{ 行}$$

第 j 列

$$\underset{\text{第 } i \text{ 行}}{E_{ij}A} = \begin{pmatrix} 0 & \cdots & 0 & \cdots & 0 \\ \vdots & & \vdots & & \vdots \\ 0 & \cdots & 1 & \cdots & 0 \\ \vdots & & \vdots & & \vdots \\ 0 & \cdots & 0 & \cdots & 0 \end{pmatrix}\begin{pmatrix} a_{11} & \cdots & a_{1j} & \cdots & a_{1n} \\ \vdots & & \vdots & & \vdots \\ a_{i1} & \cdots & a_{ij} & \cdots & a_{in} \\ \vdots & & \vdots & & \vdots \\ a_{n1} & \cdots & a_{nj} & \cdots & a_{nn} \end{pmatrix} = \begin{pmatrix} 0 & \cdots & 0 & \cdots & 0 \\ \vdots & & \vdots & & \vdots \\ a_{j1} & \cdots & a_{ji} & \cdots & a_{jn} \\ \vdots & & \vdots & & \vdots \\ 0 & \cdots & 0 & \cdots & 0 \end{pmatrix}$$

第 i 行移到第 j 行

(2)
$$\begin{pmatrix} a_{11} & a_{12} & a_{13} & a_{14} & a_{15} & a_{16} \\ a_{21} & a_{22} & a_{23} & a_{24} & a_{25} & a_{26} \\ a_{31} & a_{32} & a_{33} & a_{34} & a_{35} & a_{36} \\ a_{41} & a_{42} & a_{43} & a_{44} & a_{45} & a_{46} \\ a_{51} & a_{52} & a_{53} & a_{54} & a_{55} & a_{56} \\ a_{61} & a_{62} & a_{63} & a_{64} & a_{65} & a_{66} \end{pmatrix}\begin{pmatrix} & & & & 0 & \\ & & & & 0 & \\ 0 & 0 & 0 & 0 & 1 & 0 \\ & & & & 0 & \\ & & & & 0 & \\ & & & & 0 & \end{pmatrix} = \begin{pmatrix} & & & & 0 & \\ & & & & 0 & \\ 0 & 0 & 0 & 0 & 1 & 0 \\ & & & & 0 & \\ & & & & 0 & \\ & & & & 0 & \end{pmatrix}\begin{pmatrix} a_{11} & a_{12} & a_{13} & a_{14} & a_{15} & a_{16} \\ a_{21} & a_{22} & a_{23} & a_{24} & a_{25} & a_{26} \\ a_{31} & a_{32} & a_{33} & a_{34} & a_{35} & a_{36} \\ a_{41} & a_{42} & a_{43} & a_{44} & a_{45} & a_{46} \\ a_{51} & a_{52} & a_{53} & a_{54} & a_{55} & a_{56} \\ a_{61} & a_{62} & a_{63} & a_{64} & a_{65} & a_{66} \end{pmatrix}$$

$$\begin{pmatrix} 0 & 0 & 0 & 0 & a_{13} & 0 \\ 0 & 0 & 0 & 0 & a_{23} & 0 \\ & & & & a_{33} & \\ & & & & a_{43} & \\ & & & & a_{53} & \\ & & & & a_{63} & \end{pmatrix} = \begin{pmatrix} 0 & 0 & & & & \\ 0 & 0 & & & & \\ a_{51} & a_{52} & a_{53} & a_{54} & a_{55} & a_{56} \\ & & & & & \\ & & & & & \\ & & & & & \end{pmatrix}$$

必须 $a_{33}=a_{55}$.

当 $k\neq i$ 时,$a_{ki}=0$;$k\neq j$ 时,$a_{jk}=0$.

且 $a_{ii}=a_{jj}$.

(3)命 $\boldsymbol{B}=\boldsymbol{E}_{12}$ 定得 $k\neq 1, a_{k1}=0$ 且 $a_{11}=a_{22}$;

$k\neq 2, a_{2k}=0$.

$\boldsymbol{B}=\boldsymbol{E}_{ij}$ 定得 $k\neq i, a_{ki}=0$ 且 $a_{ii}=a_{jj}$;

$k\neq j, a_{jk}=0$.

当 $\boldsymbol{B}$ 依次取 $\boldsymbol{E}_{12},\boldsymbol{E}_{23},\cdots,\boldsymbol{E}_{n-1,n}$ 时,就能全部确定出 a_{ij} 的值,即

$$i\neq j, a_{ij}=0$$

$$a_{11}=a_{22}=\cdots=a_{nn}$$

$$\boldsymbol{A}=\begin{pmatrix} a_{11} & & & \\ & a_{11} & & \\ & & \ddots & \\ & & & a_{11} \end{pmatrix}=a_{11}\boldsymbol{E}$$

即

$$\boldsymbol{A}=a\boldsymbol{E}$$

819. 方阵 $\boldsymbol{A}$ 称为对角形阵,如果它主对角线之外的所有元素都等于零. 证明:为使方阵 $\boldsymbol{A}$ 与所有对角形阵可换,必要且充分的条件是:矩阵 $\boldsymbol{A}$ 本身是对角形阵.

证明 着眼于“所有对角形”,我们延用北大数力系 1978 年教材方法.

命 $\boldsymbol{B}=\boldsymbol{E}_{11}$.

$$\begin{pmatrix} a_{11} & a_{12} & \cdots & a_{1n} \\ a_{21} & a_{22} & \cdots & a_{2n} \\ \vdots & \vdots & & \vdots \\ a_{n1} & a_{n2} & \cdots & a_{nn} \end{pmatrix}\begin{pmatrix} 1 & 0 & \cdots & 0 \\ 0 & 0 & \cdots & 0 \\ \vdots & \vdots & & \vdots \\ 0 & 0 & \cdots & 0 \end{pmatrix}=\begin{pmatrix} 1 & 0 & \cdots & 0 \\ 0 & 0 & \cdots & 0 \\ \vdots & \vdots & & \vdots \\ 0 & 0 & \cdots & 0 \end{pmatrix}\begin{pmatrix} a_{11} & a_{12} & \cdots & a_{1n} \\ a_{21} & a_{22} & \cdots & a_{2n} \\ \vdots & \vdots & & \vdots \\ a_{n1} & a_{n2} & \cdots & a_{nn} \end{pmatrix}$$

$$\begin{pmatrix} a_{11} & 0 & \cdots & 0 \\ a_{21} & 0 & \cdots & 0 \\ \vdots & \vdots & & \vdots \\ a_{n1} & 0 & \cdots & 0 \end{pmatrix}=\begin{pmatrix} a_{11} & a_{12} & \cdots & a_{1n} \\ 0 & 0 & \cdots & 0 \\ \vdots & \vdots & & \vdots \\ 0 & 0 & \cdots & 0 \end{pmatrix}$$

定得

$$k\neq 1, a_{1k}=0$$

$$a_{k1}=0$$

$\boldsymbol{B} = \boldsymbol{E}_{22}$ 定得$k \neq 2, a_{2k} = 0$;

$$a_{k2} = 0.$$

$$\cdots$$

$\boldsymbol{B} = \boldsymbol{E}_{nn}$ 定得$k \neq n, a_{kn} = 0$;

$$a_{nk} = 0.$$

因此

$$\boldsymbol{A} = \begin{pmatrix} a_{11} & & & \\ & a_{22} & & \\ & & \ddots & \\ & & & a_{nn} \end{pmatrix}$$

我们证明了矩阵 $\boldsymbol{A}$ 是对角形阵是方阵 $\boldsymbol{A}$ 与所有对角形阵可换的必要条件. 下面证明充分性.

$$\boldsymbol{A} = \begin{pmatrix} a_{11} & & & \\ & a_{22} & & \\ & & \ddots & \\ & & & a_{nn} \end{pmatrix}$$

那么

$$\boldsymbol{AB} = \begin{pmatrix} a_{11} & & & \\ & a_{22} & & \\ & & \ddots & \\ & & & a_{nn} \end{pmatrix}\begin{pmatrix} b_{11} & & & \\ & b_{22} & & \\ & & \ddots & \\ & & & b_{nn} \end{pmatrix} = \begin{pmatrix} a_{11}b_{11} & & & \\ & a_{22}b_{22} & & \\ & & \ddots & \\ & & & a_{nn}b_{nn} \end{pmatrix}$$

$$\boldsymbol{BA} = \begin{pmatrix} b_{11} & & & \\ & b_{22} & & \\ & & \ddots & \\ & & & b_{nn} \end{pmatrix}\begin{pmatrix} a_{11} & & & \\ & a_{22} & & \\ & & \ddots & \\ & & & a_{nn} \end{pmatrix} = \begin{pmatrix} b_{11}a_{11} & & & \\ & b_{22}a_{22} & & \\ & & \ddots & \\ & & & b_{nn}a_{nn} \end{pmatrix}$$

$$\boldsymbol{AB} = \boldsymbol{BA}$$

证毕.

820. 证明:如果 $\boldsymbol{A}$ 是对角形阵,且它主对角线所有元素彼此不同,则任一与 $\boldsymbol{A}$ 可换的矩阵也是对角形阵.

解　$\boldsymbol{A}$ 是对角形阵,设

$$\boldsymbol{A} = \begin{pmatrix} a_{11} & & & \\ & a_{22} & & \\ & & \ddots & \\ & & & a_{nn} \end{pmatrix}$$

则 $\boldsymbol{AB} = \boldsymbol{BA}$.

$$\begin{pmatrix} a_{11} & & & \\ & a_{22} & & \\ & & \ddots & \\ & & & a_{nn} \end{pmatrix}\begin{pmatrix} b_{11} & b_{12} & \cdots & b_{1n} \\ b_{21} & b_{22} & \cdots & b_{2n} \\ \vdots & \vdots & & \vdots \\ b_{n1} & b_{n2} & \cdots & b_{nn} \end{pmatrix} = \begin{pmatrix} b_{11} & b_{12} & \cdots & b_{1n} \\ b_{21} & b_{22} & \cdots & b_{2n} \\ \vdots & \vdots & & \vdots \\ b_{n1} & b_{n2} & \cdots & b_{nn} \end{pmatrix}\begin{pmatrix} a_{11} & & & \\ & a_{22} & & \\ & & \ddots & \\ & & & a_{nn} \end{pmatrix}$$

$$\begin{pmatrix} a_{11}b_{11} & a_{11}b_{12} & \cdots & a_{11}b_{1n} \\ a_{22}b_{21} & a_{22}b_{22} & \cdots & a_{22}b_{2n} \\ \vdots & \vdots & & \vdots \\ a_{nn}b_{n1} & a_{nn}b_{n2} & \cdots & a_{nn}b_{nn} \end{pmatrix} = \begin{pmatrix} b_{11}a_{11} & b_{12}a_{22} & \cdots & b_{1n}a_{nn} \\ b_{21}a_{11} & b_{22}a_{22} & \cdots & b_{2n}a_{nn} \\ \vdots & \vdots & & \vdots \\ b_{n1}a_{11} & b_{n2}a_{22} & \cdots & b_{nn}a_{nn} \end{pmatrix}$$

$$a_{11}b_{11} = b_{11}a_{11},\ a_{11}b_{12} = b_{12}a_{22},\ \cdots,\ a_{11}b_{1n} = b_{1n}a_{nn}$$
$$a_{22}b_{21} = b_{21}a_{11},\ a_{22}b_{22} = b_{22}a_{22},\ \cdots,\ a_{22}b_{2n} = b_{2n}a_{nn}$$
$$\cdots$$
$$a_{nn}b_{n1} = b_{n1}a_{11},\ a_{nn}b_{n2} = b_{n2}a_{22},\ \cdots,\ a_{nn}b_{nn} = b_{nn}a_{nn}$$

按照题目假设

$$a_{ii} \neq a_{jj} \quad (i,j = 1,2,\cdots,n)$$
$$b_{12} = 0,\ b_{13} = 0,\ \cdots,\ b_{1n} = 0$$
$$b_{21} = 0,\ b_{23} = 0,\ \cdots,\ b_{2n} = 0$$
$$\cdots$$
$$b_{n1} = 0,\ b_{n2} = 0,\ \cdots,\ b_{n-1,n} = 0$$

$$\boldsymbol{B} = \begin{pmatrix} b_{11} & & & \\ & b_{22} & & \\ & & \ddots & \\ & & & b_{nn} \end{pmatrix}$$

矩阵 $\boldsymbol{A}$ 是对角阵而且它主对角线所有元素彼此不同,与 $\boldsymbol{A}$ 可换的矩阵 $\boldsymbol{B}$ 也是对角形阵.

$$\begin{pmatrix} a_{11} & a_{12} & \cdots & a_{1n} \\ a_{21} & a_{22} & \cdots & a_{2n} \\ \vdots & \vdots & & \vdots \\ a_{n1} & a_{n2} & \cdots & a_{nn} \end{pmatrix}\begin{pmatrix} 1 & 0 & \cdots & 0 \\ 0 & 0 & \cdots & 0 \\ \vdots & \vdots & & \vdots \\ 0 & 0 & \cdots & 0 \end{pmatrix} = \begin{pmatrix} 1 & 0 & \cdots & 0 \\ 0 & 0 & \cdots & 0 \\ \vdots & \vdots & & \vdots \\ 0 & 0 & \cdots & 0 \end{pmatrix}\begin{pmatrix} a_{11} & a_{12} & \cdots & a_{1n} \\ a_{21} & a_{22} & \cdots & a_{2n} \\ \vdots & \vdots & & \vdots \\ a_{n1} & a_{n2} & \cdots & a_{nn} \end{pmatrix}$$

$$\begin{pmatrix} a_{11} & 0 & \cdots & 0 \\ a_{21} & 0 & \cdots & 0 \\ \vdots & \vdots & & \vdots \\ a_{n1} & 0 & \cdots & 0 \end{pmatrix} = \begin{pmatrix} a_{11} & a_{12} & \cdots & a_{1n} \\ 0 & 0 & \cdots & 0 \\ \vdots & \vdots & & \vdots \\ 0 & 0 & \cdots & 0 \end{pmatrix}$$

定得 $k \neq 1$, $a_{1k} = 0$;

$$a_{k1} = 0.$$

命 $\boldsymbol{B} = \boldsymbol{E}_{22}$ 定得 $k \neq 2$, $a_{2k} = 0$;

$$a_{k2} = 0.$$

命 $\boldsymbol{B}=\boldsymbol{E}_{ii}$ 定得 $k\neq i$

$$a_{ik}=0;$$
$$a_{ki}=0.$$

命 $\boldsymbol{B}=\boldsymbol{E}_{nn}$ 定得 $k\neq n$

$$a_{kn}=0;$$
$$a_{nk}=0.$$

$$\boldsymbol{A}=\begin{pmatrix} a_{11} & & & \\ & a_{22} & & \\ & & \ddots & \\ & & & a_{nn} \end{pmatrix}$$

检验：

$$\boldsymbol{AB}=\begin{pmatrix} a_{11} & & & \\ & a_{22} & & \\ & & \ddots & \\ & & & a_{nn} \end{pmatrix}\begin{pmatrix} b_{11} & & & \\ & b_{22} & & \\ & & \ddots & \\ & & & b_{nn} \end{pmatrix}=\begin{pmatrix} a_{11}b_{11} & & & \\ & a_{22}b_{22} & & \\ & & \ddots & \\ & & & a_{nn}b_{nn} \end{pmatrix}$$

$$\boldsymbol{BA}=\begin{pmatrix} b_{11} & & & \\ & b_{22} & & \\ & & \ddots & \\ & & & b_{nn} \end{pmatrix}\begin{pmatrix} a_{11} & & & \\ & a_{22} & & \\ & & \ddots & \\ & & & a_{nn} \end{pmatrix}=\begin{pmatrix} a_{11}b_{11} & & & \\ & a_{22}b_{22} & & \\ & & \ddots & \\ & & & a_{nn}b_{nn} \end{pmatrix}$$

$$\boldsymbol{AB}=\boldsymbol{BA}$$

证毕.

821. 证明：用对角形阵 $\boldsymbol{B}=\{\lambda_1,\lambda_2,\cdots,\lambda_n\}$ 左乘矩阵 $\boldsymbol{A}$，导致 $\boldsymbol{A}$ 的各行顺次乘以 λ_1，$\lambda_2,\cdots,\lambda_n$；而用 $\boldsymbol{B}$ 右乘 $\boldsymbol{A}$ 导致列的类似改变.

证明

$$\begin{pmatrix} \lambda_1 & & & \\ & \lambda_2 & & \\ & & \ddots & \\ & & & \lambda_n \end{pmatrix}\begin{pmatrix} a_{11} & a_{12} & \cdots & a_{1n} \\ a_{21} & a_{22} & \cdots & a_{2n} \\ \vdots & \vdots & & \vdots \\ a_{n1} & a_{n2} & \cdots & a_{nn} \end{pmatrix}=\begin{pmatrix} \lambda_1 a_{11} & \lambda_1 a_{12} & \cdots & \lambda_1 a_{1n} \\ \lambda_2 a_{21} & \lambda_2 a_{22} & \cdots & \lambda_2 a_{2n} \\ \vdots & \vdots & & \vdots \\ \lambda_n a_{n1} & \lambda_n a_{n2} & \cdots & \lambda_n a_{nn} \end{pmatrix}$$

$$\begin{pmatrix} a_{11} & a_{12} & \cdots & a_{1n} \\ a_{21} & a_{22} & \cdots & a_{2n} \\ \vdots & \vdots & & \vdots \\ a_{n1} & a_{n2} & \cdots & a_{nn} \end{pmatrix}\begin{pmatrix} \lambda_1 & & & \\ & \lambda_2 & & \\ & & \ddots & \\ & & & \lambda_n \end{pmatrix}=\begin{pmatrix} \lambda_1 a_{11} & \lambda_2 a_{12} & \cdots & \lambda_n a_{1n} \\ \lambda_1 a_{21} & \lambda_2 a_{22} & \cdots & \lambda_n a_{2n} \\ \vdots & \vdots & & \vdots \\ \lambda_1 a_{n1} & \lambda_2 a_{n2} & \cdots & \lambda_n a_{nn} \end{pmatrix}$$

证毕.

求出与以下矩阵可换的所有矩阵：

822. $\begin{pmatrix}1 & 2\\ 3 & 4\end{pmatrix}$.

解　假设

$\mathbf{Z}=\begin{pmatrix}x_{11} & x_{12}\\ x_{21} & x_{22}\end{pmatrix}$为矩阵$\begin{pmatrix}1 & 2\\ 3 & 4\end{pmatrix}$的可换矩阵.

$$\begin{pmatrix}x_{11} & x_{12}\\ x_{21} & x_{22}\end{pmatrix}\begin{pmatrix}1 & 2\\ 3 & 4\end{pmatrix}=\begin{pmatrix}1 & 2\\ 3 & 4\end{pmatrix}\begin{pmatrix}x_{11} & x_{12}\\ x_{21} & x_{22}\end{pmatrix}$$

$$\begin{cases}x_{11}+3x_{12}=x_{11}+2x_{21}\\ 2x_{11}+4x_{12}=x_{12}+2x_{22}\\ x_{21}+3x_{22}=3x_{11}+4x_{21}\\ 2x_{21}+4x_{22}=3x_{12}+4x_{22}\end{cases}$$

$$\begin{cases}x_{12}=\dfrac{2}{3}x_{21}\\ 2x_{11}+3x_{12}=2x_{22}\\ x_{11}+x_{21}=x_{22}\end{cases}$$

命　$x_{11}=a$, $x_{21}=3b$, $x_{12}=2b$.

$x_{22}=a+3b$,其中 a 和 b 是任何数.

$\mathbf{Z}=\begin{pmatrix}a & 2b\\ 3b & a+3b\end{pmatrix}$　为所求之可换矩阵.

823. $\begin{pmatrix}7 & -3\\ 5 & -2\end{pmatrix}$.

解　设 $\mathbf{Z}=\begin{pmatrix}x_{11} & x_{12}\\ x_{21} & x_{22}\end{pmatrix}$　为所求之二阶矩阵

$$\begin{pmatrix}x_{11} & x_{12}\\ x_{21} & x_{22}\end{pmatrix}\begin{pmatrix}7 & -3\\ 5 & -2\end{pmatrix}=\begin{pmatrix}7 & -3\\ 5 & -2\end{pmatrix}\begin{pmatrix}x_{11} & x_{12}\\ x_{21} & x_{22}\end{pmatrix}$$

$$\begin{cases}7x_{11}+5x_{12}=7x_{11}-3x_{21}\\ 7x_{21}+5x_{22}=5x_{11}-2x_{21}\\ -3x_{11}-2x_{12}=7x_{12}-3x_{22}\\ -3x_{21}-2x_{22}=5x_{12}-2x_{22}\end{cases}\Rightarrow\begin{cases}x_{12}=-\dfrac{3}{5}x_{21}\\ 9x_{21}+5x_{22}=5x_{11}\\ 3x_{11}+9x_{12}=3x_{22}\end{cases}$$

$$x_{12}=3b, x_{21}=-5b$$

$$x_{11}=a, x_{22}=a+9b$$

$\mathbf{Z}=\begin{pmatrix}a & 3b\\ -5b & a+9b\end{pmatrix}$,其中 a 和 b 是任何数.

824. $\begin{pmatrix}3 & 1 & 0\\ 0 & 3 & 1\\ 0 & 0 & 3\end{pmatrix}$.

解

$$\begin{pmatrix} a_{11} & a_{12} & a_{13} \\ a_{21} & a_{22} & a_{23} \\ a_{31} & a_{32} & a_{33} \end{pmatrix}\begin{pmatrix} 3 & 1 & 0 \\ 0 & 3 & 1 \\ 0 & 0 & 3 \end{pmatrix} = \begin{pmatrix} 3 & 1 & 0 \\ 0 & 3 & 1 \\ 0 & 0 & 3 \end{pmatrix}\begin{pmatrix} a_{11} & a_{12} & a_{13} \\ a_{21} & a_{22} & a_{23} \\ a_{31} & a_{32} & a_{33} \end{pmatrix}$$

$$\begin{cases} 3a_{11} = 3a_{11} + a_{21}, \\ a_{11} + 3a_{12} = 3a_{12} + a_{22}, \\ a_{12} + 3a_{13} = 3a_{13} + a_{23}, \\ 3a_{21} = 3a_{21} + a_{31}, \\ a_{21} + 3a_{22} = 3a_{22} + a_{32}, \\ a_{22} + 3a_{23} = 3a_{23} + a_{33}, \\ 3a_{31} = 3a_{31}, \\ a_{31} + 3a_{32} = 3a_{32}, \\ a_{32} + 3a_{33} = 3a_{33}, \end{cases} \Rightarrow \begin{cases} a_{21} = 0 \\ a_{11} = a_{22} = a_{33} \\ a_{12} = a_{23} \\ a_{31} = 0 \\ a_{32} = 0 \end{cases}$$

用 a,b,c 代替 a_{ii},a_{ij} 得

$$\boldsymbol{A} = \begin{pmatrix} a & b & c \\ 0 & a & b \\ 0 & 0 & a \end{pmatrix}$$

825. $\begin{pmatrix} 0 & 1 & 0 & 0 \\ 0 & 0 & 1 & 0 \\ 0 & 0 & 0 & 1 \\ 0 & 0 & 0 & 0 \end{pmatrix}$.

解
$$\begin{pmatrix} a_{11} & a_{12} & a_{13} & a_{14} \\ a_{21} & a_{22} & a_{23} & a_{24} \\ a_{31} & a_{32} & a_{33} & a_{34} \\ a_{41} & a_{42} & a_{43} & a_{44} \end{pmatrix}\begin{pmatrix} 0 & 1 & 0 & 0 \\ 0 & 0 & 1 & 0 \\ 0 & 0 & 0 & 1 \\ 0 & 0 & 0 & 0 \end{pmatrix} = \begin{pmatrix} 0 & 1 & 0 & 0 \\ 0 & 0 & 1 & 0 \\ 0 & 0 & 0 & 1 \\ 0 & 0 & 0 & 0 \end{pmatrix}\begin{pmatrix} a_{11} & a_{12} & a_{13} & a_{14} \\ a_{21} & a_{22} & a_{23} & a_{24} \\ a_{31} & a_{32} & a_{33} & a_{34} \\ a_{41} & a_{42} & a_{43} & a_{44} \end{pmatrix}$$

$$左 = \begin{pmatrix} 0 & a_{11} & a_{12} & a_{13} \\ 0 & a_{21} & a_{22} & a_{23} \\ 0 & a_{31} & a_{32} & a_{33} \\ 0 & a_{41} & a_{42} & a_{43} \end{pmatrix},右 = \begin{pmatrix} a_{21} & a_{22} & a_{23} & a_{24} \\ a_{31} & a_{32} & a_{33} & a_{34} \\ a_{41} & a_{42} & a_{43} & a_{44} \\ 0 & 0 & 0 & 0 \end{pmatrix}$$

必须
$$a_{21} = a_{31} = a_{41} = a_{42} = a_{43} = 0$$
同时

$$a_{21} = a_{32} = 0,\ a_{11} = a_{22} = a_{33} = a_{44}$$
$$a_{31} = a_{42} = 0,\ a_{12} = a_{23} = a_{34}$$
$$a_{13} = a_{24}$$

把 $\boldsymbol{A}$ 中 a_{ij} 换为 a,b,c,d 得

$$\begin{pmatrix} a & b & c & d \\ 0 & a & b & c \\ 0 & 0 & a & b \\ 0 & 0 & 0 & a \end{pmatrix}$$

826. 求所有的数 c:使非奇异矩阵 $\boldsymbol{A}$ 乘上它后距离的行列式不变.

解　假设是五阶方阵

$$\boldsymbol{A} = \begin{pmatrix} a_{11} & a_{12} & a_{13} & a_{14} & a_{15} \\ a_{21} & a_{22} & a_{23} & a_{24} & a_{25} \\ a_{31} & a_{32} & a_{33} & a_{34} & a_{35} \\ a_{41} & a_{42} & a_{43} & a_{44} & a_{45} \\ a_{51} & a_{52} & a_{53} & a_{54} & a_{55} \end{pmatrix}, c\boldsymbol{A} = \begin{pmatrix} ca_{11} & ca_{12} & ca_{13} & ca_{14} & ca_{15} \\ ca_{21} & ca_{22} & ca_{23} & ca_{24} & ca_{25} \\ ca_{31} & ca_{32} & ca_{33} & ca_{34} & ca_{35} \\ ca_{41} & ca_{42} & ca_{43} & ca_{44} & ca_{45} \\ ca_{51} & ca_{52} & ca_{53} & ca_{54} & ca_{55} \end{pmatrix}$$

$$|\boldsymbol{A}| = c^5 |\boldsymbol{A}|$$

$$c^5 = 1$$

$$c = \cos\frac{2k\pi}{5} + \mathrm{i}\sin\frac{2k\pi}{5} \quad (k = 0,1,2,3,4)$$

对于 n 阶方阵类似可得

$$c^n = 1$$

$$c = \cos\frac{2k\pi}{n} + \mathrm{i}\sin\frac{2k\pi}{n} \quad (k = 0,1,2,\cdots,n-1)$$

827. 求多项式 $f(x) = 3x^2 - 2x + 5$ 在矩阵

$$\boldsymbol{A} = \begin{pmatrix} 1 & -2 & 3 \\ 2 & -4 & 1 \\ 3 & -5 & 2 \end{pmatrix}$$

的值 $f(\boldsymbol{A})$.

解　矩阵 $\boldsymbol{A}$ 的特征多项式

$$\varphi(\lambda) = |\lambda\boldsymbol{E} - \boldsymbol{A}| = \begin{vmatrix} \lambda-1 & 2 & -3 \\ -2 & \lambda+4 & -1 \\ -3 & 5 & \lambda-2 \end{vmatrix} = \begin{vmatrix} \lambda-1 & -1 & -3 \\ -2 & \lambda+3 & -1 \\ -3 & \lambda+3 & \lambda-2 \end{vmatrix}$$

$$= \begin{vmatrix} \lambda-1 & -1 & -3 \\ -2 & \lambda+3 & -1 \\ -1 & 0 & \lambda-1 \end{vmatrix} = \begin{vmatrix} \lambda-1 & -1 & -3 \\ 0 & \lambda+3 & -2\lambda+1 \\ -1 & 0 & \lambda-1 \end{vmatrix}$$

$$= \begin{vmatrix} \lambda-1 & -1 & 0 \\ 0 & \lambda+3 & -5\lambda-8 \\ -1 & 0 & \lambda-1 \end{vmatrix}$$

$$= (\lambda+3)(\lambda-1)^2 - 5\lambda - 8 = \lambda^3 + \lambda^2 - 10\lambda - 5$$

根据哈密顿——凯莱定理

$$f(x)=3x^2-2x+5$$
$$\varphi(x)=x^3+x^2-10x-5$$
$$f(x)+\varphi(x)=x^3+4x^2-12x$$
$$f(\boldsymbol{A})=\boldsymbol{A}^3+4\boldsymbol{A}^2-12\boldsymbol{A}=\boldsymbol{A}(\boldsymbol{A}^2+4\boldsymbol{A}-12)=\boldsymbol{A}(\boldsymbol{A}+6)(\boldsymbol{A}-2)$$
$$=\begin{pmatrix}1&-2&3\\2&-4&1\\3&-5&2\end{pmatrix}\begin{pmatrix}7&-2&3\\2&2&1\\3&-5&8\end{pmatrix}\begin{pmatrix}-1&-2&3\\2&-6&1\\3&-5&0\end{pmatrix}$$
$$=\begin{pmatrix}12&-21&25\\9&-17&10\\17&-26&20\end{pmatrix}\begin{pmatrix}-1&-2&3\\2&-6&1\\3&-5&0\end{pmatrix}=\begin{pmatrix}21&-23&15\\-13&34&10\\-9&22&25\end{pmatrix}$$

828. 求多项式 $f(x)=x^3-7x^2+13x-5$ 在矩阵

$$\boldsymbol{A}=\begin{pmatrix}5&2&-3\\1&3&-1\\2&2&-1\end{pmatrix}$$

的值 $f(\boldsymbol{A})$.

解　求矩阵 $\boldsymbol{A}$ 的特征多项式

$$|\lambda\boldsymbol{E}-\boldsymbol{A}|=\begin{vmatrix}\lambda-5&-2&3\\-1&\lambda-3&1\\-2&-2&\lambda+1\end{vmatrix}=\begin{vmatrix}\lambda-5&-2&\lambda-2\\-1&\lambda-3&0\\-2&-2&\lambda-1\end{vmatrix}=\begin{vmatrix}\lambda-3&0&-1\\-1&\lambda-3&0\\-2&-2&\lambda-1\end{vmatrix}$$
$$=(\lambda-1)(\lambda-3)^2-2-2(\lambda-3)=\lambda^3-7\lambda^2+13\lambda-5$$

根据哈密顿——凯莱定理

$$f(\boldsymbol{A})=0$$

829. 证明：矩阵 $\boldsymbol{A}=\begin{pmatrix}a&b\\c&d\end{pmatrix}$ 满足方程

$$x^2-(a+d)x+ad-bc=0$$

证明

$$\boldsymbol{A}^2=\begin{pmatrix}a&b\\c&d\end{pmatrix}\begin{pmatrix}a&b\\c&d\end{pmatrix}=\begin{pmatrix}a^2+bc&ab+bd\\ac+cd&bc+d^2\end{pmatrix}$$
$$-(a+d)\begin{pmatrix}a&b\\c&d\end{pmatrix}=\begin{pmatrix}-a^2-ad&-ab-bd\\-ac-cd&-ab-d^2\end{pmatrix}$$
$$(ad-bc)\begin{pmatrix}1&0\\0&1\end{pmatrix}=\begin{pmatrix}ad-bc&0\\0&ad-bc\end{pmatrix}$$
$$\boldsymbol{A}^2-(a+d)\boldsymbol{A}+(ad-bc)\boldsymbol{E}=\begin{pmatrix}0&0\\0&0\end{pmatrix}=0$$

证毕.

830. 证明:对任何方阵 $\boldsymbol{A}$ 存在不为零的多项式 $f(x)$,使 $f(\boldsymbol{A})=0$,并且所有这种多项式可被它们中间的一个所除尽,这一个如限定其最高项系数为 1,则是唯一确定的(它称为矩阵 $\boldsymbol{A}$ 的最小多项式).

证明　设 $\boldsymbol{A}$ 为 n 阶矩阵,$\boldsymbol{A}=(a_{ij})_{n\times n}$,因 $\boldsymbol{A}$ 中含有 n^2 个数,故也可把它看作 n^2 维空间中的向量,作为向量组 $\boldsymbol{I},\boldsymbol{A},\boldsymbol{A}^2,\cdots,\boldsymbol{A}^{n^2}$,由于其中向量的个数大于维数,因而它们线性相关.

设 m 为使矩阵列 $\boldsymbol{I},\boldsymbol{A},\boldsymbol{A}^2,\cdots,\boldsymbol{A}^t(t\leqslant n^2)$ 线性相关的最小次数,即

$$\boldsymbol{I},\boldsymbol{A},\boldsymbol{A}^2,\cdots,\boldsymbol{A}^m$$

线性相关,则存在 $m+1$ 个不全为零的数 $a_0,a_1,\cdots,a_m$ 使得

$$a_0\boldsymbol{I}+a_1\boldsymbol{A}+a_2\boldsymbol{A}^2+\cdots+a_m\boldsymbol{A}^m=\boldsymbol{0}$$

其中 $a_m\neq 0$,否则 $a_m\boldsymbol{A}^m=\boldsymbol{0}$,这与对 m 的假设矛盾,所以

$$\boldsymbol{A}^m=-\frac{a_0}{a_m}\boldsymbol{I}-\frac{a_1}{a_m}\boldsymbol{A}-\frac{a_2}{a_m}\boldsymbol{A}^2-\cdots-\frac{a_{m-1}}{a_m}\boldsymbol{A}^{m-1}$$

令

$$\lambda_i=-\frac{a_i}{a_m}\quad(i=0,1,2,\cdots,m-1)$$

则

$$\boldsymbol{A}^m=\lambda_0\boldsymbol{I}+\lambda_1\boldsymbol{A}+\lambda_2\boldsymbol{A}^2+\cdots+\lambda_{m-1}\boldsymbol{A}^{m-1}$$

若定义多项式 $\psi_m(\lambda)$ 为

$$\psi_m(\lambda)=-\lambda_0-\lambda_1\lambda-\lambda_2\lambda-\cdots-\lambda_{m-1}\lambda^{m-1}+\lambda^m$$

则有

$$\psi_m(\boldsymbol{A})=0$$

且没有次数比之更低的多项式满足上式,所以 $\psi_m(\lambda)$ 为 $\boldsymbol{A}$ 的最小多项式.

831. 证明:等式 $\boldsymbol{AB}-\boldsymbol{BA}=\boldsymbol{E}$ 对任何矩阵 $\boldsymbol{A}$ 和 $\boldsymbol{B}$ 都不成立.

证明　当 $n=1$ 时

$$ab-ba=0=1$$

不成立.

当 $n=2$ 时

$$\boldsymbol{AB}=\begin{pmatrix}a_{11}&a_{12}\\a_{21}&a_{22}\end{pmatrix}\begin{pmatrix}b_{11}&b_{12}\\b_{21}&b_{22}\end{pmatrix}=\begin{pmatrix}a_{11}b_{11}+a_{12}b_{21}&a_{11}b_{12}+a_{12}b_{22}\\a_{21}b_{11}+a_{22}b_{21}&a_{21}b_{12}+a_{22}b_{22}\end{pmatrix}$$

$$\boldsymbol{BA}=\begin{pmatrix}b_{11}&b_{12}\\b_{21}&b_{22}\end{pmatrix}\begin{pmatrix}a_{11}&a_{12}\\a_{21}&a_{22}\end{pmatrix}=\begin{pmatrix}b_{11}a_{11}+b_{12}a_{21}&b_{11}a_{12}+b_{12}a_{22}\\b_{21}a_{11}+b_{22}a_{21}&b_{21}a_{12}+b_{22}a_{22}\end{pmatrix}$$

$$\boldsymbol{AB}-\boldsymbol{BA}=\begin{pmatrix}a_{12}b_{21}-a_{21}b_{12}&a_{12}b_{22}+a_{11}b_{12}-a_{12}b_{11}-b_{12}a_{22}\\a_{21}b_{11}+a_{22}b_{21}-b_{21}a_{11}-b_{22}a_{21}&a_{21}b_{12}-a_{12}b_{21}\end{pmatrix}=\begin{pmatrix}1&0\\0&1\end{pmatrix}$$

必须

$$C_{11}+C_{22}=0$$

而满足条件必须

$$C_{11}+C_{22}=2$$

这个矛盾，说明无解.

当 $n=3$ 时

$$\boldsymbol{AB}=\begin{pmatrix} a_{11} & a_{12} & a_{13} \\ a_{21} & a_{22} & a_{23} \\ a_{31} & a_{32} & a_{33} \end{pmatrix}\begin{pmatrix} b_{11} & b_{12} & b_{13} \\ b_{21} & b_{22} & b_{23} \\ b_{31} & b_{32} & b_{33} \end{pmatrix}$$

$$=\begin{pmatrix} \underline{a_{11}b_{11}}+a_{12}b_{21}+a_{13}b_{31} & * & * \\ * & a_{21}b_{12}+\underline{a_{22}b_{22}}+a_{23}b_{32} & * \\ * & * & a_{31}b_{13}+a_{32}b_{23}+\underline{a_{33}b_{33}} \end{pmatrix}$$

$$\boldsymbol{BA}=\begin{pmatrix} b_{11} & b_{12} & b_{13} \\ b_{21} & b_{22} & b_{23} \\ b_{31} & b_{32} & b_{33} \end{pmatrix}\begin{pmatrix} a_{11} & a_{12} & a_{13} \\ a_{21} & a_{22} & a_{23} \\ a_{31} & a_{32} & a_{33} \end{pmatrix}$$

$$=\begin{pmatrix} \underline{b_{11}a_{11}}+b_{12}a_{21}+b_{13}a_{31} & * & * \\ * & b_{21}a_{12}+\underline{b_{22}a_{22}}+b_{23}a_{32} & * \\ * & * & b_{31}a_{13}+b_{32}a_{23}+\underline{b_{33}a_{33}} \end{pmatrix}$$

$$C_{11}+C_{22}+C_{33}-C'_{11}-C'_{22}-C'_{33}=0$$

按照 $\boldsymbol{AB}-\boldsymbol{BA}=\boldsymbol{E}$.

$$C_{11}+C_{22}+C_{33}-C'_{11}-C'_{22}-C'_{33}=3$$

这是一个矛盾，无解.

当 $n=4$ 时

$$\boldsymbol{AB}=\begin{pmatrix} a_{11} & a_{12} & a_{13} & a_{14} \\ a_{21} & a_{22} & a_{23} & a_{24} \\ a_{31} & a_{32} & a_{33} & a_{34} \\ a_{41} & a_{42} & a_{43} & a_{44} \end{pmatrix}\begin{pmatrix} b_{11} & b_{12} & b_{13} & b_{14} \\ b_{21} & b_{22} & b_{23} & b_{24} \\ b_{31} & b_{32} & b_{33} & b_{34} \\ b_{41} & b_{42} & b_{43} & b_{44} \end{pmatrix}$$

$$=\begin{pmatrix} \underline{a_{11}b_{11}}+a_{12}b_{21}+a_{13}b_{31}+a_{14}b_{41} & * & & * \\ * & \underline{a_{21}b_{12}}+a_{22}b_{22}+a_{23}b_{32}+a_{24}b_{42} & & * \\ * & * & \cdots & * \\ * & * & & \underline{a_{41}b_{14}}+a_{42}b_{24}+a_{43}b_{34}+a_{44}b_{44} \end{pmatrix}$$

$$
\boldsymbol{BA}=\begin{pmatrix} b_{11} & b_{12} & b_{13} & b_{14} \\ b_{21} & b_{22} & b_{23} & b_{24} \\ b_{31} & b_{32} & b_{33} & b_{34} \\ b_{41} & b_{42} & b_{43} & b_{44} \end{pmatrix}\begin{pmatrix} a_{11} & a_{12} & a_{13} & a_{14} \\ a_{21} & a_{22} & a_{23} & a_{24} \\ a_{31} & a_{32} & a_{33} & a_{34} \\ a_{41} & a_{42} & a_{43} & a_{44} \end{pmatrix}
$$

$$
=\begin{pmatrix} \underline{b_{11}a_{11}}+\underline{b_{12}a_{21}}+b_{13}a_{31}+\underline{b_{14}a_{41}} & & & \\ & \underline{b_{21}a_{12}}+\underline{b_{22}a_{22}}+b_{23}a_{32}+\underline{b_{24}a_{42}} & & \\ & & \cdots & \\ & & & \underline{b_{41}a_{14}}+\underline{b_{42}a_{24}}+b_{43}a_{34}+\underline{b_{44}a_{44}} \end{pmatrix}
$$

一方面

$$
C_{11}+C_{22}+C_{33}+C_{44}-C'_{11}-C'_{22}-C'_{33}-C'_{44}=0
$$

按照 $\boldsymbol{AB}-\boldsymbol{BA}=\boldsymbol{E}$,

$$
C_{11}+C_{22}+C_{33}+C_{44}-C'_{11}-C'_{22}-C'_{33}-C'_{44}=4
$$

说明所有未知量对于方程组无解.

当 $n=5$ 时

$$
\begin{pmatrix} a_{11} & a_{12} & a_{13} & a_{14} & a_{15} \\ a_{21} & a_{22} & a_{23} & a_{24} & a_{25} \\ a_{31} & a_{32} & a_{33} & a_{34} & a_{35} \\ a_{41} & a_{42} & a_{43} & a_{44} & a_{45} \\ a_{51} & a_{52} & a_{53} & a_{54} & a_{55} \end{pmatrix}\begin{pmatrix} b_{11} & b_{12} & b_{13} & b_{14} & b_{15} \\ b_{21} & b_{22} & b_{23} & b_{24} & b_{25} \\ b_{31} & b_{32} & b_{33} & b_{34} & b_{35} \\ b_{41} & b_{42} & b_{43} & b_{44} & b_{45} \\ b_{51} & b_{52} & b_{53} & b_{54} & b_{55} \end{pmatrix}-
$$

$$
\begin{pmatrix} b_{11} & b_{12} & b_{13} & b_{14} & b_{15} \\ b_{21} & b_{22} & b_{23} & b_{24} & b_{25} \\ b_{31} & b_{32} & b_{33} & b_{34} & b_{35} \\ b_{41} & b_{42} & b_{43} & b_{44} & b_{45} \\ b_{51} & b_{52} & b_{53} & b_{54} & b_{55} \end{pmatrix}\cdot\begin{pmatrix} a_{11} & a_{12} & a_{13} & a_{14} & a_{15} \\ a_{21} & a_{22} & a_{23} & a_{24} & a_{25} \\ a_{31} & a_{32} & a_{33} & a_{34} & a_{35} \\ a_{41} & a_{42} & a_{43} & a_{44} & a_{45} \\ a_{51} & a_{52} & a_{53} & a_{54} & a_{55} \end{pmatrix}=\begin{pmatrix} 1 & 0 & 0 & 0 & 0 \\ 0 & 1 & 0 & 0 & 0 \\ 0 & 0 & 1 & 0 & 0 \\ 0 & 0 & 0 & 1 & 0 \\ 0 & 0 & 0 & 0 & 1 \end{pmatrix}
$$

$$
\begin{aligned}
C_{11} &= a_{11}b_{11}+a_{12}b_{21}+a_{13}b_{31}+a_{14}b_{41}+a_{15}b_{51} \\
C_{22} &= a_{21}b_{12}+a_{22}b_{22}+a_{23}b_{32}+a_{24}b_{42}+a_{25}b_{52} \\
C_{33} &= a_{31}b_{13}+a_{32}b_{23}+a_{33}b_{33}+a_{34}b_{43}+a_{35}b_{53} \\
C_{44} &= a_{41}b_{14}+a_{42}b_{24}+a_{43}b_{34}+a_{44}b_{44}+a_{45}b_{54} \\
C_{55} &= a_{51}b_{15}+a_{52}b_{25}+a_{53}b_{35}+a_{54}b_{45}+a_{55}b_{55} \\
C'_{11} &= b_{11}a_{11}+b_{12}a_{21}+b_{13}a_{31}+b_{14}a_{41}+b_{15}a_{51} \\
C'_{22} &= b_{21}a_{12}+b_{22}a_{22}+b_{23}a_{32}+b_{24}a_{42}+b_{25}a_{52} \\
C'_{33} &= b_{31}a_{13}+b_{32}a_{23}+b_{33}a_{33}+b_{34}a_{43}+b_{35}a_{53}
\end{aligned}
$$

$$C'_{44} = b_{41}a_{14} + b_{42}a_{24} + b_{43}a_{34} + b_{44}a_{44} + b_{45}a_{54}$$

$$C'_{55} = b_{51}a_{15} + b_{52}a_{25} + b_{53}a_{35} + b_{54}a_{45} + b_{55}a_{55}$$

$$(C_{11} + C_{22} + C_{33} + C_{44} + C_{55}) - (C'_{11} + C'_{22} + C'_{33} + C'_{44} + C'_{55}) = 5$$

$$0 = 5$$

故无论矩阵 $\boldsymbol{A},\boldsymbol{B}$ 取什么值 $\boldsymbol{AB}-\boldsymbol{BA}=\boldsymbol{E}$ 都无解.

高等代数教程　库洛什著

域的特徵　不是所有数域的性质都能在任何一个域中存在. 例如在数域,把数 1 同它自己重复相加,就得出单位数的任何一个正整数倍,永远不能得出零来,这些倍数就是全部自然数,彼此都不相等. 如果我们在任何一个有限域中,取某元素的倍数,那么在它们里面一定有相等的元素,因为这一个域仅含有有限个不同的元素. 如果域 P 中某元素的所有整数倍数都是域 P 中不同的元素,也就是当 $k\neq l$ 时 $k\cdot 1\neq l\cdot 1$,那么我们说域 P 有特征零;例如所有数域都是这样的. 如果有整数 k 和 l 存在,$k>l$,而在 P 中得出等式 $k\cdot 1=l\cdot 1$,那么$(k-l)\cdot 1=0$,也就是在 P 中,有某元素的正倍数存在能等于零. 这个时候我们叫 P 为有限特征的域,它的特征为 P,如果 p 是最小的正整数,则能够使域 P 的某元素的 p 倍变为零. 可以用所有的有限域做有限特征域的例子;但是亦有这样的无限域存在,它的特征是有限的.

如果域 P 有特征 p,那么 p 为一个素数.

事实上,从等式 $p=st$,$s<p$,$t<p$,将推出等式$(s\cdot 1)(t\cdot 1)=p\cdot 1=0$,因在域中不能有真零因子,故 $s\cdot 1=0$ 或 $t\cdot 1=0$,但是这和特征的定义,是一个最小的系数可以变域的某元素为零,互相冲突.

如果域 P 的特征等于 p,那么对于这一个域中任何一个元素 a 都有等式 $pa=0$.

如果域 P 的特征等于 0,而 a 是这一个域中的元素,n 为一整数,那么由 $a\neq 0$ 和 $n\neq 0$ 可以得出 $na\neq 0$.

事实上,对于前一种情形,元素 pa 是 p 个 a 的和,可以把 a 提到括号的外面,表成下面的形式

$$pa = a(p\cdot 1) = a\cdot 0 = 0$$

在后一种情形,从等式 $na=0$,亦就是 $a(n\cdot 1)=0$,当 $a\neq 0$ 时得出等式 $n\cdot 1=0$. 因为域的特征等于零,故得 $n=0$.

在题中假定矩阵 $\boldsymbol{A}$ 和 $\boldsymbol{B}$ 的元素是数. 对于特征数 $p\neq 0$ 的域结果是不正确的.

例如,对于 p 阶矩阵

$$\boldsymbol{A} = \begin{pmatrix} 0 & 1 & 0 & \cdots & 0 \\ 0 & 0 & 1 & \cdots & 0 \\ \vdots & \vdots & \vdots & & \vdots \\ 0 & 0 & 0 & \cdots & 1 \\ 0 & 0 & 0 & \cdots & 0 \end{pmatrix}$$

和

$$\boldsymbol{B}=\begin{pmatrix}0&0&0&\cdots&0&0\\1&0&0&\cdots&0&0\\0&2&0&\cdots&0&0\\\vdots&\vdots&\vdots&&\vdots&\vdots\\0&0&0&\cdots&p-1&0\end{pmatrix}$$

有 $\boldsymbol{AB}-\boldsymbol{BA}=\boldsymbol{E}$.

832. 求其平方等于零矩阵的所有二阶矩阵.

解

$$\boldsymbol{A}^2=\begin{pmatrix}x_{11}&x_{12}\\x_{21}&x_{22}\end{pmatrix}\begin{pmatrix}x_{11}&x_{12}\\x_{21}&x_{22}\end{pmatrix}=\boldsymbol{O}$$

$$\begin{cases}x_{11}^2+x_{12}x_{21}=0\\x_{11}x_{12}+x_{12}x_{22}=0\\x_{11}x_{21}+x_{22}x_{21}=0\\x_{21}x_{12}+x_{22}^2=0\end{cases}\qquad\begin{cases}x_{11}^2+x_{12}x_{21}=0\\x_{12}(x_{11}+x_{22})=0\\x_{21}(x_{11}+x_{22})=0\\x_{22}^2+x_{12}x_{21}=0\end{cases}$$

$$\begin{cases}x_{11}^2+x_{12}x_{21}=0\\x_{22}^2+x_{12}x_{21}=0\\x_{12}=x_{21}=0\end{cases}\qquad\begin{cases}x_{11}^2+x_{12}x_{21}=0\\x_{22}^2+x_{12}x_{21}=0\\x_{11}+x_{22}=0\end{cases}$$

$$x_{12}=x_{21}=0\qquad\qquad x_{11}=a$$

$$x_{11}=x_{22}=0\qquad\qquad x_{22}=-a$$

$\boldsymbol{A}=\boldsymbol{O}$ 是平常解,即零解.　　$x_{12}=b,x_{21}=c$

$$a^2+bc=0$$

$\begin{pmatrix}a&b\\c&-a\end{pmatrix}$,其中 a,b,c 是满足关系式 $a^2+bc=0$ 的任何数.

833. 令 $\boldsymbol{A}$ 是二阶矩阵,K 是大于 2 的整数. 证明:$\boldsymbol{A}^K=\boldsymbol{0}$,当且仅当 $\boldsymbol{A}^2=\boldsymbol{0}$.

证明　829 直接计算 $\boldsymbol{A}^2-(a+d)\boldsymbol{A}+ad-bc=\boldsymbol{O}$.

若 $\boldsymbol{A}^3=\boldsymbol{O}$,则 $|\boldsymbol{A}|=ad-bc=0$.

$$\boldsymbol{O}=\boldsymbol{A}^3=(a+d)\boldsymbol{A}^2=(a+d)^2\boldsymbol{A}\text{,由此 }a+d=0.\ \boldsymbol{A}^2=\boldsymbol{0}.$$

834. 求其平方等于单位矩阵的所有二阶矩阵.

解　求

$$\boldsymbol{Z}=\begin{pmatrix}x_{11}&x_{12}\\x_{21}&x_{22}\end{pmatrix}$$

$$\boldsymbol{Z}^2=\begin{pmatrix}x_{11}&x_{12}\\x_{21}&x_{22}\end{pmatrix}\begin{pmatrix}x_{11}&x_{12}\\x_{21}&x_{22}\end{pmatrix}=\begin{pmatrix}1&0\\0&1\end{pmatrix}$$

$$\begin{cases} x_{11}^2 + x_{12}x_{21} = 1 \\ (x_{11} + x_{22})x_{12} = 0 \\ (x_{11} + x_{22})x_{21} = 0 \\ x_{22}^2 + x_{12}x_{21} = 1 \end{cases}$$

$$\begin{cases} x_{11}^2 + x_{12}x_{21} = 1 \\ x_{22}^2 + x_{12}x_{21} = 1 \\ x_{11} + x_{22} = 0 \end{cases} \qquad \begin{cases} x_{11}^2 = 1 \\ x_{12} = x_{21} = 0 \\ x_{22}^2 = 1 \end{cases}$$

命　$x_{11} = a$，　$x_{11} = \pm 1$；

$x_{12} = b$，　$x_{22} = \pm 1$；

$x_{21} = c$.

$$\begin{pmatrix} a & b \\ c & -a \end{pmatrix}, \text{其中 } a^2 + bc = 1 \text{ 或} \begin{pmatrix} 1 & 0 \\ 0 & 1 \end{pmatrix}, \begin{pmatrix} 1 & 0 \\ 0 & -1 \end{pmatrix}, \begin{pmatrix} -1 & 0 \\ 0 & 1 \end{pmatrix}, \begin{pmatrix} -1 & 0 \\ 0 & -1 \end{pmatrix}.$$

835. 研究方程 $\boldsymbol{AZ} = \boldsymbol{0}$，其中 $\boldsymbol{A}$ 是给定的二阶矩阵而 $\boldsymbol{Z}$ 是要求的二阶矩阵.

解　当 $|\boldsymbol{A}| \neq 0$ 时，$\boldsymbol{A}^{-1}$ 存在等式两边左乘 $\boldsymbol{A}^{-1}$ 得 $\boldsymbol{Z} = \boldsymbol{0}$.

当 $|\boldsymbol{A}| = 0$ 时

$$\begin{pmatrix} a_{11} & a_{12} \\ \lambda a_{11} & \lambda a_{22} \end{pmatrix} \begin{pmatrix} x_{11} & x_{12} \\ x_{21} & x_{22} \end{pmatrix} = 0$$

$$a_{11}x_{11} + a_{12}x_{21} = 0, \quad x_{11} = -\frac{a_{12}}{a_{11}}x_{21}$$

$$a_{11}x_{12} + a_{12}x_{22} = 0, \quad x_{12} = -\frac{a_{12}}{a_{11}}x_{22}$$

$$\boldsymbol{Z} = \begin{pmatrix} -\dfrac{a_{12}}{a_{11}}x_{21} & -\dfrac{a_{12}}{a_{11}}x_{22} \\ x_{21} & x_{22} \end{pmatrix} = \begin{pmatrix} 0 & 0 \\ 0 & 0 \end{pmatrix}$$

命

$$\frac{a_{12}}{a_{11}} = \alpha$$

$$\boldsymbol{Z} = \begin{pmatrix} -\alpha x & -\alpha y \\ x & y \end{pmatrix}$$

如果矩阵 $\boldsymbol{A}$ 第 2 列的两个元素都等于零，但第 1 列的至少一个元素不是零，则对任何 x，y，$\boldsymbol{Z} = \begin{pmatrix} 0 & 0 \\ x, & y \end{pmatrix}$；如果 $\boldsymbol{A} = \boldsymbol{O}$，则 $\boldsymbol{Z}$ 是任何矩阵.

第四节　化实对称矩阵为对角矩阵

定理 6　设 $\boldsymbol{A}$ 是一个 n 级实对称矩阵，那么可以找到 n 级正交矩阵 $\boldsymbol{T}$，使得 $\boldsymbol{T}^{-1}\boldsymbol{AT}$ 为对角

矩阵.

定理 7　实对称矩阵的特征多项式的根都是实数.

证明　设 $\boldsymbol{A}=(a_{ij})$ 是一个 n 级实对称矩阵；λ_0 是 $\boldsymbol{A}$ 的特征多项式 $f(\lambda)=|\lambda\boldsymbol{E}-\boldsymbol{A}|$ 的一个根，$\boldsymbol{\alpha}=\begin{pmatrix}c_1\\c_2\\\vdots\\c_n\end{pmatrix}$ 是齐次线性方程组 $(\lambda_0\boldsymbol{E}-\boldsymbol{A})\boldsymbol{Z}=\boldsymbol{0}$ 的一个非零解，即 $\boldsymbol{\alpha}$ 满足

$$(\lambda_0\boldsymbol{E}-\boldsymbol{A})\boldsymbol{\alpha}=\boldsymbol{0}$$

其中 $\lambda_0,c_1,c_2,\cdots,c_n$ 都是复数. 于是

$$\boldsymbol{A\alpha}=\lambda_0\boldsymbol{\alpha}$$

乘开后比较各分量，得

$$\begin{cases}a_{11}c_1+a_{12}c_2+\cdots+a_{1n}c_n=\lambda_0c_1\\a_{21}c_1+a_{22}c_2+\cdots+a_{2n}c_n=\lambda_0c_2\\\cdots\\a_{n1}c_1+a_{n2}c_2+\cdots+a_{nn}c_n=\lambda_0c_n\end{cases}$$

将第 i 个式子乘上 c_i 的共轭复数 $\overline{c}_i(i=1,2,\cdots,n)$，并将所得到的 n 个式子相加，得

$$\sum_{i=1}^{n}\sum_{j=1}^{n}a_{ij}\overline{c}_ic_j=\lambda_0\sum_{i=1}^{n}\overline{c}_ic_i$$

因为 $\boldsymbol{\alpha}$ 是非零向量，所以 $c_1,c_2,\cdots,c_n$ 不全为零，$\sum\limits_{i=1}^{n}\overline{c}_ic_i$ 是一个非零实数，可解出 λ_0：

$$\lambda_0=\frac{\sum\limits_{i=1}^{n}\sum\limits_{j=1}^{n}a_{ij}\overline{c}_ic_j}{\sum\limits_{i=1}^{n}\overline{c}_ic_i}$$

要证明 λ_0 是一个实数，只要证明

$$\sum_{i=1}^{n}\sum_{j=1}^{n}a_{ij}\overline{c}_ic_j$$

是一个实数就行了. 为此下面证明，这个数的共轭复数就等于它自己：

$$\overline{\sum_{i=1}^{n}\sum_{j=1}^{n}a_{ij}\overline{c}_ic_j}=\sum_{i=1}\sum_{j=1}\overline{a_{ij}}c_i\overline{c}_j=\sum_{i=1}\sum_{j=1}a_{ji}c_i\overline{c}_j=\sum_{i=1}^{n}\sum_{j=1}^{n}a_{ij}\overline{c}_ic_j$$

其中倒数第二个等式的成立是由于 $\boldsymbol{A}$ 是一个实对称矩阵，因此 $a_{ij}=a_{ji}$. 而最后一个等式成立是由于双重连加号的可交换性. 于是定理 7 得到证明.

定理 6 的证明　对实对称矩阵 $\boldsymbol{A}$ 的级数用归纳法：当 $n=1$ 时，结论显然是成立的. 假设对于 $n-1$ 级实对称矩阵结论成立. 下面证明对于 n 级实对称矩阵结论也成立.

求下列矩阵的逆矩阵：

836. $\begin{pmatrix}1&2\\3&4\end{pmatrix}$.

解 $\begin{pmatrix}1&2&1&0\\3&4&0&1\end{pmatrix}\to\begin{pmatrix}1&2&1&0\\0&-2&-3&1\end{pmatrix}\to\begin{pmatrix}1&2&1&0\\0&1&\frac{3}{2}&-\frac{1}{2}\end{pmatrix}\to\begin{pmatrix}1&0&-2&1\\0&1&\frac{3}{2}&-\frac{1}{2}\end{pmatrix}$

$$\begin{pmatrix}-2&1\\\frac{3}{2}&-\frac{1}{2}\end{pmatrix}\begin{pmatrix}1&2\\3&4\end{pmatrix}=\boldsymbol{E}$$

$$\boldsymbol{A}^{-1}=\begin{pmatrix}-2&1\\\frac{3}{2}&-\frac{1}{2}\end{pmatrix}$$

837. $\begin{pmatrix}3&4\\5&7\end{pmatrix}$.

$$\begin{pmatrix}3&4&1&0\\5&7&0&1\end{pmatrix}\to\begin{pmatrix}1&\frac{4}{3}&\frac{1}{3}&0\\1&\frac{7}{5}&0&\frac{1}{5}\end{pmatrix}\to\begin{pmatrix}1&\frac{4}{3}&\frac{1}{3}&0\\0&\frac{1}{15}&-\frac{1}{3}&\frac{1}{5}\end{pmatrix}\to$$

$$\begin{pmatrix}1&\frac{4}{3}&\frac{1}{3}&0\\0&1&-5&3\end{pmatrix}\to\begin{pmatrix}1&0&7&-4\\0&1&-5&3\end{pmatrix}$$

$$\begin{pmatrix}7&-4\\-5&3\end{pmatrix}\begin{pmatrix}3&4\\5&7\end{pmatrix}=\boldsymbol{E}$$

$$\boldsymbol{A}^{-1}=\begin{pmatrix}7&-4\\-5&3\end{pmatrix}$$

838. $\begin{pmatrix}a&b\\c&d\end{pmatrix}$.

解 $\begin{pmatrix}a&b&1&0\\c&d&0&1\end{pmatrix}\to\begin{pmatrix}a&b&1&0\\0&d-\frac{bc}{a}&-\frac{c}{a}&1\end{pmatrix}\to\begin{pmatrix}a&b&1&0\\0&1&\frac{-c}{ad-bc}&\frac{a}{ad-bc}\end{pmatrix}\to$

$$\begin{pmatrix}a&0&1+\frac{bc}{ad-bc}&-\frac{ab}{ad-bc}\\0&1&-\frac{c}{ad-bc}&\frac{d}{ad-bc}\end{pmatrix}\to\begin{pmatrix}1&0&\frac{d}{ad-bc}&\frac{-b}{ad-bc}\\0&1&\frac{-c}{ad-bc}&\frac{a}{ad-bc}\end{pmatrix}$$

$$\begin{pmatrix}\frac{d}{ad-bc}&\frac{-b}{ad-bc}\\\frac{-c}{ad-bc}&\frac{a}{ad-bc}\end{pmatrix}\begin{pmatrix}a&b\\c&d\end{pmatrix}=\boldsymbol{E},\quad \boldsymbol{A}^{-1}=\frac{1}{ad-bc}\begin{pmatrix}d&-b\\-c&a\end{pmatrix}$$

839. $\begin{pmatrix}\cos\alpha&-\sin\alpha\\\sin\alpha&\cos\alpha\end{pmatrix}$.

解　利用上题结果 $A^{-1}=\begin{pmatrix}\cos\alpha & \sin\alpha\\ -\sin\alpha & \cos\alpha\end{pmatrix}$. $\begin{pmatrix}\cos\alpha & \sin\alpha\\ -\sin\alpha & \cos\alpha\end{pmatrix}\begin{pmatrix}\cos\alpha & -\sin\alpha\\ \sin\alpha & \cos\alpha\end{pmatrix}=E.$

840. $\begin{pmatrix}2 & 5 & 7\\ 6 & 3 & 4\\ 5 & -2 & -3\end{pmatrix}$.

解 $\begin{pmatrix}2 & 5 & 7 & 1 & 0 & 0\\ 6 & 3 & 4 & 0 & 1 & 0\\ 5 & -2 & -3 & 0 & 0 & 1\end{pmatrix}\to\begin{pmatrix}1 & 5 & 7 & 0 & 1 & -1\\ 2 & 5 & 7 & 1 & 0 & 0\\ 5 & -2 & -3 & 0 & 0 & 1\end{pmatrix}\to\begin{pmatrix}1 & 0 & 0 & 1 & -1 & 1\\ 0 & 5 & 7 & -1 & 2 & -2\\ 0 & -2 & -3 & -5 & 5 & -4\end{pmatrix}\to$

$\begin{pmatrix}1 & 0 & 0 & 1 & -1 & 1\\ 0 & 1 & 1 & -11 & 12 & -10\\ 0 & 2 & 3 & 5 & -5 & 4\end{pmatrix}\to\begin{pmatrix}1 & 0 & 0 & 1 & -1 & 1\\ 0 & 1 & 1 & -11 & 12 & -10\\ 0 & 0 & 1 & 27 & -29 & 24\end{pmatrix}\to$

$\begin{pmatrix}1 & 0 & 0 & 1 & -1 & 1\\ 0 & 1 & 0 & -38 & 41 & -34\\ 0 & 0 & 1 & 27 & -29 & 24\end{pmatrix}$

$$\begin{pmatrix}1 & -1 & 1\\ -38 & 41 & -34\\ 27 & -29 & 24\end{pmatrix}\begin{pmatrix}2 & 5 & 7\\ 6 & 3 & 4\\ 5 & -2 & -3\end{pmatrix}=\begin{pmatrix}1 & 0 & 0\\ 0 & 1 & 0\\ 0 & 0 & 1\end{pmatrix}$$

$$A^{-1}=\begin{pmatrix}1 & -1 & 1\\ -38 & 41 & -34\\ 27 & -29 & 24\end{pmatrix}$$

841. $\begin{pmatrix}3 & -4 & 5\\ 2 & -3 & 1\\ 3 & -5 & -1\end{pmatrix}$.

解 $\begin{pmatrix}3 & -4 & 5 & 1 & 0 & 0\\ 2 & -3 & 1 & 0 & 1 & 0\\ 3 & -5 & -1 & 0 & 0 & 1\end{pmatrix}\to\begin{pmatrix}1 & -1 & 4 & 1 & -1 & 0\\ 2 & -3 & 1 & 0 & 1 & 0\\ 0 & 1 & 6 & 1 & 0 & -1\end{pmatrix}\to\begin{pmatrix}0 & -1 & -7 & -2 & 3 & 0\\ 0 & 1 & 6 & 1 & 0 & -1\\ 1 & -1 & 4 & 1 & -1 & 0\end{pmatrix}\to$

$\begin{pmatrix}1 & 0 & 10 & 2 & -1 & -1\\ 0 & 1 & 6 & 1 & 0 & -1\\ 0 & 1 & 7 & 2 & -3 & 0\end{pmatrix}\to\begin{pmatrix}1 & 0 & 10 & 2 & -1 & -1\\ 0 & 1 & 6 & 1 & 0 & -1\\ 0 & 0 & 1 & 1 & -3 & 1\end{pmatrix}\to\begin{pmatrix}1 & 0 & 0 & -8 & 29 & -11\\ 0 & 1 & 0 & -5 & 18 & -7\\ 0 & 0 & 1 & 1 & -3 & 1\end{pmatrix}$

$$\begin{pmatrix}-8 & 29 & -11\\ -5 & 18 & -7\\ 1 & -3 & 1\end{pmatrix}\begin{pmatrix}3 & -4 & 5\\ 2 & -3 & 1\\ 3 & -5 & -1\end{pmatrix}=\begin{pmatrix}1 & 0 & 0\\ 0 & 1 & 0\\ 0 & 0 & 1\end{pmatrix}$$

$$A^{-1}=\begin{pmatrix}-8 & 29 & -11\\ -5 & 18 & -7\\ 1 & -3 & 1\end{pmatrix}$$

842. $\begin{pmatrix} 2 & 7 & 3 \\ 3 & 9 & 4 \\ 1 & 5 & 3 \end{pmatrix}$.

解 $\begin{pmatrix} 2 & 7 & 3 & 1 & 0 & 0 \\ 3 & 9 & 4 & 0 & 1 & 0 \\ 1 & 5 & 3 & 0 & 0 & 1 \end{pmatrix} \to \begin{pmatrix} 1 & 5 & 3 & 0 & 0 & 1 \\ 0 & -3 & -3 & 1 & 0 & -2 \\ 0 & -6 & -5 & 0 & 1 & -3 \end{pmatrix} \to \begin{pmatrix} 1 & 2 & 0 & 1 & 0 & -1 \\ 0 & 1 & 1 & -\frac{1}{3} & 0 & \frac{2}{3} \\ 0 & 0 & 1 & -2 & 1 & 1 \end{pmatrix} \to$

$\begin{pmatrix} 1 & 0 & 0 & -\frac{7}{3} & 2 & -\frac{1}{3} \\ 0 & 1 & 0 & \frac{5}{3} & -1 & -\frac{1}{3} \\ 0 & 0 & 1 & -2 & 1 & 1 \end{pmatrix}$

$$\begin{pmatrix} -\frac{7}{3} & 2 & -\frac{1}{3} \\ \frac{5}{3} & -1 & -\frac{1}{3} \\ -2 & 1 & 1 \end{pmatrix} \begin{pmatrix} 2 & 7 & 3 \\ 3 & 9 & 4 \\ 1 & 5 & 3 \end{pmatrix} = \begin{pmatrix} 1 & 0 & 0 \\ 0 & 1 & 0 \\ 0 & 0 & 1 \end{pmatrix}$$

$$\boldsymbol{A}^{-1} = \begin{pmatrix} -\frac{7}{3} & 2 & -\frac{1}{3} \\ \frac{5}{3} & -1 & -\frac{1}{3} \\ -2 & 1 & 1 \end{pmatrix}$$

843. $\begin{pmatrix} 1 & 2 & 2 \\ 2 & 1 & -2 \\ 2 & -2 & 1 \end{pmatrix}$.

解 $\begin{pmatrix} 1 & 2 & 2 & 1 & 0 & 0 \\ 2 & 1 & -2 & 0 & 1 & 0 \\ 2 & -2 & 1 & 0 & 0 & 1 \end{pmatrix} \to \begin{pmatrix} 1 & 0 & 1 & \frac{1}{3} & 0 & \frac{1}{3} \\ 1 & 1 & 0 & \frac{1}{3} & \frac{1}{3} & 0 \\ 0 & 1 & -1 & 0 & \frac{1}{3} & -\frac{1}{3} \end{pmatrix} \to \begin{pmatrix} 1 & 0 & 0 & \frac{1}{9} & \frac{2}{9} & \frac{2}{9} \\ 0 & 1 & 0 & \frac{2}{9} & \frac{1}{9} & -\frac{2}{9} \\ 0 & 0 & 1 & \frac{2}{9} & -\frac{2}{9} & \frac{1}{9} \end{pmatrix}$

$$\frac{1}{9}\begin{pmatrix} 1 & 2 & 2 \\ 2 & 1 & -2 \\ 2 & -2 & 1 \end{pmatrix}\begin{pmatrix} 1 & 2 & 2 \\ 2 & 1 & -2 \\ 2 & -2 & 1 \end{pmatrix} = \frac{1}{9}\begin{pmatrix} 9 & 0 & 0 \\ 0 & 9 & 0 \\ 0 & 0 & 9 \end{pmatrix} = \boldsymbol{E}$$

$$\boldsymbol{A}^{-1} = \begin{pmatrix} \frac{1}{9} & \frac{2}{9} & \frac{2}{9} \\ \frac{2}{9} & \frac{1}{9} & -\frac{2}{9} \\ \frac{2}{9} & -\frac{2}{9} & \frac{1}{9} \end{pmatrix}$$

844. $\begin{pmatrix} 1 & 1 & 1 & 1 \\ 1 & 1 & -1 & -1 \\ 1 & -1 & 1 & -1 \\ 1 & -1 & -1 & 1 \end{pmatrix}$.

解 $\begin{pmatrix} 1 & 1 & 1 & 1 & 1 & 0 & 0 & 0 \\ 1 & 1 & -1 & -1 & 0 & 1 & 0 & 0 \\ 1 & -1 & 1 & -1 & 0 & 0 & 1 & 0 \\ 1 & -1 & -1 & 1 & 0 & 0 & 0 & 1 \end{pmatrix} \to$

$$\begin{pmatrix} 1 & 0 & 0 & 0 & \frac{1}{4} & \frac{1}{4} & \frac{1}{4} & \frac{1}{4} \\ 1 & 1 & 0 & 0 & \frac{1}{2} & \frac{1}{2} & 0 & 0 \\ 1 & 0 & 1 & 0 & \frac{1}{2} & 0 & \frac{1}{2} & 0 \\ 1 & 0 & 0 & 1 & \frac{1}{2} & 0 & 0 & \frac{1}{2} \end{pmatrix} \to \begin{pmatrix} 1 & 0 & 0 & 0 & \frac{1}{4} & \frac{1}{4} & \frac{1}{4} & \frac{1}{4} \\ 0 & 1 & 0 & 0 & \frac{1}{4} & \frac{1}{4} & -\frac{1}{4} & -\frac{1}{4} \\ 0 & 0 & 1 & 0 & \frac{1}{4} & -\frac{1}{4} & \frac{1}{4} & -\frac{1}{4} \\ 0 & 0 & 0 & 1 & \frac{1}{4} & -\frac{1}{4} & -\frac{1}{4} & \frac{1}{4} \end{pmatrix}$$

$$\frac{1}{4}\begin{pmatrix} 1 & 1 & 1 & 1 \\ 1 & 1 & -1 & -1 \\ 1 & -1 & 1 & -1 \\ 1 & -1 & -1 & 1 \end{pmatrix}\begin{pmatrix} 1 & 1 & 1 & 1 \\ 1 & 1 & -1 & -1 \\ 1 & -1 & 1 & -1 \\ 1 & -1 & -1 & 1 \end{pmatrix} = \frac{1}{4}\begin{pmatrix} 4 & 0 & 0 & 0 \\ 0 & 4 & 0 & 0 \\ 0 & 0 & 4 & 0 \\ 0 & 0 & 0 & 4 \end{pmatrix} = \boldsymbol{E}$$

$$\boldsymbol{A}^{-1} = \begin{pmatrix} \frac{1}{4} & \frac{1}{4} & \frac{1}{4} & \frac{1}{4} \\ \frac{1}{4} & \frac{1}{4} & -\frac{1}{4} & -\frac{1}{4} \\ \frac{1}{4} & -\frac{1}{4} & \frac{1}{4} & -\frac{1}{4} \\ \frac{1}{4} & -\frac{1}{4} & -\frac{1}{4} & \frac{1}{4} \end{pmatrix}$$

845. $\begin{pmatrix} 1 & 2 & 3 & 4 \\ 2 & 3 & 1 & 2 \\ 1 & 1 & 1 & -1 \\ 1 & 0 & -2 & -6 \end{pmatrix}$.

解 $\begin{pmatrix} 1 & 2 & 3 & 4 & 1 & 0 & 0 & 0 \\ 2 & 3 & 1 & 2 & 0 & 1 & 0 & 0 \\ 1 & 1 & 1 & -1 & 0 & 0 & 1 & 0 \\ 1 & 0 & -2 & -6 & 0 & 0 & 0 & 1 \end{pmatrix} \to \begin{pmatrix} 1 & 0 & -2 & -6 & 0 & 0 & 0 & 1 \\ 0 & 1 & 2 & 5 & 1 & 0 & -1 & 0 \\ 0 & 1 & -1 & 4 & 0 & 1 & -2 & 0 \\ 0 & 1 & 3 & 5 & 0 & 0 & 1 & -1 \end{pmatrix} \to$

$$\begin{pmatrix}1&0&-2&-6&0&0&0&1\\0&0&3&1&1&-1&1&0\\0&0&-4&-1&0&1&-3&1\\0&0&1&0&-1&0&2&-1\\0&1&-1&4&0&1&-2&0\end{pmatrix}\to\begin{pmatrix}1&0&0&-6&-2&0&4&-1\\0&1&0&4&-1&1&0&-1\\0&0&1&0&-1&0&2&-1\\0&0&0&1&4&-1&-5&3\end{pmatrix}\to$$

$$\begin{pmatrix}1&0&0&0&22&-6&-26&17\\0&1&0&0&-17&5&20&-13\\0&0&1&0&-1&0&2&-1\\0&0&0&1&4&-1&-5&3\end{pmatrix}$$

$$\begin{pmatrix}22&-6&-26&17\\-17&5&20&-13\\-1&0&2&-1\\4&-1&-5&3\end{pmatrix}\begin{pmatrix}1&2&3&4\\2&3&1&2\\1&1&1&-1\\1&0&-2&-6\end{pmatrix}=\begin{pmatrix}1&0&0&0\\0&1&0&0\\0&0&1&0\\0&0&0&1\end{pmatrix}$$

$$\boldsymbol{A}^{-1}=\begin{pmatrix}22&-6&-26&17\\-17&5&20&-13\\-1&0&2&-1\\4&-1&-5&3\end{pmatrix}$$

846. $\begin{pmatrix}1&1&1&\cdots&1\\0&1&1&\cdots&1\\0&0&1&\cdots&1\\\vdots&\vdots&\vdots&&\vdots\\0&0&0&\cdots&1\end{pmatrix}$.

解 $\begin{pmatrix}1&1&1&\cdots&1&1&0&0&\cdots&0\\0&1&1&\cdots&1&0&1&0&\cdots&0\\0&0&1&\cdots&1&0&0&1&\cdots&0\\\vdots&\vdots&\vdots&&\vdots&\vdots&\vdots&\vdots&&\vdots\\0&0&0&\cdots&1&0&0&0&\cdots&1\end{pmatrix}\to$

$$\begin{pmatrix}1&0&0&\cdots&0&1&-1&0&0&\cdots&0&0\\0&1&0&\cdots&0&0&1&-1&0&\cdots&0&0\\0&0&1&\cdots&0&0&0&1&-1&\cdots&0&0\\\vdots&\vdots&\vdots&&\vdots&\vdots&\vdots&\vdots&\vdots&&\vdots&\vdots\\0&0&0&&0&0&0&0&0&\cdots&1&-1\\0&0&0&\cdots&1&0&0&0&0&\cdots&0&1\end{pmatrix}$$

$$\begin{pmatrix} 1 & -1 & 0 & 0 & \cdots & 0 & 0 \\ 0 & 1 & -1 & 0 & \cdots & 0 & 0 \\ 0 & 0 & 1 & -1 & \cdots & 0 & 0 \\ \vdots & \vdots & \vdots & \vdots & & \vdots & \vdots \\ 0 & 0 & 0 & 0 & \cdots & 1 & -1 \\ 0 & 0 & 0 & 0 & \cdots & 0 & 1 \end{pmatrix}\begin{pmatrix} 1 & 1 & 1 & \cdots & 1 \\ 0 & 1 & 1 & \cdots & 1 \\ 0 & 0 & 1 & \cdots & 1 \\ \vdots & \vdots & \vdots & & \vdots \\ 0 & 0 & 0 & \cdots & 1 \end{pmatrix} = \begin{pmatrix} 1 & 0 & 0 & \cdots & 0 \\ 0 & 1 & 0 & \cdots & 0 \\ 0 & 0 & 1 & \cdots & 0 \\ \vdots & \vdots & \vdots & & \vdots \\ 0 & 0 & 0 & \cdots & 1 \end{pmatrix}$$

$$\boldsymbol{A}^{-1} = \begin{pmatrix} 1 & -1 & 0 & 0 & \cdots & 0 & 0 \\ 0 & 1 & -1 & 0 & \cdots & 0 & 0 \\ 0 & 0 & 1 & -1 & \cdots & 0 & 0 \\ \vdots & \vdots & \vdots & \vdots & & \vdots & \vdots \\ 0 & 0 & 0 & 0 & & 1 & -1 \\ 0 & 0 & 0 & 0 & \cdots & 0 & 1 \end{pmatrix}$$

847. $\begin{pmatrix} 1 & 1 & 0 & \cdots & 0 \\ 0 & 1 & 1 & \cdots & 0 \\ 0 & 0 & 1 & \cdots & 0 \\ \vdots & \vdots & \vdots & & \vdots \\ 0 & 0 & 0 & \cdots & 1 \end{pmatrix}$.

解

$$\begin{pmatrix} 1 & 1 & 0 & \cdots & 0 & 1 & 0 & 0 & \cdots & 0 \\ 0 & 1 & 1 & \cdots & 0 & 0 & 1 & 0 & \cdots & 0 \\ 0 & 0 & 1 & \cdots & 0 & 0 & 0 & 1 & \cdots & 0 \\ \vdots & \vdots & \vdots & \cdots & \vdots & \vdots & \vdots & \vdots & & \vdots \\ 0 & 0 & 0 & \cdots & 1 & 0 & 0 & 0 & \cdots & 1 \end{pmatrix} \to$$

$$\begin{pmatrix} 1 & \cdots & 0 & 0 & 0 & 0 & 0 & 1 & -1 & 1 & -1 & 1 & \cdots & (-1)^{n-1} \\ \vdots & & \vdots & \vdots & \vdots & & \vdots & & \vdots & \vdots & \vdots & \vdots & & \vdots \\ 0 & \cdots & 1 & 0 & 0 & 0 & 0 & 0 & 1 & -1 & 1 & -1 & \cdots & 1 \\ 0 & \cdots & 0 & 1 & 0 & 0 & 0 & 0 & 0 & 1 & -1 & 1 & \cdots & -1 \\ 0 & \cdots & 0 & 0 & 1 & 0 & 0 & 0 & 0 & 0 & 1 & -1 & \cdots & 1 \\ 0 & \cdots & 0 & 0 & 0 & 1 & 0 & 0 & 0 & 0 & 0 & 1 & \cdots & -1 \\ 0 & \cdots & 0 & 0 & 0 & 0 & 1 & 0 & 0 & 0 & 0 & 0 & \cdots & 1 \end{pmatrix}$$

n 是给定矩阵的阶

$$\begin{pmatrix} 1 & -1 & 1 & -1 & 1 & -1 \\ 0 & 1 & -1 & 1 & -1 & 1 \\ 0 & 0 & 1 & -1 & 1 & -1 \\ 0 & 0 & 0 & 1 & -1 & 1 \\ 0 & 0 & 0 & 0 & 1 & -1 \\ 0 & 0 & 0 & 0 & 0 & 1 \end{pmatrix}\begin{pmatrix} 1 & 1 & 0 & 0 & 0 & 0 \\ 0 & 1 & 1 & 0 & 0 & 0 \\ 0 & 0 & 1 & 1 & 0 & 0 \\ 0 & 0 & 0 & 1 & 1 & 0 \\ 0 & 0 & 0 & 0 & 1 & 1 \\ 0 & 0 & 0 & 0 & 0 & 1 \end{pmatrix} = \begin{pmatrix} 1 & 0 & 0 & 0 & 0 & 0 \\ 0 & 1 & 0 & 0 & 0 & 0 \\ 0 & 0 & 1 & 0 & 0 & 0 \\ 0 & 0 & 0 & 1 & 0 & 0 \\ 0 & 0 & 0 & 0 & 1 & 0 \\ 0 & 0 & 0 & 0 & 0 & 1 \end{pmatrix}$$

$$A^{-1}=\begin{pmatrix}1&-1&1&-1&\cdots&(-1)^{n-1}\\0&1&-1&1&\cdots&(-1)^{n-2}\\0&0&1&-1&\cdots&(-1)^{n-3}\\\vdots&\vdots&\vdots&\vdots&&\vdots\\0&0&0&0&\cdots&1\end{pmatrix}n\text{ 是给定矩阵的阶}$$

848. $\begin{pmatrix}1&a&a^2&a^3&\cdots&a^n\\0&1&a&a^2&\cdots&a^{n-1}\\0&0&1&a&\cdots&a^{n-2}\\\vdots&\vdots&\vdots&\vdots&&\vdots\\0&0&0&0&\cdots&1\end{pmatrix}_{(n+1)\times(n+1)}$.

解
$$\begin{pmatrix}1&a&a^2&a^3&\cdots&a^n&1&0&0&\cdots&0\\0&1&a&a^2&\cdots&a^{n-1}&0&1&0&\cdots&0\\0&0&1&a&\cdots&a^{n-2}&0&0&1&\cdots&0\\\vdots&\vdots&\vdots&\vdots&&\vdots&\vdots&\vdots&\vdots&&\vdots\\0&0&0&0&\cdots&1&0&0&0&&1\end{pmatrix}\rightarrow$$

$$\begin{pmatrix}1&0&0&0&\cdots&0&1&-a&0&0&\cdots&0\\0&1&0&0&\cdots&0&0&1&-a&0&\cdots&0\\0&0&1&0&\cdots&0&0&0&1&-a&\cdots&0\\0&0&0&1&\cdots&0&0&0&0&1&\cdots&0\\\vdots&\vdots&\vdots&\vdots&&\vdots&\vdots&\vdots&\vdots&\vdots&&\vdots\\0&0&0&0&\cdots&1&0&0&0&0&\cdots&1\end{pmatrix}$$

$$\begin{pmatrix}1&-a&0&0&\cdots&0&0\\0&1&-a&0&\cdots&0&0\\0&0&1&-a&\cdots&0&0\\\vdots&\vdots&\vdots&\vdots&&\vdots&\vdots\\0&0&0&0&\cdots&1&-a\\0&0&0&0&\cdots&0&1\end{pmatrix}\begin{pmatrix}1&a&a^2&a^3&\cdots&a^n\\0&1&a&a^2&\cdots&a^{n-1}\\0&0&1&a&\cdots&a^{n-2}\\\vdots&\vdots&\vdots&\vdots&&\vdots\\0&0&0&0&\cdots&1\end{pmatrix}=E$$

$$A^{-1}=\begin{pmatrix}1&-a&0&0&\cdots&0&0\\0&1&-a&0&\cdots&0&0\\0&0&1&-a&\cdots&0&0\\\vdots&\vdots&\vdots&\vdots&&\vdots&\vdots\\0&0&0&0&\cdots&1&-a\\0&0&0&0&\cdots&0&1\end{pmatrix}_{(n+1)\times(n+1)}$$

849. $\begin{pmatrix} 1 & 0 & 0 & 0 & \cdots & 0 & 0 \\ a & 1 & 0 & 0 & \cdots & 0 & 0 \\ 0 & a & 1 & 0 & \cdots & 0 & 0 \\ 0 & 0 & a & 1 & \cdots & 0 & 0 \\ \vdots & \vdots & \vdots & \vdots & & \vdots & \vdots \\ 0 & 0 & 0 & 0 & \cdots & a & 1 \end{pmatrix}$(矩阵的阶是 $n+1$).

解
$$\left(\begin{array}{ccccccc|cccccc} 1 & 0 & 0 & 0 & \cdots & 0 & 0 & 1 & 0 & 0 & 0 & \cdots & 0 \\ a & 1 & 0 & 0 & \cdots & 0 & 0 & 0 & 1 & 0 & 0 & \cdots & 0 \\ 0 & a & 1 & 1 & \cdots & 0 & 0 & 0 & 0 & 1 & 0 & \cdots & 0 \\ 0 & 0 & a & 1 & \cdots & 0 & 0 & 0 & 0 & 0 & 1 & \cdots & 0 \\ \vdots & \vdots & \vdots & \vdots & & \vdots & \vdots & \vdots & \vdots & \vdots & \vdots & & \vdots \\ 0 & 0 & 0 & 0 & \cdots & a & 1 & 0 & 0 & 0 & 0 & \cdots & 1 \end{array}\right) \rightarrow$$

$$\left(\begin{array}{cccccc|cccccc} 1 & 0 & 0 & 0 & \cdots & 0 & 1 & 0 & 0 & \cdots & 0 & 0 \\ 0 & 1 & 0 & 0 & \cdots & 0 & -a & 1 & 0 & \cdots & 0 & 0 \\ 0 & 0 & 1 & 0 & \cdots & 0 & a^2 & -a & 1 & \cdots & 0 & 0 \\ 0 & 0 & 0 & 1 & \cdots & 0 & -a^3 & a^2 & -a & \cdots & 1 & 0 \\ \vdots & \vdots & \vdots & \vdots & & \vdots & \vdots & \vdots & \vdots & \vdots & & \vdots \\ 0 & 0 & 0 & \cdots & & 1 & (-a)^n & (-a)^{n-1} & (-a)^{n-2} & \cdots & -a & 1 \end{array}\right)$$

$$\begin{pmatrix} 1 & 0 & 0 & \cdots & 0 & 0 \\ -a & 1 & 0 & \cdots & 0 & 0 \\ a^2 & -a & 1 & \cdots & 0 & 0 \\ -a^3 & a^2 & -a & \cdots & 1 & 0 \\ \vdots & \vdots & \vdots & & \vdots & \vdots \\ (-a)^n & (-a)^{n-1} & (-a)^{n-2} & \cdots & -a & 1 \end{pmatrix} \begin{pmatrix} 1 & 0 & 0 & 0 & 0 & \cdots & 0 & 0 \\ a & 1 & 0 & 0 & 0 & \cdots & 0 & 0 \\ 0 & a & 1 & 0 & 0 & \cdots & 0 & 0 \\ 0 & 0 & a & 1 & 0 & \cdots & 0 & 0 \\ 0 & 0 & 0 & a & 1 & \cdots & 0 & 0 \\ \vdots & \vdots & \vdots & \vdots & \vdots & & \vdots & \vdots \\ 0 & 0 & 0 & 0 & 0 & \cdots & a & 1 \end{pmatrix} =$$

$$\begin{pmatrix} 1 & 0 & 0 & 0 & \cdots & 0 \\ 0 & 1 & 0 & 0 & \cdots & 0 \\ 0 & 0 & 1 & 0 & \cdots & 0 \\ 0 & 0 & 0 & 1 & \cdots & 0 \\ \vdots & \vdots & \vdots & \vdots & & \vdots \\ 0 & 0 & 0 & 0 & \cdots & 1 \end{pmatrix} = \boldsymbol{E}$$

$$\boldsymbol{A}^{-1} = \begin{pmatrix} 1 & 0 & 0 & 0 & \cdots & 0 & 0 \\ -a & 1 & 0 & 0 & \cdots & 0 & 0 \\ a^2 & -a & 1 & 0 & \cdots & 0 & 0 \\ -a^3 & a^2 & -a & 1 & \cdots & 0 & 0 \\ \vdots & \vdots & \vdots & \vdots & & \vdots & \vdots \\ (-a)^n & (-a)^{n-1} & (-a)^{n-2} & (-a)^{n-3} & \cdots & -a & 1 \end{pmatrix}_{(n+1)\times(n+1)}$$

850. $\begin{pmatrix} 1 & 2 & 3 & 4 & \cdots & n-1 & n \\ 0 & 1 & 2 & 3 & \cdots & n-2 & n-1 \\ 0 & 0 & 1 & 2 & \cdots & n-3 & n-2 \\ \vdots & \vdots & \vdots & \vdots & & \vdots & \vdots \\ 0 & 0 & 0 & 0 & \cdots & 1 & 2 \\ 0 & 0 & 0 & 0 & \cdots & 0 & 1 \end{pmatrix}$.

解 $\begin{pmatrix} 1 & 2 & 3 & 4 & \cdots & n-1 & n & 1 & 0 & 0 & \cdots & 0 & 0 \\ 0 & 1 & 2 & 3 & \cdots & n-2 & n-1 & 0 & 1 & 0 & \cdots & 0 & 0 \\ 0 & 0 & 1 & 2 & \cdots & n-3 & n-2 & 0 & 0 & 1 & \cdots & 0 & 0 \\ \vdots & \vdots & \vdots & \vdots & & \vdots & \vdots & \vdots & \vdots & \vdots & & \vdots & \vdots \\ 0 & 0 & 0 & 0 & \cdots & 1 & 2 & 0 & 0 & 0 & \cdots & 1 & 0 \\ 0 & 0 & 0 & 0 & \cdots & 0 & 1 & 0 & 0 & 0 & \cdots & 0 & 1 \end{pmatrix} \to$

$$\begin{pmatrix} 1 & 1 & 1 & 1 & \cdots & 1 & 1 & 1 & -1 & 0 & 0 & 0 & \cdots & 0 & 0 \\ 0 & 1 & 1 & 1 & \cdots & 1 & 1 & 0 & 1 & -1 & 0 & 0 & \cdots & 0 & 0 \\ 0 & 0 & 1 & 1 & \cdots & 1 & 1 & 0 & 0 & 1 & -1 & 0 & \cdots & 0 & 0 \\ 0 & 0 & 0 & 1 & \cdots & 1 & 1 & 0 & 0 & 0 & 1 & -1 & \cdots & 0 & 0 \\ \vdots & \vdots & \vdots & \vdots & & \vdots & \vdots & \vdots & \vdots & \vdots & \vdots & \vdots & & & \vdots \\ 0 & 0 & 0 & 0 & \cdots & 1 & 1 & 0 & 0 & 0 & 0 & 0 & \cdots & 1 & -1 \\ 0 & 0 & 0 & 0 & \cdots & 0 & 1 & 0 & 0 & 0 & 0 & 0 & \cdots & 0 & 1 \end{pmatrix} \to$$

$$\begin{pmatrix} 1 & 0 & 0 & 0 & \cdots & 0 & 0 & 0 & 1 & -2 & 1 & 0 & 0 & \cdots & 0 & 0 & 0 \\ 0 & 1 & 0 & 0 & \cdots & 0 & 0 & 0 & 0 & 1 & -2 & 1 & 0 & \cdots & 0 & 0 & 0 \\ 0 & 0 & 1 & 0 & \cdots & 0 & 0 & 0 & 0 & 0 & 1 & -2 & 1 & \cdots & 0 & 0 & 0 \\ \vdots & \vdots & \vdots & \vdots & & \vdots & \vdots & \vdots & \vdots & \vdots & \vdots & \vdots & \vdots & & \vdots & \vdots & \vdots \\ 0 & 0 & 0 & 0 & \cdots & 1 & 0 & 0 & 0 & 0 & 0 & 0 & 0 & \cdots & 1 & -2 & 1 \\ 0 & 0 & 0 & 0 & \cdots & 0 & 1 & 0 & 0 & 0 & 0 & 0 & 0 & \cdots & 0 & 1 & -2 \\ 0 & 0 & 0 & 0 & \cdots & 0 & 0 & 1 & 0 & 0 & 0 & 0 & 0 & \cdots & 0 & 0 & 1 \end{pmatrix}_{n\times n}$$

$$\begin{pmatrix} 1 & -2 & 1 & 0 & 0 & \cdots & 0 & 0 & 0 \\ 0 & 1 & -2 & 1 & 0 & \cdots & 0 & 0 & 0 \\ 0 & 0 & 1 & -2 & 1 & \cdots & 0 & 0 & 0 \\ \vdots & \vdots & \vdots & \vdots & \vdots & & \vdots & \vdots & \vdots \\ 0 & 0 & 0 & 0 & 0 & \cdots & 1 & -2 & 1 \\ 0 & 0 & 0 & 0 & 0 & \cdots & 0 & 1 & -2 \\ 0 & 0 & 0 & 0 & 0 & \cdots & 0 & 0 & 1 \end{pmatrix} \begin{pmatrix} 1 & 2 & 3 & 4 & 5 & \cdots & n-1 & n \\ 0 & 1 & 2 & 3 & 4 & \cdots & n-2 & n-1 \\ 0 & 0 & 1 & 2 & 3 & \cdots & n-3 & n-2 \\ 0 & 0 & 0 & 1 & 2 & \cdots & n-4 & n-3 \\ \vdots & \vdots & \vdots & \vdots & \vdots & & \vdots & \vdots \\ 0 & 0 & 0 & 0 & 0 & \cdots & 1 & 2 \\ 0 & 0 & 0 & 0 & 0 & \cdots & 0 & 1 \end{pmatrix} =$$

$$\begin{pmatrix} 1 & & & & & & \\ & 1 & & & & & \\ & & 1 & & & & \\ & & & 1 & & & \\ & & & & \ddots & & \\ & & & & & 1 & \\ & & & & & & 1 \end{pmatrix}$$

$$\boldsymbol{A}^{-1}=\begin{pmatrix} 1 & -2 & 1 & & & & \\ & 1 & -2 & 1 & & & \\ & & 1 & -2 & 1 & & \\ & & & \ddots & \ddots & \ddots & \\ & & & & 1 & -2 & 1 \\ & & & & & 1 & -2 \\ & & & & & & 1 \end{pmatrix}_{n\times n}$$

851. $\begin{pmatrix} 2 & -1 & 0 & 0 & \cdots & 0 \\ -1 & 2 & -1 & 0 & \cdots & 0 \\ 0 & -1 & 2 & -1 & \cdots & 0 \\ \vdots & \vdots & \vdots & \vdots & & \vdots \\ 0 & 0 & 0 & 0 & \cdots & 2 \end{pmatrix}.$

解

$$\begin{pmatrix} 2 & -1 & 0 & 0 & \cdots & 0 & 1 & & & & \\ -1 & 2 & -1 & 0 & \cdots & 0 & & 1 & & & \\ 0 & -1 & 2 & -1 & \cdots & 0 & & & 1 & & \\ \vdots & \vdots & \vdots & \vdots & & \vdots & & & & \ddots & \\ 0 & 0 & 0 & 0 & \cdots & 2 & & & & & 1 \end{pmatrix}\rightarrow$$

$$\begin{pmatrix} 2 & -1 & & & & & 1 & & & & & & \\ 1 & 1 & -1 & & & & 1 & 1 & & & & & \\ 1 & 0 & 1 & -1 & & & 1 & 1 & 1 & & & & \\ 1 & 0 & 0 & 1 & -1 & & 1 & 1 & 1 & 1 & & & \\ \vdots & \vdots & \vdots & \vdots & \vdots & & \vdots & \vdots & \vdots & & \ddots & & \\ 1 & 0 & 0 & 0 & 1 & -1 & 1 & 1 & 1 & \cdots & 1 & 1 & \\ 1 & 0 & 0 & 0 & 0 & 1 & 1 & 1 & 1 & \cdots & 1 & 1 & 1 \end{pmatrix}\rightarrow$$

$$\begin{pmatrix} n+1 & & & & & & n & n-1 & n-2 & \cdots & 2 & 1 \\ n-1 & 1 & & & & & n-1 & n-1 & n-2 & \cdots & 2 & 1 \\ n-2 & 0 & 1 & & & & n-2 & n-2 & n-2 & \cdots & 2 & 1 \\ \vdots & \vdots & \vdots & \ddots & & & \vdots & \vdots & \vdots & & \vdots & \vdots \\ 2 & 0 & 0 & \cdots & 1 & & 0 & 0 & 0 & \cdots & 0 & 0 \\ 1 & 0 & 0 & \cdots & 0 & 1 & 0 & 0 & 0 & \cdots & 0 & 0 \end{pmatrix}\rightarrow$$

$$\begin{pmatrix} 1 & & & & & \frac{n}{n+1} & \frac{n-1}{n+1} & \frac{n-2}{n+1} & \cdots & \frac{2}{n+1} & \frac{1}{n+1} \\ & 1 & & & & 0 & \frac{(n-1)2}{n+1} & \frac{2(n-2)}{n+1} & \cdots & 0 & 0 \\ & & 1 & & & 0 & 0 & 0 & \cdots & 0 & 0 \\ & & & \ddots & & \vdots & \vdots & \vdots & & \vdots & \vdots \\ & & & & 1 & 0 & 0 & 0 & \cdots & 0 & 0 \end{pmatrix} \to$$

$$\begin{pmatrix} 2 & -1 & 0 & 0 & 0 & 0 & 0 & 0 & 1 & & & & & & & \\ -1 & 2 & -1 & 0 & 0 & 0 & 0 & 0 & & 1 & & & & & & \\ 0 & -1 & 2 & -1 & 0 & 0 & 0 & 0 & & & 1 & & & & & \\ 0 & 0 & -1 & 2 & -1 & 0 & 0 & 0 & & & & 1 & & & & \\ 0 & 0 & 0 & -1 & 2 & -1 & 0 & 0 & & & & & 1 & & & \\ 0 & 0 & 0 & 0 & -1 & 2 & -1 & 0 & & & & & & 1 & & \\ 0 & 0 & 0 & 0 & 0 & -1 & 2 & -1 & & & & & & & 1 & \\ 0 & 0 & 0 & 0 & 0 & 0 & -1 & 2 & & & & & & & & 1 \end{pmatrix} \to$$

$$\begin{pmatrix} 2 & -1 & & & & & & & 1 & & & & & & & \\ 1 & 1 & -1 & & & & & & 1 & 1 & & & & & & \\ 1 & 0 & 1 & -1 & & & & & 1 & 1 & 1 & & & & & \\ 1 & 0 & 0 & 1 & -1 & & & & 1 & 1 & 1 & 1 & & & & \\ 1 & 0 & 0 & 0 & 1 & -1 & & & 1 & 1 & 1 & 1 & 1 & & & \\ 1 & 0 & 0 & 0 & 0 & 1 & -1 & & 1 & 1 & 1 & 1 & 1 & 1 & & \\ 1 & 0 & 0 & 0 & 0 & 0 & 1 & -1 & 1 & 1 & 1 & 1 & 1 & 1 & 1 & \\ 1 & 0 & 0 & 0 & 0 & 0 & 0 & 1 & 1 & 1 & 1 & 1 & 1 & 1 & 1 & 1 \end{pmatrix} \to$$

$$\begin{pmatrix} 9 & 0 & 0 & 0 & 0 & 0 & 0 & 0 & 8 & 7 & 6 & 5 & 4 & 3 & 2 & 1 \\ 7 & 1 & 0 & 0 & 0 & 0 & 0 & 0 & 7 & 7 & 6 & 5 & 4 & 3 & 2 & 1 \\ 6 & 0 & 1 & 0 & 0 & 0 & 0 & 0 & 6 & 6 & 6 & 5 & 4 & 3 & 2 & 1 \\ 5 & 0 & 0 & 1 & 0 & 0 & 0 & 0 & 5 & 5 & 5 & 5 & 4 & 3 & 2 & 1 \\ 4 & 0 & 0 & 0 & 1 & 0 & 0 & 0 & 4 & 4 & 4 & 4 & 4 & 3 & 2 & 1 \\ 3 & 0 & 0 & 0 & 0 & 1 & 0 & 0 & 3 & 3 & 3 & 3 & 3 & 3 & 2 & 1 \\ 2 & 0 & 0 & 0 & 0 & 0 & 1 & 0 & 2 & 2 & 2 & 2 & 2 & 2 & 2 & 1 \\ 1 & 0 & 0 & 0 & 0 & 0 & 0 & 1 & 1 & 1 & 1 & 1 & 1 & 1 & 1 & 1 \end{pmatrix} \to$$

$$
\left(\begin{array}{cccccccc|cccccccc}
1 & & & & & & & & \frac{8}{9} & \frac{7}{9} & \frac{6}{9} & \frac{5}{9} & \frac{4}{9} & \frac{3}{9} & \frac{2}{9} & \frac{1}{9} \\
 & 1 & & & & & & & \frac{7}{9} & \frac{7\cdot 2}{9} & \frac{6\cdot 2}{9} & \frac{5\cdot 2}{9} & \frac{4\cdot 2}{9} & \frac{3\cdot 2}{9} & \frac{2\cdot 2}{9} & \frac{2}{9} \\
 & & 1 & & & & & & \frac{6}{9} & \frac{6\cdot 2}{9} & \frac{6\cdot 3}{9} & \frac{5\cdot 3}{9} & \frac{4\cdot 3}{9} & \frac{3\cdot 3}{9} & \frac{3\cdot 2}{9} & \frac{3}{9} \\
 & & & 1 & & & & & \frac{5}{9} & \frac{5\cdot 2}{9} & \frac{5\cdot 3}{9} & \frac{5\cdot 4}{9} & \frac{4\cdot 4}{9} & \frac{3\cdot 4}{9} & \frac{2\cdot 4}{9} & \frac{4}{9} \\
 & & & & 1 & & & & \frac{4}{9} & \frac{4\cdot 2}{9} & \frac{4\cdot 3}{9} & \frac{4\cdot 4}{9} & \frac{4\cdot 5}{9} & \frac{3\cdot 5}{9} & \frac{2\cdot 5}{9} & \frac{5}{9} \\
 & & & & & 1 & & & \frac{3}{9} & \frac{3\cdot 2}{9} & \frac{3\cdot 3}{9} & \frac{3\cdot 4}{9} & \frac{3\cdot 5}{9} & \frac{3\cdot 6}{9} & \frac{2\cdot 6}{9} & \frac{6}{9} \\
 & & & & & & 1 & & \frac{2}{9} & \frac{2\cdot 2}{9} & \frac{2\cdot 3}{9} & \frac{2\cdot 4}{9} & \frac{2\cdot 5}{9} & \frac{2\cdot 6}{9} & \frac{2\cdot 7}{9} & \frac{7}{9} \\
 & & & & & & & 1 & \frac{1}{9} & \frac{2}{9} & \frac{3}{9} & \frac{4}{9} & \frac{5}{9} & \frac{6}{9} & \frac{7}{9} & \frac{8}{9}
\end{array}\right)
$$

$$
\frac{1}{9}\begin{pmatrix}
8 & 7 & 6 & 5 & 4 & 3 & 2 & 1 \\
7 & 7\cdot 2 & 6\cdot 2 & 5\cdot 2 & 4\cdot 2 & 3\cdot 2 & 2\cdot 2 & 2 \\
6 & 6\cdot 2 & 6\cdot 3 & 5\cdot 3 & 4\cdot 3 & 3\cdot 3 & 3\cdot 2 & 3 \\
5 & 5\cdot 2 & 5\cdot 3 & 5\cdot 4 & 4\cdot 4 & 3\cdot 4 & 4\cdot 2 & 4 \\
4 & 4\cdot 2 & 4\cdot 3 & 4\cdot 4 & 4\cdot 5 & 3\cdot 5 & 2\cdot 5 & 5 \\
3 & 3\cdot 2 & 3\cdot 3 & 3\cdot 4 & 3\cdot 5 & 3\cdot 6 & 2\cdot 6 & 6 \\
2 & 2\cdot 2 & 2\cdot 3 & 2\cdot 4 & 2\cdot 5 & 2\cdot 6 & 2\cdot 7 & 7 \\
1 & 2 & 3 & 4 & 5 & 6 & 7 & 8
\end{pmatrix}.
$$

$$
\begin{pmatrix}
2 & -1 & & & & & & \\
-1 & 2 & -1 & & & & & \\
 & -1 & 2 & -1 & & & & \\
 & & -1 & 2 & -1 & & & \\
 & & & -1 & 2 & -1 & & \\
 & & & & -1 & 2 & -1 & \\
 & & & & & -1 & 2 & -1 \\
 & & & & & & -1 & 2
\end{pmatrix}
=
\begin{pmatrix}
1 & 0 & 0 & 0 & 0 & 0 & 0 & 0 \\
0 & 1 & 0 & 0 & 0 & 0 & 0 & 0 \\
0 & 0 & 1 & 0 & 0 & 0 & 0 & 0 \\
0 & 0 & 0 & 1 & 0 & 0 & 0 & 0 \\
0 & 0 & 0 & 0 & 1 & 0 & 0 & 0 \\
0 & 0 & 0 & 0 & 0 & 1 & 0 & 0 \\
0 & 0 & 0 & 0 & 0 & 0 & 1 & 0 \\
0 & 0 & 0 & 0 & 0 & 0 & 0 & 1
\end{pmatrix}
$$

一般

$$
\boldsymbol{A}^{-1} = \frac{1}{n+1}\begin{pmatrix}
n & n-1 & n-2 & n-3 & \cdots & 1 \\
n-1 & 2(n-1) & 2(n-2) & 2(n-3) & \cdots & 2 \\
n-2 & 2(n-2) & 3(n-2) & 3(n-3) & \cdots & 3 \\
n-3 & 2(n-3) & 3(n-3) & 4(n-3) & \cdots & 4 \\
\vdots & \vdots & \vdots & \vdots & & \vdots \\
1 & 2 & 3 & 4 & \cdots & n
\end{pmatrix}
$$

852. $\begin{pmatrix} 1 & 1 & 1 & \cdots & 1 \\ 1 & 0 & 1 & \cdots & 1 \\ 1 & 1 & 0 & \cdots & 1 \\ \vdots & \vdots & \vdots & & \vdots \\ 1 & 1 & 1 & \cdots & 0 \end{pmatrix}$.

解

$$\begin{pmatrix} 1 & 1 & 1 & \cdots & 1 & 1 & & & & \\ 1 & 0 & 1 & \cdots & 1 & & 1 & & & \\ 1 & 1 & 0 & \cdots & 1 & & & 1 & & \\ \vdots & \vdots & \vdots & & \vdots & & & & \ddots & \\ 1 & 1 & 1 & \cdots & 0 & & & & & 1 \end{pmatrix} \to$$

$$\begin{pmatrix} n & n-1 & n-1 & \cdots & n-1 & 1 & 1 & 1 & \cdots & 1 \\ 1 & 0 & 1 & \cdots & 1 & & 1 & 0 & \cdots & 0 \\ 1 & 1 & 0 & \cdots & 1 & & & 1 & \cdots & 0 \\ \vdots & \vdots & \vdots & & \vdots & & & & \ddots & \vdots \\ 1 & 1 & 1 & \cdots & 0 & & & & & 1 \end{pmatrix} \to$$

$$\begin{pmatrix} 1 & \frac{n-1}{n} & \frac{n-1}{n} & \cdots & \frac{n-1}{n} & \frac{1}{n} & \frac{1}{n} & \frac{1}{n} & \cdots & \frac{1}{n} \\ 0 & -\frac{n-1}{n} & \frac{1}{n} & \cdots & \frac{1}{n} & -\frac{1}{n} & \frac{n-1}{n} & -\frac{1}{n} & \cdots & -\frac{1}{n} \\ 0 & \frac{1}{n} & -\frac{n-1}{n} & \cdots & \frac{1}{n} & -\frac{1}{n} & -\frac{1}{n} & \frac{n-1}{n} & \cdots & -\frac{1}{n} \\ \vdots & \vdots & \vdots & & \vdots & \vdots & \vdots & \vdots & & \vdots \\ 0 & \frac{1}{n} & \frac{1}{n} & \cdots & -\frac{n-1}{n} & -\frac{1}{n} & -\frac{1}{n} & -\frac{1}{n} & \cdots & \frac{n-1}{n} \end{pmatrix} \to$$

$$\begin{pmatrix} 1 & \frac{n-1}{n} & \frac{n-1}{n} & \cdots & \frac{n-1}{n} & \frac{1}{n} & \frac{1}{n} & \frac{1}{n} & \cdots & \frac{1}{n} \\ 0 & -\frac{1}{n} & -\frac{1}{n} & \cdots & -\frac{1}{n} & -\frac{n-1}{n} & \frac{1}{n} & \frac{1}{n} & \cdots & \frac{1}{n} \\ 0 & 0 & -1 & \cdots & 0 & -1 & 0 & 1 & \cdots & 0 \\ \vdots & \vdots & \vdots & & \vdots & \vdots & \vdots & \vdots & & \vdots \\ 0 & 0 & 0 & \cdots & -1 & -1 & 0 & 0 & \cdots & 1 \end{pmatrix} \to$$

$$\begin{pmatrix} 1 & 1 & 1 & \cdots & 1 & 1 & 0 & 0 & \cdots & 0 \\ & 1 & 1 & \cdots & 1 & n-1 & -1 & -1 & \cdots & -1 \\ & & 1 & \cdots & 0 & 1 & 0 & -1 & \cdots & 0 \\ & & & \ddots & \vdots & \vdots & \vdots & \vdots & & \vdots \\ & & & & 1 & 1 & 0 & 0 & \cdots & -1 \end{pmatrix} \to$$

$$\begin{pmatrix} 1 & & & & -(n-2) & 1 & 1 & \cdots & 1 \\ & 1 & & & 1 & -1 & 0 & \cdots & 0 \\ & & 1 & & 1 & 0 & -1 & \cdots & 0 \\ & & & \ddots & \vdots & \vdots & \vdots & & \vdots \\ & & & 1 & 1 & 0 & 0 & \cdots & -1 \end{pmatrix}$$

$$\begin{pmatrix} -(n-2) & 1 & 1 & 1 & \cdots & 1 \\ 1 & -1 & 0 & 0 & \cdots & 0 \\ 1 & 0 & -1 & 0 & \cdots & 0 \\ 1 & 0 & 0 & -1 & \cdots & 0 \\ \vdots & \vdots & \vdots & \vdots & & \vdots \\ 1 & 0 & 0 & 0 & \cdots & -1 \end{pmatrix}\begin{pmatrix} 1 & 1 & 1 & 1 & \cdots & 1 \\ 1 & 0 & 1 & 1 & \cdots & 1 \\ 1 & 1 & 0 & 1 & \cdots & 1 \\ 1 & 1 & 1 & 0 & \cdots & 1 \\ \vdots & \vdots & \vdots & \vdots & & \vdots \\ 1 & 1 & 1 & 1 & \cdots & 0 \end{pmatrix} =$$

$$\begin{pmatrix} 1 & & & & & \\ & 1 & & & & \\ & & 1 & & & \\ & & & 1 & & \\ & & & & \ddots & \\ & & & & & 1 \end{pmatrix}$$

$$\boldsymbol{A}^{-1} = \begin{pmatrix} -(n-2) & 1 & 1 & 1 & \cdots & 1 \\ 1 & -1 & 0 & 0 & \cdots & 0 \\ 1 & 0 & -1 & 0 & \cdots & 0 \\ 1 & 0 & 0 & -1 & \cdots & 0 \\ \vdots & \vdots & \vdots & \vdots & & \vdots \\ 1 & 0 & 0 & 0 & \cdots & -1 \end{pmatrix}$$

853. $\begin{pmatrix} 0 & 1 & 1 & \cdots & 1 \\ 1 & 0 & 1 & \cdots & 1 \\ 1 & 1 & 0 & \cdots & 1 \\ \vdots & \vdots & \vdots & & \vdots \\ 1 & 1 & 1 & \cdots & 0 \end{pmatrix}$.

解 $\begin{pmatrix} 0 & 1 & 1 & \cdots & 1 & 1 & & & \\ 1 & 0 & 1 & \cdots & 1 & & 1 & & \\ 1 & 1 & 0 & \cdots & 1 & & & 1 & \\ \vdots & \vdots & \vdots & & \vdots & & & & \ddots \\ 1 & 1 & 1 & \cdots & 0 & & & & & 1 \end{pmatrix} \to$

$$
\begin{pmatrix}
1 & 1 & 1 & \cdots & 1 & \frac{1}{n-1} & \frac{1}{n-1} & \frac{1}{n-1} & \cdots & \frac{1}{n-1} \\
 & -1 & 0 & \cdots & 0 & -\frac{1}{n-1} & \frac{n-2}{n-1} & -\frac{1}{n-1} & \cdots & -\frac{1}{n-1} \\
 & & -1 & \cdots & 0 & -\frac{1}{n-1} & -\frac{1}{n-1} & \frac{n-2}{n-1} & \cdots & -\frac{1}{n-1} \\
 & & & \ddots & \vdots & \vdots & \vdots & \vdots & & \vdots \\
 & & & & -1 & -\frac{1}{n-1} & -\frac{1}{n-1} & -\frac{1}{n-1} & \cdots & \frac{n-2}{n-1}
\end{pmatrix} \to
$$

$$
\begin{pmatrix}
1 & & & & & -\frac{n-2}{n-1} & \frac{1}{n-1} & \frac{1}{n-1} & \cdots & \frac{1}{n-1} \\
 & -1 & & & & -\frac{1}{n-1} & \frac{n-2}{n-1} & -\frac{1}{n-1} & \cdots & -\frac{1}{n-1} \\
 & & -1 & & & -\frac{1}{n-1} & -\frac{1}{n-1} & \frac{n-2}{n-1} & \cdots & -\frac{1}{n-1} \\
 & & & \ddots & & \vdots & \vdots & \vdots & & \vdots \\
 & & & & -1 & -\frac{1}{n-1} & -\frac{1}{n-1} & -\frac{1}{n-1} & \cdots & \frac{n-2}{n-1}
\end{pmatrix} \to
$$

$$
\begin{pmatrix}
1 & & & & & -\frac{n-2}{n-1} & \frac{1}{n-1} & \frac{1}{n-1} & \cdots & \frac{1}{n-1} \\
 & 1 & & & & \frac{1}{n-1} & -\frac{n-2}{n-1} & \frac{1}{n-1} & \cdots & \frac{1}{n-1} \\
 & & 1 & & & \frac{1}{n-1} & \frac{1}{n-1} & -\frac{n-2}{n-1} & \cdots & \frac{1}{n-1} \\
 & & & \ddots & & \vdots & \vdots & \vdots & & \vdots \\
 & & & & 1 & \frac{1}{n-1} & \frac{1}{n-1} & \frac{1}{n-1} & \cdots & -\frac{n-2}{n-1}
\end{pmatrix}
$$

$$
\frac{1}{n-1}
\begin{pmatrix}
-(n-2) & 1 & 1 & \cdots & 1 \\
1 & -(n-2) & 1 & \cdots & 1 \\
1 & 1 & -(n-2) & \cdots & 1 \\
\vdots & \vdots & \vdots & & \vdots \\
1 & 1 & 1 & \cdots & -(n-2)
\end{pmatrix}.
$$

$$
\begin{pmatrix}
0 & 1 & 1 & \cdots & 1 \\
1 & 0 & 1 & \cdots & 1 \\
1 & 1 & 0 & \cdots & 1 \\
\vdots & \vdots & \vdots & & \vdots \\
1 & 1 & 1 & \cdots & 0
\end{pmatrix}
=
\begin{pmatrix}
1 & & & \\
 & 1 & & \\
 & & 1 & \\
 & & & \ddots & \\
 & & & & 1
\end{pmatrix}.
$$

$$A^{-1}=\frac{1}{n-1}\begin{pmatrix}-(n-2) & 1 & 1 & \cdots & 1\\ 1 & -(n-2) & 1 & \cdots & 1\\ 1 & 1 & -(n-2) & \cdots & 1\\ \vdots & \vdots & \vdots & & \vdots\\ 1 & 1 & 1 & \cdots & -(n-2)\end{pmatrix}$$

854. $\begin{pmatrix}1+a & 1 & 1 & \cdots & 1\\ 1 & 1+a & 1 & \cdots & 1\\ 1 & 1 & 1+a & \cdots & 1\\ \vdots & \vdots & \vdots & & \vdots\\ 1 & 1 & 1 & \cdots & 1+a\end{pmatrix}$(矩阵的阶是 n).

解

$$\begin{pmatrix}1+a & 1 & 1 & \cdots & 1 & 1 & & & \\ 1 & 1+a & 1 & \cdots & 1 & & 1 & & \\ 1 & 1 & 1+a & \cdots & 1 & & & 1 & \\ \vdots & \vdots & \vdots & & \vdots & & & & \ddots \\ 1 & 1 & 1 & \cdots & 1+a & & & & & 1\end{pmatrix}\to$$

$$\begin{pmatrix}n+a & n+a & n+a & \cdots & n+a & 1 & 1 & 1 & \cdots & 1\\ 1 & 1+a & 1 & \cdots & 1 & & 1 & 0 & \cdots & 0\\ 1 & 1 & 1+a & \cdots & 1 & & & 1 & \cdots & 0\\ \vdots & \vdots & \vdots & & \vdots & & & & \ddots & \vdots\\ 1 & 1 & 1 & \cdots & 1+a & & & & & 1\end{pmatrix}\to$$

$$\begin{pmatrix}1 & 1 & 1 & \cdots & 1 & \frac{1}{n+a} & \frac{1}{n+a} & \frac{1}{n+a} & \cdots & \frac{1}{n+a}\\ 1 & 1+a & 1 & \cdots & 1 & & 1 & 0 & \cdots & 0\\ 1 & 1 & 1+a & \cdots & 1 & & & 1 & \cdots & 0\\ \vdots & \vdots & \vdots & & \vdots & & & & \ddots & \vdots\\ 1 & 1 & 1 & \cdots & 1+a & & & & & 1\end{pmatrix}\to$$

$$\begin{pmatrix}1 & 1 & 1 & \cdots & 1 & \frac{1}{n+a} & \frac{1}{n+a} & \frac{1}{n+a} & \cdots & \frac{1}{n+a}\\ & a & 0 & \cdots & 0 & -\frac{1}{n+a} & 1-\frac{1}{n+a} & -\frac{1}{n+a} & \cdots & -\frac{1}{n+a}\\ & & a & \cdots & 0 & -\frac{1}{n+a} & -\frac{1}{n+a} & 1-\frac{1}{n+a} & \cdots & -\frac{1}{n+a}\\ & & & \ddots & \vdots & \vdots & \vdots & \vdots & & \vdots\\ & & & & a & -\frac{1}{n+a} & -\frac{1}{n+a} & -\frac{1}{n+a} & \cdots & 1-\frac{1}{n+a}\end{pmatrix}\to$$

$$
\begin{pmatrix}
1 & 1 & 1 & \cdots & 1 & \frac{1}{n+a} & \frac{1}{n+a} & \cdots & \frac{1}{n+a} \\
 & & 1 & \cdots & 0 & -\frac{1}{a(n+a)} & \frac{n-1+a}{a(n+a)} & \cdots & -\frac{1}{a(n+a)} \\
 & & & \ddots & & \vdots & \vdots & & \vdots \\
 & & & & 1 & -\frac{1}{a(n+a)} & -\frac{1}{a(n+a)} & \cdots & \frac{n-1+a}{a(n+a)}
\end{pmatrix} \rightarrow
$$

$$
\begin{pmatrix}
1 & & & & & \frac{n-1+a}{(n+a)a} & -\frac{1}{a(n+a)} & \cdots & -\frac{1}{a(n+a)} \\
 & 1 & & & & & & & \\
 & & 1 & & & -\frac{1}{a(n+a)} & \frac{n-1+a}{a(n+a)} & \cdots & -\frac{1}{a(n+a)} \\
 & & & \ddots & & \vdots & \vdots & & \vdots \\
 & & & & 1 & -\frac{1}{a(n+a)} & -\frac{1}{a(n+a)} & \cdots & \frac{n-1+a}{a(n+a)}
\end{pmatrix}
$$

$$
\begin{pmatrix}
\frac{n-1+a}{a(n+a)} & -\frac{1}{a(n+a)} & \cdots & -\frac{1}{a(n+a)} \\
-\frac{1}{a(n+a)} & \frac{n-1+a}{a(n+a)} & \cdots & -\frac{1}{a(n+a)} \\
\vdots & \vdots & & \vdots \\
-\frac{1}{a(n+a)} & -\frac{1}{a(n+a)} & \cdots & \frac{n-1+a}{a(n+a)}
\end{pmatrix}
\begin{pmatrix}
1+a & 1 & 1 & \cdots & 1 \\
1 & 1+a & 1 & \cdots & 1 \\
\vdots & \vdots & \vdots & & \vdots \\
1 & 1 & 1 & \cdots & 1+a
\end{pmatrix} =
$$

$$
\begin{pmatrix}
1 & & & & \\
 & 1 & & & \\
 & & 1 & & \\
 & & & \ddots & \\
 & & & & 1
\end{pmatrix}
$$

$$
\boldsymbol{A}^{-1} = \frac{1}{a(n+a)}
\begin{pmatrix}
n-1+a & -1 & -1 & \cdots & -1 \\
-1 & n-1+a & -1 & \cdots & -1 \\
-1 & -1 & n-1+a & \cdots & -1 \\
\vdots & \vdots & \vdots & & \vdots \\
-1 & -1 & -1 & \cdots & n-1+a
\end{pmatrix}
$$

855. $\begin{pmatrix} 1+a_1 & 1 & 1 & \cdots & 1 \\ 1 & 1+a_2 & 1 & \cdots & 1 \\ 1 & 1 & 1+a_3 & \cdots & 1 \\ \vdots & \vdots & \vdots & & \vdots \\ 1 & 1 & 1 & \cdots & 1+a_n \end{pmatrix}$.

解

$$\left(\begin{array}{ccccc|ccccc} 1+a_1 & 1 & 1 & \cdots & 1 & 1 & & & & \\ 1 & 1+a_2 & 1 & \cdots & 1 & & 1 & & & \\ 1 & 1 & 1+a_3 & \cdots & 1 & & & 1 & & \\ \vdots & \vdots & \vdots & & \vdots & & & & \ddots & \\ 1 & 1 & 1 & \cdots & 1+a_n & & & & & 1 \end{array}\right) \xrightarrow[\text{减去第 1 行}]{\text{从其余各行}}$$

$$\left(\begin{array}{ccccc|ccccc} 1+a_1 & 1 & 1 & \cdots & 1 & 1 & & & & \\ -a_1 & a_2 & 0 & \cdots & 0 & -1 & 1 & & & \\ -a_1 & 0 & a_3 & \cdots & 0 & -1 & & 1 & & \\ \vdots & \vdots & \vdots & & \vdots & \vdots & & & \ddots & \\ -a_1 & 0 & 0 & \cdots & a_n & -1 & & & & 1 \end{array}\right) \xrightarrow[\text{线化为 } -1]{\text{主对角}}$$

$$\left(\begin{array}{ccccc|ccccc} 1+a_1 & 1 & 1 & \cdots & 1 & 1 & & & & \\ \frac{a_1}{a_2} & -1 & 0 & \cdots & 0 & \frac{1}{a_2} & -\frac{1}{a_2} & & & \\ \frac{a_1}{a_3} & 0 & -1 & \cdots & 0 & \frac{1}{a_3} & & -\frac{1}{a_3} & & \\ \vdots & \vdots & \vdots & & \vdots & \vdots & & & \ddots & \\ \frac{a_1}{a_n} & 0 & 0 & \cdots & -1 & \frac{1}{a_n} & & & & -\frac{1}{a_n} \end{array}\right) \xrightarrow[\text{第 1 行}]{\text{各行加到}}$$

$$\left(\begin{array}{ccccc|ccccc} 1+a_1+\frac{a_1}{a_2}+\cdots+\frac{a_1}{a_n} & & & & & 1+\frac{1}{a_2}+\cdots+\frac{1}{a_n} & -\frac{1}{a_2} & -\frac{1}{a_3} & \cdots & -\frac{1}{a_n} \\ \frac{a_1}{a_2} & -1 & & & & \frac{1}{a_2} & -\frac{1}{a_2} & & & \\ \frac{a_1}{a_3} & & -1 & & & \frac{1}{a_3} & & -\frac{1}{a_3} & & \\ \cdots & & & \ddots & & \vdots & & & \ddots & \\ \frac{a_1}{a_n} & & & & -1 & \frac{1}{a_n} & & & & -\frac{1}{a_n} \end{array}\right)$$

令 $1+a_1+\frac{a_1}{a_2}+\cdots+\frac{a_1}{a_n}=A$, $1+\frac{1}{a_2}+\cdots+\frac{1}{a_n}=B$.

$$
\text{原式}\to\begin{pmatrix}
1 & & & & & \frac{B}{A} & -\frac{1}{a_2A} & -\frac{1}{a_3A} & \cdots & -\frac{1}{a_nA}\\
\frac{a_1}{a_2} & -1 & & & & \frac{1}{a_2} & -\frac{1}{a_2} & 0 & \cdots & 0\\
\frac{a_1}{a_3} & 0 & -1 & & & \frac{1}{a_3} & 0 & -\frac{1}{a_3} & \cdots & 0\\
\vdots & \vdots & \vdots & \ddots & & \vdots & \vdots & \vdots & & \vdots\\
\frac{a_1}{a_n} & 0 & 0 & \cdots & -1 & \frac{1}{a_n} & 0 & 0 & \cdots & -\frac{1}{a_n}
\end{pmatrix}\to
$$

$$
\begin{pmatrix}
1 & & & & & \frac{B}{A} & -\frac{1}{a_2A} & -\frac{1}{a_3A} & \cdots & -\frac{1}{a_nA}\\
-\frac{a_1}{a_2} & 1 & & & & -\frac{1}{a_2} & \frac{1}{a_2} & 0 & \cdots & 0\\
-\frac{a_1}{a_3} & 0 & 1 & & & -\frac{1}{a_3} & 0 & \frac{1}{a_3} & \cdots & 0\\
\vdots & \vdots & \vdots & \ddots & & \vdots & \vdots & \vdots & & \vdots\\
-\frac{a_1}{a_n} & 0 & 0 & \cdots & 1 & -\frac{1}{a_n} & 0 & 0 & \cdots & \frac{1}{a_n}
\end{pmatrix}\to
$$

$$
\begin{pmatrix}
1 & & & & & \frac{B}{A} & -\frac{1}{a_2A} & -\frac{1}{a_3A} & \cdots & -\frac{1}{a_nA}\\
 & 1 & & & & -\frac{1}{a_2}+\frac{Ba_1}{Aa_2} & \frac{1}{a_2}-\frac{a_1}{a_2^2A} & -\frac{a_1}{a_2a_3A} & \cdots & -\frac{a_1}{a_2a_nA}\\
 & & 1 & & & -\frac{1}{a_3}+\frac{Ba_1}{Aa_3} & -\frac{a_1}{a_2a_3A} & \frac{1}{a_3}-\frac{a_1}{a_3^2A} & \cdots & -\frac{a_1}{a_3a_nA}\\
 & & & \ddots & & \vdots & \vdots & \vdots & & \vdots\\
 & & & & 1 & -\frac{1}{a_n}+\frac{Ba_1}{Aa_n} & -\frac{a_1}{a_2a_nA} & -\frac{a_1}{a_3a_nA} & \cdots & \frac{1}{a_n}-\frac{a_1}{a_n^2A}
\end{pmatrix}
$$

检验：

$$
\begin{pmatrix}
\frac{B}{A} & -\frac{1}{a_2A} & -\frac{1}{a_3A} & \cdots & -\frac{1}{a_nA}\\
-\frac{1}{a_2}+\frac{Ba_1}{Aa_2} & \frac{1}{a_2}-\frac{a_1}{a_2^2A} & -\frac{a_1}{a_2a_3A} & \cdots & -\frac{a_1}{a_2a_nA}\\
-\frac{1}{a_3}+\frac{Ba_1}{Aa_3} & -\frac{a_1}{a_2a_3A} & \frac{1}{a^3}-\frac{a_1}{a_3^2A} & \cdots & -\frac{a_1}{a_3a_nA}\\
\vdots & \vdots & \vdots & & \vdots\\
-\frac{1}{a_n}+\frac{Ba_1}{Aa_n} & -\frac{a_1}{a_2a_nA} & -\frac{a_1}{a_3a_nA} & \cdots & \frac{1}{a_n}-\frac{a_1}{a_n^2A}
\end{pmatrix}
\begin{pmatrix}
1+a_1 & 1 & 1 & \cdots & 1\\
1 & 1+a_2 & 1 & \cdots & 1\\
1 & 1 & 1+a_3 & \cdots & 1\\
\vdots & \vdots & \vdots & & \vdots\\
1 & 1 & 1 & \cdots & 1+a_n
\end{pmatrix}
$$

$$= \frac{1}{A}\begin{pmatrix} B & -\frac{1}{a_2} & -\frac{1}{a_3} & \cdots & -\frac{1}{a_n} \\ -\frac{A}{a_2}+\frac{a_1B}{a_2} & \frac{A}{a_2}-\frac{a_1}{a_2^2} & -\frac{a_1}{a_2a_3} & \cdots & -\frac{a_1}{a_2a_n} \\ -\frac{A}{a_3}+\frac{a_1B}{a_3} & -\frac{a_1}{a_2a_3} & \frac{A}{a_3}-\frac{a_1}{a_3^2} & \cdots & -\frac{a_1}{a_3a_n} \\ \vdots & \vdots & \vdots & & \vdots \\ -\frac{A}{a_n}+\frac{a_1B}{a_n} & -\frac{a_1}{a_2a_n} & -\frac{a_1}{a_3a_n} & \cdots & \frac{A}{a_n}-\frac{a_1}{a_n^2} \end{pmatrix}\begin{pmatrix} 1+a_1 & 1 & 1 & \cdots & 1 \\ 1 & 1+a_2 & 1 & \cdots & 1 \\ 1 & 1 & 1+a_3 & \cdots & 1 \\ \vdots & \vdots & \vdots & & \vdots \\ 1 & 1 & 1 & \cdots & 1+a_n \end{pmatrix}$$

我们计算：

11. $B(1+a_1)-\frac{1}{a_2}-\frac{1}{a_3}-\cdots-\frac{1}{a_n}=1+\frac{1}{a_2}+\cdots+\frac{1}{a_n}+a_1+\frac{a_1}{a_2}+\cdots+\frac{a_1}{a_n}-\frac{1}{a_2}-\frac{1}{a_3}-\frac{1}{a_4}-\cdots-\frac{1}{a_n}=A.$

12. $B-\frac{1}{a_2}-1-\frac{1}{a_3}-\cdots-\frac{1}{a_n}=1+\frac{1}{a_2}+\frac{1}{a_3}+\cdots+\frac{1}{a_n}-\frac{1}{a_2}-1-\frac{1}{a_3}-\cdots-\frac{1}{a_n}=0.$

13. $B-\frac{1}{a_2}-\frac{1}{a_3}-1-\frac{1}{a_4}-\cdots-\frac{1}{a_n}=1+\frac{1}{a_2}+\frac{1}{a_3}+\cdots+\frac{1}{a_n}-1-\frac{1}{a_2}-\frac{1}{a_3}-\cdots-\frac{1}{a_n}=0.$

…

1n. $B-\frac{1}{a_2}-\frac{1}{a_3}-\cdots-\frac{1}{a_{n-1}}-\frac{1}{a_n}-1=0.$

21. $\frac{-A+a_1B}{a_2}(1+a_1)+\frac{a_2A-a_1}{a_2^2}-\frac{a_1}{a_2a_3}-\cdots-\frac{a_1}{a_2a_n}=-\frac{1+a_1}{a_2}+\frac{1}{a_2}\cdot$

$\left(1+a_1+\frac{a_1}{a_2}+\cdots+\frac{a_1}{a_n}-\frac{a_1}{a_2}-\frac{a_1}{a_3}-\cdots-\frac{a_1}{a_n}\right)=0.$

22. $\frac{-A+a_1B}{a_2}+\frac{A-\frac{a_1}{a_2}}{a_2}\cdot(1+a_2)-\frac{a_1}{a_2a_3}-\frac{a_1}{a_2a_4}-\cdots-\frac{a_1}{a_2a_n}=-\frac{1}{a_2}+\frac{1}{a_2}\cdot$

$\left(A-\frac{a_1}{a_2}+a_2A-a_1-\frac{a_1}{a_3}-\cdots-\frac{a_1}{a_n}\right)=-\frac{1}{a_2}+\frac{1}{a_2}+A=A.$

23. $\frac{-A+a_1B}{a_2}+\frac{A-\frac{a_1}{a_2}}{a_2}-\frac{a_1}{a_2a_3}(1+a_3)-\frac{a_1}{a_2a_4}-\cdots-\frac{a_1}{a_2a_n}=-\frac{1}{a_2}+\frac{1}{a_2}\cdot$

$\left(A-\frac{a_1}{a_2}-\frac{a_1}{a_3}-a_1-\frac{a_1}{a_4}-\cdots-\frac{a_1}{a_n}\right)=0.$

2n. $\frac{-1}{a_2}+\frac{1}{a_2}\left(A-\frac{a_1}{a_2}\right)-\frac{a_1}{a_2a_3}-\frac{a_1}{a_2a_4}-\cdots-\frac{a_1}{a_2a_n}-\frac{a_1}{a_2}=-\frac{1}{a_2}+\frac{1}{a_2}\cdot$

$\left(A-\frac{a_1}{a_2}-\frac{a_1}{a_3}-\frac{1}{a_4}-\cdots-\frac{a_1}{a_n}-a_1\right)=0.$

31. $-\frac{1}{a_3}(1+a_1)-\frac{a_1}{a_2a_3}+\frac{A}{a_3}-\frac{a_1}{a_3^2}-\frac{a_1}{a_3a_4}-\cdots-\frac{a_1}{a_3a_n}=-\frac{1}{a_3}-\frac{a_1}{a_3}+\frac{1}{a_3}\cdot$

$\left(A-\frac{a_1}{a_2}-\frac{a_1}{a_3}-\frac{a_1}{a_4}-\cdots-\frac{a_1}{a_n}\right)=-\frac{1}{a_3}-\frac{a_1}{a_3}+\frac{1}{a_3}(1+a_1)=0.$

32. $-\frac{1}{a_3}-\frac{a_1}{a_2a_3}(1+a_2)+\frac{1}{a_3}\left(A-\frac{a_1}{a_3}\right)-\frac{a_1}{a_3a_4}-\cdots-\frac{a_1}{a_3a_n}=-\frac{1}{a_3}-\frac{a_1}{a_3}-\frac{a_1}{a_2a_3}+\frac{1}{a_3}\cdot$
$\left(A-\frac{a_1}{a_3}-\frac{a_1}{a_4}-\cdots-\frac{a_1}{a_n}\right)=-\frac{1}{a_3}-\frac{a_1}{a_3}-\frac{a_1}{a_2a_3}+\frac{1}{a_3}\left(1+a_1+\frac{a_1}{a_2}\right)=0.$

3n. $-\frac{1}{a_3}-\frac{a_1}{a_2a_3}+\frac{1}{a_3}\left(A-\frac{a_1}{a_3}\right)-\frac{a_1}{a_3a_4}-\cdots-\frac{a_1}{a_3a_n}-\frac{a_1}{a_3}=-\frac{1}{a_3}-\frac{a_1}{a_3}-\frac{a_1}{a_2a_3}+\frac{1}{a_3}\cdot$
$\left(A-\frac{a_1}{a_3}-\frac{a_1}{a_4}-\cdots-\frac{a_1}{a_n}\right)=-\frac{1}{a_3}\left(1+a_1+\frac{a_1}{a_2}\right)+\frac{1}{a_3}\left(1+a_1+\frac{a_1}{a_2}\right)=0.$

n1. $-\frac{1}{a_n}(1+a_1)-\frac{1}{a_n}\left(\frac{a_1}{a_2}+\frac{a_1}{a_3}+\cdots+\frac{a_1}{a_n}\right)+\frac{A}{a_n}=-\frac{1}{a_n}(1+a_1)+\frac{1}{a_n}(1+a_1)=0.$

n2. $-\frac{1}{a_n}-\frac{a_1}{a_2a_n}(1+a_2)-\frac{a_1}{a_3a_n}-\cdots+\frac{A}{a_n}-\frac{a_1}{a_n^2}=-\frac{1}{a_n}\left(1+\frac{a_1}{a_2}+a_1\right)+\frac{1}{a_n}\cdot$
$\left(A-\frac{a_1}{a_3}-\frac{a_1}{a_4}-\cdots-\frac{a_1}{a_n}\right)=0.$

n3. $-\frac{1}{a_n}-\frac{a_1}{a_2a_n}-\frac{a_1}{a_3a_n}(1+a_3)-\frac{a_1}{a_4a_n}-\cdots-\frac{a_1}{a_n^2}+\frac{A}{a_n}=-\frac{1}{a_n}\left(1+\frac{a_1}{a_2}+\frac{a_1}{a_3}+a_1\right)+\frac{1}{a_n}\cdot$
$\left(1+a_1+\frac{a_1}{a_2}+\frac{a_1}{a_3}\right)=0.$

nn. $-\frac{1}{a_n}-\frac{a_1}{a_2a_n}-\frac{a_1}{a_3a_n}-\cdots+\left(\frac{A}{a_n}-\frac{a_1}{a_n^2}\right)(1+a_n)=-\frac{1}{a_n}\left(1+a_1+\frac{a_1}{a_2}+\frac{a_1}{a_3}+\cdots+\frac{a_1}{a_n}\right)+\frac{A}{a_n}+A=A.$

856. 证明:计算给定的 n 阶矩阵 $\boldsymbol{A}$ 的逆矩阵,可以归结为解 n 个线性方程组,其中每一个组都包含 n 个未知量的 n 个方程且未知量的系数矩阵就是矩阵 $\boldsymbol{A}$.

证明

$$\begin{pmatrix} a_{11} & a_{12} & \cdots & a_{1n} \\ a_{21} & a_{22} & \cdots & a_{2n} \\ \vdots & \vdots & & \vdots \\ a_{n1} & a_{n2} & \cdots & a_{nn} \end{pmatrix}\begin{pmatrix} x_{11} & \times & \cdots & \times \\ x_{21} & \times & \cdots & \times \\ \vdots & \vdots & & \vdots \\ x_{n1} & \times & \cdots & \times \end{pmatrix}=\begin{pmatrix} 1 & \times & \cdots & \times \\ 0 & \times & \cdots & \times \\ 0 & \times & \cdots & \times \\ \vdots & \vdots & & \vdots \\ 0 & \times & \cdots & \times \end{pmatrix}$$

如果 $|\boldsymbol{A}|\neq 0$,增广矩阵的秩等于系数矩阵的秩,根据克莱姆法则线性方程组有唯一的非零解.

同样的方法可以依次求出第 2 列,第 3 列的 $\boldsymbol{Z}$ 矩阵的值. 当 x_{ij} 的全部值都求出时,$\boldsymbol{A}^{-1}$ 也就得到了.

对于某些特殊的方阵来说,这种方法有时是最简便的. 这里我们看到了逆矩阵在解矩阵方程的正常逻辑,同时看到了解线性方程组求逆矩阵的反作用. 只要运用自如,厘清题目特点,总能融会贯通,深入理解.

利用习题 856 的方法,求下列矩阵的逆矩阵:

857. $\begin{pmatrix} 3 & 3 & -4 & -3 \\ 0 & 6 & 1 & 1 \\ 5 & 4 & 2 & 1 \\ 2 & 3 & 3 & 2 \end{pmatrix}$.

解

$$\begin{pmatrix} 3 & 3 & -4 & -3 & 1 \\ 0 & 6 & 1 & 1 & 0 \\ 5 & 4 & 2 & 1 & 0 \\ 2 & 3 & 3 & 2 & 0 \end{pmatrix} \to \begin{pmatrix} 1 & 1 & -\frac{4}{3} & -1 & \frac{1}{3} \\ 0 & 6 & 1 & 1 & 0 \\ 1 & \frac{4}{5} & \frac{2}{5} & \frac{1}{5} & 0 \\ 1 & \frac{3}{2} & \frac{3}{2} & 1 & 0 \end{pmatrix} \to \begin{pmatrix} 1 & 1 & -\frac{4}{3} & -1 & \frac{1}{3} \\ 0 & 6 & 1 & 1 & 0 \\ 0 & \frac{1}{5} & -\frac{26}{15} & -\frac{6}{5} & \frac{1}{3} \\ 0 & \frac{1}{2} & \frac{17}{6} & 2 & -\frac{1}{3} \end{pmatrix} \to$$

$$\begin{pmatrix} 1 & 1 & -\frac{4}{3} & -1 & \frac{1}{3} \\ 0 & 1 & \frac{1}{6} & \frac{1}{6} & 0 \\ 0 & 1 & -\frac{26}{3} & -6 & \frac{5}{3} \\ 0 & 1 & \frac{17}{3} & 4 & -\frac{2}{3} \end{pmatrix} \to \begin{pmatrix} 1 & 0 & -7 & -5 & 1 \\ 0 & 0 & \frac{43}{3} & 10 & -\frac{7}{3} \\ 0 & 0 & -\frac{53}{6} & -\frac{37}{6} & \frac{5}{3} \\ 0 & 0 & \frac{33}{6} & \frac{23}{6} & -\frac{2}{3} \end{pmatrix} \to \begin{pmatrix} 1 & 0 & -7 & -5 & 1 \\ 0 & 1 & \frac{1}{6} & \frac{1}{6} & 0 \\ 0 & 0 & 43 & 30 & -7 \\ 0 & 0 & 53 & 37 & -10 \end{pmatrix} \to$$

$$\begin{pmatrix} 1 & 0 & -7 & -5 & 1 \\ 0 & 1 & \frac{1}{6} & \frac{1}{6} & 0 \\ 0 & 0 & 10 & 7 & -3 \\ 0 & 0 & 33 & 23 & -4 \end{pmatrix} \to \begin{pmatrix} 1 & 0 & -7 & -5 & 1 \\ 0 & 1 & \frac{1}{6} & \frac{1}{6} & 0 \\ 0 & 0 & 1 & \frac{7}{10} & -\frac{3}{10} \\ 0 & 0 & 1 & \frac{23}{33} & -\frac{4}{33} \end{pmatrix} \to \begin{pmatrix} 1 & 0 & -7 & -5 & 1 \\ 0 & 1 & \frac{1}{6} & \frac{1}{6} & 0 \\ 0 & 0 & 1 & \frac{7}{10} & -\frac{3}{10} \\ 0 & 0 & 0 & \frac{1}{330} & -\frac{59}{330} \end{pmatrix} \to$$

$$\begin{pmatrix} 1 & & & & -7 \\ & 1 & & & 3 \\ & & 1 & & 41 \\ & & & 1 & -59 \end{pmatrix}$$

$$\begin{pmatrix} 3 & 3 & -4 & -3 & 0 \\ 0 & 6 & 1 & 1 & 1 \\ 5 & 4 & 2 & 1 & 0 \\ 2 & 3 & 3 & 2 & 0 \end{pmatrix} \to \begin{pmatrix} 1 & 1 & -\frac{4}{3} & -1 & 0 \\ 0 & 1 & \frac{1}{6} & \frac{1}{6} & \frac{1}{6} \\ 1 & \frac{4}{5} & \frac{2}{5} & \frac{1}{5} & 0 \\ 1 & \frac{3}{2} & \frac{3}{2} & 1 & 0 \end{pmatrix} \to \begin{pmatrix} 1 & 1 & -\frac{4}{3} & -1 & 0 \\ 0 & 1 & \frac{1}{6} & \frac{1}{6} & \frac{1}{6} \\ 0 & \frac{1}{5} & -\frac{26}{15} & -\frac{6}{5} & 0 \\ 0 & \frac{7}{10} & \frac{11}{10} & \frac{4}{5} & 0 \end{pmatrix} \to$$

$$\begin{pmatrix} 1 & 1 & -\frac{4}{3} & -1 & 0 \\ 0 & 1 & \frac{1}{6} & \frac{1}{6} & \frac{1}{6} \\ 0 & 1 & -\frac{26}{3} & -6 & 0 \\ 0 & 1 & \frac{11}{7} & \frac{8}{7} & 0 \end{pmatrix} \to \begin{pmatrix} 1 & 0 & \frac{22}{3} & 5 & 0 \\ 0 & 1 & \frac{1}{6} & \frac{1}{6} & \frac{1}{6} \\ 0 & 0 & 53 & 37 & 1 \\ 0 & 0 & 59 & 41 & -7 \end{pmatrix} \to \begin{pmatrix} 1 & 0 & \frac{22}{3} & 5 & 0 \\ 0 & 1 & \frac{1}{6} & \frac{1}{6} & \frac{1}{6} \\ 0 & 0 & 3 & 2 & -4 \\ 0 & 0 & 0 & 1 & 43 \end{pmatrix} \to$$

$$\begin{pmatrix} 1 & & & & 5 \\ & 1 & & & -2 \\ & & 1 & & -30 \\ & & & 1 & 43 \end{pmatrix}$$

$$\begin{pmatrix} 3 & 3 & -4 & -3 & 0 \\ 0 & 6 & 1 & 1 & 0 \\ 5 & 4 & 2 & 1 & 1 \\ 2 & 3 & 3 & 2 & 0 \end{pmatrix} \to \begin{pmatrix} 1 & 1 & -\frac{4}{3} & -1 & 0 \\ 0 & 1 & \frac{1}{6} & \frac{1}{6} & 0 \\ 1 & \frac{4}{5} & \frac{2}{5} & \frac{1}{5} & \frac{1}{5} \\ 1 & \frac{3}{2} & \frac{3}{2} & 1 & 0 \end{pmatrix} \to \begin{pmatrix} 1 & 1 & -\frac{4}{3} & -1 & 0 \\ 0 & 1 & \frac{1}{6} & \frac{1}{6} & 0 \\ 0 & \frac{1}{5} & -\frac{26}{15} & -\frac{6}{5} & -\frac{1}{5} \\ 0 & \frac{1}{2} & \frac{17}{6} & 2 & 0 \end{pmatrix} \to$$

$$\begin{pmatrix} 1 & 1 & -\frac{4}{3} & -1 & 0 \\ 0 & 1 & \frac{1}{6} & \frac{1}{6} & 0 \\ 0 & 1 & -\frac{26}{3} & -6 & -1 \\ 0 & 1 & \frac{17}{3} & 4 & 0 \end{pmatrix} \to \begin{pmatrix} 1 & 1 & -\frac{4}{3} & -1 & 0 \\ 0 & 1 & \frac{1}{6} & \frac{1}{6} & 0 \\ 0 & 0 & -\frac{53}{6} & -\frac{37}{6} & -1 \\ 0 & 0 & \frac{33}{6} & \frac{23}{6} & 0 \end{pmatrix} \to \begin{pmatrix} 1 & 0 & -\frac{3}{2} & -\frac{7}{6} & 0 \\ 0 & 1 & \frac{1}{6} & \frac{1}{6} & 0 \\ 0 & 0 & 53 & 37 & 6 \\ 0 & 0 & 33 & 23 & 0 \end{pmatrix} \to$$

$$\begin{pmatrix} 1 & 0 & -\frac{3}{2} & -\frac{7}{6} & 0 \\ 0 & 1 & \frac{1}{6} & \frac{1}{6} & 0 \\ 0 & 0 & 20 & 14 & 6 \\ 0 & 0 & 33 & 23 & 0 \end{pmatrix} \to \begin{pmatrix} 1 & 0 & -\frac{3}{2} & -\frac{7}{6} & 0 \\ 0 & 1 & \frac{1}{6} & \frac{1}{6} & 0 \\ 0 & 0 & 10 & 7 & 3 \\ 0 & 0 & 3 & 2 & -9 \end{pmatrix} \to \begin{pmatrix} 1 & 0 & -\frac{3}{2} & -\frac{7}{6} & 0 \\ 0 & 1 & \frac{1}{6} & \frac{1}{6} & 0 \\ 0 & 0 & 1 & 1 & 30 \\ 0 & 0 & 1 & 0 & -69 \end{pmatrix} \to$$

$$\begin{pmatrix} 1 & & & & 12 \\ & 1 & & & -5 \\ & & 1 & & -69 \\ & & & 1 & 99 \end{pmatrix}$$

$$\begin{pmatrix}3&3&-4&-3&0\\0&6&1&1&0\\5&4&2&1&0\\2&3&3&2&1\end{pmatrix}\to\begin{pmatrix}1&1&-\frac{4}{3}&-1&0\\0&1&\frac{1}{6}&\frac{1}{6}&0\\1&\frac{4}{5}&\frac{2}{5}&\frac{1}{5}&0\\1&\frac{3}{2}&\frac{3}{2}&1&\frac{1}{2}\end{pmatrix}\to\begin{pmatrix}1&0&-\frac{3}{2}&-\frac{7}{6}&0\\0&1&\frac{1}{6}&\frac{1}{6}&0\\0&\frac{1}{5}&-\frac{26}{15}&-\frac{6}{5}&0\\0&\frac{1}{2}&\frac{17}{6}&2&\frac{1}{2}\end{pmatrix}\to$$

$$\begin{pmatrix}1&0&-\frac{3}{2}&-\frac{7}{6}&0\\0&1&\frac{1}{6}&\frac{1}{6}&0\\0&1&-\frac{26}{3}&-6&0\\0&1&\frac{17}{3}&4&1\end{pmatrix}\to\begin{pmatrix}1&0&-\frac{3}{2}&-\frac{7}{6}&0\\0&1&\frac{1}{6}&\frac{1}{6}&0\\0&0&\frac{53}{6}&\frac{37}{6}&0\\0&0&\frac{33}{6}&\frac{23}{6}&1\end{pmatrix}\to\begin{pmatrix}1&0&-\frac{3}{2}&-\frac{7}{6}&0\\0&1&\frac{1}{6}&\frac{1}{6}&0\\0&0&53&37&0\\0&0&33&23&6\end{pmatrix}\to$$

$$\begin{pmatrix}1&0&-\frac{3}{2}&-\frac{7}{6}&0\\0&1&\frac{1}{6}&\frac{1}{6}&0\\0&0&1&0&111\\0&0&0&1&-159\end{pmatrix}\to\begin{pmatrix}1&&&&-19\\&1&&&8\\&&1&&111\\&&&1&-159\end{pmatrix}$$

$$\boldsymbol{A}^{-1}=\begin{pmatrix}-7&5&12&-19\\3&-2&-5&8\\41&-30&-69&111\\-59&43&99&-159\end{pmatrix}$$

858. $\begin{pmatrix}1&2&3&\cdots&n-1&n\\n&1&2&\cdots&n-2&n-1\\n-1&n&1&\cdots&n-3&n-2\\\vdots&\vdots&\vdots&&\vdots&\vdots\\2&3&4&\cdots&n&1\end{pmatrix}$.

解　利用解线性方程组方法,求矩阵的逆矩阵.

$$\begin{pmatrix}1&2&3&\cdots&n-1&n&1\\n&1&2&\cdots&n-2&n-1&0\\n-1&n&1&\cdots&n-3&n-2&0\\\vdots&\vdots&\vdots&&\vdots&\vdots&\vdots\\2&3&4&\cdots&n&1&0\end{pmatrix}\to$$

$$\begin{pmatrix} -n+1 & 1 & 1 & \cdots & 1 & 1 & 1 \\ 1 & -n+1 & 1 & \cdots & 1 & 1 & 0 \\ 1 & 1 & -n+1 & \cdots & 1 & 1 & 0 \\ \vdots & \vdots & \vdots & & \vdots & \vdots & \vdots \\ 1 & 1 & 1 & \cdots & 1 & -n+1 & -1 \end{pmatrix} \to \begin{pmatrix} -n & n & 0 & \cdots & 0 & 1 \\ & -n & n & \cdots & 0 & 0 \\ & & -n & n & 0 & 0 \\ & & & \ddots & \ddots \vdots & \vdots \\ & & & -n & n & 1 \end{pmatrix} \to$$

$$\begin{pmatrix} -1 & 0 & 0 & 0 & \cdots & 0 & 1 & \frac{2}{n} \\ 0 & 1 & -1 & 0 & \cdots & 0 & 0 & 0 \\ 0 & 0 & 1 & -1 & \cdots & 0 & 0 & 0 \\ \vdots & \vdots & \vdots & \vdots & & \vdots & \vdots & \vdots \\ 0 & 0 & 0 & 0 & \cdots & -1 & 1 & \frac{1}{n} \end{pmatrix}$$

得

$$x_2 = \cdots = x_{n-1}$$

$$\begin{cases} -x_1 + x_n = \dfrac{2}{n} \\ -x_{n-1} + x_n = \dfrac{1}{n} \end{cases} \Rightarrow \begin{cases} x_1 = x_n - \dfrac{2}{n} \\ x_n = \dfrac{1}{n} + x_{n-1} \end{cases}$$

$$\begin{cases} x_1 + (n-2) \cdot x_2 + x_n = \dfrac{2}{n(n+1)} \\ (n-2)x_2 + 2x_n - \dfrac{2}{n} = \dfrac{2}{n(n+1)} \\ (n-2)x_2 + \dfrac{2}{n} + 2x_{n-1} - \dfrac{2}{n} = \dfrac{2}{n(n+1)} \\ nx_2 = \dfrac{2}{n(n+1)} \end{cases} \Rightarrow \begin{cases} x_1 = \dfrac{2}{n^2(n+1)} - \dfrac{1}{n} = \dfrac{2-n^2-n}{n^2(n+1)} \\ x_2 = \dfrac{2}{n^2(n+1)} \\ x_n = \dfrac{1}{n} + \dfrac{2}{n^2(n+1)} = \dfrac{n^2+n+2}{n^2(n+1)} \end{cases}$$

得到逆矩阵的第 1 列解向量.

$$\frac{1}{n^2(n+1)} \begin{pmatrix} 2-n^2-n \\ 2 \\ 2 \\ \vdots \\ 2 \\ n^2+n+2 \end{pmatrix}$$

我们再求第 2 列解向量

$$\begin{pmatrix} 1 & 2 & 3 & \cdots & n-1 & n & 0 \\ n & 1 & 2 & \cdots & n-2 & n-1 & 1 \\ n-1 & n & 1 & \cdots & n-3 & n-2 & 0 \\ \vdots & \vdots & \vdots & & \vdots & \vdots & \vdots \\ 2 & 3 & 4 & \cdots & n & 1 & 0 \end{pmatrix} \to \begin{pmatrix} 1 & 1-n & 1 & \cdots & 1 & 1 & 1 \\ 1 & 1 & 1-n & \cdots & 1 & 1 & 0 \\ \vdots & \vdots & \vdots & & \vdots & \vdots & \vdots \\ 1 & 1 & 1 & \cdots & 1 & 1-n & 0 \\ 1-n & 1 & 1 & \cdots & 1 & 1 & -1 \end{pmatrix} \to$$

$$\begin{pmatrix} 0 & -n & n & 0 & \cdots & 0 & 1 \\ 0 & 0 & -n & n & \cdots & 0 & 0 \\ \vdots & \vdots & \vdots & \vdots & & \vdots & \vdots \\ n & 0 & 0 & 0 & \cdots & -n & 1 \end{pmatrix} \to \begin{pmatrix} n & -n & 0 & 0 & \cdots & 0 & 2 \\ & -n & n & 0 & \cdots & 0 & 1 \\ & & -n & n & \cdots & 0 & 0 \\ & & & & \ddots & \vdots & \vdots \\ n & & & & & -n & 1 \end{pmatrix} \to$$

$$\begin{pmatrix} 1 & -1 & 0 & 0 & \cdots & 0 & \frac{2}{n} \\ & -1 & 1 & 0 & \cdots & 0 & \frac{1}{n} \\ & & -1 & 1 & \cdots & 0 & 0 \\ & & & & \ddots & \vdots & \vdots \\ 1 & & & & & -1 & \frac{1}{n} \end{pmatrix}$$

$$x_1 - x_2 = \frac{2}{n}$$

$$-x_2 + x_3 = \frac{1}{n} \Rightarrow x_2 = x_3 - \frac{1}{n}$$

$$x_3 = x_4 = \cdots = x_{n-1} = x_n$$

$$x_1 - x_n = \frac{1}{n} \Rightarrow x_1 = \frac{1}{n} + x_n$$

$$x_1 + x_2 + x_3 + \cdots + x_n = \frac{2}{n(n+1)}$$

$$(n-2)x_3 + 2x_3 = \frac{2}{n(n+1)}$$

$$x_3 = \frac{2}{n^2(n+1)}$$

$$x_1 = \frac{1}{n} + \frac{2}{n^2(n+1)} = \frac{2+n^2+n}{n^2(n+1)}$$

$$x_2 = \frac{2}{n^2(n+1)} - \frac{1}{n} = \frac{2-n^2-n}{n^2(n+1)}.$$

由此得到逆矩阵的第 2 列解向量

$$\frac{1}{n^2(n+1)}\begin{pmatrix} 2+n^2+n \\ 2-n^2-n \\ 2 \\ \vdots \\ 2 \\ 2 \end{pmatrix}$$

同样过程得到逆矩阵的第 3 列解向量

$$\frac{1}{n^2(n+1)}\begin{pmatrix}2\\2+n^2+n\\2-n^2-n\\2\\\vdots\\2\end{pmatrix}$$

第 n 列解向量

$$\frac{1}{n^2(n+1)}\begin{pmatrix}2\\\vdots\\2\\2+n^2+n\\2-n^2-n\end{pmatrix}$$

所求逆阵为

$$\frac{1}{n^2(n+1)}\begin{pmatrix}2-n^2-n & 2+n^2+n & 2 & \cdots & 2\\2 & 2-n^2-n & 2+n^2+n & \cdots & 2\\2 & 2 & 2-n^2-n & \cdots & 2\\\vdots & \vdots & \vdots & & \vdots\\2 & 2 & 2 & \cdots & 2+n^2+n\\2+n^2+n & 2 & 2 & \cdots & 2-n^2-n\end{pmatrix}$$

$$=\frac{1}{nS}\begin{pmatrix}1-S & 1+S & 1 & \cdots & 1 & 1\\1 & 1-S & 1+S & \cdots & 1 & 1\\1 & 1 & 1-S & \cdots & 1 & 1\\\vdots & \vdots & \vdots & & \vdots & \vdots\\1+S & 1 & 1 & \cdots & 1 & 1-S\end{pmatrix}$$

其中，$S=\frac{n(n+1)}{2}$.

859. $\begin{pmatrix}a & a+h & a+2h & \cdots & a+(n-2)h & a+(n-1)h\\a+(n-1)h & a & a+h & \cdots & a+(n-3)h & a+(n-2)h\\\vdots & \vdots & \vdots & & \vdots & \vdots\\a+h & a+2h & a+3h & \cdots & a+(n-1)h & a\end{pmatrix}$.

解　利用解线性方程组方法，求矩阵的逆矩阵

$$\begin{pmatrix}a & a+h & a+2h & \cdots & a+(n-2)h & a+(n-1)h & 1\\a+(n-1)h & a & a+h & \cdots & a+(n-3)h & a+(n-2)h & 0\\a+(n-2)h & a+(n-1)h & a & \cdots & a+(n-4)h & a+(n-3)h & 0\\\vdots & \vdots & \vdots & & \vdots & \vdots & \vdots\\a+h & a+2h & a+3h & \cdots & a+(n-1)h & a & 0\end{pmatrix}\rightarrow$$

$$\begin{pmatrix} -(n-1)h & h & h & \cdots & h & h & 1 \\ h & -(n-1)h & h & \cdots & h & h & 0 \\ h & h & -(n-1)h & \cdots & h & h & 0 \\ \vdots & \vdots & \vdots & & \vdots & \vdots & \vdots \\ h & h & h & \cdots & h & -(n-1)h & -1 \end{pmatrix} \to$$

$$\begin{pmatrix} -nh & nh & 0 & \cdots & 0 & 0 & 1 \\ 0 & -nh & nh & \cdots & 0 & 0 & 0 \\ 0 & 0 & -nh & \cdots & 0 & 0 & 0 \\ \vdots & \vdots & \vdots & & \vdots & \vdots & \vdots \\ 0 & 0 & 0 & \cdots & -nh & nh & 1 \\ nh & 0 & 0 & \cdots & 0 & -nh & -2 \end{pmatrix}$$

$$x_2 = x_3 = \cdots = x_{n-1}$$

$$\begin{cases} -x_1 + x_2 = \dfrac{1}{nh} \\ x_1 - x_n = -\dfrac{2}{nh} \\ -x_{n-1} + x_n = \dfrac{1}{nh} \end{cases} \Rightarrow \begin{cases} x_1 = x_2 - \dfrac{1}{nh} \\ x_1 = x_n - \dfrac{2}{nh} \\ x_n = x_{n-1} + \dfrac{1}{nh} \end{cases}$$

得

$$\begin{cases} x_1 = \dfrac{1}{n^2\left(a + \dfrac{n-1}{2}h\right)} - \dfrac{1}{nh} = \dfrac{h - n\left(a + \dfrac{n-1}{2}h\right)}{n^2h\left(a + \dfrac{n-1}{2}h\right)} = \dfrac{h - na - \dfrac{n(n-1)}{2}h}{n^2h\left(a + \dfrac{n-1}{2}h\right)} \\ x_2 = \dfrac{1}{n^2\left(a + \dfrac{n-1}{2}h\right)} \\ x_n = \dfrac{1}{n^2\left(a + \dfrac{n-1}{2}h\right)} + \dfrac{1}{nh} = \dfrac{h + na + \dfrac{n(n-1)}{2}h}{n^2h\left(a + \dfrac{n-1}{2}h\right)} \end{cases}$$

得到逆矩阵第 1 列解向量

$$\frac{1}{n^2h\left(a + \dfrac{n-1}{2}h\right)} \begin{pmatrix} h - na - \dfrac{n(n-1)}{2}h \\ h \\ \vdots \\ h \\ h + na + \dfrac{n(n-1)}{2}h \end{pmatrix}$$

我们再求第 2 列解向量

$$\begin{pmatrix} a & a+h & a+2h & \cdots & a+(n-2)h & a+(n-1)h & 0 \\ a+(n-1)h & a & a+h & \cdots & a+(n-3)h & a+(n-2)h & 1 \\ a+(n-2)h & a+(n-1)h & a & \cdots & a+(n-4)h & a+(n-3)h & 0 \\ \vdots & \vdots & \vdots & & \vdots & \vdots & \vdots \\ a+h & a+2h & a+3h & \cdots & a+(n-1)h & a & 0 \end{pmatrix} \to$$

$$\begin{pmatrix} h & -(n-1)h & h & \cdots & h & h & 1 \\ h & h & -(n-1)h & \cdots & h & h & 0 \\ \vdots & \vdots & \vdots & & \vdots & \vdots & \vdots \\ h & h & h & \cdots & h & -(n-1)h & 0 \\ -(n-1)h & h & h & \cdots & h & h & -1 \end{pmatrix} \to$$

$$\begin{pmatrix} 0 & -nh & nh & 0 & \cdots & 0 & 0 & 1 \\ 0 & 0 & -nh & nh & \cdots & 0 & 0 & 0 \\ 0 & 0 & 0 & -nh & \cdots & 0 & 0 & 0 \\ \vdots & \vdots & \vdots & \vdots & & \vdots & \vdots & \vdots \\ nh & 0 & 0 & 0 & \cdots & 0 & -nh & 1 \\ -nh & nh & 0 & 0 & \cdots & 0 & 0 & -2 \end{pmatrix}$$

$$x_3 = x_4 = \cdots = x_n$$

$$\begin{cases} x_1 - x_n = \dfrac{1}{nh} \\ -x_2 + x_3 = \dfrac{1}{nh} \\ -x_1 + x_2 = -\dfrac{2}{nh} \end{cases}$$

得

$$\begin{cases} x_1 = x_n + \dfrac{1}{nh} = \dfrac{1}{n^2\left(a+\dfrac{n-1}{2}h\right)} + \dfrac{1}{nh} = \dfrac{h+na+\dfrac{n(n-1)}{2}h}{n^2h\left(a+\dfrac{n-1}{2}h\right)} \\ x_2 = x_n - \dfrac{1}{nh} = \dfrac{1}{n^2\left(a+\dfrac{n-1}{2}h\right)} - \dfrac{1}{nh} = \dfrac{h-na-\dfrac{n(n-1)}{2}h}{n^2h\left(a+\dfrac{n-1}{2}h\right)} \\ x_3 = \dfrac{1}{n^2\left(a+\dfrac{n-1}{2}h\right)} \end{cases}$$

得到逆矩阵第 2 列解向量

$$\frac{1}{n^2h\left(a+\frac{n-1}{2}h\right)}\begin{pmatrix} h+na+\frac{n(n-1)}{2}h \\ h-na-\frac{n(n-1)}{2}h \\ h \\ \vdots \\ h \end{pmatrix}$$

同样过程得到逆矩阵第 3 列解向量

$$\frac{1}{n^2h\left(a+\frac{n-1}{2}h\right)}\begin{pmatrix} h \\ h+na+\frac{n(n-1)}{2}h \\ h-na-\frac{n(n-1)}{2}h \\ h \\ \vdots \\ h \end{pmatrix}$$

……

得到逆矩阵第 n 列解向量

$$\frac{1}{n^2h\left(a+\frac{n-1}{2}h\right)}\begin{pmatrix} h \\ \vdots \\ h \\ h+na+\frac{n(n-1)}{2}h \\ h-na-\frac{n(n-1)}{2}h \end{pmatrix}$$

检验：

$$\begin{aligned} a_{11} &= ah-na^2-\frac{n(n-1)}{2}ah+(n-2)ah+\frac{(n-1)(n-2)}{2}h^2+ah+na^2+ \\ &\quad \frac{n(n-1)}{2}ha+(n-1)h^2+n(n-1)ah+\frac{n(n-1)^2}{2}h^2 \\ &= n^2ah+\frac{n^2(n-1)}{2}h^2 \end{aligned}$$

$$\begin{aligned} a_{12} &= a(h+s)+(a+h)(h-s)+(n-2)ah+\frac{(n+1)(n-2)}{2}h^2 \\ &= ah+as+ah-as+h^2-hs+(n-2)ah+\frac{(n+1)(n-2)}{2}h^2 \\ &= nah+\frac{n(n-1)}{2}h^2-nah-\frac{n(n-1)}{2}h^2=0 \end{aligned}$$

$$a_{13}=ah+(a+h)(h+s)+(a+2h)(h-s)+(a+3h)h+\cdots+[a+(n-1)h]h$$

$$= ah + ah + as + hs + h^2 + ah + 2h^2 - as - 2hs + h\left[(n-3)a + \frac{(n+2)(n-3)}{2}h\right]$$

$$= nah - hs + 3h^2 + \frac{n^2 - n - 6}{2}h^2 = nah - nah - \frac{n(n-1)}{2}h^2 + \frac{n^2 - n}{2}h^2 = 0$$

$$\cdots$$

$$a_{1n} = (n-2)ah + \frac{(n-2)(n-3)}{2}h^2 + [a + (n-2)h](h+s) + [a + (n-1)h](h-s) +$$

$$ah + as + (n-2)h^2 + (n-2)hs +$$

$$ah - as + (n-1)h^2 - (n-1)hs$$

$$= nah + \frac{n^2 - 5n + 6}{2}h^2 + (2n-3)h^2 - hs = nah + \frac{n^2 - n}{2}h^2 - nah - \frac{n(n-1)}{2}h^2 = 0$$

$$a_{21} = [a + (n-1)h](h-s) + a \cdot h + (a+h)h + \cdots + [a + (n-3)h]h + [a + (n-2)h][h+s]$$

$$= ah + (n-1)h^2 - as - (n-1)hs + (n-2)ah + \frac{(n-2)(n-3)}{2}h^2 + ah + as +$$

$$(n-2)h^2 + (n-2)hs$$

$$= nah + \frac{n^2 - 5n + 6}{2}h^2 + (2n-3)h^2 - hs = nah + \frac{n^2 - n}{2}h^2 - nah - \frac{n(n-1)}{2}h^2 = 0$$

$$a_{22} = [a + (n-1)h](h+s) + a(h-s) + (n-2)ah + \frac{(n-1)(n-2)}{2}h^2$$

$$= ah + as + (n-1)h^2 + (n-1)hs + ah - as + (n-2)ah + \frac{(n-1)(n-2)}{2}h^2$$

$$= nah + \frac{n^2 - 3n + 2}{2}h^2 + (n-1)h^2 + n(n-1)ha + \frac{n(n-1)^2}{2}h^2$$

$$= \frac{n^2 - n}{2}h^2 + n^2 ha + \frac{n^3 - 2n^2 + n}{2}h^2 = n^2 ha + \frac{n^2(n-1)}{2}h^2$$

$$\cdots$$

$$a_{2n} = [a + (n-1)h + a + a + h + \cdots + a + (n-4)h] \cdot h + [a + (n-3)h](h+s) +$$

$$[a + (n-2)h](h-s)$$

$$= (n-2)ah + \frac{(n-3)(n-4)}{2}h^2 + (n-1)h^2 + ah + (n-3)h^2 + as + (n-3)hs +$$

$$ah - as + (n-2)h^2 - (n-2)hs$$

$$= nah + \frac{n^2 - 7n + 12}{2}h^2 + (3n-6)h^2 - hs = nah + \frac{n^2 - n}{2}h^2 - nah - \frac{n(n-1)}{2}h^2 = 0$$

$$\cdots$$

$$a_{n1} = (a+h)(h-s) + [a + 2h + \cdots + a + (n-1)h]h + a[h+s]$$

$$= ah + h^2 - as - sh + (n-2)ah + \frac{(n+1)(n-2)}{2}h^2 + ah + as$$

$$= nah + \frac{n^2 - n}{2}h^2 - nah - \frac{n(n-1)}{2}h^2 = 0$$

$$a_{n2} = (a+h)(h+s) + (a+2h)(h-s) + [a+3h+a+4h+\cdots+a+(n-1)h+a]h$$
$$= ah + h^2 + hs + as + ah + 2h^2 - as - 2hs + (n-2)ah + \frac{(n+2)(n-3)}{2}h^2$$
$$= nah + \frac{n^2-n}{2}h^2 - nah - \frac{n(n-1)}{2}h^2 = 0$$

$$\cdots$$

$$a_{nn} = [a+h+a+2h+\cdots+a+(n-2)h]h + [a+(n-1)h](h+s) + a(h-s)$$
$$= (n-2)ah + \frac{(n-1)(n-2)}{2}h^2 + ah + as + (n-1)h^2 + (n-1)hs + ah - as$$
$$= nah + \frac{n^2-n}{2}h^2 + n(n-1)ha + \frac{n(n-1)^2}{2}h^2 = n^2ah + \frac{n^3-n^2}{2}\cdot h^2 = n^2h\left(a+\frac{n-1}{2}h\right)$$

$$A^{-1} = \frac{1}{n^2h\left(a+\frac{n-1}{2}h\right)}\begin{pmatrix} h-s & h+s & h & \cdots & h & h \\ h & h-s & h+s & \cdots & h & h \\ h & h & h-s & \cdots & h & h \\ \vdots & \vdots & \vdots & & \vdots & \vdots \\ h+s & h & h & \cdots & h & h-s \end{pmatrix}$$

其中，$s = na + \frac{n(n-1)}{2}\cdot h$.

860. $\begin{pmatrix} 1 & 1 & 1 & 1 & \cdots & 1 \\ 1 & \varepsilon & \varepsilon^2 & \varepsilon^3 & \cdots & \varepsilon^{n-1} \\ 1 & \varepsilon^2 & \varepsilon^4 & \varepsilon^6 & \cdots & \varepsilon^{2(n-1)} \\ 1 & \varepsilon^3 & \varepsilon^6 & \varepsilon^9 & \cdots & \varepsilon^{3(n-1)} \\ \vdots & \vdots & \vdots & \vdots & & \vdots \\ 1 & \varepsilon^{n-1} & \varepsilon^{2(n-1)} & \varepsilon^{3(n-1)} & \cdots & \varepsilon^{(n-1)^2} \end{pmatrix}$.

解　解线性方程组法

$$AZ = E$$

为了具体起见，命 $n=8$. 即

$$\begin{pmatrix} 1 & 1 & 1 & 1 & 1 & 1 & 1 & 1 \\ 1 & \varepsilon & \varepsilon^2 & \varepsilon^3 & \varepsilon^4 & \varepsilon^5 & \varepsilon^6 & \varepsilon^7 \\ 1 & \varepsilon^2 & \varepsilon^4 & \varepsilon^6 & \varepsilon^8 & \varepsilon^{10} & \varepsilon^{12} & \varepsilon^{14} \\ 1 & \varepsilon^3 & \varepsilon^6 & \varepsilon^9 & \varepsilon^{12} & \varepsilon^{15} & \varepsilon^{18} & \varepsilon^{21} \\ 1 & \varepsilon^4 & \varepsilon^8 & \varepsilon^{12} & \varepsilon^{16} & \varepsilon^{20} & \varepsilon^{24} & \varepsilon^{28} \\ 1 & \varepsilon^5 & \varepsilon^{10} & \varepsilon^{15} & \varepsilon^{20} & \varepsilon^{25} & \varepsilon^{30} & \varepsilon^{35} \\ 1 & \varepsilon^6 & \varepsilon^{12} & \varepsilon^{18} & \varepsilon^{24} & \varepsilon^{30} & \varepsilon^{36} & \varepsilon^{42} \\ 1 & \varepsilon^7 & \varepsilon^{14} & \varepsilon^{21} & \varepsilon^{28} & \varepsilon^{35} & \varepsilon^{42} & \varepsilon^{49} \end{pmatrix}\begin{pmatrix} x_{11} & x_{12} & x_{13} & x_{14} & x_{15} & x_{16} & x_{17} & x_{18} \\ x_{21} & x_{22} & x_{23} & x_{24} & x_{25} & x_{26} & x_{27} & x_{28} \\ x_{31} & x_{32} & x_{33} & x_{34} & x_{35} & x_{36} & x_{37} & x_{38} \\ x_{41} & x_{42} & x_{43} & x_{44} & x_{45} & x_{46} & x_{47} & x_{48} \\ x_{51} & x_{52} & x_{53} & x_{54} & x_{55} & x_{56} & x_{57} & x_{58} \\ x_{61} & x_{62} & x_{63} & x_{64} & x_{65} & x_{66} & x_{67} & x_{68} \\ x_{71} & x_{72} & x_{73} & x_{74} & x_{75} & x_{76} & x_{77} & x_{78} \\ x_{81} & x_{82} & x_{83} & x_{84} & x_{85} & x_{86} & x_{87} & x_{88} \end{pmatrix}$$

$$
= \begin{pmatrix} 1 & & & & & & & \\ & 1 & & & & & & \\ & & 1 & & & & & \\ & & & 1 & & & & \\ & & & & 1 & & & \\ & & & & & 1 & & \\ & & & & & & 1 & \\ & & & & & & & 1 \end{pmatrix}
$$

先算第 1 列

$$
\begin{cases}
x_{11}+x_{21}+x_{31}+x_{41}+x_{51}+x_{61}+x_{71}+x_{81}=1 \\
x_{11}+\varepsilon x_{21}+\varepsilon^{2}x_{31}+\varepsilon^{3}x_{41}+\varepsilon^{4}x_{51}+\varepsilon^{5}x_{61}+\varepsilon^{6}x_{71}+\varepsilon^{7}x_{81}=0 \\
x_{11}+\varepsilon^{2}x_{21}+\varepsilon^{4}x_{31}+\varepsilon^{6}x_{41}+\varepsilon^{8}x_{51}+\varepsilon^{10}x_{61}+\varepsilon^{12}x_{71}+\varepsilon^{14}x_{81}=0 \\
x_{11}+\varepsilon^{3}x_{21}+\varepsilon^{6}x_{31}+\varepsilon^{9}x_{41}+\varepsilon^{12}x_{51}+\varepsilon^{15}x_{61}+\varepsilon^{18}x_{71}+\varepsilon^{21}x_{81}=0 \\
x_{11}+\varepsilon^{4}x_{21}+\varepsilon^{8}x_{31}+\varepsilon^{12}x_{41}+\varepsilon^{16}x_{51}+\varepsilon^{20}x_{61}+\varepsilon^{24}x_{71}+\varepsilon^{28}x_{81}=0 \\
x_{11}+\varepsilon^{5}x_{21}+\varepsilon^{10}x_{31}+\varepsilon^{15}x_{41}+\varepsilon^{20}x_{51}+\varepsilon^{25}x_{61}+\varepsilon^{30}x_{71}+\varepsilon^{35}x_{81}=0 \\
x_{11}+\varepsilon^{6}x_{21}+\varepsilon^{12}x_{31}+\varepsilon^{18}x_{41}+\varepsilon^{24}x_{51}+\varepsilon^{30}x_{61}+\varepsilon^{36}x_{71}+\varepsilon^{42}x_{81}=0 \\
x_{11}+\varepsilon^{7}x_{21}+\varepsilon^{14}x_{31}+\varepsilon^{21}x_{41}+\varepsilon^{28}x_{51}+\varepsilon^{35}x_{61}+\varepsilon^{42}x_{71}+\varepsilon^{49}x_{81}=0
\end{cases} \quad (\mathrm{I})
$$

因此 ε 是本原单位根.

$$
\begin{aligned}
&1+\varepsilon+\varepsilon^{2}+\varepsilon^{3}+\varepsilon^{4}+\varepsilon^{5}+\varepsilon^{6}+\varepsilon^{7}=0 \\
&1+\varepsilon^{2}+\varepsilon^{4}+\varepsilon^{6}+\varepsilon^{8}+\varepsilon^{10}+\varepsilon^{12}+\varepsilon^{14}=0 \\
&1+\varepsilon^{3}+\varepsilon^{6}+\varepsilon^{9}+\varepsilon^{12}+\varepsilon^{15}+\varepsilon^{18}+\varepsilon^{21}=0 \\
&1+\varepsilon^{4}+\varepsilon^{8}+\varepsilon^{12}+\varepsilon^{16}+\varepsilon^{20}+\varepsilon^{24}+\varepsilon^{28}=0 \\
&1+\varepsilon^{5}+\varepsilon^{10}+\varepsilon^{15}+\varepsilon^{20}+\varepsilon^{25}+\varepsilon^{30}+\varepsilon^{35}=0 \\
&1+\varepsilon^{6}+\varepsilon^{12}+\varepsilon^{18}+\varepsilon^{24}+\varepsilon^{30}+\varepsilon^{36}+\varepsilon^{42}=0 \\
&1+\varepsilon^{7}+\varepsilon^{14}+\varepsilon^{21}+\varepsilon^{28}+\varepsilon^{35}+\varepsilon^{42}+\varepsilon^{49}=0
\end{aligned}
$$

方程组(Ⅰ)全部相加

$$
8x_{11}=1
$$

$$
x_{11}=\frac{1}{8}
$$

再来求 x_{21}，把 x_{21} 的系数化为 1. 方程两边各项乘以 ε^{k} 得

$$
\begin{array}{ccccccccc}
x_{11} & +x_{21} & +x_{31} & +x_{41} & +x_{51} & +x_{61} & +x_{71} & +x_{81} & =1 \\
\varepsilon^{7}x_{11} & +x_{21} & +\varepsilon x_{31} & +\varepsilon^{2}x_{41} & +\varepsilon^{3}x_{51} & +\varepsilon^{4}x_{61} & +\varepsilon^{5}x_{71} & +\varepsilon^{6}x_{81} & =0 \\
\varepsilon^{6}x_{11} & +x_{21} & +\varepsilon^{2}x_{31} & +\varepsilon^{4}x_{41} & +\varepsilon^{6}x_{51} & +\varepsilon^{11}x_{61} & +\varepsilon^{18}x_{71} & +\varepsilon^{20}x_{81} & =0 \\
\varepsilon^{5}x_{11} & +x_{21} & +\varepsilon^{3}x_{31} & +\varepsilon^{14}x_{41} & +\varepsilon^{17}x_{51} & +\varepsilon^{20}x_{61} & +\varepsilon^{23}x_{71} & +\varepsilon^{26}x_{81} & =0 \\
\varepsilon^{4}x_{11} & +x_{21} & +\varepsilon^{12}x_{31} & +\varepsilon^{16}x_{41} & +\varepsilon^{20}x_{51} & +\varepsilon^{24}x_{61} & +\varepsilon^{28}x_{71} & +\varepsilon^{32}x_{81} & =0 \\
\varepsilon^{3}x_{11} & +x_{21} & +\varepsilon^{13}x_{31} & +\varepsilon^{18}x_{41} & +\varepsilon^{23}x_{51} & +\varepsilon^{28}x_{61} & +\varepsilon^{33}x_{71} & +\varepsilon^{38}x_{81} & =0 \\
\varepsilon^{2}x_{11} & +x_{21} & +\varepsilon^{14}x_{31} & +\varepsilon^{20}x_{41} & +\varepsilon^{26}x_{51} & +\varepsilon^{32}x_{61} & +\varepsilon^{38}x_{71} & +\varepsilon^{44}x_{81} & =0 \\
\varepsilon x_{11} & +x_{21} & +\varepsilon^{15}x_{31} & +\varepsilon^{22}x_{41} & +\varepsilon^{29}x_{51} & +\varepsilon^{36}x_{61} & +\varepsilon^{43}x_{71} & +\varepsilon^{50}x_{81} & =0 \\
\| & & \| & \| & \| & \| & \| & & \\
0 & & 0 & 0 & 0 & 0 & 0 & &
\end{array}
$$

$$8x_{21}=1$$

$$x_{21}=\frac{1}{8}$$

同样方法

$$x_{31}=x_{41}=x_{51}=x_{61}=x_{71}=x_{81}=\frac{1}{8}$$

我们来算第 2 列各元素的值

$$
\begin{aligned}
&x_{12}+x_{22}+x_{32}+x_{42}+x_{52}+x_{62}+x_{72}+x_{82}=0 \\
&x_{12}+\varepsilon x_{22}+\varepsilon^{2}x_{32}+\varepsilon^{3}x_{42}+\varepsilon^{4}x_{52}+\varepsilon^{5}x_{62}+\varepsilon^{6}x_{72}+\varepsilon^{7}x_{82}=1 \\
&x_{12}+\varepsilon^{2}x_{22}+\varepsilon^{4}x_{32}+\varepsilon^{6}x_{42}+\varepsilon^{8}x_{52}+\varepsilon^{10}x_{62}+\varepsilon^{12}x_{72}+\varepsilon^{14}x_{82}=0 \\
&x_{12}+\varepsilon^{3}x_{22}+\varepsilon^{6}x_{32}+\varepsilon^{9}x_{42}+\varepsilon^{12}x_{52}+\varepsilon^{15}x_{62}+\varepsilon^{18}x_{72}+\varepsilon^{21}x_{82}=0 \\
&x_{12}+\varepsilon^{4}x_{22}+\varepsilon^{8}x_{32}+\varepsilon^{12}x_{42}+\varepsilon^{16}x_{52}+\varepsilon^{20}x_{62}+\varepsilon^{24}x_{72}+\varepsilon^{28}x_{82}=0 \\
&x_{12}+\varepsilon^{5}x_{22}+\varepsilon^{10}x_{32}+\varepsilon^{15}x_{42}+\varepsilon^{20}x_{52}+\varepsilon^{25}x_{62}+\varepsilon^{30}x_{72}+\varepsilon^{35}x_{82}=0 \\
&x_{12}+\varepsilon^{6}x_{22}+\varepsilon^{12}x_{32}+\varepsilon^{18}x_{42}+\varepsilon^{24}x_{52}+\varepsilon^{30}x_{62}+\varepsilon^{36}x_{72}+\varepsilon^{42}x_{82}=0 \\
&x_{12}+\varepsilon^{7}x_{22}+\varepsilon^{14}x_{32}+\varepsilon^{21}x_{42}+\varepsilon^{28}x_{52}+\varepsilon^{35}x_{62}+\varepsilon^{42}x_{72}+\varepsilon^{49}x_{82}=0
\end{aligned}
$$

令 $y_{12}=x_{12}$， $y_{22}=\varepsilon x_{22}$， $y_{32}=\varepsilon^{2}x_{32}$， $y_{42}=\varepsilon^{3}x_{42}$， $y_{52}=\varepsilon^{4}x_{52}$， $y_{62}=\varepsilon^{5}x_{62}$， $y_{72}=\varepsilon^{6}x_{72}$， $y_{82}=\varepsilon^{7}x_{82}$.

$$
\begin{aligned}
&y_{12}+y_{22}+y_{32}+y_{42}+y_{52}+y_{62}+y_{72}+y_{82}=1 \\
&y_{12}+\varepsilon y_{22}+\varepsilon^{2}y_{32}+\varepsilon^{3}y_{42}+\varepsilon^{4}y_{52}+\varepsilon^{5}y_{62}+\varepsilon^{6}y_{72}+\varepsilon^{7}y_{82}=0 \\
&y_{12}+\varepsilon^{2}y_{22}+\varepsilon^{4}y_{32}+\varepsilon^{6}y_{42}+\varepsilon^{8}y_{52}+\varepsilon^{10}y_{62}+\varepsilon^{12}y_{72}+\varepsilon^{14}y_{82}=0 \\
&y_{12}+\varepsilon^{3}y_{22}+\varepsilon^{6}y_{32}+\varepsilon^{9}y_{42}+\varepsilon^{12}y_{52}+\varepsilon^{15}y_{62}+\varepsilon^{18}y_{72}+\varepsilon^{21}y_{82}=0 \\
&y_{12}+\varepsilon^{4}y_{22}+\varepsilon^{8}y_{32}+\varepsilon^{12}y_{42}+\varepsilon^{16}y_{52}+\varepsilon^{20}y_{62}+\varepsilon^{24}y_{72}+\varepsilon^{28}y_{82}=0 \\
&y_{12}+\varepsilon^{5}y_{22}+\varepsilon^{10}y_{32}+\varepsilon^{15}y_{42}+\varepsilon^{20}y_{52}+\varepsilon^{25}y_{62}+\varepsilon^{30}y_{72}+\varepsilon^{35}y_{82}=0 \\
&y_{12}+\varepsilon^{6}y_{22}+\varepsilon^{12}y_{32}+\varepsilon^{18}y_{42}+\varepsilon^{24}y_{52}+\varepsilon^{30}y_{62}+\varepsilon^{36}y_{72}+\varepsilon^{42}y_{82}=0 \\
&y_{12}+\varepsilon^{7}y_{22}+\varepsilon^{14}y_{32}+\varepsilon^{21}y_{42}+\varepsilon^{28}y_{52}+\varepsilon^{35}y_{62}+\varepsilon^{42}y_{72}+\varepsilon^{49}y_{82}=0
\end{aligned}
$$

根据前面线性方程组的结果得

$$y_{12}=y_{22}=y_{32}=y_{42}=y_{52}=y_{62}=y_{72}=y_{82}=\frac{1}{8}$$

所以

$$x_{12}=y_{12}=\frac{1}{8},\quad x_{22}=\varepsilon^{-1}\cdot\frac{1}{8},\quad x_{32}=\varepsilon^{-2}\cdot\frac{1}{8},\quad x_{42}=\varepsilon^{-3}\cdot\frac{1}{8}$$

$$x_{52}=\varepsilon^{-4}\cdot\frac{1}{8},\quad x_{62}=\varepsilon^{-5}\cdot\frac{1}{8},\quad x_{72}=\varepsilon^{-6}\cdot\frac{1}{8},\quad x_{82}=\varepsilon^{-7}\cdot\frac{1}{8}$$

求第 3 列各元素的值

$$\begin{gathered}
x_{13}+x_{23}+x_{33}+x_{43}+x_{53}+x_{63}+x_{73}+x_{83}=0\\
x_{13}+\varepsilon x_{23}+\varepsilon^{2}x_{33}+\varepsilon^{3}x_{43}+\varepsilon^{4}x_{53}+\varepsilon^{5}x_{63}+\varepsilon^{6}x_{73}+\varepsilon^{7}x_{83}=0\\
x_{13}+\varepsilon^{2}x_{23}+\varepsilon^{4}x_{33}+\varepsilon^{6}x_{43}+\varepsilon^{8}x_{53}+\varepsilon^{10}x_{63}+\varepsilon^{12}x_{73}+\varepsilon^{14}x_{83}=1\\
x_{13}+\varepsilon^{3}x_{23}+\varepsilon^{6}x_{33}+\varepsilon^{9}x_{43}+\varepsilon^{12}x_{53}+\varepsilon^{15}x_{63}+\varepsilon^{18}x_{73}+\varepsilon^{21}x_{83}=0\\
x_{13}+\varepsilon^{4}x_{23}+\varepsilon^{8}x_{33}+\varepsilon^{12}x_{43}+\varepsilon^{16}x_{53}+\varepsilon^{20}x_{63}+\varepsilon^{24}x_{73}+\varepsilon^{28}x_{83}=0\\
x_{13}+\varepsilon^{5}x_{23}+\varepsilon^{10}x_{33}+\varepsilon^{15}x_{43}+\varepsilon^{20}x_{53}+\varepsilon^{25}x_{63}+\varepsilon^{30}x_{73}+\varepsilon^{35}x_{83}=0\\
x_{13}+\varepsilon^{6}x_{23}+\varepsilon^{12}x_{33}+\varepsilon^{18}x_{43}+\varepsilon^{24}x_{53}+\varepsilon^{30}x_{63}+\varepsilon^{36}x_{73}+\varepsilon^{42}x_{83}=0\\
x_{13}+\varepsilon^{7}x_{23}+\varepsilon^{14}x_{33}+\varepsilon^{21}x_{43}+\varepsilon^{28}x_{53}+\varepsilon^{35}x_{63}+\varepsilon^{42}x_{73}+\varepsilon^{49}x_{83}=0
\end{gathered}$$

令

$y_{13}=x_{13}$, $y_{23}=\varepsilon^{2}x_{23}$, $y_{33}=\varepsilon^{4}x_{33}$, $y_{43}=\varepsilon^{6}x_{43}$, $y_{53}=\varepsilon^{8}x_{53}$, $y_{63}=\varepsilon^{10}x_{63}$, $y_{73}=\varepsilon^{12}x_{73}$, $y_{83}=\varepsilon^{14}x_{83}$.

$$\begin{aligned}
&y_{13}+y_{23}+y_{33}+y_{43}+y_{53}+y_{63}+y_{73}+y_{83}=1\\
&y_{13}+\varepsilon y_{23}+\varepsilon^{2}y_{33}+\varepsilon^{3}y_{43}+\varepsilon^{4}y_{53}+\varepsilon^{5}y_{63}+\varepsilon^{6}y_{73}+\varepsilon^{7}y_{83}=0\\
&y_{13}+\varepsilon^{2}y_{23}+\varepsilon^{4}y_{33}+\varepsilon^{6}y_{43}+\varepsilon^{8}y_{53}+\varepsilon^{10}y_{63}+\varepsilon^{12}y_{73}+\varepsilon^{14}y_{83}=0\\
&y_{13}+\varepsilon^{3}y_{23}+\varepsilon^{6}y_{33}+\varepsilon^{9}y_{43}+\varepsilon^{12}y_{53}+\varepsilon^{15}y_{63}+\varepsilon^{18}y_{73}+\varepsilon^{21}y_{83}=0\\
&y_{13}+\varepsilon^{4}y_{23}+\varepsilon^{8}y_{33}+\varepsilon^{12}y_{43}+\varepsilon^{16}y_{53}+\varepsilon^{20}y_{63}+\varepsilon^{24}y_{73}+\varepsilon^{28}y_{83}=0\\
&y_{13}+\varepsilon^{5}y_{23}+\varepsilon^{10}y_{33}+\varepsilon^{15}y_{43}+\varepsilon^{20}y_{53}+\varepsilon^{25}y_{63}+\varepsilon^{30}y_{73}+\varepsilon^{35}y_{83}=0\\
&y_{13}+\varepsilon^{6}y_{23}+\varepsilon^{12}y_{33}+\varepsilon^{18}y_{43}+\varepsilon^{24}y_{53}+\varepsilon^{30}y_{63}+\varepsilon^{36}y_{73}+\varepsilon^{42}y_{83}=0\\
&y_{13}+\varepsilon^{7}y_{23}+\varepsilon^{14}y_{33}+\varepsilon^{21}y_{43}+\varepsilon^{28}y_{53}+\varepsilon^{35}y_{63}+\varepsilon^{42}y_{73}+\varepsilon^{49}y_{83}=0
\end{aligned}$$

同样的,利用前面的结果得

$$y_{13}=y_{23}=y_{33}=y_{43}=y_{53}=y_{63}=y_{73}=y_{83}=\frac{1}{8}$$

因此,变换回到 x_{i3} 中去.

$$x_{13}=\frac{1}{8},\quad x_{23}=\varepsilon^{-2}\cdot\frac{1}{8},\quad x_{33}=\varepsilon^{-4}\cdot\frac{1}{8},\quad x_{43}=\varepsilon^{-6}\cdot\frac{1}{8}$$

$$x_{53}=\varepsilon^{-8}\cdot\frac{1}{8},\quad x_{63}=\varepsilon^{-10}\cdot\frac{1}{8},\quad x_{73}=\varepsilon^{-12}\cdot\frac{1}{8},\quad x_{83}=\varepsilon^{-14}\cdot\frac{1}{8}$$

完全同样的方法

令 $y_{14}=x_{14}$, $y_{24}=\varepsilon^{3}x_{24}$, $y_{34}=\varepsilon^{6}x_{34}$, $y_{44}=\varepsilon^{9}x_{44}$, $y_{54}=\varepsilon^{12}x_{54}$,
$y_{64}=\varepsilon^{15}x_{64}$, $y_{74}=\varepsilon^{18}x_{74}$, $y_{84}=\varepsilon^{21}x_{84}$.

得

$x_{14}=\frac{1}{8}$,　$x_{24}=\varepsilon^{-3}\frac{1}{8}$,　$x_{34}=\varepsilon^{-6}\frac{1}{8}$,　$x_{44}=\varepsilon^{-9}\frac{1}{8}$,　$x_{54}=\varepsilon^{-12}\frac{1}{8}$,　$x_{64}=\varepsilon^{-15}\frac{1}{8}$,

$x_{74}=\varepsilon^{-18}\frac{1}{8}$,　$x_{84}=\varepsilon^{-21}\frac{1}{8}$.

$x_{15}=\frac{1}{8}$,　$x_{25}=\varepsilon^{-4}\frac{1}{8}$,　$x_{35}=\varepsilon^{-8}\frac{1}{8}$,　$x_{45}=\varepsilon^{-12}\frac{1}{8}$,　$x_{55}=\varepsilon^{-16}\frac{1}{8}$,　$x_{65}=\varepsilon^{-20}\frac{1}{8}$,

$x_{75}=\varepsilon^{-24}\frac{1}{8}$,　$x_{85}=\varepsilon^{-28}\frac{1}{8}$.

$x_{16}=\frac{1}{8}$,　$x_{26}=\varepsilon^{-5}\frac{1}{8}$,　$x_{36}=\varepsilon^{-10}\frac{1}{8}$,　$x_{46}=\varepsilon^{-15}\frac{1}{8}$,　$x_{56}=\varepsilon^{-20}\frac{1}{8}$,　$x_{66}=\varepsilon^{-25}\frac{1}{8}$,

$x_{76}=\varepsilon^{-30}\frac{1}{8}$,　$x_{86}=\varepsilon^{-35}\frac{1}{8}$.

$x_{17}=\frac{1}{8}$,　$x_{27}=\varepsilon^{-6}\frac{1}{8}$,　$x_{37}=\varepsilon^{-12}\frac{1}{8}$,　$x_{47}=\varepsilon^{-18}\frac{1}{8}$,　$x_{57}=\varepsilon^{-24}\frac{1}{8}$,　$x_{67}=\varepsilon^{-30}\frac{1}{8}$,

$x_{77}=\varepsilon^{-36}\frac{1}{8}$,　$x_{87}=\varepsilon^{-42}\frac{1}{8}$.

$x_{18}=\frac{1}{8}$,　$x_{28}=\varepsilon^{-7}\frac{1}{8}$,　$x_{38}=\varepsilon^{-14}\frac{1}{8}$,　$x_{48}=\varepsilon^{-21}\frac{1}{8}$,　$x_{58}=\varepsilon^{-28}\frac{1}{8}$,　$x_{68}=\varepsilon^{-35}\frac{1}{8}$,

$x_{78}=\varepsilon^{-42}\frac{1}{8}$,　$x_{88}=\varepsilon^{-49}\frac{1}{8}$.

$$\boldsymbol{A}^{-1}=\frac{1}{8}\begin{pmatrix}1&1&1&1&1&1&1&1\\1&\varepsilon^{-1}&\varepsilon^{-2}&\varepsilon^{-3}&\varepsilon^{-4}&\varepsilon^{-5}&\varepsilon^{-6}&\varepsilon^{-7}\\1&\varepsilon^{-2}&\varepsilon^{-4}&\varepsilon^{-6}&\varepsilon^{-8}&\varepsilon^{-10}&\varepsilon^{-12}&\varepsilon^{-14}\\1&\varepsilon^{-3}&\varepsilon^{-6}&\varepsilon^{-9}&\varepsilon^{-12}&\varepsilon^{-15}&\varepsilon^{-18}&\varepsilon^{-21}\\1&\varepsilon^{-4}&\varepsilon^{-8}&\varepsilon^{-12}&\varepsilon^{-16}&\varepsilon^{-20}&\varepsilon^{-24}&\varepsilon^{-28}\\1&\varepsilon^{-5}&\varepsilon^{-10}&\varepsilon^{-15}&\varepsilon^{-20}&\varepsilon^{-25}&\varepsilon^{-30}&\varepsilon^{-35}\\1&\varepsilon^{-6}&\varepsilon^{-12}&\varepsilon^{-18}&\varepsilon^{-24}&\varepsilon^{-30}&\varepsilon^{-36}&\varepsilon^{-42}\\1&\varepsilon^{-7}&\varepsilon^{-14}&\varepsilon^{-21}&\varepsilon^{-28}&\varepsilon^{-35}&\varepsilon^{-42}&\varepsilon^{-49}\end{pmatrix}$$

检验：

$$\begin{pmatrix}1&1&1&1&1&1&1&1\\1&\varepsilon&\varepsilon^{2}&\varepsilon^{3}&\varepsilon^{4}&\varepsilon^{5}&\varepsilon^{6}&\varepsilon^{7}\\1&\varepsilon^{2}&\varepsilon^{4}&\varepsilon^{6}&\varepsilon^{8}&\varepsilon^{10}&\varepsilon^{12}&\varepsilon^{14}\\1&\varepsilon^{3}&\varepsilon^{6}&\varepsilon^{9}&\varepsilon^{12}&\varepsilon^{15}&\varepsilon^{18}&\varepsilon^{21}\\1&\varepsilon^{4}&\varepsilon^{8}&\varepsilon^{12}&\varepsilon^{16}&\varepsilon^{20}&\varepsilon^{24}&\varepsilon^{28}\\1&\varepsilon^{5}&\varepsilon^{10}&\varepsilon^{15}&\varepsilon^{20}&\varepsilon^{25}&\varepsilon^{30}&\varepsilon^{35}\\1&\varepsilon^{6}&\varepsilon^{12}&\varepsilon^{18}&\varepsilon^{24}&\varepsilon^{30}&\varepsilon^{36}&\varepsilon^{42}\\1&\varepsilon^{7}&\varepsilon^{14}&\varepsilon^{21}&\varepsilon^{28}&\varepsilon^{35}&\varepsilon^{42}&\varepsilon^{49}\end{pmatrix}\begin{pmatrix}1&1&1&1&1&1&1&1\\1&\varepsilon^{-1}&\varepsilon^{-2}&\varepsilon^{-3}&\varepsilon^{-4}&\varepsilon^{-5}&\varepsilon^{-6}&\varepsilon^{-7}\\1&\varepsilon^{-2}&\varepsilon^{-4}&\varepsilon^{-6}&\varepsilon^{-8}&\varepsilon^{-10}&\varepsilon^{-12}&\varepsilon^{-14}\\1&\varepsilon^{-3}&\varepsilon^{-6}&\varepsilon^{-9}&\varepsilon^{-12}&\varepsilon^{-15}&\varepsilon^{-18}&\varepsilon^{-21}\\1&\varepsilon^{-4}&\varepsilon^{-8}&\varepsilon^{-12}&\varepsilon^{-16}&\varepsilon^{-20}&\varepsilon^{-24}&\varepsilon^{-28}\\1&\varepsilon^{-5}&\varepsilon^{-10}&\varepsilon^{-15}&\varepsilon^{-20}&\varepsilon^{-25}&\varepsilon^{-30}&\varepsilon^{-35}\\1&\varepsilon^{-6}&\varepsilon^{-12}&\varepsilon^{-18}&\varepsilon^{-24}&\varepsilon^{-30}&\varepsilon^{-36}&\varepsilon^{-42}\\1&\varepsilon^{-7}&\varepsilon^{-14}&\varepsilon^{-21}&\varepsilon^{-28}&\varepsilon^{-35}&\varepsilon^{-42}&\varepsilon^{-49}\end{pmatrix}$$

$$=\begin{pmatrix}8&&&&&&&\\&8&&&&&&\\&&8&&&&&\\&&&8&&&&\\&&&&8&&&\\&&&&&8&&\\&&&&&&8&\\&&&&&&&8\end{pmatrix}$$

对 n 阶方阵，只要把 8 换成 n，逐字逐句照搬就得到 $\boldsymbol{A}^{-1}$.

解下列矩阵方程：

861. $\begin{pmatrix}1&2\\3&4\end{pmatrix}\boldsymbol{Z}=\begin{pmatrix}3&5\\5&9\end{pmatrix}$.

解　求 $\begin{pmatrix}1&2\\3&4\end{pmatrix}^{-1}$.

$$\begin{pmatrix}1&2&1&0\\3&4&0&1\end{pmatrix}\to\begin{pmatrix}1&2&1&0\\0&-2&-3&1\end{pmatrix}\to\begin{pmatrix}1&0&-2&1\\0&2&3&-1\end{pmatrix}\to\begin{pmatrix}1&0&-2&1\\0&1&\dfrac{3}{2}&-\dfrac{1}{2}\end{pmatrix}$$

$$\boldsymbol{Z}=\begin{pmatrix}-2&1\\\dfrac{3}{2}&-\dfrac{1}{2}\end{pmatrix}\begin{pmatrix}3&5\\5&9\end{pmatrix}=\begin{pmatrix}-1&-1\\2&3\end{pmatrix}$$

检验：

$$\begin{pmatrix}1&2\\3&4\end{pmatrix}\begin{pmatrix}-1&-1\\2&3\end{pmatrix}=\begin{pmatrix}3&5\\5&9\end{pmatrix}$$

862. $\boldsymbol{Z}\begin{pmatrix}3&-2\\5&-4\end{pmatrix}=\begin{pmatrix}-1&2\\-5&6\end{pmatrix}$.

解　求 $\begin{pmatrix}3&-2\\5&-4\end{pmatrix}^{-1}$.

$$\begin{pmatrix}3&-2&1&0\\5&-4&0&1\end{pmatrix}\to\begin{pmatrix}6&-4&2&0\\5&-4&0&1\end{pmatrix}\to\begin{pmatrix}1&0&2&-1\\0&-2&-5&3\end{pmatrix}\to\begin{pmatrix}1&0&2&-1\\0&1&\dfrac{5}{2}&-\dfrac{3}{2}\end{pmatrix}.$$

$$\boldsymbol{Z}=\begin{pmatrix}-1&2\\-5&6\end{pmatrix}\begin{pmatrix}2&-1\\\dfrac{5}{2}&-\dfrac{3}{2}\end{pmatrix}=\begin{pmatrix}3&-2\\5&-4\end{pmatrix}$$

检验：

$$\begin{pmatrix}3&-2\\5&-4\end{pmatrix}\begin{pmatrix}3&-2\\5&-4\end{pmatrix}=\begin{pmatrix}-1&2\\-5&6\end{pmatrix}$$

863. $\begin{pmatrix}3 & -1\\5 & -2\end{pmatrix}\mathbf{Z}\begin{pmatrix}5 & 6\\7 & 8\end{pmatrix}=\begin{pmatrix}14 & 16\\9 & 10\end{pmatrix}$.

解　求逆阵:

$$\begin{pmatrix}3 & -1 & 1 & 0\\5 & -2 & 0 & 1\end{pmatrix}\to\begin{pmatrix}6 & -2 & 2 & 0\\5 & -2 & 0 & 1\end{pmatrix}\to\begin{pmatrix}1 & 0 & 2 & -1\\0 & -1 & -5 & 3\end{pmatrix}\to\begin{pmatrix}1 & 0 & 2 & -1\\0 & 1 & 5 & -3\end{pmatrix}$$

$$\begin{pmatrix}5 & 6 & 1 & 0\\7 & 8 & 0 & 1\end{pmatrix}\to\begin{pmatrix}5 & 6 & 1 & 0\\2 & 2 & -1 & 1\end{pmatrix}\to\begin{pmatrix}5 & 6 & 1 & 0\\1 & 1 & -\frac{1}{2} & \frac{1}{2}\end{pmatrix}\to\begin{pmatrix}0 & 1 & \frac{7}{2} & -\frac{5}{2}\\1 & 1 & -\frac{1}{2} & \frac{1}{2}\end{pmatrix}\to$$

$$\begin{pmatrix}1 & 0 & -4 & 3\\0 & 1 & \frac{7}{2} & -\frac{5}{2}\end{pmatrix}$$

$$\mathbf{Z}=\begin{pmatrix}2 & -1\\5 & -3\end{pmatrix}\begin{pmatrix}14 & 16\\9 & 10\end{pmatrix}\begin{pmatrix}-4 & 3\\\frac{7}{2} & -\frac{5}{2}\end{pmatrix}$$

$$\mathbf{Z}=\begin{pmatrix}19 & 22\\43 & 50\end{pmatrix}\begin{pmatrix}-4 & 3\\\frac{7}{2} & -\frac{5}{2}\end{pmatrix}=\begin{pmatrix}1 & 2\\3 & 4\end{pmatrix}$$

检验:

$$\begin{pmatrix}3 & -1\\5 & -2\end{pmatrix}\begin{pmatrix}1 & 2\\3 & 4\end{pmatrix}\begin{pmatrix}5 & 6\\7 & 8\end{pmatrix}=\begin{pmatrix}0 & 2\\-1 & 2\end{pmatrix}\begin{pmatrix}5 & 6\\7 & 8\end{pmatrix}=\begin{pmatrix}14 & 16\\9 & 10\end{pmatrix}$$

864. $\begin{pmatrix}1 & 2 & -3\\3 & 2 & -4\\2 & -1 & 0\end{pmatrix}\mathbf{Z}=\begin{pmatrix}1 & -3 & 0\\10 & 2 & 7\\10 & 7 & 8\end{pmatrix}$.

解　求逆阵.

$$\begin{pmatrix}1 & 2 & -3 & 1 & 0 & 0\\3 & 2 & -4 & 0 & 1 & 0\\2 & -1 & 0 & 0 & 0 & 1\end{pmatrix}\to\begin{pmatrix}1 & 2 & -3 & 1 & 0 & 0\\0 & -4 & 5 & -3 & 1 & 0\\0 & -5 & 6 & -2 & 0 & 1\end{pmatrix}\to\begin{pmatrix}1 & 2 & -3 & 1 & 0 & 0\\0 & 1 & -\frac{5}{4} & \frac{3}{4} & -\frac{1}{4} & 0\\0 & 1 & -\frac{6}{5} & \frac{2}{5} & 0 & -\frac{1}{5}\end{pmatrix}\to$$

$$\begin{pmatrix}1 & 2 & -3 & 1 & 0 & 0\\0 & 1 & -\frac{5}{4} & \frac{3}{4} & -\frac{1}{4} & 0\\0 & 0 & \frac{1}{20} & -\frac{7}{20} & \frac{1}{4} & -\frac{1}{5}\end{pmatrix}\to\begin{pmatrix}1 & 2 & -3 & 1 & 0 & 0\\0 & 1 & -\frac{5}{4} & \frac{3}{4} & -\frac{1}{4} & 0\\0 & 0 & 1 & -7 & 5 & -4\end{pmatrix}\to$$

$$\begin{pmatrix}1&2&0&-20&15&-12\\0&1&0&-8&6&-5\\0&0&1&-7&5&-4\end{pmatrix}\to\begin{pmatrix}1&0&0&-4&3&-2\\0&1&0&-8&6&-5\\0&0&1&-7&5&-4\end{pmatrix}$$

$$\boldsymbol{Z}=\begin{pmatrix}-4&3&-2\\-8&6&-5\\-7&5&-4\end{pmatrix}\begin{pmatrix}1&-3&0\\10&2&7\\10&7&8\end{pmatrix}=\begin{pmatrix}6&4&5\\2&1&2\\3&3&3\end{pmatrix}$$

检验：

$$\begin{pmatrix}1&2&-3\\3&2&-4\\2&-1&0\end{pmatrix}\begin{pmatrix}6&4&5\\2&1&2\\3&3&3\end{pmatrix}=\begin{pmatrix}1&-3&0\\10&2&7\\10&7&8\end{pmatrix}$$

865. $\boldsymbol{Z}\begin{pmatrix}5&3&1\\1&-3&-2\\-5&2&1\end{pmatrix}=\begin{pmatrix}-8&3&0\\-5&9&0\\-2&15&0\end{pmatrix}$.

解　解矩阵方程

$$\boldsymbol{ZA}=\boldsymbol{B}$$

$$\boldsymbol{A}=\begin{pmatrix}5&3&1\\1&-3&-2\\-5&2&1\end{pmatrix}$$

求逆阵.用更清楚、更准确的步骤进行推导.

$$(\boldsymbol{A},\boldsymbol{E})=\begin{pmatrix}5&3&1&1&0&0\\1&-3&-2&0&1&0\\-5&2&1&0&0&1\end{pmatrix}\to\begin{pmatrix}1&2&0&1&1&1\\0&5&2&1&0&1\\0&-13&-9&0&5&1\end{pmatrix}\to$$

$$\begin{pmatrix}1&2&0&1&1&1\\0&1&\frac{2}{5}&\frac{1}{5}&0&\frac{1}{5}\\0&1&\frac{9}{13}&0&-\frac{5}{13}&-\frac{1}{13}\end{pmatrix}\to\begin{pmatrix}1&2&0&1&1&1\\0&1&\frac{2}{5}&\frac{1}{5}&0&\frac{1}{5}\\0&0&\frac{19}{65}&-\frac{1}{5}&-\frac{5}{13}&\frac{-18}{65}\end{pmatrix}\to$$

$$\begin{pmatrix}1&2&0&1&1&1\\0&1&\frac{2}{5}&\frac{1}{5}&0&\frac{1}{5}\\0&0&1&-\frac{13}{19}&-\frac{25}{19}&-\frac{18}{19}\end{pmatrix}\to\begin{pmatrix}1&2&0&1&1&1\\0&1&0&\frac{9}{19}&\frac{10}{19}&\frac{11}{19}\\0&0&1&-\frac{13}{19}&-\frac{25}{19}&-\frac{18}{19}\end{pmatrix}\to$$

$$\begin{pmatrix} 1 & 0 & 0 & \frac{1}{19} & -\frac{1}{19} & -\frac{3}{19} \\ 0 & 1 & 0 & \frac{9}{19} & \frac{10}{19} & \frac{11}{19} \\ 0 & 0 & 1 & -\frac{13}{19} & -\frac{25}{19} & -\frac{18}{19} \end{pmatrix}$$

$$\boldsymbol{Z} = \begin{pmatrix} -8 & 3 & 0 \\ -5 & 9 & 0 \\ -2 & 15 & 0 \end{pmatrix} \begin{pmatrix} \frac{1}{19} & -\frac{1}{19} & -\frac{3}{19} \\ \frac{9}{19} & \frac{10}{19} & \frac{11}{19} \\ -\frac{13}{19} & -\frac{25}{19} & -\frac{18}{19} \end{pmatrix} = \begin{pmatrix} 1 & 2 & 3 \\ 4 & 5 & 6 \\ 7 & 8 & 9 \end{pmatrix}$$

检验：

$$\begin{pmatrix} 1 & 2 & 3 \\ 4 & 5 & 6 \\ 7 & 8 & 9 \end{pmatrix} \begin{pmatrix} 5 & 3 & 1 \\ 1 & -3 & -2 \\ -5 & 2 & 1 \end{pmatrix} = \begin{pmatrix} -8 & 3 & 0 \\ -5 & 9 & 0 \\ -2 & 15 & 0 \end{pmatrix}$$

866. $\begin{pmatrix} 2 & -3 & 1 \\ 4 & -5 & 2 \\ 5 & -7 & 3 \end{pmatrix} \boldsymbol{Z} \begin{pmatrix} 9 & 7 & 6 \\ 1 & 1 & 2 \\ 1 & 1 & 1 \end{pmatrix} = \begin{pmatrix} 2 & 0 & -2 \\ 18 & 12 & 9 \\ 23 & 15 & 11 \end{pmatrix}$.

解　解矩阵方程　$\boldsymbol{AZB} = \boldsymbol{C}'$

$$(\boldsymbol{A},\boldsymbol{E}) = \begin{pmatrix} 2 & -3 & 1 & 1 & 0 & 0 \\ 4 & -5 & 2 & 0 & 1 & 0 \\ 5 & -7 & 3 & 0 & 0 & 1 \end{pmatrix} \to \begin{pmatrix} 7 & -10 & 4 & 1 & 0 & 1 \\ 4 & -5 & 2 & 0 & 1 & 0 \\ 1 & 0 & 0 & -1 & 2 & -1 \end{pmatrix} \to$$

$$\begin{pmatrix} 1 & 0 & 0 & -1 & 2 & -1 \\ 0 & -3 & 1 & 3 & -4 & 2 \\ 0 & -7 & 3 & 5 & -10 & 6 \end{pmatrix} \to \begin{pmatrix} 1 & 0 & 0 & -1 & 2 & -1 \\ 0 & -1 & 1 & -1 & -2 & 2 \\ 0 & -3 & 1 & 3 & -4 & 2 \end{pmatrix} \to$$

$$\begin{pmatrix} 1 & 0 & 0 & -1 & 2 & -1 \\ 0 & 1 & -1 & 1 & 2 & -2 \\ 0 & -3 & 1 & 3 & -4 & 2 \end{pmatrix} \to \begin{pmatrix} 1 & 0 & 0 & -1 & 2 & -1 \\ 0 & 1 & -1 & 1 & 2 & -2 \\ 0 & 0 & -2 & 6 & 2 & -4 \end{pmatrix} \to$$

$$\begin{pmatrix} 1 & 0 & 0 & -1 & 2 & -1 \\ 0 & 1 & 0 & -2 & 1 & 0 \\ 0 & 0 & 1 & -3 & -1 & 2 \end{pmatrix} = (\boldsymbol{E},\boldsymbol{A}^{-1})$$

$$(\boldsymbol{B},\boldsymbol{E}) = \begin{pmatrix} 9 & 7 & 6 & 1 & 0 & 0 \\ 1 & 1 & 2 & 0 & 1 & 0 \\ 1 & 1 & 1 & 0 & 0 & 1 \end{pmatrix} \to \begin{pmatrix} 2 & 0 & -1 & 1 & 0 & -7 \\ 0 & -2 & -5 & 1 & -2 & -7 \\ 0 & 0 & 1 & 0 & 1 & -1 \end{pmatrix} \to$$

$$\begin{pmatrix} 1 & 0 & -\frac{1}{2} & \frac{1}{2} & 0 & -\frac{7}{2} \\ 0 & 1 & \frac{5}{2} & -\frac{1}{2} & 1 & \frac{7}{2} \\ 0 & 0 & 1 & 0 & 1 & -1 \end{pmatrix} \to \begin{pmatrix} 1 & 0 & 0 & \frac{1}{2} & \frac{1}{2} & -4 \\ 0 & 1 & 0 & -\frac{1}{2} & -\frac{3}{2} & 6 \\ 0 & 0 & 1 & 0 & 1 & -1 \end{pmatrix}$$

$$= (\boldsymbol{E}, \boldsymbol{B}^{-1})$$

$$\boldsymbol{Z} = \boldsymbol{A}^{-1}\boldsymbol{C}\boldsymbol{B}^{-1}, \boldsymbol{Z} = \begin{pmatrix} -1 & 2 & -1 \\ -2 & 1 & 0 \\ -3 & -1 & 2 \end{pmatrix} \begin{pmatrix} 2 & 0 & -2 \\ 18 & 12 & 9 \\ 23 & 15 & 11 \end{pmatrix} \begin{pmatrix} \frac{1}{2} & \frac{1}{2} & -4 \\ -\frac{1}{2} & -\frac{3}{2} & 6 \\ 0 & 1 & -1 \end{pmatrix}$$

$$= \begin{pmatrix} 11 & 9 & 9 \\ 14 & 12 & 13 \\ 22 & 18 & 19 \end{pmatrix} \begin{pmatrix} \frac{1}{2} & \frac{1}{2} & -4 \\ -\frac{1}{2} & -\frac{3}{2} & 6 \\ 0 & 1 & -1 \end{pmatrix} = \begin{pmatrix} 1 & 1 & 1 \\ 1 & 2 & 3 \\ 2 & 3 & 1 \end{pmatrix}$$

检验：

$$\begin{pmatrix} 2 & -3 & 1 \\ 4 & -5 & 2 \\ 5 & -7 & 3 \end{pmatrix} \begin{pmatrix} 1 & 1 & 1 \\ 1 & 2 & 3 \\ 2 & 3 & 1 \end{pmatrix} \begin{pmatrix} 9 & 7 & 6 \\ 1 & 1 & 2 \\ 1 & 1 & 1 \end{pmatrix} = \begin{pmatrix} 1 & -1 & -6 \\ 3 & 0 & -9 \\ 4 & 0 & -13 \end{pmatrix} \begin{pmatrix} 9 & 7 & 6 \\ 1 & 1 & 2 \\ 1 & 1 & 1 \end{pmatrix} = \begin{pmatrix} 2 & 0 & -2 \\ 18 & 12 & 9 \\ 23 & 15 & 11 \end{pmatrix}$$

867. $\begin{pmatrix} 2 & -3 \\ 4 & -6 \end{pmatrix} \boldsymbol{Z} = \begin{pmatrix} 2 & 3 \\ 4 & 6 \end{pmatrix}$.

解　设 $\boldsymbol{Z} = \begin{pmatrix} x_{11} & x_{12} \\ x_{21} & x_{22} \end{pmatrix}$.

$$2x_{11} - 3x_{21} = 2, \quad 2x_{12} - 3x_{22} = 3$$

$$4x_{11} - 6x_{21} = 4, \quad 4x_{12} - 6x_{22} = 6$$

$$x_{11} = \frac{2 + 3x_{21}}{2}, \quad x_{12} = \frac{3 + 3x_{22}}{2}$$

解的一般形式是

$$\begin{pmatrix} \frac{2 + 3x_{21}}{2} & \frac{3 + 3x_{22}}{2} \\ x_{21} & x_{22} \end{pmatrix}.$$

其中，x_{21}，x_{22}是任意的数.

得特解

$$\boldsymbol{Z} = \begin{pmatrix} 1 & 0 \\ 0 & -1 \end{pmatrix}$$

检验：

$$\begin{pmatrix}2 & -3\\4 & -6\end{pmatrix}\begin{pmatrix}1 & 0\\0 & -1\end{pmatrix}=\begin{pmatrix}2 & 3\\4 & 6\end{pmatrix}.$$

868. $\mathbf{Z}\begin{pmatrix}3 & 6\\4 & 8\end{pmatrix}=\begin{pmatrix}2 & 4\\9 & 18\end{pmatrix}.$

解 设 $\mathbf{Z}=\begin{pmatrix}x_{11} & x_{12}\\x_{21} & x_{22}\end{pmatrix}.$

$$\begin{cases}3x_{11}+4x_{12}=2\\6x_{11}+8x_{12}=4\\3x_{21}+4x_{22}=9\\6x_{21}+8x_{22}=18\end{cases}\Rightarrow\begin{cases}3x_{11}+4x_{12}=2\\3x_{21}+4x_{22}=9\end{cases}\Rightarrow\begin{cases}x_{12}=\dfrac{2-3x_{11}}{4}\\x_{22}=\dfrac{9-3x_{21}}{4}\end{cases}$$

解的一般形式是

$$\begin{pmatrix}x_{11} & \dfrac{2-3x_{11}}{4}\\x_{21} & \dfrac{9-3x_{21}}{4}\end{pmatrix}$$

其中,x_{11},x_{21}是任意的数.

得特解

$$\mathbf{Z}=\begin{pmatrix}2 & -1\\-1 & 3\end{pmatrix}$$

检验:

$$\begin{pmatrix}2 & -1\\-1 & 3\end{pmatrix}\begin{pmatrix}3 & 6\\4 & 8\end{pmatrix}=\begin{pmatrix}2 & 4\\9 & 18\end{pmatrix}$$

869. $\begin{pmatrix}4 & 6\\6 & 9\end{pmatrix}\mathbf{Z}=\begin{pmatrix}1 & 1\\1 & 1\end{pmatrix}.$

解 设 $\mathbf{Z}=\begin{pmatrix}x_{11} & x_{12}\\x_{21} & x_{22}\end{pmatrix}.$

得
$$\begin{cases}4x_{11}+6x_{21}=1\\4x_{12}+6x_{22}=1\\6x_{11}+9x_{21}=1\\6x_{12}+9x_{22}=1\end{cases}\Rightarrow\begin{cases}2x_{11}+3x_{21}=\dfrac{1}{2}\\2x_{12}+3x_{22}=\dfrac{1}{2}\\2x_{11}+3x_{21}=\dfrac{1}{3}\\2x_{12}+3x_{22}=\dfrac{1}{3}\end{cases}$$

矛盾,解不存在.

870. $\begin{pmatrix}3 & -1 & 2\\4 & -3 & 3\\1 & 3 & 0\end{pmatrix}\mathbf{Z}=\begin{pmatrix}3 & 9 & 7\\1 & 11 & 7\\7 & 5 & 7\end{pmatrix}$.

解　设 $\mathbf{Z}=\begin{pmatrix}x_{11} & x_{12} & x_{13}\\x_{21} & x_{22} & x_{23}\\x_{31} & x_{32} & x_{33}\end{pmatrix}$.

求 $\begin{pmatrix}x_{11}\\x_{21}\\x_{31}\end{pmatrix}$.

$$\begin{pmatrix}3 & -1 & 2 & 3\\4 & -3 & 3 & 1\\1 & 3 & 0 & 7\end{pmatrix}\rightarrow\begin{pmatrix}3 & -1 & 2 & 3\\4 & -3 & 3 & 1\\0 & 0 & 0 & 0\end{pmatrix}\rightarrow\begin{pmatrix}1 & -\frac{1}{3} & \frac{2}{3} & 1\\1 & -\frac{3}{4} & \frac{3}{4} & \frac{1}{4}\\0 & 0 & 0 & 0\end{pmatrix}\rightarrow\begin{pmatrix}1 & -\frac{1}{3} & \frac{2}{3} & 1\\0 & -\frac{5}{12} & \frac{1}{12} & -\frac{3}{4}\\0 & 0 & 0 & 0\end{pmatrix}\rightarrow$$

$$\begin{pmatrix}1 & -\frac{1}{3} & \frac{2}{3} & 1\\0 & 1 & -\frac{1}{5} & \frac{9}{5}\\0 & 0 & 0 & 0\end{pmatrix}\rightarrow\begin{pmatrix}1 & 0 & \frac{3}{5} & \frac{8}{5}\\0 & 1 & -\frac{1}{5} & \frac{9}{5}\\0 & 0 & 0 & 0\end{pmatrix}.$$

得

$$\begin{pmatrix}\frac{8}{5}-\frac{3}{5}x_{31}\\\frac{9}{5}+\frac{1}{5}x_{31}\\x_{31}\end{pmatrix}$$

求 $\begin{pmatrix}x_{12}\\x_{22}\\x_{32}\end{pmatrix}$.

$$\begin{pmatrix}3 & -1 & 2 & 9\\4 & -3 & 3 & 11\\1 & 3 & 0 & 5\end{pmatrix}\rightarrow\begin{pmatrix}3 & -1 & 2 & 9\\4 & -3 & 3 & 11\\0 & 0 & 0 & 0\end{pmatrix}\rightarrow\begin{pmatrix}1 & -\frac{1}{3} & \frac{2}{3} & 3\\1 & -\frac{3}{4} & \frac{3}{4} & \frac{11}{4}\end{pmatrix}\rightarrow$$

$$\begin{pmatrix}1 & -\frac{1}{3} & \frac{2}{3} & 3\\0 & -\frac{5}{12} & \frac{1}{12} & -\frac{1}{4}\end{pmatrix}\rightarrow\begin{pmatrix}1 & -\frac{1}{3} & \frac{2}{3} & 3\\0 & 1 & -\frac{1}{5} & \frac{3}{5}\\0 & 0 & 0 & 0\end{pmatrix}\rightarrow\begin{pmatrix}1 & 0 & \frac{3}{5} & \frac{16}{5}\\0 & 1 & -\frac{1}{5} & \frac{3}{5}\\0 & 0 & 0 & 0\end{pmatrix}$$

得

$$\begin{pmatrix}\frac{16}{5}-\frac{3}{5}x_{32}\\\frac{3}{5}+\frac{x_{32}}{5}\\x_{32}\end{pmatrix}$$

求$\begin{pmatrix} x_{13} \\ x_{23} \\ x_{33} \end{pmatrix}$.

$$\begin{pmatrix} 3 & -1 & 2 & 7 \\ 4 & -3 & 3 & 7 \\ 1 & 3 & 0 & 7 \end{pmatrix} \to \begin{pmatrix} 3 & -1 & 2 & 7 \\ 4 & -3 & 3 & 7 \\ 0 & 0 & 0 & 0 \end{pmatrix} \to \begin{pmatrix} 1 & -\frac{1}{3} & \frac{2}{3} & \frac{7}{3} \\ 1 & -\frac{3}{4} & \frac{3}{4} & \frac{7}{4} \\ 0 & 0 & 0 & 0 \end{pmatrix} \to \begin{pmatrix} 1 & -\frac{1}{3} & \frac{2}{3} & \frac{7}{3} \\ 0 & -\frac{5}{12} & \frac{1}{12} & -\frac{7}{12} \\ 0 & 0 & 0 & 0 \end{pmatrix} \to$$

$$\begin{pmatrix} 1 & -\frac{1}{3} & \frac{2}{3} & \frac{7}{3} \\ 0 & 1 & -\frac{1}{5} & \frac{7}{5} \\ 0 & 0 & 0 & 0 \end{pmatrix}. \to \begin{pmatrix} 1 & 0 & \frac{3}{5} & \frac{14}{5} \\ 0 & 1 & -\frac{1}{5} & \frac{7}{5} \\ 0 & 0 & 0 & 0 \end{pmatrix}$$

得

$$\begin{pmatrix} \frac{14}{5} - \frac{3}{5} x_{33} \\ \frac{7}{5} + \frac{x_{33}}{5} \\ x_{33} \end{pmatrix}$$

$$\boldsymbol{Z} = \begin{pmatrix} \frac{8}{5} - \frac{3}{5}x_{31} & \frac{16}{5} - \frac{3}{5}x_{32} & \frac{14}{5} - \frac{3}{5}x_{33} \\ \frac{9}{5} + \frac{1}{5}x_{31} & \frac{3}{5} + \frac{x_{32}}{5} & \frac{7}{5} + \frac{1}{5}x_{33} \\ x_{31} & x_{32} & x_{33} \end{pmatrix}.$$

其中，x_{31}，x_{32}，x_{33}为任意的数.

871. $$\boldsymbol{Z}\begin{pmatrix} 1 & 1 & 1 & \cdots & 1 \\ 0 & 1 & 1 & \cdots & 1 \\ 0 & 0 & 1 & \cdots & 1 \\ \vdots & \vdots & \vdots & & \vdots \\ 0 & 0 & 0 & \cdots & 1 \end{pmatrix} = \begin{pmatrix} 1 & 2 & 3 & \cdots & n \\ 0 & 1 & 2 & \cdots & n-1 \\ 0 & 0 & 1 & \cdots & n-2 \\ \vdots & \vdots & \vdots & & \vdots \\ 0 & 0 & 0 & \cdots & 1 \end{pmatrix}.$$

解　求逆阵：

$$\begin{pmatrix} 1 & 1 & 1 & \cdots & 1 & 1 & & & \\ 0 & 1 & 1 & \cdots & 1 & & 1 & & \\ 0 & 0 & 1 & \cdots & 1 & & & 1 & \\ \vdots & \vdots & \vdots & & \vdots & & & & \ddots & \\ 0 & 0 & 0 & \cdots & 1 & & & & & 1 \end{pmatrix} \to \begin{pmatrix} 1 & & & & 1 & -1 & & \\ & \ddots & & & & \ddots & \ddots & \\ & & 1 & & & & 1 & -1 \\ & & & 1 & & & & 1 & -1 \\ & & & & 1 & & & & 1 \end{pmatrix}$$

$$Z=\begin{pmatrix}1&-1&&&&\\&1&-1&&&\\&&1&-1&&\\&&&\ddots&\ddots&\\&&&&1&-1\\&&&&&1\end{pmatrix}\begin{pmatrix}1&2&3&\cdots&n\\0&1&2&\cdots&n-1\\0&0&1&\cdots&n-2\\\vdots&\vdots&\vdots&&\vdots\\0&0&0&\cdots&1\end{pmatrix}=\begin{pmatrix}1&1&1&\cdots&1\\0&1&1&\cdots&1\\0&0&1&\cdots&1\\\vdots&\vdots&\vdots&&\vdots\\0&0&0&\cdots&1\end{pmatrix}$$

检验：

$$\begin{pmatrix}1&1&1&\cdots&1\\0&1&1&\cdots&1\\0&0&1&\cdots&1\\\vdots&\vdots&\vdots&&\vdots\\0&0&0&\cdots&1\end{pmatrix}\begin{pmatrix}1&1&1&\cdots&1\\0&1&1&\cdots&1\\0&0&1&\cdots&1\\\vdots&\vdots&\vdots&&\vdots\\0&0&0&\cdots&1\end{pmatrix}=\begin{pmatrix}1&2&3&\cdots&n\\0&1&2&\cdots&n-1\\0&0&1&\cdots&n-2\\\vdots&\vdots&\vdots&&\vdots\\0&0&0&\cdots&1\end{pmatrix}$$

872. 如果在给定矩阵 $\boldsymbol{A}$ 中，

(1) 将第 i 行和第 j 行交换；

(2) 将第 i 行乘以不等于零的数 C；

(3) 将第 j 行乘以数 C 加到第 i 行上去.

逆矩阵 $\boldsymbol{A}^{-1}$ 分别怎样变化？

如果对列进行类似的变换，$\boldsymbol{A}^{-1}$ 又怎样变化？

定理 7　初等变换不改变矩阵之秩.

定理 12　方阵 $\boldsymbol{A}$ 非奇异的充分必要条件是 $\boldsymbol{A}$ 为有限个初等阵的乘积.

873. 整数方阵，如果它的行列式等于 ±1，则称为么模矩阵. 证明：整数矩阵当且仅当该矩阵是么模矩阵时有整数逆矩阵.

对数字方阵，满秩与可逆是两个等价的概念. 但对于 λ - 矩阵，这一结论不成立. 当然，可逆的 λ - 矩阵一定是满秩的，但满秩的 λ - 矩阵不一定可逆. 例如，方阵 $\boldsymbol{A}$ 的特征矩阵 $\lambda\boldsymbol{E}-\boldsymbol{A}$ 是满秩的，但不可逆. 事实上，我们有如下定理.

上海交大课本 · 83 · 定理 5.1.1　n 阶 λ - 矩阵 $\boldsymbol{A}(\lambda)$ 可逆 $\Longleftrightarrow$ $\boldsymbol{A}(\lambda)$ 的行列式为一个非零常数.

证明　若 λ - 矩阵 $\boldsymbol{A}(\lambda)$ 可逆. 由定义，存在 λ - 矩阵 $\boldsymbol{B}(\lambda)$ 使式(5.1.1)成立. 两边取行列式便有

$$|\boldsymbol{A}(\lambda)|\ |\boldsymbol{B}(\lambda)|=1$$

由于 $|\boldsymbol{A}(\lambda)|$，$|\boldsymbol{B}(\lambda)|$ 均为 λ 的多项式，都是零次多项式，此即 $|\boldsymbol{A}(\lambda)|$ 是非零常数. 该矩阵 $\boldsymbol{A}(\lambda)$ 是么模矩阵.

充分性：设 $d=|\boldsymbol{A}(\lambda)|$ 是一个非零的数. 矩阵

$$\frac{1}{d}\tilde{\boldsymbol{A}}(\lambda)$$

是一个 λ - 矩阵，其中 $\tilde{\boldsymbol{A}}(\lambda)$ 是 $\boldsymbol{A}(\lambda)$ 的伴随矩阵，所以

$$A(\lambda)\frac{1}{d}\widetilde{\boldsymbol{A}}(\lambda)=\frac{1}{d}\boldsymbol{A}(\lambda)\widetilde{\boldsymbol{A}}(\lambda)=\boldsymbol{E}$$

因此 $\boldsymbol{A}(\lambda)$ 可逆,且它的逆矩阵是 $\frac{1}{d}\widetilde{\boldsymbol{A}}(\lambda)$.

874. 证明:矩阵方程 $\boldsymbol{AZ}=\boldsymbol{B}$ 是可解的,当且仅当矩阵 $\boldsymbol{A}$ 的秩等于增广矩阵 $(\boldsymbol{A},\boldsymbol{B})$ 的秩,这里用 $(\boldsymbol{A},\boldsymbol{B})$ 表示在 $\boldsymbol{A}$ 的右边添写上 $\boldsymbol{B}$ 所得到的矩阵.

方程 $\boldsymbol{AZ}=\boldsymbol{B}$ 有解的充分必要条件是系数矩阵的秩等于增广矩阵的秩 $r(\boldsymbol{A})=r(\boldsymbol{A},\boldsymbol{B})$.

下面,我们从另一角度来考虑:

(1) 首先,如果方程有解,则向量 $\boldsymbol{B}$ 是矩阵 $\boldsymbol{A}$ 的列向量的线性组合.

(2) 反之,如果 $\boldsymbol{B}$ 是矩阵 $\boldsymbol{A}$ 的列向量的线性组合,则组合系数构成方程的一个解向量. 故方程有解的充要条件是:$\boldsymbol{B}$ 是系数矩阵 $\boldsymbol{A}$ 的列的线性组合.

875. 证明:矩阵方程 $\boldsymbol{AZ}=\boldsymbol{0}$(其中 $\boldsymbol{A}$ 是方阵)当且仅当 $|\boldsymbol{A}|=0$ 时有非零解.

证明 齐次线性方程组 $\boldsymbol{AZ}=\boldsymbol{0}$ 有非零解当且仅当 $\boldsymbol{A}$ 的列向量线性相关,有唯一解(即零解)当且仅当 $\boldsymbol{A}$ 的列向量线性无关.

876. 令 $\boldsymbol{A}$ 和 $\boldsymbol{B}$ 是同阶的非奇异矩阵. 证明:下面四个等式

$$\boldsymbol{AB}=\boldsymbol{BA},\quad \boldsymbol{AB}^{-1}=\boldsymbol{B}^{-1}\boldsymbol{A}$$
$$\boldsymbol{A}^{-1}\boldsymbol{B}=\boldsymbol{BA}^{-1},\quad \boldsymbol{A}^{-1}\boldsymbol{B}^{-1}=\boldsymbol{B}^{-1}\boldsymbol{A}^{-1}$$

是彼此等价的.

$$\boldsymbol{AB}=\boldsymbol{BA}$$

左右同乘 $\boldsymbol{B}^{-1}$ $\quad\boldsymbol{B}^{-1}\boldsymbol{A}=\boldsymbol{AB}^{-1}$

左右同乘 $\boldsymbol{A}^{-1}$ $\quad\boldsymbol{A}^{-1}\boldsymbol{B}=\boldsymbol{BA}^{-1}$

左右同乘 $\boldsymbol{B}^{-1}$,左右再同乘 $\boldsymbol{A}^{-1}$

$$\boldsymbol{A}^{-1}\boldsymbol{B}^{-1}=\boldsymbol{B}^{-1}\boldsymbol{A}^{-1}$$

877. 令 $\boldsymbol{A}$ 是方阵,$f(x)$,$g(x)$ 是任何多项式. 证明:矩阵 $f(\boldsymbol{A})$ 和 $g(\boldsymbol{A})$ 是可换的,即

$$f(\boldsymbol{A})g(\boldsymbol{A})=g(\boldsymbol{A})f(\boldsymbol{A})$$

设 p 次多项式

$$f(x)=\sum_{i=0}^{p}\boldsymbol{\alpha}_i x^{p-i}$$

和 q 次多项式

$$g(x)=\sum_{j=0}^{q}\boldsymbol{\beta}_j x^{q-j}$$

的积为

$$h(x)=f(x)g(x)=\sum_{k=1}^{p+q}\Big(\sum_{i+j=k}\boldsymbol{\alpha}_i\boldsymbol{\beta}_j\Big)x^k$$

它是 $p+q$ 次多项式,而

$$f(\boldsymbol{A})g(\boldsymbol{A}) = \left(\sum_{i=0}^{p}\boldsymbol{\alpha}_i\boldsymbol{A}^{p-i}\right)\left(\sum_{j=0}^{q}\boldsymbol{\beta}_j\boldsymbol{A}^{q-j}\right)$$
$$= \sum_{k=0}^{p+q}\left(\sum_{i+j=k}\boldsymbol{\alpha}_i\boldsymbol{\beta}_j\right)\boldsymbol{A}^k = h(\boldsymbol{A})$$

故$f(\boldsymbol{A})g(\boldsymbol{A})$可以视为$f(x)g(x)$中代$x$以方阵$\boldsymbol{A}$的结果,因而也是$p+q$次方阵多项式.但

$$f(x)g(x) = g(x)f(x)$$

故

$$f(\boldsymbol{A})g(\boldsymbol{A}) = g(\boldsymbol{A})f(\boldsymbol{A})$$

即$f(\boldsymbol{A})$,$g(\boldsymbol{A})$可以交换.

878. 令$\boldsymbol{A}$是方阵,而$r(x)=\dfrac{f(x)}{g(x)}$是x的有理函数.证明:函数$r(x)$在$x=\boldsymbol{A}$的值$r(\boldsymbol{A})$是单值确定的当且仅当$|g(\boldsymbol{A})|\neq 0$.

证明　　$|g(\boldsymbol{A})|\neq 0$,　$g(\boldsymbol{A})^{-1}$存在.

$$r(\boldsymbol{A}) = f(\boldsymbol{A})\cdot g(\boldsymbol{A})^{-1}$$

$r(\boldsymbol{A})$是单值确定的.

反过来,$r(\boldsymbol{A})$是单值确定的.必须$|g(\boldsymbol{A})|\neq 0$.

否则$g(\boldsymbol{A})=0$.　$r(\boldsymbol{A})$或者不存在.

或者非单值均与条件相矛盾.

879. 求矩阵

$$\boldsymbol{A} = \begin{pmatrix}\boldsymbol{E}_k & \boldsymbol{U}\\ \boldsymbol{O} & \boldsymbol{E}_l\end{pmatrix}$$

的逆矩阵,其中,$\boldsymbol{E}_k$和$\boldsymbol{E}_l$分别是k阶和l阶的单位矩阵,$\boldsymbol{U}$是任意的(k,l)矩阵(即k行l列的矩阵),而其余元素全都等于零.

解

$$\begin{pmatrix}\boldsymbol{E}_k & \boldsymbol{U} & \boldsymbol{E}_k & \boldsymbol{O}\\ \boldsymbol{O} & \boldsymbol{E}_l & \boldsymbol{O} & \boldsymbol{E}_l\end{pmatrix}\longrightarrow\begin{pmatrix}\boldsymbol{E}_k & \boldsymbol{O} & \boldsymbol{E}_k & -\boldsymbol{U}\\ \boldsymbol{O} & \boldsymbol{E}_l & \boldsymbol{O} & \boldsymbol{E}_l\end{pmatrix}$$

$$\boldsymbol{A}^{-1} = \begin{pmatrix}\boldsymbol{E}_k & -\boldsymbol{U}\\ \boldsymbol{O} & \boldsymbol{E}_l\end{pmatrix}$$

检验:

$$\boldsymbol{A}^{-1}\boldsymbol{A} = \begin{pmatrix}\boldsymbol{E}_k & -\boldsymbol{U}\\ \boldsymbol{O} & \boldsymbol{E}_l\end{pmatrix}\begin{pmatrix}\boldsymbol{E}_k & \boldsymbol{U}\\ \boldsymbol{O} & \boldsymbol{E}_l\end{pmatrix} = \begin{pmatrix}\boldsymbol{E}_k & -\boldsymbol{O}\\ \boldsymbol{O} & \boldsymbol{E}_l\end{pmatrix} = \boldsymbol{E}$$

880. n阶方阵$\boldsymbol{H}_k=(h_{ij})$,其中

$$h_{ij} = \begin{cases}1, & j-i=k,\\ 0, & j-i\neq k, k=\pm 1, \pm 2, \cdots, \pm(n-1)\end{cases}$$

$\boldsymbol{H}_k$称为n阶的第k个斜排矩阵.证明:如果$k=1,2,\cdots,n-1$,则$\boldsymbol{H}_1^k=\boldsymbol{H}_k$,$\boldsymbol{H}_{-1}^k=\boldsymbol{H}_{-k}$;如果$k\geqslant n$,则$\boldsymbol{H}_1^k=\boldsymbol{H}_{-1}^k=0$.

证明

$$\boldsymbol{H}_1=\begin{pmatrix}0&1&0&0&\cdots&0\\0&0&1&0&\cdots&0\\0&0&0&1&\cdots&0\\\vdots&\vdots&\vdots&\vdots&&\vdots\\0&0&0&0&&1\\0&0&0&0&\cdots&0\end{pmatrix}$$

$$\boldsymbol{H}_2=\begin{pmatrix}0&0&1&0&\cdots&0\\0&0&0&1&\cdots&0\\\vdots&\vdots&\vdots&\vdots&&\vdots\\0&0&0&0&\cdots&1\\0&0&0&0&\cdots&0\\0&0&0&0&\cdots&0\end{pmatrix}=\boldsymbol{H}_1^2=\begin{pmatrix}0&1&0&\cdots&0\\0&0&1&\cdots&0\\0&0&0&\cdots&0\\\vdots&\vdots&\vdots&&\vdots\\0&0&0&\cdots&1\\0&0&0&\cdots&0\end{pmatrix}^2$$

$$\boldsymbol{H}_3=\boldsymbol{H}_2\cdot\boldsymbol{H}_1=\boldsymbol{H}_1^3$$

$\cdots$

$$\boldsymbol{H}_k=\boldsymbol{H}_1^k$$

$$\boldsymbol{H}_{-2}=\boldsymbol{H}_{-1}^2=\begin{pmatrix}0&0&0&\cdots&0&0\\1&0&0&\cdots&0&0\\0&1&0&\cdots&0&0\\\vdots&\vdots&\vdots&&\vdots&\vdots\\0&0&0&\cdots&1&0\end{pmatrix}^2=\begin{pmatrix}0&0&0&\cdots&0&0&0\\0&0&0&\cdots&0&0&0\\1&0&0&\cdots&0&0&0\\0&1&0&\cdots&0&0&0\\\vdots&\vdots&\vdots&&\vdots&\vdots&\vdots\\0&0&0&\cdots&1&0&0\end{pmatrix}$$

$$\boldsymbol{H}_{-k}=\boldsymbol{H}_{-1}^k$$

如果 $k\geqslant n$,则 $\boldsymbol{H}_1^k=\boldsymbol{H}_{-1}^k=\boldsymbol{O}$.

881. 当用前题的矩阵 $\boldsymbol{H}_1$ 或 $\boldsymbol{H}_{-1}$ 左乘或右乘矩阵 $\boldsymbol{A}$ 时,问:矩阵 $\boldsymbol{A}$ 如何变化?

$$\boldsymbol{AH}_1=\begin{pmatrix}a_{11}&a_{12}&\cdots&a_{1n}\\a_{21}&a_{22}&\cdots&a_{2n}\\\vdots&\vdots&&\vdots\\a_{n1}&a_{n2}&\cdots&a_{nn}\end{pmatrix}\begin{pmatrix}0&1&0&\cdots&0\\0&0&1&\cdots&0\\\vdots&\vdots&\vdots&&\vdots\\0&0&0&\cdots&0\end{pmatrix}=\begin{pmatrix}0&a_{11}&a_{12}&a_{13}&\cdots&a_{1,n-1}\\0&a_{21}&a_{22}&a_{23}&\cdots&a_{2,n-1}\\\vdots&\vdots&\vdots&\vdots&&\vdots\\0&a_{n1}&a_{n2}&a_{n3}&\cdots&a_{n,n-1}\end{pmatrix}$$

这时矩阵 $\boldsymbol{A}$ 向右移一列,第 1 列变为 0. 第 2 列是原矩阵 $\boldsymbol{A}$ 的第 1 列,第 3 列是原矩阵 $\boldsymbol{A}$ 第 2 列,$\cdots$,第 n 列是原矩阵 $\boldsymbol{A}$ 的第 $n-1$ 列.

$$\boldsymbol{H}_1\boldsymbol{A}=\begin{pmatrix}0&1&0&\cdots&0\\0&0&1&\cdots&0\\0&0&0&\cdots&0\\\vdots&\vdots&\vdots&&1\\0&0&0&\cdots&0\end{pmatrix}\begin{pmatrix}a_{11}&a_{12}&\cdots&a_{1n}\\a_{21}&a_{22}&\cdots&a_{2n}\\\vdots&\vdots&&\vdots\\a_{n1}&a_{n2}&\cdots&a_{nn}\end{pmatrix}=\begin{pmatrix}a_{21}&a_{22}&\cdots&a_{2n}\\a_{31}&a_{32}&\cdots&a_{3n}\\\vdots&\vdots&&\vdots\\a_{n1}&a_{n2}&\cdots&a_{nn}\\0&0&\cdots&0\end{pmatrix}$$

$\boldsymbol{H}_1$ 右乘矩阵 $\boldsymbol{A}$ 时,得到的矩阵是各行上移一行,新的第 n 行变为0.

$$\boldsymbol{H}_{-1}\boldsymbol{A}=\begin{pmatrix}0&&&&\\1&0&&&\\&1&0&&\\&&\ddots&\ddots&\\&&&1&0\end{pmatrix}\begin{pmatrix}a_{11}&a_{12}&\cdots&a_{1n}\\a_{21}&a_{22}&\cdots&a_{2n}\\\vdots&\vdots&&\vdots\\a_{n1}&a_{n2}&\cdots&a_{nn}\end{pmatrix}=\begin{pmatrix}0&0&\cdots&0\\a_{11}&a_{12}&\cdots&a_{1n}\\a_{21}&a_{22}&\cdots&a_{2n}\\\vdots&\vdots&&\vdots\\a_{n-1,1}&a_{n-1,2}&\cdots&a_{n-1,n}\end{pmatrix}$$
矩阵 $\boldsymbol{A}$ 下移一行.

$$\boldsymbol{A}\boldsymbol{H}_{-1}=\begin{pmatrix}a_{11}&a_{12}&\cdots&a_{1n}\\a_{21}&a_{22}&\cdots&a_{2n}\\\vdots&\vdots&&\vdots\\a_{n1}&a_{n2}&\cdots&a_{nn}\end{pmatrix}\begin{pmatrix}0&&&&\\1&0&&&\\&1&0&&\\&&\ddots&\ddots&\\&&&1&0\end{pmatrix}=\begin{pmatrix}a_{12}&a_{13}&\cdots&a_{1n}&0\\a_{22}&a_{23}&\cdots&a_{2n}&0\\\vdots&\vdots&&\vdots&\vdots\\a_{n2}&a_{n3}&\cdots&a_{nn}&0\end{pmatrix}$$
矩阵 $\boldsymbol{A}$ 左移一列.

882. 证明:矩阵的转置运算具有下列性质:

(1) $(\boldsymbol{A}+\boldsymbol{B})'=\boldsymbol{A}'+\boldsymbol{B}'$;　　(2) $(\boldsymbol{AB})'=\boldsymbol{B}'\boldsymbol{A}'$;

(3) $(C\boldsymbol{A})'=C\boldsymbol{A}'$;　　(4) $(\boldsymbol{A}^{-1})'=(\boldsymbol{A}')^{-1}$.

其中,C 是数,而 $\boldsymbol{A}$ 和 $\boldsymbol{B}$ 是矩阵.

(1)证明.

$(\boldsymbol{A}+\boldsymbol{B})'$的第 j 行第 i 列的元素是 $a_{ji}+b_{ji}$;

而 $\boldsymbol{A}'$的第 j 行第 i 列的元素是 a_{ji};

$\boldsymbol{B}'$的第 j 行第 i 列的元素是 b_{ji}.

$$a_{ji}+b_{ji}=a_{ji}+b_{ji}$$

(2)我们证明 $(\boldsymbol{AB})'=\boldsymbol{B}'\boldsymbol{A}'$.

设 $\boldsymbol{A}=(a_{il})_{m\times k}$,$\boldsymbol{B}=(b_{lj})_{k\times n}$,则 $\boldsymbol{AB}\in K^{m\times n}$. 它的第 i 行第 j 列元素是 $\sum\limits_{l=1}^{k}a_{il}b_{lj}$ 亦即转置以后 $(\boldsymbol{AB}')$ 的第 j 行列第 i 列元素. 而 $\boldsymbol{B}'\boldsymbol{A}'$的第 j 行第 i 列元素是 $\boldsymbol{B}'$的第 j 行与 $\boldsymbol{A}'$的第 i 列对应元素乘积之和,即 $\boldsymbol{B}$ 的第 j 列与 $\boldsymbol{A}$ 的第 i 行对应元素乘积之和,故为 $\sum\limits_{l=1}^{k}b_{lj}a_{il}$. 它与 $\sum\limits_{l=1}^{k}a_{il}b_{lj}$ 是相同的. 所以 $(\boldsymbol{AB})'=\boldsymbol{B}'\boldsymbol{A}'$,证完.

(3)、(4). 同样是分析对应矩阵的元素相等. 证明了相对应的矩阵相同.

883. 证明:如果 $\boldsymbol{A}$ 和 $\boldsymbol{B}$ 是同阶对称方阵,则矩阵

$$\boldsymbol{C}=\boldsymbol{ABAB}\cdots\boldsymbol{ABA}$$

是对称阵.

证明　已知

$$\boldsymbol{A}'=\boldsymbol{A}$$
$$\boldsymbol{B}'=\boldsymbol{B}$$
$$\boldsymbol{C}=\boldsymbol{ABA}$$
$$\boldsymbol{C}'=\boldsymbol{A}'\boldsymbol{B}'\boldsymbol{A}'=\boldsymbol{ABA}=\boldsymbol{C}$$
$$\boldsymbol{C}'=\boldsymbol{A}'\boldsymbol{B}'\boldsymbol{A}'\cdots\boldsymbol{B}'\boldsymbol{A}'\boldsymbol{B}'\boldsymbol{A}'=\boldsymbol{ABAB}\cdots\boldsymbol{ABA}=\boldsymbol{C}$$

证明了 $\boldsymbol{C}$ 是对称阵.

884. 证明：

(1) 非奇异对称矩阵的逆矩阵是对称矩阵.

(2) 非奇异斜对称矩阵的逆矩阵是斜对称矩阵.

证明

(1)

$$\boldsymbol{A}' = \boldsymbol{A}$$

$$a_{ij} = a_{ji}$$

所以 $$\boldsymbol{A}_{ij} = \boldsymbol{A}_{ji}$$

所以 $$(\boldsymbol{A}^{-1})' = \boldsymbol{A}^{-1}$$

(2)

$$(\boldsymbol{A}^{-1})' = (\boldsymbol{A}')^{-1} = (-\boldsymbol{A})^{-1} = -\boldsymbol{A}^{-1}$$

证明了 $\boldsymbol{A}^{-1}$ 是斜对称矩阵.

885. 证明：对任何矩阵 $\boldsymbol{B}$，矩阵 $\boldsymbol{A} = \boldsymbol{B}\boldsymbol{B}'$ 是对称矩阵.

证明　根据矩阵转置运算性质(b).　$\boldsymbol{A}' = \boldsymbol{B}\boldsymbol{B}' = \boldsymbol{A}$

所以 $\boldsymbol{A}$ 是对称矩阵.

886. 令 $\boldsymbol{A}^* = \overline{\boldsymbol{A}}'$ 是将 $\boldsymbol{A}$ 转置并把每一个元素用共轭复数来替换所得到的矩阵. 证明：

(1)　$(\boldsymbol{A}+\boldsymbol{B})^* = \boldsymbol{A}^* + \boldsymbol{B}^*$；　　(2)　$(\boldsymbol{A}\boldsymbol{B})^* = \boldsymbol{B}^*\boldsymbol{A}^*$；

(3)　$(C\boldsymbol{A})^* = \overline{C}\boldsymbol{A}^*$　　(4)　$(\boldsymbol{A}^{-1})^* = (\boldsymbol{A}^*)^{-1}$.

其中，C 是数，而 $\boldsymbol{A}$ 和 $\boldsymbol{B}$ 是对其实施上述运算的矩阵.

证明　运算性质完全由转置确定，共轭运算不改变式子的形式. 因此可以把转置符号替换为转置共轭符号，式子成立.

1) $(\boldsymbol{A}+\boldsymbol{B})^{\mathrm{T}} = \boldsymbol{A}^{\mathrm{T}} + \boldsymbol{B}^{\mathrm{T}}$；

2) $(C\boldsymbol{A})^{\mathrm{T}} = C\boldsymbol{A}^{\mathrm{T}}$；

3) $(\boldsymbol{A}\boldsymbol{B})^{\mathrm{T}} = \boldsymbol{B}^{\mathrm{T}}\boldsymbol{A}^{\mathrm{T}}$.

符号替换后的式子是

(1) $(\boldsymbol{A}+\boldsymbol{B})^* = \boldsymbol{A}^* + \boldsymbol{B}^*$；

(2) $(C\boldsymbol{A})^* = \overline{C}\boldsymbol{A}^*$；

(3) $(\boldsymbol{A}\boldsymbol{B})^* = \boldsymbol{B}^*\boldsymbol{A}^*$.

因此只要证明(4).

$$(\boldsymbol{A}^{-1})^* = (\boldsymbol{A}^*)^{-1}$$

只要证明

$$\boldsymbol{A}^* \cdot (\boldsymbol{A}^{-1})^* = \boldsymbol{E}$$

根据(2)

$$\boldsymbol{A}^* \cdot (\boldsymbol{A}^{-1})^* = (\boldsymbol{A}^{-1} \cdot \boldsymbol{A})^*$$

只要证明

$$(\boldsymbol{A}^{-1}\boldsymbol{A})^* = \boldsymbol{E}$$

$$\boldsymbol{E}^* = \boldsymbol{E}$$

既然最后等式成立,故(4)得到证明.

887. 如果 $\boldsymbol{A}^* = \boldsymbol{A}$,则矩阵 $\boldsymbol{A}$ 称为 Hermiton 矩阵. 证明:对任何复或实元素的矩阵 $\boldsymbol{B}$,矩阵 $\boldsymbol{A} = \boldsymbol{B} \cdot \boldsymbol{B}^*$ 是 Hermiton 矩阵.

证明　根据转置共轭性质(b)

$$\boldsymbol{A}^* = (\boldsymbol{B} \cdot \boldsymbol{B}^*)^* = \boldsymbol{B}\boldsymbol{B}^* = \boldsymbol{A}$$

根据 Hermiton 矩阵定义,$\boldsymbol{A}$ 是 Hermiton 矩阵.

888. 证明:两个对称矩阵的积是对称矩阵当且仅当给定的这两个矩阵是可换的.

证明　假设 $\boldsymbol{A}$,$\boldsymbol{B}$ 是两个对称矩阵,即 $\boldsymbol{A}' = \boldsymbol{A}$,$\boldsymbol{B}' = \boldsymbol{B}$.

两个对称矩阵的积是对称的,则 $\boldsymbol{A}$,$\boldsymbol{B}$ 可交换.

$$\boldsymbol{AB} = (\boldsymbol{AB})' = \boldsymbol{B}'\boldsymbol{A}' = \boldsymbol{BA}$$

反过来,$\boldsymbol{A}$,$\boldsymbol{B}$ 可交换,则 $\boldsymbol{A}$ 与 $\boldsymbol{B}$ 的乘积是对称的.

$$\boldsymbol{AB} = \boldsymbol{BA} = \boldsymbol{B}'\boldsymbol{A}' = (\boldsymbol{AB})'$$

证完.

889. 两个斜对称矩阵的积是对称矩阵当且仅当给定的这两个矩阵是可换的.

证明

$$\boldsymbol{A}' = -\boldsymbol{A}$$

$$\boldsymbol{B}' = -\boldsymbol{B}$$

$$(\boldsymbol{AB})' = \boldsymbol{B}'\boldsymbol{A}' = (-\boldsymbol{B})(-\boldsymbol{A}) = \boldsymbol{BA}$$

如果可交换　$\boldsymbol{AB} = \boldsymbol{BA}$

那么　$(\boldsymbol{AB})' = \boldsymbol{AB}$

反之,如果　$(\boldsymbol{AB})' = \boldsymbol{AB}$

那么　$\boldsymbol{AB} = \boldsymbol{BA}$

即 $\boldsymbol{A}$,$\boldsymbol{B}$ 可交换.

证完.

890. 证明:两个斜对称矩阵 $\boldsymbol{A}$ 和 $\boldsymbol{B}$ 的积是斜对称矩阵当且仅当 $\boldsymbol{AB} = -\boldsymbol{BA}$. 举出满足条件$\boldsymbol{AB} = -\boldsymbol{BA}$ 的斜对称矩阵的例子.

证明

$$\boldsymbol{A}' = -\boldsymbol{A}$$

$$\boldsymbol{B}' = -\boldsymbol{B}$$

$$(\boldsymbol{AB})' = \boldsymbol{B}'\boldsymbol{A}' = (-\boldsymbol{B})(-\boldsymbol{A}) = \boldsymbol{BA}$$

另外

$$(\boldsymbol{AB})' = -\boldsymbol{AB}$$

$$\boldsymbol{AB} = -\boldsymbol{BA}$$

反之,如果　$\boldsymbol{AB} = -\boldsymbol{BA}$

则 $$(\boldsymbol{AB})' = \boldsymbol{B}'\boldsymbol{A}' = (-\boldsymbol{B})(-\boldsymbol{A}) = \boldsymbol{BA} = -\boldsymbol{AB}$$
所以 $\boldsymbol{AB}$ 是斜对称矩阵.
二阶时
$$\begin{pmatrix} 0 & a_{12} \\ -a_{12} & 0 \end{pmatrix}\begin{pmatrix} 0 & b_{12} \\ -b_{12} & 0 \end{pmatrix} = \begin{pmatrix} -a_{12}b_{12} & 0 \\ 0 & -a_{12}b_{12} \end{pmatrix}$$
$$a_{12}b_{12} = 0$$
其中有一个是零矩阵,说明二阶时 $\boldsymbol{AB} = -\boldsymbol{BA}$ 无解.
三阶时
$$\begin{pmatrix} 0 & a_{12} & a_{13} \\ -a_{12} & 0 & a_{23} \\ -a_{13} & -a_{23} & 0 \end{pmatrix}\begin{pmatrix} 0 & b_{12} & b_{13} \\ -b_{12} & 0 & b_{23} \\ -b_{13} & -b_{23} & 0 \end{pmatrix} = \begin{pmatrix} -a_{12}b_{12} - a_{13}b_{13} & -a_{13}b_{23} & a_{12}b_{23} \\ -a_{23}b_{13} & -a_{12}b_{12} - a_{23}b_{23} & -a_{12}b_{13} \\ a_{23}b_{12} & -a_{13}b_{12} & a_{13}b_{13} - a_{23}b_{23} \end{pmatrix}$$
$$a_{12}b_{12} + a_{13}b_{13} = 0$$
$$a_{12}b_{12} + a_{23}b_{23} = 0$$
$$a_{13}b_{13} + a_{23}b_{23} = 0$$
三式相加除以 2
$$a_{12}b_{12} + a_{13}b_{13} + a_{23}b_{23} = 0$$
$$a_{12}b_{12} = a_{13}b_{13} = a_{23}b_{23} = 0$$
为了两个斜对称的积仍然是斜对称的. 必须
$$a_{13}b_{23} - a_{23}b_{13} = 0 \qquad \begin{vmatrix} a_{13} & a_{23} \\ b_{13} & b_{23} \end{vmatrix} = 0$$
$$a_{12}b_{23} - a_{12}b_{23} = 0 \qquad \begin{vmatrix} a_{12} & a_{23} \\ b_{12} & b_{23} \end{vmatrix} = 0$$
$$a_{12}b_{13} - a_{13}b_{12} = 0 \qquad \begin{vmatrix} a_{12} & a_{13} \\ b_{12} & b_{13} \end{vmatrix} = 0$$
$$\operatorname{rank}\begin{pmatrix} a_{12} & a_{13} & a_{23} \\ b_{12} & b_{13} & b_{23} \end{pmatrix} = 1$$
$$(b_{12}, b_{13}, b_{23}) = K(a_{12}, a_{13}, a_{23})$$
$$a_{12} = a_{13} = a_{23} = 0$$
故斜对称矩阵方程只有零矩阵的解. 在三阶时斜对称方程
$$\boldsymbol{AB} = (\boldsymbol{BA})'$$
$$(\boldsymbol{AB})' = \boldsymbol{B}'\boldsymbol{A}' = (-\boldsymbol{B})(-\boldsymbol{A}) = \boldsymbol{BA}$$
因为 $\boldsymbol{AB}$ 是斜对称矩阵,所以 $(\boldsymbol{AB})' = -\boldsymbol{AB}$.
$$\boldsymbol{AB} = -\boldsymbol{BA}$$
$$a_{12} = a_{13} = a_{23} = 0$$
$$b_{12} = b_{13} = b_{23} = 0$$
只有零矩阵的平常解,斜对称矩阵无解.
四阶时,解矩阵方程

$$\boldsymbol{AB} = -\boldsymbol{BA}$$

$$\begin{pmatrix} 0 & a_{12} & a_{13} & a_{14} \\ -a_{12} & 0 & a_{23} & a_{24} \\ -a_{13} & -a_{23} & 0 & a_{34} \\ -a_{14} & -a_{24} & -a_{34} & 0 \end{pmatrix}\begin{pmatrix} 0 & b_{12} & b_{13} & b_{14} \\ -b_{12} & 0 & b_{23} & b_{24} \\ -b_{13} & -b_{23} & 0 & b_{34} \\ -b_{14} & -b_{24} & -b_{34} & 0 \end{pmatrix}$$

$$= -\begin{pmatrix} 0 & b_{12} & b_{13} & b_{14} \\ -b_{12} & 0 & b_{23} & b_{24} \\ -b_{13} & -b_{23} & 0 & b_{34} \\ -b_{14} & -b_{24} & -b_{34} & 0 \end{pmatrix}\begin{pmatrix} 0 & a_{12} & a_{13} & a_{14} \\ -a_{12} & 0 & a_{23} & a_{24} \\ -a_{13} & -a_{23} & 0 & a_{34} \\ -a_{14} & -a_{24} & -a_{34} & 0 \end{pmatrix}$$

⑪ $a_{12}b_{12} + a_{13}b_{13} + a_{14}b_{14} = 0$

㉒ $a_{12}b_{12} + a_{23}b_{23} + a_{24}b_{24} = 0$

㉝ $a_{13}b_{13} + a_{23}b_{23} + a_{34}b_{34} = 0$

㊹ $a_{14}b_{14} + a_{24}b_{24} + a_{34}b_{34} = 0$

⑫ $a_{13}b_{23} + a_{14}b_{24} = -b_{13}a_{23} - b_{14}a_{24}$

⑬ $a_{12}b_{23} - a_{14}b_{34} = -(b_{12}a_{23} - b_{14}a_{34})$

⑭ $a_{12}b_{24} + a_{13}b_{34} = -(b_{12}a_{24} + b_{13}a_{34})$

㉓ $a_{12}b_{13} + a_{24}b_{34} = -b_{12}a_{13} - b_{24}a_{34}$

㉔ $a_{12}b_{14} - a_{23}b_{34} = -b_{12}a_{14} + b_{23}a_{34}$

㉞ $a_{13}b_{14} + a_{23}b_{24} = -b_{13}a_{14} - b_{23}a_{24}$

㉑ $-a_{23}b_{13} - a_{24}b_{14} = -(b_{23}a_{13} - b_{24}a_{14})$

㉛ $a_{23}b_{12} - a_{34}b_{14} = -(b_{23}a_{12} - b_{34}a_{14})$

㊶ $a_{24}b_{12} + a_{34}b_{13} = -(b_{24}a_{12} + b_{34}a_{13})$

㉜ $a_{13}b_{12} + a_{34}b_{24} = -b_{13}a_{12} - b_{34}a_{24}$

㊷ $a_{14}b_{12} - a_{34}b_{23} = -b_{14}a_{12} + a_{23}b_{34}$

㊸ $a_{14}b_{13} + a_{24}b_{23} = -b_{14}a_{13} - b_{24}a_{23}$

⑫ $\begin{pmatrix} a_{13} \\ a_{14} \\ a_{23} \\ a_{24} \end{pmatrix}\begin{pmatrix} b_{23} \\ b_{24} \\ b_{13} \\ b_{14} \end{pmatrix} = 0$　　㉞ $\begin{pmatrix} a_{13} \\ a_{14} \\ a_{23} \\ a_{24} \end{pmatrix}\begin{pmatrix} b_{14} \\ b_{13} \\ b_{24} \\ b_{23} \end{pmatrix} = 0$

可以取

$$b_{23} = b_{14}$$

$$b_{13} = b_{24}$$

⑬ $\begin{pmatrix} a_{12} \\ a_{14} \\ a_{23} \\ a_{34} \end{pmatrix}\begin{pmatrix} b_{23} \\ -b_{34} \\ b_{12} \\ -b_{14} \end{pmatrix} = 0$　　㉔ $\begin{pmatrix} a_{12} \\ a_{14} \\ a_{23} \\ a_{34} \end{pmatrix}\begin{pmatrix} b_{14} \\ b_{12} \\ -b_{34} \\ -b_{23} \end{pmatrix} = 0$

我们取

$$b_{23} = b_{14} \xlongequal{\text{为简单起见}} 0$$

$$b_{12} = -b_{34}$$

⑭ $\begin{pmatrix} a_{12} \\ a_{13} \\ a_{24} \\ a_{34} \end{pmatrix} \begin{pmatrix} b_{24} \\ b_{34} \\ b_{12} \\ b_{13} \end{pmatrix} = 0$　　㉓ $\begin{pmatrix} a_{12} \\ a_{13} \\ a_{24} \\ a_{34} \end{pmatrix} \begin{pmatrix} b_{13} \\ b_{12} \\ b_{34} \\ b_{24} \end{pmatrix} = 0$

我们取

$$b_{34} = b_{12} = 0$$

例如,取

$$b_{13} = b_{24} = 1$$

在 $\boldsymbol{B}$ 选定的情况下,求 $\boldsymbol{A}$,以 $\boldsymbol{B}$ 向量为主导,求 a_{ij}.

⑫ $\begin{pmatrix} b_{23} \\ b_{24} \\ b_{13} \\ b_{14} \end{pmatrix} \begin{pmatrix} a_{13} \\ a_{14} \\ a_{23} \\ a_{24} \end{pmatrix} = 0$　　㉞ $\begin{pmatrix} b_{23} \\ b_{24} \\ b_{13} \\ b_{14} \end{pmatrix} \begin{pmatrix} a_{13} \\ a_{14} \\ a_{23} \\ a_{24} \end{pmatrix} = 0$

⑬ $\begin{pmatrix} b_{23} \\ b_{34} \\ b_{12} \\ b_{14} \end{pmatrix} \begin{pmatrix} a_{12} \\ -a_{14} \\ a_{23} \\ -a_{34} \end{pmatrix} = 0$　　㉔ $\begin{pmatrix} b_{14} \\ b_{12} \\ b_{34} \\ b_{14} \end{pmatrix} \begin{pmatrix} a_{12} \\ a_{14} \\ -a_{23} \\ -a_{34} \end{pmatrix} = 0$

$-a_{14} = a_{14}$　　$a_{14} = 0$

$a_{23} = -a_{23}$　　$a_{23} = 0$

a_{34} 任意,设定 $a_{34} = -1$.

⑭ $\begin{pmatrix} b_{24} \\ b_{34} \\ b_{12} \\ b_{13} \end{pmatrix} \begin{pmatrix} a_{12} \\ a_{13} \\ a_{24} \\ a_{34} \end{pmatrix} = 0$　　㉓ $\begin{pmatrix} b_{13} \\ b_{12} \\ b_{34} \\ b_{24} \end{pmatrix} \begin{pmatrix} a_{12} \\ a_{13} \\ a_{24} \\ a_{34} \end{pmatrix} = 0$

$b_{13} = b_{24} = 1$

$a_{12} + a_{34} = 0$

$a_{12} = 1$

$$\boldsymbol{A} = \begin{pmatrix} 0 & 1 & 0 & 0 \\ -1 & 0 & 0 & 0 \\ 0 & 0 & 0 & -1 \\ 0 & 0 & 1 & 0 \end{pmatrix}$$

$$\boldsymbol{B} = \begin{pmatrix} 0 & 0 & 1 & 0 \\ 0 & 0 & 0 & 1 \\ -1 & 0 & 0 & 0 \\ 0 & -1 & 0 & 0 \end{pmatrix}$$

检验：

$$AB=\begin{pmatrix}0&1&0&0\\-1&0&0&0\\0&0&0&-1\\0&0&1&0\end{pmatrix}\begin{pmatrix}0&0&1&0\\0&0&0&1\\-1&0&0&0\\0&-1&0&0\end{pmatrix}=\begin{pmatrix}0&0&0&1\\0&0&-1&0\\0&1&0&0\\-1&0&0&0\end{pmatrix}$$

$$BA=\begin{pmatrix}0&0&1&0\\0&0&0&1\\-1&0&0&0\\0&-1&0&0\end{pmatrix}\begin{pmatrix}0&1&0&0\\-1&0&0&0\\0&0&0&-1\\0&0&1&0\end{pmatrix}=\begin{pmatrix}0&0&0&-1\\0&0&1&0\\0&-1&0&0\\1&0&0&0\end{pmatrix}$$

$\boldsymbol{AB}=-\boldsymbol{BA}$. 证完.

891. n 阶方阵 $\boldsymbol{A}=(a_{ij})$ 称为正交矩阵，如果 $\boldsymbol{AA'}=\boldsymbol{E}$，其中，$\boldsymbol{E}$ 是单位矩阵. 证明：下列每一个条件都是方阵 $\boldsymbol{A}$ 为正交矩阵的充分必要条件：

(1) $\boldsymbol{A}$ 的列组成标准正交系，即

$$\sum_{k=1}^{n}a_{ki}a_{kj}=\delta_{ij}$$

其中，δ_{ij} 是 Kronecker 记号：当 $i=j$ 时它等于 1. 当 $i\neq j$ 时它等于 0.

(2) $\boldsymbol{A}$ 的行组成标准正交系，即

$$\sum_{k=1}^{n}a_{ik}a_{jk}=\delta_{ij}$$

证明　(1)

$$\boldsymbol{A'A}=\boldsymbol{E}$$

$$\boldsymbol{A}=\begin{pmatrix} & a_{i1} & \\ \cdots & a_{i2} & \cdots \\ & \vdots & \\ & a_{in} & \end{pmatrix}=(\boldsymbol{\alpha}_1,\boldsymbol{\alpha}_2,\cdots,\boldsymbol{\alpha}_n)$$

$$\boldsymbol{\alpha}_1\cdot\boldsymbol{\alpha}_1=1$$
$$\boldsymbol{\alpha}_1\cdot\boldsymbol{\alpha}_2=0,\boldsymbol{\alpha}_1\cdot\boldsymbol{\alpha}_3=0,\cdots,\boldsymbol{\alpha}_1\cdot\boldsymbol{\alpha}_n=0$$
$$\boldsymbol{\alpha}_2\cdot\boldsymbol{\alpha}_1=0,\boldsymbol{\alpha}_2\cdot\boldsymbol{\alpha}_2=1,\cdots,\boldsymbol{\alpha}_2\cdot\boldsymbol{\alpha}_n=0$$
$$\cdots$$
$$\boldsymbol{\alpha}_n\cdot\boldsymbol{\alpha}_1=0,\boldsymbol{\alpha}_n\cdot\boldsymbol{\alpha}_2=0,\cdots,\boldsymbol{\alpha}_n\cdot\boldsymbol{\alpha}_n=1$$

把这 n^2 个式子写成一个式子，就是

$$\sum_{k=1}^{n}a_{ki}a_{kj}=\delta_{ij}$$

其中，δ_{ij} 是 *Kronecker* 记号：当 $i=j$ 时它等于 1，当 $i\neq j$ 时它等于 0.

(2)
$$\boldsymbol{AA'}=\boldsymbol{E}$$

$$\boldsymbol{A}=\begin{pmatrix}\boldsymbol{\beta}_1\\\boldsymbol{\beta}_2\\\vdots\\\boldsymbol{\beta}_n\end{pmatrix}$$

$$\boldsymbol{\beta}_1\cdot\boldsymbol{\beta}_1^{\mathrm{T}}=1,\quad \boldsymbol{\beta}_1\cdot\boldsymbol{\beta}_2^{\mathrm{T}}=0,\quad \cdots,\quad \boldsymbol{\beta}_1\cdot\boldsymbol{\beta}_n^{\mathrm{T}}=0$$
$$\boldsymbol{\beta}_2\cdot\boldsymbol{\beta}_1^{\mathrm{T}}=1,\quad \boldsymbol{\beta}_2\cdot\boldsymbol{\beta}_2^{\mathrm{T}}=1,\quad \cdots,\quad \boldsymbol{\beta}_2\cdot\boldsymbol{\beta}_n^{\mathrm{T}}=0$$
$$\cdots$$
$$\boldsymbol{\beta}_n\cdot\boldsymbol{\beta}_1^{\mathrm{T}}=1,\quad \boldsymbol{\beta}_n\cdot\boldsymbol{\beta}_2^{\mathrm{T}}=0,\quad \cdots,\quad \boldsymbol{\beta}_n\cdot\boldsymbol{\beta}_n^{\mathrm{T}}=1$$

把这 n^2 个等式写成一个式子，就是

$$\sum_{k=1}^{n} a_{ik}a_{jk}=\delta_{ij}$$

其中，δ_{ij}是 *Kronecker* 记号：当 $i=j$ 时它等于 1. 当 $i\neq j$ 时它等于 0.

892. 实或复元素的 n 阶方阵 $\boldsymbol{A}=(a_{ij})$ 称为酉矩阵，如果 $\boldsymbol{A}\boldsymbol{A}^*=\boldsymbol{E}$（记号 $\boldsymbol{A}^*$ 的意义同习题 886）. 证明：下列每一个条件都是方阵 $\boldsymbol{A}$ 为酉矩阵的充分必要条件：

(1) $\sum_{k=1}^{n} a_{ki}\overline{a}_{kj}=\delta_{ij}$；

（δ_{ij} 是 Kronecker 记号）

(2) $\sum_{k=1}^{n} a_{ik}\overline{a}_{jk}=\delta_{ij}$.

证明　设

$$\boldsymbol{A}=\begin{pmatrix} a_{11} & a_{12} & \cdots & a_{1n}\\ a_{21} & a_{22} & \cdots & a_{2n}\\ \vdots & \vdots & & \vdots\\ a_{n1} & a_{n2} & \cdots & a_{nn}\end{pmatrix}$$

$$\boldsymbol{A}^*=\begin{pmatrix} \overline{a}_{11} & \overline{a}_{21} & \cdots & \overline{a}_{n1}\\ \overline{a}_{12} & \overline{a}_{22} & \cdots & \overline{a}_{n2}\\ \vdots & \vdots & & \vdots\\ \overline{a}_{1n} & \overline{a}_{2n} & \cdots & \overline{a}_{nn}\end{pmatrix}$$

(1)若 n 阶复矩阵 $\boldsymbol{A}$ 满足

$$\boldsymbol{A}^*\boldsymbol{A}=\boldsymbol{A}\boldsymbol{A}^*=\boldsymbol{E}$$

则称为酉矩阵，记之为 $\boldsymbol{A}\in U^{n\times n}$

$$\boldsymbol{A}^*\boldsymbol{A}=\boldsymbol{E}$$

$$\boldsymbol{A}^*\boldsymbol{A}=\begin{pmatrix} \overline{a}_{11}a_{11}+\overline{a}_{21}a_{21}+\cdots+\overline{a}_{n1}a_{n1} & \overline{a}_{11}a_{12}+\overline{a}_{21}a_{22}+\cdots+\overline{a}_{n1}a_{n2} & \cdots & \overline{a}_{11}a_{1n}+\cdots+\overline{a}_{n1}a_{nn}\\ \overline{a}_{12}a_{11}+\overline{a}_{22}a_{21}+\cdots+\overline{a}_{n2}a_{n1} & \overline{a}_{12}a_{12}+\overline{a}_{22}a_{22}+\cdots+\overline{a}_{n2}a_{n2} & \cdots & \overline{a}_{12}a_{1n}+\cdots+\overline{a}_{n2}a_{nn}\\ \overline{a}_{13}a_{11}+\overline{a}_{23}a_{21}+\cdots+\overline{a}_{n3}a_{n1} & \overline{a}_{13}a_{12}+\overline{a}_{23}a_{22}+\cdots+\overline{a}_{n3}a_{n2} & \cdots & \overline{a}_{13}a_{1n}+\cdots+\overline{a}_{n3}a_{nn}\\ \vdots & \vdots & & \vdots\\ \overline{a}_{1n}a_{11}+\overline{a}_{2n}a_{21}+\cdots+\overline{a}_{nn}a_{n1} & \overline{a}_{1n}a_{12}+\overline{a}_{2n}a_{22}+\cdots+\overline{a}_{nn}a_{n2} & \cdots & \overline{a}_{1n}a_{1n}+\cdots+\overline{a}_{nn}a_{nn}\end{pmatrix}=\boldsymbol{E}$$

命

$$\boldsymbol{A}=(\boldsymbol{\alpha}_1,\boldsymbol{a}_2,\cdots,\boldsymbol{\alpha}_n)$$

$$\overline{\boldsymbol{A}}=(\overline{\boldsymbol{\alpha}}_1,\overline{\boldsymbol{\alpha}}_2,\cdots,\overline{\boldsymbol{\alpha}}_n)$$

$$A^*A=\begin{pmatrix}\bar{\boldsymbol{\alpha}}_1\boldsymbol{\alpha}_1 & \bar{\boldsymbol{\alpha}}_1\boldsymbol{\alpha}_2 & \cdots & \bar{\boldsymbol{\alpha}}_1\boldsymbol{\alpha}_n\\ \bar{\boldsymbol{\alpha}}_2\boldsymbol{\alpha}_1 & \bar{\boldsymbol{\alpha}}_2\boldsymbol{\alpha}_2 & \cdots & \bar{\boldsymbol{\alpha}}_2\boldsymbol{\alpha}_n\\ \vdots & \vdots & & \vdots\\ \bar{\boldsymbol{\alpha}}_n\boldsymbol{\alpha}_1 & \bar{\boldsymbol{\alpha}}_n\boldsymbol{\alpha}_2 & \cdots & \bar{\boldsymbol{\alpha}}_n\boldsymbol{\alpha}_n\end{pmatrix}=\begin{pmatrix}1 & 0 & \cdots & 0\\ 0 & 1 & \cdots & 0\\ \vdots & \vdots & & \vdots\\ 0 & 0 & \cdots & 1\end{pmatrix}$$

$$\sum_{i=1}^{n}\bar{a}_{ij}a_{ik}=\delta_{jk}$$

与题目(1)等式相同.

反之,满足 Kronecker 记号的公式,也满足 $A^*A=E$,因此,充分条件得到证明.

(2)
$$AA^*=E$$

$$A=\begin{pmatrix}\boldsymbol{\beta}_1\\ \boldsymbol{\beta}_2\\ \vdots\\ \boldsymbol{\beta}_n\end{pmatrix}$$

$$\begin{matrix}\boldsymbol{\beta}_1\cdot\bar{\boldsymbol{\beta}}_1^{\mathrm{T}}=1 & \boldsymbol{\beta}_1\cdot\bar{\boldsymbol{\beta}}_2^{\mathrm{T}}=0 & \cdots & \boldsymbol{\beta}_1\cdot\bar{\boldsymbol{\beta}}_n^{\mathrm{T}}=0\\ \boldsymbol{\beta}_2\cdot\bar{\boldsymbol{\beta}}_1^{\mathrm{T}}=0 & \boldsymbol{\beta}_2\cdot\bar{\boldsymbol{\beta}}_2^{\mathrm{T}}=1 & \cdots & \boldsymbol{\beta}_2\cdot\bar{\boldsymbol{\beta}}_n^{\mathrm{T}}=0\\ \vdots & \vdots & & \vdots\\ \boldsymbol{\beta}_n\cdot\bar{\boldsymbol{\beta}}_1^{\mathrm{T}}=0 & \boldsymbol{\beta}_n\cdot\bar{\boldsymbol{\beta}}_2^{\mathrm{T}}=0 & \cdots & \boldsymbol{\beta}_n\cdot\bar{\boldsymbol{\beta}}_n^{\mathrm{T}}=1\end{matrix}$$

把这 n^2 个等式写成一个式子,就是

$$\sum_{k=1}^{n}a_{ik}\bar{a}_{jk}=\delta_{ij}$$

与题目(2)等式相同.

反之,满足 Kronecker 记号的公式,也满足 $A^*A=E$,因此,充分条件得到证明.

893. 证明:正交矩阵的行列式等于 ±1.

证明　定义:若 n 阶实矩阵 A 满足

$$A^{\mathrm{T}}A=AA^{\mathrm{T}}=E$$

则称 A 是正交矩阵,记之为 $A\in E^{n\times n}$.

行列式乘积定理. 若 $A,B\in K^{n\times n}$,则 $\det(AB)=\det A\cdot\det B$.

按照复旦大学《线性代数》课本的证明,由定理 9 及定理 2,存在第三种初等阵 $L_1,L_2,\cdots,L_s,R_1,R_2,\cdots,R_t$ 使 $L_s\cdots L_1AR_1\cdots R_t=A_r$. 于是

$$AB=L_1^{-1}\cdots L_s^{-1}A_rR_t^{-1}\cdots R_1^{-1}B$$

由于 $L_1^{-1},\cdots,L_s^{-1},R_1^{-1},\cdots,R_t^{-1}$ 也是第三种初等阵,而第三种初等变换不改变行列式的值,故 $\det A=\det A_r$,且

$$\det(AB)=\det(A_rR_t^{-1}\cdots R_1^{-1}B)$$

设

$$\boldsymbol{A}_r = \begin{pmatrix} \tilde{a}_{11} & & \\ & \ddots & \\ & & \tilde{a}_{rr} \end{pmatrix}_{n\times n}$$

$$\boldsymbol{C} = \boldsymbol{R}_t^{-1}\cdots\boldsymbol{R}_1^{-1}\boldsymbol{B} = \begin{pmatrix} c_1 \\ c_2 \\ \vdots \\ c_n \end{pmatrix}$$

则

$$\boldsymbol{A}_r\boldsymbol{C} = \begin{pmatrix} \tilde{a}_{11}c_1 \\ \tilde{a}_{22}c_2 \\ \vdots \\ \tilde{a}_{rr}c_r \\ 0 \\ \vdots \\ 0 \end{pmatrix}$$

故若 $r<n$,由行列式性质知

$$\begin{aligned} \det(\boldsymbol{AB}) &= \det(\boldsymbol{A}_r\boldsymbol{C}) = 0 = 0\cdot\det\boldsymbol{B} = \det\boldsymbol{A}_r\cdot\det\boldsymbol{B} \\ &= \det\boldsymbol{A}\cdot\det\boldsymbol{B} \end{aligned}$$

而当 $r=n$ 时

$$\det(\boldsymbol{AB}) = \det(\boldsymbol{A}_n\boldsymbol{C}) = \tilde{a}_{11}\cdots\tilde{a}_{nn}\det\boldsymbol{C} = \det\boldsymbol{A}_n\cdot\det\boldsymbol{C} = \det\boldsymbol{A}\cdot\det\boldsymbol{B}$$

893. 证明:正交矩阵定义式,两边取行列式

$$\det\boldsymbol{A}\cdot\det\boldsymbol{A}' = 1$$

$$(\det\boldsymbol{A})^2 = 1$$

$$\det\boldsymbol{A} = \pm 1$$

894. 证明:酉矩阵的行列式的模等于 1.

证明 设 $\boldsymbol{A}$ 为酉矩阵,按定义

$$\boldsymbol{A}\cdot\boldsymbol{A}^* = \boldsymbol{E}$$

$$|\boldsymbol{A}|\cdot|\boldsymbol{A}^*| = 1$$

$$z\cdot\bar{z} = 1$$

$$||\boldsymbol{A}|| = |z| = 1$$

895. 证明:如果正交矩阵 $\boldsymbol{A}$ 在主对角线上有方形小块(即子矩阵)$\boldsymbol{A}_1,\boldsymbol{A}_2,\cdots,\boldsymbol{A}_s$,且在这些小块一侧为零,则这些小块另一侧所有元素也等于零且所有的矩阵 $\boldsymbol{A}_1,\boldsymbol{A}_2,\cdots,\boldsymbol{A}_s$ 是正交矩阵.

证明 按题目假设

$$A=\begin{pmatrix} A_1 & & & \\ & A_2 & & \\ & A_{ij} & \ddots & \\ & & & A_s \end{pmatrix},\quad A'=\begin{pmatrix} A_1' & & & \\ & A_2' & & \\ & & \ddots & \\ & & & A_s' \end{pmatrix}$$

$$AA'=\begin{pmatrix} A_1A_1' & & & \\ & A_2A_2' & & \\ & & \ddots & \\ & & & A_sA_s' \end{pmatrix}=E$$

必须

$$A_{ij}=0 \qquad (i>j)$$

$$A_1A_1'=E_1$$

$$A_2A_2'=E_2$$

$$\cdots$$

$$A_sA_s'=E_s$$

所以,所有的小块矩阵 $A_1,A_2,\cdots,A_s$ 都是正交矩阵.

证完.

896. 证明:方阵 A 是正交矩阵的充分必要条件是它的行列式等于 ±1. 并且,如果 $|A|=1$,则它的每一个元素等于自己的代数余子式,

如果 $|A|=-1$,则它的每一个元素等于自己的代数余子式乘以 -1.

证明　A 是正交矩阵,满足

$$AA'=I_n$$

$$|A|\,|A'|=1$$

$$|A|^2=1$$

$$|A|=\pm1$$

如果 $|A|=1$. 必要性

$$A'=A^{-1}$$

$$\begin{pmatrix} a_{11} & a_{21} & \cdots & a_{n1} \\ a_{12} & a_{22} & \cdots & a_{n2} \\ \vdots & \vdots & & \vdots \\ a_{1n} & a_{2n} & \cdots & a_{nn} \end{pmatrix}=\begin{pmatrix} A_{11} & A_{21} & \cdots & A_{n1} \\ A_{12} & A_{22} & \cdots & A_{n2} \\ \vdots & \vdots & & \vdots \\ A_{1n} & A_{2n} & \cdots & A_{nn} \end{pmatrix}$$

$$a_{ij}=A_{ij}$$

充分性

$$a_{ij}=A_{ij}$$

$$\begin{pmatrix} a_{11} & a_{21} & \cdots & a_{n1} \\ a_{12} & a_{22} & \cdots & a_{n2} \\ \vdots & \vdots & & \vdots \\ a_{1n} & a_{2n} & \cdots & a_{nn} \end{pmatrix}=\begin{pmatrix} A_{11} & A_{21} & \cdots & A_{n1} \\ A_{12} & A_{22} & \cdots & A_{n2} \\ \vdots & \vdots & & \vdots \\ A_{1n} & A_{2n} & \cdots & A_{nn} \end{pmatrix}$$

两边左乘矩阵 $\boldsymbol{A}$

$$\boldsymbol{A} \cdot \boldsymbol{A}' = |\boldsymbol{A}| \cdot \boldsymbol{I}$$

$$|\boldsymbol{A}|^2 = |\boldsymbol{A}|^n$$

$$|\boldsymbol{A}| = 1$$

如果 $|\boldsymbol{A}| = -1$. 必要性

$$\boldsymbol{A}' = -\boldsymbol{A}^{-1}$$

$$\begin{pmatrix} a_{11} & a_{21} & \cdots & a_{n1} \\ a_{12} & a_{22} & \cdots & a_{n2} \\ \vdots & \vdots & & \vdots \\ a_{1n} & a_{2n} & \cdots & a_{nn} \end{pmatrix} = -\begin{pmatrix} A_{11} & A_{21} & \cdots & A_{n1} \\ A_{12} & A_{22} & \cdots & A_{n2} \\ \vdots & \vdots & & \vdots \\ A_{1n} & A_{2n} & \cdots & A_{nn} \end{pmatrix}$$

$$a_{ij} = -A_{ij}$$

充分性

$$a_{ij} = -A_{ij}, \quad (a_{ij}) = -(A_{ij})$$

两边左乘矩阵 $\boldsymbol{A}$

$$|\boldsymbol{A}|^2 = (-1)^n |\boldsymbol{A}|^n$$

$$|\boldsymbol{A}|^{n-2} = (-1)^{n-2}$$

$$|\boldsymbol{A}| = -1$$

证完.

897. 证明:$n \geqslant 3$ 阶的实方阵 $\boldsymbol{A}$,如果它的每一个元素等于自己的代数余子式,且至少有一个元素不为零,则它是正交阵.

证明 $a_{ij} \neq 0, A_{ij} \neq 0$. 至少有一个

$$\begin{vmatrix} a_{ik} & a_{il} \\ a_{jk} & a_{jl} \end{vmatrix} \neq 0$$

即

$$\begin{vmatrix} A_{ik} & A_{il} \\ A_{jk} & A_{jl} \end{vmatrix} \neq 0$$

根据 508 题

$$\begin{vmatrix} A_{ik} & A_{il} \\ A_{jk} & A_{jl} \end{vmatrix} = (-1)^{i+j+k+l} DC \neq 0$$

$$D \neq 0$$

由题设

$$\begin{pmatrix} a_{11} & a_{21} & \cdots & a_{n1} \\ a_{12} & a_{22} & \cdots & a_{n2} \\ \vdots & \vdots & & \vdots \\ a_{1n} & a_{2n} & \cdots & a_{nn} \end{pmatrix} = \begin{pmatrix} A_{11} & A_{21} & \cdots & A_{n1} \\ A_{12} & A_{22} & \cdots & A_{n2} \\ \vdots & \vdots & & \vdots \\ A_{1n} & A_{2n} & \cdots & A_{nn} \end{pmatrix}$$

两边左乘 $\boldsymbol{A}$

$$\boldsymbol{A}\cdot\boldsymbol{A}' = |\boldsymbol{A}|\cdot\boldsymbol{E}$$
$$|\boldsymbol{A}|^2 = |\boldsymbol{A}|^n$$
$$|\boldsymbol{A}| = 1$$
$$\boldsymbol{A}\cdot\boldsymbol{A}' = \boldsymbol{E}$$

故 $\boldsymbol{A}$ 是正交阵.

证完.

898. 证明:$n\geqslant 3$ 阶的实方阵 $\boldsymbol{A}$,如果它的每一个元素等于自己的代数余子式乘以 -1,且至少有一个元素不为零,则它是正交阵.

证明　题设实方阵 $\boldsymbol{A}$ 至少有一个元素不为零,设 $a_{ij}\neq 0$.

题设 $a_{ij} = -A_{ij}\neq 0$. 因为 $n\geqslant 3$,故存在某二阶子式

$$\begin{vmatrix} a_{ik} & a_{il} \\ a_{jk} & a_{jl} \end{vmatrix} \neq 0$$

即

$$\begin{vmatrix} A_{ik} & A_{il} \\ A_{jk} & A_{jl} \end{vmatrix} \neq 0$$

根据 508 题

$$\begin{vmatrix} A_{ik} & A_{il} \\ A_{jk} & A_{jl} \end{vmatrix} = (-1)^{i+j+k+l}DC \neq 0$$

$$|\boldsymbol{A}| \neq 0$$

$$\begin{pmatrix} a_{11} & a_{21} & \cdots & a_{n1} \\ a_{12} & a_{22} & \cdots & a_{n2} \\ \vdots & \vdots & & \vdots \\ a_{1n} & a_{n2} & \cdots & a_{nn} \end{pmatrix} = \begin{pmatrix} -A_{11} & -A_{21} & \cdots & -A_{n1} \\ -A_{12} & -A_{22} & \cdots & -A_{n2} \\ \vdots & \vdots & & \vdots \\ -A_{1n} & -A_{2n} & \cdots & -A_{nn} \end{pmatrix}$$

两边左乘实方阵 $\boldsymbol{A}$

$$|\boldsymbol{A}|^2 = (-1)^n\cdot|\boldsymbol{A}|^n$$
$$|\boldsymbol{A}|^{n-2} = (-1)^{n-2}$$
$$|\boldsymbol{A}|^2 = -1$$

代入得

$$\begin{pmatrix} a_{11} & a_{21} & \cdots & a_{n1} \\ a_{12} & a_{22} & \cdots & a_{n2} \\ \vdots & \vdots & & \vdots \\ a_{1n} & a_{n2} & \cdots & a_{nn} \end{pmatrix} = \begin{pmatrix} \frac{A_{11}}{|\boldsymbol{A}|} & \frac{A_{21}}{|\boldsymbol{A}|} & \cdots & \frac{A_{n1}}{|\boldsymbol{A}|} \\ \frac{A_{12}}{|\boldsymbol{A}|} & \frac{A_{22}}{|\boldsymbol{A}|} & \cdots & \frac{A_{n2}}{|\boldsymbol{A}|} \\ \vdots & \vdots & & \vdots \\ \frac{A_{1n}}{|\boldsymbol{A}|} & \frac{A_{2n}}{|\boldsymbol{A}|} & \cdots & \frac{A_{nn}}{|\boldsymbol{A}|} \end{pmatrix} = \boldsymbol{A}^{-1}$$

$$\boldsymbol{A}\cdot\boldsymbol{A}' = \boldsymbol{A}\cdot\boldsymbol{A}^{-1} = \boldsymbol{I}_n$$

$n \geqslant 3$ 阶的实方阵 A,满足 $\boldsymbol{A} \cdot \boldsymbol{A}' = \boldsymbol{I}_n$. 按定义 $\boldsymbol{A}$ 是正交阵.

899. 证明:位于正交矩阵两行(或两列)之所有二阶子式的平方和等于 1.

证明 正交矩阵的二行例如为

$$\begin{matrix} a_{i1} & a_{i2} & a_{i3} & \cdots & a_{in} \\ a_{j1} & a_{j2} & a_{j3} & \cdots & a_{jn} \end{matrix}$$

所有二阶子式的平方,按顺序排列为

$$12^2 = \begin{vmatrix} a_{i1} & a_{i2} \\ a_{j1} & a_{j2} \end{vmatrix}^2 = (a_{i1}a_{j2} - a_{i2}a_{j1})^2 = a_{i1}^2 a_{j2}^2 + a_{i2}^2 a_{j1}^2 - 2a_{i1}a_{i2}a_{j1}a_{j2} \quad ①$$

$$13^2 = \begin{vmatrix} a_{i1} & a_{i3} \\ a_{j1} & a_{j3} \end{vmatrix}^2 = (a_{i1}a_{j3} - a_{i3}a_{j1})^2 = a_{i1}^2 a_{j3}^2 + a_{i3}^2 a_{j1}^2 - 2a_{i1}a_{i3}a_{j1}a_{j3} \quad ②$$

$$\cdots$$

$$1n^2 = \begin{vmatrix} a_{i1} & a_{in} \\ a_{j1} & a_{jn} \end{vmatrix}^2 = (a_{i1}a_{jn} - a_{in}a_{j1})^2 = a_{i1}^2 a_{jn}^2 + a_{in}^2 a_{j1}^2 - 2a_{i1}a_{in}a_{j1}a_{jn} \quad (n\text{-}1)$$

$$23^2 = \begin{vmatrix} a_{i2} & a_{i3} \\ a_{j2} & a_{j3} \end{vmatrix}^2 = a_{i2}^2 a_{j3}^2 + a_{i3}^2 a_{j2}^2 - 2a_{i2}a_{i3}a_{j2}a_{j3}$$

$$\cdots$$

$$2n^2 = \begin{vmatrix} a_{i2} & a_{in} \\ a_{j2} & a_{jn} \end{vmatrix}^2 = a_{i2}^2 a_{jn}^2 + a_{in}^2 a_{j2}^2 - 2a_{i2}a_{in}a_{j2}a_{jn}$$

$$\cdots$$

$$(n-1,n)^2 = \begin{vmatrix} a_{i,n-1} & a_{in} \\ a_{j,n-1} & a_{jn} \end{vmatrix}^2 = a_{i,n-1}^2 a_{jn}^2 + a_{in}^2 a_{j,n-1}^2 - 2a_{i,n-1}a_{in}a_{j,n-1}a_{jn}$$

前 $n-1$ 式相加得

$$\begin{aligned} 12^2 + 13^2 + \cdots + 1n^2 &= a_{i1}^2(1 - a_{j1}^2) + a_{j1}^2(1 - a_{i1}^2) + 2a_{i1}^2 a_{j1}^2 \\ &= a_{i1}^2 + a_{j1}^2 \\ 21^2 + 23^2 + \cdots + 2n^2 &= a_{i2}^2 + a_{j2}^2 \\ 31^2 + 32^2 + \cdots + 3n^2 &= a_{i3}^2 + a_{j3}^2 \end{aligned}$$

$$\cdots$$

$$n-11^2 + n-12^2 + \cdots + n-1n^2 = a_{in-1}^2 + a_{jn-1}^2$$

$$n1^2 + n2^2 + \cdots + n \cdot (n-1)^2 = a_{in}^2 + a_{jn}^2$$

$$2[12^2 + 13^2 + \cdots + 1n^2 + 23^2 + \cdots + 2n^2 + \cdots + (n-1,n)^2] = 2$$

$$\sum_{1 \leqslant l < k \leqslant n} \begin{vmatrix} a_{il} & a_{ik} \\ a_{jl} & a_{jk} \end{vmatrix}^2 = 1$$

证完.

900. 证明:位于酉矩阵两行(或两列)之所有二阶子式的模的平方和等于 1.

证明　定义:若 n 阶复矩阵 $\boldsymbol{A}$ 满足

$$\boldsymbol{A}^*\boldsymbol{A}=\boldsymbol{A}\boldsymbol{A}^*=\boldsymbol{E}$$

则称 $\boldsymbol{A}$ 是酉矩阵,记之为 $\boldsymbol{A}\in U^{n\times n}$.

$$a_{i1}\overline{a}_{i1}+a_{i2}\overline{a}_{i2}+\cdots+a_{in}\overline{a}_{in}=1\qquad(i=1,2,\cdots,n)$$

$$a_{i1}\overline{a}_{j1}+a_{i2}\overline{a}_{j2}+\cdots+a_{in}\overline{a}_{jn}=0\qquad(i\neq j,i,j=1,2,\cdots,n)$$

酉矩阵的二行例如为

$$a_{i1},a_{i2},\cdots,a_{in}$$

$$a_{j1},a_{j2},\cdots,a_{jn}$$

这二行的所有二阶子式的模的平方,按顺序排列为

$$\begin{vmatrix}a_{i1}&a_{i2}\\a_{j1}&a_{j2}\end{vmatrix}\begin{vmatrix}\overline{a}_{i1}&\overline{a}_{i2}\\\overline{a}_{j1}&\overline{a}_{j2}\end{vmatrix}=(a_{i1}a_{j2}-a_{i2}a_{j1})(\overline{a}_{i1}\overline{a}_{j2}-\overline{a}_{j1}\overline{a}_{i2})$$

$$=a_{i1}\overline{a}_{i1}a_{j2}\overline{a}_{j2}+a_{i2}\overline{a}_{i2}a_{j1}\overline{a}_{j1}-a_{i1}a_{j2}\overline{a}_{j1}\overline{a}_{i2}-a_{i2}a_{j1}\overline{a}_{i1}\overline{a}_{j2}$$

$$\begin{vmatrix}a_{i1}&a_{i3}\\a_{j1}&a_{j3}\end{vmatrix}\begin{vmatrix}\overline{a}_{i1}&\overline{a}_{i3}\\\overline{a}_{j1}&\overline{a}_{j3}\end{vmatrix}=(a_{i1}a_{j3}-a_{i3}a_{j1})(\overline{a}_{i1}\overline{a}_{j3}-\overline{a}_{i3}\overline{a}_{j1})$$

$$=a_{i1}a_{j3}\overline{a}_{i1}\overline{a}_{j3}+a_{i3}\overline{a}_{i3}a_{j1}\overline{a}_{j1}-a_{i1}\overline{a}_{i3}a_{j3}\overline{a}_{j1}-\overline{a}_{i1}\overline{a}_{j3}a_{i3}a_{j1}$$

$$\cdots$$

$$\begin{vmatrix}a_{i1}&a_{in}\\a_{j1}&a_{jn}\end{vmatrix}\begin{vmatrix}\overline{a}_{i1}&\overline{a}_{in}\\\overline{a}_{j1}&\overline{a}_{jn}\end{vmatrix}=(a_{i1}a_{jn}-a_{j1}a_{in})(\overline{a}_{i1}\overline{a}_{jn}-\overline{a}_{j1}\overline{a}_{in})$$

$$=a_{i1}\overline{a}_{i1}a_{jn}\overline{a}_{jn}+a_{j1}a_{in}\overline{a}_{j1}\overline{a}_{in}-a_{i1}a_{jn}\overline{a}_{j1}\overline{a}_{in}-\overline{a}_{i1}\overline{a}_{jn}a_{j1}a_{in}$$

$$\begin{vmatrix}a_{i2}&a_{i3}\\a_{j2}&a_{j3}\end{vmatrix}\begin{vmatrix}\overline{a}_{i2}&\overline{a}_{i3}\\\overline{a}_{j2}&\overline{a}_{j3}\end{vmatrix}=(a_{i2}a_{j3}-a_{j2}a_{i3})(\overline{a}_{i2}\overline{a}_{j3}-\overline{a}_{j2}\overline{a}_{i3})$$

$$=a_{i2}a_{j3}\overline{a}_{i2}\overline{a}_{j3}+a_{j2}a_{i3}\overline{a}_{j2}\overline{a}_{i3}-a_{j2}a_{i3}\overline{a}_{i2}\overline{a}_{j3}-a_{i2}a_{j3}\overline{a}_{j2}\overline{a}_{i3}$$

$$\cdots$$

$$\begin{vmatrix}a_{i2}&a_{in}\\a_{j2}&a_{jn}\end{vmatrix}\begin{vmatrix}\overline{a}_{i2}&\overline{a}_{in}\\\overline{a}_{j2}&\overline{a}_{jn}\end{vmatrix}=(a_{i2}a_{jn}-a_{j2}a_{in})(\overline{a}_{i2}\overline{a}_{jn}-\overline{a}_{in}\overline{a}_{j2})$$

$$=a_{i2}a_{jn}\overline{a}_{i2}\overline{a}_{jn}+a_{j2}a_{in}\overline{a}_{in}\overline{a}_{j2}-a_{j2}a_{in}\overline{a}_{i2}\overline{a}_{jn}-a_{i2}a_{jn}\overline{a}_{in}\overline{a}_{j2}$$

$$\cdots$$

$$\begin{vmatrix}a_{i,n-1}&a_{in}\\a_{j,n-1}&a_{jn}\end{vmatrix}\begin{vmatrix}\overline{a}_{i,n-1}&\overline{a}_{in}\\\overline{a}_{j,n-1}&\overline{a}_{jn}\end{vmatrix}=(a_{i,n-1}a_{jn}-a_{in}a_{j,n-1})(\overline{a}_{i,n-1}\overline{a}_{jn}-\overline{a}_{in}\overline{a}_{j,n-1})$$

$$=a_{i,n-1}a_{jn}\overline{a}_{i,n-1}\overline{a}_{jn}+a_{in}a_{j,n-1}\overline{a}_{in}\overline{a}_{j,n-1}-a_{in}a_{j,n-1}\overline{a}_{i,n-1}\overline{a}_{jn}-a_{i,n-1}a_{jn}\overline{a}_{in}\overline{a}_{j,n-1}$$

前 $n-1$ 式相加得

$$|12|^2+|13|^2+\cdots+|1n|^2=|a_{i1}|^2(1-|a_{j1}|^2)+|a_{j1}|^2(1-|a_{i1}|^2)+$$

$$a_{i1}\overline{a}_{j1}a_{j1}\overline{a}_{i1}+\overline{a}_{i1}a_{j1}a_{i1}\overline{a}_{j1}$$

$$=|a_{i1}|^2+|a_{j1}|^2$$

类似地

$$|21|^2+|23|^2+\cdots+|2n|^2=|a_{i2}|^2+|a_{j2}|^2$$
$$|31|^2+|32|^2+\cdots+|3n|^2=|a_{i3}|^2+|a_{j3}|^2$$
$$\cdots$$
$$|n1|^2+|n2|^2+\cdots+|n,n-1|^2=|a_{in}|^2+|a_{jn}|^2$$
$$2(|12|^2+|13|^2+\cdots+|1n|^2+|23|^2+\cdots+|2n|^2+\cdots+|n-1,n|^2)=2$$

酉矩阵 $\boldsymbol{A}$ 第 i 行第 j 行的全部二阶子式的模的平方和

$$\sum_{1\leqslant l<k\leqslant n}\begin{vmatrix}a_{il} & a_{ik}\\ a_{jl} & a_{jk}\end{vmatrix}\cdot\begin{vmatrix}\overline{a}_{il} & \overline{a}_{ik}\\ \overline{a}_{jl} & \overline{a}_{jk}\end{vmatrix}=1$$

证完.

901. 证明:位于正交矩阵任何 k 行(或列)之所有 k 阶子式的平方和等于 1.

证明　设 $\boldsymbol{A}$ 为 $n\times n$ 正交矩阵.

在给定 $i_1,i_2,\cdots,i_k$ 这 k 行后,它的全部 k 阶子式满足条件

$$1\leqslant j_1<j_2<\cdots<j_k\leqslant n$$

因为

$$\boldsymbol{A}'\boldsymbol{A}=\boldsymbol{A}\cdot\boldsymbol{A}'=\boldsymbol{E}$$

所以全部 C_n^k 个子式中,只有

$$j_1=i_1,\quad j_2=i_2,\quad\cdots,\quad j_k=i_k$$

一个子式. 即

$$\begin{vmatrix}a_{i_1i_1} & a_{i_1i_2} & \cdots & a_{i_1i_k}\\ a_{i_2i_1} & a_{i_2i_2} & \cdots & a_{i_2i_k}\\ \vdots & \vdots & & \vdots\\ a_{i_ki_1} & a_{i_ki_2} & \cdots & a_{i_ki_k}\end{vmatrix}^2=\begin{vmatrix}1 & 0 & \cdots & 0\\ 0 & 1 & \cdots & 0\\ \vdots & \vdots & & \vdots\\ 0 & 0 & \cdots & 1\end{vmatrix}=1$$

不是 $j_1=i_1,j_2=i_2,\cdots,j_k=k_k$ 时,经第三类初等变换,k 阶子式的对角标准形至少有一个特征值等于零. 所以余下的

$$\sum_{1\leqslant j_1<j_2<\cdots<j_k\leqslant n}\begin{vmatrix}a_{i_1j_1} & a_{i_1j_2} & \cdots & a_{i_1j_k}\\ a_{i_2j_1} & a_{i_2j_2} & \cdots & a_{i_2j_k}\\ \vdots & \vdots & & \vdots\\ a_{i_kj_1} & a_{i_kj_2} & \cdots & a_{i_kj_k}\end{vmatrix}=0$$

剔除

$j_1=i_1,j_2=i_2,\cdots,j_k=i_k$,证完.

证明二

设 $n\times n$ 维正交矩阵 $\boldsymbol{A}$

$$\begin{pmatrix} a_{11} & a_{12} & a_{13} & a_{14} \\ a_{21} & a_{22} & a_{23} & a_{24} \\ a_{31} & a_{32} & a_{33} & a_{34} \\ a_{41} & a_{42} & a_{43} & a_{44} \end{pmatrix}$$

第 1 行、第 2 行的二阶子式的平方按顺序为

$$12^2 = \begin{vmatrix} a_{11} & a_{12} \\ a_{21} & a_{22} \end{vmatrix}^2 = (a_{11}a_{22} - a_{12}a_{21})^2 = a_{11}^2a_{22}^2 + a_{12}^2a_{21}^2 - 2a_{11}a_{22}a_{12}a_{21}$$

$$13^2 = \begin{vmatrix} a_{11} & a_{13} \\ a_{21} & a_{23} \end{vmatrix}^2 = (a_{11}a_{23} - a_{13}a_{21})^2 = a_{11}^2a_{23}^2 + a_{13}^2a_{21}^2 - 2a_{11}a_{23}a_{13}a_{21}$$

$$14^2 = \begin{vmatrix} a_{11} & a_{14} \\ a_{21} & a_{24} \end{vmatrix}^2 = (a_{11}a_{24} - a_{14}a_{21})^2 = a_{11}^2a_{24}^2 + a_{14}^2a_{21}^2 - 2a_{11}a_{14}a_{24}a_{21}$$

$$23^2 = \begin{vmatrix} a_{12} & a_{13} \\ a_{22} & a_{23} \end{vmatrix}^2 = (a_{12}a_{23} - a_{13}a_{22})^2 = a_{12}^2a_{23}^2 + a_{13}^2a_{22}^2 - 2a_{12}a_{13}a_{22}a_{23}$$

$$24^2 = \begin{vmatrix} a_{12} & a_{14} \\ a_{22} & a_{24} \end{vmatrix}^2 = (a_{12}a_{24} - a_{14}a_{22})^2 = a_{12}^2a_{24}^2 + a_{14}^2a_{22}^2 - 2a_{12}a_{14}a_{22}a_{24}$$

$$34^2 = \begin{vmatrix} a_{13} & a_{14} \\ a_{23} & a_{24} \end{vmatrix}^2 = (a_{13}a_{24} - a_{14}a_{23})^2 = a_{13}^2a_{24}^2 + a_{14}^2a_{23}^2 - 2a_{13}a_{14}a_{23}a_{24}$$

$$12^2 + 13^2 + 14^2 = a_{11}^2(1 - a_{21}^2) + a_{21}^2(1 - a_{11}^2) + 2a_{11}a_{21}a_{11}a_{21} = a_{11}^2 + a_{21}^2$$

$$12^2 + 23^2 + 24^2 = a_{12}^2(1 - a_{22}^2) + a_{22}^2(1 - a_{12}^2) + 2a_{12}^2a_{22}^2 = a_{12}^2 + a_{22}^2$$

$$13^2 + 23^2 + 34^2 = a_{13}^2(1 - a_{23}^2) + a_{23}^2(1 - a_{13}^3) + 2a_{13}^2a_{23}^2 = a_{13}^2 + a_{23}^2$$

$$14^2 + 24^2 + 34^2 = a_{14}^2(1 - a_{24}^2) + a_{24}^2(1 - a_{14}^2) + 2a_{14}^2a_{24}^2 = a_{14}^2 + a_{24}^2$$

$$2(12^2 + 13^2 + 14^2 + 23^2 + 24^2 + 34^2) = 2$$

$$12^2 + 13^2 + 14^2 + 23^2 + 24^2 + 34^2 = 1$$

证完.

902. 证明:位于酉矩阵任何 k 行(或列)之所有 k 阶子式的模的平方和等于 1.

证明　酉矩阵满足

$$A\bar{A}' = I_n$$

$$\bar{A}' = A^{-1}$$

$$|A|\ |\bar{A}'| = 1$$

$$a_{11}\bar{a}_{11} + a_{12}\bar{a}_{12} + \cdots + a_{1n}\bar{a}_{1n} = 1$$

$$a_{21}\bar{a}_{21} + \bar{a}_{22}\bar{a}_{22} + \cdots + a_{2n}\bar{a}_{2n} = 1$$

$$a_{31}\bar{a}_{31} + a_{32}\bar{a}_{32} + \cdots + a_{3n}\bar{a}_{3n} = 1$$

和上题直接证明一样. 仍然命

$$\boldsymbol{A}=\begin{pmatrix}a_{11} & a_{12} & a_{13} & a_{14}\\ a_{21} & a_{22} & a_{23} & a_{24}\\ a_{31} & a_{32} & a_{33} & a_{34}\\ a_{41} & a_{42} & a_{43} & a_{44}\end{pmatrix}$$

第 1 行、第 2 行的二阶子式的模的平方按顺序为

$$|12|^2=\begin{vmatrix}a_{11} & a_{12}\\ a_{21} & a_{22}\end{vmatrix}\begin{vmatrix}\bar{a}_{11} & \bar{a}_{12}\\ \bar{a}_{21} & \bar{a}_{22}\end{vmatrix}=(a_{11}a_{22}-a_{12}a_{21})(\bar{a}_{11}\bar{a}_{22}-\bar{a}_{12}\bar{a}_{21})$$

$$=a_{11}\bar{a}_{11}a_{22}\bar{a}_{22}+a_{12}\bar{a}_{12}a_{21}\bar{a}_{21}-a_{12}a_{21}\bar{a}_{11}\bar{a}_{22}-a_{11}a_{22}\bar{a}_{12}\bar{a}_{21}$$

$$|13|^2=\begin{vmatrix}a_{11} & a_{13}\\ a_{21} & a_{23}\end{vmatrix}\begin{vmatrix}\bar{a}_{11} & \bar{a}_{13}\\ \bar{a}_{21} & \bar{a}_{23}\end{vmatrix}=(a_{11}a_{23}-a_{13}a_{21})(\bar{a}_{11}\bar{a}_{23}-\bar{a}_{13}a_{21})$$

$$=a_{11}\bar{a}_{11}a_{23}\bar{a}_{23}+a_{13}\bar{a}_{13}a_{21}\bar{a}_{21}-a_{13}a_{21}\bar{a}_{11}\bar{a}_{23}-a_{11}a_{23}\bar{a}_{13}\bar{a}_{21}$$

$$|14|^2=\begin{vmatrix}a_{11} & a_{14}\\ a_{21} & a_{24}\end{vmatrix}\begin{vmatrix}\bar{a}_{11} & \bar{a}_{14}\\ \bar{a}_{21} & \bar{a}_{24}\end{vmatrix}=(a_{11}a_{24}-a_{14}a_{21})(\bar{a}_{11}\bar{a}_{24}-\bar{a}_{14}\bar{a}_{21})$$

$$=a_{11}\bar{a}_{11}a_{24}\bar{a}_{24}+a_{14}\bar{a}_{14}a_{21}\bar{a}_{21}-a_{14}a_{21}\bar{a}_{11}\bar{a}_{24}-a_{11}a_{24}\bar{a}_{14}\bar{a}_{21}$$

$$|23|^2=\begin{vmatrix}a_{12} & a_{13}\\ a_{22} & a_{23}\end{vmatrix}\begin{vmatrix}\bar{a}_{12} & \bar{a}_{13}\\ \bar{a}_{22} & \bar{a}_{23}\end{vmatrix}=(a_{12}a_{23}-a_{13}a_{22})(\bar{a}_{12}\bar{a}_{23}-\bar{a}_{13}\bar{a}_{22})$$

$$=a_{12}\bar{a}_{12}a_{23}\bar{a}_{23}+a_{13}a_{22}\bar{a}_{13}\bar{a}_{22}-a_{13}a_{22}\bar{a}_{12}\bar{a}_{23}-a_{12}a_{23}\bar{a}_{12}\bar{a}_{23}$$

$$|24|^2=\begin{vmatrix}a_{12} & a_{14}\\ a_{22} & a_{24}\end{vmatrix}\begin{vmatrix}\bar{a}_{12} & \bar{a}_{14}\\ \bar{a}_{22} & \bar{a}_{24}\end{vmatrix}=(a_{12}a_{24}-a_{14}a_{22})(\bar{a}_{12}\bar{a}_{24}-\bar{a}_{14}\bar{a}_{22})$$

$$=a_{12}\bar{a}_{12}a_{24}\bar{a}_{24}+a_{14}\bar{a}_{14}a_{22}\bar{a}_{22}-a_{12}a_{24}\bar{a}_{14}\bar{a}_{22}-a_{14}a_{22}\bar{a}_{12}\bar{a}_{24}$$

$$|34|^2=\begin{vmatrix}a_{13} & a_{14}\\ a_{23} & a_{24}\end{vmatrix}\begin{vmatrix}\bar{a}_{13} & \bar{a}_{14}\\ \bar{a}_{23} & \bar{a}_{24}\end{vmatrix}=(a_{13}a_{24}-a_{14}a_{23})(\bar{a}_{13}\bar{a}_{24}-\bar{a}_{14}\bar{a}_{23})$$

$$=a_{13}\bar{a}_{13}a_{24}\bar{a}_{24}+a_{14}\bar{a}_{14}a_{23}\bar{a}_{23}-a_{13}a_{24}\bar{a}_{14}\bar{a}_{23}-a_{14}a_{23}\bar{a}_{13}\bar{a}_{24}$$

$$|12|^2+|13|^2+|14|^2=a_{11}\bar{a}_{11}(1-a_{21}\bar{a}_{21})+a_{21}\bar{a}_{21}(1-a_{11}\bar{a}_{11})+a_{21}\bar{a}_{11}a_{11}\bar{a}_{21}+a_{11}\bar{a}_{21}a_{21}\bar{a}_{11}=a_{11}\bar{a}_{11}+a_{21}\bar{a}_{21}$$

$$|12|^2+|23|^2+|24|^2=a_{12}\bar{a}_{12}(1-a_{22}\bar{a}_{22})+a_{22}\bar{a}_{22}(1-a_{12}\bar{a}_{12})+2a_{12}\bar{a}_{12}a_{22}\bar{a}_{22}=a_{12}\bar{a}_{12}+a_{22}\bar{a}_{22}$$

$$|13|^2+|23|^2+|34|^2=a_{13}\bar{a}_{13}(1-a_{23}\bar{a}_{23})+a_{23}\bar{a}_{23}(1-a_{13}\bar{a}_{13})+2a_{13}\bar{a}_{13}a_{23}\bar{a}_{23}=a_{13}\bar{a}_{13}+a_{23}\bar{a}_{23}$$

$$|14|^2+|24|^2+|34|^2=a_{14}\bar{a}_{14}(1-a_{24}\bar{a}_{24})+a_{24}\bar{a}_{24}(1-a_{14}\bar{a}_{14})+2a_{14}\bar{a}_{14}a_{24}\bar{a}_{24}$$
$$=a_{14}\bar{a}_{14}+a_{24}\bar{a}_{24}$$
$$2(|12|^2+|13|^2+|14|^2+|23|^2+|24|^2+|34|^2)=2$$
$$|12|^2+|13|^2+|14|^2+|23|^2+|24|^2+|34|^2=1$$

证完.

903. 证明:令 $\boldsymbol{A}$ 是正交矩阵,如果 $|\boldsymbol{A}|=1$,则它的任何阶子式等于该子式的代数余子式,如果 $|\boldsymbol{A}|=-1$,则等于该子式的代数余子式乘以 -1.

507 题. 令 M 是行列式 D 的 m 阶子式,A 是 M 的代数余子式,M'是转置伴随行列式 D'的,与 M 相对应的子式(即由行列式 D 的含于 M 中的元素的代数余子式所组成的子式). 证明等式

$$M'=D^{m-1}A$$

如果约定整个行列式 D 的余子式等于 1,则这一等式是前题等式(当 $m=n$)的推广.

896. 证明:方阵 $\boldsymbol{A}$ 是正交矩阵的充分必要条件是它的行列式等于 ±1,并且,如果 $|\boldsymbol{A}|=1$,则它的每一个元素等于自己的代数余子式,如果 $|\boldsymbol{A}|=-1$,则它的每一个元素等于自己的代数余子式乘以 -1.

903 题的证明　设 $n\times n$ 矩阵

$$\boldsymbol{A}=\begin{pmatrix} a_{11} & a_{12} & \cdots & a_{1n} \\ a_{21} & a_{22} & \cdots & a_{2n} \\ \vdots & \vdots & & \vdots \\ a_{n1} & a_{22} & \cdots & a_{nn} \end{pmatrix}$$

是正交矩阵.

当 $|\boldsymbol{A}|=1$ 时,由 896 题结论,$a_{ij}=A_{ij}$.

$$M=\begin{vmatrix} a_{11} & a_{12} & \cdots & a_{1m} \\ a_{21} & a_{22} & \cdots & a_{2m} \\ \vdots & \vdots & & \vdots \\ a_{m1} & a_{m2} & \cdots & a_{mm} \end{vmatrix},\quad A=(-1)^{1+2+\cdots+m+1+2+\cdots+m}\begin{vmatrix} a_{m+1,m+1} & \cdots & a_{m+1,n} \\ a_{m+2,m+1} & \cdots & a_{m+2,n} \\ \vdots & & \vdots \\ a_{n,m+1} & \cdots & a_{nn} \end{vmatrix}_{(n-m)\times(n-m)}$$

$$D=1$$

$$M\xlongequal{896\text{ 题}}M'\xlongequal{507\text{ 题}}D^{m-1}A=A$$

$$D=-1$$

$$M=\begin{vmatrix} a_{11} & a_{12} & \cdots & a_{1m} \\ a_{21} & a_{22} & \cdots & a_{2m} \\ \vdots & \vdots & & \vdots \\ a_{m1} & a_{m2} & \cdots & a_{mm} \end{vmatrix}\xlongequal{896\text{ 题}}\begin{vmatrix} -A_{11} & -A_{12} & \cdots & -A_{1m} \\ -A_{21} & -A_{22} & \cdots & -A_{2m} \\ \vdots & \vdots & & \vdots \\ -A_{m1} & -A_{m2} & \cdots & -A_{mm} \end{vmatrix}=(-1)^mM'$$

$$\xlongequal{507\text{ 题}}(-1)^m\cdot(-1)^{m-1}A=-A$$

证完.

904. 令 $\boldsymbol{A}$ 是酉矩阵，$\boldsymbol{M}$ 是它的任何阶子式，$\boldsymbol{M}_A$ 是在矩阵 $\boldsymbol{A}$ 中子式 $\boldsymbol{M}$ 的代数余子式. 证明：$M_A = |\boldsymbol{A}| \cdot \bar{\boldsymbol{M}}$，其中，$\bar{\boldsymbol{M}}$ 是 $\boldsymbol{M}$ 的共轭数.

证明　设

$$\boldsymbol{A} = \begin{pmatrix} a_{11} & a_{12} & \cdots & a_{1n} \\ a_{21} & a_{22} & \cdots & a_{2n} \\ \vdots & \vdots & & \vdots \\ a_{n1} & a_{n2} & \cdots & a_{nn} \end{pmatrix}$$

它的 k 阶子式

$$\boldsymbol{M} = \begin{pmatrix} a_{11} & a_{12} & \cdots & a_{1k} \\ a_{21} & a_{22} & \cdots & a_{2k} \\ \vdots & \vdots & & \vdots \\ a_{k1} & a_{k2} & \cdots & a_{kk} \end{pmatrix} \qquad \bar{\boldsymbol{M}} = \begin{pmatrix} \bar{a}_{11} & \bar{a}_{12} & \cdots & \bar{a}_{1k} \\ \bar{a}_{21} & \bar{a}_{22} & \cdots & \bar{a}_{2k} \\ \vdots & \vdots & & \vdots \\ \bar{a}_{k1} & \bar{a}_{k2} & \cdots & \bar{a}_{kk} \end{pmatrix}$$

$$\boldsymbol{M}_A = (-1)^{1+\cdots+k+1+\cdots+k} \begin{pmatrix} a_{k+1,k+1} & \cdots & a_{k+1,n} \\ \vdots & & \vdots \\ a_{n,k+1} & \cdots & a_{nn} \end{pmatrix} = \begin{pmatrix} a_{k+1,k+1} & \cdots & a_{k+1,n} \\ \vdots & & \vdots \\ a_{n,k+1} & \cdots & a_{nn} \end{pmatrix}$$

要证明

$$\begin{vmatrix} a_{k+1,k+1} & \cdots & a_{k+1,n} \\ \vdots & & \vdots \\ a_{n,k+1} & \cdots & a_{nn} \end{vmatrix} = |\boldsymbol{A}| \begin{vmatrix} \bar{a}_{11} & \bar{a}_{12} & \cdots & \bar{a}_{1k} \\ \bar{a}_{21} & \bar{a}_{22} & \cdots & \bar{a}_{2k} \\ \vdots & \vdots & & \vdots \\ \bar{a}_{k1} & \bar{a}_{k2} & \cdots & \bar{a}_{kk} \end{vmatrix}$$

定义　n 阶复方阵 $\boldsymbol{U}$ 称为酉方阵. 如果 $\boldsymbol{U}^* \boldsymbol{U} = \boldsymbol{U}\boldsymbol{U}^* = \boldsymbol{E}_n$

$$\boldsymbol{A} \cdot \bar{\boldsymbol{A}}' = \boldsymbol{E}_n$$

$$|\boldsymbol{A}| \cdot |\bar{\boldsymbol{A}}| = 1$$

$$\bar{\boldsymbol{A}}' = \boldsymbol{A}^{-1}$$

$$\bar{a}_{ij} = \frac{A_{ij}}{|\boldsymbol{A}|} = A_{ij} |\bar{\boldsymbol{A}}|$$

只要证明

$$\begin{vmatrix} a_{k+1,k+1} & \cdots & a_{k+1,n} \\ \vdots & & \vdots \\ a_{n,k+1} & \cdots & a_{nn} \end{vmatrix} = |\boldsymbol{A}| \begin{vmatrix} A_{11}|\bar{\boldsymbol{A}}| & \cdots & A_{1k}|\bar{\boldsymbol{A}}| \\ A_{21}|\bar{\boldsymbol{A}}| & \cdots & A_{2k}|\bar{\boldsymbol{A}}| \\ \vdots & & \vdots \\ A_{k1}|\bar{\boldsymbol{A}}| & \cdots & A_{kk}|\bar{\boldsymbol{A}}| \end{vmatrix}$$

$$\begin{vmatrix} A_{11} & A_{12} & \cdots & A_{1k} \\ A_{21} & A_{22} & \cdots & A_{2k} \\ \vdots & \vdots & & \vdots \\ A_{k1} & A_{k2} & \cdots & A_{kk} \end{vmatrix} = |\boldsymbol{A}|^{k-1} \begin{vmatrix} a_{k+1,k+1} & \cdots & a_{k+1,n} \\ \vdots & & \vdots \\ a_{n,k+1} & \cdots & a_{nn} \end{vmatrix}$$

这是标准的 507 题了. 所以

$$\boldsymbol{M}_A = |\boldsymbol{A}| \cdot \bar{\boldsymbol{M}}$$

得到了证明.

905. 在怎样的条件下,对角矩阵是正交矩阵?

解:

$$\begin{pmatrix} a_{11} & & & \\ & a_{22} & & \\ & & \ddots & \\ & & & a_{nn} \end{pmatrix} \begin{pmatrix} a_{11} & & & \\ & a_{22} & & \\ & & \ddots & \\ & & & a_{nn} \end{pmatrix} = \boldsymbol{E}_n$$

$$a_{ii}^2 = 1$$

$$a_{ii} = \pm 1$$

$$(i = 1, 2, \cdots, n)$$

在对角阵中,各对角线上的元素是 ± 1 时,对角矩阵是正交矩阵.

906. 在怎样的条件下,对角矩阵是酉矩阵?

解　设对角阵

$$\boldsymbol{A} = \begin{pmatrix} a_{11} & & & \\ & a_{22} & & \\ & & \ddots & \\ & & & a_{nn} \end{pmatrix} \text{是酉矩阵}$$

满足

$$\boldsymbol{A}\bar{\boldsymbol{A}}' = \begin{pmatrix} a_{11} & & & \\ & a_{22} & & \\ & & \ddots & \\ & & & a_{nn} \end{pmatrix} \begin{pmatrix} \bar{a}_{11} & & & \\ & \bar{a}_{22} & & \\ & & \ddots & \\ & & & \bar{a}_{nn} \end{pmatrix} = \boldsymbol{E}_n$$

$$a_{ii}\bar{a}_{ii} = 1$$

$$(i = 1, 2, \cdots, n)$$

在对角矩阵中,各对角线元素的模等于 1. 这样的矩阵是酉矩阵.

907. 证明:方阵的下列三个性质中的每一个可以从其余两个推出:实阵,正交阵,酉阵.

证明

实　阵：$\overline{A} = A$.

正交阵：$A \cdot A' = E$.

酉　阵：$A \cdot \overline{A}' = E$.

A 是实阵、酉阵$\longrightarrow A \cdot A' = E$，$A$ 是正交阵.

A 是实阵、正交阵$\longrightarrow A \cdot A' = A \cdot \overline{A}' = E$，$A$ 是酉阵.

A 是酉阵、正交阵

$$A \cdot \overline{A}' = E$$
$$A \cdot A' = E$$

根据逆方阵的定义

$$A' = A^{-1}$$
$$\overline{A}' = A^{-1}$$

根据可逆方阵的逆方阵唯一存在

$$A' = \overline{A}'$$
$$A = \overline{A}$$

所以，A 是实阵.

证完.

908. 方阵 I 称为对合矩阵，如果 $I^2 = E$. 证明：一方阵如果有下列三个性质中的任两个性质，则必有第三个性质：对称阵，正交阵，对合阵.

证明

(1) 对称　$I' = I$

　对合　$I^2 = E$

$$II' = E$$

所以，I 是正交阵.

(2) 对合　$I^2 = E$

　正交　$II' = E$

$$I = I^{-1}$$
$$I' = I^{-1}$$

根据可逆方阵的逆方阵唯一存在

$$I = I'$$

所以，I 是对称阵.

(3) 对称　$I = I'$

　正交　$II' = E$

$$I^2 = E$$

所以，I 是对合阵.

证完.

909. 验证矩阵

$$(1)\begin{pmatrix} \frac{1}{3} & -\frac{2}{3} & -\frac{2}{3} \\ -\frac{2}{3} & \frac{1}{3} & -\frac{2}{3} \\ -\frac{2}{3} & -\frac{2}{3} & \frac{1}{3} \end{pmatrix};\qquad (2)\begin{pmatrix} \frac{1}{2} & \frac{1}{2} & \frac{1}{2} & \frac{1}{2} \\ \frac{1}{2} & \frac{1}{2} & -\frac{1}{2} & -\frac{1}{2} \\ \frac{1}{2} & -\frac{1}{2} & \frac{1}{2} & -\frac{1}{2} \\ \frac{1}{2} & -\frac{1}{2} & -\frac{1}{2} & \frac{1}{2} \end{pmatrix}$$

具有前题的所有三个性质.

解　(1)

$$\boldsymbol{A} = \begin{pmatrix} \frac{1}{3} & -\frac{2}{3} & -\frac{2}{3} \\ -\frac{2}{3} & \frac{1}{3} & -\frac{2}{3} \\ -\frac{2}{3} & -\frac{2}{3} & \frac{1}{3} \end{pmatrix}$$

$$\boldsymbol{A}^2 = \begin{pmatrix} \frac{1}{3} & -\frac{2}{3} & -\frac{2}{3} \\ -\frac{2}{3} & \frac{1}{3} & -\frac{2}{3} \\ -\frac{2}{3} & -\frac{2}{3} & \frac{1}{3} \end{pmatrix}\begin{pmatrix} \frac{1}{3} & -\frac{2}{3} & -\frac{2}{3} \\ -\frac{2}{3} & \frac{1}{3} & -\frac{2}{3} \\ -\frac{2}{3} & -\frac{2}{3} & \frac{1}{3} \end{pmatrix} = \begin{pmatrix} 1 & 0 & 0 \\ 0 & 1 & 0 \\ 0 & 0 & 1 \end{pmatrix}$$

所以,$\boldsymbol{A}$ 是对合阵.

$$\boldsymbol{A} = \boldsymbol{A}'$$

所以,$\boldsymbol{A}$ 是对称阵.

$$\boldsymbol{A} \cdot \boldsymbol{A}' = \boldsymbol{E}$$

所以,$\boldsymbol{A}$ 是正交阵.

(2)

$$\boldsymbol{B} = \begin{pmatrix} \frac{1}{2} & \frac{1}{2} & \frac{1}{2} & \frac{1}{2} \\ \frac{1}{2} & \frac{1}{2} & -\frac{1}{2} & -\frac{1}{2} \\ \frac{1}{2} & -\frac{1}{2} & \frac{1}{2} & -\frac{1}{2} \\ \frac{1}{2} & -\frac{1}{2} & -\frac{1}{2} & \frac{1}{2} \end{pmatrix}$$

$$B^2=\begin{pmatrix}\frac{1}{2}&\frac{1}{2}&\frac{1}{2}&\frac{1}{2}\\\frac{1}{2}&\frac{1}{2}&-\frac{1}{2}&-\frac{1}{2}\\\frac{1}{2}&-\frac{1}{2}&\frac{1}{2}&-\frac{1}{2}\\\frac{1}{2}&-\frac{1}{2}&-\frac{1}{2}&\frac{1}{2}\end{pmatrix}\begin{pmatrix}\frac{1}{2}&\frac{1}{2}&\frac{1}{2}&\frac{1}{2}\\\frac{1}{2}&\frac{1}{2}&-\frac{1}{2}&-\frac{1}{2}\\\frac{1}{2}&-\frac{1}{2}&\frac{1}{2}&-\frac{1}{2}\\\frac{1}{2}&-\frac{1}{2}&-\frac{1}{2}&\frac{1}{2}\end{pmatrix}=\boldsymbol{E}$$

$$\boldsymbol{B}=\boldsymbol{B}'$$

$$\boldsymbol{B}\cdot\boldsymbol{B}'=\boldsymbol{E}$$

所以,$\boldsymbol{B}$ 是对合阵、对称阵、正交阵.

证完.

910. 方阵 $\boldsymbol{P}$ 称为幂等矩阵,如果 $\boldsymbol{P}^2=\boldsymbol{P}$,证明:如果 $\boldsymbol{P}$ 是幂等矩阵,则 $\boldsymbol{I}=2\boldsymbol{P}-\boldsymbol{E}$ 是对合矩阵;反之,如果 $\boldsymbol{I}$ 是对合矩阵,则 $\boldsymbol{P}=\frac{1}{2}(\boldsymbol{I}+\boldsymbol{E})$ 是幂等矩阵.

证明　已知

$$\boldsymbol{P}^2=\boldsymbol{P}$$

$$\boldsymbol{I}^2=(2\boldsymbol{P}-\boldsymbol{E})^2=(2\boldsymbol{P}-\boldsymbol{E})(2\boldsymbol{P}-\boldsymbol{E})=4\boldsymbol{P}^2-4\boldsymbol{P}+\boldsymbol{E}=\boldsymbol{E}$$

所以,$\boldsymbol{I}$ 是对合矩阵.

已知

$$\boldsymbol{I}^2=\boldsymbol{E}$$

$$\boldsymbol{P}^2=\frac{1}{4}(\boldsymbol{I}+\boldsymbol{E})^2=\frac{1}{4}(\boldsymbol{I}^2+2\boldsymbol{I}+\boldsymbol{E})=\frac{1}{2}(\boldsymbol{E}+\boldsymbol{I})=\boldsymbol{P}$$

所以,$\boldsymbol{P}$ 是幂等矩阵.

911. 证明:

(1) 两个正交矩阵的积是正交矩阵;

(2) 正交矩阵的逆矩阵是正交矩阵.

证明

(1) 已知 $\boldsymbol{A},\boldsymbol{B}$ 都是正交矩阵. 即 $\boldsymbol{AA}'=\boldsymbol{E}$,　$\boldsymbol{BB}'=\boldsymbol{E}$.

$$\boldsymbol{AB}\cdot(\boldsymbol{AB})'=\boldsymbol{AB}\cdot\boldsymbol{B}'\boldsymbol{A}'=\boldsymbol{A}(\boldsymbol{BB}')\boldsymbol{A}'=\boldsymbol{AA}'=\boldsymbol{E}$$

根据正交矩阵的定义,$\boldsymbol{AB}$ 是正交矩阵.

(2) $\boldsymbol{A}$ 是正交矩阵

$$\boldsymbol{AA}'=\boldsymbol{E}$$

$$\boldsymbol{A}'=\boldsymbol{A}^{-1}$$

$$\boldsymbol{A}=(\boldsymbol{A}^{-1})'$$

$$\boldsymbol{A}^{-1}\cdot(\boldsymbol{A}^{-1})'=\boldsymbol{A}^{-1}\cdot\boldsymbol{A}=\boldsymbol{E}$$

$\boldsymbol{A}^{-1}$满足正交矩阵的定义,所以 $\boldsymbol{A}^{-1}$是正交矩阵.

证完.

912. 证明：

（1）两个酉矩阵的积是酉矩阵；

（2）酉矩阵的逆矩阵是酉矩阵.

证明　（1）设 $\boldsymbol{A},\boldsymbol{B}$ 都是酉矩阵，即 $\boldsymbol{AA}^*=\boldsymbol{E}$，　$\boldsymbol{BB}^*=\boldsymbol{E}$.

$$\boldsymbol{AB}\cdot(\boldsymbol{AB})^* \overset{886\text{题}(1)}{=\!=\!=} \boldsymbol{AB}\cdot\boldsymbol{B}^*\boldsymbol{A}^*=\boldsymbol{AA}^*=\boldsymbol{E}$$

所以，$\boldsymbol{AB}$ 是酉矩阵.

（2）已知 $\boldsymbol{A}$ 是酉矩阵　$\boldsymbol{AA}^*=\boldsymbol{E}$
$\boldsymbol{A}^*=\boldsymbol{A}^{-1}$

$$\boldsymbol{A}^{-1}\cdot(\boldsymbol{A}^{-1})^* \overset{886(4)}{=\!=\!=} \boldsymbol{A}^{-1}(\boldsymbol{A}^*)^{-1} \overset{\text{逆方阵性质2}}{=\!=\!=} (\boldsymbol{A}^*\boldsymbol{A})^{-1}=\boldsymbol{E}$$

所以，$\boldsymbol{A}^{-1}$ 是酉矩阵.

913. 预备题 1. 设 $\boldsymbol{A}=(a_{ij})_{n\times n}$，$\boldsymbol{B}=(b_{ij})_{n\times n}$，则

$$|\boldsymbol{AB}|=|\boldsymbol{A}||\boldsymbol{B}|$$

分析：为了出现 $|\boldsymbol{A}||\boldsymbol{B}|$. 联想到矩阵分块的一个公式

$$\begin{vmatrix}\boldsymbol{A} & \boldsymbol{O}\\ \boldsymbol{C} & \boldsymbol{B}\end{vmatrix}=|\boldsymbol{A}||\boldsymbol{B}|$$

其中，$\boldsymbol{C}$ 是任意一个 $n\times n$ 矩阵. 为简单起见，取 $\boldsymbol{C}=-\boldsymbol{I}$. 为了出现 $|\boldsymbol{AB}|$，类似于上述公式，应出现

$$\begin{vmatrix}\boldsymbol{O} & \boldsymbol{AB}\\ -\boldsymbol{I} & \boldsymbol{B}\end{vmatrix}$$

于是采用下述证法.

证明　一方面，有

$$\begin{vmatrix}\boldsymbol{A} & \boldsymbol{O}\\ -\boldsymbol{I} & \boldsymbol{B}\end{vmatrix}=|\boldsymbol{A}||\boldsymbol{B}|$$

另一方面，有

$$\begin{vmatrix}\boldsymbol{A} & \boldsymbol{O}\\ -\boldsymbol{I} & \boldsymbol{B}\end{vmatrix}=\begin{vmatrix}a_{11} & a_{12} & \cdots & a_{1n} & 0 & 0 & \cdots & 0\\ a_{21} & a_{22} & \cdots & a_{2n} & 0 & 0 & \cdots & 0\\ \vdots & \vdots & & \vdots & \vdots & \vdots & & \vdots\\ a_{n1} & a_{n2} & \cdots & a_{nn} & 0 & 0 & \cdots & 0\\ -1 & 0 & \cdots & 0 & b_{11} & b_{12} & \cdots & b_{1n}\\ 0 & -1 & \cdots & 0 & b_{21} & b_{22} & \cdots & b_{2n}\\ \vdots & \vdots & & \vdots & \vdots & \vdots & & \vdots\\ 0 & 0 & \cdots & -1 & b_{n1} & b_{n2} & \cdots & b_{nn}\end{vmatrix}$$

$$\begin{array}{l}\textcircled{1}+\textcircled{\small n+1}\quad a_{11}\\ \textcircled{1}+\textcircled{\small n+2}\quad a_{12}\\ \cdots\\ \textcircled{1}+\textcircled{\small 2n}\quad a_{1n}\end{array}
=\!=\!=
\begin{vmatrix}
0 & 0 & \cdots & 0 & \sum\limits_{k=1}^{n} a_{1k}b_{k1} & \sum\limits_{k=1}^{n} a_{1k}b_{k2} & \cdots & \sum\limits_{k=1}^{n} a_{1k}b_{kn} \\
a_{21} & a_{22} & \cdots & a_{2n} & 0 & 0 & \cdots & 0 \\
\vdots & \vdots & & \vdots & \vdots & \vdots & & \vdots \\
a_{n1} & a_{n2} & \cdots & a_{nn} & 0 & 0 & \cdots & 0 \\
-1 & 0 & \cdots & 0 & b_{11} & b_{12} & \cdots & b_{1n} \\
0 & -1 & \cdots & 0 & b_{21} & b_{22} & \cdots & b_{2n} \\
\vdots & \vdots & & \vdots & \vdots & \vdots & & \vdots \\
0 & 0 & \cdots & -1 & b_{n1} & b_{n2} & \cdots & b_{nn}
\end{vmatrix}$$

$$\begin{array}{l}\textcircled{2}+\textcircled{\small n+1}\quad a_{21}\\ \textcircled{2}+\textcircled{\small n+2}\quad a_{22}\\ \cdots\\ \textcircled{2}+\textcircled{\small 2n}\quad a_{2n}\end{array}
=\!=\!=
\begin{vmatrix}
0 & 0 & \cdots & 0 & \sum\limits_{k=1}^{n} a_{1k}b_{k1} & \sum\limits_{k=1}^{n} a_{1k}b_{k2} & \cdots & \sum\limits_{k=1}^{n} a_{1k}b_{kn} \\
0 & 0 & \cdots & 0 & \sum\limits_{k=1}^{n} a_{2k}b_{k1} & \sum\limits_{k=1}^{n} a_{2k}b_{k2} & \cdots & \sum\limits_{k=1}^{n} a_{2k}b_{kn} \\
\vdots & \vdots & & \vdots & \vdots & \vdots & & \vdots \\
a_{n1} & a_{n2} & \cdots & a_{nn} & 0 & 0 & \cdots & 0 \\
-1 & 0 & \cdots & 0 & b_{11} & b_{12} & \cdots & b_{1n} \\
0 & -1 & \cdots & 0 & b_{21} & b_{22} & \cdots & b_{2n} \\
\vdots & \vdots & & \vdots & \vdots & \vdots & & \vdots \\
0 & 0 & \cdots & -1 & b_{n1} & b_{n2} & \cdots & b_{nn}
\end{vmatrix}$$

$$\cdots$$

$$\begin{array}{l}\textcircled{n}+\textcircled{\small n+1}\quad a_{n1}\\ \textcircled{n}+\textcircled{\small n+2}\quad a_{n2}\\ \cdots\\ \textcircled{n}+\textcircled{\small 2n}\quad a_{nn}\end{array}
=\!=\!=
\begin{vmatrix}
0 & 0 & \cdots & 0 & \sum\limits_{k=1}^{n} a_{1k}b_{k1} & \sum\limits_{k=1}^{n} a_{1k}b_{k2} & \cdots & \sum\limits_{k=1}^{n} a_{1k}b_{kn} \\
0 & 0 & \cdots & 0 & \sum\limits_{k=1}^{n} a_{2k}b_{k1} & \sum\limits_{k=1}^{n} a_{2k}b_{k2} & \cdots & \sum\limits_{k=1}^{n} a_{2k}b_{kn} \\
\vdots & \vdots & & \vdots & \vdots & \vdots & & \vdots \\
0 & 0 & \cdots & 0 & \sum\limits_{k=1}^{n} a_{nk}b_{k1} & \sum\limits_{k=1}^{n} a_{nk}b_{k2} & \cdots & \sum\limits_{k=1}^{n} a_{nk}b_{kn} \\
-1 & 0 & \cdots & 0 & b_{11} & b_{12} & \cdots & b_{1n} \\
0 & -1 & \cdots & 0 & b_{21} & b_{22} & \cdots & b_{2n} \\
\vdots & \vdots & & \vdots & \vdots & \vdots & & \vdots \\
0 & 0 & \cdots & -1 & b_{n1} & b_{n2} & \cdots & b_{nn}
\end{vmatrix}$$

$$= \begin{vmatrix} \boldsymbol{O} & \boldsymbol{AB} \\ -\boldsymbol{I} & \boldsymbol{B} \end{vmatrix}$$

$$= |\boldsymbol{AB}| \cdot (-1)^{(1+2+\cdots+n)+[(n+1)+(n+2)+\cdots+2n]} \cdot |-\boldsymbol{I}|$$

$$= |\boldsymbol{AB}| \cdot (-1)^{\frac{(1+2n)\cdot 2n}{2}} \cdot (-1)^{n}$$

$$= |AB| \cdot (-1)^{2n^2+2n}$$
$$= |AB|$$

因此

$$|AB| = |A|\,|B|$$

913. 预备题 2.（Binet—Cauchy 公式）设 $A = (a_{ij})_{s\times n}, B = (b_{ij})_{n\times s}$.

（1）如果 $s > n$，那么 $|AB| = 0$；

（2）如果 $s \leqslant n$，那么 $|AB|$ 等于 A 的所有 s 阶子式与 B 的相应 s 阶子式的乘积之和，即

$$|AB| = \sum_{1\leqslant v_1<v_2<\cdots<v_s\leqslant n} A\begin{pmatrix}1, & 2, & \cdots, & s\\ v_1, & v_2, & \cdots, & v_s\end{pmatrix}\cdot B\begin{pmatrix}v_1, & v_2, & \cdots, & v_s\\ 1, & 2, & \cdots, & s\end{pmatrix}$$

证明　（1）如果 $s > n$，那么

$$\operatorname{rank}(AB) \leqslant \operatorname{rank}(A) \leqslant n < s$$

于是 s 级矩阵 AB 不是满秩矩阵，从而 $|AB| = 0$.

（2）用两种方法计算行列式：

$$D = \begin{vmatrix} A & O\\ -I & B\end{vmatrix}$$

一方面，将 D 按前 s 行展开，得

$$D = \sum_{1\leqslant v_1<v_2<\cdots<v_s\leqslant n} A\begin{pmatrix}1, & 2, & \cdots, & s\\ v_1, & v_2, & \cdots, & v_s\end{pmatrix}\cdot(-1)^{(1+2+\cdots+s)+(v_1+v_2+\cdots+v_s)}\cdot$$
$$|(-\varepsilon_{\mu_1}, -\varepsilon_{\mu_2}, \cdots, -\varepsilon_{\mu_{n-s}}, B)|$$

其中，$\{\mu_1,\mu_2,\cdots,\mu_{n-s}\} = \{1,2,\cdots,n\}/\{v_1,v_2,\cdots,v_s\}$，且 $\mu_1<\mu_2<\cdots<\mu_{n-s}$. 把 $|(-\varepsilon_{\mu_1}, -\varepsilon_{\mu_2}, \cdots, -\varepsilon_{\mu_{n-s}}, B)|$ 按前 $n-s$ 列展开，注意前 $n-s$ 列只有一个 $n-s$ 阶子式不为零，它是取第 $\mu_1,\mu_2,\cdots,\mu_{n-s}$ 行得到的那个 $n-s$ 阶子式，因此

$$|(-\varepsilon_{\mu_1}, -\varepsilon_{\mu_2}, \cdots, -\varepsilon_{\mu_{n-s}}, B)|$$
$$= |-I_{n-s}|(-1)^{(\mu_1+\mu_2+\cdots+\mu_{n-s})+[1+2+\cdots+(n-s)]}\cdot B\begin{pmatrix}v_1, & v_2, & \cdots, & v_s\\ 1, & 2, & \cdots, & s\end{pmatrix}$$
$$= (-1)^{n-s}\cdot(-1)^{(\mu_1+\mu_2+\cdots+\mu_{n-s})}(-1)^{\frac{(n-s+1)(n-s)}{2}}\cdot B\begin{pmatrix}v_1, & v_2, & \cdots, & v_s\\ 1, & 2, & \cdots, & s\end{pmatrix}$$

由于

$$(-1)^{(1+2+\cdots+s)+(v_1+v_2+\cdots+v_s)}(-1)^{n-s}(-1)^{(\mu_1+\mu_2+\cdots+\mu_{n-s})}(-1)^{\frac{(n-s+1)(n-s)}{2}}$$
$$= (-1)^{\frac{(s+1)s}{2}+\frac{(n+1)n}{2}}\cdot(-1)^{n-s}(-1)^{\frac{(n-s+1)(n-s)}{2}}$$
$$= (-1)^{\frac{s^2+s}{2}+\frac{n^2+n}{2}}\cdot(-1)^{\frac{1}{2}(n-s)^2+\frac{3}{2}(n-s)}$$
$$= (-1)^{n^2+s^2-ns+2n-s}$$

因此

$$D = \sum_{1\leqslant v_1<v_2<\cdots<v_s\leqslant n} A\begin{pmatrix}1, & 2, & \cdots, & s\\ v_1, & v_2, & \cdots, & v_s\end{pmatrix}\cdot(-1)^{n^2+s^2-ns+2n-s}\cdot B\begin{pmatrix}v_1, & v_2, & \cdots, & v_s\\ 1, & 2, & \cdots, & s\end{pmatrix}$$

另一方面，类似于 913 预备题 1 的证明方法，首先分别把第 $s+1, s+2, \cdots, s+n$ 行的 a_{11}，

$a_{12}, \cdots, a_{1n}$倍加到第 1 行上;接着分别把第 $s+1, s+2, \cdots, s+n$ 行的 $a_{21}, a_{22}, \cdots, a_{2n}$倍加到第 2 行上;依次下去,最后把第 $s+1, s+2, \cdots, s+n$ 行的 $a_{s1}, a_{s2}, \cdots, a_{sn}$倍加到第 s 行上,得

$$\begin{aligned} D &= \begin{vmatrix} \boldsymbol{A} & \boldsymbol{O} \\ -\boldsymbol{I} & \boldsymbol{B} \end{vmatrix} = \begin{vmatrix} \boldsymbol{O} & \boldsymbol{AB} \\ -\boldsymbol{I} & \boldsymbol{B} \end{vmatrix} \\ &= |\boldsymbol{AB}| (-1)^{(1+2+\cdots+s)+[(n+1)+(n+2)+\cdots+(n+s)]} \cdot |-\boldsymbol{I}| \\ &= (-1)^{sn+n} |\boldsymbol{AB}| \end{aligned}$$

由于

$$\begin{aligned} (-1)^{n^2+s^2-ns+2n-s} \cdot (-1)^{-sn-n} &= (-1)^{(n-s)^2+(n-s)} = (-1)^{(n-s+1)(n-s)} \\ &= 1 \end{aligned}$$

因此

$$|\boldsymbol{AB}| = \sum_{1 \leqslant v_1 < v_2 < \cdots < v_s \leqslant n} \boldsymbol{A}\begin{pmatrix} 1, & 2, & \cdots, & s \\ v_1, & v_2, & \cdots, & v_s \end{pmatrix} \boldsymbol{B}\begin{pmatrix} v_1, & v_2, & \cdots, & v_s \\ 1, & 2, & \cdots, & s \end{pmatrix}$$

913. 矩阵 $\boldsymbol{A}$ 的位于第 $i_1, i_2, \cdots, i_p$ 行和第 $j_1, j_2, \cdots, j_p$ 列交叉处的子式,用

$$\boldsymbol{A}\begin{pmatrix} i_1, & i_2, & \cdots, & i_p \\ j_1, & j_2, & \cdots, & j_p \end{pmatrix}$$

表示. 证明:两个矩阵之积 $\boldsymbol{C} = \boldsymbol{AB}$ 的子式用被相乘矩阵的子式表示的下列表达式是正确的:

$$\boldsymbol{C}\begin{pmatrix} i_1, & i_2, & \cdots, & i_p \\ j_1, & j_2, & \cdots, & j_p \end{pmatrix} = \sum_{1 \leqslant k_1 < k_2 < \cdots < k_p \leqslant n} \boldsymbol{A}\begin{pmatrix} i_1, & i_2, & \cdots, & i_p \\ k_1, & k_2, & \cdots, & k_p \end{pmatrix} \boldsymbol{B}\begin{pmatrix} k_1, & k_2, & \cdots, & k_p \\ j_1, & j_2, & \cdots, & j_p \end{pmatrix}$$

$$(i_1 < i_2 < \cdots < i_p; \quad j_1 < j_2 < \cdots < j_p)$$

如果 p 不超过矩阵 $\boldsymbol{A}$ 的列数,或者说不超过矩阵 $\boldsymbol{B}$ 的行数;否则,矩阵 $\boldsymbol{C}$ 的所有 p 阶子式等于零.

证明 $\boldsymbol{AB}$ 的任一 p 阶子式的

$$\boldsymbol{C}\begin{pmatrix} i_1, & i_2, & \cdots, & i_p \\ j_1, & j_2, & \cdots, & j_p \end{pmatrix} = \boldsymbol{AB}\begin{pmatrix} i_1, & i_2, & \cdots, & i_p \\ j_1, & j_2, & \cdots, & j_p \end{pmatrix} = \begin{pmatrix} \boldsymbol{AB}(i_1, j_1) & \boldsymbol{AB}(i_1, j_2) & \cdots & \boldsymbol{AB}(i_1, j_p) \\ \boldsymbol{AB}(i_2, j_1) & \boldsymbol{AB}(i_2, j_2) & \cdots & \boldsymbol{AB}(i_2, j_p) \\ \vdots & \vdots & & \vdots \\ \boldsymbol{AB}(i_p, j_1) & \boldsymbol{AB}(i_p, j_2) & \cdots & \boldsymbol{AB}(i_p, j_p) \end{pmatrix}$$

$$= \left| \begin{pmatrix} a_{i_1 1} & a_{i_1 2} & \cdots & a_{i_1 n} \\ a_{i_2 1} & a_{i_2 2} & \cdots & a_{i_2 n} \\ \vdots & \vdots & & \vdots \\ a_{i_p 1} & a_{i_p 2} & \cdots & a_{i_p n} \end{pmatrix} \begin{pmatrix} b_{1 j_1} & b_{1 j_2} & \cdots & b_{1 j_p} \\ b_{2 j_1} & b_{2 j_2} & \cdots & b_{2 j_p} \\ \vdots & \vdots & & \vdots \\ b_{n j_1} & b_{n j_2} & \cdots & b_{n j_p} \end{pmatrix} \right|$$

(1) 如果 $p > n$,那么上式右端的两个矩阵的乘积的行列式等于零,从而 $\boldsymbol{AB}$ 的 p 阶子式都等于 0.

（2）如果 $p\leqslant n$,那么上述右端的两个矩阵（分别记作 $\boldsymbol{A}_1,\boldsymbol{B}_1$）的乘积的行列式等于

$$|\boldsymbol{A}_1\boldsymbol{B}_1| = \sum_{1\leqslant k_1<k_2<\cdots<k_p\leqslant n}\boldsymbol{A}_1\begin{pmatrix}1, & 2, & \cdots, & p\\ k_1, & k_2, & \cdots, & k_p\end{pmatrix}\boldsymbol{B}_1\begin{pmatrix}k_1, & k_2, & \cdots, & k_p\\ 1, & 2, & \cdots, & p\end{pmatrix}$$

$$= \sum_{1\leqslant k_1<k_2<\cdots<k_p\leqslant n}\boldsymbol{A}\begin{pmatrix}i_1, & i_2, & \cdots, & i_p\\ k_1, & k_2, & \cdots, & k_p\end{pmatrix}\boldsymbol{B}\begin{pmatrix}k_1, & k_2, & \cdots, & k_p\\ j_1, & j_2, & \cdots, & j_p\end{pmatrix}$$

于是 913 题的结论得到了证明.

914. 利用前题证明:两个矩阵之积的秩不大于每个因子的秩.

设 $\boldsymbol{A}$ 为 $n\times m$ 矩阵,$\boldsymbol{B}$ 为 $m\times p$ 矩阵,则有

$$\operatorname{rank}(\boldsymbol{AB})\leqslant\min(\operatorname{rank}(\boldsymbol{A}),\operatorname{rank}(\boldsymbol{B}))$$

证明　记 $\operatorname{rank}(\boldsymbol{AB})=r$,任取 $\boldsymbol{AB}$ 的 r 阶子式,由 Binet – Cauchy 公式可知

$$\det(\boldsymbol{AB})\begin{pmatrix}i_1, & i_2, & \cdots, & i_r\\ j_1, & j_2, & \cdots, & j_r\end{pmatrix}$$

等于

$$\sum_{1\leqslant k_1<k_2<\cdots<k_r\leqslant m}\det\boldsymbol{A}\begin{pmatrix}i_1, & i_2, & \cdots, & i_r\\ k_1, & k_2, & \cdots, & k_r\end{pmatrix}\det\boldsymbol{B}\begin{pmatrix}k_1, & k_2, & \cdots, & k_r\\ i_1, & i_2, & \cdots, & i_r\end{pmatrix}$$

现 $\operatorname{rank}(\boldsymbol{AB})=r$,所以存在一个 r 阶子式不等于 0. 设为

$\det(\boldsymbol{AB})\begin{pmatrix}i_1, & i_2, & \cdots, & i_r\\ j_1, & j_2, & \cdots, & j_r\end{pmatrix}\neq 0$,因此存在 $1\leqslant k_1<k_2<\cdots<k_r\leqslant m$,使得

$$\det\boldsymbol{A}\begin{pmatrix}i_1, & i_2, & \cdots, & i_r\\ k_1, & k_2, & \cdots, & k_r\end{pmatrix}\det\boldsymbol{B}\begin{pmatrix}k_1 & k_2 & \cdots & k_r\\ i_1 & i_2 & \cdots & i_r\end{pmatrix}\neq 0$$

于是 $\operatorname{rank}(\boldsymbol{A})\geqslant r,\operatorname{rank}(\boldsymbol{B})\geqslant r$.

证完.

915. 证明:以非奇异矩阵左乘或右乘矩阵 $\boldsymbol{A}$ 时,$\boldsymbol{A}$ 的秩不变.

设 $\boldsymbol{A}$ 为 $n\times m$ 矩阵,p 为 n 阶非异方阵,$\boldsymbol{Q}$ 为 m 阶非异方阵. 则有

$$\operatorname{rank}(\boldsymbol{PA}) = \operatorname{rank}(\boldsymbol{AQ}) = \operatorname{rank}(\boldsymbol{A})$$

证明　由 914 题

$$\operatorname{rank}(\boldsymbol{PA})\leqslant\min(\operatorname{rank}(\boldsymbol{P}),\operatorname{rank}(\boldsymbol{A}))\leqslant\operatorname{rank}(\boldsymbol{A})$$

由此可知. $\operatorname{rank}(\boldsymbol{A}) = \operatorname{rank}(\boldsymbol{P}^{-1}(\boldsymbol{PA}))\leqslant\operatorname{rank}(\boldsymbol{PA})$

这证明了

$$\operatorname{rank}(\boldsymbol{PA}) = \operatorname{rank}(\boldsymbol{A})$$

而

$$\operatorname{rank}(\boldsymbol{AQ}) = \operatorname{rank}(\boldsymbol{Q}'\boldsymbol{A}') = \operatorname{rank}(\boldsymbol{A}') = \operatorname{rank}(\boldsymbol{A})$$

证完.

916. 位于有同样号码的行和列的交叉处的子式，称为矩阵的主子式. 证明：如果矩阵 $\boldsymbol{B}$ 的元素是实的，则矩阵 $\boldsymbol{A}=\boldsymbol{B}\boldsymbol{B}'$ 的所有主子式是非负的.

证明　设

$$\boldsymbol{B}=\begin{pmatrix} b_{11} & b_{12} & b_{13} & b_{14} \\ b_{21} & b_{22} & b_{23} & b_{24} \\ b_{31} & b_{32} & b_{33} & b_{34} \\ b_{41} & b_{42} & b_{43} & b_{44} \end{pmatrix}$$

$$\boldsymbol{A}=\boldsymbol{B}\boldsymbol{B}'=\begin{pmatrix} b_{11} & b_{12} & b_{13} & b_{14} \\ b_{21} & b_{22} & b_{23} & b_{24} \\ b_{31} & b_{32} & b_{33} & b_{34} \\ b_{41} & b_{42} & b_{43} & b_{44} \end{pmatrix}\begin{pmatrix} b_{11} & b_{21} & b_{31} & b_{41} \\ b_{12} & b_{22} & b_{32} & b_{42} \\ b_{13} & b_{23} & b_{33} & b_{43} \\ b_{14} & b_{24} & b_{34} & b_{44} \end{pmatrix}$$

任何主子式都可以通过行的互换和列的互换化为顺序主子式，而且符号不变. 因此，只要证明顺序主子式结论成立就行了.

$$C_{11}=b_{11}^2+b_{12}^2+b_{13}^2+b_{14}^2$$

$$\boldsymbol{C}\begin{pmatrix}1\\1\end{pmatrix}=\sum_{0<k_1\leqslant 4}\boldsymbol{B}\begin{pmatrix}1\\k_1\end{pmatrix}\boldsymbol{B}'\begin{pmatrix}k_1\\1\end{pmatrix}=\boldsymbol{B}\begin{pmatrix}1\\1\end{pmatrix}+\boldsymbol{B}'\begin{pmatrix}1\\1\end{pmatrix}+\boldsymbol{B}\begin{pmatrix}1\\2\end{pmatrix}\boldsymbol{B}'\begin{pmatrix}2\\1\end{pmatrix}+\boldsymbol{B}\begin{pmatrix}1\\3\end{pmatrix}\boldsymbol{B}'\begin{pmatrix}3\\1\end{pmatrix}+\boldsymbol{B}\begin{pmatrix}1\\4\end{pmatrix}\boldsymbol{B}'\begin{pmatrix}4\\1\end{pmatrix}$$

$$=\boldsymbol{B}\begin{pmatrix}1\\1\end{pmatrix}^2+\boldsymbol{B}\begin{pmatrix}1\\2\end{pmatrix}^2+\boldsymbol{B}\begin{pmatrix}1\\3\end{pmatrix}^2+\boldsymbol{B}\begin{pmatrix}1\\4\end{pmatrix}^2=b_{11}^2+b_{12}^2+b_{13}^2+b_{14}^2$$

$$\boldsymbol{C}\begin{pmatrix}1&2\\1&2\end{pmatrix}=\sum_{0<k_1<k_2\leqslant 4}\cdots=\boldsymbol{B}\begin{pmatrix}1&2\\1&2\end{pmatrix}\boldsymbol{B}'\begin{pmatrix}1&2\\1&2\end{pmatrix}+\boldsymbol{B}\begin{pmatrix}1&2\\1&3\end{pmatrix}\boldsymbol{B}'\begin{pmatrix}1&3\\1&2\end{pmatrix}+$$

$$\boldsymbol{B}\begin{pmatrix}1&2\\1&4\end{pmatrix}\boldsymbol{B}'\begin{pmatrix}1&4\\1&2\end{pmatrix}+\boldsymbol{B}\begin{pmatrix}1&2\\2&3\end{pmatrix}\boldsymbol{B}'\begin{pmatrix}2&3\\1&2\end{pmatrix}+\boldsymbol{B}\begin{pmatrix}1&2\\2&4\end{pmatrix}\boldsymbol{B}'\begin{pmatrix}2&4\\1&2\end{pmatrix}+$$

$$\boldsymbol{B}\begin{pmatrix}1&2\\3&4\end{pmatrix}\boldsymbol{B}'\begin{pmatrix}3&4\\1&2\end{pmatrix}$$

$$=\boldsymbol{B}\begin{pmatrix}1&2\\1&2\end{pmatrix}^2+\boldsymbol{B}\begin{pmatrix}1&2\\1&3\end{pmatrix}^2+\boldsymbol{B}\begin{pmatrix}1&2\\1&4\end{pmatrix}^2+\boldsymbol{B}\begin{pmatrix}1&2\\2&3\end{pmatrix}^2+\boldsymbol{B}\begin{pmatrix}1&2\\2&4\end{pmatrix}^2+\boldsymbol{B}\begin{pmatrix}1&2\\3&4\end{pmatrix}^2$$

$$=(b_{11}b_{22}-b_{12}b_{21})^2+(b_{11}b_{23}-b_{21}b_{13})^2+(b_{11}b_{24}-b_{21}b_{14})^2+(b_{12}b_{23}-b_{22}b_{13})^2+$$

$$(b_{12}b_{24}-b_{22}b_{14})^2+(b_{13}b_{24}-b_{23}b_{14})^2$$

$$\boldsymbol{C}\begin{pmatrix}1&2&3\\1&2&3\end{pmatrix}=\boldsymbol{B}\begin{pmatrix}1&2&3\\1&2&3\end{pmatrix}^2+\boldsymbol{B}\begin{pmatrix}1&2&3\\1&2&4\end{pmatrix}^2+\boldsymbol{B}\begin{pmatrix}1&2&3\\1&3&4\end{pmatrix}^2+\boldsymbol{B}\begin{pmatrix}1&2&3\\2&3&4\end{pmatrix}^2$$

$$C\begin{pmatrix}1 & 2 & 3 & 4\\1 & 2 & 3 & 4\end{pmatrix}=B^2$$

对于 B 是 n 阶实方阵，$A=B\cdot B'$ 类似地计算 $C\begin{pmatrix}1\\1\end{pmatrix}$，$C\begin{pmatrix}1 & 2\\1 & 2\end{pmatrix}$，$C\begin{pmatrix}1 & 2 & 3\\1 & 2 & 3\end{pmatrix}$，…，$C\begin{pmatrix}1, & 2, & \cdots, & n\\1, & 2, & \cdots, & n\end{pmatrix}$都是非负的.

证完.

917. 证明：对任何复元素或实元素矩阵 B，矩阵 $A=BB^*$ 的所有主子式非负，此处 $B^*=\overline{B}'$.

证明　设

$$B=\begin{pmatrix}b_{11} & b_{12} & b_{13} & b_{14}\\b_{21} & b_{22} & b_{23} & b_{24}\\b_{31} & b_{32} & b_{33} & b_{34}\\b_{41} & b_{42} & b_{43} & b_{44}\end{pmatrix}$$

$$A=B\cdot B^*=\begin{pmatrix}b_{11} & b_{12} & b_{13} & b_{14}\\b_{21} & b_{22} & b_{23} & b_{24}\\b_{31} & b_{32} & b_{33} & b_{34}\\b_{41} & b_{42} & b_{43} & b_{44}\end{pmatrix}\begin{pmatrix}\overline{b}_{11} & \overline{b}_{21} & \overline{b}_{31} & \overline{b}_{41}\\\overline{b}_{12} & \overline{b}_{22} & \overline{b}_{32} & \overline{b}_{42}\\\overline{b}_{13} & \overline{b}_{23} & \overline{b}_{33} & \overline{b}_{43}\\\overline{b}_{14} & \overline{b}_{24} & \overline{b}_{34} & \overline{b}_{44}\end{pmatrix}$$

任何主子式都可以通过行的交换和列的交换化为顺序主子式，而且符号不变. 因此，只要证明结论对于顺序主子式成立就行了.

$$C\begin{pmatrix}1\\1\end{pmatrix}=\sum_{0<k_1\leqslant 4}B\begin{pmatrix}1\\k_1\end{pmatrix}B^*\begin{pmatrix}k_1\\1\end{pmatrix}$$

$$=B\begin{pmatrix}1\\1\end{pmatrix}\overline{B\begin{pmatrix}1\\1\end{pmatrix}}+B\begin{pmatrix}1\\2\end{pmatrix}\overline{B\begin{pmatrix}1\\2\end{pmatrix}}+B\begin{pmatrix}1\\3\end{pmatrix}\overline{B\begin{pmatrix}1\\3\end{pmatrix}}+B\begin{pmatrix}1\\4\end{pmatrix}\overline{B\begin{pmatrix}1\\4\end{pmatrix}}$$

$$C\begin{pmatrix}1 & 2\\1 & 2\end{pmatrix}=B\begin{pmatrix}1 & 2\\1 & 2\end{pmatrix}\overline{B\begin{pmatrix}1 & 2\\1 & 2\end{pmatrix}}+B\begin{pmatrix}1 & 2\\1 & 3\end{pmatrix}\overline{B\begin{pmatrix}1 & 2\\1 & 3\end{pmatrix}}+B\begin{pmatrix}1 & 2\\1 & 4\end{pmatrix}\overline{B\begin{pmatrix}1 & 2\\1 & 4\end{pmatrix}}+$$

$$B\begin{pmatrix}1 & 2\\2 & 3\end{pmatrix}\overline{B\begin{pmatrix}1 & 2\\2 & 3\end{pmatrix}}+B\begin{pmatrix}1 & 2\\2 & 4\end{pmatrix}\overline{B\begin{pmatrix}1 & 2\\2 & 4\end{pmatrix}}+B\begin{pmatrix}1 & 2\\3 & 4\end{pmatrix}\overline{B\begin{pmatrix}1 & 2\\3 & 4\end{pmatrix}}$$

$$C\begin{pmatrix}1 & 2 & 3\\1 & 2 & 3\end{pmatrix}=B\begin{pmatrix}1 & 2 & 3\\1 & 2 & 3\end{pmatrix}\overline{B\begin{pmatrix}1 & 2 & 3\\1 & 2 & 3\end{pmatrix}}+B\begin{pmatrix}1 & 2 & 3\\1 & 2 & 4\end{pmatrix}\overline{B\begin{pmatrix}1 & 2 & 3\\1 & 2 & 4\end{pmatrix}}+$$

$$B\begin{pmatrix}1&2&3\\1&3&4\end{pmatrix}\overline{B\begin{pmatrix}1&2&3\\1&3&4\end{pmatrix}}+B\begin{pmatrix}1&2&3\\2&3&4\end{pmatrix}\overline{B\begin{pmatrix}1&2&3\\2&3&4\end{pmatrix}}$$

$$C\begin{pmatrix}1&2&3&4\\1&2&3&4\end{pmatrix}=B\begin{pmatrix}1&2&3&4\\1&2&3&4\end{pmatrix}\overline{B\begin{pmatrix}1&2&3&4\\1&2&3&4\end{pmatrix}}$$

顺序主子式

$$C\begin{pmatrix}1\\1\end{pmatrix},C\begin{pmatrix}1&2\\1&2\end{pmatrix},C\begin{pmatrix}1&2&3\\1&2&3\end{pmatrix},C\begin{pmatrix}1&2&3&4\\1&2&3&4\end{pmatrix}\text{非负.}$$

对于 $\boldsymbol{B}$ 是 n 阶矩阵,类似地计算全部顺序主子式,都是非负的.

证完.

918. 证明:记号同前题,如果 $\boldsymbol{A}=\boldsymbol{BB}^*$,则 $\boldsymbol{A}$ 的秩等于 $\boldsymbol{B}$ 的秩.

证明　设　$\boldsymbol{B}=(b_{ij})_{n\times n}$,存在满秩阵 $\boldsymbol{P},\boldsymbol{Q}$

$$\boldsymbol{PBQ}=\begin{pmatrix}1&&&&&&\\&1&&&&&\\&&\ddots&&&&\\&&&1&&&\\&&&&0&&\\&&&&&\ddots&\\&&&&&&0\end{pmatrix}r\text{ 个 }1.$$

$$\boldsymbol{B}=\boldsymbol{P}^{-1}\begin{pmatrix}1&&&&&&\\&1&&&&&\\&&\ddots&&&&\\&&&1&&&\\&&&&0&&\\&&&&&\ddots&\\&&&&&&0\end{pmatrix}\boldsymbol{Q}^{-1}$$

$$(\boldsymbol{AB})'=\boldsymbol{B}'\boldsymbol{A}'$$

$$\boldsymbol{B}^*=(\overline{\boldsymbol{Q}}^{-1})^{\mathrm{T}}\begin{pmatrix}1&&&&&&\\&1&&&&&\\&&\ddots&&&&\\&&&1&&&\\&&&&0&&\\&&&&&\ddots&\\&&&&&&0\end{pmatrix}(\overline{\boldsymbol{P}}^{-1})^{\mathrm{T}}$$

$$BB^* = P^{-1}\begin{pmatrix} 1 & & & & & \\ & 1 & & & & \\ & & \ddots & & & \\ & & & 1 & & \\ & & & & 0 & \\ & & & & & \ddots \\ & & & & & & 0 \end{pmatrix} Q^{-1}(\overline{Q^{-1}})^{\mathrm{T}}\begin{pmatrix} 1 & & & & \\ & \ddots & & & \\ & & 1 & & \\ & & & \ddots & \\ & & & & 0 \end{pmatrix}(\overline{P^{-1}})^{\mathrm{T}}$$

$$= P^{-1}\begin{pmatrix} 1 & & & & \\ & \ddots & & & \\ & & 1 & & \\ & & & 0 & \\ & & & & \ddots \\ & & & & & 0 \end{pmatrix} Q^{-1}(\overline{Q^{-1}})^{\mathrm{T}}(P^{-1})^{\mathrm{T}}$$

因为 $P^{-1}, Q^{-1}, (Q^{-1})^{\mathrm{T}}, (P^{-1})^{\mathrm{T}}$ 都是满秩矩阵，所以

$$\mathrm{rank}\,(BB^*) = r = \mathrm{rank}\,(B)$$

证完.

919. 证明：矩阵 AA' 的 k 阶主子式之和等于矩阵 A 的所有 k 阶子式的平方和.

证明

$$A = \begin{pmatrix} \beta_1 \\ \beta_2 \\ \beta_3 \\ \beta_4 \end{pmatrix}, \qquad A' = (\beta_1, \beta_2, \beta_3, \beta_4)$$

$$AA' = \begin{pmatrix} \beta_1\beta_1 & \beta_1\beta_2 & \beta_1\beta_3 & \beta_1\beta_4 \\ \beta_2\beta_1 & \beta_2\beta_2 & \beta_2\beta_3 & \beta_2\beta_4 \\ \beta_3\beta_1 & \beta_3\beta_2 & \beta_3\beta_3 & \beta_3\beta_4 \\ \beta_4\beta_1 & \beta_4\beta_2 & \beta_4\beta_3 & \beta_4\beta_4 \end{pmatrix}$$

一方面，三阶主子式之和为

$$\begin{vmatrix} \beta_1\beta_1 & \beta_1\beta_2 & \beta_1\beta_3 \\ \beta_2\beta_1 & \beta_2\beta_2 & \beta_2\beta_3 \\ \beta_3\beta_1 & \beta_3\beta_2 & \beta_3\beta_3 \end{vmatrix} + \begin{vmatrix} \beta_1\beta_1 & \beta_1\beta_2 & \beta_1\beta_4 \\ \beta_2\beta_1 & \beta_2\beta_2 & \beta_2\beta_4 \\ \beta_4\beta_1 & \beta_4\beta_2 & \beta_4\beta_4 \end{vmatrix} + \begin{vmatrix} \beta_1\beta_1 & \beta_3\beta_1 & \beta_4\beta_1 \\ \beta_3\beta_1 & \beta_3\beta_3 & \beta_4\beta_3 \\ \beta_4\beta_1 & \beta_3\beta_4 & \beta_4\beta_4 \end{vmatrix} + \begin{vmatrix} \beta_2\beta_2 & \beta_3\beta_2 & \beta_4\beta_2 \\ \beta_2\beta_3 & \beta_3\beta_3 & \beta_4\beta_3 \\ \beta_2\beta_4 & \beta_3\beta_4 & \beta_4\beta_4 \end{vmatrix}$$

我们展开第一个三阶顺序主子式

$$\begin{pmatrix} a_{11}^2 + a_{12}^2 + a_{13}^2 + a_{14}^2 & a_{11}a_{21} + a_{12}a_{22} + a_{13}a_{23} + a_{14}a_{24} & a_{11}a_{31} + a_{12}a_{32} + a_{13}a_{33} + a_{14}a_{34} \\ a_{11}a_{21} + a_{12}a_{22} + a_{13}a_{23} + a_{14}a_{24} & a_{21}^2 + a_{22}^2 + a_{23}^2 + a_{24}^2 & a_{21}a_{31} + a_{22}a_{32} + a_{23}a_{33} + a_{24}a_{34} \\ a_{11}a_{31} + a_{12}a_{32} + a_{13}a_{33} + a_{14}a_{34} & a_{21}a_{31} + a_{22}a_{32} + a_{23}a_{33} + a_{24}a_{34} & a_{31}^2 + a_{32}^2 + a_{33}^2 + a_{34}^2 \end{pmatrix}$$

用四进制分解行列式为 4^3 个

111 112 113 114

0 0 0 0

121 122 123

0 0 $\begin{vmatrix} a_{11}^2 & a_{12}a_{22} & a_{13}a_{33} \\ a_{11}a_{21} & a_{22}^2 & a_{23}a_{33} \\ a_{11}a_{31} & a_{22}a_{32} & a_{33}^2 \end{vmatrix} = a_{11}a_{22}a_{33}M_{44}$

124

$$\begin{vmatrix} a_{11}^2 & a_{12}a_{22} & a_{14}a_{34} \\ a_{11}a_{21} & a_{22}^2 & a_{24}a_{34} \\ a_{11}a_{31} & a_{22}a_{32} & a_{34}^2 \end{vmatrix} = a_{11}a_{22}a_{34}M_{43}$$

131 132

0 $\begin{vmatrix} a_{11}^2 & a_{13}a_{23} & a_{12}a_{32} \\ a_{11}a_{21} & a_{23}^2 & a_{22}a_{32} \\ a_{11}a_{31} & a_{33}a_{23} & a_{32}^2 \end{vmatrix} = -a_{11}a_{23}a_{32}\begin{vmatrix} a_{11} & a_{12} & a_{13} \\ a_{21} & a_{22} & a_{23} \\ a_{31} & a_{32} & a_{33} \end{vmatrix} = -a_{11}a_{23}a_{32}M_{44}$

133 134

0 $\begin{vmatrix} a_{11}^2 & a_{13}a_{23} & a_{14}a_{34} \\ a_{11}a_{21} & a_{23}^2 & a_{24}a_{34} \\ a_{11}a_{31} & a_{23}a_{33} & a_{34}^2 \end{vmatrix} = a_{11}a_{23}a_{34}M_{42}$

141 142

0 $\begin{vmatrix} a_{11}^2 & a_{14}a_{24} & a_{12}a_{32} \\ a_{11}a_{21} & a_{24}^2 & a_{22}a_{32} \\ a_{11}a_{31} & a_{23}a_{34} & a_{32}^2 \end{vmatrix} = -a_{11}a_{24}a_{32}M_{43}$

143 144

$\begin{vmatrix} a_{11}^2 & a_{14}a_{24} & a_{13}a_{33} \\ a_{11}a_{21} & a_{24}^2 & a_{23}a_{33} \\ a_{11}a_{31} & a_{24}a_{34} & a_{33}^2 \end{vmatrix} = -a_{11}a_{24}a_{33}M_{42}$ 0

211 212 213

0 0 $\begin{vmatrix} a_{12}^2 & a_{11}a_{21} & a_{13}a_{33} \\ a_{12}a_{22} & a_{21}^2 & a_{23}a_{33} \\ a_{12}a_{32} & a_{21}a_{31} & a_{33}^2 \end{vmatrix} = -a_{12}a_{21}a_{33}M_{44}$

214

$$\begin{vmatrix} a_{12}^2 & a_{11}a_{21} & a_{14}a_{34} \\ a_{12}a_{22} & a_{21}^2 & a_{24}a_{34} \\ a_{12}a_{32} & a_{21}a_{31} & a_{34}^2 \end{vmatrix} = -a_{12}a_{21}a_{34}M_{43}$$

221 222 223 224

0 0 0 0

231

$$\begin{vmatrix} a_{12}^2 & a_{13}a_{23} & a_{11}a_{31} \\ a_{12}a_{22} & a_{23}^2 & a_{21}a_{31} \\ a_{12}a_{32} & a_{23}a_{33} & a_{31}^2 \end{vmatrix} = a_{12}a_{23}a_{31}M_{44}$$

232 233

0 0

234

$$\begin{vmatrix} a_{12}^2 & a_{13}a_{23} & a_{14}a_{34} \\ a_{12}a_{22} & a_{23}^2 & a_{24}a_{34} \\ a_{12}a_{32} & a_{23}a_{33} & a_{34}^2 \end{vmatrix} = a_{12}a_{23}a_{34}M_{41}$$

241

$$\begin{vmatrix} a_{12}^2 & a_{14}a_{24} & a_{11}a_{31} \\ a_{12}a_{22} & a_{24}^2 & a_{21}a_{31} \\ a_{12}a_{32} & a_{24}a_{34} & a_{31}^2 \end{vmatrix} = a_{12}a_{24}a_{31}M_{43}$$

242 243

0

$$\begin{vmatrix} a_{12}^2 & a_{14}a_{24} & a_{13}a_{33} \\ a_{12}a_{22} & a_{24}^2 & a_{23}a_{33} \\ a_{12}a_{32} & a_{24}a_{34} & a_{33}^2 \end{vmatrix} = -a_{12}a_{24}a_{33}M_{41}$$

244 311 312

0 0

$$\begin{vmatrix} a_{13}^2 & a_{11}a_{21} & a_{12}a_{32} \\ a_{13}a_{23} & a_{21}^2 & a_{22}a_{32} \\ a_{13}a_{33} & a_{21}a_{31} & a_{32}^2 \end{vmatrix} = a_{13}a_{21}a_{32}M_{44}$$

313 314

0

$$\begin{vmatrix} a_{13}^2 & a_{11}a_{21} & a_{14}a_{34} \\ a_{13}a_{23} & a_{21}^2 & a_{24}a_{34} \\ a_{13}a_{33} & a_{21}a_{31} & a_{34}^2 \end{vmatrix} = -a_{13}a_{21}a_{34}M_{42}$$

321

$$\begin{vmatrix} a_{13}^2 & a_{12}a_{22} & a_{11}a_{31} \\ a_{13}a_{23} & a_{22}^2 & a_{21}a_{31} \\ a_{13}a_{33} & a_{22}a_{32} & a_{31}^2 \end{vmatrix} = -a_{13}a_{22}a_{31}M_{44}$$

322　　323　　324

0　　0

$$\begin{vmatrix} a_{13}^2 & a_{12}a_{22} & a_{14}a_{34} \\ a_{13}a_{23} & a_{22}^2 & a_{24}a_{34} \\ a_{13}a_{33} & a_{22}a_{32} & a_{34}^2 \end{vmatrix} = -a_{13}a_{22}a_{34}M_{41}$$

331　　332　　333　　334

0　　0　　0　　0

341

$$\begin{vmatrix} a_{13}^2 & a_{14}a_{24} & a_{11}a_{31} \\ a_{13}a_{23} & a_{24}^2 & a_{21}a_{31} \\ a_{13}a_{33} & a_{24}a_{34} & a_{31}^2 \end{vmatrix} = a_{13}a_{24}a_{31}M_{42}$$

342

$$\begin{vmatrix} a_{13}^2 & a_{14}a_{24} & a_{12}a_{32} \\ a_{13}a_{23} & a_{24}^2 & a_{22}a_{32} \\ a_{13}a_{33} & a_{24}a_{34} & a_{32}^2 \end{vmatrix} = a_{13}a_{24}a_{32}M_{41}$$

343　　344　　411

0　　0　　0

412

$$\begin{vmatrix} a_{14}^2 & a_{11}a_{21} & a_{12}a_{32} \\ a_{14}a_{24} & a_{21}^2 & a_{22}a_{32} \\ a_{14}a_{34} & a_{21}a_{31} & a_{32}^2 \end{vmatrix} = a_{14}a_{21}a_{32}M_{43}$$

413

$$\begin{vmatrix} a_{14}^2 & a_{11}a_{21} & a_{13}a_{33} \\ a_{14}a_{24} & a_{21}^2 & a_{23}a_{33} \\ a_{14}a_{34} & a_{21}a_{31} & a_{33}^2 \end{vmatrix} = a_{14}a_{21}a_{33}M_{42}$$

414　　421

0

$$\begin{vmatrix} a_{14}^2 & a_{12}a_{22} & a_{11}a_{31} \\ a_{14}a_{24} & a_{22}^2 & a_{21}a_{31} \\ a_{14}a_{34} & a_{22}a_{32} & a_{31}^2 \end{vmatrix} = -a_{14}a_{22}a_{31}M_{43}$$

422　　423

0

$$\begin{vmatrix} a_{14}^2 & a_{12}a_{22} & a_{13}a_{33} \\ a_{14}a_{24} & a_{22}^2 & a_{23}a_{33} \\ a_{14}a_{34} & a_{22}a_{32} & a_{33}^2 \end{vmatrix} = a_{14}a_{22}a_{33}M_{41}$$

424　　431

0

$$\begin{vmatrix} a_{14}^2 & a_{13}a_{23} & a_{11}a_{31} \\ a_{14}a_{24} & a_{23}^2 & a_{21}a_{31} \\ a_{14}a_{34} & a_{23}a_{33} & a_{31}^2 \end{vmatrix} = -a_{14}a_{23}a_{31}M_{42}$$

432

$$\begin{vmatrix} a_{14}^2 & a_{13}a_{23} & a_{12}a_{32} \\ a_{14}a_{24} & a_{23}^2 & a_{22}a_{32} \\ a_{14}a_{34} & a_{23}a_{33} & a_{32}^2 \end{vmatrix} = -a_{14}a_{23}a_{32}M_{41}$$

433　　434

0　　0

441　　442　　443　　444

0　　0　　0　　0

以上共有 64 个行列式.

$$M_{41} = \begin{vmatrix} a_{14} & a_{12} & a_{13} \\ a_{24} & a_{22} & a_{23} \\ a_{34} & a_{32} & a_{33} \end{vmatrix} = \begin{vmatrix} a_{12} & a_{13} & a_{14} \\ a_{22} & a_{23} & a_{24} \\ a_{32} & a_{33} & a_{34} \end{vmatrix}$$

$$\begin{matrix} -a_{13}a_{22}a_{34} & +a_{13}a_{24}a_{32} \\ -a_{12}a_{24}a_{33} & +a_{14}a_{22}a_{33} \\ -a_{14}a_{23}a_{32} & +a_{12}a_{23}a_{34} \end{matrix}$$

$$M_{42} = \begin{vmatrix} a_{11} & a_{13} & a_{14} \\ a_{21} & a_{23} & a_{24} \\ a_{31} & a_{33} & a_{34} \end{vmatrix}$$

$$\begin{matrix} a_{11}a_{23}a_{34} & -a_{11}a_{24}a_{33} \\ a_{13}a_{24}a_{31} & -a_{14}a_{23}a_{31} \\ a_{14}a_{21}a_{33} & -a_{13}a_{21}a_{34} \end{matrix}$$

$$M_{43} = \begin{vmatrix} a_{11} & a_{12} & a_{14} \\ a_{21} & a_{22} & a_{24} \\ a_{31} & a_{32} & a_{34} \end{vmatrix}$$

$$a_{11}a_{22}a_{34} \quad -a_{11}a_{24}a_{32}$$
$$a_{14}a_{21}a_{32} \quad -a_{14}a_{22}a_{31}$$
$$a_{12}a_{24}a_{31} \quad -a_{12}a_{21}a_{34}$$

$$M_{44} = \begin{vmatrix} a_{11} & a_{12} & a_{13} \\ a_{21} & a_{22} & a_{23} \\ a_{31} & a_{32} & a_{33} \end{vmatrix}$$

$$a_{11}a_{22}a_{33} \quad -a_{11}a_{23}a_{32}$$
$$a_{12}a_{23}a_{31} \quad -a_{12}a_{21}a_{33}$$
$$a_{13}a_{21}a_{32} \quad -a_{13}a_{22}a_{31}$$

我们证明了

$$\begin{vmatrix} \boldsymbol{\beta}_1\boldsymbol{\beta}_1 & \boldsymbol{\beta}_1\boldsymbol{\beta}_2 & \boldsymbol{\beta}_1\boldsymbol{\beta}_3 \\ \boldsymbol{\beta}_1\boldsymbol{\beta}_2 & \boldsymbol{\beta}_2\boldsymbol{\beta}_2 & \boldsymbol{\beta}_2\boldsymbol{\beta}_3 \\ \boldsymbol{\beta}_1\boldsymbol{\beta}_3 & \boldsymbol{\beta}_2\boldsymbol{\beta}_3 & \boldsymbol{\beta}_3\boldsymbol{\beta}_3 \end{vmatrix} = M_{41}^2 + M_{42}^2 + M_{43}^2 + M_{44}^2$$

同样的过程得

$$\begin{vmatrix} \boldsymbol{\beta}_1\boldsymbol{\beta}_1 & \boldsymbol{\beta}_1\boldsymbol{\beta}_2 & \boldsymbol{\beta}_1\boldsymbol{\beta}_4 \\ \boldsymbol{\beta}_2\boldsymbol{\beta}_1 & \boldsymbol{\beta}_2\boldsymbol{\beta}_2 & \boldsymbol{\beta}_2\boldsymbol{\beta}_4 \\ \boldsymbol{\beta}_4\boldsymbol{\beta}_1 & \boldsymbol{\beta}_4\boldsymbol{\beta}_2 & \boldsymbol{\beta}_4\boldsymbol{\beta}_4 \end{vmatrix} = M_{31}^2 + M_{32}^2 + M_{33}^2 + M_{34}^2$$

$$\begin{vmatrix} \boldsymbol{\beta}_1\boldsymbol{\beta}_1 & \boldsymbol{\beta}_1\boldsymbol{\beta}_3 & \boldsymbol{\beta}_1\boldsymbol{\beta}_4 \\ \boldsymbol{\beta}_1\boldsymbol{\beta}_3 & \boldsymbol{\beta}_3\boldsymbol{\beta}_3 & \boldsymbol{\beta}_3\boldsymbol{\beta}_4 \\ \boldsymbol{\beta}_1\boldsymbol{\beta}_4 & \boldsymbol{\beta}_3\boldsymbol{\beta}_4 & \boldsymbol{\beta}_4\boldsymbol{\beta}_4 \end{vmatrix} = M_{21}^2 + M_{22}^2 + M_{23}^2 + M_{24}^2$$

$$\begin{vmatrix} \boldsymbol{\beta}_2\boldsymbol{\beta}_2 & \boldsymbol{\beta}_2\boldsymbol{\beta}_3 & \boldsymbol{\beta}_2\boldsymbol{\beta}_4 \\ \boldsymbol{\beta}_2\boldsymbol{\beta}_3 & \boldsymbol{\beta}_3\boldsymbol{\beta}_3 & \boldsymbol{\beta}_3\boldsymbol{\beta}_4 \\ \boldsymbol{\beta}_2\boldsymbol{\beta}_4 & \boldsymbol{\beta}_3\boldsymbol{\beta}_4 & \boldsymbol{\beta}_4\boldsymbol{\beta}_4 \end{vmatrix} = M_{11}^2 + M_{12}^2 + M_{13}^2 + M_{14}^2$$

所以 $\boldsymbol{AA}'$ 的三阶主子式之和 $=\boldsymbol{A}$ 的所有三阶子式的平方和.

证完.

920. 证明:对于 n 阶的任何方阵 $\boldsymbol{A}$ 和 $\boldsymbol{B}$,矩阵 $\boldsymbol{AB}$ 和 $\boldsymbol{BA}$ 的 k 阶($1 \leqslant k \leqslant n$)的所有主子式之和是相等的.

证明 为了确定起见,仍以 $n=4, k=3$ 来进行证明.

$$\boldsymbol{A} = \begin{pmatrix} a_{11} & a_{12} & a_{13} & a_{14} \\ a_{21} & a_{22} & a_{23} & a_{24} \\ a_{31} & a_{32} & a_{33} & a_{34} \\ a_{41} & a_{42} & a_{34} & a_{44} \end{pmatrix}, \quad \boldsymbol{B} = \begin{pmatrix} b_{11} & b_{12} & b_{13} & b_{14} \\ b_{21} & b_{22} & b_{23} & b_{24} \\ b_{31} & b_{32} & b_{33} & b_{34} \\ b_{41} & b_{42} & b_{43} & b_{44} \end{pmatrix}$$

$$AB=\begin{pmatrix} a_{11}b_{11}+a_{12}b_{21}+a_{13}b_{31}+a_{14}b_{41} & a_{11}b_{12}+a_{12}b_{22}+a_{13}b_{32}+a_{14}b_{42} & a_{11}b_{13}+a_{12}b_{23}+a_{13}b_{33}+a_{14}b_{43} & \cdots \\ a_{21}b_{11}+a_{22}b_{21}+a_{23}b_{31}+a_{24}b_{41} & a_{21}b_{12}+a_{22}b_{22}+a_{23}b_{32}+a_{24}b_{42} & a_{21}b_{13}+a_{22}b_{23}+a_{23}b_{33}+a_{24}b_{43} & \cdots \\ a_{31}b_{11}+a_{32}b_{21}+a_{33}b_{31}+a_{34}b_{41} & a_{31}b_{12}+a_{32}b_{22}+a_{33}b_{32}+a_{34}b_{42} & a_{31}b_{13}+a_{32}b_{23}+a_{33}b_{33}+a_{34}b_{43} & \cdots \\ \cdots & \cdots & \cdots & \cdots \end{pmatrix}$$

$$C_{44}=\begin{vmatrix} a_{11}b_{11}+a_{12}b_{21}+a_{13}b_{31}+a_{14}b_{41} & a_{11}b_{12}+a_{12}b_{22}+a_{13}b_{32}+a_{14}b_{42} & a_{11}b_{13}+a_{12}b_{23}+a_{13}b_{33}+a_{14}b_{43} \\ a_{21}b_{11}+a_{22}b_{21}+a_{23}b_{31}+a_{24}b_{41} & a_{21}b_{12}+a_{22}b_{22}+a_{23}b_{32}+a_{24}b_{42} & a_{21}b_{13}+a_{22}b_{23}+a_{23}b_{33}+a_{24}b_{43} \\ a_{31}b_{11}+a_{32}b_{21}+a_{33}b_{31}+a_{34}b_{41} & a_{31}b_{12}+a_{32}b_{22}+a_{33}b_{32}+a_{34}b_{42} & a_{31}b_{13}+a_{32}b_{23}+a_{33}b_{33}+a_{34}b_{43} \end{vmatrix}$$

C_{44}分解为 4^3 个行列式.

行列式中有二列相同,则行列式为0.

111　　112　　113　　114

0　　0　　0　　0

121　　122　　123

0　　0

$$b_{11}b_{22}b_{33}\begin{vmatrix} a_{11} & a_{12} & a_{13} \\ a_{21} & a_{22} & a_{23} \\ a_{31} & a_{32} & a_{33} \end{vmatrix}=b_{11}b_{22}b_{33}M_{44}$$

124

$$b_{11}b_{22}b_{43}\begin{vmatrix} a_{11} & a_{12} & a_{14} \\ a_{21} & a_{22} & a_{24} \\ a_{31} & a_{32} & a_{34} \end{vmatrix}=b_{11}b_{22}b_{43}M_{43}$$

131　　132

0

$$b_{11}b_{32}b_{23}\begin{vmatrix} a_{11} & a_{13} & a_{12} \\ a_{21} & a_{23} & a_{22} \\ a_{31} & a_{33} & a_{32} \end{vmatrix}=-b_{11}b_{23}b_{32}M_{44}$$

133　　134

0

$$b_{11}b_{32}b_{43}\begin{vmatrix} a_{11} & a_{13} & a_{14} \\ a_{21} & a_{23} & a_{24} \\ a_{31} & a_{33} & a_{34} \end{vmatrix}=b_{11}b_{32}b_{43}M_{42}$$

141　　142

0

$$b_{11}b_{42}b_{23}\begin{vmatrix} a_{11} & a_{14} & a_{12} \\ a_{21} & a_{24} & a_{22} \\ a_{31} & a_{34} & a_{32} \end{vmatrix}=-b_{11}b_{23}b_{42}\begin{vmatrix} a_{11} & a_{12} & a_{14} \\ a_{21} & a_{22} & a_{24} \\ a_{31} & a_{32} & a_{34} \end{vmatrix}=-b_{11}b_{23}b_{42}M_{43}$$

143

$$b_{11}b_{42}b_{33}\begin{vmatrix} a_{11} & a_{14} & a_{13} \\ a_{21} & a_{24} & a_{23} \\ a_{31} & a_{34} & a_{33} \end{vmatrix}=-b_{11}b_{42}b_{33}\begin{vmatrix} a_{11} & a_{13} & a_{14} \\ a_{21} & a_{23} & a_{24} \\ a_{31} & a_{33} & a_{34} \end{vmatrix}=-b_{11}b_{42}b_{33}M_{42}$$

144　　211　　212

0　　0　　0

213

$$b_{12}b_{21}b_{33}\begin{vmatrix} a_{12} & a_{11} & a_{13} \\ a_{22} & a_{21} & a_{23} \\ a_{32} & a_{31} & a_{33} \end{vmatrix} = -b_{12}b_{21}b_{33}\begin{vmatrix} a_{11} & a_{12} & a_{13} \\ a_{21} & a_{22} & a_{23} \\ a_{31} & a_{32} & a_{33} \end{vmatrix} = -b_{12}b_{21}b_{33}M_{44}$$

214

$$b_{21}b_{12}b_{43}\begin{vmatrix} a_{12} & a_{11} & a_{14} \\ a_{22} & a_{21} & a_{24} \\ a_{32} & a_{31} & a_{34} \end{vmatrix} = -b_{21}b_{12}b_{43}\begin{vmatrix} a_{11} & a_{12} & a_{14} \\ a_{21} & a_{22} & a_{24} \\ a_{31} & a_{32} & a_{34} \end{vmatrix} = -b_{21}b_{12}b_{43}M_{43}$$

221　　222　　223　　224

0　　0　　0　　0

231

$$b_{21}b_{32}b_{13}\begin{vmatrix} a_{12} & a_{13} & a_{11} \\ a_{22} & a_{23} & a_{21} \\ a_{32} & a_{33} & a_{31} \end{vmatrix} = b_{21}b_{32}b_{13}\begin{vmatrix} a_{11} & a_{12} & a_{13} \\ a_{21} & a_{22} & a_{23} \\ a_{31} & a_{32} & a_{33} \end{vmatrix} = b_{21}b_{32}b_{13}M_{44}$$

232　　233　　234

0　　0

$$b_{21}b_{32}b_{43}\begin{vmatrix} a_{12} & a_{13} & a_{14} \\ a_{22} & a_{23} & a_{24} \\ a_{32} & a_{33} & a_{34} \end{vmatrix} = b_{21}b_{32}b_{43}M_{41}$$

241

$$b_{21}b_{42}b_{13}\begin{vmatrix} a_{12} & a_{14} & a_{11} \\ a_{22} & a_{24} & a_{21} \\ a_{32} & a_{34} & a_{31} \end{vmatrix} = b_{21}b_{42}b_{13}\begin{vmatrix} a_{11} & a_{12} & a_{14} \\ a_{21} & a_{22} & a_{24} \\ a_{31} & a_{32} & a_{34} \end{vmatrix} = b_{21}b_{42}b_{13}M_{43}$$

242　　243

0

$$b_{21}b_{42}b_{33}\begin{vmatrix} a_{12} & a_{14} & a_{13} \\ a_{22} & a_{24} & a_{23} \\ a_{32} & a_{34} & a_{33} \end{vmatrix} = -b_{21}b_{42}b_{33}\begin{vmatrix} a_{12} & a_{13} & a_{14} \\ a_{22} & a_{23} & a_{24} \\ a_{32} & a_{33} & a_{34} \end{vmatrix} = -b_{21}b_{42}b_{33}M_{41}$$

244　　311　　312

0　　0

$$b_{31}b_{12}b_{23}\begin{vmatrix} a_{13} & a_{11} & a_{12} \\ a_{23} & a_{21} & a_{22} \\ a_{33} & a_{31} & a_{32} \end{vmatrix} = b_{31}b_{12}b_{23}\begin{vmatrix} a_{11} & a_{12} & a_{13} \\ a_{21} & a_{22} & a_{23} \\ a_{31} & a_{32} & a_{33} \end{vmatrix} = b_{31}b_{12}b_{23}M_{44}$$

313　　314

0

$$b_{31}b_{12}b_{43}\begin{vmatrix} a_{13} & a_{11} & a_{14} \\ a_{23} & a_{21} & a_{24} \\ a_{33} & a_{31} & a_{34} \end{vmatrix} = -b_{31}b_{12}b_{43}\begin{vmatrix} a_{11} & a_{13} & a_{14} \\ a_{21} & a_{23} & a_{24} \\ a_{31} & a_{33} & a_{34} \end{vmatrix} = -b_{31}b_{12}b_{43}M_{42}$$

321

$$b_{31}b_{22}b_{13}\begin{vmatrix} a_{13} & a_{12} & a_{11} \\ a_{23} & a_{22} & a_{21} \\ a_{33} & a_{32} & a_{31} \end{vmatrix} = -b_{31}b_{22}b_{13}\begin{vmatrix} a_{11} & a_{12} & a_{13} \\ a_{21} & a_{22} & a_{23} \\ a_{31} & a_{32} & a_{33} \end{vmatrix} = -b_{31}b_{22}b_{13}M_{44}$$

322 323 324

0 0 $b_{31}b_{22}b_{43}\begin{vmatrix} a_{13} & a_{12} & a_{14} \\ a_{23} & a_{22} & a_{24} \\ a_{33} & a_{32} & a_{34} \end{vmatrix} = -b_{31}b_{22}b_{43}\begin{vmatrix} a_{12} & a_{13} & a_{14} \\ a_{22} & a_{23} & a_{24} \\ a_{32} & a_{33} & a_{34} \end{vmatrix} = -b_{31}b_{22}b_{43}M_{41}$

331 332 333 334

0 0 0 0

341

$$b_{31}b_{42}b_{13}\begin{vmatrix} a_{13} & a_{14} & a_{11} \\ a_{23} & a_{24} & a_{21} \\ a_{33} & a_{34} & a_{31} \end{vmatrix} = b_{31}b_{42}b_{13}\begin{vmatrix} a_{11} & a_{13} & a_{14} \\ a_{21} & a_{23} & a_{24} \\ a_{31} & a_{33} & a_{34} \end{vmatrix} = b_{31}b_{42}b_{13}M_{42}$$

342

$$b_{31}b_{42}b_{23}\begin{vmatrix} a_{13} & a_{14} & a_{12} \\ a_{23} & a_{24} & a_{22} \\ a_{33} & a_{34} & a_{32} \end{vmatrix} = b_{31}b_{42}b_{23}\begin{vmatrix} a_{12} & a_{13} & a_{14} \\ a_{22} & a_{23} & a_{24} \\ a_{32} & a_{33} & a_{34} \end{vmatrix} = b_{31}b_{42}b_{23}M_{41}$$

343 344 411 412

0 0 0 $b_{41}b_{12}b_{23}\begin{vmatrix} a_{14} & a_{11} & a_{12} \\ a_{24} & a_{21} & a_{22} \\ a_{34} & a_{31} & a_{32} \end{vmatrix} = b_{41}b_{12}b_{23}\begin{vmatrix} a_{11} & a_{12} & a_{14} \\ a_{21} & a_{22} & a_{24} \\ a_{31} & a_{32} & a_{34} \end{vmatrix} = b_{41}b_{12}b_{23}M_{43}$

413

$$b_{41}b_{12}b_{33}\begin{vmatrix} a_{14} & a_{11} & a_{13} \\ a_{24} & a_{21} & a_{23} \\ a_{34} & a_{31} & a_{33} \end{vmatrix} = b_{41}b_{12}b_{33}\begin{vmatrix} a_{11} & a_{13} & a_{14} \\ a_{21} & a_{23} & a_{24} \\ a_{31} & a_{33} & a_{34} \end{vmatrix} = b_{41}b_{12}b_{33}M_{42}$$

414 421

0 $b_{41}b_{22}b_{13}\begin{vmatrix} a_{14} & a_{12} & a_{11} \\ a_{24} & a_{22} & a_{21} \\ a_{34} & a_{32} & a_{31} \end{vmatrix} = -b_{41}b_{22}b_{13}\begin{vmatrix} a_{11} & a_{12} & a_{14} \\ a_{21} & a_{22} & a_{24} \\ a_{31} & a_{32} & a_{34} \end{vmatrix} = -b_{41}b_{22}b_{13}M_{43}$

422 423

0 $b_{41}b_{22}b_{33}\begin{vmatrix} a_{14} & a_{12} & a_{13} \\ a_{24} & a_{22} & a_{23} \\ a_{34} & a_{32} & a_{33} \end{vmatrix} = b_{41}b_{22}b_{33}\begin{vmatrix} a_{12} & a_{13} & a_{14} \\ a_{22} & a_{23} & a_{24} \\ a_{32} & a_{33} & a_{34} \end{vmatrix} = b_{41}b_{22}b_{33}M_{41}$

424 431

0 $b_{41}b_{32}b_{13}\begin{vmatrix} a_{14} & a_{13} & a_{11} \\ a_{24} & a_{23} & a_{21} \\ a_{34} & a_{33} & a_{31} \end{vmatrix} = -b_{41}b_{32}b_{13}\begin{vmatrix} a_{11} & a_{13} & a_{14} \\ a_{21} & a_{23} & a_{24} \\ a_{31} & a_{33} & a_{34} \end{vmatrix} = -b_{41}b_{32}b_{13}M_{42}$

432

$$b_{41}b_{32}b_{23}\begin{vmatrix} a_{14} & a_{13} & a_{12} \\ a_{24} & a_{23} & a_{22} \\ a_{34} & a_{33} & a_{32} \end{vmatrix} = -b_{41}b_{32}b_{23}\begin{vmatrix} a_{12} & a_{13} & a_{14} \\ a_{22} & a_{23} & a_{24} \\ a_{32} & a_{33} & a_{34} \end{vmatrix} = -b_{41}b_{32}b_{23}M_{41}$$

433	434	441	442	443	444
0	0	0	0	0	0

将 4^3 个行列式,按 M_{4i} 合并得

M_{41}

$$\begin{matrix} b_{21}b_{32}b_{43} & -b_{21}b_{42}b_{33} \\ b_{31}b_{42}b_{23} & -b_{31}b_{22}b_{43} \\ b_{41}b_{22}b_{33} & -b_{41}b_{32}b_{23} \end{matrix} \quad \text{即} \begin{vmatrix} b_{21} & b_{22} & b_{23} \\ b_{31} & b_{32} & b_{33} \\ b_{41} & b_{42} & b_{43} \end{vmatrix} = M_{14}(\boldsymbol{B})$$

M_{42}

$$\begin{matrix} b_{11}b_{32}b_{43} & -b_{11}b_{42}b_{33} \\ b_{31}b_{42}b_{13} & -b_{31}b_{12}b_{43} \\ b_{41}b_{12}b_{33} & -b_{41}b_{32}b_{13} \end{matrix} \quad \text{即} \begin{vmatrix} b_{11} & b_{12} & b_{13} \\ b_{31} & b_{32} & b_{33} \\ b_{41} & b_{42} & b_{43} \end{vmatrix} = M_{24}(\boldsymbol{B})$$

M_{43}

$$\begin{matrix} b_{41}b_{12}b_{23} & -b_{41}b_{22}b_{13} \\ b_{21}b_{42}b_{13} & -b_{21}b_{12}b_{43} \\ b_{11}b_{22}b_{43} & -b_{11}b_{23}b_{42} \end{matrix} \quad \text{即} \begin{vmatrix} b_{11} & b_{12} & b_{13} \\ b_{21} & b_{22} & b_{23} \\ b_{41} & b_{42} & b_{43} \end{vmatrix} = M_{34}(\boldsymbol{B})$$

M_{44}

$$\begin{matrix} b_{11}b_{22}b_{33} & -b_{11}b_{23}b_{32} \\ b_{21}b_{32}b_{13} & -b_{12}b_{21}b_{33} \\ b_{31}b_{12}b_{23} & -b_{31}b_{22}b_{13} \end{matrix} \quad \text{即} \begin{vmatrix} b_{11} & b_{12} & b_{13} \\ b_{21} & b_{22} & b_{23} \\ b_{31} & b_{32} & b_{33} \end{vmatrix} = M_{44}(\boldsymbol{B})$$

$$C_{44} = M_{41}(\boldsymbol{A}) \cdot M_{14}(\boldsymbol{B}) + M_{42}(\boldsymbol{A}) \cdot M_{24}(\boldsymbol{B}) + M_{43}(\boldsymbol{A})M_{34}(\boldsymbol{B}) + M_{44}(\boldsymbol{A})M_{44}(\boldsymbol{B})$$

因为

$$\boldsymbol{C} = \boldsymbol{AB}$$

$$\boldsymbol{C}' = \boldsymbol{B}'\boldsymbol{A}'$$

所以

$$\begin{aligned} C'_{44} &= M_{41}(\boldsymbol{B}')M_{14}(\boldsymbol{A}') + M_{42}(\boldsymbol{B}')M_{24}(\boldsymbol{A}') + M_{43}(\boldsymbol{B}')M_{34}(\boldsymbol{A}') + M_{44}(\boldsymbol{B}')M_{44}(\boldsymbol{A}') \\ &= M_{14}(\boldsymbol{B})M_{41}(\boldsymbol{A}) + M_{24}(\boldsymbol{B})M_{42}(\boldsymbol{A}) + M_{34}(\boldsymbol{B})M_{43}(\boldsymbol{A}) + M_{44}(\boldsymbol{B})M_{44}(\boldsymbol{A}) \\ &= C_{44} \end{aligned}$$

其中,C'_{44}是 $\boldsymbol{BA}$ 的三阶顺序主子式.

同理

$$C_{33} = C'_{33}$$
$$C_{22} = C'_{22}$$
$$C_{11} = C'_{11}$$

所以 $C_{11} + C_{22} + C_{33} + C_{44} = C'_{11} + C'_{22} + C'_{33} + C'_{44}$.

证完.

921. 令 $\boldsymbol{A}$ 是 n 阶实矩阵, $\boldsymbol{B}$ 和 $\boldsymbol{C}$ 分别是由 $\boldsymbol{A}$ 的前 k 列和最后 $n-k$ 列所组成的矩阵. 证明: $|\boldsymbol{A}|^2 \leqslant |\boldsymbol{B}'\boldsymbol{B}| \cdot |\boldsymbol{C}'\boldsymbol{C}|$.

证明　为了确定起见, 命 $n=4, k=3$.

$$\begin{vmatrix} a_{11} & a_{12} & a_{13} & a_{14} \\ a_{21} & a_{22} & a_{23} & a_{24} \\ a_{31} & a_{32} & a_{33} & a_{34} \\ a_{41} & a_{42} & a_{43} & a_{44} \end{vmatrix}^2 \leqslant \left| \begin{pmatrix} a_{11} & a_{21} & a_{31} & a_{41} \\ a_{12} & a_{22} & a_{32} & a_{42} \\ a_{13} & a_{23} & a_{33} & a_{43} \end{pmatrix} \begin{pmatrix} a_{11} & a_{12} & a_{13} \\ a_{21} & a_{22} & a_{23} \\ a_{31} & a_{32} & a_{33} \\ a_{41} & a_{42} & a_{43} \end{pmatrix} \right| \left| (a_{14} a_{24} a_{34} a_{44}) \begin{pmatrix} a_{14} \\ a_{24} \\ a_{34} \\ a_{44} \end{pmatrix} \right|$$

$$\begin{vmatrix} \boldsymbol{\beta}_1\boldsymbol{\beta}_1 & \boldsymbol{\beta}_1\boldsymbol{\beta}_2 & \boldsymbol{\beta}_1\boldsymbol{\beta}_3 & \boldsymbol{\beta}_1\boldsymbol{\beta}_4 \\ \boldsymbol{\beta}_2\boldsymbol{\beta}_1 & \boldsymbol{\beta}_2\boldsymbol{\beta}_2 & \boldsymbol{\beta}_2\boldsymbol{\beta}_3 & \boldsymbol{\beta}_2\boldsymbol{\beta}_4 \\ \boldsymbol{\beta}_3\boldsymbol{\beta}_1 & \boldsymbol{\beta}_3\boldsymbol{\beta}_2 & \boldsymbol{\beta}_3\boldsymbol{\beta}_3 & \boldsymbol{\beta}_3\boldsymbol{\beta}_4 \\ \boldsymbol{\beta}_4\boldsymbol{\beta}_1 & \boldsymbol{\beta}_4\boldsymbol{\beta}_2 & \boldsymbol{\beta}_4\boldsymbol{\beta}_3 & \boldsymbol{\beta}_4\boldsymbol{\beta}_4 \end{vmatrix} \leqslant \begin{vmatrix} \boldsymbol{\beta}_1\boldsymbol{\beta}_1 & \boldsymbol{\beta}_1\boldsymbol{\beta}_2 & \boldsymbol{\beta}_1\boldsymbol{\beta}_3 \\ \boldsymbol{\beta}_2\boldsymbol{\beta}_1 & \boldsymbol{\beta}_2\boldsymbol{\beta}_2 & \boldsymbol{\beta}_2\boldsymbol{\beta}_3 \\ \boldsymbol{\beta}_3\boldsymbol{\beta}_1 & \boldsymbol{\beta}_3\boldsymbol{\beta}_2 & \boldsymbol{\beta}_3\boldsymbol{\beta}_3 \end{vmatrix} \cdot \boldsymbol{\beta}_4 \cdot \boldsymbol{\beta}_4$$

431

$$\begin{vmatrix} a_{14}^2 & a_{13}a_{23} & a_{11}a_{31} \\ a_{14}a_{24} & a_{23}^2 & a_{21}a_{31} \\ a_{14}a_{34} & a_{23}a_{33} & a_{31}^2 \end{vmatrix} = -a_{14}a_{23}a_{31} \begin{vmatrix} a_{11} & a_{13} & a_{14} \\ a_{21} & a_{23} & a_{24} \\ a_{31} & a_{33} & a_{34} \end{vmatrix} A_{42} ⑥$$

432

$$\begin{vmatrix} a_{14}^2 & a_{13}a_{23} & a_{12}a_{32} \\ a_{14}a_{24} & a_{23}^2 & a_{22}a_{32} \\ a_{14}a_{34} & a_{23}a_{33} & a_{32}^2 \end{vmatrix} = - \begin{vmatrix} a_{12} & a_{13} & a_{14} \\ a_{22} & a_{23} & a_{24} \\ a_{32} & a_{33} & a_{34} \end{vmatrix} \cdot a_{14}a_{23}a_{32} A_{41} ⑥$$

433　　434　　441　　442 = 443 = 444 = 0

0　　0　　0

证毕.　以上共有 64 个行列式.

$$\begin{vmatrix} \boldsymbol{\beta}_1\boldsymbol{\beta}_1 & \boldsymbol{\beta}_1\boldsymbol{\beta}_2 & \boldsymbol{\beta}_1\boldsymbol{\beta}_3 \\ \boldsymbol{\beta}_1\boldsymbol{\beta}_2 & \boldsymbol{\beta}_2\boldsymbol{\beta}_2 & \boldsymbol{\beta}_2\boldsymbol{\beta}_3 \\ \boldsymbol{\beta}_1\boldsymbol{\beta}_3 & \boldsymbol{\beta}_2\boldsymbol{\beta}_3 & \boldsymbol{\beta}_3\boldsymbol{\beta}_3 \end{vmatrix} = A_{44}^2 + A_{43}^2 + A_{42}^2 + A_{41}^2$$

同样的过程,得

$$\begin{vmatrix} \boldsymbol{\beta}_1\boldsymbol{\beta}_1 & \boldsymbol{\beta}_1\boldsymbol{\beta}_2 & \boldsymbol{\beta}_1\boldsymbol{\beta}_4 \\ \boldsymbol{\beta}_2\boldsymbol{\beta}_1 & \boldsymbol{\beta}_2\boldsymbol{\beta}_2 & \boldsymbol{\beta}_2\boldsymbol{\beta}_4 \\ \boldsymbol{\beta}_4\boldsymbol{\beta}_1 & \boldsymbol{\beta}_4\boldsymbol{\beta}_2 & \boldsymbol{\beta}_4\boldsymbol{\beta}_4 \end{vmatrix} = A_{34}^2 + A_{33}^2 + A_{32}^2 + A_{31}^2$$

$$\begin{vmatrix} \boldsymbol{\beta}_1\boldsymbol{\beta}_1 & \boldsymbol{\beta}_1\boldsymbol{\beta}_3 & \boldsymbol{\beta}_1\boldsymbol{\beta}_4 \\ \boldsymbol{\beta}_1\boldsymbol{\beta}_3 & \boldsymbol{\beta}_3\boldsymbol{\beta}_3 & \boldsymbol{\beta}_3\boldsymbol{\beta}_4 \\ \boldsymbol{\beta}_1\boldsymbol{\beta}_4 & \boldsymbol{\beta}_3\boldsymbol{\beta}_4 & \boldsymbol{\beta}_4\boldsymbol{\beta}_4 \end{vmatrix} = A_{24}^2 + A_{23}^2 + A_{22}^2 + A_{21}^2$$

$$\begin{vmatrix} \boldsymbol{\beta}_2\boldsymbol{\beta}_2 & \boldsymbol{\beta}_2\boldsymbol{\beta}_3 & \boldsymbol{\beta}_2\boldsymbol{\beta}_4 \\ \boldsymbol{\beta}_2\boldsymbol{\beta}_3 & \boldsymbol{\beta}_3\boldsymbol{\beta}_3 & \boldsymbol{\beta}_3\boldsymbol{\beta}_4 \\ \boldsymbol{\beta}_2\boldsymbol{\beta}_4 & \boldsymbol{\beta}_3\boldsymbol{\beta}_4 & \boldsymbol{\beta}_4\boldsymbol{\beta}_4 \end{vmatrix} = A_{14}^2 + A_{13}^2 + A_{12}^2 + A_{11}^2$$

所以,$\boldsymbol{AA}'$的三阶主子式之和等于 $\boldsymbol{A}$ 的所有三阶子式的平方和.

证完.

211　　212　　213

0　　0

$$b_{21}b_{12}b_{33}\begin{vmatrix} a_{12} & a_{11} & a_{13} \\ a_{22} & a_{21} & a_{23} \\ a_{32} & a_{31} & a_{33} \end{vmatrix} = -b_{12}b_{21}b_{33}\begin{vmatrix} a_{11} & a_{12} & a_{13} \\ a_{21} & a_{22} & a_{23} \\ a_{31} & a_{32} & a_{33} \end{vmatrix} A_{44} ③$$

214

$$b_{21}b_{12}b_{43}\begin{vmatrix} a_{12} & a_{11} & a_{14} \\ a_{22} & a_{21} & a_{24} \\ a_{32} & a_{31} & a_{34} \end{vmatrix} = -b_{21}b_{12}b_{43}\begin{vmatrix} a_{11} & a_{12} & a_{14} \\ a_{21} & a_{22} & a_{24} \\ a_{31} & a_{32} & a_{34} \end{vmatrix} A_{43} ③$$

221　222　223　224　　231

0　0　0　0

$$b_{21}b_{32}b_{13}\begin{vmatrix} a_{12} & a_{13} & a_{11} \\ a_{22} & a_{23} & a_{21} \\ a_{32} & a_{33} & a_{31} \end{vmatrix} = b_{21}b_{32}b_{13}\begin{vmatrix} a_{11} & a_{12} & a_{13} \\ a_{21} & a_{22} & a_{23} \\ a_{31} & a_{32} & a_{33} \end{vmatrix} A_{44} ④$$

232　233　234

0　0

$$b_{21}b_{32}b_{43}\begin{vmatrix} a_{12} & a_{13} & a_{14} \\ a_{22} & a_{23} & a_{24} \\ a_{32} & a_{33} & a_{34} \end{vmatrix} A_{41} ①$$

241

$$b_{21}b_{42}b_{13}\begin{vmatrix} a_{12} & a_{14} & a_{11} \\ a_{22} & a_{24} & a_{21} \\ a_{32} & a_{34} & a_{31} \end{vmatrix} = b_{21}b_{42}b_{13}\begin{vmatrix} a_{11} & a_{12} & a_{14} \\ a_{21} & a_{22} & a_{24} \\ a_{31} & a_{32} & a_{34} \end{vmatrix} A_{43} ④$$

242　243　　　　244

0　$b_{21}b_{42}b_{33}\begin{vmatrix} a_{12} & a_{14} & a_{13} \\ a_{22} & a_{24} & a_{23} \\ a_{32} & a_{34} & a_{33} \end{vmatrix} = -b_{21}b_{42}b_{33}\begin{vmatrix} a_{12} & a_{13} & a_{14} \\ a_{22} & a_{23} & a_{24} \\ a_{32} & a_{33} & a_{34} \end{vmatrix} A_{41}$②　0

311　312

0　$b_{31}b_{12}b_{23}\begin{vmatrix} a_{13} & a_{11} & a_{12} \\ a_{23} & a_{21} & a_{22} \\ a_{33} & a_{31} & a_{32} \end{vmatrix} = b_{31}b_{12}b_{23}\begin{vmatrix} a_{11} & a_{12} & a_{13} \\ a_{21} & a_{22} & a_{23} \\ a_{31} & a_{32} & a_{33} \end{vmatrix} A_{44}$⑤

313　314

0　$b_{31}b_{12}b_{43}\begin{vmatrix} a_{13} & a_{11} & a_{14} \\ a_{23} & a_{21} & a_{24} \\ a_{33} & a_{31} & a_{34} \end{vmatrix} = -b_{31}b_{12}b_{43}\begin{vmatrix} a_{11} & a_{13} & a_{14} \\ a_{21} & a_{23} & a_{24} \\ a_{31} & a_{33} & a_{34} \end{vmatrix} A_{42}$③

321　　　　322　323

$b_{31}b_{22}b_{13}\begin{vmatrix} a_{13} & a_{12} & a_{11} \\ a_{23} & a_{22} & a_{21} \\ a_{33} & a_{32} & a_{31} \end{vmatrix} = -b_{31}b_{22}b_{13}\begin{vmatrix} a_{11} & a_{12} & a_{13} \\ a_{21} & a_{22} & a_{23} \\ a_{31} & a_{32} & a_{33} \end{vmatrix} A_{44}$⑥　0　0

324

$b_{31}b_{22}b_{43}\begin{vmatrix} a_{13} & a_{12} & a_{14} \\ a_{23} & a_{22} & a_{24} \\ a_{33} & a_{32} & a_{34} \end{vmatrix} = -b_{31}b_{22}b_{43}\begin{vmatrix} a_{12} & a_{13} & a_{14} \\ a_{22} & a_{23} & a_{24} \\ a_{32} & a_{33} & a_{34} \end{vmatrix} A_{41}$③

331　332　333　334　341

0　0　0　0　$b_{31}b_{42}b_{13}\begin{vmatrix} a_{13} & a_{14} & a_{11} \\ a_{23} & a_{24} & a_{21} \\ a_{33} & a_{34} & a_{31} \end{vmatrix} = b_{31}b_{42}b_{13}\begin{vmatrix} a_{11} & a_{13} & a_{14} \\ a_{21} & a_{23} & a_{24} \\ a_{31} & a_{33} & a_{34} \end{vmatrix} A_{42}$④

342　　　　343　344

$b_{31}b_{42}b_{23}\begin{vmatrix} a_{13} & a_{14} & a_{12} \\ a_{23} & a_{24} & a_{22} \\ a_{33} & a_{34} & a_{32} \end{vmatrix} = b_{31}b_{42}b_{23}\begin{vmatrix} a_{12} & a_{13} & a_{14} \\ a_{22} & a_{23} & a_{24} \\ a_{32} & a_{33} & a_{34} \end{vmatrix} A_{41}$④　0　0

411　412

0　$b_{41}b_{12}b_{23}\begin{vmatrix} a_{14} & a_{11} & a_{12} \\ a_{24} & a_{21} & a_{22} \\ a_{34} & a_{31} & a_{32} \end{vmatrix} = b_{41}b_{12}b_{23}\begin{vmatrix} a_{11} & a_{12} & a_{14} \\ a_{21} & a_{22} & a_{24} \\ a_{31} & a_{32} & a_{34} \end{vmatrix} A_{43}$⑤

$$\begin{vmatrix} a_{12} & a_{13} & a_{14} \\ a_{22} & a_{23} & a_{24} \\ a_{32} & a_{33} & a_{34} \end{vmatrix}^2 = (a_{12}a_{23}a_{34} + a_{13}a_{24}a_{32} + a_{22}a_{33}a_{14} - a_{23}a_{32}a_{14} - a_{12}a_{33}a_{24} - a_{13}a_{22}a_{34})^2$$

$= a_{12}^2a_{23}^2a_{34}^2 + a_{13}^2a_{24}^2a_{32}^2 + a_{22}^2a_{33}^2a_{14}^2 + a_{23}^2a_{32}^2a_{14}^2 + a_{12}^2a_{33}^2a_{24}^2 + a_{13}^2a_{22}^2a_{34}^2 +$

$2a_{12}a_{23}a_{34}a_{13}a_{24}a_{32} + 2a_{12}a_{23}a_{34}a_{22}a_{33}a_{14} - 2a_{12}a_{23}a_{34}a_{23}a_{32}a_{14} -$

$2a_{12}a_{23}a_{34}a_{12}a_{33}a_{24} +$

324　　　　243

0

$2a_{13}a_{24}a_{32}a_{22}a_{33}a_{14} - 2a_{12}a_{23}a_{34}a_{13}a_{22}a_{34} - 2a_{13}a_{24}a_{32}a_{23}a_{32}a_{14} -$

$2a_{13}a_{24}a_{32}a_{12}a_{33}a_{24}$

432

$-2a_{13}a_{24}a_{32}a_{13}a_{22}a_{34} - 2a_{22}a_{33}a_{14}a_{23}a_{32}a_{14} - 2a_{22}a_{33}a_{14}a_{12}a_{33}a_{24} -$

$2a_{22}a_{33}a_{14}a_{13}a_{22}a_{34} +$

$2a_{23}a_{32}a_{14}a_{12}a_{33}a_{24} + 2a_{23}a_{32}a_{14}a_{13}a_{22}a_{34} + 2a_{12}a_{33}a_{24}a_{13}a_{22}a_{34}$

423　　　　342　　　　234

0　　　　0　　　　0

分类,排队

$$-2a_{22}^2(a_{11}a_{13}a_{31}a_{33} + a_{11}a_{14}a_{31}a_{34} + a_{13}a_{14}a_{33}a_{34}) +$$

$$a_{11}a_{31} + a_{13}a_{33} + a_{14}a_{34} = -a_{12}a_{32}$$

$$a_{11}^2a_{31}^2 + a_{13}^2a_{33}^2 + a_{14}^2a_{34}^2 + 2(a_{11}a_{13}a_{31}a_{33} + a_{11}a_{14}a_{31}a_{34} + a_{13}a_{14}a_{33}a_{34}) = a_{12}^2a_{32}^2 -$$

$$2(a_{11}a_{13}a_{31}a_{33} + a_{11}a_{14}a_{31}a_{34} + a_{13}a_{14}a_{33}a_{34}) = a_{11}^2a_{31}^2 + a_{13}^2a_{33}^2 + a_{14}^2a_{34}^2 - a_{12}^2a_{32}^2$$

关于 a_{22}^2 项

$$= a_{22}^2(a_{11}^2a_{31}^2 + a_{13}^2a_{33}^2 + a_{14}^2a_{34}^2 - a_{12}^2a_{32}^2)$$

同样的,关于 a_{21}^2 项

$$= a_{21}^2[a_{12}^2a_{32}^2 + a_{13}^2a_{33}^2 + a_{14}^2a_{34}^2 - a_{11}^2a_{31}^2]$$

关于 a_{23}^2 项

$$= a_{23}^2[a_{11}^2a_{31}^2 + a_{14}^2a_{34}^2 + a_{12}^2a_{32}^2 - a_{13}^2a_{33}^2]$$

关于 a_{24}^2 项

$$= a_{24}^2[a_{13}^2a_{33}^2 + a_{11}^2a_{31}^2 + a_{12}^2a_{32}^2 - a_{14}^2a_{34}^2]$$

根据 $a_{21}^2 + a_{22}^2 + a_{23}^2 + a_{24}^2 = 1$　得到

$$a_{11}^2a_{31}^2 - 2a_{11}^2a_{31}^2a_{21}^2$$
$$a_{12}^2a_{32}^2 - 2a_{12}^2a_{32}^2a_{22}^2$$
$$a_{13}^2a_{33}^2 - 2a_{13}^2a_{23}^2a_{33}^2$$
$$a_{14}^2a_{34}^2 - 2a_{14}^2a_{24}^2a_{34}^2$$

关于 a_{12}^2 的项 $a_{12}^2a_{32}^2 \quad a_{12}^2a_{22}^2 \quad -2a_{12}^2a_{22}^2a_{32}^2$

$$a_{12}^2a_{23}^2a_{31}^2 \qquad a_{12}^2a_{33}^2a_{24}^2$$
$$a_{12}^2a_{23}^2a_{34}^2 \qquad a_{12}^2a_{33}^2a_{21}^2$$
$$a_{12}^2a_{24}^2a_{31}^2 \qquad a_{12}^2a_{21}^2a_{34}^2$$

$$a_{12}^2a_{23}^2 \qquad a_{12}^2a_{24}^2 \qquad a_{12}^2a_{21}^2$$
$$-a_{12}^2a_{23}^2a_{32}^2 \qquad -a_{12}^2a_{24}^2a_{32}^2 \qquad -a_{12}^2a_{21}^2a_{31}^2$$
$$-a_{12}^2a_{23}^2a_{33}^2 \qquad -a_{12}^2a_{24}^2a_{34}^2 \qquad -a_{12}^2a_{21}^2a_{32}^2$$

$$a_{12}^2a_{32}^2 - a_{12}^2a_{22}^2a_{32}^2 = a_{12}^2a_{32}^2a_{21}^2 + a_{12}^2a_{32}^2a_{23}^2 + a_{12}^2a_{32}^2a_{24}^2$$
$$= a_{12}^2 - a_{12}^2a_{22}^2a_{32}^2 - a_{12}^2a_{23}^2a_{33}^2 - a_{12}^2a_{24}^2a_{34}^2 - a_{12}^2a_{21}^2a_{31}^2$$

关于 a_{13}^2 的项

$$a_{13}^2a_{23}^2 \quad a_{13}^2a_{33}^2 \quad -2a_{13}^2a_{23}^2a_{33}^2$$

$$a_{13}^2a_{24}^2a_{32}^2 \qquad a_{13}^2a_{22}^2a_{34}^2$$
$$a_{13}^2a_{21}^2a_{32}^2 \qquad a_{13}^2a_{22}^2a_{31}^2$$
$$a_{13}^2a_{24}^2a_{31}^2 \qquad a_{13}^2a_{21}^2a_{34}^2$$

$$a_{13}^2a_{32}^2 \qquad a_{13}^2a_{31}^2 \qquad a_{13}^2a_{34}^2$$
$$-a_{13}^2a_{32}^2a_{22}^2 \qquad -a_{13}^2a_{31}^2a_{21}^2 \qquad -a_{13}^2a_{34}^2a_{23}^2$$
$$-a_{13}^2a_{32}^2a_{23}^2 \qquad -a_{13}^2a_{31}^2a_{23}^2 \qquad -a_{13}^2a_{34}^2a_{24}^2$$

$$a_{13}^2a_{23}^2 - a_{13}^2a_{23}^2a_{33}^2 = a_{13}^2a_{23}^2a_{31}^2 + a_{13}^2a_{23}^2a_{32}^2 + a_{13}^2a_{23}^2a_{34}^2$$
$$= a_{13}^2 - a_{13}^2a_{23}^2a_{33}^2 - a_{13}^2a_{32}^2a_{22}^2 - a_{13}^2a_{31}^2a_{21}^2 - a_{13}^2a_{34}^2a_{24}^2$$

关于 a_{14}^2 的项 $a_{14}^2a_{34}^2 \quad a_{14}^2a_{24}^2 \quad -2a_{14}^2a_{24}^2a_{34}^2$

$$a_{14}^2a_{21}^2a_{33}^2 \qquad a_{14}^2a_{23}^2a_{31}^2$$
$$a_{14}^2a_{21}^2a_{32}^2 \qquad a_{14}^2a_{22}^2a_{31}^2$$
$$a_{14}^2a_{22}^2a_{33}^2 \qquad a_{14}^2a_{23}^2a_{32}^2$$

充分说明具体数值 $\quad a_{14}^2a_{21}^2 \qquad a_{14}^2a_{22}^2 \qquad a_{14}^2a_{23}^2$

具体例子可以帮助我 $\quad -a_{14}^2a_{21}^2a_{31}^2 \qquad -a_{14}^2a_{22}^2a_{32}^2 \qquad -a_{14}^2a_{23}^2a_{33}^2$

迅速找到错误 $\quad -a_{14}^2a_{21}^2a_{34}^2 \qquad -a_{14}^2a_{22}^2a_{34}^2 \qquad -a_{14}^2a_{23}^2a_{34}^2$

$$a_{14}^2a_{34}^2 - a_{14}^2a_{34}^2a_{24}^2 = a_{14}^2a_{34}^2a_{21}^2 + a_{14}^2a_{34}^2a_{22}^2 + a_{14}^2a_{34}^2a_{23}^2$$
$$= a_{14}^2 - a_{14}^2a_{24}^2a_{34}^2 - a_{14}^2a_{21}^2a_{31}^2 - a_{14}^2a_{22}^2a_{32}^2 - a_{14}^2a_{23}^2a_{33}^2$$

总和 $= 1 - a_{21}^2a_{31}^2 - a_{22}^2a_{32}^2 - a_{23}^2a_{33}^2 - a_{24}^2a_{34}^2$

终于找到了漏网鱼.

求下列矩阵的 JORDAN 标准形：

题 922 ~945 略.

946. 方阵称为上(下)三角形的,如果位于主对角线以下(以上)的所有元素等于零. 证明:对上(下)三角形矩阵进行下列运算仍得到上(下)三角形矩阵:

(1)两个矩阵相加;

(2)用数乘矩阵;

(3)两个矩阵相乘;

(4)非奇异矩阵的逆矩阵.

证明　上三角阵.

$$\begin{pmatrix} a_{11} & a_{12} & \cdots & a_{1n} \\ & a_{22} & \cdots & a_{2n} \\ & & \ddots & \vdots \\ & & & a_{nn} \end{pmatrix} + \begin{pmatrix} b_{11} & b_{12} & \cdots & b_{1n} \\ & b_{22} & \cdots & b_{2n} \\ & & \ddots & \vdots \\ & & & b_{nn} \end{pmatrix} = \begin{pmatrix} a_{11}+b_{11} & a_{12}+b_{12} & \cdots & a_{1n}+b_{1n} \\ & a_{22}+b_{22} & \cdots & a_{2n}+b_{2n} \\ & & \ddots & \vdots \\ & & & a_{nn}+b_{nn} \end{pmatrix}$$

$$\alpha\begin{pmatrix} a_{11} & a_{12} & \cdots & a_{1n} \\ & a_{22} & \cdots & a_{2n} \\ & & \ddots & \vdots \\ & & & a_{nn} \end{pmatrix} = \begin{pmatrix} \alpha a_{11} & \alpha a_{12} & \cdots & \alpha a_{1n} \\ & \alpha a_{22} & \cdots & \alpha a_{2n} \\ & & \ddots & \vdots \\ & & & \alpha a_{nn} \end{pmatrix}$$

$$\begin{pmatrix} a_{11} & a_{12} & \cdots & a_{1n} \\ & a_{22} & \cdots & a_{2n} \\ & & \ddots & \vdots \\ & & & a_{nn} \end{pmatrix}\begin{pmatrix} b_{11} & b_{12} & \cdots & b_{1n} \\ & b_{22} & \cdots & b_{2n} \\ & & \ddots & \vdots \\ & & & b_{nn} \end{pmatrix} = \begin{pmatrix} a_{11}b_{11} & c_{12} & \cdots & c_{1n} \\ & a_{22}b_{22} & \cdots & c_{2n} \\ & & \ddots & \vdots \\ & & & a_{nn}b_{nn} \end{pmatrix}$$

因为

$$|\boldsymbol{A}| = a_{11}a_{22}\cdots a_{nn}$$

所以 $\boldsymbol{A}$ 可逆的充分必要条件是 $a_{11}a_{22}\cdots a_{nn}\neq 0$. 即 $\boldsymbol{A}$ 的主对角线上元素全不为零.

如果上三角阵 $\boldsymbol{A}$ 是可逆的,那么它的逆矩阵 $\boldsymbol{A}^{-1}$ 也是上三角矩阵.

设

$$\boldsymbol{A} = \begin{pmatrix} a_{11} & a_{12} & \cdots & a_{1n} \\ & a_{22} & \cdots & a_{2n} \\ & & \ddots & \vdots \\ & & & a_{nn} \end{pmatrix}$$

$$\boldsymbol{A}^{-1} = \begin{pmatrix} c_{11} & c_{12} & \cdots & c_{1n} \\ c_{21} & c_{22} & \cdots & c_{2n} \\ \vdots & \vdots & & \vdots \\ c_{n1} & c_{n2} & \cdots & c_{nn} \end{pmatrix}$$

下面来证明当 $i>j$ 时 $\boldsymbol{A}^{-1}$ 中的 $c_{ij}=0$,考虑 $\boldsymbol{A}^{-1}$ 的第 $j(j=1,2,\cdots,n-1)$ 列元素 $c_{1j},c_{2j},\cdots,c_{nj}$. 因为 $\boldsymbol{AA}^{-1}=\boldsymbol{I}$,所以

$$A\begin{pmatrix} c_{1j} \\ c_{2j} \\ \vdots \\ c_{nj} \end{pmatrix} = \begin{pmatrix} 0 \\ \vdots \\ 0 \\ 1 \\ 0 \\ \vdots \\ 0 \end{pmatrix} \quad \text{第}j\text{个位置}$$

即

$$\begin{cases} a_{11}c_{1j} + a_{12}c_{2j} + \cdots + a_{1n}c_{nj} = 0 \\ \cdots \\ a_{jj}c_{jj} + a_{j,j+1}c_{j+1,j} + \cdots + a_{jn}c_{nj} = 1 \\ a_{j+1,j+1}c_{j+1,j} + \cdots + a_{j+1,n}c_{nj} = 0 \\ \cdots \\ a_{nn}c_{nj} = 0 \end{cases}$$

从最后 $n-j$ 个等式可以看出：$c_{j+1,j}, c_{j+2,j}, \cdots, c_{nj}$是下列齐次线性方程组的解.

$$\begin{cases} a_{j+1,j+1}x_1 + a_{j+1,j+2}x_2 + \cdots + a_{j+1,n}x_{n-j} = 0 \\ a_{j+2,j+2}x_2 + \cdots + a_{j+2,n}x_{n-j} = 0 \\ \cdots \\ a_{nn}x_{n-j} = 0 \end{cases}$$

因为这个方程组的系数行列式

$$\begin{vmatrix} a_{j+1,j+1} & a_{j+1,j+2} & \cdots & a_{j+1,n} \\ & a_{j+2,j+2} & \cdots & a_{j+2,n} \\ & & \ddots & \vdots \\ & & & a_{n,n} \end{vmatrix} = a_{j+1,j+1}a_{j+2,j+2}\cdots a_{nn} \neq 0$$

所以这个方程组只有零解. 由此即知 $c_{j+1,j} = c_{j+2,j} = \cdots = c_{nj} = 0, j = 1, 2, \cdots, n-1$. 这就证明了 $\boldsymbol{A}^{-1}$也是上三角矩阵.

由于两个上三角矩阵相乘后，主对角线上的元素是原来两个矩阵的相应的主对角线的元素的积. 从而又可知道

$$\boldsymbol{A}^{-1} = \begin{pmatrix} a_{11}^{-1} & & & \\ & a_{22}^{-1} & & \\ & & \ddots & \\ & & & a_{nn}^{-1} \end{pmatrix}$$

下三角矩阵与上三角矩阵一样，有类似的性质，上面关于上三角矩阵的讨论，完全适用于下三角矩阵，且可得到类似的结果.

947. 方阵称为幂零阵，如果该矩阵的某次幂等于零. 使 $\boldsymbol{A}^k = 0$ 成立的最小正整数 k 称为矩阵 $\boldsymbol{A}$ 的幂零指数. 证明：三角形矩阵是幂零阵当且仅当所有的主对角线元素等于零，并且三角形矩阵的幂零指数不超过矩阵的阶.

证明 上三角形矩阵 $\boldsymbol{A}$ 的代表元为

$$\boldsymbol{A}=\begin{pmatrix}\lambda & 1 & 0 & 0\\ & \lambda & 1 & 0\\ & & \lambda & 1\\ & & & \lambda\end{pmatrix}$$

$$\boldsymbol{A}^2=\begin{pmatrix}\lambda^2 & 2\lambda & 1 & 0\\ & \lambda^2 & 2\lambda & 1\\ & & \lambda^2 & 2\lambda\\ & & & \lambda^2\end{pmatrix}$$

$$\boldsymbol{A}^3=\begin{pmatrix}\lambda^3 & 3\lambda^2 & 3\lambda & 1\\ & \lambda^3 & 3\lambda^2 & 3\lambda\\ & & \lambda^3 & 3\lambda^2\\ & & & \lambda^3\end{pmatrix}$$

$$\boldsymbol{A}^4=\begin{pmatrix}\lambda^4 & 4\lambda^3 & 6\lambda^2 & 4\lambda\\ & \lambda^4 & 4\lambda^3 & 6\lambda^2\\ & & \lambda^4 & 4\lambda^3\\ & & & \lambda^4\end{pmatrix}$$

为了 $\boldsymbol{A}^4=\boldsymbol{O}$

必须 $\lambda=0.$

由此证明了三角形矩阵是幂零阵当且仅当所有的主对角线元素等于零,并且三角形矩阵的幂零指数不超过矩阵的阶.

948. 证明:n 阶上(下)三角形非奇异矩阵 $\boldsymbol{A}=(a_{ik})$ 的逆矩阵 $\boldsymbol{B}=(b_{ik})$ 也是上(下)三角形矩阵,并且矩阵 $\boldsymbol{B}$ 的主对角线元素 $b_{ii}=\frac{1}{a_{ii}}(i=1,\cdots,n)$,而其余元素从以下递推关系式求得:

(a)对于上三角形矩阵的第 i 行元素:

$$b_{ik}=\frac{-\sum_{j=i}^{k-1}b_{ij}a_{jk}}{a_{kk}}\quad(k=i+1,i+2,\cdots,n)$$

(b)对于下三角形矩阵的第 k 列元素:

$$b_{ik}=\frac{-\sum_{j=k}^{i-1}a_{ij}b_{jk}}{a_{ii}}\quad(i=k+1,k+2,\cdots,n)$$

利用这些公式计算三角形矩阵的逆矩阵是方便的.

证明 为了确定起见以 $n=5$ 进行证明.

$$\begin{pmatrix} a_{11} & a_{12} & a_{13} & a_{14} & a_{15} \\ & a_{22} & a_{23} & a_{24} & a_{25} \\ & & a_{33} & a_{34} & a_{35} \\ & & & a_{44} & a_{45} \\ & & & & a_{55} \end{pmatrix}\begin{pmatrix} b_{11} & b_{12} & b_{13} & b_{14} & b_{15} \\ & b_{22} & b_{23} & b_{24} & b_{25} \\ & & b_{33} & b_{34} & b_{35} \\ & & & b_{44} & b_{45} \\ & & & & b_{55} \end{pmatrix} = \begin{pmatrix} 1 & & & & \\ & 1 & & & \\ & & 1 & & \\ & & & 1 & \\ & & & & 1 \end{pmatrix}$$

$$b_{55} = \frac{1}{a_{55}}$$

$$b_{44} = \frac{1}{a_{44}}$$

$$a_{44}b_{45} + a_{45}b_{55} = 0$$

$$b_{45} = -\frac{a_{45}b_{55}}{a_{44}}$$

$$b_{34} = -\frac{a_{34}b_{44}}{a_{33}}, b_{35} = -\frac{a_{34}b_{45} + a_{35}b_{55}}{a_{33}}$$

$$b_{23} = -\frac{a_{23}b_{33}}{a_{22}}, \quad b_{24} = -\frac{a_{23}b_{34} + a_{24}b_{44}}{a_{22}}, \quad b_{25} = -\frac{a_{23}b_{35} + a_{24}b_{45} + a_{25}b_{55}}{a_{22}}$$

$$b_{12} = -\frac{a_{12}b_{22}}{a_{11}}, \quad b_{13} = -\frac{a_{12}b_{23} + a_{13}b_{33}}{a_{11}}, \quad b_{14} = -\frac{a_{12}b_{24} + a_{13}b_{34} + a_{14}b_{44}}{a_{11}}$$

$$b_{15} = -\frac{a_{12}b_{25} + a_{13}b_{35} + a_{14}b_{45} + a_{15}b_{55}}{a_{11}}$$

定理 10　方阵 $\boldsymbol{A}$ 可逆,则逆阵 $\boldsymbol{A}^{-1}$ 是唯一存在的.

证明　$\boldsymbol{A}$ 可逆,即存在方阵 $\boldsymbol{B}$,使 $\boldsymbol{AB} = \boldsymbol{BA} = \boldsymbol{I}$.

若还有方阵 $\boldsymbol{C}$,使 $\boldsymbol{AC} = \boldsymbol{CA} = \boldsymbol{I}$.

$$\boldsymbol{C} = \boldsymbol{IC} = (\boldsymbol{BA})\boldsymbol{C} = \boldsymbol{B}(\boldsymbol{AC}) = \boldsymbol{BI} = \boldsymbol{B}$$

证完.

949. 令 $\boldsymbol{A}$ 是 n 阶方阵,秩为 r,并且令

$$d_k = \boldsymbol{A}\begin{pmatrix} 1,2,\cdots,k \\ 1,2,\cdots,k \end{pmatrix} \neq 0 \qquad (k = 1,2,\cdots,r) \tag{1}$$

证明:在这些条件下,矩阵 $\boldsymbol{A}$ 可以表为乘积的形式

$$\boldsymbol{A} = \boldsymbol{BC} \tag{2}$$

其中 $\boldsymbol{B} = (b_{ij})$ 和 $\boldsymbol{C} = (c_{ij})$ 分别是下三角形矩阵和上三角形矩阵(上三角形矩阵和下三角形矩阵的定义见习题 946).

矩阵 $\boldsymbol{B}$ 和 $\boldsymbol{C}$ 的前 r 个对角线元素可以给以满足以下条件的任何值:

$$b_{kk}c_{kk} = \frac{d_k}{d_{k-1}} \quad (k = 1,2,\cdots,r; d_o = 1) \tag{3}$$

给出矩阵 $\boldsymbol{B}$ 和 $\boldsymbol{C}$ 的前 r 个对角线元素就单值地决定了矩阵 B 的头 r 列的其余元素和矩阵 C 的头 r 行的其余元素;并且这些元素由以下公式给出:

$$b_{ik}=b_{kk}\frac{A\begin{pmatrix}1,2,\cdots,k-1,i\\1,2,\cdots,k-1,k\end{pmatrix}}{d_k}$$

$$c_{ki}=c_{kk}\frac{A\begin{pmatrix}1,2,\cdots,k-1,k\\1,2,\cdots,k-1,i\end{pmatrix}}{d_k} \tag{4}$$

$$(i=k+1,k+2,\cdots,n;\quad k=1,2,\cdots,r)$$

在 $r<n$ 的情形,矩阵 B 的最后 $n-r$ 列的所有元素可以认为等于零,而矩阵 C 的最后 $n-r$ 行的元素可以任意;或者反过来,矩阵 B 的最后 $n-r$ 列的元素可以任意,而矩阵 C 的最后 $n-r$ 行的所有元素认为等于零.

任意元素不会破坏式(2). 它们可以这样选择,以保持矩阵 B 和 C 的三角形形式.

解　用行的初等变换把矩阵 A 化成上三角形矩阵 C:

$$A=\begin{pmatrix}a_{11}&a_{12}&\cdots&a_{1n}\\a_{21}&a_{22}&\cdots&a_{2n}\\\vdots&\vdots&&\vdots\\a_{n1}&a_{n2}&\cdots&a_{nn}\end{pmatrix}\longrightarrow A^1=\begin{pmatrix}a_{11}&a_{12}&\cdots&a_{1n}\\0&a_{22}^1&\cdots&a_{2n}^1\\\vdots&\vdots&&\vdots\\0&a_{n2}^1&\cdots&a_{nn}^1\end{pmatrix}\to A^2$$

$$=\begin{pmatrix}a_{11}&a_{12}&a_{13}&\cdots&a_{1n}\\0&a_{22}^1&a_{23}^1&\cdots&a_{2n}^1\\0&0&a_{33}^2&\cdots&a_{3n}^2\\\vdots&\vdots&&&\vdots\\0&0&a_{n3}^2&\cdots&a_{nn}^2\end{pmatrix}\to A^3$$

$$=\begin{pmatrix}a_{11}&a_{12}&a_{13}&\cdots&a_{1n}\\0&a_{22}^1&a_{23}^1&\cdots&a_{2n}^1\\0&0&a_{33}^2&\cdots&a_{3n}^2\\0&0&a_{44}^3&\cdots&a_{4n}^3\\\vdots&\vdots&\vdots&&\vdots\\0&0&a_{n4}^3&\cdots&a_{nn}^3\end{pmatrix}$$

在 r 步之后,把前 r 列位于对角线以下的所有元素变为零. 因为所得到的矩阵 $A^r=C$ 的秩等于 A 的秩,即等于 r,所以矩阵 C 的后 $n-r$ 行的所有元素等于零,从而 C 是上三角形矩阵. 由于习题 927, $C=PA$, 其中 P 是一系列下三角形矩阵的乘积, 即 P 也是下三角形矩阵. $A=P^{-1}C=BC$,其中 $B=P^{-1}$是下三角形矩阵. 以此证明了形式如(2)的展开式的存在性.

令已给定任何形式如(2)的表示法. 按照矩阵乘积的子式的公式(习题 913)有:

$$A\begin{pmatrix}1,2,\cdots,k-1,i\\1,2,\cdots,k-1,k\end{pmatrix}=\sum_{j_1<j_2<\cdots<j_k}B\begin{pmatrix}1,2,\cdots,k-1,i\\j_1,j_2,\cdots,j_{k-1},j_k\end{pmatrix}C\begin{pmatrix}j_1,j_2,\cdots,j_{k-1},j_k\\1,2,\cdots,k-1,k\end{pmatrix}$$

但是矩阵 C 的前 k 列只包含一异于零的 k 阶子式,所以

$$A\begin{pmatrix}1,2,\cdots,k-1,i\\1,2,\cdots,k-1,k\end{pmatrix}=B\begin{pmatrix}1,2,\cdots,k-1,i\\1,2,\cdots,k-1,k\end{pmatrix}C\begin{pmatrix}1,2,\cdots,k\\1,2,\cdots,k\end{pmatrix}$$
$$=b_{11}b_{22}\cdots b_{k-1,k-1}b_{ik}c_{11}c_{22}\cdots c_{kk}$$
$$(i=k,k+1,\cdots,n;\quad k=1,2,\cdots,r)\tag{a}$$

这里置 $i=k$,求得:

$$d_k=b_{11}b_{22}\cdots b_{kk}c_{11}c_{22}\cdots c_{kk}\quad(k=1,2,\cdots,r)\tag{b}$$

用 d_{k-1} 除 d_k 得到(3),用式(b)除式(a)得到式(4)中的第一个公式. 第二个公式类似地可以得到.

令 D 是具有主对角线元素 $d_1,d_2,\cdots,d_n$ 的任何非奇异对角形矩阵. 则 $\boldsymbol{A}=\boldsymbol{BC}=(\boldsymbol{BD})(\boldsymbol{D}^{-1}\boldsymbol{C})$. 矩阵 $\boldsymbol{BD}$ 由 $\boldsymbol{B}$ 用 $d_1,d_2,\cdots,d_n$ 乘各列而得到. 矩阵 $\boldsymbol{D}^{-1}\boldsymbol{C}$ 由 $\boldsymbol{C}$ 用 $\boldsymbol{D}_1^{-1},\boldsymbol{D}_2^{-1},\cdots,\boldsymbol{D}_n^{-1}$ 乘各行而得到. 因此 $\boldsymbol{B}$ 和 $\boldsymbol{C}$ 的对角线元素可以在条件(3)下选为任意的. 在乘积 $\boldsymbol{BC}$ 中,$\boldsymbol{B}$ 的后 $n-r$ 列的元素乘以 $\boldsymbol{C}$ 的后 $n-r$ 行的元素. 所以如果这些元素中有一些假定等于零,则另一些可以取为任意的.

950. 证明:前题的表达式(2)可以如下去求:任意选择满足条件(3)者作为矩阵 $\boldsymbol{B}$ 和 $\boldsymbol{C}$ 主对角线的前 r 个元素,而矩阵 $\boldsymbol{B}$ 前 r 列和 $\boldsymbol{C}$ 前 r 行的其余元素由以下递推公式计算:

$$b_{ik}=\frac{a_{ik}-\sum_{j=1}^{k-1}b_{ij}c_{jk}}{c_{kk}}$$
$$(i=k+1,k+2,\cdots,n;k=1,2,\cdots,r)$$
$$c_{ik}=\frac{a_{ik}-\sum_{j=1}^{i-1}b_{ij}c_{jk}}{b_{ii}}$$
$$(k=i+1,i+2,\cdots,n;i=1,2,\cdots,r)$$

这些公式首先求出 $\boldsymbol{B}$ 的第一列和 $\boldsymbol{C}$ 的第一行,然后,一般地,当知道了 $\boldsymbol{B}$ 的 $k-1$ 列和 $\boldsymbol{C}$ 的 $k-1$ 行时,求出 $\boldsymbol{B}$ 的第 k 列和 $\boldsymbol{C}$ 的第 k 行.

证明　待定矩阵方程

$$\begin{pmatrix}a_{11}&a_{12}&\cdots&a_{1n}\\a_{21}&a_{22}&\cdots&a_{2n}\\\vdots&\vdots&&\vdots\\a_{n1}&a_{n2}&\cdots&a_{nn}\end{pmatrix}=\begin{pmatrix}b_{11}&&&\\b_{21}&b_{22}&&\\\vdots&\vdots&\ddots&\\b_{n1}&b_{n2}&\cdots&b_{nn}\end{pmatrix}\begin{pmatrix}c_{11}&c_{12}&\cdots&c_{1n}\\&c_{22}&\cdots&c_{2n}\\&&\ddots&\vdots\\&&&c_{nn}\end{pmatrix}$$

$$a_{11}=b_{11}c_{11}$$
$$a_{21}=b_{21}c_{11},\qquad b_{i1}=\frac{a_{i1}}{c_{11}}\quad(i=2,3,\cdots,n)$$
$$\cdots$$
$$a_{n1}=b_{n1}c_{11}$$
$$b_{i2}=\frac{a_{i2}-b_{i1}c_{12}}{c_{22}}$$

$$b_{i3} = \frac{a_{i3} - b_{i1}c_{13} - b_{i2}c_{23}}{c_{33}}$$

$$b_{i4} = \frac{a_{i4} - b_{i1}c_{14} - b_{i2}c_{24} - b_{i3}c_{34}}{c_{44}}$$

一般情况

$$b_{ik} = \frac{a_{ik} - \sum_{j=1}^{k-1} b_{ij}c_{jk}}{c_{kk}} \quad (k = 1,2,\cdots,r)$$

$$c_{1k} = \frac{a_{1k}}{b_{11}}$$

$$c_{2k} = \frac{a_{2k} - b_{21}c_{1k}}{b_{22}}$$

$$c_{3k} = \frac{a_{3k} - b_{31}c_{1k} - b_{32}c_{2k}}{b_{33}}$$

$$c_{4k} = \frac{a_{4k} - b_{41}c_{1k} - b_{42}c_{2k} - b_{43}c_{3k}}{b_{44}}$$

一般情况

$$c_{ik} = \frac{a_{ik} - \sum_{j=1}^{i-1} b_{ij}c_{jk}}{b_{ii}} \quad (i = 1,2,\cdots,r)$$

证完.

951. 证明:满足习题 949 条件(1)的任一 n 阶的秩为 r 的对称矩阵 $\boldsymbol{A} = (a_{ij})$,可以表为形式 $\boldsymbol{A} = \boldsymbol{B}\boldsymbol{B}'$,其中 $\boldsymbol{B}$ 是下三角形矩阵,它的后 $n-r$ 列的元素等于零,而前 r 列元素,由以下公式决定:

$$b_{ik} = \frac{\boldsymbol{A}\begin{pmatrix}1,2,\cdots,k-1,i\\1,2,\cdots,k-1,k\end{pmatrix}}{\sqrt{d_k \cdot d_{k-1}}}$$
$$(i = k,k+1,\cdots,n;\quad k = 1,2,\cdots,r)$$

证明　应用习题 949 的解. 因为 $\boldsymbol{A}$ 为对称矩阵,在条件

$$b_{kk} = c_{kk} = \sqrt{\frac{d_k}{d_{k-1}}}$$

下,$b_{ik} = c_{ki}$,$\boldsymbol{C} = \boldsymbol{B}'$.

$$b_{ik} = \sqrt{\frac{d_k}{d_{k-1}}} \cdot \frac{\boldsymbol{A}\begin{pmatrix}1,2,\cdots,k-1,i\\1,2,\cdots,k-1,k\end{pmatrix}}{d_k} = \frac{\boldsymbol{A}\begin{pmatrix}1,2,\cdots,k-1,i\\1,2,\cdots,k-1,k\end{pmatrix}}{\sqrt{d_k d_{k-1}}}$$

952. 矩阵 $\boldsymbol{A}$ 称为分块的,如果用一条或若干条水平的和铅垂的线段把它的元素分配在一些矩形小块中. 这些小块用 $\boldsymbol{A}_{ij}$ 表示,其中 i 是"小块行"的号码,j 是"小块列"的号码. 证明:两个分块矩阵的乘法可以把小块看成单个的元素而归结为小块的相乘当且仅当:第一个矩阵的

铅垂分法对应着第二个矩阵的水平分法.就是:如果 $\boldsymbol{A}=(\boldsymbol{A}_{ij})$ 是行按 $m_1,m_2,\cdots,m_s$ 分组而列按 $n_1,n_2,\cdots,n_t$ 分组的 $m\times n$ 维矩阵,$\boldsymbol{B}=(\boldsymbol{B}_{ij})$ 是行按 $n_1,n_2,\cdots,n_t$ 分组而列按 $p_1,p_2,\cdots,p_u$ 分组的 $n\times p$ 维矩阵,则 $\boldsymbol{AB}=\boldsymbol{C}=(\boldsymbol{C}_{ij})$ 也是分块矩阵,并且

$$\boldsymbol{C}_{ik}=\sum_{j=1}^{t}\boldsymbol{A}_{ij}\boldsymbol{B}_{jk}\quad(i=1,2,\cdots,s;k=1,2,\cdots,u)$$

应用上面所指出的分块矩阵相乘法则,求下列两矩阵积的小块,其中两矩阵的小块分法已给如下:

$$\boldsymbol{A}=\left(\begin{array}{c|cc}1&-2&3\\3&-1&2\\\hline 4&-2&1\end{array}\right),\qquad \boldsymbol{B}=\left(\begin{array}{c|cc}2&3&1\\\hline 1&2&3\\2&1&3\end{array}\right)$$

$$\boldsymbol{AB}=\begin{pmatrix}\begin{pmatrix}1\\3\end{pmatrix}(2)+\begin{pmatrix}-2&3\\-1&2\end{pmatrix}\begin{pmatrix}1\\2\end{pmatrix} & \begin{pmatrix}1\\3\end{pmatrix}(3\quad 1)+\begin{pmatrix}-2&3\\-1&2\end{pmatrix}\begin{pmatrix}2&3\\1&3\end{pmatrix}\\ (4)(2)+(-2\quad 1)\begin{pmatrix}1\\2\end{pmatrix} & (4)(3\quad 1)+(-2\quad 1)\begin{pmatrix}2&3\\1&3\end{pmatrix}\end{pmatrix}=\boldsymbol{C}$$

$$\boldsymbol{C}=(\boldsymbol{C}_{ij})=\left(\begin{array}{c|cc}6&2&4\\9&9&6\\\hline 8&9&1\end{array}\right)$$

其中

$$\boldsymbol{C}_{11}=\begin{pmatrix}6\\9\end{pmatrix},\qquad \boldsymbol{C}_{12}=\begin{pmatrix}2&4\\9&6\end{pmatrix}$$

$$\boldsymbol{C}_{21}=(8),\qquad \boldsymbol{C}_{22}=(9\quad 1)$$

953. 证明:为使两个分块方阵的乘法可行,充分条件是(但是,如前题的例子所表明,条件不是必要的)对角线小块是方形的,并且对应的对角线小块的阶数彼此相等.

证明 例如,

$$\left(\begin{array}{c|cc}a_{11}&a_{12}&a_{13}\\\hline a_{21}&a_{22}&a_{23}\\a_{31}&a_{32}&a_{33}\end{array}\right)\left(\begin{array}{c|cc}b_{11}&b_{12}&b_{13}\\\hline b_{21}&b_{22}&b_{23}\\b_{31}&b_{32}&b_{33}\end{array}\right)=\left(\begin{array}{c|cc}c_{11}&c_{12}&c_{13}\\\hline c_{21}&c_{22}&c_{23}\\c_{31}&c_{32}&c_{33}\end{array}\right)$$

其中

$$\boldsymbol{C}_{11}=a_{11}\cdot b_{11}+(a_{12}\quad a_{13})\begin{pmatrix}b_{21}\\b_{31}\end{pmatrix}=a_{11}b_{11}+a_{12}b_{21}+a_{13}b_{31}$$

$$\begin{aligned}\boldsymbol{C}_{12}&=a_{11}\cdot(b_{12}\quad b_{13})+(a_{12}\quad a_{13})\begin{pmatrix}b_{22}&b_{23}\\b_{32}&b_{33}\end{pmatrix}\\&=(a_{11}b_{12}+a_{12}b_{22}+a_{13}b_{32}\quad a_{11}b_{13}+a_{12}b_{23}+a_{13}b_{33})\end{aligned}$$

$$\begin{aligned}\boldsymbol{C}_{21}&=\begin{pmatrix}a_{21}\\a_{31}\end{pmatrix}(b_{11})+\begin{pmatrix}a_{22}&a_{23}\\a_{32}&a_{33}\end{pmatrix}\begin{pmatrix}b_{21}\\b_{31}\end{pmatrix}=\begin{pmatrix}a_{21}b_{11}\\a_{31}b_{11}\end{pmatrix}+\begin{pmatrix}a_{22}b_{21}+a_{23}b_{31}\\a_{32}b_{21}+a_{33}b_{31}\end{pmatrix}\\&=\begin{pmatrix}a_{21}b_{11}+a_{22}b_{21}+a_{23}b_{31}\\a_{31}b_{11}+a_{32}b_{21}+a_{33}b_{31}\end{pmatrix}\end{aligned}$$

$$C_{22} = \begin{pmatrix} a_{21} \\ a_{31} \end{pmatrix}(b_{12} \quad b_{13}) + \begin{pmatrix} a_{22} & a_{23} \\ a_{32} & a_{33} \end{pmatrix}\begin{pmatrix} b_{22} & b_{23} \\ b_{32} & b_{33} \end{pmatrix}$$

$$= \begin{pmatrix} a_{21}b_{12} & a_{21}b_{13} \\ a_{31}b_{12} & a_{31}b_{13} \end{pmatrix} + \begin{pmatrix} a_{22}b_{22} + a_{23}b_{32} & a_{22}b_{23} + a_{23}b_{33} \\ a_{32}b_{22} + a_{33}b_{32} & a_{32}b_{23} + a_{33}b_{33} \end{pmatrix}$$

$$= \begin{pmatrix} a_{21}b_{12} + a_{22}b_{22} + a_{23}b_{32} & a_{21}b_{13} + a_{22}b_{23} + a_{23}b_{33} \\ a_{31}b_{12} + a_{32}b_{22} + a_{33}b_{32} & a_{31}b_{13} + a_{32}b_{23} + a_{33}b_{33} \end{pmatrix}$$

由此可见对角线小块 $\boldsymbol{C}_{11}$,$\boldsymbol{C}_{22}$是方形的,并且对应的对角线小块的阶数,即 $\boldsymbol{A}_{11}$,$\boldsymbol{B}_{11}$,$\boldsymbol{C}_{11}$都是一阶方阵,$\boldsymbol{A}_{22}$,$\boldsymbol{B}_{22}$,$\boldsymbol{C}_{22}$都是二阶方阵,它们彼此相等.

954. 证明:为使分块矩阵自乘的分块乘法可行,充分必要条件是:它的所有对角线小块是方阵.

证明　矩阵能够自乘,必须矩阵第 i 子块的行数和第 i 子块的列数对应相等. 分块矩阵能够自乘必须满足行数的分划与列数的分划相同. 即对角线小块都是方阵.

955. 分块方阵 $\boldsymbol{A}=(\boldsymbol{A}_{ij})$称为分块三角形的,如果它所有主对角线小块,即 $\boldsymbol{A}_{11}$,$\boldsymbol{A}_{22}$,…是方阵,而位于主对角线某一侧的所有小块等于零. 证明:如果 $\boldsymbol{A}$ 和 $\boldsymbol{B}$ 是两个分块三角形矩阵,其对应的对角线小块的阶数相同,且对角钱同一侧的小块为零,则它们的乘积 $\boldsymbol{AB}$ 也是分块三角形矩阵,对角线小块阶数与 $\boldsymbol{A}$,$\boldsymbol{B}$ 一样,且与 $\boldsymbol{A}$,$\boldsymbol{B}$ 同样的对角线一侧的小块为零.

证明　例如,2,3,5 分划.

$$\begin{pmatrix} \boldsymbol{A}_{11} & \boldsymbol{A}_{12} & \boldsymbol{A}_{13} \\ & \boldsymbol{A}_{22} & \boldsymbol{A}_{23} \\ & & \boldsymbol{A}_{33} \end{pmatrix}\begin{pmatrix} \boldsymbol{B}_{11} & \boldsymbol{B}_{12} & \boldsymbol{B}_{13} \\ & \boldsymbol{B}_{22} & \boldsymbol{B}_{23} \\ & & \boldsymbol{B}_{33} \end{pmatrix} = \begin{pmatrix} \boldsymbol{C}_{11} & \boldsymbol{C}_{12} & \boldsymbol{C}_{13} \\ \boldsymbol{O} & \boldsymbol{C}_{22} & \boldsymbol{C}_{23} \\ \boldsymbol{O} & \boldsymbol{O} & \boldsymbol{C}_{33} \end{pmatrix}$$

其中　$\boldsymbol{C}_{11}=\boldsymbol{A}_{11}\boldsymbol{B}_{11}$,　$\boldsymbol{C}_{12}=\boldsymbol{A}_{11}\boldsymbol{B}_{12}+\boldsymbol{A}_{12}\boldsymbol{B}_{22}$,　$\boldsymbol{C}_{13}=\boldsymbol{A}_{11}\boldsymbol{B}_{13}+\boldsymbol{A}_{12}\boldsymbol{B}_{23}+\boldsymbol{A}_{13}\boldsymbol{B}_{33}$

$\boldsymbol{C}_{22}=\boldsymbol{A}_{22}\boldsymbol{B}_{22}$,　$\boldsymbol{C}_{23}=\boldsymbol{A}_{22}\boldsymbol{B}_{23}+\boldsymbol{A}_{23}\boldsymbol{B}_{33}$

$\boldsymbol{C}_{33}=\boldsymbol{A}_{33}\boldsymbol{B}_{33}$

一般情形与这个例子完全类似,在本质上是一致的,即 $\boldsymbol{C}_{ij}=\boldsymbol{O}(i>j)$.

证完.

956. 证明:分块三角形矩阵是幂零阵当且仅当:它的所有主对角线小块都是幂零阵(幂零阵的定义见习题 947).

证明　仍以 $\boldsymbol{A}^{10\times10}$为例来说明.

$\boldsymbol{A}$ 是幂零阵. 必须且只须 $\boldsymbol{A}_{11}$,$\boldsymbol{A}_{22}$,$\boldsymbol{A}_{33}$是幂零阵,对大方阵而言,全部特征根都是 0,幂零的阶数不会超过 10,如果 $\boldsymbol{A}_{ij}=\boldsymbol{O}$,幂零的阶数不会超过 5. 因为 $\boldsymbol{A}_{33}^5=\boldsymbol{O}$,$\boldsymbol{A}_{11}$,$\boldsymbol{A}_{22}$的幂次更早会变为零.

证完.

957. 令 $\boldsymbol{A}=(\boldsymbol{A}_{ij})$是分块矩阵,并且 $\boldsymbol{A}_{ij}$是 $m_i\times n_j$ 维的小块($i=1,2,\cdots,s;j=1,2,\cdots,t$). 证

明:用 $m_i \times m_j$ 维长方阵 $\boldsymbol{Z}$ 左乘第 j 个小块行加到第 i 个小块行上去,这个变换可以用一个非奇异分块方阵 $\boldsymbol{P}$ 左乘 $\boldsymbol{A}$ 而得出. 同样地,用 $n_j \times n_i$ 维长方阵 $\boldsymbol{Y}$ 右乘第 j 个小块列加到第 i 个小块列上去,这一变换可以用非奇异分块方阵 $\boldsymbol{Q}$ 右乘 $\boldsymbol{A}$ 而得到. 求出矩阵 $\boldsymbol{P}$ 和 $\boldsymbol{Q}$ 的形式.

证明　$\boldsymbol{P}$ 是方形分块矩阵,其沿主对角线的是 $m_1, m_2, \cdots, m_s$ 阶的方形单位小块,并且处于第 i 个小块行和第 j 个小块列相交处的小块与矩阵 $\boldsymbol{Z}$ 一样,而所有其余非对角线小块等于零. 类似地,$\boldsymbol{Q}$ 是主对角线上为 $n_1, n_2, \cdots, n_t$ 阶的方形单位小块的分块矩阵,在第 j 个小块行和第 i 个小块列相交处的矩阵是 $\boldsymbol{Y}$,在其他地方是零小块.

958. 令 $\boldsymbol{R} = \begin{pmatrix} \boldsymbol{A} & \boldsymbol{B} \\ \boldsymbol{C} & \boldsymbol{D} \end{pmatrix}$是分块矩阵,其中 $\boldsymbol{A}$ 是非奇异 n 阶方阵.

证明:$\boldsymbol{R}$ 的秩等于 n 当且仅当　$\boldsymbol{D} = \boldsymbol{C}\boldsymbol{A}^{-1}\boldsymbol{B}$.

证明

$\boldsymbol{R} = \begin{pmatrix} \boldsymbol{A} & \boldsymbol{B} \\ \boldsymbol{C} & \boldsymbol{D} \end{pmatrix} \to \begin{pmatrix} \boldsymbol{A} & \boldsymbol{B} \\ \boldsymbol{O} & \boldsymbol{D} - \boldsymbol{C}\boldsymbol{A}^{-1}\boldsymbol{B} \end{pmatrix}$ 从第二小块行减去左乘以矩阵 $\boldsymbol{C}\boldsymbol{A}^{-1}$ 的第一小块行得

$|\boldsymbol{R}| = |\boldsymbol{A}| \cdot |\boldsymbol{D} - \boldsymbol{C}\boldsymbol{A}^{-1}\boldsymbol{B}|$.

当且仅当

$$\boldsymbol{D} = \boldsymbol{C}\boldsymbol{A}^{-1}\boldsymbol{B}$$

$$r(\boldsymbol{R}) = r(\boldsymbol{A}) = n$$

959. 令 $\boldsymbol{A}$ 是 n 阶非奇异矩阵,$\boldsymbol{B}$ 是 $n \times q$ 维矩阵,$\boldsymbol{C}$ 是 $p \times n$ 维矩阵.

证明:如果分块矩阵 $\boldsymbol{R} = \begin{pmatrix} \boldsymbol{A} & \boldsymbol{B} \\ -\boldsymbol{C} & \boldsymbol{O} \end{pmatrix}$用一连串行的初等变换化为形式如下的矩阵 $\boldsymbol{R}_1 = \begin{pmatrix} \boldsymbol{A}_1 & \boldsymbol{B}_1 \\ \boldsymbol{O} & \boldsymbol{Z} \end{pmatrix}$,并且在每一个变换中或者只涉及前 n 行,或者是用数乘前 n 行中某一行加到号码大于 n 的某一行上去,则 $\boldsymbol{Z} = \boldsymbol{C}\boldsymbol{A}^{-1}\boldsymbol{B}$.

解　把矩阵 $\boldsymbol{R}$ 变为 $\boldsymbol{R}_1$ 的那些初等变换,把矩阵

$$\boldsymbol{T} = \begin{pmatrix} \boldsymbol{A} & \boldsymbol{B} \\ -\boldsymbol{C} & -\boldsymbol{C}\boldsymbol{A}^{-1}\boldsymbol{B} \end{pmatrix}$$

变为矩阵

$$\boldsymbol{T}_1 = \begin{pmatrix} \boldsymbol{A}_1 & \boldsymbol{B}_1 \\ \boldsymbol{O} & \boldsymbol{Z} - \boldsymbol{C}\boldsymbol{A}^{-1}\boldsymbol{B} \end{pmatrix}$$

按前题 $\boldsymbol{T}$ 的秩等于 n. 因为初等变换不改变矩阵的秩,所以 $\boldsymbol{T}_1$ 的秩等于 $\boldsymbol{T}$ 的秩即等于 n,且 $\boldsymbol{A}_1$ 的秩等于 $\boldsymbol{A}$ 的秩即等于 n,因此

$$\boldsymbol{Z} - \boldsymbol{C}\boldsymbol{A}^{-1}\boldsymbol{B} = \boldsymbol{O}, \qquad \boldsymbol{Z} = \boldsymbol{C}\boldsymbol{A}^{-1}\boldsymbol{B}$$

960. 令 $\boldsymbol{A}$ 是 n 阶非奇异矩阵,而 $\boldsymbol{E}$ 是同阶的单位矩阵. 证明:如果分块阵$\begin{pmatrix} \boldsymbol{A} & \boldsymbol{E} \\ -\boldsymbol{E} & \boldsymbol{O} \end{pmatrix}$用前题所指初等变换化为形式$\begin{pmatrix} \boldsymbol{A}_1 & \boldsymbol{B}_1 \\ \boldsymbol{O} & \boldsymbol{Z} \end{pmatrix}$,则 $\boldsymbol{Z} = \boldsymbol{A}^{-1}$.

用这种方法求

$$A = \begin{pmatrix} 2 & 3 & 5 \\ 1 & 2 & 7 \\ 3 & 4 & 4 \end{pmatrix}$$

的逆矩阵.

解

$$\begin{pmatrix} 2 & 3 & 5 & 1 & & \\ 1 & 2 & 7 & & 1 & \\ 3 & 4 & 4 & & & 1 \\ -1 & & & & & \\ & -1 & & & \boldsymbol{O} & \\ & & -1 & & & \end{pmatrix} \to \begin{pmatrix} 1 & 2 & 7 & 0 & 1 & 0 \\ 0 & -1 & -9 & 1 & -2 & 0 \\ 0 & -2 & -17 & 0 & -3 & 1 \\ -1 & & & & & \\ & -1 & & & \boldsymbol{O} & \\ & & -1 & & & \end{pmatrix} \to$$

$$\begin{pmatrix} 1 & 0 & -10 & 0 & -2 & 1 \\ 0 & 1 & 9 & -1 & 2 & 0 \\ 0 & 2 & 17 & 0 & 3 & -1 \\ -1 & & & & & \\ & -1 & & & \boldsymbol{O} & \\ & & -1 & & & \end{pmatrix} \to \begin{pmatrix} 1 & 0 & -10 & 0 & -2 & 1 \\ 0 & 1 & 9 & -1 & 2 & 0 \\ 0 & 0 & -1 & 2 & -1 & -1 \\ -1 & & & & & \\ & -1 & & & \boldsymbol{O} & \\ & & -1 & & & \end{pmatrix} \to$$

$$\begin{pmatrix} 1 & & & -20 & 8 & 11 \\ & 1 & & 17 & -7 & -9 \\ & & 1 & -2 & 1 & 1 \\ -1 & & & & & \\ & -1 & & & \boldsymbol{O} & \\ & & -1 & & & \end{pmatrix} \to \begin{pmatrix} 1 & & & -20 & 8 & 11 \\ & 1 & & -17 & -7 & -9 \\ & & 1 & -2 & 1 & 1 \\ & & & -20 & 8 & 11 \\ & \boldsymbol{O} & & 17 & -7 & -9 \\ & & & -2 & 1 & 1 \end{pmatrix}$$

检验：

$$\begin{pmatrix} 2 & 3 & 5 \\ 1 & 2 & 7 \\ 3 & 4 & 4 \end{pmatrix} \begin{pmatrix} -20 & 8 & 11 \\ 17 & -7 & -9 \\ -2 & 1 & 1 \end{pmatrix} = \begin{pmatrix} 1 & 0 & 0 \\ 0 & 1 & 0 \\ 0 & 0 & 1 \end{pmatrix}$$

$$\boldsymbol{Z} = \boldsymbol{A}^{-1} = \begin{pmatrix} -20 & 8 & 11 \\ 17 & -7 & -9 \\ -2 & 1 & 1 \end{pmatrix}$$

961. 令给定方程组

$$\begin{cases} a_{11}x_1 + a_{12}x_2 + \cdots + a_{1n}x_n = b_1 \\ a_{21}x_1 + a_{22}x_2 + \cdots + a_{2n}x_n = b_2 \\ \cdots \\ a_{n1}x_1 + a_{n2}x_2 + \cdots + a_{nn}x_n = b_n \end{cases}$$

它的系数矩阵 $\boldsymbol{A}$ 是非奇异的，$\boldsymbol{B}$ 是它的自由项所成的列，$\boldsymbol{E}$ 是 n 阶单位矩阵.

证明：如果分块矩阵$\begin{pmatrix} \boldsymbol{A} & \boldsymbol{B} \\ -\boldsymbol{E} & \boldsymbol{O} \end{pmatrix}$用习题 959 中所指变换化为形式$\begin{pmatrix} \boldsymbol{A}_1 & \boldsymbol{B}_1 \\ \boldsymbol{O} & \boldsymbol{Z} \end{pmatrix}$，则 $\boldsymbol{Z}$ 给出该方程组的解.

证明　用这个方法解下面的方程组：

$$\begin{cases} 3x - y + 2z = 7 \\ 4x - 3y + 2z = 4 \\ 2x + y + 3z = 13 \end{cases}$$

$$\begin{pmatrix} 3 & -1 & 2 & 7 \\ 4 & -3 & 2 & 4 \\ 2 & 1 & 3 & 13 \\ -1 & & & 0 \\ & -1 & & 0 \\ & & -1 & 0 \end{pmatrix} \rightarrow \begin{pmatrix} 1 & -2 & -1 & -6 \\ 0 & 5 & 5 & 25 \\ 0 & 5 & 5 & 25 \\ 0 & -5 & -4 & -22 \\ -1 & & & 0 \\ & -1 & & 0 \\ & & -1 & 0 \end{pmatrix} \rightarrow \begin{pmatrix} 1 & -2 & -1 & -6 \\ & 1 & 1 & 5 \\ & & 1 & 3 \\ -1 & & & 0 \\ & -1 & & 0 \\ & & -1 & 0 \end{pmatrix} \rightarrow$$

$$\begin{pmatrix} 1 & & & 1 \\ & 1 & & 2 \\ & & 1 & 3 \\ -1 & & & 0 \\ & -1 & & 0 \\ & & -1 & 0 \end{pmatrix} \rightarrow \begin{pmatrix} 1 & & & 1 \\ & 1 & & 2 \\ & & 1 & 3 \\ & & & 1 \\ & \boldsymbol{O} & & 2 \\ & & & 3 \end{pmatrix}$$

$$x = 1, y = 2, z = 3$$

962. 令 $\boldsymbol{A}$ 是 n 阶非奇异矩阵，$\boldsymbol{B}$ 是 $n \times p$ 维矩阵，$\boldsymbol{E}$ 是 n 阶单位矩阵.

证明：如果矩阵$\begin{pmatrix} \boldsymbol{A} & \boldsymbol{B} \\ -\boldsymbol{E} & \boldsymbol{O} \end{pmatrix}$用习题 959 所指变换化为形式$\begin{pmatrix} \boldsymbol{A}_1 & \boldsymbol{B}_1 \\ \boldsymbol{O} & \boldsymbol{Z} \end{pmatrix}$，则矩阵 $\boldsymbol{Z}$ 给出矩阵方程 $\boldsymbol{AZ} = \boldsymbol{B}$ 的解.

如果

$$\boldsymbol{A} = \begin{pmatrix} 2 & -7 \\ 1 & -4 \end{pmatrix}, \qquad \boldsymbol{B} = \begin{pmatrix} 4 & -5 \\ 1 & -4 \end{pmatrix}$$

用本题所述方法解方程 $\boldsymbol{AZ} = \boldsymbol{B}$.

证明　$|\boldsymbol{A}| \neq 0$.　$\boldsymbol{A}^{-1}$存在，矩阵$\begin{pmatrix} \boldsymbol{A} & \boldsymbol{B} \\ -\boldsymbol{E} & \boldsymbol{O} \end{pmatrix}$第一块行左乘 $\boldsymbol{A}^{-1}$ 加到第二个块行上去得

$$\begin{pmatrix} \boldsymbol{A} & \boldsymbol{B} \\ \boldsymbol{O} & \boldsymbol{A}^{-1}\boldsymbol{B} \end{pmatrix}$$

$\boldsymbol{Z} = \boldsymbol{A}^{-1}\boldsymbol{B}$ 是 $\boldsymbol{AZ} = \boldsymbol{B}$ 的解.

$$\begin{pmatrix} 2 & -7 & 4 & -5 \\ 1 & -4 & 1 & -4 \\ -1 & & \boldsymbol{O} & \\ & -1 & & \end{pmatrix} \to \begin{pmatrix} 1 & -4 & 1 & -4 \\ 2 & -7 & 4 & -5 \\ -1 & & \boldsymbol{O} & \\ & -1 & & \end{pmatrix} \to \begin{pmatrix} 1 & -4 & 1 & -4 \\ 0 & 1 & 2 & 3 \\ -1 & & \boldsymbol{O} & \\ & -1 & & \end{pmatrix} \to$$

$$\begin{pmatrix} 1 & & 9 & 8 \\ & 1 & 2 & 3 \\ -1 & & \boldsymbol{O} & \\ & -1 & & \end{pmatrix} \to \begin{pmatrix} 1 & & 9 & 8 \\ & 1 & 2 & 3 \\ & & 9 & 8 \\ \boldsymbol{O} & & 2 & 3 \end{pmatrix}$$

$$\boldsymbol{Z} = \begin{pmatrix} 9 & 8 \\ 2 & 3 \end{pmatrix}$$

检验：

$$\begin{pmatrix} 2 & -7 \\ 1 & -4 \end{pmatrix} \begin{pmatrix} 9 & 8 \\ 2 & 3 \end{pmatrix} = \begin{pmatrix} 4 & -5 \\ 1 & -4 \end{pmatrix}$$

所以 $\boldsymbol{Z} = \begin{pmatrix} 9 & 8 \\ 2 & 3 \end{pmatrix}$ 是矩阵方程 $\boldsymbol{AZ} = \boldsymbol{B}$ 的解.

963. 令所有数对 (i,j) $(i = 1,2,\cdots,m; j = 1,2,\cdots,n)$ 在某种确定的次序下被编号为 α_1，$\alpha_2,\cdots,\alpha_{mn}$. 所谓 m 阶方阵 $\boldsymbol{A}$ 和 n 阶方阵 $\boldsymbol{B}$ 的 Kronecker 乘积(或称直接积)，是指一个 $m \times n$ 阶矩阵，记为 $\boldsymbol{C} = \boldsymbol{A} \times \boldsymbol{B}$，它是由矩阵 $\boldsymbol{A}$ 和 $\boldsymbol{B}$ 的元素的所有可能的乘积适当排列而成的. 具体说来就是：矩阵 $\boldsymbol{C}$ 位于第 i 行第 j 列的元素如下决定：

$$C_{ij} = a_{i_1 j_1} b_{i_2 j_2}$$

其中 $(i_1, i_2) = \alpha_i$，　$(j_1, j_2) = \alpha_j$.

证明：

(a)　$(\boldsymbol{A} + \boldsymbol{B}) \times \boldsymbol{C} = (\boldsymbol{A} \times \boldsymbol{C}) + (\boldsymbol{B} \times \boldsymbol{C})$.

(b)　$\boldsymbol{A} \times (\boldsymbol{B} + \boldsymbol{C}) = (\boldsymbol{A} \times \boldsymbol{B}) + (\boldsymbol{A} \times \boldsymbol{C})$.

(c)　$(\boldsymbol{AB}) \times (\boldsymbol{CD}) = (\boldsymbol{A} \times \boldsymbol{C})(\boldsymbol{B} \times \boldsymbol{D})$.

证明

(a) 按定义

$$(\boldsymbol{A} + \boldsymbol{B}) \times \boldsymbol{C} = \begin{pmatrix} (a_{11} + b_{11})\boldsymbol{C} & (a_{12} + b_{12})\boldsymbol{C} & \cdots & (a_{1n} + b_{1n})\boldsymbol{C} \\ (a_{21} + b_{21})\boldsymbol{C} & (a_{22} + b_{22})\boldsymbol{C} & \cdots & (a_{22} + b_{2n})\boldsymbol{C} \\ \vdots & \vdots & & \vdots \\ (a_{m1} + b_{m1})\boldsymbol{C} & (a_{m2} + b_{m2})\boldsymbol{C} & \cdots & (a_{mn} + b_{mn})\boldsymbol{C} \end{pmatrix}$$

$$\boldsymbol{A} \times \boldsymbol{C} = \begin{pmatrix} a_{11}\boldsymbol{C} & a_{12}\boldsymbol{C} & \cdots & a_{1n}\boldsymbol{C} \\ a_{21}\boldsymbol{C} & a_{22}\boldsymbol{C} & \cdots & a_{2n}\boldsymbol{C} \\ \vdots & \vdots & & \vdots \\ a_{m1}\boldsymbol{C} & a_{m2}\boldsymbol{C} & \cdots & a_{mn}\boldsymbol{C} \end{pmatrix}$$

$$B \times C = \begin{pmatrix} b_{11}C & b_{12}C & \cdots & b_{1n}C \\ b_{21}C & b_{22}C & \cdots & b_{2n}C \\ \vdots & \vdots & & \vdots \\ b_{m1}C & b_{m2}C & \cdots & b_{mn}C \end{pmatrix}$$

而
$$(a_{ij} + b_{ij})C = a_{ij}C + b_{ij}C$$
所以，
$$(A + B) \times C = (A \times C) + (B \times C)$$

(b)类似地，因为

$$A(b_{ij} + c_{ij}) = Ab_{ij} + Ac_{ij}$$

所以

$$A \times (B + C) = A \times B + A \times C$$

(c)

$$(A \times C)(B \times D) = \begin{pmatrix} a_{11}C & \cdots & a_{1n}C \\ \vdots & & \vdots \\ a_{m1}C & \cdots & a_{mn}C \end{pmatrix} \cdot \begin{pmatrix} b_{11}D & \cdots & b_{1m}D \\ \vdots & & \vdots \\ b_{n1}D & \cdots & b_{nm}D \end{pmatrix}$$

$$= \left(\sum_{l=1}^{n} a_{il} b_{lj} CD \right)$$

$$(AB) \times (CD) = \left(\sum_{l=1}^{n} a_{il} b_{lj} CD \right)$$

左 = 右

证完.

964. m 阶方阵 A 和 n 阶方阵 B 的右直接积，是指分块矩阵 $A \dot{\times} B = C = (C_{ij})$，其中 $C_{ij} = a_{ij}B(i,j = 1,2,\cdots,m)$. 类似地，该两矩阵的左直接积是指分块矩阵 $A \dot{} \times B = D = (D_{ij})$，其中 $D_{ij} = A \cdot b_{ij}(i,j = 1,2,\cdots,n)$.

证明：

(a)上述左、右直接积是前题 Kronecker 乘积的特殊情形. 求得出右，左直接积的数对(i,j)的编号次序；

(b)$A \dot{\times} B = B \dot{} \times A$；

(c)$A \dot{\times} (B \dot{\times} C) = (A \times B) \dot{\times} C$；

(d)如果 E_k 是 k 阶单位矩阵，则 $E_m \dot{\times} E_n = E_n \dot{\times} E_n = E_{mn}$；

(e)如果 A 和 B 是非奇异矩阵，则$(A \dot{\times} B)^{-1} = A^{-1} \dot{\times} B^{-1}$.

对于左直接积，与性质(c)，(d)，(e)类似的性质也是对的.

证明　(a)对右直接积需要取对的辞典排列：

$(1,1),(1,2),\cdots,(1,n),(2,1),(2,2),\cdots,(2,n),\cdots,(m,n)$.

对左直接积需要取对的辞典排列：

$(1,1),(2,1),\cdots,(m,1),(1,2),(2,2),\cdots,(m,2),\cdots,(m,n)$.

(b)按定义

$\boldsymbol{A}\dot{\times}\boldsymbol{B}=\boldsymbol{C}=(\boldsymbol{C}_{ij})$，　其中 $\boldsymbol{C}_{ij}=a_{ij}\boldsymbol{B}$.

$\boldsymbol{B}\dot{\times}\boldsymbol{A}=\boldsymbol{D}=(\boldsymbol{D}_{ij})$，　其中 $\boldsymbol{D}_{ij}=\boldsymbol{B}a_{ij}$.

因为
$$\boldsymbol{C}_{ij}=\boldsymbol{D}_{ij}$$
所以
$$\boldsymbol{A}\dot{\times}\boldsymbol{B}=\boldsymbol{B}\dot{\times}\boldsymbol{A}$$

(c) 按定义
$$(\boldsymbol{A}\times\boldsymbol{B})\dot{\times}\boldsymbol{C}=\boldsymbol{D}=(\boldsymbol{D}_{ij})$$
其中
$$\boldsymbol{D}_{ij}=a_{i_1j_1}b_{i_2j_2}\boldsymbol{C}$$
$$(i_1,i_2)=\boldsymbol{\alpha}_i,\quad (j_1,j_2)=\boldsymbol{\alpha}_j$$

$\boldsymbol{\alpha}_1,\boldsymbol{\alpha}_j\epsilon(i,j)\quad(i=1,2,\cdots,m;j=1,2,\cdots,n)$.

$\boldsymbol{B}\dot{\times}\boldsymbol{C}=(\boldsymbol{E}_{ij})$.

其中
$$\boldsymbol{E}_{ij}=b_{ij}\boldsymbol{C}$$
$$\boldsymbol{A}\dot{\times}(\boldsymbol{B}\dot{\times}\boldsymbol{C})=(\boldsymbol{F}_{ij})$$
其中
$$\boldsymbol{F}_{ij}=a_{i_1j_1}b_{i_2j_2}\boldsymbol{C}$$
左 = 右

(d)
$$\boldsymbol{E}_m\dot{\times}\boldsymbol{E}_n=\underbrace{\begin{pmatrix}\boldsymbol{E}_n & & & \\ & \boldsymbol{E}_n & & \\ & & \ddots & \\ & & & \boldsymbol{E}_n\end{pmatrix}}_{m\text{个}}=\boldsymbol{E}_{mn}$$
$$\boldsymbol{E}_n\dot{\times}\boldsymbol{E}_m=\underbrace{\begin{pmatrix}\boldsymbol{E}_m & & & \\ & \boldsymbol{E}_m & & \\ & & \ddots & \\ & & & \boldsymbol{E}_m\end{pmatrix}}_{n\text{个}}=\boldsymbol{E}^{\cdot}_{mn}$$
左 = 右

(e) 只要证明
$$(\boldsymbol{B}\dot{\times}\boldsymbol{A})\cdot(\boldsymbol{A}^{-1}\dot{\times}\boldsymbol{B}^{-1})=\boldsymbol{E}$$
即
$$(\boldsymbol{B}\dot{\times}\boldsymbol{E})\cdot(\boldsymbol{E}\dot{\times}\boldsymbol{B}^{-1})=\boldsymbol{E}$$
$$\boldsymbol{B}\dot{\times}\boldsymbol{E}=\begin{pmatrix}\boldsymbol{B} & & \\ & \ddots & \\ & & \boldsymbol{B}\end{pmatrix}$$
$$\boldsymbol{E}\dot{\times}\boldsymbol{B}^{-1}=\begin{pmatrix}\boldsymbol{B}^{-1} & & & \\ & \boldsymbol{B}^{-1} & & \\ & & \ddots & \\ & & & \boldsymbol{B}^{-1}\end{pmatrix}$$
$$(\boldsymbol{B}\dot{\times}\boldsymbol{E})\cdot(\boldsymbol{E}\dot{\times}\boldsymbol{B}^{-1})=\boldsymbol{E}$$

证完.

对于左直接积,与性质(c)、(d)、(e)类似的性质也是对的.

965. 利用前两题,证明:如果 $\boldsymbol{A}$ 是 m 阶矩阵,而 $\boldsymbol{B}$ 是 n 阶矩阵,则 $|\boldsymbol{A}\times\boldsymbol{B}|=|\boldsymbol{A}|^{n}\cdot|\boldsymbol{B}|^{m}$(参看习题 540).

证明　例如　$m=n=2$.

$$\boldsymbol{A}\times\boldsymbol{B}=\begin{pmatrix}a_{11}b_{11}&a_{11}b_{12}&a_{12}b_{11}&a_{12}b_{12}\\a_{11}b_{21}&a_{11}b_{22}&a_{12}b_{21}&a_{12}b_{22}\\a_{21}b_{11}&a_{21}b_{12}&a_{22}b_{11}&a_{22}b_{12}\\a_{21}b_{21}&a_{21}b_{22}&a_{22}b_{21}&a_{22}b_{22}\end{pmatrix}\xlongequal[\text{2,3 列互换}]{\text{2,3 行互换}}\begin{pmatrix}a_{11}b_{11}&a_{12}b_{11}&a_{11}b_{12}&a_{12}b_{12}\\a_{21}b_{11}&a_{22}b_{11}&a_{21}b_{12}&a_{22}b_{12}\\a_{11}b_{21}&a_{12}b_{21}&a_{11}b_{22}&a_{12}b_{22}\\a_{21}b_{21}&a_{22}b_{21}&a_{21}b_{22}&a_{22}b_{22}\end{pmatrix}$$

$$\begin{aligned}|\boldsymbol{A}\times\boldsymbol{B}|&\xlongequal{\text{前二行按拉普拉斯定理展开}}b_{11}^2b_{22}^2\boldsymbol{A}^2+(-1)^{1+2+3+4}b_{11}b_{12}\boldsymbol{A}\ b_{21}b_{22}\cdot(-\boldsymbol{A})+\\&\qquad(-1)^{1+2+2+3}b_{11}b_{12}(-\boldsymbol{A})b_{21}b_{22}\boldsymbol{A}+\\&\qquad b_{12}^2\ b_{21}^2\boldsymbol{A}^2\\&=\boldsymbol{B}^2\boldsymbol{A}^2\end{aligned}$$

对的编号改变不改变行列式 $|\boldsymbol{A}\times\boldsymbol{B}|$,并利用习题 963 的性质(c).

$$\text{(c)}\quad(\boldsymbol{AB})\times(\boldsymbol{CD})=(\boldsymbol{A}\times\boldsymbol{C})(\boldsymbol{B}\times\boldsymbol{D})$$

把它表为

$$\begin{aligned}|\boldsymbol{A}\times\boldsymbol{B}|&=|(\boldsymbol{AE}_m)\times(\boldsymbol{E}_n\boldsymbol{B})|=|\boldsymbol{A}\times\boldsymbol{E}_n|\cdot|\boldsymbol{E}_m\times\boldsymbol{B}|=|\boldsymbol{A}\dot{\times}\boldsymbol{E}_n|\cdot|\boldsymbol{E}_m\dot{\times}\boldsymbol{B}|\\&=|\boldsymbol{A}|^{n}|\boldsymbol{B}|^{m}\end{aligned}$$

966. 令 $\boldsymbol{A}=(a_{ij})$ 是 n 阶方阵,被称为矩阵 $\boldsymbol{A}$ 的伴随矩阵(或称转置伴随矩阵)的是矩阵 $\hat{\boldsymbol{A}}=(\hat{a}_{ij})$,其中 $\hat{a}_{ij}=A_{ji}(i,j=1,2,\cdots,n)$. 换句话说,$\boldsymbol{A}$ 的伴随矩阵是由矩阵 $\boldsymbol{A}$ 的元素的代数余子式所组成的矩阵经过转置而得到的.

证明:

(a) $\boldsymbol{A}\hat{\boldsymbol{A}}=\hat{\boldsymbol{A}}\boldsymbol{A}=|\boldsymbol{A}|\boldsymbol{E}$,其中 $\boldsymbol{E}$ 是单位矩阵;

(b) 当 $n>2$ 时 $(\hat{\hat{\boldsymbol{A}}})=|\boldsymbol{A}|^{n-2}\boldsymbol{A}$;　当 $n=2$ 时 $(\hat{\hat{\boldsymbol{A}}})=\boldsymbol{A}$.

证明　(a)

$$\boldsymbol{A}\hat{\boldsymbol{A}}=\begin{pmatrix}a_{11}&a_{12}&\cdots&a_{1n}\\a_{21}&a_{22}&\cdots&a_{2n}\\\vdots&\vdots&&\vdots\\a_{n1}&a_{n2}&\cdots&a_{nn}\end{pmatrix}\begin{pmatrix}A_{11}&A_{21}&\cdots&A_{n1}\\A_{12}&A_{22}&\cdots&A_{n2}\\\vdots&\vdots&&\vdots\\A_{1n}&A_{2n}&\cdots&A_{nn}\end{pmatrix}=|\boldsymbol{A}|\cdot\boldsymbol{E}$$

$$\hat{\boldsymbol{A}}\boldsymbol{A}=\begin{pmatrix}A_{11}&A_{21}&\cdots&A_{n1}\\A_{12}&A_{22}&\cdots&A_{n2}\\\vdots&\vdots&&\vdots\\A_{1n}&A_{2n}&\cdots&A_{nn}\end{pmatrix}\begin{pmatrix}a_{11}&a_{12}&\cdots&a_{1n}\\a_{21}&a_{22}&\cdots&a_{2n}\\\vdots&\vdots&&\vdots\\a_{n1}&a_{n2}&\cdots&a_{nn}\end{pmatrix}=|\boldsymbol{A}|\cdot\boldsymbol{E}$$

其中 $\boldsymbol{E}$ 是 n 阶单位矩阵.

(b) 当 $n>2$ 时,根据(a)把 $\hat{\boldsymbol{A}}$ 看成 $\boldsymbol{A}$,则

$$\hat{\boldsymbol{A}}\cdot\hat{\hat{\boldsymbol{A}}}=\hat{\hat{\boldsymbol{A}}}\hat{\boldsymbol{A}}=|\hat{\boldsymbol{A}}|\cdot\boldsymbol{E} \quad (1)$$

另外

$$\boldsymbol{A}\cdot\hat{\boldsymbol{A}}\cdot\hat{\hat{\boldsymbol{A}}}\Longleftarrow|\hat{\boldsymbol{A}}|\cdot\boldsymbol{E}\cdot\hat{\hat{\boldsymbol{A}}} \quad (2)$$

由(a)两边取行列式

$$|\hat{\boldsymbol{A}}|=|\boldsymbol{A}|^{n-1},\qquad \boldsymbol{A}\cdot|\hat{\boldsymbol{A}}|\boldsymbol{E}=\boldsymbol{A}\cdot|\boldsymbol{A}|^{n-1}\boldsymbol{E}=|\boldsymbol{A}|^{n-1}\boldsymbol{E}\boldsymbol{A}$$

代入式(2)

$$|\boldsymbol{A}|\cdot\boldsymbol{E}\cdot\hat{\hat{\boldsymbol{A}}}=|\boldsymbol{A}|^{n-1}\cdot\boldsymbol{E}\cdot\boldsymbol{A}$$

$$\hat{\hat{\boldsymbol{A}}}=|\boldsymbol{A}|^{n-2}\boldsymbol{A}$$

当 $n=2$ 时,按伴随阵定义

$$\hat{\boldsymbol{A}}=\begin{pmatrix}a_{22} & -a_{12}\\ -a_{21} & a_{11}\end{pmatrix}$$

$$\hat{\hat{\boldsymbol{A}}}=\begin{pmatrix}a_{11} & a_{12}\\ a_{21} & a_{22}\end{pmatrix}=\boldsymbol{A}$$

证完.

967. 证明:$(\widehat{\boldsymbol{AB}})=\hat{\boldsymbol{B}}\cdot\hat{\boldsymbol{A}}$,其中 $\hat{\boldsymbol{A}}$ 是前题所定义的 $\boldsymbol{A}$ 的伴随矩阵.

证明　要证 $(\widehat{\boldsymbol{AB}})\cdot\boldsymbol{AB}=\hat{\boldsymbol{B}}\cdot\hat{\boldsymbol{A}}\cdot\boldsymbol{A}\cdot\boldsymbol{B}$.(两边右乘矩阵 $\boldsymbol{AB}$)
根据 966. 伴随矩阵(a).
只要证明

$$|\boldsymbol{AB}|\cdot\boldsymbol{E}=\hat{\boldsymbol{B}}\cdot|\boldsymbol{A}|\cdot\boldsymbol{E}\cdot\boldsymbol{B}=|\boldsymbol{B}|\cdot|\boldsymbol{A}|\cdot\boldsymbol{E}$$

即

$$|\boldsymbol{AB}|=|\boldsymbol{A}|\cdot|\boldsymbol{B}|$$

根据 Binet—Cauchy 公式得证.

968. 矩阵 $\tilde{\boldsymbol{A}}=(\tilde{a}_{ij})$,其中 $\tilde{a}_{ij}$ 是 n 阶方阵 $\boldsymbol{A}$ 的元素 a_{ij} 的子式,称为 n 阶方阵 $\boldsymbol{A}$ 的相位矩阵. 证明:

(a) $(\widetilde{\boldsymbol{AB}})=\tilde{\boldsymbol{A}}\,\tilde{\boldsymbol{B}}$;

(b) 当 $n>2$ 时 $(\tilde{\tilde{\boldsymbol{A}}})=|\boldsymbol{A}|^{n-2}\boldsymbol{A}$;　当 $n=2$ 时 $(\tilde{\tilde{\boldsymbol{A}}})=\boldsymbol{A}$.
高等代数习题集法傑也夫,索明斯基著.
515. 所谓一个给定的矩阵 $\boldsymbol{A}$ 的相伴矩阵,是将原矩阵的 $n-1$ 阶子式作为元素,按自然顺序组成的矩阵. 证明:一个矩阵相伴矩阵的相伴矩阵等于原矩阵乘其行列式的 $n-2$ 次幂.

518. 证明:两个矩阵之积的相伴矩阵等于各矩阵相伴矩阵之积,并且乘积中因子的顺序也相同.

(a)建立相伴矩阵与逆矩阵之间的关系.

$$\boldsymbol{AB}\cdot\boldsymbol{C}(\widetilde{\boldsymbol{AB}})\boldsymbol{C}=|\boldsymbol{AB}|\cdot\boldsymbol{E}_n,\ (\boldsymbol{AB})^{-1}=\boldsymbol{B}^{-1}\boldsymbol{A}^{-1}.$$

$$\boldsymbol{AC}(\widetilde{\boldsymbol{A}})\boldsymbol{C}=|\boldsymbol{A}|\cdot\boldsymbol{E}_n,\text{即}\ \frac{\boldsymbol{C}(\widetilde{\boldsymbol{AB}})\boldsymbol{C}}{|\boldsymbol{AB}|}=\frac{\boldsymbol{C}(\widetilde{\boldsymbol{B}})\boldsymbol{C}}{|\boldsymbol{B}|}\cdot\frac{\boldsymbol{C}(\widetilde{\boldsymbol{A}})\boldsymbol{C}}{|\boldsymbol{A}|}.$$

$$\boldsymbol{BC}(\widetilde{\boldsymbol{B}})\boldsymbol{C}=|\boldsymbol{B}|\cdot\boldsymbol{E}_n\quad\text{得到}\ \widetilde{\boldsymbol{AB}}=\widetilde{\boldsymbol{B}}\cdot\widetilde{\boldsymbol{A}}$$

其中 $\boldsymbol{C}=\mathrm{diag}(1,-1,1,-1,\cdots)$.

(b)
$$\widetilde{\boldsymbol{A}}\cdot\boldsymbol{C}(\widetilde{\widetilde{\boldsymbol{A}}})\boldsymbol{C}=|\widetilde{\boldsymbol{A}}|\boldsymbol{E}_n$$

两边左乘 $\boldsymbol{A}$

$$|\boldsymbol{A}|\cdot\boldsymbol{E}_n(\widetilde{\widetilde{\boldsymbol{A}}})=|\widetilde{\boldsymbol{A}}|\boldsymbol{E}_n\cdot\boldsymbol{A}$$

而
$$|\widetilde{\boldsymbol{A}}|=|\boldsymbol{A}|^{n-1}$$

当 $n=2$ 时,
$$(\widetilde{\boldsymbol{A}})=\begin{pmatrix}a_{22}&a_{21}\\a_{12}&a_{11}\end{pmatrix}$$

$$(\widetilde{\widetilde{\boldsymbol{A}}})=|\widetilde{\boldsymbol{A}}|^{n-2}\boldsymbol{A},\qquad(\widetilde{\widetilde{\boldsymbol{A}}})=\begin{pmatrix}a_{11}&a_{12}\\a_{21}&a_{22}\end{pmatrix}=\boldsymbol{A}$$

969. 令 $\boldsymbol{A}=(a_{ij})$ 是 n 阶方阵,又令由 n 个数 $1,2,\cdots,n$ 中取 p 个数 $k_1<k_2<\cdots<k_p$ 的所有组合被在某种次序下编号为 $\alpha_1,\alpha_2,\cdots,\alpha_N$,其中 $N=\mathrm{C}_n^p$. 矩阵 $\boldsymbol{A}$ 的 p 级相伴矩阵是指矩阵 $\boldsymbol{A}_p(a_{ij,p})$,它是将矩阵 $\boldsymbol{A}$ 的 p 阶子式适当排列所得出的矩阵,就是 $a_{ij,p}=\boldsymbol{A}\begin{pmatrix}i_1,i_2,\cdots,i_p\\j_1,j_2,\cdots,j_p\end{pmatrix}$,其中 α_i 是组合 $i_1<i_2<\cdots<i_p$;α_j 是组合 $j_1<j_2<\cdots<j_p$.

证明

(a) $(\boldsymbol{AB})_p=\boldsymbol{A}_p\boldsymbol{B}_p$;

(b) $(\boldsymbol{E}_n)_p=\boldsymbol{E}_N$,其中 $\boldsymbol{E}_n$ 和 $\boldsymbol{E}_N$ 分别是 n 阶和 N 阶的单位矩阵;

(c)如果 $\boldsymbol{A}$ 是非奇异矩阵,则 $(\boldsymbol{A}^{-1})_p=(\boldsymbol{A}_p)^{-1}$.

证明　　以 $n=3,p=2$ 为例来说明.

$1\rightarrow(1.2)$

$2\rightarrow(1.3)$

$3\rightarrow(2.3)$

$$
A_2 = \left(\begin{array}{cc|cc|cc}
a_{11} & a_{12} & a_{11} & a_{13} & a_{12} & a_{13} \\
a_{21} & a_{22} & a_{21} & a_{23} & a_{22} & a_{23} \\
\hline
a_{11} & a_{12} & a_{11} & a_{13} & a_{12} & a_{13} \\
a_{31} & a_{32} & a_{31} & a_{33} & a_{32} & a_{33} \\
\hline
a_{21} & a_{22} & a_{21} & a_{23} & a_{22} & a_{23} \\
a_{31} & a_{32} & a_{31} & a_{33} & a_{32} & a_{33}
\end{array}\right)
$$

$$
B_2 = \left(\begin{array}{cc|cc|cc}
b_{11} & b_{12} & b_{11} & b_{13} & b_{12} & b_{13} \\
b_{21} & b_{22} & b_{21} & b_{23} & b_{22} & b_{23} \\
\hline
b_{11} & b_{12} & b_{11} & b_{13} & b_{12} & b_{13} \\
b_{31} & b_{32} & b_{31} & b_{33} & b_{32} & b_{33} \\
\hline
b_{21} & b_{22} & b_{21} & b_{23} & b_{22} & b_{23} \\
b_{31} & b_{32} & b_{31} & b_{33} & b_{32} & b_{33}
\end{array}\right)
$$

$$
AB = \begin{pmatrix}
a_{11}b_{11} + a_{12}b_{21} + a_{13}b_{31} & a_{11}b_{12} + a_{12}b_{22} + a_{13}b_{32} & a_{11}b_{13} + a_{12}b_{23} + a_{13}b_{33} \\
a_{21}b_{11} + a_{22}b_{21} + a_{23}b_{31} & a_{21}b_{12} + a_{22}b_{22} + a_{23}b_{32} & a_{21}b_{13} + a_{22}b_{23} + a_{23}b_{33} \\
a_{31}b_{11} + a_{32}b_{21} + a_{33}b_{31} & a_{31}b_{12} + a_{32}b_{22} + a_{33}b_{32} & a_{31}b_{13} + a_{32}b_{23} + a_{33}b_{33}
\end{pmatrix}
$$

$$
(AB)_2 = \begin{pmatrix}
\begin{matrix} a_{11}b_{11} + a_{12}b_{21} + a_{13}b_{31} & a_{11}b_{12} + a_{12}b_{22} + a_{13}b_{32} \\ a_{21}b_{11} + a_{22}b_{21} + a_{23}b_{31} & a_{21}b_{12} + a_{22}b_{22} + a_{23}b_{32} \end{matrix} & \cdots & \cdots \\
\cdots & \begin{matrix} a_{11}b_{11} + a_{12}b_{21} + a_{13}b_{31} & a_{11}b_{13} + a_{12}b_{23} + a_{13}b_{33} \\ a_{31}b_{11} + a_{32}b_{21} + a_{33}b_{31} & a_{31}b_{13} + a_{32}b_{23} + a_{33}b_{33} \end{matrix} & \cdots \\
\cdots & \cdots & \begin{matrix} a_{21}b_{12} + a_{22}b_{22} + a_{23}b_{32} & a_{21}b_{13} + a_{22}b_{23} + a_{23}b_{33} \\ a_{31}b_{12} + a_{32}b_{22} + a_{33}b_{32} & a_{31}b_{13} + a_{32}b_{23} + a_{33}b_{33} \end{matrix}
\end{pmatrix}
$$

例如 $(AB)_2 \mid C_{22} =$

$$
\begin{array}{cc}
a_{11}b_{11} + a_{12}b_{21} + a_{13}b_{31} & a_{11}b_{13} + a_{12}b_{23} + a_{13}b_{33} \\
a_{31}b_{13} + a_{32}b_{23} + a_{33}b_{33} & a_{31}b_{11} + a_{32}b_{21} + a_{33}b_{31} \\
\hline
\end{array}
$$

$$
\begin{array}{ll}
a_{11}b_{11}a_{31}b_{13} + a_{11}b_{11}a_{32}b_{23} + a_{11}b_{11}a_{33}b_{33} & a_{11}a_{31}b_{11}b_{13} + a_{11}a_{32}b_{13}b_{21} + a_{11}a_{33}b_{13}b_{31} \\
a_{12}b_{21}a_{31}b_{13} + a_{12}b_{21}a_{32}b_{23} + a_{12}b_{21}a_{33}b_{33} & a_{12}a_{31}b_{11}b_{23} + a_{12}a_{32}b_{21}b_{23} + a_{12}a_{33}b_{23}b_{31} \\
a_{13}b_{31}a_{31}b_{13} + a_{13}b_{31}a_{32}b_{23} + a_{13}b_{31}a_{33}b_{33} & a_{13}a_{31}b_{33}b_{11} + a_{13}a_{32}b_{21}b_{33} + a_{13}a_{33}b_{31}b_{33}
\end{array}
$$

$$
\begin{aligned}
A_{21} \cdot B_{12} &= (a_{11}a_{32} - a_{31}a_{12})(b_{11}b_{23} - b_{21}b_{13}) \\
A_{22} \cdot B_{22} &= (a_{11}a_{33} - a_{13}a_{31})(b_{11}b_{33} - b_{13}b_{31}) \\
A_{23} \cdot B_{32} &= (a_{12}a_{33} - a_{13}a_{32})(b_{21}b_{33} - b_{23}b_{31})
\end{aligned}
$$

逐项对应

$$C_{22} = A_{21}B_{12} + A_{22}B_{22} + A_{23}B_{32}$$

一般情况

$$C_{ij} = A_{i1}B_{1j} + A_{i2}B_{2j} + \cdots + A_{in}B_{nj}$$

$$(AB)_p = A_p B_p$$

(b)

$$A = B = E_3$$

$$A_2 = \begin{pmatrix} 1 & 0 & 0 \\ 0 & 1 & 0 \\ 0 & 0 & 1 \end{pmatrix}$$

$$B_2 = \begin{pmatrix} 1 & 0 & 0 \\ 0 & 1 & 0 \\ 0 & 0 & 1 \end{pmatrix}$$

$$A_2 B_2 = E_3$$

$$(E_3)_2 = E_3$$

类似地　$(E_n)_p = E_N$.

(c)如果 A 是非奇异矩阵,则 $(A^{-1})_p = (A_p)^{-1}$.

证明　只要证明

$$A_p (A^{-1})_p = E$$

根据本题(a).

只要证明:

$$(A \cdot A^{-1})_p = E$$

$$(E_n)_p = E_N$$

根据(b),得到证明.

970. 求由 n 个数 $1,2,\cdots,n$ 取 p 个的组合的一种编号,使三角形矩阵 A 的相伴矩阵 A_p(定义见前题)也是三角形矩阵且在对角线同样的一侧为零.

证明　$n=3$,　$p=2$

$$A = \begin{pmatrix} a_{11} & a_{12} & a_{13} \\ 0 & a_{22} & a_{23} \\ 0 & 0 & a_{33} \end{pmatrix}$$

$$A_2 = \left(\begin{array}{cc|cc|cc} a_{11} & a_{12} & a_{11} & a_{13} & a_{12} & a_{13} \\ 0 & a_{22} & 0 & a_{23} & a_{22} & a_{23} \\ \hline a_{11} & a_{12} & a_{11} & a_{13} & a_{12} & a_{13} \\ 0 & 0 & 0 & a_{33} & 0 & a_{33} \\ \hline 0 & a_{22} & 0 & a_{23} & a_{22} & a_{23} \\ 0 & 0 & 0 & a_{33} & 0 & a_{33} \end{array}\right) = \begin{pmatrix} a_{11}a_{22} & a_{11}a_{23} & a_{12}a_{23} - a_{13}a_{22} \\ 0 & a_{11}a_{33} & a_{12}a_{33} \\ 0 & 0 & a_{22}a_{33} \end{pmatrix}$$

当 A 是右三角形矩阵时,A_2 也是三角形矩阵且在对角线同样的一侧为零. 当 $n>3$ 的一般情况,本质上是一致的.

971. 利用相伴矩阵的性质，证明：如果 $\boldsymbol{A}$ 是 n 阶方阵，则 $|\boldsymbol{A}_p| = |\boldsymbol{A}|^{C_{n-1}^{p-1}}$（参看习题 551）.

证明 以 4 阶矩阵为例.

$$\begin{pmatrix} a_{11} & a_{12} & a_{13} & a_{14} \\ a_{21} & a_{22} & a_{23} & a_{24} \\ a_{31} & a_{32} & a_{33} & a_{34} \\ a_{41} & a_{42} & a_{43} & a_{44} \end{pmatrix} \to \begin{pmatrix} a_{11} & * & * & * \\ & \dfrac{a_{11}a_{22}-a_{12}a_{21}}{a_{11}} & * & * \\ & & \dfrac{|\boldsymbol{A}_3|}{|\boldsymbol{A}_2|} & * \\ & & & \dfrac{|\boldsymbol{A}_4|}{|\boldsymbol{A}_3|} \end{pmatrix} \to \begin{pmatrix} a_{11} & * & * & * \\ & a_{22}^* & * & * \\ & & a_{33}^* & * \\ & & & a_{44}^* \end{pmatrix}$$

$p = 2$

$$\boldsymbol{A}_2 = \begin{pmatrix} \begin{vmatrix} a_{11} & * \\ 0 & a_{22}^* \end{vmatrix} & \begin{vmatrix} a_{11} & * \\ 0 & * \end{vmatrix} & \begin{vmatrix} a_{11} & * \\ 0 & * \end{vmatrix} & \begin{vmatrix} * & * \\ a_{22}^* & * \end{vmatrix} & \begin{vmatrix} * & * \\ a_{22}^* & * \end{vmatrix} & \begin{vmatrix} * & * \\ * & * \end{vmatrix} \\ 0 & \begin{vmatrix} a_{11} & * \\ 0 & a_{33}^* \end{vmatrix} & \begin{vmatrix} a_{11} & * \\ 0 & * \end{vmatrix} & \begin{vmatrix} * & * \\ 0 & a_{33}^* \end{vmatrix} & \begin{vmatrix} * & * \\ 0 & * \end{vmatrix} & \begin{vmatrix} * & * \\ a_{33}^* & * \end{vmatrix} \\ 0 & 0 & \begin{vmatrix} a_{11} & * \\ 0 & a_{44}^* \end{vmatrix} & \begin{vmatrix} * & * \\ 0 & a_{44}^* \end{vmatrix} & \begin{vmatrix} * & * \\ 0 & a_{44}^* \end{vmatrix} & \begin{vmatrix} * & * \\ 0 & a_{44}^* \end{vmatrix} \\ 0 & 0 & 0 & \begin{vmatrix} a_{22}^* & * \\ 0 & a_{33}^* \end{vmatrix} & \begin{vmatrix} a_{22}^* & * \\ 0 & * \end{vmatrix} & \begin{vmatrix} * & * \\ a_{33}^* & * \end{vmatrix} \\ 0 & 0 & 0 & 0 & \begin{vmatrix} a_{22}^* & * \\ 0 & a_{44}^* \end{vmatrix} & \begin{vmatrix} * & * \\ 0 & a_{44}^* \end{vmatrix} \\ 0 & 0 & 0 & 0 & 0 & \begin{vmatrix} a_{33}^* & * \\ 0 & a_{44}^* \end{vmatrix} \end{pmatrix}$$

$$= a_{11}^3 a_{22}^{*3} a_{33}^{*3} \cdot a_{44}^{*3}$$

由此可见，假若 $\boldsymbol{A}$ 是一个上三角矩阵

$$\boldsymbol{A} = \begin{pmatrix} a_{11} & a_{12} & \cdots & a_{1n} \\ & a_{22} & \cdots & a_{2n} \\ 0 & & \ddots & \vdots \\ & & & a_{nn} \end{pmatrix}$$

在组合的适当编号之下，$\boldsymbol{A}_p$ 也是上三角矩阵.

对于三角形矩阵 $\boldsymbol{A}$，有

$$\det\boldsymbol{A}_p = \prod_{i_1 < i_2 < \cdots < i_p} a_{i_1i_1}a_{i_2i_2}\cdots a_{i_pi_p} = (\det\boldsymbol{A})^{C_{n-1}^{p-1}}$$

证完.

972. 令 $\boldsymbol{A}$ 是 n 阶非奇异矩阵，而 $\boldsymbol{B}=\boldsymbol{A}^{-1}$ 是 $\boldsymbol{A}$ 的逆矩阵. 证明：逆矩阵的任何子式可用原矩阵的子式表示如下：

$$\boldsymbol{B}\begin{pmatrix} i_1,i_2,\cdots,i_p \\ k_1,k_2,\cdots,k_p \end{pmatrix}=\frac{(-1)^{\sum\limits_{s=1}^{p}(i_s+k_s)}\boldsymbol{A}\begin{pmatrix} k'_1,k'_2,\cdots,k'_{n-p} \\ i'_1,i'_2,\cdots,i'_{n-p} \end{pmatrix}}{|\boldsymbol{A}|} \tag{1}$$

其中，$i_1<i_2<\cdots<i_p$ 与 $i'_1<i'_2<\cdots<i'_{n-p}$($k_1<k_2<\cdots<k_p$ 与 $k'_1<k'_2<\cdots<k'_{n-p}$各构成指标 1，2，…，$n$ 的全组).

证明　由于习题 969 从 $\boldsymbol{AB}=\boldsymbol{E}_n$ 推出 $\boldsymbol{A}_p\boldsymbol{B}_p=\boldsymbol{E}_N$，其中 $N=\mathrm{C}_n^P$；由此

$$\sum_{1\leqslant i_1<i_2<\cdots<i_p\leqslant n}\boldsymbol{A}\begin{pmatrix} j_1,j_2,\cdots,j_p \\ i_1,i_2,\cdots,i_p \end{pmatrix}\boldsymbol{B}\begin{pmatrix} i_1,i_2,\cdots,i_p \\ k_1,k_2,\cdots,k_p \end{pmatrix}$$

$$=\begin{cases} 1,\text{如果}\sum\limits_{s=1}^{p}(j_s-k_s)^2=0 \\ 0,\text{如果}\sum\limits_{s=1}^{p}(j_s-k_s)^2>0 \end{cases}\quad\left(1\leqslant\begin{matrix} j_1<j_2<\cdots<j_p \\ k_1<k_2<\cdots<k_p \end{matrix}\leqslant n\right) \tag{2}$$

另外，按 Laplace 定理求得

$$\sum_{1\leqslant i_1<i_2<\cdots<i_p\leqslant n}\boldsymbol{A}\begin{pmatrix} j_1,j_2,\cdots,j_p \\ i_1,i_2,\cdots,i_p \end{pmatrix}(-1)^{\sum\limits_{s=1}^{p}(i_s+k_s)}\times\boldsymbol{A}\begin{pmatrix} k'_1,k'_2,\cdots,k'_{n-p} \\ i'_1,i'_2,\cdots,i'_{n-p} \end{pmatrix}$$

$$=\begin{cases} |\boldsymbol{A}|,\text{如果}\sum\limits_{s=1}^{p}(j_s-k_s)^2=0 \\ 0,\text{如果}\sum\limits_{s=1}^{p}(j_s-k_s)^2>0 \end{cases} \tag{3}$$

其中 $i'_1<i'_2<\cdots<i'_{n-p}$同 $i_1<i_2<\cdots<i_p$ 一起，$k'_1<k'_2<\cdots<k'_{n-p}$同 $k_1<k_2<\cdots<k_p$ 一起组成下标 1，2，…，n 的全组.

因为具有非奇异矩阵 $\boldsymbol{A}_p$ 的线性方程组在给定的常数项下有唯一解，又因为式(3)的右端与对应的式(2)的右端只相差因子 $|\boldsymbol{A}|$，所以左端也应当相差同一因子，由此就推出所要求的式(1).

973. 证明：正交矩阵 $\boldsymbol{A}$ 的 p 级相伴矩阵 $\boldsymbol{A}_p$(定义见习题 969)是正交的.

已知 $\boldsymbol{A}$ 是正交矩阵　$\boldsymbol{A}\cdot\boldsymbol{A}'\to\boldsymbol{E}$，求证　$\boldsymbol{A}_p\cdot\boldsymbol{A}'_p=\boldsymbol{E}$.

证明

$$\begin{pmatrix} a_{11} & a_{12} & a_{13} & a_{14} \\ a_{21} & a_{22} & a_{23} & a_{24} \\ a_{31} & a_{32} & a_{33} & a_{34} \\ a_{41} & a_{42} & a_{43} & a_{44} \end{pmatrix}\begin{pmatrix} a_{11} & a_{21} & a_{31} & a_{41} \\ a_{12} & a_{22} & a_{32} & a_{42} \\ a_{13} & a_{23} & a_{33} & a_{43} \\ a_{14} & a_{24} & a_{34} & a_{44} \end{pmatrix}=\begin{pmatrix} 1 & & & \\ & 1 & & \\ & & 1 & \\ & & & 1 \end{pmatrix}$$

$$
\boldsymbol{A}_2=\begin{pmatrix}
\boldsymbol{A}\binom{12}{12} & \boldsymbol{A}\binom{12}{13} & \boldsymbol{A}\binom{12}{14} & \boldsymbol{A}\binom{12}{23} & \boldsymbol{A}\binom{12}{24} & \boldsymbol{A}\binom{12}{34}\\
\boldsymbol{A}\binom{13}{12} & \boldsymbol{A}\binom{13}{13} & \boldsymbol{A}\binom{13}{14} & \boldsymbol{A}\binom{13}{23} & \boldsymbol{A}\binom{13}{24} & \boldsymbol{A}\binom{13}{34}\\
\boldsymbol{A}\binom{14}{12} & \boldsymbol{A}\binom{14}{13} & \boldsymbol{A}\binom{14}{14} & \boldsymbol{A}\binom{14}{23} & \boldsymbol{A}\binom{14}{24} & \boldsymbol{A}\binom{14}{34}\\
\boldsymbol{A}\binom{23}{12} & \boldsymbol{A}\binom{23}{13} & \boldsymbol{A}\binom{23}{14} & \boldsymbol{A}\binom{23}{23} & \boldsymbol{A}\binom{23}{24} & \boldsymbol{A}\binom{23}{24}\\
\boldsymbol{A}\binom{24}{12} & \boldsymbol{A}\binom{24}{13} & \boldsymbol{A}\binom{24}{14} & \boldsymbol{A}\binom{24}{23} & \boldsymbol{A}\binom{24}{24} & \boldsymbol{A}\binom{24}{34}\\
\boldsymbol{A}\binom{34}{12} & \boldsymbol{A}\binom{34}{13} & \boldsymbol{A}\binom{34}{14} & \boldsymbol{A}\binom{34}{23} & \boldsymbol{A}\binom{34}{24} & \boldsymbol{A}\binom{34}{34}
\end{pmatrix}
$$

注：$\binom{ab}{ij}$中 a,b 表示所在行，$a,b=1,\cdots,4ji,j$ 表示所在列，$i,j=1,\cdots,4$.

$$
\boldsymbol{A}'_2=\begin{pmatrix}
\boldsymbol{A}\binom{12}{12} & \boldsymbol{A}\binom{13}{12} & \boldsymbol{A}\binom{14}{12} & \boldsymbol{A}\binom{23}{12} & \boldsymbol{A}\binom{24}{12} & \boldsymbol{A}\binom{34}{12}\\
\boldsymbol{A}\binom{12}{13} & \boldsymbol{A}\binom{13}{13} & \boldsymbol{A}\binom{14}{13} & \boldsymbol{A}\binom{23}{13} & \boldsymbol{A}\binom{24}{13} & \boldsymbol{A}\binom{34}{13}\\
\boldsymbol{A}\binom{12}{14} & \boldsymbol{A}\binom{13}{14} & \boldsymbol{A}\binom{14}{14} & \boldsymbol{A}\binom{23}{14} & \boldsymbol{A}\binom{24}{14} & \boldsymbol{A}\binom{34}{14}\\
\boldsymbol{A}\binom{12}{23} & \boldsymbol{A}\binom{13}{23} & \boldsymbol{A}\binom{14}{23} & \boldsymbol{A}\binom{23}{23} & \boldsymbol{A}\binom{24}{23} & \boldsymbol{A}\binom{34}{23}\\
\boldsymbol{A}\binom{12}{24} & \boldsymbol{A}\binom{13}{24} & \boldsymbol{A}\binom{14}{24} & \boldsymbol{A}\binom{23}{24} & \boldsymbol{A}\binom{24}{24} & \boldsymbol{A}\binom{34}{24}\\
\boldsymbol{A}\binom{12}{34} & \boldsymbol{A}\binom{13}{34} & \boldsymbol{A}\binom{14}{34} & \boldsymbol{A}\binom{23}{34} & \boldsymbol{A}\binom{24}{34} & \boldsymbol{A}\binom{34}{34}
\end{pmatrix}
$$

$$
\boldsymbol{A}\binom{12}{12}^2+\boldsymbol{A}\binom{12}{13}^2+\boldsymbol{A}\binom{12}{14}^2+\boldsymbol{A}\binom{12}{23}^2+\boldsymbol{A}\binom{12}{24}^2+\boldsymbol{A}\binom{12}{34}^2
$$

$$
\boldsymbol{A}\binom{12}{12}^2=(a_{11}a_{22}-a_{12}a_{21})^2=a_{11}^2a_{22}^2+a_{12}^2a_{21}^2-2a_{11}a_{22}a_{12}a_{21}
$$

$$
\boldsymbol{A}\binom{12}{13}^2=(a_{11}a_{23}-a_{21}a_{13})^2=a_{11}^2a_{23}^2+a_{13}^2a_{21}^2-2a_{11}a_{23}a_{21}a_{13}
$$

$$
\boldsymbol{A}\binom{12}{14}^2=(a_{11}a_{24}-a_{21}a_{14})^2=a_{11}^2a_{24}^2+a_{14}^2a_{21}^2-2a_{11}a_{24}a_{21}a_{14}
$$

$$
\boldsymbol{A}\binom{12}{23}^2=(a_{12}a_{23}-a_{22}a_{13})^2=a_{12}^2a_{23}^2+a_{22}^2a_{13}^2-2a_{12}a_{13}a_{22}a_{23}
$$

$$
\boldsymbol{A}\binom{12}{24}^2=(a_{12}a_{24}-a_{22}a_{14})^2=a_{12}^2a_{24}^2+a_{22}^2a_{14}^2-2a_{12}a_{14}a_{22}a_{24}
$$

$$
\boldsymbol{A}\binom{12}{34}^2=(a_{13}a_{24}-a_{14}a_{23})^2=a_{13}^2a_{24}^2+a_{14}^2a_{23}^2-2a_{13}a_{14}a_{23}a_{24}
$$

$$
\boldsymbol{A}\binom{12}{12}^2+\boldsymbol{A}\binom{12}{13}^2+\boldsymbol{A}\binom{12}{14}^2+\boldsymbol{A}\binom{12}{23}^2+\boldsymbol{A}\binom{12}{24}^2+\boldsymbol{A}\binom{12}{34}^2
$$

$$
=a_{21}^2+a_{22}^2+a_{23}^2+a_{24}^2-(a_{11}a_{21}+a_{12}a_{22}+a_{13}a_{23}+a_{14}a_{24})^2=1
$$

任取

$$C_{24}=\boldsymbol{A}\begin{pmatrix}13\\12\end{pmatrix}\boldsymbol{A}\begin{pmatrix}23\\12\end{pmatrix}+\boldsymbol{A}\begin{pmatrix}13\\13\end{pmatrix}\boldsymbol{A}\begin{pmatrix}23\\13\end{pmatrix}+\boldsymbol{A}\begin{pmatrix}13\\14\end{pmatrix}\boldsymbol{A}\begin{pmatrix}23\\14\end{pmatrix}+\boldsymbol{A}\begin{pmatrix}13\\23\end{pmatrix}\boldsymbol{A}\begin{pmatrix}23\\23\end{pmatrix}+\boldsymbol{A}\begin{pmatrix}13\\24\end{pmatrix}\boldsymbol{A}\begin{pmatrix}23\\24\end{pmatrix}+\boldsymbol{A}\begin{pmatrix}13\\34\end{pmatrix}\boldsymbol{A}\begin{pmatrix}23\\34\end{pmatrix}$$

$$\begin{aligned}\boldsymbol{A}\begin{pmatrix}13\\12\end{pmatrix}\boldsymbol{A}\begin{pmatrix}23\\12\end{pmatrix}&=(a_{11}a_{32}-a_{31}a_{12})(a_{21}a_{32}-a_{31}a_{22})\\&=a_{11}a_{21}a_{32}^2+a_{12}a_{22}a_{31}^2-a_{12}a_{21}a_{31}a_{32}-a_{11}a_{22}a_{31}a_{32}\end{aligned}$$

$$\begin{aligned}\boldsymbol{A}\begin{pmatrix}13\\13\end{pmatrix}\boldsymbol{A}\begin{pmatrix}23\\13\end{pmatrix}&=(a_{11}a_{33}-a_{13}a_{31})(a_{21}a_{33}-a_{31}a_{23})\\&=a_{11}a_{21}a_{33}^2+a_{13}a_{23}a_{31}^2-a_{13}a_{21}a_{31}a_{33}-a_{11}a_{23}a_{31}a_{33}\end{aligned}$$

$$\begin{aligned}\boldsymbol{A}\begin{pmatrix}13\\14\end{pmatrix}\boldsymbol{A}\begin{pmatrix}23\\14\end{pmatrix}&=(a_{11}a_{34}-a_{31}a_{14})(a_{21}a_{34}-a_{31}a_{24})\\&=a_{11}a_{21}a_{34}^2+a_{14}a_{24}a_{31}^2-a_{21}a_{31}a_{14}a_{34}-a_{11}a_{24}a_{34}a_{31}\end{aligned}$$

$$\begin{aligned}\boldsymbol{A}\begin{pmatrix}13\\23\end{pmatrix}\boldsymbol{A}\begin{pmatrix}23\\23\end{pmatrix}&=(a_{12}a_{33}-a_{32}a_{13})(a_{22}a_{33}-a_{32}a_{23})\\&=a_{12}a_{22}a_{33}^2+a_{13}a_{23}a_{32}^2-a_{12}a_{23}a_{32}a_{33}-a_{13}a_{22}a_{32}a_{33}\end{aligned}$$

$$\begin{aligned}\boldsymbol{A}\begin{pmatrix}13\\24\end{pmatrix}\boldsymbol{A}\begin{pmatrix}23\\24\end{pmatrix}&=(a_{12}a_{34}-a_{32}a_{14})(a_{22}a_{34}-a_{32}a_{24})\\&=a_{12}a_{22}a_{34}^2+a_{14}a_{24}a_{32}^2-a_{14}a_{22}a_{32}a_{34}-a_{12}a_{24}a_{32}a_{34}\end{aligned}$$

$$\begin{aligned}\boldsymbol{A}\begin{pmatrix}13\\34\end{pmatrix}\boldsymbol{A}\begin{pmatrix}23\\24\end{pmatrix}&=(a_{13}a_{34}-a_{33}a_{14})(a_{23}a_{34}-a_{33}a_{24})\\&=a_{13}a_{23}a_{34}^2+a_{14}a_{24}a_{33}^2-a_{14}a_{23}a_{33}a_{34}-a_{13}a_{24}a_{33}a_{34}\end{aligned}$$

$$\begin{aligned}a_{31}^2(a_{12}a_{22}+a_{13}a_{23}+a_{14}a_{24})&=-a_{11}a_{21}a_{31}^2\\a_{32}^2(a_{11}a_{21}+a_{13}a_{23}+a_{14}a_{24})&=-a_{12}a_{22}a_{32}^2\\a_{33}^2(a_{11}a_{21}+a_{12}a_{22}+a_{14}a_{24})&=-a_{13}a_{23}a_{33}^2\\a_{34}^2(a_{12}a_{22}+a_{13}a_{23}+a_{11}a_{21})&=-a_{14}a_{24}a_{34}^2\end{aligned}$$

计算得

$$\boldsymbol{C}_{24}=\boldsymbol{A}\begin{pmatrix}13\\12\end{pmatrix}\boldsymbol{A}\begin{pmatrix}23\\12\end{pmatrix}+\boldsymbol{A}\begin{pmatrix}13\\13\end{pmatrix}\boldsymbol{A}\begin{pmatrix}23\\13\end{pmatrix}+\boldsymbol{A}\begin{pmatrix}13\\14\end{pmatrix}\boldsymbol{A}\begin{pmatrix}23\\14\end{pmatrix}+\boldsymbol{A}\begin{pmatrix}13\\23\end{pmatrix}\boldsymbol{A}\begin{pmatrix}23\\23\end{pmatrix}+\boldsymbol{A}\begin{pmatrix}13\\24\end{pmatrix}\boldsymbol{A}\begin{pmatrix}23\\24\end{pmatrix}+\boldsymbol{A}\begin{pmatrix}13\\34\end{pmatrix}\boldsymbol{A}\begin{pmatrix}23\\34\end{pmatrix}=0$$

类似地

$$C_{ii}=1$$
$$C_{ij}=0$$
$$\boldsymbol{A}_p\cdot\boldsymbol{A}'_p=\boldsymbol{E}$$

证完.

974. 证明:酉矩阵 $\boldsymbol{A}$ 的 p 级相伴矩阵是酉矩阵.

证明　定义若 n 阶复矩阵 $\boldsymbol{A}$ 满足

$$\boldsymbol{A}^{\mathrm{H}}\boldsymbol{A}=\boldsymbol{A}\boldsymbol{A}^{\mathrm{H}}=\boldsymbol{E}$$

则称 $\boldsymbol{A}$ 是酉矩阵,记之为 $\boldsymbol{A}\in U^{n\times n}$.

定义　设 $\boldsymbol{A}\in C^{m\times n}$,用 $\overline{\boldsymbol{A}}$ 表示以 $\boldsymbol{A}$ 的元素的共轭复数为元素组成的矩阵.命

$$\boldsymbol{A}^{\mathrm{H}}=(\overline{\boldsymbol{A}})^{\mathrm{T}}$$

则称 $\boldsymbol{A}^{\mathrm{H}}$ 为 $\boldsymbol{A}$ 的复共轭转置矩阵.

已知 $\boldsymbol{A}$ 是酉矩阵,求证 $\boldsymbol{A}$ 的 2 级相伴矩阵是酉矩阵.

证明

$$\begin{pmatrix} a_{11} & a_{12} & a_{13} & a_{14} \\ a_{21} & a_{22} & a_{23} & a_{24} \\ a_{31} & a_{32} & a_{33} & a_{34} \\ a_{41} & a_{42} & a_{43} & a_{44} \end{pmatrix}\begin{pmatrix} \bar{a}_{11} & \bar{a}_{21} & \bar{a}_{31} & \bar{a}_{41} \\ \bar{a}_{12} & \bar{a}_{22} & \bar{a}_{32} & \bar{a}_{42} \\ \bar{a}_{13} & \bar{a}_{23} & \bar{a}_{33} & \bar{a}_{43} \\ \bar{a}_{14} & \bar{a}_{24} & \bar{a}_{34} & \bar{a}_{44} \end{pmatrix}=\boldsymbol{E}$$

$$\boldsymbol{A}_2=\begin{pmatrix} \boldsymbol{A}\binom{12}{12} & \boldsymbol{A}\binom{12}{13} & \boldsymbol{A}\binom{12}{14} & \boldsymbol{A}\binom{12}{23} & \boldsymbol{A}\binom{12}{24} & \boldsymbol{A}\binom{12}{34} \\ \boldsymbol{A}\binom{13}{12} & \boldsymbol{A}\binom{13}{13} & \boldsymbol{A}\binom{13}{14} & \boldsymbol{A}\binom{13}{23} & \boldsymbol{A}\binom{13}{24} & \boldsymbol{A}\binom{13}{34} \\ \boldsymbol{A}\binom{14}{12} & \boldsymbol{A}\binom{14}{13} & \boldsymbol{A}\binom{14}{14} & \boldsymbol{A}\binom{14}{23} & \boldsymbol{A}\binom{14}{24} & \boldsymbol{A}\binom{14}{34} \\ \boldsymbol{A}\binom{23}{12} & \boldsymbol{A}\binom{23}{13} & \boldsymbol{A}\binom{23}{14} & \boldsymbol{A}\binom{23}{23} & \boldsymbol{A}\binom{23}{24} & \boldsymbol{A}\binom{23}{34} \\ \boldsymbol{A}\binom{24}{12} & \boldsymbol{A}\binom{24}{13} & \boldsymbol{A}\binom{24}{14} & \boldsymbol{A}\binom{24}{23} & \boldsymbol{A}\binom{24}{24} & \boldsymbol{A}\binom{24}{34} \\ \boldsymbol{A}\binom{34}{12} & \boldsymbol{A}\binom{34}{13} & \boldsymbol{A}\binom{34}{14} & \boldsymbol{A}\binom{34}{23} & \boldsymbol{A}\binom{34}{24} & \boldsymbol{A}\binom{34}{34} \end{pmatrix}$$

$$\boldsymbol{A}_2^{\mathrm{H}}=\begin{pmatrix} \overline{\boldsymbol{A}}\binom{12}{12} & \overline{\boldsymbol{A}}\binom{13}{12} & \overline{\boldsymbol{A}}\binom{14}{12} & \overline{\boldsymbol{A}}\binom{23}{12} & \overline{\boldsymbol{A}}\binom{24}{12} & \overline{\boldsymbol{A}}\binom{34}{12} \\ \overline{\boldsymbol{A}}\binom{12}{13} & \overline{\boldsymbol{A}}\binom{13}{13} & \overline{\boldsymbol{A}}\binom{14}{13} & \overline{\boldsymbol{A}}\binom{23}{13} & \overline{\boldsymbol{A}}\binom{24}{13} & \overline{\boldsymbol{A}}\binom{34}{13} \\ \overline{\boldsymbol{A}}\binom{12}{14} & \overline{\boldsymbol{A}}\binom{13}{14} & \overline{\boldsymbol{A}}\binom{14}{14} & \overline{\boldsymbol{A}}\binom{23}{14} & \overline{\boldsymbol{A}}\binom{24}{14} & \overline{\boldsymbol{A}}\binom{34}{14} \\ \overline{\boldsymbol{A}}\binom{12}{23} & \overline{\boldsymbol{A}}\binom{13}{23} & \overline{\boldsymbol{A}}\binom{14}{23} & \overline{\boldsymbol{A}}\binom{23}{23} & \overline{\boldsymbol{A}}\binom{24}{23} & \overline{\boldsymbol{A}}\binom{34}{23} \\ \overline{\boldsymbol{A}}\binom{12}{24} & \overline{\boldsymbol{A}}\binom{13}{24} & \overline{\boldsymbol{A}}\binom{14}{24} & \overline{\boldsymbol{A}}\binom{23}{24} & \overline{\boldsymbol{A}}\binom{24}{24} & \overline{\boldsymbol{A}}\binom{34}{24} \\ \overline{\boldsymbol{A}}\binom{12}{34} & \overline{\boldsymbol{A}}\binom{13}{34} & \overline{\boldsymbol{A}}\binom{14}{34} & \overline{\boldsymbol{A}}\binom{23}{34} & \overline{\boldsymbol{A}}\binom{24}{34} & \overline{\boldsymbol{A}}\binom{34}{34} \end{pmatrix}$$

$$\boldsymbol{A}\binom{12}{12}\bar{\boldsymbol{A}}\binom{12}{12}+\boldsymbol{A}\binom{12}{13}\bar{\boldsymbol{A}}\binom{12}{13}+\boldsymbol{A}\binom{12}{14}\bar{\boldsymbol{A}}\binom{12}{14}+\boldsymbol{A}\binom{12}{23}\bar{\boldsymbol{A}}\binom{12}{23}+\boldsymbol{A}\binom{12}{24}\bar{\boldsymbol{A}}\binom{12}{24}+\boldsymbol{A}\binom{12}{34}\bar{\boldsymbol{A}}\binom{12}{34}$$

$$\boldsymbol{A}\binom{12}{12}\bar{\boldsymbol{A}}\binom{12}{12}=a_{11}a_{22}\bar{a}_{11}\bar{a}_{22}+a_{12}a_{21}\bar{a}_{12}\bar{a}_{21}-a_{11}a_{22}\bar{a}_{12}\bar{a}_{21}-\bar{a}_{11}\bar{a}_{22}a_{12}a_{21}$$

$$\boldsymbol{A}\binom{12}{13}\bar{\boldsymbol{A}}\binom{12}{13}=a_{11}a_{23}\bar{a}_{11}\bar{a}_{23}+a_{13}a_{21}\bar{a}_{13}\bar{a}_{21}-a_{11}a_{23}\bar{a}_{13}\bar{a}_{21}-\bar{a}_{11}\bar{a}_{23}a_{13}a_{21}$$

$$\boldsymbol{A}\binom{12}{14}\bar{\boldsymbol{A}}\binom{12}{14}=a_{11}a_{24}\bar{a}_{11}\bar{a}_{24}+a_{14}a_{21}\bar{a}_{14}\bar{a}_{21}-a_{11}a_{24}\bar{a}_{21}\bar{a}_{14}-\bar{a}_{11}\bar{a}_{24}a_{21}a_{14}$$

$$\boldsymbol{A}\binom{12}{23}\bar{\boldsymbol{A}}\binom{12}{23}=a_{12}a_{23}\bar{a}_{12}\bar{a}_{23}+a_{13}a_{22}\bar{a}_{13}\bar{a}_{22}-a_{12}a_{23}\bar{a}_{13}\bar{a}_{22}-\bar{a}_{12}\bar{a}_{23}a_{13}a_{22}$$

$$\boldsymbol{A}\binom{12}{24}\bar{\boldsymbol{A}}\binom{12}{24}=a_{12}a_{24}\bar{a}_{12}\bar{a}_{24}+a_{14}a_{22}\bar{a}_{14}\bar{a}_{22}-a_{12}a_{24}\bar{a}_{14}\bar{a}_{22}-\bar{a}_{12}\bar{a}_{24}a_{14}a_{22}$$

$$\boldsymbol{A}\binom{12}{34}\bar{\boldsymbol{A}}\binom{12}{34}=a_{13}a_{24}\bar{a}_{13}\bar{a}_{24}+a_{14}a_{23}\bar{a}_{14}\bar{a}_{23}-a_{13}a_{24}\bar{a}_{14}\bar{a}_{23}-\bar{a}_{13}\bar{a}_{24}a_{14}a_{23}$$

$$|a_{11}|^2(|a_{22}|^2+|a_{23}|^2+|a_{24}|^2)+|a_{12}|^2(|a_{21}|^2+|a_{23}|^2+|a_{24}|^2)$$

$$|a_{13}|^2(|a_{21}|^2+|a_{22}|^2+|a_{24}|^2)+|a_{14}|^2(|a_{21}|^2+|a_{22}|^2+|a_{23}|^2)$$

$$\begin{aligned}&=|a_{11}|^2-|a_{11}|^2|a_{21}|^2+|a_{12}|^2-|a_{12}|^2|a_{22}|^2+|a_{13}|^2-|a_{13}|^2|a_{23}|^2\\&\quad+|a_{14}|^2-|a_{14}|^2|a_{24}|^2\\&=|-|a_{11}|^2|a_{21}|^2-|a_{12}|^2|a_{22}|^2-|a_{13}|^2|a_{23}|^2-|a_{14}|^2|a_{24}|^2\end{aligned}$$

$$\begin{array}{r}a_{11}\bar{a}_{21}+a_{12}\bar{a}_{22}+a_{13}\bar{a}_{23}+a_{14}\bar{a}_{24}\\ \times\quad \bar{a}_{11}a_{21}+\bar{a}_{12}a_{22}+\bar{a}_{13}a_{23}+\bar{a}_{14}a_{24}\\ \hline |a_{11}|^2|a_{21}|^2+a_{12}a_{21}\bar{a}_{11}\bar{a}_{22}+a_{13}a_{21}\bar{a}_{11}\bar{a}_{23}+a_{14}a_{21}\bar{a}_{11}\bar{a}_{24}\\ a_{11}a_{22}\bar{a}_{12}\bar{a}_{21}+|a_{12}|^2|a_{22}|^2+a_{13}a_{22}\bar{a}_{12}\bar{a}_{23}+a_{14}a_{22}\bar{a}_{12}\bar{a}_{24}\\ a_{11}a_{23}\bar{a}_{13}\bar{a}_{21}+a_{12}a_{23}\bar{a}_{13}\bar{a}_{22}+|a_{13}|^2|a_{23}|^2+a_{14}a_{23}\bar{a}_{13}\bar{a}_{24}\\ a_{11}a_{24}\bar{a}_{14}\bar{a}_{21}+a_{12}a_{24}\bar{a}_{14}\bar{a}_{22}+a_{13}a_{24}\bar{a}_{14}\bar{a}_{23}+|a_{14}|^2|a_{24}|^2\end{array}$$

所以

$$\begin{aligned}&\boldsymbol{A}\binom{12}{12}\bar{\boldsymbol{A}}\binom{12}{12}+\boldsymbol{A}\binom{12}{13}\bar{\boldsymbol{A}}\binom{12}{13}+\boldsymbol{A}\binom{12}{14}\bar{\boldsymbol{A}}\binom{12}{14}+\boldsymbol{A}\binom{12}{23}\bar{\boldsymbol{A}}\binom{12}{23}+\boldsymbol{A}\binom{12}{24}\bar{\boldsymbol{A}}\binom{12}{24}\\&\boldsymbol{A}\binom{12}{34}\bar{\boldsymbol{A}}\binom{12}{34}=1-(a_{11}\bar{a}_{21}+a_{12}\bar{a}_{22}+a_{13}\bar{a}_{23}+a_{14}\bar{a}_{24})(\bar{a}_{11}a_{21}+\bar{a}_{12}a_{22}+\bar{a}_{13}a_{23}+\bar{a}_{14}a_{24})\\&\qquad=1\end{aligned}$$

类似地 $$C_{22}=\cdots=C_{nn}=1$$

任取

$$\begin{aligned}C_{24}=&\boldsymbol{A}\binom{13}{12}\cdot\bar{\boldsymbol{A}}\binom{23}{12}+\boldsymbol{A}\binom{13}{13}\bar{\boldsymbol{A}}\binom{23}{13}+\boldsymbol{A}\binom{13}{14}\bar{\boldsymbol{A}}\binom{23}{14}+\boldsymbol{A}\binom{13}{23}\bar{\boldsymbol{A}}\binom{23}{23}+\\&\boldsymbol{A}\binom{13}{24}\bar{\boldsymbol{A}}\binom{23}{24}+\boldsymbol{A}\binom{13}{34}\bar{\boldsymbol{A}}\binom{23}{34}\end{aligned}$$

$$\boldsymbol{A}\binom{13}{12}\bar{\boldsymbol{A}}\binom{23}{12}=(a_{11}a_{32}-a_{31}a_{12})(\bar{a}_{21}\bar{a}_{32}-\bar{a}_{31}\bar{a}_{22})$$

$$=a_{11}\bar{a}_{21}|a_{32}|^2+a_{12}\bar{a}_{22}|a_{31}|^2-a_{31}a_{12}\bar{a}_{21}\bar{a}_{32}-a_{11}a_{32}\bar{a}_{31}\bar{a}_{22}$$

$$\boldsymbol{A}\binom{13}{13}\bar{\boldsymbol{A}}\binom{23}{13}=(a_{11}a_{33}-a_{13}a_{31})(\bar{a}_{21}\bar{a}_{33}-\bar{a}_{31}\bar{a}_{23})$$

$$=a_{11}\bar{a}_{21}|a_{33}|^2+a_{13}\bar{a}_{23}|a_{31}|^2-a_{13}a_{31}\bar{a}_{21}\bar{a}_{33}-a_{11}a_{33}\bar{a}_{31}\bar{a}_{23}$$

$$\boldsymbol{A}\binom{13}{14}\bar{\boldsymbol{A}}\binom{23}{14}=(a_{11}a_{34}-a_{31}a_{14})(\bar{a}_{21}\bar{a}_{34}-\bar{a}_{31}\bar{a}_{24})$$

$$=a_{11}\bar{a}_{21}|a_{34}|^2+a_{14}\bar{a}_{24}|a_{31}|^2-a_{14}a_{31}\bar{a}_{21}\bar{a}_{34}-a_{11}a_{34}\bar{a}_{31}\bar{a}_{24}$$

$$\boldsymbol{A}\binom{13}{23}\bar{\boldsymbol{A}}\binom{23}{23}=(a_{12}a_{33}-a_{13}a_{32})(\bar{a}_{22}\bar{a}_{33}-\bar{a}_{32}\bar{a}_{23})$$

$$=a_{12}\bar{a}_{22}|a_{33}|^2+a_{13}\bar{a}_{23}|a_{32}|^2-a_{13}a_{32}\bar{a}_{22}\bar{a}_{33}-a_{12}a_{33}\bar{a}_{32}\bar{a}_{23}$$

$$\boldsymbol{A}\binom{13}{24}\bar{\boldsymbol{A}}\binom{23}{24}=(a_{12}a_{34}-a_{32}a_{14})(\bar{a}_{22}\bar{a}_{34}-\bar{a}_{32}\bar{a}_{24})$$

$$=a_{12}\bar{a}_{22}|a_{34}|^2+a_{14}\bar{a}_{24}|a_{32}|^2-a_{14}a_{32}\bar{a}_{22}\bar{a}_{34}-a_{12}a_{34}\bar{a}_{32}\bar{a}_{24}$$

$$\boldsymbol{A}\binom{13}{34}\bar{\boldsymbol{A}}\binom{23}{34}=(a_{13}a_{34}-a_{33}a_{14})(\bar{a}_{23}\bar{a}_{34}-\bar{a}_{33}\bar{a}_{24})$$

$$=a_{13}\bar{a}_{23}|a_{34}|^2+a_{14}\bar{a}_{24}|a_{33}|^2-a_{14}a_{33}\bar{a}_{23}\bar{a}_{34}-a_{13}a_{34}\bar{a}_{33}\bar{a}_{24}$$

$$|a_{31}|^2(a_{12}\bar{a}_{22}+a_{13}\bar{a}_{23}+a_{14}\bar{a}_{24})=-a_{11}\bar{a}_{21}|a_{31}|^2$$

$$|a_{32}|^2(a_{11}\bar{a}_{21}+a_{13}\bar{a}_{23}+a_{14}\bar{a}_{24})=-a_{12}\bar{a}_{22}|a_{32}|^2$$

$$|a_{33}|^2(a_{11}\bar{a}_{21}+a_{12}\bar{a}_{22}+a_{14}\bar{a}_{24})=-a_{13}\bar{a}_{23}|a_{33}|^2$$

$$|a_{34}|^2(a_{12}\bar{a}_{22}+a_{13}\bar{a}_{23}+a_{11}\bar{a}_{21})=-a_{14}\bar{a}_{24}|a_{34}|^2$$

$$\begin{matrix} a_{31} & \bar{a}_{21} & & a_{11} & \bar{a}_{31} \\ a_{32} & \bar{a}_{22} & & a_{12} & \bar{a}_{32} \\ a_{33} & \bar{a}_{23} & & a_{13} & \bar{a}_{33} \\ a_{34} & \bar{a}_{24} & & a_{14} & \bar{a}_{34} \end{matrix}$$

$$\boldsymbol{A}\binom{13}{12}\bar{\boldsymbol{A}}\binom{23}{12}+\boldsymbol{A}\binom{13}{13}\bar{\boldsymbol{A}}\binom{23}{13}+\boldsymbol{A}\binom{13}{14}\bar{\boldsymbol{A}}\binom{23}{14}+\boldsymbol{A}\binom{13}{23}\bar{\boldsymbol{A}}\binom{23}{23}+\boldsymbol{A}\binom{13}{24}\bar{\boldsymbol{A}}\binom{23}{24}+$$

$$\boldsymbol{A}\binom{13}{34}\bar{\boldsymbol{A}}\binom{23}{34}=-(a_{31}\bar{a}_{21}+a_{32}\bar{a}_{22}+a_{33}\bar{a}_{23}+a_{34}\bar{a}_{24})\cdot$$

$$(a_{11}\bar{a}_{31}+a_{12}\bar{a}_{32}+a_{13}\bar{a}_{33}+a_{14}\bar{a}_{34})=0$$

即 $C_{24}=0$. 类似地 $C_{ij}=0$,当 $i\neq j$ 时.

$$\boldsymbol{A}_2\cdot\boldsymbol{A}_2^{\mathrm{H}}=\boldsymbol{E}_6$$

所以,酉矩阵 $\boldsymbol{A}$ 的 p 级相伴矩阵是酉矩阵.

证完.

§13　多项式矩阵

用初等变换把下列 λ 矩阵化为法对角形：

975. $\begin{pmatrix}\lambda & 1\\ 0 & 1\end{pmatrix}$.

解 $\begin{pmatrix}\lambda & 1\\ 0 & 1\end{pmatrix}\xrightarrow[\text{对换}]{\text{第1列与第2列}}\begin{pmatrix}1 & \lambda\\ 1 & 0\end{pmatrix}\xrightarrow[\text{加到第2列上去}]{\text{第1列}\times(-\lambda)}\begin{pmatrix}1 & 0\\ 1 & -\lambda\end{pmatrix}\xrightarrow[\text{加到第2行}]{\text{第1行}\times(-1)}\begin{pmatrix}1 & 0\\ 0 & -\lambda\end{pmatrix}\rightarrow\begin{pmatrix}1 & 0\\ 0 & \lambda\end{pmatrix}$

976. $\begin{pmatrix}\lambda^2-1 & \lambda+1\\ \lambda+1 & \lambda^2+2\lambda+1\end{pmatrix}$.

解 因为

$$\begin{pmatrix}\lambda^2-1 & \lambda+1\\ \lambda+1 & \lambda^2+2\lambda+1\end{pmatrix}=\begin{pmatrix}\lambda+1 & 0\\ 0 & \lambda+1\end{pmatrix}\begin{pmatrix}\lambda-1 & 1\\ 1 & \lambda+1\end{pmatrix}$$

首先只要求 λ 矩阵 $\begin{pmatrix}\lambda-1 & 1\\ 1 & \lambda+1\end{pmatrix}$ 的法对角形.

$\begin{pmatrix}\lambda-1 & 1\\ 1 & \lambda+1\end{pmatrix}\xrightarrow{\text{第2行加到第1行上去}}\begin{pmatrix}\lambda & \lambda+2\\ 1 & \lambda+1\end{pmatrix}\xrightarrow[\text{第1行上去}]{\text{第2行}\times(-\lambda)\text{加到}}\begin{pmatrix}0 & -\lambda^2+2\\ 1 & \lambda+1\end{pmatrix}$

$\xrightarrow{\text{第1行和第2行对换}}\begin{pmatrix}1 & \lambda+1\\ 0 & -\lambda^2+2\end{pmatrix}\xrightarrow[\text{第2列}\times(-1)]{\text{第1列}\times(-\lambda-1)\text{加到第2列}}\begin{pmatrix}1 & 0\\ 0 & \lambda^2-2\end{pmatrix}$

所以原题的法对角形是

$$\boldsymbol{J}(\lambda)=\begin{pmatrix}\lambda+1 & 0\\ 0 & \lambda+1\end{pmatrix}\begin{pmatrix}1 & 0\\ 0 & \lambda^2-2\end{pmatrix}=\begin{pmatrix}\lambda+1 & 0\\ 0 & (\lambda+1)(\lambda^2-2)\end{pmatrix}=\begin{pmatrix}\lambda+1 & 0\\ 0 & \lambda^3+\lambda^2-2\lambda-2\end{pmatrix}$$

977. $\begin{pmatrix}\lambda & 0\\ 0 & \lambda+5\end{pmatrix}$.

解 $\begin{pmatrix}\lambda & 0\\ 0 & \lambda+5\end{pmatrix}\xrightarrow[\text{第2行上去}]{\text{第1行加到}}\begin{pmatrix}\lambda & 0\\ \lambda & \lambda+5\end{pmatrix}\xrightarrow[\text{加到第2列}]{\text{第1列}\times(-1)}\begin{pmatrix}\lambda & -\lambda\\ \lambda & 5\end{pmatrix}\xrightarrow[\text{互相对换}]{\text{第1、2行}}\begin{pmatrix}\lambda & 5\\ \lambda & -\lambda\end{pmatrix}$

$\xrightarrow[\text{互相对换}]{\text{第1、2列}}\begin{pmatrix}5 & \lambda\\ -\lambda & \lambda\end{pmatrix}\xrightarrow{\text{第1行}\times\frac{1}{5}}\begin{pmatrix}1 & \dfrac{\lambda}{5}\\ -\lambda & \lambda\end{pmatrix}\xrightarrow[\text{到第2行上去}]{\text{第1行}\times\lambda\text{加}}\begin{pmatrix}1 & \dfrac{\lambda}{5}\\ 0 & \dfrac{\lambda^2}{5}+\lambda\end{pmatrix}\xrightarrow{\text{第2列乘以5}}$

$\begin{pmatrix}1 & \lambda\\ 0 & \lambda^2+5\lambda\end{pmatrix}\xrightarrow[\text{加到第2列}]{\text{第1列}\times(-\lambda)}\begin{pmatrix}1 & 0\\ 0 & \lambda^2+5\lambda\end{pmatrix}$

$$\boldsymbol{J}(\lambda)=\begin{pmatrix}1 & 0\\ 0 & \lambda^2+5\lambda\end{pmatrix}$$

978. $\begin{pmatrix}\lambda^2-1 & 0\\ 0 & (\lambda-1)^3\end{pmatrix}$.

解　因为

$$\begin{pmatrix}\lambda^2-1 & 0\\ 0 & (\lambda-1)^3\end{pmatrix}=\begin{pmatrix}\lambda-1 & 0\\ 0 & \lambda-1\end{pmatrix}\begin{pmatrix}\lambda+1 & 0\\ 0 & (\lambda-1)^2\end{pmatrix}$$

只要求 λ 矩阵第二因式 $\begin{pmatrix}\lambda+1 & 0\\ 0 & (\lambda-1)^2\end{pmatrix}$ 的法对角形.

$$\begin{pmatrix}\lambda+1 & 0\\ 0 & (\lambda-1)^2\end{pmatrix}\to\begin{pmatrix}\lambda+1 & \lambda^2-2\lambda+1\\ 0 & \lambda^2-2\lambda+1\end{pmatrix}\xrightarrow{\text{第1列}\times(-\lambda+3)\text{加到第2列}}\begin{pmatrix}\lambda+1 & 4\\ 0 & \lambda^2-2\lambda+1\end{pmatrix}$$

$$\xrightarrow{\text{第1行}\times\frac{1}{4}}\begin{pmatrix}\frac{1}{4}(\lambda+1) & 1\\ 0 & \lambda^2-2\lambda+1\end{pmatrix}\xrightarrow[\text{对换}]{\text{第1列与第2列}}\begin{pmatrix}1 & \frac{1}{4}(\lambda+1)\\ \lambda^2-2\lambda+1 & 0\end{pmatrix}$$

$$\xrightarrow[\text{加到第2行上去}]{\text{第1行}\times[-(\lambda^2-2\lambda+1)]}\begin{pmatrix}1 & \frac{1}{4}(\lambda+1)\\ 0 & -\frac{1}{4}(\lambda+1)(\lambda-1)^2\end{pmatrix}\to\begin{pmatrix}1 & 0\\ 0 & (\lambda+1)(\lambda-1)^2\end{pmatrix}$$

原题目的 λ 矩阵的法对角形是

$$\boldsymbol{J}(\lambda)=\begin{pmatrix}\lambda-1 & 0\\ 0 & (\lambda+1)(\lambda-1)^3\end{pmatrix}$$

979. $\begin{pmatrix}\lambda+1 & \lambda^2+1 & \lambda^2\\ 3\lambda-1 & 3\lambda^2-1 & \lambda^2+2\lambda\\ \lambda-1 & \lambda^2-1 & \lambda\end{pmatrix}$.

解
$$\begin{pmatrix}\lambda+1 & \lambda^2+1 & \lambda^2\\ 3\lambda-1 & 3\lambda^2-1 & \lambda^2+2\lambda\\ \lambda-1 & \lambda^2-1 & \lambda\end{pmatrix}\xrightarrow[\text{第1行}\times(-1)\text{加到第3行}]{\text{第1行}\times(-3)\text{加到第2行}}\begin{pmatrix}\lambda+1 & \lambda^2+1 & \lambda^2\\ -4 & -4 & -2\lambda^2+2\lambda\\ -2 & -2 & -\lambda^2+\lambda\end{pmatrix}\to$$

$$\begin{pmatrix}\lambda+1 & \lambda^2+1 & \lambda^2\\ 1 & 1 & \frac{\lambda^2}{2}-\frac{\lambda}{2}\\ 0 & 0 & 0\end{pmatrix}\to\begin{pmatrix}\lambda & \lambda^2 & \frac{\lambda^2}{2}+\frac{\lambda}{2}\\ 1 & 1 & \frac{\lambda^2}{2}-\frac{\lambda}{2}\\ 0 & 0 & 0\end{pmatrix}\to\begin{pmatrix}1 & 1 & \frac{\lambda^2}{2}-\frac{\lambda}{2}\\ \lambda & \lambda^2 & \frac{\lambda^2}{2}+\frac{\lambda}{2}\\ 0 & 0 & 0\end{pmatrix}\xrightarrow[\text{第2列上去}]{\text{第1列}\times(-\lambda)\text{加到}}$$

$$\begin{pmatrix}1 & 1-\lambda & \frac{\lambda^2}{2}-\frac{\lambda}{2}\\ \lambda & 0 & \frac{\lambda^2}{2}+\frac{\lambda}{2}\\ 0 & 0 & 0\end{pmatrix}\xrightarrow[\text{第3列上去}]{\text{第2列}\times\frac{\lambda}{2}\text{加到}}\begin{pmatrix}1 & 1-\lambda & 0\\ \lambda & 0 & \frac{\lambda^2}{2}+\frac{\lambda}{2}\\ 0 & 0 & 0\end{pmatrix}\to\begin{pmatrix}1 & 1-\lambda & -\frac{\lambda}{2}-\frac{1}{2}\\ \lambda & 0 & 0\\ 0 & 0 & 0\end{pmatrix}\to$$

$$\begin{pmatrix}1 & 1-\lambda & \lambda+1\\ -\lambda & 0 & 0\\ 0 & 0 & 0\end{pmatrix}\to\begin{pmatrix}1 & 1 & \lambda\\ -\lambda & 0 & 0\\ 0 & 0 & 0\end{pmatrix}\to\begin{pmatrix}1 & 1 & \lambda\\ 0 & -\lambda & 0\\ 0 & 0 & 0\end{pmatrix}\to\begin{pmatrix}1 & 0 & 0\\ 0 & \lambda & 0\\ 0 & 0 & 0\end{pmatrix}$$

980. $\begin{pmatrix} \lambda^2 & \lambda^2-\lambda & 3\lambda^2 \\ \lambda^2-\lambda & 3\lambda^2-\lambda & \lambda^3+4\lambda^2-3\lambda \\ \lambda^2+\lambda & \lambda^2+\lambda & 3\lambda^2+3\lambda \end{pmatrix}$.

解　因为

$$\begin{pmatrix} \lambda^2 & \lambda^2-\lambda & 3\lambda^2 \\ \lambda^2-\lambda & 3\lambda^2-\lambda & \lambda^3+4\lambda^2-3\lambda \\ \lambda^2+\lambda & \lambda^2+\lambda & 3\lambda^2+3\lambda \end{pmatrix} = \begin{pmatrix} \lambda & & \\ & \lambda & \\ & & \lambda \end{pmatrix}\begin{pmatrix} \lambda & \lambda-1 & 3\lambda \\ \lambda-1 & 3\lambda-1 & \lambda^2+4\lambda-3 \\ \lambda+1 & \lambda+1 & 3\lambda+3 \end{pmatrix}$$

所以只要求 λ 矩阵第二因式$\begin{pmatrix} \lambda & \lambda-1 & 3\lambda \\ \lambda-1 & 3\lambda-1 & \lambda^2+4\lambda-3 \\ \lambda+1 & \lambda+1 & 3\lambda+3 \end{pmatrix}$的法对角形.

$$\begin{pmatrix} 1 & \lambda-1 & 3\lambda \\ \lambda-1 & 3\lambda-1 & \lambda^2+4\lambda-3 \\ \lambda+1 & \lambda+1 & 3\lambda+3 \end{pmatrix} \to \begin{pmatrix} \lambda & \lambda-1 & 3\lambda \\ -1 & 2\lambda & \lambda^2+\lambda-3 \\ 1 & 2 & 3 \end{pmatrix} \to \begin{pmatrix} 1 & 2 & 3 \\ -1 & 2\lambda & \lambda^2+\lambda-3 \\ \lambda & \lambda-1 & 3\lambda \end{pmatrix} \to$$

$$\begin{pmatrix} 1 & 2 & 3 \\ 0 & 2\lambda+2 & \lambda^2+\lambda \\ 0 & -\lambda-1 & 0 \end{pmatrix} \to \begin{pmatrix} 1 & & \\ & \lambda+1 & \\ & & \lambda^2+\lambda \end{pmatrix}$$

现在回到原题目的法对角形中去

$$\boldsymbol{J}(\lambda) = \begin{pmatrix} \lambda & & \\ & \lambda & \\ & & \lambda \end{pmatrix}\begin{pmatrix} 1 & & \\ & \lambda+1 & \\ & & \lambda^2+\lambda \end{pmatrix} = \begin{pmatrix} \lambda & & \\ & \lambda(\lambda+1) & \\ & & \lambda^2(\lambda+1) \end{pmatrix}$$

981. $\begin{pmatrix} \lambda-2 & -1 & 0 \\ 0 & \lambda-2 & -1 \\ 0 & 0 & \lambda-2 \end{pmatrix}$.

解　$\begin{pmatrix} \lambda-2 & -1 & 0 \\ 0 & \lambda-2 & -1 \\ 0 & 0 & \lambda-2 \end{pmatrix} \to \begin{pmatrix} -1 & \lambda-2 & 0 \\ \lambda-2 & 0 & -1 \\ 0 & 0 & \lambda-2 \end{pmatrix} \xrightarrow[\text{第2行上去}]{\text{第1行}\times(\lambda-2)\text{加到}} \begin{pmatrix} -1 & \lambda-2 & 0 \\ 0 & (\lambda-2)^2 & -1 \\ 0 & 0 & \lambda-2 \end{pmatrix}$

$$\xrightarrow{\text{第1列}\times(-1)} \begin{pmatrix} 1 & \lambda-2 & 0 \\ 0 & (\lambda-2)^2 & -1 \\ 0 & 0 & \lambda-2 \end{pmatrix} \to \begin{pmatrix} 1 & 0 & 0 \\ 0 & (\lambda-2)^2 & -1 \\ 0 & 0 & \lambda-2 \end{pmatrix} \to \begin{pmatrix} 1 & 0 & 0 \\ 0 & (\lambda-2)^2 & -1 \\ 0 & (\lambda-2)^3 & 0 \end{pmatrix} \to \begin{pmatrix} 1 & & \\ & 1 & \\ & & (\lambda-2)^3 \end{pmatrix}$$

982. $\begin{pmatrix} \lambda(\lambda+1) & 0 & 0 \\ 0 & \lambda & 0 \\ 0 & 0 & (\lambda+1)^2 \end{pmatrix}$.

解　$\begin{pmatrix} \lambda(\lambda+1) & 0 & 0 \\ 0 & \lambda & 0 \\ 0 & 0 & (\lambda+1)^2 \end{pmatrix} \to \begin{pmatrix} \lambda(\lambda+1) & 0 & \lambda(\lambda+1) \\ 0 & \lambda & 0 \\ 0 & 0 & (\lambda+1)^2 \end{pmatrix} \to \begin{pmatrix} \lambda(\lambda+1) & 0 & \lambda(\lambda+1) \\ 0 & \lambda & 0 \\ -\lambda(\lambda+1) & 0 & \lambda+1 \end{pmatrix} \to$

$$\begin{pmatrix}\lambda & 0 & 0\\ 0 & \lambda(\lambda+1) & \lambda(\lambda+1)\\ 0 & -\lambda(\lambda+1) & \lambda+1\end{pmatrix}$$

因为

$$\begin{pmatrix}\lambda(\lambda+1) & \lambda(\lambda+1)\\ -\lambda(\lambda+1) & \lambda+1\end{pmatrix}=\begin{pmatrix}\lambda+1 & \\ & \lambda+1\end{pmatrix}\begin{pmatrix}\lambda & \lambda\\ -\lambda & 1\end{pmatrix}$$

$$\begin{pmatrix}\lambda & \lambda\\ -\lambda & 1\end{pmatrix}\to\begin{pmatrix}-\lambda & 1\\ \lambda & \lambda\end{pmatrix}\to\begin{pmatrix}1 & -\lambda\\ \lambda & \lambda\end{pmatrix}\to\begin{pmatrix}1 & 0\\ \lambda & \lambda^2+\lambda\end{pmatrix}\to\begin{pmatrix}1 & 0\\ 0 & \lambda^2+\lambda\end{pmatrix}$$

所以

$$\begin{pmatrix}\lambda(\lambda+1) & \lambda(\lambda+1)\\ -\lambda(\lambda+1) & \lambda+1\end{pmatrix}\to\begin{pmatrix}\lambda+1 & \\ & \lambda(\lambda+1)^2\end{pmatrix}$$

将初等因子按降幂排列

$$\begin{matrix}(\lambda+1)^2, & \lambda+1, & 1\\ \lambda, & \lambda, & 1\end{matrix}$$

因为$\boldsymbol{A}(\lambda)$秩为 3,故有三个不变因子.

$$d_1(\lambda)=1$$

$$d_2(\lambda)=\lambda(\lambda+1)$$

$$d_3(\lambda)=\lambda(\lambda+1)^2$$

$$\boldsymbol{J}(\lambda)=\begin{pmatrix}1 & & \\ & \lambda^2+\lambda & \\ & & \lambda^3+2\lambda^2+\lambda\end{pmatrix}$$

983. $\begin{pmatrix}1-\lambda & \lambda^2 & \lambda\\ \lambda & \lambda & -\lambda\\ 1+\lambda^2 & \lambda^2 & -\lambda^2\end{pmatrix}$.

解 $\begin{pmatrix}1-\lambda & \lambda^2 & \lambda\\ \lambda & \lambda & -\lambda\\ 1+\lambda^2 & \lambda^2 & -\lambda^2\end{pmatrix}\xrightarrow[\text{第 1 行上去}]{\text{第 2 行加到}}\begin{pmatrix}1 & \lambda^2+\lambda & 0\\ \lambda & \lambda & -\lambda\\ 1+\lambda^2 & \lambda^2 & -\lambda^2\end{pmatrix}\xrightarrow[\text{第 1 列上去}]{\text{第 3 列加到}}\begin{pmatrix}1 & \lambda^2+\lambda & 0\\ 0 & \lambda & -\lambda\\ 1 & \lambda^2 & -\lambda^2\end{pmatrix}$

$\xrightarrow[\text{第 3 行上去}]{\text{第 1 行}\times(-1)\text{加到}}\begin{pmatrix}1 & \lambda^2+\lambda & 0\\ 0 & \lambda & -\lambda\\ 0 & -\lambda & -\lambda^2\end{pmatrix}\to\begin{pmatrix}1 & 0 & 0\\ 0 & \lambda & -\lambda\\ 0 & -\lambda & -\lambda^2\end{pmatrix}\to\begin{pmatrix}1 & 0 & 0\\ 0 & \lambda & -\lambda\\ 0 & 0 & -\lambda^2-\lambda\end{pmatrix}\to\begin{pmatrix}1 & & \\ & \lambda & \\ & & \lambda^2+\lambda\end{pmatrix}$

所以

$$\boldsymbol{J}(\lambda)=\begin{pmatrix}1 & & \\ & \lambda & \\ & & \lambda^2+\lambda\end{pmatrix}$$

984. n 阶 λ 矩阵 $\boldsymbol{A}$ 的不变因子,是指在矩阵 $\boldsymbol{A}$ 的法对角形下位于主对角线上的多项式 $E_1(\lambda), E_2(\lambda), \cdots, E_n(\lambda)$. 而所谓矩阵 $\boldsymbol{A}$ 的子式因子,是指多项式 $D_1(\lambda), D_2(\lambda), \cdots, D_n(\lambda)$, 其中 $D_k(\lambda)$ 是矩阵 $\boldsymbol{A}$ 的 k 阶子式的最大公因子(取最高项的系数等于 1),如果这些子式不全为零;否则 $D_k(\lambda)=0$.

证明　$E_k(\lambda)\neq 0$ 和 $D_k(\lambda)\neq 0$,当 $k=1,2,\cdots,r$,其中 r 是矩阵 $\boldsymbol{A}$ 的秩,而 $E_k(\lambda)=D_k(\lambda)=0$,当 $k=r+1,\cdots,n$. 其次证明 $E_k(\lambda)=\dfrac{D_k(\lambda)}{D_{k-1}(\lambda)}(k=1,2,\cdots,r;D_0=1)$.

行列式因子的重要性在于它在初等变换下是不变的.

定理 3.3.1　相抵的 λ 矩阵具有相同的秩和相同的各阶行列式因子.

证明　只要证明 λ 矩阵经过一次初等变换后,其秩与行列式因子不变.

设 λ 矩阵 $\boldsymbol{A}(\lambda)$ 经过一次初等变换后变成 $\boldsymbol{B}(\lambda)$, $f(\lambda)$ 与 $g(\lambda)$ 分别是 $\boldsymbol{A}(\lambda)$ 与 $\boldsymbol{B}(\lambda)$ 的 k 阶行列式因子. 针对 3 种初等变换来证明 $f(\lambda)=g(\lambda)$.

(1)交换 $\boldsymbol{A}(\lambda)$ 的某两行得到 $\boldsymbol{B}(\lambda)$. 这时 $\boldsymbol{B}(\lambda)$ 的每个 k 阶子式或者等于 $\boldsymbol{A}(\lambda)$ 的某个 k 阶子式,或者是 $\boldsymbol{A}(\lambda)$ 的某个 k 阶子式的 -1 倍. 因此 $f(\lambda)$ 是 $\boldsymbol{B}(\lambda)$ 的 k 阶子式的公因式. 从而 $f(\lambda)\mid g(\lambda)$.

(2)用非零数 α 乘 $\boldsymbol{A}(\lambda)$ 的某一行得到 $\boldsymbol{B}(\lambda)$. 这时 $\boldsymbol{B}(\lambda)$ 的每个 k 阶子式或者等于 $\boldsymbol{A}(\lambda)$ 的某个 k 阶子式,或者等于 $\boldsymbol{A}(\lambda)$ 的某个 k 阶子式的 α 倍. 因此 $f(\lambda)$ 是 $\boldsymbol{B}(\lambda)$ 的 k 阶子式的公因式,从而 $f(\lambda)\mid g(\lambda)$.

(3)将 $\boldsymbol{A}(\lambda)$ 第 j 行的 $g(\lambda)$ 倍加到第 i 行得到 $\boldsymbol{B}(\lambda)$. 这时,$\boldsymbol{B}(\lambda)$ 中那些包含第 i 行与第 j 行的 K 阶子式和那些不包含第 i 行的 k 阶子式都等于 $\boldsymbol{A}(\lambda)$ 中对应的 k 阶子式;$\boldsymbol{B}(\lambda)$ 中那些包含第 i 行但不包含第 j 行的 k 阶子式等于 $\boldsymbol{A}(\lambda)$ 中对应的一个 k 阶子式与另一个 k 阶子式的 $\pm g(\lambda)$ 倍之和,也就是 $\boldsymbol{A}(\lambda)$ 的两个 k 阶子式的组合. 因此 $f(\lambda)$ 是 $\boldsymbol{B}(\lambda)$ 的 k 阶子式的公因式,从而 $f(\lambda)\mid g(\lambda)$.

由初等变换的可逆性,$\boldsymbol{B}(\lambda)$ 也可以经过一次初等变换变成 $\boldsymbol{A}(\lambda)$. 由上面的讨论,同样有 $g(\lambda)\mid f(\lambda)$,所以 $f(\lambda)=g(\lambda)$.

对于初等列变换,可以完全一样地讨论. 总之,如果 $\boldsymbol{A}(\lambda)$ 经过一次初等变换变成 $\boldsymbol{B}(\lambda)$,则 $f(\lambda)=g(\lambda)$.

当 $\boldsymbol{A}(\lambda)$ 的全部 k 阶子式为零时,$f(\lambda)=0$,则 $g(\lambda)=0$,$\boldsymbol{B}(\lambda)$ 的全部 k 阶子式也为零;反之亦然. 因此 $\boldsymbol{A}(\lambda)$ 与 $\boldsymbol{B}(\lambda)$ 既有相同的行列式因子,又有相同的秩.

由定理 3.3.1 知,任意 λ 矩阵的秩和行列式因子与其 Smith 标准形的秩和行列式因子是相同的.

设 λ 矩阵 $\boldsymbol{A}(\lambda)$ 的 Smith 标准形为

$$\begin{pmatrix} E_1(\lambda) & & & & & & \\ & E_2(\lambda) & & & & & \\ & & \ddots & & & & \\ & & & E_r(\lambda) & & & \\ & & & & 0 & & \\ & & & & & \ddots & \\ & & & & & & 0 \end{pmatrix} \tag{3.3.1}$$

其中 $E_i(\lambda)(i=1,2,\cdots,r)$ 是首项系数为 1 的多项式，并且 $E_i(\lambda) \mid E_{i+1}(\lambda)(i=1,2,\cdots,r-1)$ 容易求得 $\boldsymbol{A}(\lambda)$ 的各阶行列式因子如下：

$$\begin{cases} D_1(\lambda)=E_1(\lambda) \\ D_2(\lambda)=E_1(\lambda)E_2(\lambda) \\ \cdots \\ D_r(1)=E_1(\lambda)E_2(\lambda)\cdots E_r(\lambda) \end{cases} \tag{3.3.2}$$

于是有

$$\begin{cases} (1)D_1(\lambda) \mid D_2(\lambda),D_2(\lambda) \mid D_3(\lambda),\cdots,D_{r-1}(\lambda) \mid D_r(\lambda) \\ (2)E_1(\lambda)=D_1(\lambda),E_2(\lambda)=\dfrac{D_2(\lambda)}{D_1(\lambda)},\cdots,E_r(\lambda)=\dfrac{D_r(\lambda)}{D_{r-1}(\lambda)} \end{cases} \tag{3.3.3}$$

从而得如下结论.

定理定理 3.3.2　λ 矩阵 $\boldsymbol{A}(\lambda)$ 的 Smith 标准形是唯一的.

借助于子式因子(定义见习题 984)把下列 λ 矩阵化为法对角形：

985. $\begin{pmatrix} \lambda(\lambda-1) & 0 & 0 \\ 0 & \lambda(\lambda-2) & 0 \\ 0 & 0 & (\lambda-1)(\lambda-2) \end{pmatrix}$.

解

$D_1(\lambda)=1$,

$A_{11}=\lambda(\lambda-1)(\lambda-2)^2$,　$A_{22}=\lambda(\lambda-1)^2(\lambda-2)$,　$A_{33}=\lambda^2(\lambda-1)(\lambda-2)$,

$D_2(\lambda)=\lambda(\lambda-1)(\lambda-2)$,　$D_3(\lambda)=\lambda^2(\lambda-1)^2(\lambda-2)^2$,

$E_1(\lambda)=1$,　$E_2(\lambda)=\lambda(\lambda-1)(\lambda-2)$,　$E_3(\lambda)=\lambda(\lambda-1)(\lambda-2)$.

从而 λ 矩阵 $\boldsymbol{A}(\lambda)$ 的法对角形为

$$\boldsymbol{J}(\lambda)=\begin{pmatrix} 1 & & \\ & \lambda(\lambda-1)(\lambda-2) & \\ & & \lambda(\lambda-1)(\lambda-2) \end{pmatrix}$$

986. $\begin{pmatrix} \lambda(\lambda-1) & 0 & 0 \\ 0 & \lambda(\lambda-2) & 0 \\ 0 & 0 & \lambda(\lambda-3) \end{pmatrix}$.

解

$$原式=\begin{pmatrix} \lambda & & \\ & \lambda & \\ & & \lambda \end{pmatrix}\begin{pmatrix} \lambda-1 & & \\ & \lambda-2 & \\ & & \lambda-3 \end{pmatrix}$$

我们求$\begin{pmatrix}\lambda-1 & & \\ & \lambda-2 & \\ & & \lambda-3\end{pmatrix}$的法对角形.

由$\begin{pmatrix}\lambda-1 & & \\ & \lambda-2 & \\ & & \lambda-3\end{pmatrix}$得

$D_1(\lambda)=1$,

$A_{11}=(\lambda-2)(\lambda-3)$,　$A_{22}=(\lambda-1)(\lambda-3)$,　$A_{33}=(\lambda-1)(\lambda-2)$,

$D_2(\lambda)=1$,

$D_3(\lambda)=(\lambda-1)(\lambda-2)(\lambda-3)$,

$E_1(\lambda)=1$,

$E_2(\lambda)=1$,

$E_3(\lambda)=(\lambda-1)(\lambda-2)(\lambda-3)$.

矩阵 $\boldsymbol{A}$ 的法对角形为

$$\boldsymbol{J}(\lambda)=\begin{pmatrix}\lambda & & \\ & \lambda & \\ & & \lambda\end{pmatrix}\begin{pmatrix}1 & & \\ & 1 & \\ & & (\lambda-1)(\lambda-2)(\lambda-3)\end{pmatrix}=\begin{pmatrix}\lambda & & \\ & \lambda & \\ & & \lambda(\lambda-1)(\lambda-2)(\lambda-3)\end{pmatrix}$$

987. $\begin{pmatrix}(\lambda-1)(\lambda-2)(\lambda-3) & 0 & 0 & 0\\ 0 & (\lambda-1)(\lambda-2)(\lambda-4) & 0 & 0\\ 0 & 0 & (\lambda-1)(\lambda-3)(\lambda-4) & 0\\ 0 & 0 & 0 & (\lambda-2)(\lambda-3)(\lambda-4)\end{pmatrix}$.

解

$D_1(\lambda)=1$,

$M\begin{pmatrix}1 & 2\\ 1 & 2\end{pmatrix}=(\lambda-1)^2(\lambda-2)^2(\lambda-3)(\lambda-4)$,

$M\begin{pmatrix}1 & 3\\ 1 & 3\end{pmatrix}=(\lambda-1)^2(\lambda-3)^2(\lambda-2)(\lambda-4)$,

$M\begin{pmatrix}1 & 4\\ 1 & 4\end{pmatrix}=(\lambda-2)^2(\lambda-3)^2(\lambda-1)(\lambda-4)$,

$M\begin{pmatrix}2 & 3\\ 2 & 3\end{pmatrix}=(\lambda-1)^2(\lambda-4)^2(\lambda-2)(\lambda-3)$,

$M\begin{pmatrix}2 & 4\\ 2 & 4\end{pmatrix}=(\lambda-2)^2(\lambda-4)^2(\lambda-1)(\lambda-3)$,

$M\begin{pmatrix}3 & 4\\ 3 & 4\end{pmatrix}=(\lambda-3)^2(\lambda-4)^2(\lambda-1)(\lambda-2)$,

$D_2(\lambda)=(\lambda-1)(\lambda-2)(\lambda-3)(\lambda-4)$,

$M\begin{pmatrix}1&2&3\\1&2&3\end{pmatrix}=(\lambda-1)^3(\lambda-2)^2(\lambda-3)^2(\lambda-4)^2$,

$M\begin{pmatrix}1&2&4\\1&2&4\end{pmatrix}=(\lambda-1)^2(\lambda-2)^3(\lambda-3)^2(\lambda-4)^2$,

$M\begin{pmatrix}1&3&4\\1&3&4\end{pmatrix}=(\lambda-1)^2(\lambda-2)^2(\lambda-3)^3(\lambda-4)^2$,

$M\begin{pmatrix}2&3&4\\2&3&4\end{pmatrix}=(\lambda-1)^2(\lambda-2)^2(\lambda-3)^2(\lambda-4)^3$,

$D_3(\lambda)=(\lambda-1)^2(\lambda-2)^2(\lambda-3)^2(\lambda-4)^2$,

$D_4(\lambda)=(\lambda-1)^3(\lambda-2)^3(\lambda-3)^3(\lambda-4)^3$,

$E_1(\lambda)=1$,

$E_2(\lambda)=(\lambda-1)(\lambda-2)(\lambda-3)(\lambda-4)$,

$E_3(\lambda)=(\lambda-1)(\lambda-2)(\lambda-3)(\lambda-4)$,

$E_4(\lambda)=(\lambda-1)(\lambda-2)(\lambda-3)(\lambda-4)$.

λ 矩阵 $\boldsymbol{A}(\lambda)$ 化为法对角形为

$$\boldsymbol{J}(\lambda)=\begin{pmatrix}1&&&\\&(\lambda-1)(\lambda-2)(\lambda-3)(\lambda-4)&&\\&&(\lambda-1)(\lambda-2)(\lambda-3)(\lambda-4)&\\&&&(\lambda-1)(\lambda-2)(\lambda-3)(\lambda-4)\end{pmatrix}$$

988. $\begin{pmatrix}a^2cd&0&0&0\\0&b^2cd&0&0\\0&0&abc^2&0\\0&0&0&abd^2\end{pmatrix}$. 其中 a,b,c,d 是 λ 的两两互素的多项式.

解

$D_1(\lambda)=1$,

M_2:

12	13	14	23	24	34
$a^2b^2c^2d^2$	a^3bc^3d	a^3bcd^3	ab^3c^3d	ab^3cd^3	$a^2b^2c^2d^2$

$D_2(\lambda)=abcd$,

M_3:

123	124	134	234
$a^3b^3c^4d^2$	$a^3b^3c^2d^4$	$a^4b^2c^3d^3$	$a^2b^4c^3d^3$

$D_3(\lambda)=a^2b^2c^2d^2$,

$D_4(\lambda)=a^4b^4c^4d^4$,

$E_1(\lambda)=1,$

$E_2(\lambda)=abcd,$

$E_3(\lambda)=abcd,$

$E_4(\lambda)=a^2b^2c^2d^2.$

λ 矩阵的法对角形为

$$\boldsymbol{J}(\lambda)=\begin{pmatrix}1&&&\\&abcd&&\\&&abcd&\\&&&a^2b^2c^2d^2\end{pmatrix}$$

其中 p 是多项式 a,b,c,d 的乘积除以这些多项式首项系数的乘积所得之多项式.

989. $\begin{pmatrix}f(\lambda)&0\\0&g(\lambda)\end{pmatrix}$,其中 $f(\lambda)$ 和 $g(\lambda)$ 是 λ 的多项式.

解

$$D_1(\lambda)=(f(\lambda),g(\lambda))$$
$$D_2(\lambda)=f(\lambda)g(\lambda)$$
$$E_1(\lambda)=D_1(\lambda)=(f(\lambda),g(\lambda))$$

$(f(\lambda),g(\lambda))$ 是首项系数为 1 的最大公因式.

$$E_2(\lambda)=\frac{D_2(\lambda)}{D_1(\lambda)}=\frac{f(\lambda)g(\lambda)}{e(f(\lambda),g(\lambda))}$$

其中 e 是 $f(\lambda)$ 和 $g(\lambda)$ 首项系数的乘积.

$$\boldsymbol{J}(\lambda)=\begin{pmatrix}(f(\lambda),g(\lambda))&0\\0&\dfrac{f(\lambda)g(\lambda)}{e(f(\lambda),g(\lambda))}\end{pmatrix}$$

990. $\begin{pmatrix}0&0&fg\\0&fh&0\\gh&0&0\end{pmatrix}$,其中 f,g,h 是 λ 的多项式,它们两两互素且首项系数等于 1.

解　因为 $\begin{cases}(h,f)=1,\\(h,g)=1,\\(h,fg)=1,\end{cases}$

而 $\begin{cases}(hf,hg)=h,\\(gh,fh,fg)=1,\\D_1(\lambda)=1.\end{cases}$

M_2:f^2gh,　fgh^2,　fg^2h

$D_2(\lambda)=fgh,$

$D_3(\lambda)=f^2g^2h^2,$

$E_1(\lambda)=1,$

$E_2(\lambda)=fgh,$

$E_3(\lambda)=fgh.$

$$J(\lambda)=\begin{pmatrix}1 & & \\ & fgh & \\ & & fgh\end{pmatrix}$$

991. $\begin{pmatrix}fg & 0 & 0\\ 0 & fh & 0\\ 0 & 0 & gh\end{pmatrix}$,其中$f,g,h$是$\lambda$的首项系数等于1的多项式,它们总体互素但不一定两两互素.

解

$$D_1(\lambda)=(fg,fh,gh)$$

$$M_2:\quad fgh^2,\quad fhg^2,\quad f^2gh$$

$$D_2(\lambda)=fgh$$

$$M_3:\quad D_3(\lambda)=f^2g^2h^2$$

$$E_1(\lambda)=(fg,fh,gh)$$

$$E_2(\lambda)=\frac{fgh}{(fg,fh,gh)}$$

$$E_3(\lambda)=fgh$$

假设

$$a=(g,h),b=(f,h),c=(f,g)$$

$$g=ac,f=bc,h=ab$$

$$fg=abc^2,fh=ab^2c,gh=a^2bc$$

$$E_1(\lambda)=abc$$

$$J(\lambda)=\begin{pmatrix}abc & 0 & 0\\ 0 & \frac{fgh}{abc} & 0\\ 0 & 0 & fgh\end{pmatrix}$$

992. $\begin{pmatrix}fg & 0 & 0\\ 0 & fh & 0\\ 0 & 0 & gh\end{pmatrix}$,其中$f,g,h$是$\lambda$的任何多项式,它们的首项系数等于1.

解

$$\begin{pmatrix} fg & 0 & 0 \\ 0 & fh & 0 \\ 0 & 0 & gh \end{pmatrix} = \begin{pmatrix} d^2 & 0 & 0 \\ 0 & d^2 & 0 \\ 0 & 0 & d^2 \end{pmatrix} \begin{pmatrix} \frac{fg}{d^2} & 0 & 0 \\ 0 & \frac{fh}{d^2} & 0 \\ 0 & 0 & \frac{gh}{d^2} \end{pmatrix}$$

根据上题的结果得

$$\begin{pmatrix} \frac{fg}{d^2} & 0 & 0 \\ 0 & \frac{fh}{d^2} & 0 \\ 0 & 0 & \frac{gh}{d^2} \end{pmatrix} \to \begin{pmatrix} a_1 b_1 c_1 & 0 & 0 \\ 0 & \frac{f_1 g_1 h_1}{a_1 b_1 c_1} & 0 \\ 0 & 0 & f_1 g_1 h_1 \end{pmatrix}$$

因为

$$a = a_1 d$$
$$b = b_1 d$$
$$c = c_1 d$$

故

$$\begin{pmatrix} fg & 0 & 0 \\ 0 & fh & 0 \\ 0 & 0 & gh \end{pmatrix} = \begin{pmatrix} \frac{abc}{d} & 0 & 0 \\ 0 & \frac{d^2 fgh}{abc} & 0 \\ 0 & 0 & \frac{fgh}{d} \end{pmatrix}$$

其中 d 是 f,g,h 的最大公因式；a,b,c 分别是 g 和 h，f 和 h，f 和 g 的最大公因式，并且所有多项式 a,b,c,d 的首项系数等于 1.

993. $\begin{pmatrix} \lambda & 1 & 0 & 0 \\ 0 & \lambda & 1 & 0 \\ 0 & 0 & \lambda & 1 \\ 0 & 0 & 0 & \lambda \end{pmatrix}$.

解

$$D_1(\lambda) = D_2(\lambda) = D_3(\lambda) = 1$$
$$D_4(\lambda) = \lambda^4$$
$$E_1(\lambda) = E_2(\lambda) = E_3(\lambda) = 1$$
$$E_4(\lambda) = \lambda^4$$

$$\boldsymbol{J}(\lambda) = \begin{pmatrix} 1 & & & \\ & 1 & & \\ & & 1 & \\ & & & \lambda^4 \end{pmatrix}$$

994. $\begin{pmatrix} \lambda & 1 & 0 & 0 \\ 0 & \lambda & 0 & 0 \\ 0 & 0 & \lambda & 1 \\ 0 & 0 & 0 & \lambda \end{pmatrix}$.

解

$$D_1(\lambda)=1$$
$$D_2(\lambda)=1$$
$$D_3(\lambda)=\lambda^2$$
$$D_4(\lambda)=\lambda^4$$
$$E_1(\lambda)=E_2(\lambda)=1$$
$$E_3(\lambda)=\lambda^2$$
$$E_4(\lambda)=\lambda^2$$
$$\boldsymbol{J}(\lambda)=\begin{pmatrix} 1 & & & \\ & 1 & & \\ & & \lambda^2 & \\ & & & \lambda^2 \end{pmatrix}$$

995. $\begin{pmatrix} \lambda & -1 & 0 & 0 & 0 \\ 0 & \lambda & -1 & 0 & 0 \\ 0 & 0 & \lambda & -1 & 0 \\ 0 & 0 & 0 & \lambda & -1 \\ 1 & 2 & 3 & 4 & 5+\lambda \end{pmatrix}$.

解

$$D_1(\lambda)=D_2(\lambda)=D_3(\lambda)=D_4(\lambda)=1$$
$$D_5(\lambda)=\begin{vmatrix} \lambda & -1 & & & \\ & \lambda & -1 & & \\ & & \lambda & -1 & \\ & & & \lambda & -1 \\ 1 & 2 & 3 & 4 & 5+\lambda \end{vmatrix}\begin{matrix} \lambda^4+5\lambda^3+4\lambda^2+3\lambda+2 \\ \lambda^3+5\lambda^2+4\lambda+3 \\ \lambda^2+5\lambda+4 \\ \lambda+5 \\ \end{matrix}$$

每一行分别乘以右端的 λ 多项式,统统加到第 5 行得

$$\begin{vmatrix} \lambda & -1 & & & \\ & \lambda & -1 & & \\ & & \lambda & -1 & \\ & & & \lambda & -1 \\ \lambda^5+5\lambda^4+4\lambda^3+3\lambda^2+2\lambda+1 & 0 & 0 & 0 & 0 \end{vmatrix}$$
$$=\lambda^5+5\lambda^4+4\lambda^3+3\lambda^2+2\lambda+1$$

$$E_1(\lambda)=E_2(\lambda)=E_3(\lambda)=E_4(\lambda)=1$$

$$E_5(\lambda)=\lambda^5+5\lambda^4+4\lambda^3+3\lambda^2+2\lambda+1$$

$$\boldsymbol{J}(\lambda)=\begin{pmatrix}1&0&0&0&0\\0&1&0&0&0\\0&0&1&0&0\\0&0&0&1&0\\0&0&0&0&f(\lambda)\end{pmatrix}$$

其中$f(\lambda)=\lambda^5+5\lambda^4+4\lambda^3+3\lambda^2+2\lambda+1$.

996. $\begin{pmatrix}\lambda+\alpha&\beta&1&0\\-\beta&\lambda+\alpha&0&1\\0&0&\lambda+\alpha&\beta\\0&0&-\beta&\lambda+\alpha\end{pmatrix}$.

解

$$D_1(\lambda)=D_2(\lambda)=1$$

$$M_3:(\lambda+\alpha)^3+\beta^2(\lambda+\alpha)=(\lambda+\alpha)[(\lambda+\alpha)^2+\beta^2]$$

$$\begin{vmatrix}\beta&1&0\\\lambda+\alpha&0&1\\0&\lambda+\alpha&\beta\end{vmatrix}=-2\beta(\lambda+\alpha)$$

$$\begin{vmatrix}\lambda+\alpha&\beta&0\\-\beta&\lambda+\alpha&1\\0&0&\beta\end{vmatrix}=\beta[(\lambda+\alpha)^2+\beta^2]$$

当$\beta\neq0$时

$$\{2\beta(\lambda+\alpha),\beta[(\lambda+\alpha)^2+\beta^2]\}=1$$

$$D_3(\lambda)=1$$

$$D_4(\lambda)=[(\lambda+\alpha)^2+\beta^2]^2$$

$$E_1(\lambda)=E_2(\lambda)=E_3(\lambda)=1$$

$$E_4(\lambda)=[(\lambda+\alpha)^2+\beta^2]^2$$

$$\boldsymbol{J}(\lambda)=\begin{pmatrix}1&&&\\&1&&\\&&1&\\&&&[(\lambda+\alpha)^2+\beta^2]^2\end{pmatrix}$$

当$\beta=0$时

$$D_1(\lambda)=D_2(\lambda)=1$$

$$\begin{vmatrix}0&1&0\\\lambda+\alpha&0&1\\0&0&\lambda+\alpha\end{vmatrix}=-(\lambda+\alpha)^2$$

$$D_3(\lambda)=(\lambda+\alpha)^2$$

$$D_4(\lambda)=(\lambda+\alpha)^4$$

$$E_1(\lambda)=E_2(\lambda)=1$$

$$E_3(\lambda)=(\lambda+\alpha)^2$$

$$E_4(\lambda)=(\lambda+\alpha)^2$$

$$\boldsymbol{J}(\lambda)=\begin{pmatrix}1 & & & \\ & 1 & & \\ & & (\lambda+\alpha)^2 & \\ & & & (\lambda+\alpha)^2\end{pmatrix}$$

997. $\begin{pmatrix}2\lambda^2-12\lambda+16 & 2-\lambda & 2\lambda^2-12\lambda+17\\ 0 & 3-\lambda & 0\\ \lambda^2-6\lambda+7 & 2-\lambda & \lambda^2-6\lambda+8\end{pmatrix}$.

解　对 λ 矩阵施行初等变换

$$\begin{pmatrix}2\lambda^2-12\lambda+16 & 2-\lambda & 2\lambda^2-12\lambda+17\\ 0 & 3-\lambda & 0\\ \lambda^2-6\lambda+7 & 2-\lambda & \lambda^2-6\lambda+8\end{pmatrix}\xrightarrow[\text{到第1行上去}]{\text{第3行}\times(-2)\text{加}}\begin{pmatrix}2 & -2+\lambda & 1\\ 0 & 3-\lambda & 0\\ \lambda^2-6\lambda+7 & 2-\lambda & \lambda-6\lambda+8\end{pmatrix}$$

$$\xrightarrow[\text{加到第3列上去}]{\text{第1列}\times(-1)}\begin{pmatrix}2 & -2+\lambda & -1\\ 0 & 3-\lambda & 0\\ \lambda^2-6\lambda+7 & 2-\lambda & 1\end{pmatrix}\xrightarrow[\text{到第3行上去}]{\text{第1行加}}\begin{pmatrix}2 & -2+\lambda & -1\\ 0 & 3-\lambda & 0\\ \lambda^2-6\lambda+9 & 0 & 0\end{pmatrix}\rightarrow$$

$$\begin{pmatrix}1 & & \\ & \lambda-3 & \\ & & (\lambda-3)^2\end{pmatrix}$$

998. $\begin{pmatrix}3\lambda^2-5\lambda+2 & 0 & 3\lambda^2-6\lambda+3\\ 2\lambda^2-3\lambda+1 & \lambda-1 & 2\lambda^2-4\lambda+2\\ 2\lambda^2-2\lambda & 0 & 2\lambda^2-4\lambda+2\end{pmatrix}$.

解　因为

$$\begin{pmatrix}3\lambda^2-5\lambda+2 & 0 & 3\lambda^2-6\lambda+3\\ 2\lambda^2-3\lambda+1 & \lambda-1 & 2\lambda^2-4\lambda+2\\ 2\lambda^2-2 & 0 & 2\lambda^2-4\lambda+2\end{pmatrix}=\begin{pmatrix}\lambda-1 & & \\ & \lambda-1 & \\ & & \lambda-1\end{pmatrix}\begin{pmatrix}3\lambda-2 & 0 & 3\lambda-3\\ 2\lambda-1 & 1 & 2\lambda-2\\ 2\lambda+2 & 0 & 2\lambda-2\end{pmatrix}$$

只要求 λ 矩阵的第二个矩阵因子的法对角形

$$\begin{pmatrix}3\lambda-2 & 0 & 3\lambda-3\\ 2\lambda-1 & 1 & 2\lambda-2\\ 2\lambda+2 & 0 & 2\lambda-2\end{pmatrix}\rightarrow\begin{pmatrix}3\lambda-2 & 0 & -1\\ 2\lambda-1 & 1 & -1\\ 2\lambda+2 & 0 & -4\end{pmatrix}\rightarrow\begin{pmatrix}3\lambda-2 & 0 & -1\\ -\lambda+1 & 1 & 0\\ -10\lambda+10 & 0 & 0\end{pmatrix}\rightarrow\begin{pmatrix}1 & & \\ & 1 & \\ & & \lambda-1\end{pmatrix}$$

回到求原题目的法对角形：

$$A(\lambda)=\begin{pmatrix}\lambda-1 & & \\ & \lambda-1 & \\ & & (\lambda-1)^2\end{pmatrix}$$

999. $\begin{pmatrix}\lambda & 1 & 1 & \cdots & 1\\ 0 & \lambda & 1 & \cdots & 1\\ 0 & 0 & \lambda & \cdots & 1\\ \vdots & \vdots & \vdots & & \vdots\\ 0 & 0 & 0 & \cdots & \lambda\end{pmatrix}$.

解

$$\begin{pmatrix}\lambda & 1 & 1 & \cdots & 1\\ 0 & \lambda & 1 & \cdots & 1\\ 0 & 0 & \lambda & \cdots & 1\\ \vdots & \vdots & \vdots & & \vdots\\ 0 & 0 & 0 & \cdots & \lambda\end{pmatrix}\to\begin{pmatrix}\lambda & 1-\lambda & 0 & \cdots & 0\\ 0 & \lambda & 1-\lambda & \cdots & 0\\ 0 & 0 & \lambda & \cdots & 0\\ \vdots & 0 & \vdots & \ddots & \vdots\\ 0 & 0 & 0 & & \lambda\end{pmatrix}$$

$$M_{n-1}:\quad M_{n-1,1}=(1-\lambda)^{n-1},\quad M_{n-1,2}=\lambda^{n-1}$$

$$D_{n-1}(\lambda)=\cdots=D_1(\lambda)=1$$

$$D_n(\lambda)=\lambda^n$$

$$E_1(\lambda)=\cdots=E_{n-1}(\lambda)=1$$

$$E_n(\lambda)=\lambda^n$$

$$J(\lambda)=\begin{pmatrix}1 & & & & \\ & 1 & & & \\ & & 1 & & \\ & & & \ddots & \\ & & & & \lambda^n\end{pmatrix}_{n\times n}$$

查明以下矩阵是否等价：

1000.
$$A=\begin{pmatrix}3\lambda+1 & \lambda & 4\lambda-1\\ 1-\lambda^2 & \lambda-1 & \lambda-\lambda^2\\ \lambda^2+\lambda+2 & \lambda & \lambda^2+2\lambda\end{pmatrix};$$

$$B=\begin{pmatrix}\lambda+1 & \lambda-2 & \lambda^2-2\lambda\\ 2\lambda & 2\lambda-3 & \lambda^2-2\lambda\\ -2 & 1 & 1\end{pmatrix}.$$

解　将 λ 矩阵经初等变换化为法对角形.

$$A\cong\begin{pmatrix}1 & \lambda & 4\lambda-1\\ -\lambda^2-3\lambda+4 & \lambda-1 & \lambda-\lambda^2\\ \lambda^2-2\lambda+2 & \lambda & \lambda^2+2\lambda\end{pmatrix}\cong\begin{pmatrix}1 & \lambda & 4\lambda-1\\ -\lambda^2-3\lambda+4 & \lambda-1 & \lambda-\lambda^2\\ \lambda^2-2\lambda+1 & 0 & \lambda^2-2\lambda+1\end{pmatrix}$$

$$\cong\begin{pmatrix}1 & \lambda & 4\lambda-2\\ -\lambda^2-3\lambda+4 & \lambda-1 & 4\lambda-4\\ \lambda^2-2\lambda+1 & 0 & 0\end{pmatrix}\cong\begin{pmatrix}1 & \lambda & 4\lambda-2\\ -5\lambda+5 & \lambda-1 & 4\lambda-4\\ \lambda^2-2\lambda+1 & 0 & 0\end{pmatrix}$$

$$\cong\begin{pmatrix}1 & \lambda & -2\\ -5\lambda+5 & \lambda-1 & 0\\ \lambda^2-2\lambda+1 & 0 & 0\end{pmatrix}\cong\begin{pmatrix}1 & & \\ & \lambda-1 & \\ & & (\lambda-1)^2\end{pmatrix}$$

$$\boldsymbol{B}\cong\begin{pmatrix}\lambda+1 & -3 & \lambda^2-2\lambda\\ 2\lambda & -3 & \lambda^2-2\lambda\\ -2 & 3 & 1\end{pmatrix}\cong\begin{pmatrix}\lambda+1 & -3 & \lambda^2-2\lambda\\ \lambda-1 & 0 & 0\\ -2 & 3 & 1\end{pmatrix}\cong\begin{pmatrix}\lambda-1 & 0 & (\lambda-1)^2\\ \lambda-1 & 0 & 0\\ -2 & 3 & 1\end{pmatrix}$$

$$\cong\begin{pmatrix}0 & 0 & (\lambda-1)^2\\ \lambda-1 & 0 & 0\\ -2 & 3 & 1\end{pmatrix}\cong\begin{pmatrix}0 & 0 & (\lambda-1)^2\\ \lambda-1 & 0 & 0\\ -2 & 1 & 1\end{pmatrix}\cong\begin{pmatrix}1 & & \\ & \lambda-1 & \\ & & (\lambda-1)^2\end{pmatrix}$$

所以 $\boldsymbol{A}\cong\boldsymbol{B}$.

1001.

$$\boldsymbol{A}=\begin{pmatrix}\lambda^2+\lambda+1 & 3\lambda-\lambda^2 & 2\lambda^2+\lambda & \lambda^2\\ \lambda^2+\lambda & 3\lambda-\lambda^2 & 2\lambda^2+\lambda & \lambda^2\\ \lambda^2-\lambda & 2\lambda-\lambda^2 & 2\lambda^2+\lambda & \lambda^2\\ \lambda^2 & -\lambda^2 & 2\lambda^2 & \lambda^2\end{pmatrix};$$

$$\boldsymbol{B}=\begin{pmatrix}3 & \lambda^2+1 & 3\lambda^2 & \lambda^2\\ 2 & \lambda^2+1 & 3\lambda^2 & \lambda^2\\ 0 & \lambda^2 & 3\lambda^2 & \lambda^2\\ \lambda^2 & -\lambda^2 & 2\lambda^2 & \lambda^2\end{pmatrix}.$$

解　经初等变换把 λ 矩阵 $\boldsymbol{A},\boldsymbol{B}$ 分别化为法对角形.

$$\boldsymbol{A}\cong\begin{pmatrix}1 & 0 & 0 & 0\\ 2\lambda & \lambda & 0 & 0\\ -\lambda & 2\lambda & \lambda & 0\\ \lambda^2 & -\lambda^2 & 2\lambda^2 & \lambda^2\end{pmatrix}\cong\begin{pmatrix}1 & & & \\ & \lambda & & \\ & & \lambda & \\ & & & \lambda^2\end{pmatrix}$$

$$\boldsymbol{B}\cong\begin{pmatrix}1 & 0 & 0 & 0\\ 2 & 1 & 0 & 0\\ -\lambda^2 & 2\lambda^2 & \lambda^2 & 0\\ \lambda^2 & -\lambda^2 & 2\lambda^2 & \lambda^2\end{pmatrix}\cong\begin{pmatrix}1 & & & \\ & 1 & & \\ & & \lambda^2 & \\ & & & \lambda^2\end{pmatrix}$$

所以 $\boldsymbol{A}$ 不等价于 $\boldsymbol{B}$.

1002.

$$\boldsymbol{A}=\begin{pmatrix}3\lambda^3-6\lambda^2+\lambda+3 & 2\lambda^3-4\lambda^2+3\lambda-1 & \lambda^3-2\lambda^2+\lambda\\ 3\lambda^2-8\lambda+5 & 2\lambda^2-4\lambda+1 & \lambda^2-2\lambda+1\\ 3\lambda^3-3\lambda^2-5\lambda+6 & 2\lambda^3-2\lambda^2-\lambda+1 & \lambda^3-\lambda^2-\lambda+1\end{pmatrix};$$

$$\boldsymbol{B}=\begin{pmatrix}3\lambda^3-9\lambda^2+7\lambda+1 & 2\lambda^3-6\lambda^2+7\lambda-2 & \lambda^3-3\lambda^2+3\lambda-1\\ 3\lambda^3-9\lambda^2+9\lambda-5 & 2\lambda^3-6\lambda^2+6\lambda-1 & \lambda^3-3\lambda^2+3\lambda-1\\ 3\lambda^3-9\lambda^2+5\lambda+5 & 2\lambda^3-6\lambda^2+8\lambda-2 & \lambda^3-3\lambda^2+3\lambda-1\end{pmatrix};$$

$$\boldsymbol{C}=\begin{pmatrix}3\lambda^2-3\lambda+1 & \lambda^2-\lambda & 0\\ 2\lambda^2-\lambda-1 & 7\lambda-3\lambda^2-4 & \lambda^2-2\lambda+1\\ 5\lambda^2-7\lambda+3 & 5\lambda-2\lambda^2-3 & \lambda^2-2\lambda+1\end{pmatrix}.$$

解　对 λ 矩阵 $\boldsymbol{A},\boldsymbol{B},\boldsymbol{C}$ 分别施行初等变换,化到法对角形.

$$\boldsymbol{A}\cong\begin{pmatrix}2\lambda^2-4\lambda+3 & 2\lambda-1 & 0\\ 3\lambda^2-8\lambda+5 & 2\lambda^2-4\lambda+1 & \lambda^2-2\lambda+1\\ 5\lambda^2-10\lambda+6 & 2\lambda^2-2\lambda+1 & \lambda^2-2\lambda+1\end{pmatrix}$$

$$\cong\begin{pmatrix}2\lambda^2-4\lambda+3 & 2\lambda-1 & 0\\ 3\lambda^2-8\lambda+5 & 2\lambda^2-4\lambda+1 & \lambda^2-2\lambda+1\\ 2\lambda^2-2\lambda+1 & 2\lambda & 0\end{pmatrix}$$

$$\cong\begin{pmatrix}-2\lambda+2 & -1 & 0\\ -2\lambda+2 & -1 & \lambda^2-2\lambda+1\\ 2\lambda^2-2\lambda+1 & 2\lambda & 0\end{pmatrix}$$

$$\cong\begin{pmatrix}2\lambda-2 & 1 & 0\\ 0 & 0 & \lambda^2-2\lambda+1\\ 2\lambda^2-2\lambda+1 & 2\lambda & 0\end{pmatrix}$$

$$\cong\begin{pmatrix}2\lambda-2 & 1 & 0\\ 0 & 0 & \lambda^2-2\lambda+1\\ 1 & \lambda & 0\end{pmatrix}$$

$$\cong\begin{pmatrix}0 & 2\lambda-2\lambda^2+1 & 0\\ 0 & 0 & (\lambda-1)^2\\ 1 & \lambda & 0\end{pmatrix}$$

$$\cong\begin{pmatrix}1 & & \\ & \lambda^2-\lambda-\frac{1}{2} & \\ & & (\lambda-1)^2\end{pmatrix}$$

$$\boldsymbol{B}=\begin{pmatrix}3\lambda^3-9\lambda^2+7\lambda+1 & 2\lambda^3-6\lambda^2+7\lambda-2 & \lambda^3-3\lambda^2+3\lambda-1\\ 3\lambda^3-9\lambda^2+9\lambda-5 & 2\lambda^3-6\lambda^2+6\lambda-1 & \lambda^3-3\lambda^2+3\lambda-1\\ 3\lambda^3-9\lambda^2+5\lambda+5 & 2\lambda^3-6\lambda^2+8\lambda-2 & \lambda^3-3\lambda^2+3\lambda-1\end{pmatrix}$$

$$\cong\begin{pmatrix}2\lambda-4 & -\lambda & 0\\ 4\lambda-10 & -2\lambda+1 & 0\\ 3\lambda^3-9\lambda^2+5\lambda+5 & 2\lambda^3-6\lambda^2+8\lambda-2 & \lambda^3-3\lambda^2+3\lambda-1\end{pmatrix}$$

$$
\cong \begin{pmatrix} 2\lambda-4 & -\lambda & 0 \\ 4\lambda-10 & -2\lambda+1 & 0 \\ -4\lambda+8 & 2\lambda & \lambda^3-3\lambda^2+3\lambda-1 \end{pmatrix}
$$

$$
\cong \begin{pmatrix} \lambda-2 & -\lambda & 0 \\ 2\lambda-5 & -2\lambda+1 & 0 \\ -2\lambda+4 & 2\lambda & (\lambda-1)^3 \end{pmatrix}
$$

$$
\cong \begin{pmatrix} \lambda-2 & -\lambda & 0 \\ -1 & 1 & 0 \\ 0 & 0 & (\lambda-1)^3 \end{pmatrix}
$$

$$
\cong \begin{pmatrix} -2 & -\lambda & 0 \\ 0 & 1 & 0 \\ 0 & 0 & (\lambda-1)^3 \end{pmatrix}
$$

$$
\cong \begin{pmatrix} 1 & & \\ & 1 & \\ & & (\lambda-1)^3 \end{pmatrix}
$$

$$
\boldsymbol{C} = \begin{pmatrix} 3\lambda^2-3\lambda+1 & \lambda^2-1 & 0 \\ 2\lambda^2-\lambda-1 & 7\lambda-3\lambda^2-4 & \lambda^2-2\lambda+1 \\ 5\lambda^2-7\lambda+3 & 5\lambda-2\lambda^2-3 & \lambda^2-2\lambda+1 \end{pmatrix}
$$

$$
\cong \begin{pmatrix} 3\lambda^2-3\lambda+1 & \lambda^2-1 & 0 \\ -3\lambda^2+6\lambda-4 & 2\lambda-\lambda^2-1 & 0 \\ 5\lambda^2-7\lambda+3 & 5\lambda-2\lambda^2-3 & (\lambda-1)^2 \end{pmatrix}
$$

$$
\cong \begin{pmatrix} 3\lambda-3 & \lambda-1 & 0 \\ -3\lambda^2+6\lambda-4 & 2\lambda-\lambda^2-1 & 0 \\ 5\lambda^2-7\lambda+3 & -2\lambda^2+5\lambda-3 & (\lambda-1)^2 \end{pmatrix}
$$

$$
\cong \begin{pmatrix} 0 & \lambda-1 & 0 \\ -1 & 2\lambda-\lambda^2-1 & 0 \\ 11\lambda^2-22\lambda+12 & -2\lambda^2+5\lambda-3 & (\lambda-1)^2 \end{pmatrix}
$$

$$
\cong \begin{pmatrix} 0 & \lambda-1 & 0 \\ -1 & \lambda-1 & 0 \\ 11\lambda^2-22\lambda+12 & 3\lambda-3 & (\lambda-1)^2 \end{pmatrix}
$$

$$
\cong \begin{pmatrix} 0 & \lambda-1 & 0 \\ 1 & 0 & 0 \\ 11(\lambda-1)^2+1 & 0 & (\lambda-1)^2 \end{pmatrix}
$$

$$
\cong \begin{pmatrix} 1 & & \\ & \lambda-1 & \\ & & (\lambda-1)^2 \end{pmatrix}
$$

$\boldsymbol{A},\boldsymbol{B},\boldsymbol{C}$,三个 λ 矩阵的法对角形都不同,所以每两个都不等价.

1003. λ 矩阵称为么模的,如果它的行列式是关于 λ 的零次多项式,即是一个不为零的常量. 求么模 λ 矩阵的法对角形.

证明　设 $\boldsymbol{A}(\lambda)$ 为么模的,　则

$$|\boldsymbol{A}(\lambda)| = d \neq 0$$

即 $\boldsymbol{A}(\lambda)$ 的 n 阶行列式因子

$$D_n(\lambda) = 1$$

由

$$D_k(\lambda) = E_1(\lambda)E_2(\lambda)\cdots E_k(\lambda)$$

有关系

$$D_k(\lambda) | D_{k+1}(\lambda) \quad (k = 1,2,\cdots,n-1)$$

故得

$$D_k(\lambda) = 1 \quad (k = 1,2,\cdots,n)$$

于是

$$E_k(\lambda) = 1 \quad (k = 1,2,\cdots,n)$$

这说明 $\boldsymbol{A}(\lambda)$ 的法对角形是单位矩阵.

1004. 证明:λ 矩阵的逆矩阵是 λ 矩阵当且仅当所给定的矩阵 $\boldsymbol{A}$ 是么模的.

证明　必要性　设 $\boldsymbol{A}(\lambda)$ 可逆,则存在 n 阶 λ 矩阵满足

$$\boldsymbol{A}(\lambda)\boldsymbol{B}(\lambda) = \boldsymbol{B}(\lambda)\boldsymbol{A}(\lambda) = \boldsymbol{E}$$

从而

$$|\boldsymbol{A}(\lambda)|\,|\boldsymbol{B}(\lambda)| = 1$$

$|\boldsymbol{A}(\lambda)|$,$|\boldsymbol{B}(\lambda)|$ 都是 λ 的多项式,则由上述可知 $|\boldsymbol{A}(\lambda)|$ 与 $|\boldsymbol{B}(\lambda)|$ 都是零次多项式.

故 $|\boldsymbol{A}(\lambda)|$ 是非零常数.

所以 $\boldsymbol{A}(\lambda)$ 是么模 λ 矩阵.

充分性　设 $|\boldsymbol{A}(\lambda)| = d$ 是非零常数.

$\boldsymbol{A}(\lambda)^*$ 是 $\boldsymbol{A}(\lambda)$ 的伴随矩阵,则 $\frac{1}{d}\boldsymbol{A}(\lambda)^*$ 是一个 n 阶 λ 矩阵,并且

$$\boldsymbol{A}(\lambda) \cdot \frac{1}{d}\boldsymbol{A}(\lambda)^* = \frac{1}{d}\boldsymbol{A}(\lambda)^* A(\lambda) = \boldsymbol{E}$$

因此

$\boldsymbol{A}(\lambda)$ 可逆,并且 $\boldsymbol{A}(\lambda)^{-1} = \frac{1}{d}\boldsymbol{A}(\lambda)^*$.

证完.

1005. 证明下列断言:为使两个 m 行 n 列的长方 λ 矩阵 $\boldsymbol{A}$ 和 $\boldsymbol{B}$ 是等价的,必要且充分的条

件是成立等式 $\boldsymbol{B}=\boldsymbol{PAQ}$,其中 $\boldsymbol{P}$ 和 $\boldsymbol{Q}$ 分别是 m 阶和 n 阶的么模 λ 矩阵. 证明:矩阵 $\boldsymbol{P}$ 和 $\boldsymbol{Q}$ 可以如下求得:求出把 $\boldsymbol{A}$ 化成 $\boldsymbol{B}$ 的那一系列初等变换之后,把所有行的变换在同样次序下应用于 m 阶的单位矩阵 $\boldsymbol{E}_m$,而把所有列的变换在同样次序下应用于 n 阶的单位矩阵 $\boldsymbol{E}_n$.

证明　矩阵等价的定义,如果矩阵 $\boldsymbol{B}$ 可以从矩阵 $\boldsymbol{A}$ 经过一系列初等变换而得到,则称矩阵 $\boldsymbol{A}$ 与 $\boldsymbol{B}$ 等价.

m 行 n 列长方 λ 矩阵 $\boldsymbol{A}$ 经过行初等变换. 即依次左乘 m 级初等方阵 $\boldsymbol{P}_s\cdots\boldsymbol{P}_1$,同时经过列初等变换,即依次右乘 n 级初等方阵 $\boldsymbol{Q}_1\cdots\boldsymbol{Q}_t$.

$$\boldsymbol{B}=\boldsymbol{P}_s\cdots\boldsymbol{P}_1\boldsymbol{A}\boldsymbol{Q}_1\cdots\boldsymbol{Q}_t$$

$$\boldsymbol{P}=\boldsymbol{P}_s\cdots\boldsymbol{P}_2\boldsymbol{P}_1,\quad \boldsymbol{Q}=\boldsymbol{Q}_1\boldsymbol{Q}_2\cdots\boldsymbol{Q}_t$$

$$\boldsymbol{B}=\boldsymbol{PAQ}$$

证完.

对以下所给定的 λ 矩阵 $\boldsymbol{A}$,应用习题 1005 所指出的方法求么模矩阵 $\boldsymbol{P},\boldsymbol{Q}$,使得矩阵 $\boldsymbol{B}=\boldsymbol{PAQ}$ 有法对角形(矩阵 $\boldsymbol{P},\boldsymbol{Q}$ 不唯一确定).

1006. $\boldsymbol{A}=\begin{pmatrix}\lambda^2-\lambda+4 & \lambda^2+3\\ \lambda^2-2\lambda+3 & \lambda^2-\lambda+2\end{pmatrix}$.

解　因为

$$(\lambda^2-\lambda+4,\lambda^2+3)=1$$

所以

$$D_1(\lambda)=1$$

$$D_2(\lambda)=\begin{vmatrix}\lambda^2-\lambda+4 & \lambda^2+3\\ \lambda^2-2\lambda+3 & \lambda^2-\lambda+2\end{vmatrix}=\begin{vmatrix}\lambda^2-\lambda+4 & \lambda^2+3\\ -\lambda-1 & -\lambda-1\end{vmatrix}=(\lambda+1)(\lambda-1)=\lambda^2-1$$

$$E_1(\lambda)=1$$

$$E_2(\lambda)=\lambda^2-1$$

$$\boldsymbol{B}=\begin{pmatrix}1 & 0\\ 0 & \lambda^2-1\end{pmatrix}$$

$$\begin{pmatrix}\lambda^2-\lambda+4 & \lambda^2+3 & 1 & 0\\ \lambda^2-2\lambda+3 & \lambda^2-\lambda+2 & 0 & 1\\ 1 & 0 & & \\ & & \boldsymbol{O} & \\ 0 & 1 & & \end{pmatrix}\to\begin{pmatrix}\lambda^2-\lambda+4 & \lambda^2+3 & 1 & 0\\ -\lambda-1 & -\lambda-1 & -1 & 1\\ 1 & 0 & & \\ & & \boldsymbol{O} & \\ 0 & 1 & & \end{pmatrix}\to$$

$$\begin{pmatrix}-\lambda+1 & \lambda^2+3 & 1 & 0\\ 0 & -\lambda-1 & -1 & 1\\ 1 & 0 & & \\ & & \boldsymbol{O} & \\ -1 & 1 & & \end{pmatrix}\to\begin{pmatrix}-\lambda+1 & \lambda+3 & 1 & 0\\ 0 & -\lambda-1 & -1 & 1\\ 1 & \lambda & & \\ & & \boldsymbol{O} & \\ -1 & 1-\lambda & & \end{pmatrix}\xrightarrow[\text{到第1行}]{\text{第2行加}}\begin{pmatrix}-\lambda+1 & 2 & 0 & 1\\ 0 & -\lambda-1 & -1 & 1\\ 1 & \lambda & & \\ & & \boldsymbol{O} & \\ -1 & 1-\lambda & & \end{pmatrix}$$

$$\xrightarrow[\text{第2行}\times 2a_{22}\text{值不变}]{\text{第2列}\times\frac{1}{2}}\begin{pmatrix}-\lambda+1 & 1 & 0 & 1\\ 0 & -\lambda-1 & -2 & 2\\ 1 & \dfrac{\lambda}{2} & & \\ & & \boldsymbol{O} & \\ -1 & \dfrac{1-\lambda}{2} & & \end{pmatrix}\to\begin{pmatrix}-\lambda+1 & 1 & 0 & 1\\ -\lambda+1 & -\lambda & -2 & 3\\ 1 & \dfrac{\lambda}{2} & & \\ & & \boldsymbol{O} & \\ -1 & \dfrac{1-\lambda}{2} & & \end{pmatrix}\to$$

$$\begin{pmatrix} -\lambda+1 & 1 & 0 & 1 \\ -\lambda^2+1 & 0 & -2 & \lambda+3 \\ 1 & \frac{\lambda}{2} & & \\ & & \boldsymbol{O} & \\ -1 & \frac{1-\lambda}{2} & & \end{pmatrix} \to \begin{pmatrix} 0 & 1 & 0 & 1 \\ 1-\lambda^2 & 0 & -2 & \lambda+3 \\ 1+\frac{\lambda}{2}(\lambda-1) & \frac{\lambda}{2} & & \\ & & \boldsymbol{O} & \\ -1+\frac{(1-\lambda)}{2}(\lambda-1) & \frac{1-\lambda}{2} & & \end{pmatrix} \xrightarrow[\text{同时第 2 列变号}]{\text{第 1、2 列对调}}$$

$$\begin{pmatrix} 1 & 0 & 0 & 1 \\ 0 & \lambda^2-1 & -2 & \lambda+3 \\ \frac{\lambda}{2} & -\frac{\lambda^2}{2}+\frac{\lambda}{2}-1 & & \\ & & \boldsymbol{O} & \\ \frac{1-\lambda}{2} & \frac{\lambda^2}{2}-\lambda+\frac{3}{2} & & \end{pmatrix} \xrightarrow[\text{第 1 行}\times\frac{1}{2}]{\text{第 1 列 2 倍}} \begin{pmatrix} 1 & 0 & 0 & \frac{1}{2} \\ 0 & \lambda^2-1 & -2 & \lambda+3 \\ \lambda & -\frac{\lambda^2}{2}+\frac{\lambda}{2}-1 & & \\ & & \boldsymbol{O} & \\ 1-\lambda & \frac{\lambda^2}{2}-\lambda+\frac{3}{2} & & \end{pmatrix}$$

$$\boldsymbol{B}=\begin{pmatrix} 1 & 0 \\ 0 & \lambda^2-1 \end{pmatrix}$$

$$\boldsymbol{P}=\begin{pmatrix} 0 & \frac{1}{2} \\ -2 & \lambda+3 \end{pmatrix}, \boldsymbol{Q}=\begin{pmatrix} \lambda & -\frac{1}{2}\lambda^2+\frac{1}{2}\lambda-1 \\ 1-\lambda & \frac{1}{2}\lambda^2-\lambda+\frac{3}{2} \end{pmatrix}$$

检验:

$$\begin{aligned} \boldsymbol{PAQ} &= \begin{pmatrix} 0 & \frac{1}{2} \\ -2 & \lambda+3 \end{pmatrix} \begin{pmatrix} \lambda^2-\lambda+4 & \lambda^2+3 \\ \lambda^2-2\lambda+3 & \lambda^2-\lambda+2 \end{pmatrix} \begin{pmatrix} \lambda & -\frac{1}{2}\lambda^2+\frac{1}{2}\lambda-1 \\ 1-\lambda & \frac{1}{2}\lambda^2-\lambda+\frac{3}{2} \end{pmatrix} \\ &= \begin{pmatrix} \frac{\lambda^2}{2}-\lambda+\frac{3}{2} & \frac{1}{2}\lambda^2-\frac{\lambda}{2}+1 \\ \lambda^3-\lambda^2-\lambda+1 & \lambda^3-\lambda \end{pmatrix} \begin{pmatrix} \lambda & -\frac{1}{2}\lambda^2+\frac{1}{2}\lambda-1 \\ 1-\lambda & \frac{1}{2}\lambda^2-\lambda+\frac{3}{2} \end{pmatrix} \\ &= \begin{pmatrix} 1 & 0 \\ 0 & \lambda^2-1 \end{pmatrix} \end{aligned}$$

1007. $\boldsymbol{A}=\begin{pmatrix} \lambda^4+4\lambda^3+4\lambda^2+\lambda+2 & \lambda^3+4\lambda^2+4\lambda \\ \lambda^4+5\lambda^3+8\lambda^2+5\lambda+2 & \lambda^3+5\lambda^2+8\lambda+4 \end{pmatrix}$.

解 $$\boldsymbol{A}=\begin{pmatrix} \lambda+2 & \\ & \lambda+2 \end{pmatrix} \begin{pmatrix} \lambda^3+2\lambda^2+1 & \lambda^2+2\lambda \\ \lambda^3+3\lambda^2+2\lambda+1 & \lambda^2+3\lambda+2 \end{pmatrix}$$

只要求第二矩阵因式的法对角形

$$\begin{pmatrix} \lambda^3+2\lambda^2+1 & \lambda^2+2\lambda & 1 & 0 \\ \lambda^3+3\lambda^2+2\lambda+1 & \lambda^2+3\lambda+2 & 0 & 1 \\ 1 & 0 & & \\ & & & \boldsymbol{O} \\ 0 & 1 & & \end{pmatrix} \to \begin{pmatrix} \lambda^3+2\lambda^2+1 & \lambda^2+2\lambda & 1 & 0 \\ \lambda^2+2\lambda & \lambda+2 & -1 & 1 \\ 1 & 0 & & \\ & & & \boldsymbol{O} \\ 0 & 1 & & \end{pmatrix} \to$$

$$\begin{pmatrix} 1 & \lambda^2+2\lambda & 1 & 0 \\ 0 & \lambda+2 & -1 & 1 \\ 1 & 0 & & \\ & & \boldsymbol{O} & \\ -\lambda & 1 & & \end{pmatrix} \to \begin{pmatrix} 1 & 0 & 1+\lambda & -\lambda \\ 0 & \lambda+2 & -1 & 1 \\ 1 & 0 & & \\ & & \boldsymbol{O} & \\ -\lambda & 1 & & \end{pmatrix}$$

$$\boldsymbol{B}(\lambda) = \begin{pmatrix} \lambda+2 & 0 \\ 0 & (\lambda+2)^2 \end{pmatrix}$$

$$\boldsymbol{P}(\lambda) = \begin{pmatrix} 1+\lambda & -\lambda \\ -1 & 1 \end{pmatrix}, \quad \boldsymbol{Q}(\lambda) = \begin{pmatrix} 1 & 0 \\ -\lambda & 1 \end{pmatrix}$$

检验：

$$\begin{aligned} \boldsymbol{PAQ} &= \begin{pmatrix} 1+\lambda & -\lambda \\ -1 & 1 \end{pmatrix} \begin{pmatrix} \lambda^4+4\lambda^3+4\lambda^2+\lambda+2 & \lambda^3+4\lambda^2+4\lambda \\ \lambda^4+5\lambda^3+8\lambda^2+5\lambda+2 & \lambda^3+5\lambda^2+8\lambda+4 \end{pmatrix} \begin{pmatrix} 1 & 0 \\ -\lambda & 1 \end{pmatrix} \\ &= \begin{pmatrix} 1+\lambda & \lambda \\ -1 & 1 \end{pmatrix} \begin{pmatrix} \lambda+2 & \lambda^3+4\lambda^2+4\lambda \\ \lambda+2 & \lambda^3+5\lambda^2+8\lambda+4 \end{pmatrix} \\ &= \begin{pmatrix} \lambda+2 & 0 \\ 0 & (\lambda+2)^2 \end{pmatrix} \end{aligned}$$

1008.
$$\boldsymbol{A} = \begin{pmatrix} \lambda^4+3\lambda^3-5\lambda^2+\lambda+1 & 2\lambda^4+3\lambda^3-5\lambda^2+\lambda-1 & 2\lambda^4+2\lambda^3-4\lambda^2 \\ \lambda^4-\lambda^3+1 & 2\lambda^4-\lambda^3-\lambda^2 & 2\lambda^4-2\lambda^3 \\ \lambda^4+2\lambda^3-4\lambda^2+\lambda+1 & 2\lambda^4+2\lambda^3-4\lambda^2+\lambda-1 & 2\lambda^4+\lambda^3-3\lambda^2 \end{pmatrix}.$$

解　在把 $\boldsymbol{A}$ 经初等变换化为法对角形 $\boldsymbol{B}$ 的过程中，同时得到 $\boldsymbol{P}$、$\boldsymbol{Q}$，按照惯常的方法是：

$$\begin{pmatrix} \lambda^4+3\lambda^3-5\lambda^2+\lambda+1 & 2\lambda^4+3\lambda^3-5\lambda^2+\lambda-1 & 2\lambda^4+2\lambda^3-4\lambda^2 & 1 & & \\ \lambda^4-\lambda^3+1 & 2\lambda^4-\lambda^3-\lambda^2 & 2\lambda^4-2\lambda^3 & & 1 & \\ \lambda^4+2\lambda^3-4\lambda^2+\lambda+1 & 2\lambda^4+2\lambda^3-4\lambda^2+\lambda-1 & 2\lambda^4+\lambda^3-3\lambda^2 & & & 1 \\ 1 & 0 & 0 & & & \\ 0 & 1 & 0 & & \boldsymbol{O} & \\ 0 & 0 & 1 & & & \end{pmatrix} \to$$

$$\begin{pmatrix} 4\lambda^3-5\lambda^2+\lambda & 4\lambda^3-4\lambda^2+\lambda-1 & 4\lambda^3-4\lambda^2 & 1 & -1 & 0 \\ \lambda^4-\lambda^3+1 & 2\lambda^4-\lambda^3-\lambda^2 & 2\lambda^4-2\lambda^3 & 0 & 1 & 0 \\ 3\lambda^3-4\lambda^2+\lambda & 3\lambda^3-3\lambda^2+\lambda-1 & 3\lambda^3-3\lambda^2 & 0 & -1 & 1 \\ 1 & 0 & 0 & & & \\ 0 & 1 & 0 & & \boldsymbol{O} & \\ 0 & 0 & 1 & & & \end{pmatrix} \to$$

$$\begin{pmatrix} 4\lambda^3-5\lambda^2+\lambda & \lambda^2-1 & \lambda^2-\lambda & 1 & -1 & 0 \\ \lambda^4-\lambda^3+1 & \lambda^4-\lambda^2-1 & \lambda^4-\lambda^3-1 & 0 & 1 & 0 \\ 3\lambda^3-4\lambda^2+\lambda & \lambda^2-1 & \lambda^2-\lambda & 0 & -1 & 1 \\ 1 & -1 & -1 & & & \\ 0 & 1 & 0 & & \boldsymbol{O} & \\ 0 & 0 & 1 & & & \end{pmatrix} \to$$

$$\begin{pmatrix} 4\lambda^3-5\lambda^2+\lambda & \lambda^2-1 & \lambda^2-\lambda & 1 & -1 & 0 \\ \lambda^4-\lambda^3+1 & \lambda^4-\lambda^2-1 & \lambda^4-\lambda^3-1 & 0 & 1 & 0 \\ -\lambda^3+\lambda^2 & 0 & 0 & -1 & 0 & 1 \\ 1 & -1 & -1 & & & \\ 0 & 1 & 0 & & \boldsymbol{O} & \\ 0 & 0 & 1 & & & \end{pmatrix} \to$$

$$\begin{pmatrix} 4\lambda^3-5\lambda^2+\lambda & \lambda^2-1 & \lambda^2-\lambda & 1 & -1 & 0 \\ 1 & \lambda^4-\lambda^2-1 & \lambda^4-\lambda^3-1 & -\lambda & 1 & \lambda \\ -\lambda^3+\lambda^2 & 0 & 0 & -1 & 0 & 1 \\ 1 & -1 & -1 & & & \\ 0 & 1 & 0 & & \boldsymbol{O} & \\ 0 & 0 & 1 & & & \end{pmatrix} \to$$

$$\begin{pmatrix} 4\lambda^3-5\lambda^2+\lambda & \lambda-1 & \lambda^2-\lambda & 1 & -1 & 0 \\ 1 & \lambda^3-\lambda^2 & \lambda^4-\lambda^3-1 & -\lambda & 1 & \lambda \\ -\lambda^3+\lambda^2 & 0 & 0 & -1 & 0 & 1 \\ 1 & 0 & -1 & & & \\ 0 & 1 & 0 & & \boldsymbol{O} & \\ 0 & -1 & 1 & & & \end{pmatrix} \to$$

$$\begin{pmatrix} 4\lambda^3-5\lambda^2+\lambda & \lambda-1 & 0 & 1 & -1 & 0 \\ 1 & \lambda^3-\lambda^2 & -1 & -\lambda & 1 & \lambda \\ -\lambda^3+\lambda^2 & 0 & 0 & -1 & 0 & 1 \\ 1 & 0 & -1 & & & \\ 0 & 1 & -\lambda & & \boldsymbol{O} & \\ 0 & -1 & 1+\lambda & & & \end{pmatrix} \to$$

$$\begin{pmatrix} -\lambda^2+\lambda & \lambda-1 & 0, & -3 & -1 & 4 \\ 1 & \lambda^3-\lambda^2 & -1 & -\lambda & 1 & \lambda \\ -\lambda^3+\lambda^2 & 0 & 0 & -1 & 0 & 1 \\ 1 & 0 & -1 & & & \\ 0 & 1 & -\lambda & & \boldsymbol{O} & \\ 0 & -1 & 1+\lambda & & & \end{pmatrix} \to$$

$$\begin{pmatrix} -\lambda^2+\lambda & \lambda-1 & 0 & -3 & -1 & 4 \\ 0 & \lambda^3-\lambda^2 & -1 & -\lambda & 1 & \lambda \\ -\lambda^3+\lambda^2 & 0 & 0 & -1 & 0 & 1 \\ 0 & 0 & -1 & & & \\ -\lambda & 1 & -\lambda & & \boldsymbol{O} & \\ 1+\lambda & -1 & 1+\lambda & & & \end{pmatrix} \to$$

$$\begin{pmatrix} 0 & \lambda-1 & 0 & -3 & -1 & 4 \\ \lambda^4-\lambda^3 & \lambda^3-\lambda^2 & 1 & -\lambda & 1 & \lambda \\ -\lambda^3+\lambda^2 & 0 & 0 & -1 & 0 & 1 \\ 0 & 0 & 1 & & & \\ 0 & 1 & \lambda & & \boldsymbol{O} & \\ 1 & -1 & -1-\lambda & & & \end{pmatrix} \to$$

$$\begin{pmatrix} 0 & \lambda-1 & 0 & -3 & -1 & 4 \\ 0 & \lambda^3-\lambda^2 & 1 & -2\lambda & 1 & 2\lambda \\ -\lambda^3+\lambda^2 & 0 & 0 & -1 & 0 & 1 \\ 0 & 0 & 1 & & & \\ 0 & 1 & \lambda & & \boldsymbol{O} & \\ 1 & -1 & -1-\lambda & & & \end{pmatrix} \to$$

$$\begin{pmatrix} 0 & \lambda-1 & 0 & -3 & -1 & 4 \\ 0 & 0 & 1 & -2\lambda+3\lambda^2 & 1+\lambda^2 & 2\lambda-4\lambda^2 \\ \lambda^3-\lambda^2 & 0 & 0 & 1 & 0 & -1 \\ 0 & 0 & 1 & & & \\ 0 & 1 & \lambda & & \boldsymbol{O} & \\ 1 & -1 & -1-\lambda & & & \end{pmatrix} \to$$

$$\begin{pmatrix} 0 & \lambda-1 & 0 & -3 & -1 & 4 \\ 1 & 0 & 0 & 3\lambda^2-2\lambda & 1+\lambda^2 & -4\lambda^2+2\lambda \\ 0 & 0 & \lambda^3-\lambda^2 & 1 & 0 & -1 \\ 1 & 0 & 0 & & & \\ \lambda & 1 & 0 & & \boldsymbol{O} & \\ -1-\lambda & -1 & 1 & & & \end{pmatrix} \to$$

$$\begin{pmatrix} 1 & & & 3\lambda^2-2\lambda & 1+\lambda^2 & -4\lambda^2+2\lambda \\ & \lambda-1 & & -3 & -1 & 4 \\ & & \lambda^3-\lambda^2 & 1 & 0 & -1 \\ 1 & 0 & 0 & & & \\ \lambda & 1 & 0 & & \boldsymbol{O} & \\ -1-\lambda & -1 & 1 & & & \end{pmatrix}$$

$$B=\begin{pmatrix}1 & & \\ & \lambda-1 & \\ & & \lambda^3-\lambda^2\end{pmatrix},$$

$$P=\begin{pmatrix}3\lambda^2-2\lambda & 1+\lambda^2 & -4\lambda^2+2\lambda\\ -3 & -1 & 4\\ 1 & 0 & -1\end{pmatrix},Q=\begin{pmatrix}1 & 0 & 0\\ \lambda & 1 & 0\\ -1-\lambda & -1 & 1\end{pmatrix}$$

检验：

$$PAQ=\begin{pmatrix}3\lambda^2-2\lambda & 1+\lambda^2 & -4\lambda^2+2\lambda\\ -3 & -1 & 4\\ 1 & 0 & -1\end{pmatrix}\begin{pmatrix}\lambda^4+3\lambda^3-5\lambda^2+\lambda+1 & 2\lambda^4+3\lambda^3-5\lambda^2+\lambda-1 & 2\lambda^4+2\lambda^3-4\lambda^2\\ \lambda^4-\lambda^3+1 & 2\lambda^4-\lambda^3-\lambda^2 & 2\lambda^4-2\lambda^3\\ \lambda^4+2\lambda^3-4\lambda^2+\lambda+1 & 2\lambda^4+2\lambda^3-4\lambda^2+\lambda-1 & 2\lambda^4+\lambda^3-3\lambda^2\end{pmatrix}\cdot$$

$$\begin{pmatrix}1 & 0 & 0\\ \lambda & 1 & 0\\ -1-\lambda & -1 & 1\end{pmatrix}=\begin{pmatrix}3\lambda^2-2\lambda & 1+\lambda^2 & -4\lambda^2+2\lambda\\ -3 & -1 & 4\\ 1 & 0 & -1\end{pmatrix}\cdot$$

$$\begin{pmatrix}1 & \lambda^3-\lambda^2+\lambda-1 & 2\lambda^4+2\lambda^3-4\lambda^2\\ 1 & \lambda^3-\lambda^2 & 2\lambda^4-2\lambda^3\\ 1 & \lambda^3-\lambda^2+\lambda-1 & 2\lambda^4+\lambda^3-3\lambda^2\end{pmatrix}=\begin{pmatrix}1 & 0 & 0\\ 0 & \lambda-1 & 0\\ 0 & 0 & \lambda^3-\lambda^2\end{pmatrix}$$

对以下所给定的 λ 矩阵 A 和 B，求么模 λ 矩阵 P 和 Q 满足等式 $B=PAQ$（矩阵 P 和 Q 不是唯一确定的，参看习题 1005）.

1009. $A=\begin{pmatrix}2\lambda^2-\lambda+1 & 3\lambda^2-2\lambda+1\\ 2\lambda^2+\lambda-1 & 3\lambda^2+\lambda-2\end{pmatrix}$;

$B=\begin{pmatrix}3\lambda^3+7\lambda+2 & 3\lambda^3+4\lambda-1\\ 2\lambda^3+5\lambda+1 & 2\lambda^3+3\lambda-1\end{pmatrix}$.

解　首先把 A 化为法对角形.

$$\begin{pmatrix}2\lambda^2-\lambda+1 & 3\lambda^2-2\lambda+1 & 1 & 0\\ 2\lambda^2+\lambda-1 & 3\lambda^2+\lambda-2 & 0 & 1\\ 1 & 0 & & \\ 0 & 1 & & \boldsymbol{O}\end{pmatrix}\to\begin{pmatrix}\lambda^2-\frac{\lambda}{2}+\frac{1}{2} & \lambda^2-\frac{2}{3}\lambda+\frac{1}{3} & 1 & 0\\ \lambda^2+\frac{\lambda}{2}-\frac{1}{2} & \lambda^2+\frac{\lambda}{3}-\frac{2}{3} & 0 & 1\\ \frac{1}{2} & 0 & & \\ 0 & \frac{1}{3} & & \boldsymbol{O}\end{pmatrix}\to$$

$$\begin{pmatrix}\frac{\lambda}{6}+\frac{1}{6} & \lambda^2-\frac{2}{3}\lambda+\frac{1}{3} & 1 & 0\\ \frac{\lambda}{6}+\frac{1}{6} & \lambda^2+\frac{\lambda}{3}-\frac{2}{3} & 0 & 1\\ \frac{1}{2} & 0 & & \\ -\frac{1}{3} & \frac{1}{3} & & \boldsymbol{O}\end{pmatrix}\to\begin{pmatrix}\lambda+1 & -\frac{5}{3}\lambda+\frac{1}{3} & 1 & 0\\ \lambda+1 & -\frac{2}{3}\lambda-\frac{2}{3} & 0 & 1\\ 3 & -3\lambda & & \\ -2 & \frac{1}{3}+2\lambda & & \boldsymbol{O}\end{pmatrix}\to$$

$$\begin{pmatrix} \frac{5}{3}\lambda+\frac{5}{3} & -\frac{5}{3}\lambda+\frac{1}{3} & 1 & 0 \\ \frac{5}{3}\lambda+\frac{5}{3} & -\frac{2}{3}\lambda-\frac{2}{3} & 0 & 1 \\ 5 & -3\lambda & & \\ -\frac{10}{3} & \frac{1}{3}+2\lambda & & \boldsymbol{O} \end{pmatrix}\begin{pmatrix} 2 & -5\lambda+1 & 1 & 0 \\ \lambda+1 & -2\lambda-2 & 0 & 1 \\ 5-3\lambda & -9\lambda & & \\ -3+2\lambda & 1+6\lambda & & \boldsymbol{O} \end{pmatrix}\to$$

$$\begin{pmatrix} 2 & -5\lambda+1 & 1 & 0 \\ 0 & -2\lambda-2+(1-5\lambda)\left(\frac{-\lambda-1}{2}\right) & -\frac{\lambda+1}{2} & 1 \\ 5-3\lambda & -9\lambda & & \\ -3+2\lambda & 1+6\lambda & & \boldsymbol{O} \end{pmatrix}\to$$

$$\begin{pmatrix} 1 & 0 & 1 & 0 \\ 0 & \frac{5\lambda^2-5}{2} & -\frac{\lambda+1}{2} & 1 \\ \frac{5-3\lambda}{2} & -9\lambda+\frac{5-3\lambda}{2}\cdot(5\lambda-1) & & \\ \frac{-3+2\lambda}{2} & (1+6\lambda)+\frac{-3+2\lambda}{2}(5\lambda-1) & & \boldsymbol{O} \end{pmatrix}\to$$

$$\begin{pmatrix} 1 & 0 & 1 & 0 \\ 0 & 5\lambda^2-5 & -(\lambda+1) & 2 \\ \frac{5-3\lambda}{2} & -\frac{15}{2}\lambda^2+5\lambda-\frac{5}{2} & & \\ \frac{-3+2\lambda}{2} & 5\lambda^2-\frac{5}{2}\lambda+\frac{3}{2} & & \boldsymbol{O} \end{pmatrix}\to$$

$$\begin{pmatrix} 1 & 0 & 1 & 0 \\ 0 & \lambda^2-1 & -(\lambda+1) & 2 \\ \frac{5-3\lambda}{2} & -\frac{3}{2}\lambda^2+\lambda-\frac{1}{2} & & \\ \frac{-3+2\lambda}{2} & \lambda^2-\frac{\lambda}{2}+\frac{1}{2} & & \boldsymbol{O} \end{pmatrix}$$

$$\boldsymbol{J}(\lambda)=\begin{pmatrix} 1 & 0 \\ 0 & \lambda^2-1 \end{pmatrix},\boldsymbol{P}_1=\begin{pmatrix} 1 & 0 \\ -(\lambda+1) & 2 \end{pmatrix},\boldsymbol{Q}_1=\begin{pmatrix} \frac{5-3\lambda}{2} & -\frac{3}{2}\lambda^2+\lambda-\frac{1}{2} \\ \frac{-3+2\lambda}{2} & \lambda^2-\frac{\lambda}{2}+\frac{1}{2} \end{pmatrix}$$

$$\boldsymbol{P}_1\boldsymbol{A}\boldsymbol{Q}_1=\begin{pmatrix} 1 & 0 \\ -(\lambda+1) & 2 \end{pmatrix}\begin{pmatrix} 2\lambda^2-\lambda+1 & 3\lambda^2-2\lambda+1 \\ 2\lambda^2+\lambda-1 & 3\lambda^2+\lambda-2 \end{pmatrix}\begin{pmatrix} \frac{5-3\lambda}{2} & -\frac{3}{2}\lambda^2+\lambda-\frac{1}{2} \\ \frac{-3+2\lambda}{2} & \lambda^2-\frac{\lambda}{2}+\frac{1}{2} \end{pmatrix}$$

$$=\begin{pmatrix}2\lambda^2-\lambda+1 & 3\lambda^2-2\lambda+1\\ -2\lambda^3+3\lambda^2+2\lambda-3 & -3\lambda^3+5\lambda^2+3\lambda-5\end{pmatrix}\begin{pmatrix}\frac{5-3\lambda}{2} & \frac{-3\lambda^2+2\lambda-1}{2}\\ \frac{-3+2\lambda}{2} & \frac{2\lambda^2-\lambda+1}{2}\end{pmatrix}$$

$$=\begin{pmatrix}1 & 0\\ 0 & \lambda^2-1\end{pmatrix}$$

再把 $\boldsymbol{B}$ 化为法对角形

$$\begin{pmatrix}3\lambda^3+7\lambda+2 & 3\lambda^3+4\lambda-1 & 1 & 0\\ 2\lambda^3+5\lambda+1 & 2\lambda^3+3\lambda-1 & 0 & 1\\ 1 & 0 & & \\ 0 & 1 & & \boldsymbol{O}\end{pmatrix}\to\begin{pmatrix}6\lambda^3+14\lambda+4 & 6\lambda^3+8\lambda-2 & 2 & 0\\ 6\lambda^3+15\lambda+3 & 6\lambda^3+9\lambda-3 & 0 & 3\\ 1 & 0 & & \\ 0 & 1 & & \boldsymbol{O}\end{pmatrix}\to$$

$$\begin{pmatrix}6\lambda^3+14\lambda+4 & 6\lambda^3+8\lambda-2 & 2 & 0\\ \lambda-1 & \lambda-1 & -2 & 3\\ 1 & 0 & & \\ 0 & 1 & & \boldsymbol{O}\end{pmatrix}\to\begin{pmatrix}6\lambda+6 & 6\lambda^3+8\lambda-2 & 2 & 0\\ 0 & \lambda-1 & -2 & 3\\ 1 & 0 & & \\ -1 & 1 & & \boldsymbol{O}\end{pmatrix}\to$$

$$\begin{pmatrix}6\lambda+6 & -6\lambda^2+8\lambda-2 & 2 & 0\\ 0 & \lambda-1 & -2 & 3\\ 1 & -\lambda^2 & & \\ -1 & 1+\lambda^2 & & \boldsymbol{O}\end{pmatrix}\to\begin{pmatrix}6\lambda+6 & 14\lambda-2 & 2 & 0\\ 0 & \lambda-1 & -2 & 3\\ 1 & -\lambda^2+\lambda & & \\ -1 & 1+\lambda^2-\lambda & & \boldsymbol{O}\end{pmatrix}\to$$

$$\begin{pmatrix}3\lambda+3 & 7\lambda-1 & 1 & 0\\ 0 & \lambda-1 & -2 & 3\\ 1 & -\lambda^2+\lambda & & \\ -1 & 1-\lambda+\lambda^2 & & \boldsymbol{O}\end{pmatrix}\to\begin{pmatrix}3\lambda+3 & 6\lambda & 3 & -3\\ 0 & \lambda-1 & -2 & 3\\ 1 & -\lambda^2+\lambda & & \\ -1 & 1-\lambda+\lambda^2 & & \boldsymbol{O}\end{pmatrix}\to$$

$$\begin{pmatrix}\lambda+1 & 2\lambda & 1 & -1\\ 0 & \lambda-1 & -2 & 3\\ 1 & -\lambda^2+\lambda & & \\ -1 & 1-\lambda+\lambda^2 & & \boldsymbol{O}\end{pmatrix}\to\begin{pmatrix}\lambda+1 & \lambda & 1 & -1\\ 0 & \frac{\lambda-1}{2} & -2 & 3\\ 1 & \frac{-\lambda^2+\lambda}{2} & & \\ -1 & \frac{1-\lambda+\lambda^2}{2} & & \boldsymbol{O}\end{pmatrix}\to$$

$$\begin{pmatrix} 1 & \lambda & 1 & -1 \\ -\frac{\lambda-1}{2} & \frac{\lambda-1}{2} & -2 & 3 \\ 1-\frac{-\lambda^2+\lambda}{2} & \frac{-\lambda^2+\lambda}{2} & & \\ & & \boldsymbol{O} & \\ -1-\frac{1-\lambda+\lambda^2}{2} & \frac{1-\lambda+\lambda^2}{2} & & \end{pmatrix} \to \begin{pmatrix} 1 & \lambda & 1 & -1 \\ -(\lambda-1) & \lambda-1 & -4 & 6 \\ \frac{2-\lambda+\lambda^2}{2} & \frac{-\lambda^2+\lambda}{2} & & \\ & & \boldsymbol{O} & \\ \frac{-3+\lambda-\lambda^2}{2} & \frac{1-\lambda+\lambda^2}{2} & & \end{pmatrix} \to$$

$$\begin{pmatrix} 1 & \lambda & 1 & -1 \\ 0 & \lambda^2-1 & -4+(\lambda-1) & 6-(\lambda-1) \\ \frac{2-\lambda+\lambda^2}{2} & \frac{-\lambda^2+\lambda}{2} & & \\ & & \boldsymbol{O} & \\ \frac{-3+\lambda-\lambda^2}{2} & \frac{1-\lambda+\lambda^2}{2} & & \end{pmatrix} \to$$

$$\begin{pmatrix} 1 & 0 & 1 & -1 \\ 0 & \lambda^2-1 & \lambda-5 & 7-\lambda \\ \frac{2-\lambda+\lambda^2}{2} & \frac{-\lambda^2+\lambda}{2}+(-\lambda)\frac{2-\lambda+\lambda^2}{2} & 0 & 0 \\ \frac{-3+\lambda-\lambda^2}{2} & \frac{1-\lambda+\lambda^2}{2}+(-\lambda)\frac{-3+\lambda-\lambda^2}{2} & 0 & 0 \end{pmatrix} \to$$

$$\begin{pmatrix} 1 & 0 & 1 & -1 \\ 0 & \lambda^2-1 & \lambda-5 & 7-\lambda \\ \frac{2-\lambda+\lambda^2}{2} & \frac{-\lambda^3-\lambda}{2} & & \\ & & \boldsymbol{O} & \\ \frac{-3+\lambda-\lambda^2}{2} & \frac{\lambda^3+2\lambda+1}{2} & & \end{pmatrix}$$

$$\begin{aligned} \boldsymbol{P}_2\boldsymbol{B}\boldsymbol{Q}_2 &= \begin{pmatrix} 1 & -1 \\ \lambda-5 & 7-\lambda \end{pmatrix}\begin{pmatrix} 3\lambda^3+7\lambda+2 & 3\lambda^3+4\lambda-1 \\ 2\lambda^3+5\lambda+1 & 2\lambda^3+3\lambda-1 \end{pmatrix}\begin{pmatrix} \frac{2-\lambda+\lambda^2}{2} & \frac{-\lambda^3-\lambda}{2} \\ \frac{-3+\lambda-\lambda^2}{2} & \frac{\lambda^3+2\lambda+1}{2} \end{pmatrix} \\ &= \begin{pmatrix} \lambda^3+2\lambda+1 & \lambda^3+\lambda \\ \lambda^4-\lambda^3+2\lambda^2+\lambda-3 & \lambda^4-\lambda^3+\lambda^2+\lambda-2 \end{pmatrix}\begin{pmatrix} \frac{\lambda^2-\lambda+2}{2} & \frac{-\lambda^3-\lambda}{2} \\ \frac{-\lambda^2+\lambda-3}{2} & \frac{\lambda^3+2\lambda+1}{2} \end{pmatrix} \\ &= \begin{pmatrix} 1 & 0 \\ 0 & \lambda^2-1 \end{pmatrix} \end{aligned}$$

$$\boldsymbol{P}_2\boldsymbol{B}\boldsymbol{Q}_2 = \boldsymbol{P}_1\boldsymbol{A}\boldsymbol{Q}_1$$

$$\boldsymbol{B} = \boldsymbol{P}_2^{-1}\boldsymbol{P}_1\boldsymbol{A}\boldsymbol{Q}_1\boldsymbol{Q}_2^{-1}$$

先求 $\boldsymbol{P}_2^{-1}$：

$$\begin{pmatrix}1 & -1 & 1 & 0\\ \lambda-5 & 7-\lambda & 0 & 1\end{pmatrix}\longrightarrow\begin{pmatrix}1 & -1 & 1 & 0\\ 0 & 2 & 5-\lambda & 1\end{pmatrix}\longrightarrow\begin{pmatrix}1 & -1 & 1 & 0\\ 0 & 1 & \frac{5-\lambda}{2} & \frac{1}{2}\end{pmatrix}\longrightarrow\begin{pmatrix}1 & 0 & \frac{7-\lambda}{2} & \frac{1}{2}\\ 0 & 1 & \frac{5-\lambda}{2} & \frac{1}{2}\end{pmatrix}$$

$$\boldsymbol{P}=\begin{pmatrix}\frac{7-\lambda}{2} & \frac{1}{2}\\ \frac{5-\lambda}{2} & \frac{1}{2}\end{pmatrix}\begin{pmatrix}1 & 0\\ -(\lambda+1) & 2\end{pmatrix}=\begin{pmatrix}3-\lambda & 1\\ 2-\lambda & 1\end{pmatrix}$$

再求 $\boldsymbol{Q}_2^{-1}$：

$$\begin{pmatrix}\frac{\lambda^2-\lambda+2}{2} & \frac{-\lambda^3-\lambda}{2} & 1 & 0\\ \frac{-\lambda^2+\lambda-3}{2} & \frac{\lambda^3+2\lambda+1}{2} & 0 & 1\end{pmatrix}\to\begin{pmatrix}\lambda^2-\lambda+2 & -\lambda^3-\lambda & 2 & 0\\ -\lambda^2+\lambda-3 & \lambda^3+2\lambda+1 & 0 & 2\end{pmatrix}\to$$

$$\begin{pmatrix}\lambda^2-\lambda+2 & -\lambda^3-\lambda & 2 & 0\\ -1 & \lambda+1 & 2 & 2\end{pmatrix}\to\begin{pmatrix}-\lambda+2 & \lambda^2-\lambda & 2+2\lambda^2 & 2\lambda^2\\ -1 & \lambda+1 & 2 & 2\end{pmatrix}\to$$

$$\begin{pmatrix}2 & -2\lambda & 2+2\lambda^2-2\lambda & 2\lambda^2-2\lambda\\ -1 & \lambda+1 & 2 & 2\end{pmatrix}\to\begin{pmatrix}1 & -\lambda & \lambda^2-\lambda+1 & \lambda^2-\lambda\\ -1 & \lambda+1 & 2 & 2\end{pmatrix}\to$$

$$\begin{pmatrix}1 & -\lambda & \lambda^2-\lambda+1 & \lambda^2-\lambda\\ 0 & 1 & \lambda^2-\lambda+3 & \lambda^2-\lambda+2\end{pmatrix}\to\begin{pmatrix}1 & 0 & \lambda^3+2\lambda+1 & \lambda^3+\lambda\\ 0 & 1 & \lambda^2-\lambda+3 & \lambda^2-\lambda+2\end{pmatrix}$$

$$\boldsymbol{Q}_2^{-1}=\begin{pmatrix}\lambda^3+2\lambda+1 & \lambda^3+\lambda\\ \lambda^2-\lambda+3 & \lambda^2-\lambda+2\end{pmatrix}$$

$$\boldsymbol{Q}=\boldsymbol{Q}_1\boldsymbol{Q}_2^{-1}=\begin{pmatrix}\frac{5-3\lambda}{2} & \frac{-3\lambda^2+2\lambda-1}{2}\\ \frac{-3+2\lambda}{2} & \frac{2\lambda^2-\lambda+1}{2}\end{pmatrix}\begin{pmatrix}\lambda^3+2\lambda+1 & \lambda^3+1\\ \lambda^2-\lambda+3 & \lambda^2-\lambda+2\end{pmatrix}$$

$$=\begin{pmatrix}-3\lambda^4+5\lambda^3-9\lambda^2+7\lambda+1 & -3\lambda^4+5\lambda^3-6\lambda^2+5\lambda-1\\ 2\lambda^4-3\lambda^3+6\lambda^2-4\lambda & 2\lambda^4-3\lambda^3+4\lambda^2-3\lambda+1\end{pmatrix}$$

$$\boldsymbol{PAQ}=\begin{pmatrix}3-\lambda & 1\\ 2-\lambda & 1\end{pmatrix}\begin{pmatrix}2\lambda^2-\lambda+1 & 3\lambda^2-2\lambda+1\\ 2\lambda^2+\lambda-1 & 3\lambda^2+\lambda-2\end{pmatrix}\cdot$$

$$\begin{pmatrix}-3\lambda^4+5\lambda^3-9\lambda^2+7\lambda+1 & -3\lambda^4+5\lambda^3-6\lambda^2+5\lambda-1\\ 2\lambda^4-3\lambda^3+6\lambda^2-4\lambda & 2\lambda^4-3\lambda^3+4\lambda^2-3\lambda+1\end{pmatrix}$$

$$=\begin{pmatrix}-2\lambda^3+9\lambda^2-3\lambda+2 & -3\lambda^3+14\lambda^2-6\lambda+1\\ -2\lambda^3+7\lambda^2-2\lambda+1 & -3\lambda^3+11\lambda^2-4\lambda\end{pmatrix}\cdot$$

$$\begin{pmatrix}-3\lambda^4+5\lambda^3-9\lambda^2+7\lambda+1 & -3\lambda^4+5\lambda^3-6\lambda^2+5\lambda-1\\ 2\lambda^4-3\lambda^3+6\lambda^2-4\lambda & 2\lambda^4-3\lambda^3+4\lambda^2-3\lambda+1\end{pmatrix}$$

$$=\begin{pmatrix}3\lambda^3+7\lambda+2 & 3\lambda^3+4\lambda-1\\ 2\lambda^3+5\lambda+1 & 2\lambda^3+3\lambda-1\end{pmatrix}$$

1010. $\boldsymbol{A}=\begin{pmatrix}2\lambda^2-\lambda-1 & 2\lambda^3+\lambda^2-3\lambda\\ \lambda^2-\lambda & \lambda^3-\lambda\end{pmatrix}$;

$\boldsymbol{B}=\begin{pmatrix}\lambda^3-\lambda^2+\lambda-1 & 2\lambda^3-\lambda^2+\lambda-2\\ \lambda^3-\lambda^2 & 2\lambda^3-\lambda^2-\lambda\end{pmatrix}$.

解　因为

$$\boldsymbol{A}=\begin{pmatrix}\lambda-1 & \\ & \lambda-1\end{pmatrix}\begin{pmatrix}2\lambda+1 & \lambda(2\lambda+3)\\ \lambda & \lambda^2+\lambda\end{pmatrix}$$

$$\boldsymbol{B}=\begin{pmatrix}\lambda-1 & \\ & \lambda-1\end{pmatrix}\begin{pmatrix}\lambda^2+1 & 2\lambda^2+\lambda+2\\ \lambda^2 & 2\lambda^2+\lambda\end{pmatrix}$$

由此立刻简化为,只要在给定的 λ 矩阵 $\boldsymbol{C}$ 和 $\boldsymbol{D}$,求么模 λ 矩阵 $\boldsymbol{P}$ 和 $\boldsymbol{Q}$ 满足等式 $\boldsymbol{D}=\boldsymbol{PCQ}$.

$$\boldsymbol{C}=\begin{pmatrix}2\lambda+1 & \lambda(2\lambda+3)\\ \lambda & \lambda^2+\lambda\end{pmatrix},\quad \boldsymbol{D}=\begin{pmatrix}\lambda^2+1 & 2\lambda^2+\lambda+2\\ \lambda^2 & 2\lambda^2+\lambda\end{pmatrix}$$

首先把 $\boldsymbol{C}$ 化为法对角形

$$\begin{pmatrix}2\lambda+1 & \lambda(2\lambda+3) & 1 & 0\\ \lambda & \lambda^2+\lambda & 0 & 1\\ 1 & 0 & & \\ & & \multicolumn{2}{c}{\boldsymbol{O}}\\ 0 & 1 & & \end{pmatrix}\to\begin{pmatrix}2\lambda+1 & 2\lambda & 1 & 0\\ \lambda & \lambda & 0 & 1\\ 1 & -\lambda & & \\ & & \multicolumn{2}{c}{\boldsymbol{O}}\\ 0 & 1 & & \end{pmatrix}\to\begin{pmatrix}1 & 2\lambda & 1 & 0\\ 0 & \lambda & 0 & 1\\ 1+\lambda & -\lambda & & \\ & & \multicolumn{2}{c}{\boldsymbol{O}}\\ -1 & 1 & & \end{pmatrix}\to$$

$$\begin{pmatrix}1 & 0 & 1 & -2\\ 0 & \lambda & 0 & 1\\ 1+\lambda & -\lambda & & \\ & & \multicolumn{2}{c}{\boldsymbol{O}}\\ -1 & 1 & & \end{pmatrix}$$

$$\boldsymbol{J}_C(\lambda)=\begin{pmatrix}1 & 0\\ 0 & \lambda\end{pmatrix},\quad \boldsymbol{P}_1=\begin{pmatrix}1 & -2\\ 0 & 1\end{pmatrix},\quad \boldsymbol{Q}_1=\begin{pmatrix}1+\lambda & -\lambda\\ -1 & 1\end{pmatrix}$$

$$\begin{aligned}\boldsymbol{P}_1\boldsymbol{C}\boldsymbol{Q}_1&=\begin{pmatrix}1 & -2\\ 0 & 1\end{pmatrix}\begin{pmatrix}2\lambda+1 & \lambda(2\lambda+3)\\ \lambda & \lambda^2+\lambda\end{pmatrix}\begin{pmatrix}1+\lambda & -\lambda\\ -1 & 1\end{pmatrix}\\ &=\begin{pmatrix}1 & \lambda\\ \lambda & \lambda^2+\lambda\end{pmatrix}\begin{pmatrix}1+\lambda & -\lambda\\ -1 & 1\end{pmatrix}=\begin{pmatrix}1 & 0\\ 0 & \lambda\end{pmatrix}\end{aligned}$$

再把 $\boldsymbol{D}$ 化为法对角形

$$\begin{pmatrix}\lambda^2+1 & 2\lambda^2+\lambda+2 & 1 & 0\\ \lambda^2 & 2\lambda^2+\lambda & 0 & 1\\ 1 & 0 & & \\ & & \multicolumn{2}{c}{\boldsymbol{O}}\\ 0 & 1 & & \end{pmatrix}\to\begin{pmatrix}\lambda^2+1 & \lambda & 1 & 0\\ \lambda^2 & \lambda & 0 & 1\\ 1 & -2 & & \\ & & \multicolumn{2}{c}{\boldsymbol{O}}\\ 0 & 1 & & \end{pmatrix}\to\begin{pmatrix}1 & 0 & 1 & -1\\ \lambda^2 & \lambda & 0 & 1\\ 1 & -2 & & \\ & & \multicolumn{2}{c}{\boldsymbol{O}}\\ 0 & 1 & & \end{pmatrix}\to$$

$$\begin{pmatrix}1 & 0 & 1 & -1\\ 0 & \lambda & 0 & 1\\ 1+2\lambda & -2 & & \\ & & \multicolumn{2}{c}{\boldsymbol{O}}\\ -\lambda & 1 & & \end{pmatrix}$$

$$\boldsymbol{J}(\lambda)_D=\begin{pmatrix}1 & 0\\ 0 & \lambda\end{pmatrix},\quad \boldsymbol{P}_2=\begin{pmatrix}1 & -1\\ 0 & 1\end{pmatrix},\quad \boldsymbol{Q}_2=\begin{pmatrix}1+2\lambda & -2\\ -\lambda & 1\end{pmatrix}$$

$$\boldsymbol{P}_2\boldsymbol{D}\boldsymbol{Q}_2=\begin{pmatrix}1&-1\\0&1\end{pmatrix}\begin{pmatrix}\lambda^2+1&2\lambda^2+\lambda+2\\\lambda^2&2\lambda^2+\lambda\end{pmatrix}\begin{pmatrix}1+2\lambda&-2\\-\lambda&1\end{pmatrix}$$

$$=\begin{pmatrix}1&2\\\lambda^2&2\lambda^2+\lambda\end{pmatrix}\begin{pmatrix}1+2\lambda&-2\\-\lambda&1\end{pmatrix}=\begin{pmatrix}1&0\\0&\lambda\end{pmatrix}$$

$$\boldsymbol{P}_1\boldsymbol{C}\boldsymbol{Q}_1=\boldsymbol{P}_2\boldsymbol{D}\boldsymbol{Q}_2$$

$$\boldsymbol{D}=\boldsymbol{P}_2^{-1}\boldsymbol{P}_1\boldsymbol{C}\boldsymbol{Q}_1\boldsymbol{Q}_2^{-1}$$

先求 $\boldsymbol{P}_2^{-1}$：

$$\begin{pmatrix}1&-1&1&0\\0&1&0&1\end{pmatrix}\to\begin{pmatrix}1&0&1&1\\0&1&&1\end{pmatrix},\quad \boldsymbol{P}_2^{-1}=\begin{pmatrix}1&1\\0&1\end{pmatrix}$$

$$\boldsymbol{P}=\boldsymbol{P}_2^{-1}\boldsymbol{P}_1=\begin{pmatrix}1&1\\0&1\end{pmatrix}\begin{pmatrix}1&-2\\0&1\end{pmatrix}=\begin{pmatrix}1&-1\\0&1\end{pmatrix}$$

再求 $\boldsymbol{Q}_2^{-1}$：

$$\begin{pmatrix}1+2\lambda&-2&1&0\\-\lambda&1&0&1\end{pmatrix}\to\begin{pmatrix}1&0&1&2\\-\lambda&1&0&1\end{pmatrix}\to\begin{pmatrix}1&0&1&2\\0&1&\lambda&1+2\lambda\end{pmatrix}$$

$$\boldsymbol{Q}_2^{-1}=\begin{pmatrix}1&2\\\lambda&1+2\lambda\end{pmatrix}$$

$$\boldsymbol{Q}=\boldsymbol{Q}_1\boldsymbol{Q}_2^{-1}=\begin{pmatrix}1+\lambda&-\lambda\\-1&1\end{pmatrix}\begin{pmatrix}1&2\\\lambda&1+2\lambda\end{pmatrix}=\begin{pmatrix}1+\lambda-\lambda^2&2+\lambda-2\lambda^2\\-1+\lambda&-1+2\lambda\end{pmatrix}$$

$$\boldsymbol{P}\boldsymbol{C}\boldsymbol{Q}=\begin{pmatrix}1&-1\\0&1\end{pmatrix}\begin{pmatrix}2\lambda+1&\lambda(2\lambda+3)\\\lambda&\lambda^2+\lambda\end{pmatrix}\begin{pmatrix}1+\lambda-\lambda^2&2+\lambda-2\lambda^2\\-1+\lambda&-1+2\lambda\end{pmatrix}$$

$$=\begin{pmatrix}1+\lambda&\lambda^2+2\lambda\\\lambda&\lambda^2+\lambda\end{pmatrix}\begin{pmatrix}1+\lambda-\lambda^2&2+\lambda-2\lambda^2\\-1+\lambda&-1+2\lambda\end{pmatrix}$$

$$=\begin{pmatrix}\lambda^2+1&2\lambda^2+\lambda+2\\\lambda^2&2\lambda^2+\lambda\end{pmatrix}=\boldsymbol{D}$$

关于矩阵 $\boldsymbol{A},\boldsymbol{B}$ 之间的验算.

$$\boldsymbol{P}\boldsymbol{A}\boldsymbol{Q}=\begin{pmatrix}1&-1\\0&1\end{pmatrix}\begin{pmatrix}2\lambda^2-\lambda-1&2\lambda^3+\lambda^2-3\lambda\\\lambda^2-\lambda&\lambda^3-\lambda\end{pmatrix}\begin{pmatrix}1+\lambda-\lambda^2&2+\lambda-2\dot{\lambda}\\-1+\lambda&-1+2\lambda\end{pmatrix}$$

$$=\begin{pmatrix}\lambda^2-1&\lambda^3+\lambda^2-2\lambda\\\lambda^2-\lambda&\lambda^3-\lambda\end{pmatrix}\begin{pmatrix}1+\lambda-\lambda^2&2+\lambda-2\lambda^2\\-1+\lambda&-1+2\lambda\end{pmatrix}$$

$$=\begin{pmatrix}\lambda^3-\lambda^2+\lambda-1&2\lambda^3-\lambda^2+\lambda-2\\\lambda^3-\lambda^2&2\lambda^3-\lambda^2-\lambda\end{pmatrix}=\boldsymbol{B}$$

找到的么模 λ 矩阵 $\boldsymbol{P},\boldsymbol{Q}$ 完全符合题目的要求，即 $\boldsymbol{B}=\boldsymbol{P}\boldsymbol{A}\boldsymbol{Q}$.

1011.
$$\boldsymbol{A}=\begin{pmatrix}\lambda^2+\lambda-1&\lambda+1&\lambda^2-2\\\lambda^3+2\lambda^2&\lambda^2+2\lambda+1&\lambda^3+\lambda^2-2\lambda-1\\\lambda^3+\lambda^2-\lambda+1&\lambda^2+\lambda&\lambda^3-2\lambda+1\end{pmatrix};$$

$$\boldsymbol{B}=\begin{pmatrix}4\lambda+3 & 2\lambda+2 & 2\lambda^2-2\lambda-3\\ 10\lambda+2 & 5\lambda+5 & 5\lambda^2-5\lambda-2\\ 4\lambda^2-7\lambda-8 & 2\lambda^2-3\lambda-5 & 2\lambda^3-7\lambda^2+2\lambda+8\end{pmatrix}.$$

解　把 $\boldsymbol{A}$ 化为法对角形

$$\begin{pmatrix}\lambda^2+\lambda-1 & \lambda+1 & \lambda^2-2 & 1 & & \\ \lambda^3+2\lambda^2 & \lambda^2+2\lambda+1 & \lambda^3+\lambda^2-2\lambda-1 & & 1 & \\ \lambda^3+\lambda^2-\lambda+1 & \lambda^2+\lambda & \lambda^3-2\lambda+1 & & & 1\\ 1 & 0 & 0 & & & \\ 0 & 1 & 0 & & \boldsymbol{O} & \\ 0 & 0 & 1 & & & \end{pmatrix}\to$$

$$\begin{pmatrix}\lambda+1 & \lambda+1 & \lambda^2-2 & 1 & & \\ \lambda^2+2\lambda+1 & \lambda^2+2\lambda+1 & \lambda^3+\lambda^2-2\lambda-1 & & 1 & \\ \lambda^2+\lambda & \lambda^2+\lambda & \lambda^3-2\lambda+1 & & & 1\\ 1 & 0 & 0 & & & \\ 0 & 1 & 0 & & \boldsymbol{O} & \\ -1 & 0 & 1 & & & \end{pmatrix}\to$$

$$\begin{pmatrix}\lambda+1 & 0 & -\lambda-2 & 1 & & \\ \lambda^2+2\lambda+1 & 0 & -\lambda^2-3\lambda-1 & & 1 & \\ \lambda^2+\lambda & 0 & -\lambda^2-2\lambda+1 & & & 1\\ 1 & -1 & -\lambda & & & \\ 0 & 1 & 0 & & \boldsymbol{O} & \\ -1 & 1 & 1+\lambda & & & \end{pmatrix}\to\begin{pmatrix}\lambda+1 & 0 & -1 & 1 & & \\ \lambda^2+2\lambda+1 & 0 & -\lambda & & 1 & \\ \lambda^2+\lambda & 0 & -\lambda+1 & & & 1\\ 1 & -1 & 1-\lambda & & & \\ 0 & 1 & 0 & & \boldsymbol{O} & \\ -1 & 1 & \lambda & & & \end{pmatrix}\to$$

$$\begin{pmatrix}\lambda+1 & 0 & -1 & 1 & 0 & 0\\ \lambda+1 & 0 & 0 & -\lambda & 1 & 0\\ 0 & 0 & 1 & -\lambda & 0 & 1\\ 1 & -1 & 1-\lambda & & & \\ 0 & 1 & 0 & & \boldsymbol{O} & \\ -1 & 1 & \lambda & & & \end{pmatrix}\to\begin{pmatrix}0 & 0 & -1 & 1+\lambda & -1 & 0\\ \lambda+1 & 0 & 0 & -\lambda & 1 & 0\\ 0 & 0 & 1 & -\lambda & 0 & 1\\ 1 & -1 & 1-\lambda & & & \\ 0 & 1 & 0 & & \boldsymbol{O} & \\ -1 & 1 & \lambda & & & \end{pmatrix}\to$$

$$\begin{pmatrix}0 & 0 & 0 & 1 & -1 & 1\\ \lambda+1 & 0 & 0 & -\lambda & 1 & 0\\ 0 & 0 & 1 & -\lambda & 0 & 1\\ 1 & -1 & 1-\lambda & & & \\ 0 & 1 & 0 & & \boldsymbol{O} & \\ -1 & 1 & \lambda & & & \end{pmatrix}\to\begin{pmatrix}0 & 0 & 1 & -\lambda & 0 & 1\\ \lambda+1 & 0 & 0 & -\lambda & 1 & 0\\ 0 & 0 & 0 & 1 & -1 & 1\\ 1 & -1 & 1-\lambda & & & \\ 0 & 1 & 0 & & \boldsymbol{O} & \\ -1 & 1 & \lambda & & & \end{pmatrix}\to$$

$$\begin{pmatrix} 1 & 0 & 0 & -\lambda & 0 & 1 \\ 0 & \lambda+1 & 0 & -\lambda & 1 & 0 \\ 0 & 0 & 0 & 1 & -1 & 1 \\ 1-\lambda & 1 & -1 & & & \\ 0 & 0 & 1 & & \boldsymbol{O} & \\ \lambda & -1 & 1 & & & \end{pmatrix}$$

$$\boldsymbol{J}(\lambda)=\begin{pmatrix} 1 & 0 & 0 \\ 0 & \lambda+1 & 0 \\ 0 & 0 & 0 \end{pmatrix},\quad \boldsymbol{P}_1=\begin{pmatrix} -\lambda & 0 & 1 \\ -\lambda & 1 & 0 \\ 1 & -1 & 1 \end{pmatrix},\quad \boldsymbol{Q}_1=\begin{pmatrix} 1-\lambda & 1 & -1 \\ 0 & 0 & 1 \\ \lambda & -1 & 1 \end{pmatrix}$$

$$\begin{aligned} \boldsymbol{P}_1\boldsymbol{A}\boldsymbol{Q}_1 &= \begin{pmatrix} -\lambda & 0 & 1 \\ -\lambda & 1 & 0 \\ 1 & -1 & 1 \end{pmatrix}\begin{pmatrix} \lambda^2+\lambda-1 & \lambda+1 & \lambda^2-2 \\ \lambda^3+2\lambda^2 & \lambda^2+2\lambda+1 & \lambda^3+\lambda^2-2\lambda-1 \\ \lambda^3+\lambda^2-\lambda+1 & \lambda^2+\lambda & \lambda^3-2\lambda+1 \end{pmatrix}\cdot \\ &\quad \begin{pmatrix} 1-\lambda & 1 & -1 \\ 0 & 0 & 1 \\ \lambda & -1 & 1 \end{pmatrix} \\ &= \begin{pmatrix} 1 & 0 & 1 \\ \lambda^2+\lambda & \lambda+1 & \lambda^2-1 \\ 0 & 0 & 0 \end{pmatrix}\begin{pmatrix} 1-\lambda & 1 & -1 \\ 0 & 0 & 1 \\ \lambda & -1 & 1 \end{pmatrix}=\begin{pmatrix} 1 & 0 & 0 \\ 0 & \lambda+1 & 0 \\ 0 & 0 & 0 \end{pmatrix} \end{aligned}$$

对 $\boldsymbol{B}$ 施行初等变换化为法对角形

$$\begin{pmatrix} 4\lambda+3 & 2\lambda+2 & 2\lambda^2-2\lambda-3 & 1 & 0 & 0 \\ 10\lambda+2 & 5\lambda+5 & 5\lambda^2-5\lambda-2 & 0 & 1 & 0 \\ 4\lambda^2-7\lambda-8 & 2\lambda^2-3\lambda-5 & 2\lambda^3-7\lambda^2+2\lambda+8 & 0 & 0 & 1 \\ 1 & 0 & 0 & & & \\ 0 & 1 & 0 & & \boldsymbol{O} & \\ 0 & 0 & 1 & & & \end{pmatrix}\to$$

$$\begin{pmatrix} -1 & 2\lambda+2 & -4\lambda-3 & 1 & 0 & 0 \\ -8 & 5\lambda+5 & -10\lambda-2 & 0 & 1 & 0 \\ -\lambda+2 & 2\lambda^2-3\lambda-5 & -4\lambda^2+7\lambda+8 & 0 & 0 & 1 \\ 1 & 0 & 0 & & & \\ -2 & 1 & -\lambda & & \boldsymbol{O} & \\ 0 & 0 & 1 & & & \end{pmatrix}\to\begin{pmatrix} 1 & 2\lambda+2 & 1 & 1 & 0 & 0 \\ 8 & 5\lambda+2 & 8 & 0 & 1 & 0 \\ \lambda-2 & 2\lambda^2-3\lambda-5 & \lambda-2 & 0 & 0 & 1 \\ -1 & 0 & 0 & & & \\ 2 & 1 & 2-\lambda & & \boldsymbol{O} & \\ 0 & 0 & 1 & & & \end{pmatrix}\to$$

$$\begin{pmatrix} 1 & 2\lambda+2 & 0 & 1 & & \\ 8 & 5\lambda+5 & 0 & & 1 & \\ \lambda-2 & 2\lambda^2-3\lambda-5 & 0 & & & 1 \\ -1 & 0 & 1 & & & \\ 2 & 1 & -\lambda & & \boldsymbol{O} & \\ 0 & 0 & 1 & & & \end{pmatrix}\to$$

$$
\begin{pmatrix}
1 & 2\lambda+2 & 0 & 1 & 0 & 0\\
0 & -11\lambda-11 & 0 & -8 & 1 & 0\\
\lambda-2-\dfrac{2\lambda-5}{2} & 0 & 0 & -\dfrac{2\lambda-5}{2} & & 1\\
-1 & 0 & 1 & & & \\
2 & 1 & -\lambda & & \boldsymbol{O} & \\
0 & 0 & 1 & & &
\end{pmatrix}\rightarrow
$$

$$
\begin{pmatrix}
1 & 2\lambda+2 & 0 & 1 & 0 & 0\\
0 & -2\lambda-2 & 0 & -\dfrac{16}{11} & \dfrac{2}{11} & 0\\
\dfrac{1}{2} & 0 & 0 & -\lambda+\dfrac{5}{2} & 0 & 1\\
-1 & 0 & 1 & & & \\
2 & 1 & -\lambda & & \boldsymbol{O} & \\
0 & 0 & 1 & & &
\end{pmatrix}\rightarrow
\begin{pmatrix}
1 & 2\lambda+2 & 0 & 1 & 0 & 0\\
1 & 0 & 0 & -\dfrac{5}{11} & \dfrac{2}{11} & 0\\
1 & 0 & 0 & -2\lambda+5 & 0 & 2\\
-1 & 0 & 1 & & & \\
2 & 1 & -\lambda & & \boldsymbol{O} & \\
0 & 0 & 1 & & &
\end{pmatrix}\rightarrow
$$

$$
\begin{pmatrix}
1 & 0 & 0 & -\dfrac{5}{11} & \dfrac{2}{11} & 0\\
0 & 2\lambda+2 & 0 & \dfrac{16}{11} & -\dfrac{2}{11} & 0\\
0 & 0 & 0 & -2\lambda+\dfrac{60}{11} & -\dfrac{2}{11} & 2\\
-1 & 0 & 1 & & & \\
2 & 1 & -\lambda & & \boldsymbol{O} & \\
0 & 0 & 1 & & &
\end{pmatrix}\rightarrow
\begin{pmatrix}
1 & 0 & 0 & -\dfrac{5}{11} & \dfrac{2}{11} & 0\\
0 & \lambda+1 & 0 & \dfrac{8}{11} & -\dfrac{1}{11} & 0\\
0 & 0 & 0 & -2\lambda+\dfrac{60}{11} & -\dfrac{2}{11} & 2\\
-1 & 0 & 1 & & & \\
2 & 1 & -\lambda & & \boldsymbol{O} & \\
0 & 0 & 1 & & &
\end{pmatrix}
$$

$$
\boldsymbol{J}(\lambda)=\begin{pmatrix}1 & & \\ & \lambda+1 & \\ & & 0\end{pmatrix},\quad
\boldsymbol{P}_2=\begin{pmatrix}-\dfrac{5}{11} & \dfrac{2}{11} & 0\\ \dfrac{8}{11} & -\dfrac{1}{11} & 0\\ -2\lambda+\dfrac{60}{11} & -\dfrac{2}{11} & 2\end{pmatrix},\quad
\boldsymbol{Q}_2=\begin{pmatrix}-1 & 0 & 1\\ 2 & 1 & -\lambda\\ 0 & 0 & 1\end{pmatrix}
$$

$$
\boldsymbol{P}_2\boldsymbol{B}\boldsymbol{Q}_2=\begin{pmatrix}-\dfrac{5}{11} & \dfrac{2}{11} & 0\\ \dfrac{8}{11} & -\dfrac{1}{11} & 0\\ -2\lambda+\dfrac{60}{11} & -\dfrac{2}{11} & 2\end{pmatrix}
\begin{pmatrix}4\lambda+3 & 2\lambda+2 & 2\lambda^2-2\lambda-3\\ 10\lambda+2 & 5\lambda+5 & 5\lambda^2-5\lambda-2\\ 4\lambda^2-7\lambda-8 & 2\lambda^2-3\lambda-5 & 2\lambda^3-7\lambda^2+2\lambda+8\end{pmatrix}\cdot
\begin{pmatrix}-1 & 0 & 1\\ 2 & 1 & -\lambda\\ 0 & 0 & 1\end{pmatrix}
$$

$$
=\begin{pmatrix} -\dfrac{5}{11} & \dfrac{2}{11} & 0 \\ \dfrac{8}{11} & -\dfrac{1}{11} & 0 \\ -2\lambda+\dfrac{60}{11} & -\dfrac{2}{11} & 2 \end{pmatrix}\begin{pmatrix} 1 & 2\lambda+2 & 0 \\ 8 & 5\lambda+5 & 0 \\ \lambda-2 & 2\lambda^2-3\lambda-5 & 0 \end{pmatrix}=\begin{pmatrix} 1 & 0 & 0 \\ 0 & \lambda+1 & 0 \\ 0 & 0 & 0 \end{pmatrix}
$$

$$
\boldsymbol{P}_1\boldsymbol{A}\boldsymbol{Q}_1=\boldsymbol{P}_2\boldsymbol{B}\boldsymbol{Q}_2
$$

$$
\boldsymbol{B}=\boldsymbol{P}_2^{-1}\boldsymbol{P}_1\boldsymbol{A}\boldsymbol{Q}_1\boldsymbol{Q}_2^{-1}
$$

先求 $\boldsymbol{P}_2^{-1}$

$$
\begin{pmatrix} -\dfrac{5}{11} & \dfrac{2}{11} & 0 & 1 & & \\ \dfrac{8}{11} & -\dfrac{1}{11} & 0 & & 1 & \\ -2\lambda+\dfrac{60}{11} & -\dfrac{2}{11} & 2 & & & 1 \end{pmatrix}\rightarrow\begin{pmatrix} -5 & 2 & 0 & 11 & & \\ 8 & -1 & 0 & & 11 & \\ -22\lambda+60 & -2 & 22 & & & 11 \end{pmatrix}\rightarrow
$$

$$
\begin{pmatrix} 1 & 4 & 0 & 33 & 22 & 0 \\ 0 & 22 & 0 & 16\times 11 & 10\times 11 & 0 \\ -22\lambda+60 & -2 & 22 & 0 & 0 & 11 \end{pmatrix}\rightarrow\begin{pmatrix} 1 & 4 & 0 & 33 & 22 & 0 \\ 0 & 1 & 0 & 8 & 5 & 0 \\ -22\lambda+60 & -2 & 22 & 0 & 0 & 11 \end{pmatrix}\rightarrow
$$

$$
\begin{pmatrix} 1 & 0 & 0 & 1 & 2 & 0 \\ 0 & 1 & 0 & 8 & 5 & 0 \\ 60 & -2 & 22 & 22\lambda & 44\lambda & 11 \end{pmatrix}\rightarrow\begin{pmatrix} 1 & 0 & 0 & 1 & 2 & 0 \\ 0 & 1 & 0 & 8 & 5 & 0 \\ 60 & 0 & 22 & 22\lambda+16 & 44\lambda+10 & 11 \end{pmatrix}\rightarrow
$$

$$
\begin{pmatrix} 1 & & & 1 & 2 & 0 \\ & 1 & & 8 & 5 & 0 \\ & & 22 & 22\lambda-44 & 44\lambda-110 & 11 \end{pmatrix}\rightarrow\begin{pmatrix} 1 & & & 1 & 2 & 0 \\ & 1 & & 8 & 5 & 0 \\ & & 1 & \lambda-2 & 2\lambda-5 & \dfrac{1}{2} \end{pmatrix}
$$

$$
\boldsymbol{P}_2^{-1}=\begin{pmatrix} 1 & 2 & 0 \\ 8 & 5 & 0 \\ \lambda-2 & 2\lambda-5 & \dfrac{1}{2} \end{pmatrix}
$$

检验：

$$
\begin{pmatrix} -\dfrac{5}{11} & \dfrac{2}{11} & 0 \\ \dfrac{8}{11} & -\dfrac{1}{11} & 0 \\ -2\lambda+\dfrac{60}{11} & -\dfrac{2}{11} & 2 \end{pmatrix}\begin{pmatrix} 1 & 2 & 0 \\ 8 & 5 & 0 \\ \lambda-2 & 2\lambda-5 & \dfrac{1}{2} \end{pmatrix}=\begin{pmatrix} 1 & 0 & 0 \\ 0 & 1 & 0 \\ 0 & 0 & 1 \end{pmatrix}
$$

$$
\boldsymbol{P}=\boldsymbol{P}_2^{-1}\boldsymbol{P}_1=\begin{pmatrix} 1 & 2 & 0 \\ 8 & 5 & 0 \\ \lambda-2 & 2\lambda-5 & \dfrac{1}{2} \end{pmatrix}\begin{pmatrix} -\lambda & 0 & 1 \\ -\lambda & 1 & 0 \\ 1 & -1 & 1 \end{pmatrix}
$$

$$
=\begin{pmatrix} -3\lambda & 2 & 1 \\ -13\lambda & 5 & 8 \\ -\lambda(3\lambda-7)+\frac{1}{2} & 2\lambda-\frac{11}{2} & \lambda-\frac{3}{2} \end{pmatrix}
$$

$$
=\begin{pmatrix} -3\lambda & 2 & 1 \\ -13\lambda & 5 & 8 \\ -3\lambda^2+7\lambda+\frac{1}{2} & 2\lambda-\frac{11}{2} & \lambda-\frac{3}{2} \end{pmatrix}
$$

再求 $\boldsymbol{Q}_2^{-1}$：

$$
\left(\begin{array}{cccccc} -1 & 0 & 1 & 1 & & \\ 2 & 1 & -\lambda & & 1 & \\ 0 & 0 & 1 & & & 1 \end{array}\right)\rightarrow\left(\begin{array}{cccccc} 1 & 0 & -1 & -1 & 0 & 0 \\ & 1 & 2-\lambda & 2 & 1 & 0 \\ & & 1 & 0 & 0 & 1 \end{array}\right)\rightarrow\left(\begin{array}{cccccc} 1 & & & -1 & 0 & 1 \\ & 1 & & 2 & 1 & \lambda-2 \\ & & 1 & 0 & 0 & 1 \end{array}\right)
$$

$$
\boldsymbol{Q}_2^{-1}=\begin{pmatrix} -1 & 0 & 1 \\ 2 & 1 & \lambda-2 \\ 0 & 0 & 1 \end{pmatrix}
$$

检验：

$$
\begin{pmatrix} -1 & 0 & 1 \\ 2 & 1 & -\lambda \\ 0 & 0 & 1 \end{pmatrix}\begin{pmatrix} -1 & 0 & 1 \\ 2 & 1 & \lambda-2 \\ 0 & 0 & 1 \end{pmatrix}=\begin{pmatrix} 1 & 0 & 0 \\ 0 & 1 & 0 \\ 0 & 0 & 1 \end{pmatrix}
$$

$$
\boldsymbol{Q}=\boldsymbol{Q}_1\boldsymbol{Q}_2^{-1}=\begin{pmatrix} 1-\lambda & 1 & -1 \\ 0 & 0 & 1 \\ \lambda & -1 & 1 \end{pmatrix}\begin{pmatrix} -1 & 0 & 1 \\ 2 & 1 & \lambda-2 \\ 0 & 0 & 1 \end{pmatrix}=\begin{pmatrix} \lambda+1 & 1 & -2 \\ 0 & 0 & 1 \\ -\lambda-2 & -1 & 3 \end{pmatrix}
$$

$$
\boldsymbol{PAQ}=\begin{pmatrix} -3\lambda & 2 & 1 \\ -13\lambda & 5 & 8 \\ -3\lambda^2+7\lambda+\frac{1}{2} & 2\lambda-\frac{11}{2} & \lambda-\frac{3}{2} \end{pmatrix}\begin{pmatrix} \lambda^2+\lambda-1 & \lambda+1 & \lambda^2-2 \\ \lambda^3+2\lambda^2 & \lambda^2+2\lambda+1 & \lambda^3+\lambda^2-2\lambda-1 \\ \lambda^3+\lambda^2-\lambda+1 & \lambda^2+\lambda & \lambda^3-2\lambda+1 \end{pmatrix}\cdot
$$

$$
\begin{pmatrix} \lambda+1 & 1 & -2 \\ 0 & 0 & 1 \\ -\lambda-2 & -1 & 3 \end{pmatrix}
$$

$$
=\begin{pmatrix} -3\lambda & 2 & 1 \\ -13\lambda & 5 & 8 \\ -3\lambda^2+7\lambda+\frac{1}{2} & 2\lambda-\frac{11}{2} & \lambda-\frac{3}{2} \end{pmatrix}\begin{pmatrix} 2\lambda+3 & \lambda+1 & \lambda^2-\lambda-3 \\ 2\lambda^2+5\lambda+2 & \lambda^2+2\lambda+1 & \lambda^3-4\lambda-2 \\ 2\lambda^2+3\lambda-1 & \lambda^2+\lambda & \lambda^3-\lambda^2-3\lambda+1 \end{pmatrix}
$$

$$
=\begin{pmatrix} 4\lambda+3 & 2\lambda+2 & 2\lambda^2-2\lambda-3 \\ 10\lambda+2 & 5\lambda+5 & 5\lambda^2-5\lambda-2 \\ 4\lambda^2-7\lambda-8 & 2\lambda^2-3\lambda-5 & 2\lambda^3-7\lambda^2+2\lambda+8 \end{pmatrix}
$$

找到的么模 λ 矩阵 $\boldsymbol{P},\boldsymbol{Q}$ 完全符合题目的要求，即 $\boldsymbol{B}=\boldsymbol{PAQ}$.

为了检验计算的正确性，每向前计算一步都要进行检验.

1012.

$$\boldsymbol{A}=\begin{pmatrix}\lambda^3-\lambda^2-\lambda+1 & 2\lambda^2+2\lambda & \lambda^3+\lambda^2\\ 2\lambda^3-3\lambda^2-3\lambda+2 & 5\lambda^2+5\lambda & 2\lambda^3+2\lambda^2\\ \lambda^3-\lambda & \lambda^2+\lambda & \lambda^3+\lambda^2\end{pmatrix};$$

$$\boldsymbol{B}=\begin{pmatrix}\lambda^2+2\lambda+1 & \lambda^2+\lambda & 0\\ 2\lambda^2+3\lambda+1 & \lambda^3+3\lambda^2+2\lambda & \lambda^3+\lambda^2\\ 3\lambda^2+5\lambda+2 & 2\lambda^3+5\lambda^2+3\lambda & 2\lambda^3+2\lambda^2\end{pmatrix}.$$

解　因为

$$\boldsymbol{A}=\begin{pmatrix}\lambda+1 & & \\ & \lambda+1 & \\ & & \lambda+1\end{pmatrix}\begin{pmatrix}\lambda^2-2\lambda+1 & 2\lambda & \lambda^2\\ 2\lambda^2-5\lambda+2 & 5\lambda & 2\lambda^2\\ \lambda^2-\lambda & \lambda & \lambda^2\end{pmatrix}$$

$$\boldsymbol{B}=\begin{pmatrix}\lambda+1 & & \\ & \lambda+1 & \\ & & \lambda+1\end{pmatrix}\begin{pmatrix}\lambda+1 & \lambda & 0\\ 2\lambda+1 & \lambda(\lambda+2) & \lambda^2\\ 3\lambda+2 & \lambda(2\lambda+3) & 2\lambda^2\end{pmatrix}$$

我们立即简化为

$$\boldsymbol{C}=\begin{pmatrix}\lambda^2-2\lambda+1 & 2\lambda & \lambda^2\\ 2\lambda^2-5\lambda+2 & 5\lambda & 2\lambda^2\\ \lambda^2-\lambda & \lambda & \lambda^2\end{pmatrix}$$

$$\boldsymbol{D}=\begin{pmatrix}\lambda+1 & \lambda & 0\\ 2\lambda+1 & \lambda(\lambda+2) & \lambda^2\\ 3\lambda+2 & \lambda(2\lambda+3) & 2\lambda^2\end{pmatrix}$$

求么模 λ 矩阵 $\boldsymbol{P}$ 和 $\boldsymbol{Q}$ 满足等式 $\boldsymbol{D}=\boldsymbol{PCQ}$.

对 λ 矩阵 $\boldsymbol{C}$ 施行初等变换化到它的法对角形.

$$\begin{pmatrix}\lambda^2-2\lambda+1 & 2\lambda & \lambda^2 & 1 & & \\ 2\lambda^2-5\lambda+2 & 5\lambda & 2\lambda^2 & & 1 & \\ \lambda^2-\lambda & \lambda & \lambda^2 & & & 1\\ 1 & & & & & \\ & 1 & & & \boldsymbol{O} & \\ & & 1 & & & \end{pmatrix}\rightarrow\begin{pmatrix}1 & 2\lambda & \lambda^2 & 1 & & \\ 2 & 5\lambda & 2\lambda^2 & & 1 & \\ 0 & \lambda & \lambda^2 & & & 1\\ 1 & 0 & 0 & & & \\ 1 & 1 & 0 & & \boldsymbol{O} & \\ -1 & 0 & 1 & & & \end{pmatrix}\rightarrow$$

$$\begin{pmatrix}1 & 0 & 0 & 1 & & \\ 2 & \lambda & 0 & & 1 & \\ 0 & \lambda & \lambda^2 & & & 1\\ 1 & -2\lambda & -\lambda^2 & & & \\ 1 & 1-2\lambda & -\lambda^2 & & \boldsymbol{O} & \\ -1 & 2\lambda & 1+\lambda^2 & & & \end{pmatrix}\rightarrow\begin{pmatrix}1 & & & 0 & 1 & 0\\ 0 & \lambda & & 0 & -2 & 1\\ 0 & \lambda & \lambda^2 & 0 & 0 & 1\\ 1 & -2\lambda & -\lambda^2 & & & \\ 1 & 1-2\lambda & -\lambda^2 & & \boldsymbol{O} & \\ -1 & 2\lambda & 1+\lambda^2 & & & \end{pmatrix}\rightarrow$$

$$\begin{pmatrix} 1 & & & 1 & & \\ & \lambda & & -2 & 1 & \\ & & \lambda^2 & 2 & -1 & 1 \\ 1 & -2\lambda & -\lambda^2 & & & \\ 1 & 1-2\lambda & -\lambda^2 & & & \\ -1 & 2\lambda & 1+\lambda^2 & & & \end{pmatrix}$$

$$\boldsymbol{J}_C(\lambda) = \begin{pmatrix} 1 & & \\ & \lambda & \\ & & \lambda^2 \end{pmatrix}, \quad \boldsymbol{P}_1 = \begin{pmatrix} 1 & 0 & 0 \\ -2 & 1 & 0 \\ 2 & -1 & 1 \end{pmatrix}, \quad \boldsymbol{Q}_1 = \begin{pmatrix} 1 & -2\lambda & -\lambda^2 \\ 1 & 1-2\lambda & -\lambda^2 \\ -1 & 2\lambda & 1+\lambda^2 \end{pmatrix}$$

$$\begin{aligned} \boldsymbol{P}_1\boldsymbol{C}\boldsymbol{Q}_1 &= \begin{pmatrix} 1 & 0 & 0 \\ -2 & 1 & 0 \\ 2 & -1 & 1 \end{pmatrix} \begin{pmatrix} \lambda^2-2\lambda+1 & 2\lambda & \lambda^2 \\ 2\lambda^2-5\lambda+2 & 5\lambda & 2\lambda^2 \\ \lambda^2-\lambda & \lambda & \lambda^2 \end{pmatrix} \begin{pmatrix} 1 & -2\lambda & -\lambda^2 \\ 1 & 1-2\lambda & -\lambda^2 \\ -1 & 2\lambda & 1+\lambda^2 \end{pmatrix} \\ &= \begin{pmatrix} \lambda^2-2\lambda+1 & 2\lambda & \lambda^2 \\ -\lambda & \lambda & 0 \\ \lambda^2 & 0 & \lambda^2 \end{pmatrix} \begin{pmatrix} 1 & -2\lambda & -\lambda^2 \\ 1 & 1-2\lambda & -\lambda^2 \\ -1 & 2\lambda & 1+\lambda^2 \end{pmatrix} \\ &= \begin{pmatrix} 1 & 0 & 0 \\ 0 & \lambda & 0 \\ 0 & 0 & \lambda^2 \end{pmatrix} \end{aligned}$$

再把 $\boldsymbol{D}$ 化为法对角形

$$\begin{pmatrix} \lambda+1 & \lambda & 0 & 1 & & \\ 2\lambda+1 & \lambda(\lambda+2) & \lambda^2 & & 1 & \\ 3\lambda+2 & \lambda(2\lambda+3) & 2\lambda^2 & & & 1 \\ 1 & & & & & \\ & 1 & & & \boldsymbol{O} & \\ & & 1 & & & \end{pmatrix} \to \begin{pmatrix} \lambda+1 & \lambda & 0 & 1 & & \\ 2\lambda+1 & 2\lambda & \lambda^2 & & 1 & \\ 3\lambda+2 & 3\lambda & 2\lambda^2 & & & 1 \\ 1 & 0 & 0 & & & \\ 0 & 1 & 0 & & \boldsymbol{O} & \\ 0 & -1 & 1 & & & \end{pmatrix} \to$$

$$\begin{pmatrix} 1 & \lambda & 0 & 1 & & \\ 1 & 2\lambda & \lambda^2 & & 1 & \\ 2 & 3\lambda & 2\lambda^2 & & & 1 \\ 1 & 0 & 0 & & & \\ -1 & 1 & 0 & & \boldsymbol{O} & \\ 1 & -1 & 1 & & & \end{pmatrix} \to \begin{pmatrix} 1 & \lambda & 0 & 1 & 0 & 0 \\ 1 & 2\lambda & \lambda^2 & 0 & 1 & 0 \\ 1 & \lambda & \lambda^2 & 0 & -1 & 1 \\ 1 & 0 & 0 & & & \\ -1 & 1 & 0 & & \boldsymbol{O} & \\ 1 & -1 & 1 & & & \end{pmatrix} \to$$

$$\begin{pmatrix} 1 & \lambda & 0 & 1 & 0 & 0 \\ 0 & \lambda & 0 & 0 & 2 & -1 \\ 0 & 0 & \lambda^2 & -1 & -1 & 1 \\ 1 & 0 & 0 & & & \\ -1 & 1 & 0 & & \boldsymbol{O} & \\ 1 & -1 & 1 & & & \end{pmatrix} \to \begin{pmatrix} 1 & & & 1 & -2 & 1 \\ & \lambda & & 0 & 2 & -1 \\ & & \lambda^2 & -1 & -1 & 1 \\ 1 & 0 & 0 & & & \\ -1 & 1 & 0 & & \boldsymbol{O} & \\ 1 & -1 & 1 & & & \end{pmatrix}$$

$$J_D(\lambda)=\begin{pmatrix}1&&\\&\lambda&\\&&\lambda^2\end{pmatrix},\quad P_2=\begin{pmatrix}1&-2&1\\0&2&-1\\-1&-1&1\end{pmatrix},\quad Q_2=\begin{pmatrix}1&0&0\\-1&1&0\\1&-1&1\end{pmatrix}$$

$$\begin{aligned}P_2DQ_2&=\begin{pmatrix}1&-2&1\\0&2&-1\\-1&-1&1\end{pmatrix}\begin{pmatrix}\lambda+1&\lambda&0\\2\lambda+1&\lambda(\lambda+2)&\lambda^2\\3\lambda+2&\lambda(2\lambda+3)&2\lambda^2\end{pmatrix}\begin{pmatrix}1&0&0\\-1&1&0\\1&-1&1\end{pmatrix}\\&=\begin{pmatrix}1&-2&1\\0&2&-1\\-1&-1&1\end{pmatrix}\begin{pmatrix}1&\lambda&0\\1&2\lambda&\lambda^2\\2&3\lambda&2\lambda^2\end{pmatrix}\\&=\begin{pmatrix}1&0&0\\0&\lambda&0\\0&0&\lambda^2\end{pmatrix}\end{aligned}$$

$$P_1CQ_1=P_2DQ_2$$
$$D=P_2^{-1}P_1CQ_1Q_2^{-1}$$

先求 P_2^{-1}：

$$\begin{pmatrix}1&-2&1&1&&\\0&2&-1&&1&\\-1&-1&1&&&1\end{pmatrix}\to\begin{pmatrix}1&-2&1&1&0&0\\0&2&-1&0&1&0\\0&-3&2&1&0&1\end{pmatrix}\to\begin{pmatrix}1&-2&1&1&0&0\\0&2&-1&0&1&0\\0&-1&1&1&1&1\end{pmatrix}\to$$
$$\begin{pmatrix}1&-2&1&1&0&0\\0&1&0&1&2&1\\0&0&1&2&3&2\end{pmatrix}\to\begin{pmatrix}1&-2&0&-1&-3&-2\\0&1&0&1&2&1\\0&0&1&2&3&2\end{pmatrix}\to\begin{pmatrix}1&&&1&1&0\\&1&&1&2&1\\&&1&2&3&2\end{pmatrix}$$

$$P_2^{-1}=\begin{pmatrix}1&1&0\\1&2&1\\2&3&2\end{pmatrix}$$

检验：

$$\begin{pmatrix}1&-2&1\\0&2&-1\\-1&-1&1\end{pmatrix}\begin{pmatrix}1&1&0\\1&2&1\\2&3&2\end{pmatrix}=\begin{pmatrix}1&&\\&1&\\&&1\end{pmatrix}$$

$$P=P_2^{-1}P_1=\begin{pmatrix}1&1&0\\1&2&1\\2&3&2\end{pmatrix}\begin{pmatrix}1&0&0\\-2&1&0\\2&-1&1\end{pmatrix}=\begin{pmatrix}-1&1&0\\-1&1&1\\0&1&2\end{pmatrix}$$

再求 Q_2^{-1}

$$\begin{pmatrix}1&0&0&1&&\\-1&1&0&&1&\\1&-1&1&&&1\end{pmatrix}\to\begin{pmatrix}1&&&1&0&0\\&1&&1&1&0\\&&1&0&1&1\end{pmatrix}$$

$$Q_2^{-1}=\begin{pmatrix}1&0&0\\1&1&0\\0&1&1\end{pmatrix}$$

检验：

$$\begin{pmatrix}1&0&0\\-1&1&0\\1&-1&1\end{pmatrix}\begin{pmatrix}1&0&0\\1&1&0\\0&1&1\end{pmatrix}=\begin{pmatrix}1&&\\&1&\\&&1\end{pmatrix}$$

$$\boldsymbol{Q}=\boldsymbol{Q}_1\boldsymbol{Q}_2^{-1}=\begin{pmatrix}1&-2\lambda&-\lambda^2\\1&1-2\lambda&-\lambda^2\\-1&2\lambda&1+\lambda^2\end{pmatrix}\begin{pmatrix}1&0&0\\1&1&0\\0&1&1\end{pmatrix}$$

$$=\begin{pmatrix}1-2\lambda&-2\lambda-\lambda^2&-\lambda^2\\2-2\lambda&-\lambda^2-2\lambda+1&-\lambda^2\\-1+2\lambda&\lambda^2+2\lambda+1&1+\lambda^2\end{pmatrix}$$

$$\boldsymbol{PCQ}=\begin{pmatrix}-1&1&0\\-1&1&1\\0&1&2\end{pmatrix}\begin{pmatrix}\lambda^2-2\lambda+1&2\lambda&\lambda^2\\2\lambda^2-5\lambda+2&5\lambda&2\lambda^2\\\lambda^2-\lambda&\lambda&\lambda^2\end{pmatrix}\begin{pmatrix}1-2\lambda&-\lambda^2-2\lambda&-\lambda^2\\2-2\lambda&-\lambda^2-2\lambda+1&-\lambda^2\\-1+2\lambda&\lambda^2+2\lambda+1&1+\lambda^2\end{pmatrix}$$

$$=\begin{pmatrix}\lambda^2-3\lambda+1&3\lambda&\lambda^2\\2\lambda^2-4\lambda+1&4\lambda&2\lambda^2\\4\lambda^2-7\lambda+2&7\lambda&4\lambda^2\end{pmatrix}\begin{pmatrix}1-2\lambda&-\lambda^2-2\lambda&-\lambda^2\\2-2\lambda&-\lambda^2-2\lambda+1&-\lambda^2\\-1+2\lambda&\lambda^2+2\lambda+1&1+\lambda^2\end{pmatrix}$$

$$=\begin{pmatrix}\lambda+1&\lambda&0\\2\lambda+1&\lambda(\lambda+2)&\lambda^2\\3\lambda+2&\lambda(2\lambda+3)&2\lambda^2\end{pmatrix}=\boldsymbol{D}$$

对于求得的 $\boldsymbol{P},\boldsymbol{Q}$ 关于 λ 矩阵 $\boldsymbol{A},\boldsymbol{B}$ 之间的验算

$$\boldsymbol{PAQ}=\begin{pmatrix}-1&1&0\\-1&1&1\\0&1&2\end{pmatrix}\begin{pmatrix}\lambda^3-\lambda^2-\lambda+1&2\lambda^2+2\lambda&\lambda^3+\lambda^2\\2\lambda^3-3\lambda^2-3\lambda+2&5\lambda^2+5\lambda&2\lambda^3+2\lambda^2\\\lambda^3-\lambda&\lambda^2+\lambda&\lambda^3+\lambda^2\end{pmatrix}\cdot$$

$$\begin{pmatrix}1-2\lambda&-\lambda^2-2\lambda&-\lambda^2\\2-2\lambda&-\lambda^2-2\lambda+1&-\lambda^2\\-1+2\lambda&\lambda^2+2\lambda+1&1+\lambda^2\end{pmatrix}$$

$$=\begin{pmatrix}\lambda^3-2\lambda^2-2\lambda+1&3\lambda^2+3\lambda&\lambda^3+\lambda^2\\2\lambda^3-2\lambda^2-3\lambda+1&4\lambda^2+4\lambda&2\lambda^3+2\lambda^2\\4\lambda^3-3\lambda^2-5\lambda+2&7\lambda^2+7\lambda&4\lambda^3+4\lambda^2\end{pmatrix}\begin{pmatrix}1-2\lambda&-\lambda^2-2\lambda&-\lambda^2\\2-2\lambda&-\lambda^2-2\lambda+1&-\lambda^2\\-1+2\lambda&\lambda^2+2\lambda+1&1+\lambda^2\end{pmatrix}$$

$$=\begin{pmatrix}\lambda^2+2\lambda+1&\lambda^2+\lambda&0\\2\lambda^2+3\lambda+1&\lambda^3+3\lambda^2+2\lambda&\lambda^3+\lambda^2\\3\lambda^2+5\lambda+2&2\lambda^3+5\lambda^2+3\lambda&2\lambda^3+2\lambda^2\end{pmatrix}=\boldsymbol{B}$$

所求 $\boldsymbol{P},\boldsymbol{Q}$ 完全符合题目要求，$\boldsymbol{B}=\boldsymbol{PAQ}$.

1013. $\boldsymbol{A}=\begin{pmatrix}\lambda^2+3\lambda-4&\lambda^2+2\lambda-3&\lambda^2+\lambda-2\\2\lambda^2+3\lambda-5&2\lambda^2+2\lambda-4&2\lambda^2+\lambda-3\end{pmatrix}$;

$$B=\begin{pmatrix}2\lambda^2+2\lambda-4 & 3\lambda^2+2\lambda-5 & \lambda^2+2\lambda-3\\ 2\lambda^2+\lambda-3 & 3\lambda^2+\lambda-4 & \lambda^2+\lambda-2\end{pmatrix}.$$

解　因为

$$A=\begin{pmatrix}\lambda-1 & \\ & \lambda-1\end{pmatrix}\begin{pmatrix}\lambda+4 & \lambda+3 & \lambda+2\\ 2\lambda+5 & 2\lambda+4 & 2\lambda+3\end{pmatrix}$$

$$B=\begin{pmatrix}\lambda-1 & \\ & \lambda-1\end{pmatrix}\begin{pmatrix}2\lambda+4 & 3\lambda+5 & \lambda+3\\ 2\lambda+3 & 3\lambda+4 & \lambda+2\end{pmatrix}$$

题目立即简化为只要求么模 λ 矩阵 P 和 Q 满足等式 $D=PCQ$.

$$C=\begin{pmatrix}\lambda+4 & \lambda+3 & \lambda+2\\ 2\lambda+5 & 2\lambda+4 & 2\lambda+3\end{pmatrix}$$

$$D=\begin{pmatrix}2\lambda+4 & 3\lambda+5 & \lambda+3\\ 2\lambda+3 & 3\lambda+4 & \lambda+2\end{pmatrix}$$

求 λ 矩阵 C 的法对角形

$$\begin{pmatrix}\lambda+4 & \lambda+3 & \lambda+2 & 1 & 0\\ 2\lambda+5 & 2\lambda+4 & 2\lambda+3 & 0 & 1\\ 1 & 0 & 0 & & \\ 0 & 1 & 0 & \multicolumn{2}{c}{O} \\ 0 & 0 & 1 & & \end{pmatrix}\rightarrow\begin{pmatrix}1 & 1 & \lambda+2 & 1 & 0\\ 1 & 1 & 2\lambda+3 & 0 & 1\\ 1 & 0 & 0 & & \\ -1 & 1 & 0 & \multicolumn{2}{c}{O} \\ 0 & -1 & 1 & & \end{pmatrix}\rightarrow$$

$$\begin{pmatrix}1 & 1 & \lambda+2 & 1 & 0\\ 0 & 0 & \lambda+1 & -1 & 1\\ 1 & 0 & 0 & & \\ -1 & 1 & 0 & \multicolumn{2}{c}{O} \\ 0 & -1 & 1 & & \end{pmatrix}\rightarrow\begin{pmatrix}1 & 1 & 1 & 2 & -1\\ 0 & 0 & \lambda+1 & -1 & 1\\ 1 & 0 & 0 & & \\ -1 & 1 & 0 & \multicolumn{2}{c}{O} \\ 0 & -1 & 1 & & \end{pmatrix}\rightarrow$$

$$\begin{pmatrix}1 & 0 & 0 & 2 & -1\\ 0 & 0 & \lambda+1 & -1 & 1\\ 1 & -1 & -1 & & \\ -1 & 2 & 1 & \multicolumn{2}{c}{O} \\ 0 & -1 & 1 & & \end{pmatrix}\rightarrow\begin{pmatrix}1 & 0 & 0 & 2 & -1\\ 0 & \lambda+1 & 0 & -1 & 1\\ 1 & -1 & -1 & & \\ -1 & 1 & 2 & \multicolumn{2}{c}{O} \\ 0 & 1 & -1 & & \end{pmatrix}$$

$$J(\lambda)=\begin{pmatrix}1 & 0 & 0\\ 0 & \lambda+1 & 0\end{pmatrix}$$

$$P_1=\begin{pmatrix}2 & -1\\ -1 & 1\end{pmatrix},\quad Q_1=\begin{pmatrix}1 & -1 & -1\\ -1 & 1 & 2\\ 0 & 1 & -1\end{pmatrix}$$

检验：

$$PCQ=\begin{pmatrix}2 & -1\\ -1 & 1\end{pmatrix}\begin{pmatrix}\lambda+4 & \lambda+3 & \lambda+2\\ 2\lambda+5 & 2\lambda+4 & 2\lambda+3\end{pmatrix}\begin{pmatrix}1 & -1 & -1\\ -1 & 1 & 2\\ 0 & 1 & -1\end{pmatrix}$$

$$=\begin{pmatrix}3 & 2 & 1\\ \lambda+1 & \lambda+1 & \lambda+1\end{pmatrix}\begin{pmatrix}1 & -1 & -1\\ -1 & 1 & 2\\ 0 & 1 & -1\end{pmatrix}=\begin{pmatrix}1 & 0 & 0\\ 0 & \lambda+1 & 0\end{pmatrix}$$

求 λ 矩阵 $\boldsymbol{D}$ 的法对角形

$$\begin{pmatrix}2\lambda+4 & 3\lambda+5 & \lambda+3 & 1 & 0\\ 2\lambda+3 & 3\lambda+4 & \lambda+2 & 0 & 1\\ 1 & & & & \\ & 1 & & \boldsymbol{O} & \\ & & 1 & & \end{pmatrix}\to\begin{pmatrix}1 & 1 & 1 & 1 & -1\\ 2\lambda+3 & 3\lambda+4 & \lambda+2 & 0 & 1\\ 1 & & & & \\ & 1 & & \boldsymbol{O} & \\ & & 1 & & \end{pmatrix}\to$$

$$\begin{pmatrix}0 & 0 & 1 & 1 & -1\\ \lambda+1 & \lambda+1 & 1 & 0 & 1\\ 1 & -1 & 1 & & \\ 0 & 1 & -1 & \boldsymbol{O} & \\ -1 & 0 & 1 & & \end{pmatrix}\to\begin{pmatrix}1 & 0 & 0 & 1 & -1\\ 1 & \lambda+1 & \lambda+1 & 0 & 1\\ 1 & -1 & 1 & & \\ -1 & 1 & 0 & \boldsymbol{O} & \\ 1 & 0 & -1 & & \end{pmatrix}\to$$

$$\begin{pmatrix}1 & 0 & 0 & 1 & -1\\ 0 & \lambda+1 & 0 & -1 & 2\\ 1 & -1 & 2 & & \\ -1 & 1 & -1 & \boldsymbol{O} & \\ 1 & 0 & -1 & & \end{pmatrix}$$

$$\boldsymbol{J}(\lambda)=\begin{pmatrix}1 & 0 & 0\\ 0 & \lambda+1 & 0\end{pmatrix},\quad \boldsymbol{P}_2=\begin{pmatrix}1 & -1\\ -1 & 2\end{pmatrix},\quad \boldsymbol{Q}_2=\begin{pmatrix}1 & -1 & 2\\ -1 & 1 & -1\\ 1 & 0 & -1\end{pmatrix}$$

检验：

$$\boldsymbol{P}_2\boldsymbol{D}\boldsymbol{Q}_2=\begin{pmatrix}1 & -1\\ -1 & 2\end{pmatrix}\begin{pmatrix}2\lambda+4 & 3\lambda+5 & \lambda+3\\ 2\lambda+3 & 3\lambda+4 & \lambda+2\end{pmatrix}\begin{pmatrix}1 & -1 & 2\\ -1 & 1 & -1\\ 1 & 0 & -1\end{pmatrix}$$

$$=\begin{pmatrix}1 & 1 & 1\\ 2\lambda+2 & 3\lambda+3 & \lambda+1\end{pmatrix}\begin{pmatrix}1 & -1 & 2\\ -1 & 1 & -1\\ 1 & 0 & -1\end{pmatrix}=\begin{pmatrix}1 & 0 & 0\\ 0 & \lambda+1 & 0\end{pmatrix}$$

$$\boldsymbol{P}_1\boldsymbol{C}\boldsymbol{Q}_1=\boldsymbol{P}_2\boldsymbol{D}\boldsymbol{Q}_2$$

$$\boldsymbol{D}=\boldsymbol{P}_2^{-1}\boldsymbol{P}_1\boldsymbol{C}\boldsymbol{Q}_1\boldsymbol{Q}_2^{-1}$$

求 $\boldsymbol{P}_2^{-1}$

$$\begin{pmatrix}1 & -1 & 1 & 0\\ -1 & 2 & 0 & 1\end{pmatrix}\to\begin{pmatrix}1 & -1 & 1 & 0\\ 0 & 1 & 1 & 1\end{pmatrix}\to\begin{pmatrix}1 & 0 & 2 & 1\\ 0 & 1 & 1 & 1\end{pmatrix}$$

$$\boldsymbol{P}_2^{-1}=\begin{pmatrix}2 & 1\\ 1 & 1\end{pmatrix}$$

$$\begin{pmatrix}1 & -1\\ -1 & 2\end{pmatrix}\begin{pmatrix}2 & 1\\ 1 & 1\end{pmatrix}=\begin{pmatrix}1 & \\ & 1\end{pmatrix}$$

$$P=P_2^{-1}P_1=\begin{pmatrix}2&1\\1&1\end{pmatrix}\begin{pmatrix}2&-1\\-1&1\end{pmatrix}=\begin{pmatrix}3&-1\\1&0\end{pmatrix}$$

求 Q_2^{-1}

$$\begin{pmatrix}1&-1&2&1&&\\-1&1&-1&&1&\\1&0&-1&&&1\end{pmatrix}\to\begin{pmatrix}1&-1&2&1&0&0\\&1&-2&0&1&1\\&&1&1&1&0\end{pmatrix}\to\begin{pmatrix}1&&&1&1&1\\&1&&2&3&1\\&&1&1&1&0\end{pmatrix}$$

$$Q_2^{-1}=\begin{pmatrix}1&1&1\\2&3&1\\1&1&0\end{pmatrix}$$

检验：

$$\begin{pmatrix}1&-1&2\\-1&1&-1\\1&0&-1\end{pmatrix}\begin{pmatrix}1&1&1\\2&3&1\\1&1&0\end{pmatrix}=\begin{pmatrix}1&&\\&1&\\&&1\end{pmatrix}$$

$$Q=Q_1Q_2^{-1}=\begin{pmatrix}1&-1&-1\\-1&1&2\\0&1&-1\end{pmatrix}\begin{pmatrix}1&1&1\\2&3&1\\1&1&0\end{pmatrix}=\begin{pmatrix}-2&-3&0\\3&4&0\\1&2&1\end{pmatrix}$$

$$PCQ=\begin{pmatrix}3&-1\\1&0\end{pmatrix}\begin{pmatrix}\lambda+4&\lambda+3&\lambda+2\\2\lambda+5&2\lambda+4&2\lambda+3\end{pmatrix}\begin{pmatrix}-2&-3&0\\3&4&0\\1&2&1\end{pmatrix}$$

$$=\begin{pmatrix}\lambda+7&\lambda+5&\lambda+3\\\lambda+4&\lambda+3&\lambda+2\end{pmatrix}\begin{pmatrix}-2&-3&0\\3&4&0\\1&2&1\end{pmatrix}$$

$$=\begin{pmatrix}2\lambda+4&3\lambda+5&\lambda+3\\2\lambda+3&3\lambda+4&\lambda+2\end{pmatrix}=D$$

所求 P,Q 完全符合题目要求 $D=PCQ$.

两边左乘 $\begin{pmatrix}\lambda-1&\\&\lambda-1\end{pmatrix}$ 得

$$B=PAQ$$

证毕.

1014.

$$A=\begin{pmatrix}\lambda^3+6\lambda^2+6\lambda+5&\lambda^3+4\lambda^2+4\lambda+3\\\lambda^3+3\lambda^2+3\lambda+2&\lambda^3+2\lambda^2+2\lambda+1\\2\lambda^3+3\lambda^2+3\lambda+1&2\lambda^3+2\lambda^2+2\lambda\end{pmatrix};$$

$$B=\begin{pmatrix}\lambda^3+\lambda^2+\lambda&2\lambda^3+\lambda^2+\lambda-1\\3\lambda^3+2\lambda^2+2\lambda-1&6\lambda^3+2\lambda^2+2\lambda-4\\\lambda^3-\lambda^2-\lambda-2&2\lambda^3-\lambda^2-\lambda-3\end{pmatrix}.$$

解　因为

$$A=\begin{pmatrix}\lambda+5 & \lambda+3\\ \lambda+2 & \lambda+1\\ 2\lambda+1 & 2\lambda\end{pmatrix}\begin{pmatrix}\lambda^2+\lambda+1 & \\ & \lambda^2+\lambda+1\end{pmatrix}$$

$$B=\begin{pmatrix}\lambda & 2\lambda-1\\ 3\lambda-1 & 6\lambda-4\\ \lambda-2 & 2\lambda-3\end{pmatrix}\begin{pmatrix}\lambda^2+\lambda+1 & \\ & \lambda^2+\lambda+1\end{pmatrix}$$

只要对 λ 矩阵的第一因式之间,求相应的么模矩阵 P,Q 使得

$$D=PCQ$$

其中

$$C=\begin{pmatrix}\lambda+5 & \lambda+3\\ \lambda+2 & \lambda+1\\ 2\lambda+1 & 2\lambda\end{pmatrix}$$

$$D=\begin{pmatrix}\lambda & 2\lambda-1\\ 3\lambda-1 & 6\lambda-4\\ \lambda-2 & 2\lambda-3\end{pmatrix}$$

对 C 施行初等变换,化到它的法对角形

$$\begin{pmatrix}\lambda+5 & \lambda+3 & 1 & & \\ \lambda+2 & \lambda+1 & & 1 & \\ 2\lambda+1 & 2\lambda & & & 1\\ 1 & & & & \\ & 1 & & \boldsymbol{O} & \end{pmatrix}\to\begin{pmatrix}2 & \lambda+3 & 1 & & \\ 1 & \lambda+1 & & 1 & \\ 1 & 2\lambda & & & 1\\ 1 & 0 & & \boldsymbol{O} & \\ -1 & 1 & & & \end{pmatrix}\to\begin{pmatrix}1 & 2 & 1 & -1 & 0\\ 0 & 1-\lambda & & 1 & -1\\ 1 & 2\lambda & & & 1\\ 1 & 0 & & \boldsymbol{O} & \\ -1 & 1 & & & \end{pmatrix}\to$$

$$\begin{pmatrix}1 & 2 & 1 & -1 & 0\\ 0 & 1-\lambda & 0 & 1 & -1\\ 0 & 2\lambda-2 & -1 & 1 & 1\\ 1 & 0 & & \boldsymbol{O} & \\ -1 & 1 & & & \end{pmatrix}\to\begin{pmatrix}1 & 0 & 1 & -1 & 0\\ 0 & 1-\lambda & 0 & 1 & -1\\ 0 & 2\lambda-2 & -1 & 1 & 1\\ 1 & -2 & & \boldsymbol{O} & \\ -1 & 3 & & & \end{pmatrix}\to$$

$$\begin{pmatrix}1 & 0 & 1 & -1 & 0\\ 0 & 1-\lambda & 0 & 1 & -1\\ 0 & 0 & -1 & 3 & -1\\ 1 & -2 & & \boldsymbol{O} & \\ -1 & 3 & & & \end{pmatrix}\to\begin{pmatrix}1 & 0 & 1 & -1 & 0\\ 0 & \lambda-1 & 0 & 1 & -1\\ 0 & 0 & -1 & 3 & -1\\ 1 & 2 & & \boldsymbol{O} & \\ -1 & -3 & & & \end{pmatrix}$$

$$J(\lambda)=\begin{pmatrix}1 & 0\\ 0 & \lambda-1\\ 0 & 0\end{pmatrix},P_1=\begin{pmatrix}1 & -1 & 0\\ 0 & 1 & -1\\ -1 & 3 & -1\end{pmatrix},Q_1=\begin{pmatrix}1 & 2\\ -1 & -3\end{pmatrix}$$

检验：

$$\boldsymbol{P}_1\boldsymbol{C}\boldsymbol{Q}_1=\begin{pmatrix}1&-1&0\\0&1&-1\\-1&3&-1\end{pmatrix}\begin{pmatrix}\lambda+5&\lambda+3\\\lambda+2&\lambda+1\\2\lambda+1&2\lambda\end{pmatrix}\begin{pmatrix}1&2\\-1&-3\end{pmatrix}$$

$$=\begin{pmatrix}3&2\\-\lambda+1&-\lambda+1\\0&0\end{pmatrix}\begin{pmatrix}1&2\\-1&-3\end{pmatrix}=\begin{pmatrix}1&0\\0&\lambda-1\\0&0\end{pmatrix}$$

再对 $\boldsymbol{D}$ 施行初等变换，化到它的法对角形.

$$\begin{pmatrix}\lambda&2\lambda-1&1&&\\3\lambda-1&6\lambda-4&&1&\\\lambda-2&2\lambda-3&&&1\\1&&&\boldsymbol{O}&\\&1&&&\end{pmatrix}\to\begin{pmatrix}1&-1&1&&\\3\lambda-1&-2&&1&\\\lambda-2&1&&&1\\1&-2&&\boldsymbol{O}&\\0&1&&&\end{pmatrix}\to\begin{pmatrix}2&-2&1&0&-1\\5&-5&0&1&-3\\\lambda-2&1&0&0&1\\1&-2&&\boldsymbol{O}&\\0&1&&&\end{pmatrix}\to$$

$$\begin{pmatrix}2&-2&1&0&-1\\5&-5&0&1&-3\\\lambda&-1&1&0&0\\1&-2&&\boldsymbol{O}&\\0&1&&&\end{pmatrix}\to\begin{pmatrix}2&0&1&0&-1\\5&0&0&1&-3\\\lambda&\lambda-1&1&0&0\\1&-1&&\boldsymbol{O}&\\0&1&&&\end{pmatrix}\to\begin{pmatrix}1&0&\frac{1}{2}&0&-\frac{1}{2}\\\lambda&\lambda-1&1&0&0\\1&0&0&\frac{1}{5}&-\frac{3}{5}\\1&-1&&\boldsymbol{O}&\\0&1&&&\end{pmatrix}\to$$

$$\begin{pmatrix}1&0&\frac{1}{2}&0&-\frac{1}{2}\\0&\lambda-1&1-\frac{\lambda}{2}&0&\frac{1}{2}\lambda\\0&0&-\frac{1}{2}&\frac{1}{5}&-\frac{1}{10}\\1&-1&&\boldsymbol{O}&\\0&1&&&\end{pmatrix}$$

$$\boldsymbol{J}(\lambda)=\begin{pmatrix}1&0\\0&\lambda-1\\0&0\end{pmatrix},\quad \boldsymbol{P}_2=\begin{pmatrix}\frac{1}{2}&0&-\frac{1}{2}\\1-\frac{\lambda}{2}&0&\frac{1}{2}\lambda\\-\frac{1}{2}&\frac{1}{5}&-\frac{1}{10}\end{pmatrix},\quad \boldsymbol{Q}_2=\begin{pmatrix}1&-1\\0&1\end{pmatrix}$$

检验：

$$\boldsymbol{P}_2\boldsymbol{D}\boldsymbol{Q}_2=\begin{pmatrix}\frac{1}{2}&0&-\frac{1}{2}\\1-\frac{\lambda}{2}&0&\frac{1}{2}\lambda\\-\frac{1}{2}&\frac{1}{5}&-\frac{1}{10}\end{pmatrix}\begin{pmatrix}\lambda&2\lambda-1\\3\lambda-1&6\lambda-4\\\lambda-2&2\lambda-3\end{pmatrix}\begin{pmatrix}1&-1\\0&1\end{pmatrix}$$

$$=\begin{pmatrix}\frac{1}{2} & 0 & -\frac{1}{2}\\ 1-\frac{\lambda}{2} & 0 & \frac{1}{2}\lambda\\ -\frac{1}{2} & \frac{1}{5} & -\frac{1}{10}\end{pmatrix}\begin{pmatrix}\lambda & \lambda-1\\ 3\lambda-1 & 3\lambda-3\\ \lambda-2 & \lambda-1\end{pmatrix}$$

$$=\begin{pmatrix}1 & 0\\ \lambda-\frac{\lambda^2}{2}+\frac{\lambda^2}{2}-\lambda & \lambda-1\\ 0 & 0\end{pmatrix}=\begin{pmatrix}1 & \\ & \lambda-1\end{pmatrix}$$

$$P_1CQ_1=P_2DQ_2$$

$$D=P_2^{-1}P_1CQ_1Q_2^{-1}$$

求 P_2^{-1}：

$$\begin{pmatrix}\frac{1}{2} & 0 & -\frac{1}{2} & 1 & & \\ 1-\frac{\lambda}{2} & 0 & \frac{\lambda}{2} & & 1 & \\ -\frac{1}{2} & \frac{1}{5} & -\frac{1}{10} & & & 1\end{pmatrix}\to\begin{pmatrix}1 & 0 & -1 & 2 & 0 & 0\\ 1 & 0 & 0 & \lambda & 1 & 0\\ -1 & \frac{2}{5} & -\frac{1}{5} & 0 & 0 & 2\end{pmatrix}\to$$

$$\begin{pmatrix}1 & 0 & -1 & 2 & 0 & 0\\ 0 & \frac{2}{5} & -\frac{1}{5} & \lambda & 1 & 2\\ 0 & 0 & 1 & \lambda-2 & 1 & 0\end{pmatrix}\to\begin{pmatrix}1 & 0 & 0 & \lambda & 1 & 0\\ & 2 & -1 & 5\lambda & 5 & 10\\ & & 1 & \lambda-2 & 1 & 0\end{pmatrix}\to$$

$$\begin{pmatrix}1 & 0 & 0 & \lambda & 1 & 0\\ & 2 & 0 & 6\lambda-2 & 6 & 10\\ & & 1 & \lambda-2 & 1 & 0\end{pmatrix}\to\begin{pmatrix}1 & & & \lambda & 1 & 0\\ & 1 & & 3\lambda-1 & 3 & 5\\ & & 1 & \lambda-2 & 1 & 0\end{pmatrix}$$

$$\begin{pmatrix}\frac{1}{2} & 0 & -\frac{1}{2}\\ 1-\frac{\lambda}{2} & 0 & \frac{\lambda}{2}\\ -\frac{1}{2} & \frac{1}{5} & -\frac{1}{10}\end{pmatrix}\begin{pmatrix}\lambda & 1 & 0\\ 3\lambda-1 & 3 & 5\\ \lambda-2 & 1 & 0\end{pmatrix}=\begin{pmatrix}1 & & \\ & 1 & \\ & & 1\end{pmatrix}$$

$$P_2^{-1}=\begin{pmatrix}\lambda & 1 & 0\\ 3\lambda-1 & 3 & 5\\ \lambda-2 & 1 & 0\end{pmatrix}$$

$$P=P_2^{-1}P_1=\begin{pmatrix}\lambda & 1 & 0\\ 3\lambda-1 & 3 & 5\\ \lambda-2 & 1 & 0\end{pmatrix}\begin{pmatrix}1 & -1 & 0\\ 0 & 1 & -1\\ -1 & 3 & -1\end{pmatrix}=\begin{pmatrix}\lambda & 1-\lambda & -1\\ 3\lambda-6 & -3\lambda+19 & -8\\ \lambda-2 & -\lambda+3 & -1\end{pmatrix}$$

求 Q_2^{-1}：

$$\begin{pmatrix}1 & -1 & 1 & \\ 0 & 1 & & 1\end{pmatrix}\to\begin{pmatrix}1 & & 1 & 1\\ & 1 & 0 & 1\end{pmatrix},\quad \boldsymbol{Q}_2^{-1}=\begin{pmatrix}1 & 1\\ 0 & 1\end{pmatrix}$$

$$\boldsymbol{Q}=\boldsymbol{Q}_1\boldsymbol{Q}_2^{-1}=\begin{pmatrix}1 & 2\\ -1 & -3\end{pmatrix}\begin{pmatrix}1 & 1\\ 0 & 1\end{pmatrix}=\begin{pmatrix}1 & 3\\ -1 & -4\end{pmatrix}$$

$$\boldsymbol{PCQ}=\begin{pmatrix}\lambda & 1-\lambda & -1\\ 3\lambda-6 & -3\lambda+19 & -8\\ \lambda-2 & -\lambda+3 & -1\end{pmatrix}\begin{pmatrix}\lambda+5 & \lambda+3\\ \lambda+2 & \lambda+1\\ 2\lambda+1 & 2\lambda\end{pmatrix}\begin{pmatrix}1 & 3\\ -1 & -4\end{pmatrix}$$

$$=\begin{pmatrix}\lambda & 1-\lambda & -1\\ 3\lambda-6 & -3\lambda+19 & -8\\ \lambda-2 & -\lambda+3 & -1\end{pmatrix}\begin{pmatrix}2 & -\lambda+3\\ 1 & -\lambda+2\\ 1 & -2\lambda+3\end{pmatrix}=\begin{pmatrix}\lambda & 2\lambda-1\\ 3\lambda-1 & 6\lambda-4\\ \lambda-2 & 2\lambda-3\end{pmatrix}=\boldsymbol{D}$$

对于

$$\boldsymbol{D}=\boldsymbol{PCQ}$$

两边右乘对角单位阵$\begin{pmatrix}\lambda^2+\lambda+1 & \\ & \lambda^2+\lambda+1\end{pmatrix}$，得到

$$\boldsymbol{B}=\boldsymbol{PAQ}$$

我们求得的么模 λ 矩阵 $\boldsymbol{P},\boldsymbol{Q}$ 完全符合题目的要求.

证毕.

定义 2.3.1　设 λ – 矩阵 $\boldsymbol{A}(\lambda)$ 的秩为 γ，对正整数 k，$1\leqslant k\leqslant\gamma$，$\boldsymbol{A}(\lambda)$ 中必有非零的 k 阶子式，称 $\boldsymbol{A}(\lambda)$ 中所有 k 阶子式的首项系数为 1 的最大公因式为 $\boldsymbol{A}(\lambda)$ 的 k 阶行列式因子，记为 $D_k(\lambda)$.

我们可得到 γ 个首项系数为 1 的多项式

$$d_1(\lambda)=\frac{D_1(\lambda)}{1}$$

$$d_2(\lambda)=\frac{D_2(\lambda)}{D_1(\lambda)}$$

$$\cdots$$

$$d_\gamma(\lambda)=\frac{D_\gamma(\lambda)}{D_{\gamma-1}(\lambda)} \tag{2.3.1}$$

定义 2.3.2　在式(2.3.1)中的 γ 个多项式 $d_1(\lambda),d_2(\lambda),\cdots,d_\gamma(\lambda)$ 称为 $\boldsymbol{A}(\lambda)$ 的不变因子，其中 γ 为 $\boldsymbol{A}(\lambda)$ 的秩.

求下列 λ 矩阵的不变因子：

1015. $\begin{pmatrix}3\lambda^2+2\lambda-3 & 2\lambda-1 & \lambda^2+2\lambda-3\\ 4\lambda^2+3\lambda-5 & 3\lambda-2 & \lambda^2+3\lambda-4\\ \lambda^2+\lambda-4 & \lambda-2 & \lambda-1\end{pmatrix}$.

解　设

$$\boldsymbol{A}(\lambda)=\begin{pmatrix}3\lambda^2+2\lambda-3 & 2\lambda-1 & \lambda^2+2\lambda-3\\ 4\lambda^2+3\lambda-5 & 3\lambda-2 & \lambda^2+3\lambda-4\\ \lambda^2+\lambda-4 & \lambda-2 & \lambda-1\end{pmatrix}$$

对 $\boldsymbol{A}(\lambda)$ 施行初等变换

$$A(\lambda)=\begin{pmatrix}3\lambda^2+2\lambda-3 & 2\lambda-1 & \lambda^2+2\lambda-3\\ 4\lambda^2+3\lambda-5 & 3\lambda-2 & \lambda^2+3\lambda-4\\ \lambda^2+\lambda-4 & \lambda-2 & \lambda-1\end{pmatrix}\to\begin{pmatrix}3\lambda^2+2\lambda-3 & 2\lambda-1 & \lambda^2+2\lambda-3\\ \lambda^2+\lambda-2 & \lambda-1 & \lambda-1\\ \lambda^2+\lambda-4 & \lambda-2 & \lambda-1\end{pmatrix}\to$$

$$\begin{pmatrix}3\lambda^2+2\lambda-3 & 2\lambda-1 & \lambda^2+2\lambda-3\\ \lambda^2+\lambda-2 & \lambda-1 & \lambda-1\\ -2 & -1 & 0\end{pmatrix}\to\begin{pmatrix}3\lambda^2+2\lambda-3 & 2\lambda-1 & \lambda^2+2\lambda-3\\ \lambda^2+\lambda-2 & \lambda-1 & \lambda-1\\ 2 & 1 & 0\end{pmatrix}\to$$

$$\begin{pmatrix}2 & 1 & 0\\ \lambda^2+\lambda-2 & \lambda-1 & \lambda-1\\ 3\lambda^2+2\lambda-3 & 2\lambda-1 & \lambda^2+2\lambda-3\end{pmatrix}\to\begin{pmatrix}1 & 2 & 0\\ \lambda-1 & \lambda^2+\lambda-2 & \lambda-1\\ 2\lambda-1 & 3\lambda^2+2\lambda-3 & \lambda^2+2\lambda-3\end{pmatrix}\xrightarrow[\text{加到第 2 列}]{\text{第 1 列}\times(-2)}$$

$$\begin{pmatrix}1 & 0 & 0\\ \lambda-1 & \lambda^2-\lambda & \lambda-1\\ 2\lambda-1 & 3\lambda^2-2\lambda-1 & \lambda^2+2\lambda-3\end{pmatrix}\to\begin{pmatrix}1 & 0 & 0\\ 0 & \lambda^2-\lambda & \lambda-1\\ 0 & \lambda-1 & \lambda^2-1\end{pmatrix}\to\begin{pmatrix}1 & 0 & 0\\ 0 & \lambda^2-\lambda & \lambda-1\\ 0 & -\lambda^3+\lambda^2+\lambda-1 & 0\end{pmatrix}\to$$

$$\begin{pmatrix}1 & 0 & 0\\ 0 & \lambda-1 & \lambda^2-1\\ 0 & 0 & \lambda^3-\lambda^2-\lambda+1\end{pmatrix}\to\begin{pmatrix}1 & & \\ & \lambda-1 & \\ & & (\lambda-1)(\lambda^2-1)\end{pmatrix}$$

$$E_1(\lambda)=1;\quad E_2(\lambda)=\lambda-1;\quad E_3(\lambda)=(\lambda-1)(\lambda^2-1)$$

1016. $\begin{pmatrix}3\lambda^3-2\lambda+1 & 2\lambda^2+\lambda-1 & 3\lambda^3+2\lambda^2-2\lambda-1\\ 2\lambda^3-2\lambda & \lambda^2-1 & 2\lambda^3+\lambda^2-2\lambda-1\\ 5\lambda^3-4\lambda+1 & 3\lambda^2+\lambda-2 & 5\lambda^3+3\lambda^2-4\lambda-2\end{pmatrix}$.

解　设

$$A(\lambda)=\begin{pmatrix}3\lambda^3-2\lambda+1 & 2\lambda^2+\lambda-1 & 3\lambda^3+2\lambda^2-2\lambda-1\\ 2\lambda^3-2\lambda & \lambda^2-1 & 2\lambda^3+\lambda^2-2\lambda-1\\ 5\lambda^3-4\lambda+1 & 3\lambda^2+\lambda-2 & 5\lambda^3+3\lambda^2-4\lambda-2\end{pmatrix}$$

对 $A(\lambda)$ 施行初等变换

$$A(\lambda)=\begin{pmatrix}3\lambda^3-2\lambda+1 & 2\lambda^2+\lambda-1 & 3\lambda^3+2\lambda^2-2\lambda-1\\ 2\lambda^3-2\lambda & \lambda^2-1 & 2\lambda^3+\lambda^2-2\lambda-1\\ 5\lambda^3-4\lambda+1 & 3\lambda^2+\lambda-2 & 5\lambda^3+3\lambda^2-4\lambda-2\end{pmatrix}\xrightarrow[\text{加到第 3 列}]{\text{第 1 列}\times(-1)}\begin{pmatrix}3\lambda^3-2\lambda+1 & 2\lambda^2+\lambda-1 & 2\lambda^2-2\\ 2\lambda^3-2\lambda & \lambda^2-1 & \lambda^2-1\\ 5\lambda^3-4\lambda+1 & 3\lambda^2+\lambda-2 & 3\lambda^2-3\end{pmatrix}$$

$$\xrightarrow[\text{到第 3 列上去}]{\text{第 2 列}\times(-1)\text{加}}\begin{pmatrix}3\lambda^3-2\lambda+1 & 2\lambda^2+\lambda-1 & -\lambda-1\\ 2\lambda^3-2\lambda & \lambda^2-1 & 0\\ 5\lambda^3-4\lambda+1 & 3\lambda^2+\lambda-2 & -\lambda-1\end{pmatrix}$$

$$\xrightarrow{(\text{第 1 行}+\text{第 2 行})\times(-1)\text{加到第 3 行上去}}\begin{pmatrix}3\lambda^3-2\lambda+1 & 2\lambda^2+\lambda-1 & -\lambda-1\\ 2\lambda^3-2\lambda & \lambda^2-1 & 0\\ 0 & 0 & 0\end{pmatrix}\to$$

$$\begin{pmatrix}\lambda^3+1 & \lambda^2+\lambda & -\lambda-1\\ 2\lambda^3-2\lambda & \lambda^2-1 & 0\\ 0 & 0 & 0\end{pmatrix}\to\begin{pmatrix}\lambda^3+1 & \lambda^2+\lambda & \lambda+1\\ 2\lambda^3-2\lambda & \lambda^2-1 & 0\\ 0 & 0 & 0\end{pmatrix}\to$$

$$\begin{pmatrix}\lambda+1 & \lambda^2+\lambda & \lambda^3+1\\ 0 & \lambda^2-1 & 2\lambda^3-2\lambda\\ 0 & 0 & 0\end{pmatrix}\to\begin{pmatrix}\lambda+1 & 0 & 0\\ 0 & \lambda^2-1 & 0\\ 0 & 0 & 0\end{pmatrix}$$

$$E_1(\lambda)=\lambda+1,\quad E_2(\lambda)=\lambda^2-1,\quad E_3(\lambda)=0$$

1017. $\begin{pmatrix}2\lambda^3-\lambda^2+2\lambda-1 & 2\lambda^3-3\lambda^2+2\lambda-3 & \lambda^3-2\lambda^2+\lambda-2 & 5\lambda^3-2\lambda^2+5\lambda-2\\ \lambda^3+\lambda^2+\lambda+1 & \lambda^3-3\lambda^2+\lambda-3 & -\lambda^3-\lambda^2-\lambda-1 & 7\lambda^3-\lambda^2+7\lambda-1\\ \lambda^3-2\lambda^2+\lambda-2 & \lambda^3+\lambda & 2\lambda^3-\lambda^2+2\lambda-1 & -2\lambda^3-\lambda^2-2\lambda-1\\ 3\lambda^3-2\lambda^2+3\lambda-2 & 3\lambda^3-4\lambda^2+3\lambda-4 & 2\lambda^3-3\lambda^2+2\lambda-3 & 6\lambda^3-3\lambda^2+6\lambda-3\end{pmatrix}$.

解　对 λ – 矩阵每一个元素因式分解得

$$\boldsymbol{A}(\lambda)=\begin{pmatrix}\lambda^2+1 & & & \\ & \lambda^2+1 & & \\ & & \lambda^2+1 & \\ & & & \lambda^2+1\end{pmatrix}\begin{pmatrix}2\lambda-1 & 2\lambda-3 & \lambda-2 & 5\lambda-2\\ \lambda+1 & \lambda-3 & -\lambda-1 & 7\lambda-1\\ \lambda-2 & \lambda & 2\lambda-1 & -2\lambda-1\\ 3\lambda-2 & 3\lambda-4 & 2\lambda-3 & 6\lambda-3\end{pmatrix}$$

只要求简化后的右矩阵因子的不变因式

$$\begin{pmatrix}2\lambda-1 & 2\lambda-3 & \lambda-2 & 5\lambda-2\\ \lambda+1 & \lambda-3 & -\lambda-1 & 7\lambda-1\\ \lambda-2 & \lambda & 2\lambda-1 & -2\lambda-1\\ 3\lambda-2 & 3\lambda-4 & 2\lambda-3 & 6\lambda-3\end{pmatrix}\xrightarrow[\text{第 3 列}\times(-1)\text{加到第 4 列上去}]{\text{第 2 列}\times(-1)\text{加到第 1 列}}\begin{pmatrix}2 & 2\lambda-3 & \lambda-2 & 4\lambda\\ 4 & \lambda-3 & -\lambda-1 & 8\lambda\\ -2 & \lambda & 2\lambda-1 & -4\lambda\\ 2 & 3\lambda-4 & 2\lambda-3 & 4\lambda\end{pmatrix}$$

$$\xrightarrow[\text{第 1 列}\times\frac{1}{2}]{\text{第 1 列}\times(-2\lambda)\text{加到第 4 列上去}}\begin{pmatrix}1 & 2\lambda-3 & \lambda-2 & 0\\ 2 & \lambda-3 & -\lambda-1 & 0\\ -1 & \lambda & 2\lambda-1 & 0\\ 1 & 3\lambda-4 & 2\lambda-3 & 0\end{pmatrix}\to\begin{pmatrix}1 & 2\lambda-3 & \lambda-2 & 0\\ 0 & -3\lambda+3 & -3\lambda+3 & 0\\ 0 & 3\lambda-3 & 3\lambda-3 & 0\\ 0 & \lambda-1 & \lambda-1 & 0\end{pmatrix}\to\begin{pmatrix}1 & & & \\ & \lambda-1 & & \\ & & 0 & \\ & & & 0\end{pmatrix}$$

代入得

$$\boldsymbol{A}(\lambda)\to\begin{pmatrix}\lambda^2+1 & & & \\ & \lambda^2+1 & & \\ & & \lambda^2+1 & \\ & & & \lambda^2+1\end{pmatrix}\begin{pmatrix}1 & & & \\ & \lambda-1 & & \\ & & 0 & \\ & & & 0\end{pmatrix}=\begin{pmatrix}\lambda^2+1 & & & \\ & (\lambda-1)(\lambda^2+1) & & \\ & & 0 & \\ & & & 0\end{pmatrix}$$

$$\boldsymbol{E}_1(\lambda)=\lambda^2+1,\quad \boldsymbol{E}_2=(\lambda-1)(\lambda^2+1),\quad \boldsymbol{E}_3(\lambda)=\boldsymbol{E}_4(\lambda)=0$$

1018. $\begin{pmatrix}\lambda^3+\lambda^2-\lambda+3 & \lambda^3-\lambda^2+\lambda & 2\lambda^3+\lambda^2-\lambda+4 & \lambda^3+\lambda^2-\lambda+2\\ \lambda^3+3\lambda^2-3\lambda+6 & \lambda^3-3\lambda^2+3\lambda-2 & 2\lambda^3+3\lambda^2-3\lambda+7 & \lambda^3+3\lambda^2-3\lambda+4\\ \lambda^3+2\lambda^2-2\lambda+4 & \lambda^3-2\lambda^2+2\lambda-1 & 2\lambda^3+2\lambda^2-2\lambda+5 & \lambda^3+2\lambda^2-2\lambda+3\\ 2\lambda^3+\lambda^2-\lambda+5 & 2\lambda^3-\lambda^2+\lambda+1 & 4\lambda^3+\lambda^2-\lambda+7 & 2\lambda^3+\lambda^2-\lambda+3\end{pmatrix}$.

解　设

$$A(\lambda)=\begin{pmatrix}\lambda^3+\lambda^2-\lambda+3 & \lambda^3-\lambda^2+\lambda & 2\lambda^3+\lambda^2-\lambda+4 & \lambda^3+\lambda^2-\lambda+2\\ \lambda^3+3\lambda^2-3\lambda+6 & \lambda^3-3\lambda^2+3\lambda-2 & 2\lambda^3+3\lambda^2-3\lambda+7 & \lambda^3+3\lambda^2-3\lambda+4\\ \lambda^3+2\lambda^2-2\lambda+4 & \lambda^3-2\lambda^2+2\lambda-1 & 2\lambda^3+2\lambda^2-2\lambda+5 & \lambda^3+2\lambda^2-2\lambda+3\\ 2\lambda^3+\lambda^2-\lambda+5 & 2\lambda^3-\lambda^2+\lambda+1 & 4\lambda^3+\lambda^2-\lambda+7 & 2\lambda^3+\lambda^2-\lambda+3\end{pmatrix}$$

对 $A(\lambda)$ 施行初等变换

$$A(\lambda)\xrightarrow[\text{第1列}\times(-1)\text{加到第4列上去}]{\substack{\text{第1列}\times(-1)\text{加到第2列上去}\\ \text{第1列}\times(-2)\text{加到第3列上去}}}$$

$$\begin{pmatrix}\lambda^3+\lambda^2-\lambda+3 & -2\lambda^2+2\lambda-3 & -\lambda^2+\lambda-2 & -1\\ \lambda^3+3\lambda^2-3\lambda+6 & -6\lambda^2+6\lambda-8 & -3\lambda^2+3\lambda-5 & -2\\ \lambda^3+2\lambda^2-2\lambda+4 & -4\lambda^2+4\lambda-5 & -2\lambda^2+2\lambda-3 & -1\\ 2\lambda^3+\lambda^2-\lambda+5 & -2\lambda^2+2\lambda-4 & -\lambda^2+\lambda-3 & -2\end{pmatrix}\xrightarrow{\text{第3列}\times(-2)\text{加到第2列上去}}$$

$$\begin{pmatrix}\lambda^3+\lambda^2-\lambda+3 & 1 & -\lambda^2+\lambda-2 & -1\\ \lambda^3+3\lambda^2-3\lambda+6 & 2 & -3\lambda^2+3\lambda-5 & -2\\ \lambda^3+2\lambda^2-2\lambda+4 & 1 & -2\lambda^2+2\lambda-3 & -1\\ 2\lambda^3+\lambda^2-\lambda+5 & 2 & -\lambda^2+\lambda-3 & -2\end{pmatrix}\to\begin{pmatrix}\lambda^3+1 & 1 & -\lambda^2+\lambda-2 & 0\\ \lambda^3+1 & 2 & -3\lambda^2+3\lambda-5 & 0\\ \lambda^3+1 & 1 & -2\lambda^2+2\lambda-3 & 0\\ 2\lambda^3+2 & 2 & -\lambda^2+\lambda-3 & 0\end{pmatrix}\to$$

$$\begin{pmatrix}1 & \lambda^3+1 & \lambda^2-\lambda+2 & 0\\ 2 & \lambda^3+1 & 3\lambda^2-3\lambda+5 & 0\\ 1 & \lambda^3+1 & 2\lambda^2-2\lambda+3 & 0\\ 2 & 2\lambda^3+2 & \lambda^2-\lambda+3 & 0\end{pmatrix}\to\begin{pmatrix}1 & 0 & 0 & 0\\ 0 & -\lambda^3-1 & \lambda^2-\lambda+1 & 0\\ 0 & 0 & \lambda^2-\lambda+1 & 0\\ 0 & 0 & -\lambda^2+\lambda-1 & 0\end{pmatrix}\to\begin{pmatrix}1 & & & \\ & \lambda^2-\lambda+1 & & \\ & & \lambda^3+1 & \\ & & & 0\end{pmatrix}$$

$$E_1(\lambda)=1,\quad E_2(\lambda)=\lambda^2-\lambda+1,\quad E_3(\lambda)=\lambda^3+1,\quad E_4(\lambda)=0$$

1019. $\begin{pmatrix}\lambda & 1 & 2 & 3 & \cdots & n\\ & \lambda & 1 & 2 & \cdots & n-1\\ & & \lambda & 1 & \cdots & n-2\\ & & & & \ddots & \vdots\\ & & & & & \lambda\end{pmatrix}$.

解　题目是 $n+1$ 阶方阵. 设

$$A(\lambda)=\begin{pmatrix}\lambda & 1 & 2 & 3 & \cdots & n\\ & \lambda & 1 & 2 & \cdots & n-1\\ & & \lambda & 1 & \cdots & n-2\\ & & & \ddots & & \vdots\\ & & & & \cdots & \lambda\end{pmatrix}$$

在 $A(\lambda)$ 中去掉第 1 列第 1 行得到一个值为 λ^n 的 n 阶子式.

在 $A(\lambda)$ 中去掉第 1 列和第 $n+1$ 行得到一个首项 $(-1)^{n+1}n\cdot\lambda^{n-1}$,常数项为 1 的另一个 n 阶子式. 因为这二个子式互素,所以 $D_n(\lambda)=1$. 由于 $E_k=\dfrac{D_k(\lambda)}{D_{k-1}(\lambda)}$,所以

$$E_1(\lambda)=\cdots=E_n(\lambda)=1$$
$$E_{n+1}(\lambda)=|\boldsymbol{A}(\lambda)|=\lambda^{n+1}$$

1020. $\begin{pmatrix}\lambda-\alpha & \beta & \beta & \beta & \cdots & \beta\\ & \lambda-\alpha & \beta & \beta & \cdots & \beta\\ & & \lambda-\alpha & \beta & \cdots & \beta\\ & & & \ddots & & \vdots\\ & & & & & \lambda-\alpha\end{pmatrix}$.

(矩阵的阶是 n).

解　当 $\beta\neq0$ 时,令 $y=\dfrac{\lambda-\alpha}{\beta}$,变为求矩阵

$$\begin{pmatrix}y & 1 & 1 & 1 & \cdots & 1\\ & y & 1 & 1 & \cdots & 1\\ & & y & 1 & \cdots & 1\\ & & & \ddots & & \vdots\\ & & & & & y\end{pmatrix}$$

的不变因子. 对这个 n 阶矩阵作初等变换,得

$$\begin{pmatrix}y & 1-y & 0 & & \\ 0 & y & 1-y & & \\ & & & \ddots & \\ & & & & y\end{pmatrix}$$

$$M_2:y^2,\quad (1-y)^2,\quad D_2(\lambda)=1$$
$$M_3:y^3,\quad (1-y)^3,\quad D_3(\lambda)=1$$
$$\cdots$$
$$M_{n-1}:\quad y^{n-1},\quad (1-y)^{n-1},\quad D_{n-1}(\lambda)=1.$$
$$D_n(\lambda)=y^n=\frac{(\lambda-\alpha)^n}{\beta^n}.$$

$$\boldsymbol{J}=\begin{pmatrix}1 & & & & & \\ & 1 & & & & \\ & & 1 & & & \\ & & & \ddots & & \\ & & & & \ddots & \\ & & & & & \dfrac{(\lambda-\alpha)^n}{\beta^n}\end{pmatrix}_{n\times n}$$

为了首项系数为 1,可以去掉 β^n.　$E_1(\lambda)=\cdots=E_{n-1}(\lambda)=1$,　$E_n(\lambda)=(\lambda-\alpha)^n$.

当 $\beta=0$ 时,矩阵已经是对角形.

$$E_1(\lambda)=E_2(\lambda)=\cdots=E_n(\lambda)=\lambda-\alpha$$

把 λ 矩阵 $\boldsymbol{A}$ 的不变因子 $E_1(\lambda),E_2(\lambda),\cdots,E_n(\lambda)$ 分解成不可约因子方幂的积,包含在各分解式中的各不可约因子的最高次方幂,设为多项式 $e_1(\lambda),e_2(\lambda),\cdots,e_s(\lambda)$(要求首项系数等于1),它们称为 λ 矩阵 $\boldsymbol{A}$ 的初等因子. 同时,有多少个不变因子 $E_k(\lambda)$ 在自己的分解式中包含 $e_i(\lambda)$,则 $e_i(\lambda)$ 在初等因子组中就重复多少次. 作为矩阵 $\boldsymbol{A}$ 的元素的多项式是在哪个域上考虑的,就在哪个域上进行不可约因子的分解. 在下面如无另外说明,将在复数域上考察初等因子,此时初等因子是把矩阵 $\boldsymbol{A}$ 的各不变因子分解为线性因子时所包含形如 $\lambda-\alpha$ 的多项式的最高次方幂.

求下列 λ 矩阵的初等因子:

1021. $\begin{pmatrix}\lambda^3+2 & \lambda^3+1\\ 2\lambda^3-\lambda^2-\lambda+3 & 2\lambda^3-\lambda^2-\lambda+2\end{pmatrix}$.

解　设

$$\boldsymbol{A}(\lambda)=\begin{pmatrix}\lambda^3+2 & \lambda^3+1\\ 2\lambda^3-\lambda^2-\lambda+3 & 2\lambda^3-\lambda^2-\lambda+2\end{pmatrix}$$

对 $\boldsymbol{A}(\lambda)$ 施行初等变换

$$\boldsymbol{A}(\lambda)=\begin{pmatrix}\lambda^3+2 & \lambda^3+1\\ 2\lambda^3-\lambda^2-\lambda+3 & 2\lambda^3-\lambda^2-\lambda+2\end{pmatrix}\xrightarrow{\text{第 2 列}\times(-1)\text{加到第 1 列上去}}\begin{pmatrix}1 & \lambda^3+1\\ 1 & 2\lambda^3-\lambda^2-\lambda+2\end{pmatrix}$$

$$\xrightarrow{\text{第 1 行}\times(-1)\text{加到第 2 行}}\begin{pmatrix}1 & \lambda^3+1\\ 0 & \lambda^3-\lambda^2-\lambda+1\end{pmatrix}\to\begin{pmatrix}1 & 0\\ 0 & \lambda^3-\lambda^2-\lambda+1\end{pmatrix}$$

$$E_1(\lambda)=1$$

$$E_2(\lambda)=\lambda^3+1-\lambda(\lambda+1)=(\lambda+1)(\lambda-1)^2$$

将初等因子按降幂排列

$$\begin{matrix}(\lambda-1)^2 & & 1\\ & (\lambda+1) & 1\end{matrix}$$

因为 $\boldsymbol{A}(\lambda)$ 的秩为 2. 故有两个不变因子

$$E_1(\lambda)=1$$

$$E_2(\lambda)=(\lambda+1)(\lambda-1)^2$$

初等因子组为

$$\lambda-1,\quad \lambda-1,\quad \lambda+1$$

1022. $\begin{pmatrix}\lambda^3-2\lambda^2+2\lambda-1 & \lambda^2-2\lambda+1\\ 2\lambda^3-2\lambda^2+\lambda-1 & 2\lambda^2-2\lambda\end{pmatrix}$.

解　设

$$A(\lambda)=\begin{pmatrix}\lambda^3-2\lambda^2+2\lambda-1 & \lambda^2-2\lambda+1\\ 2\lambda^3-2\lambda^2+\lambda-1 & 2\lambda^2-2\lambda\end{pmatrix}$$

对 $A(\lambda)$ 施行初等变换

$$A(\lambda)=\begin{pmatrix}\lambda^3-2\lambda^2+2\lambda-1 & \lambda^2-2\lambda+1\\ 2\lambda^3-2\lambda^2+\lambda-1 & 2\lambda^2-2\lambda\end{pmatrix}\xrightarrow{\text{第1行}\times(-2)\text{加到第2行}}$$

$$\begin{pmatrix}\lambda^3-2\lambda^2+2\lambda-1 & \lambda^2-2\lambda+1\\ 2\lambda^2-3\lambda+1 & 2\lambda-2\end{pmatrix}\xrightarrow{\text{第2行加到第1行上去}}\begin{pmatrix}\lambda^3-\lambda & \lambda^2-1\\ 2\lambda^2-3\lambda+1 & 2\lambda-2\end{pmatrix}\xrightarrow[\text{第1列上去}]{\text{第2列}\times(-\lambda)\text{加到}}$$

$$\begin{pmatrix}0 & \lambda^2-1\\ -\lambda+1 & 2\lambda-2\end{pmatrix}\to\begin{pmatrix}\lambda-1 & 0\\ 0 & \lambda^2-1\end{pmatrix}$$

将初等因子按降幂排列

$$\begin{matrix}\lambda-1 & \lambda-1 & 1\\ \lambda+1 & & 1\end{matrix}$$

由于 $A(\lambda)$ 的秩为2,故有两个不变因子,且

$$E_1(\lambda)=\lambda-1$$

$$E_2(\lambda)=\lambda^2-1$$

初等因子组为

$$\lambda-1,\quad \lambda-1,\quad \lambda+1$$

1023. $\begin{pmatrix}\lambda^2+2 & 2\lambda+1 & \lambda^2+1\\ \lambda^2+4\lambda+4 & 2\lambda+3 & \lambda^2+4\lambda+3\\ \lambda^2-4\lambda+3 & 2\lambda-1 & \lambda^2-4\lambda+2\end{pmatrix}$.

解　设

$$A(\lambda)=\begin{pmatrix}\lambda^2+2 & 2\lambda+1 & \lambda^2+1\\ \lambda^2+4\lambda+4 & 2\lambda+3 & \lambda^2+4\lambda+3\\ \lambda^2-4\lambda+3 & 2\lambda-1 & \lambda^2-4\lambda+2\end{pmatrix}$$

对 $A(\lambda)$ 施行初等变换

$$A(\lambda)=\begin{pmatrix}\lambda^2+2 & 2\lambda+1 & \lambda^2+1\\ \lambda^2+4\lambda+4 & 2\lambda+3 & \lambda^2+4\lambda+3\\ \lambda^2-4\lambda+3 & 2\lambda-1 & \lambda^2-4\lambda+2\end{pmatrix}\xrightarrow{\text{第3列}\times(-1)\text{加到第1列}}\begin{pmatrix}1 & 2\lambda+1 & \lambda^2+1\\ 1 & 2\lambda+3 & \lambda^2+4\lambda+3\\ 1 & 2\lambda-1 & \lambda^2-4\lambda+2\end{pmatrix}$$

$$\xrightarrow[\text{到第2,第3行上去}]{\text{第1行}\times(-1)\text{分别加}}\begin{pmatrix}1 & 2\lambda+1 & \lambda^2+1\\ 0 & 2 & 4\lambda+2\\ 0 & -2 & -4\lambda+1\end{pmatrix}\to\begin{pmatrix}1 & & \\ & 2 & \\ & & 3\end{pmatrix}$$

初等因子不存在.

1024. $\begin{pmatrix} \lambda^2-2\lambda-8 & \lambda^2+4\lambda+4 & \lambda^2-4 & \lambda^2-3\lambda-10 \\ \lambda^4+\lambda^3-\lambda-10 & 2\lambda^2+5\lambda+2 & \lambda^3+3\lambda^2-\lambda-6 & \lambda^4+\lambda^3-2\lambda-12 \\ \lambda^4+\lambda^3-2\lambda^2-3\lambda-6 & \lambda^2+4\lambda+4 & \lambda^4+\lambda^3-2\lambda^2-\lambda-2 & \lambda^4+\lambda^3-2\lambda^2-4\lambda-8 \\ \lambda^4+\lambda^3-\lambda^2+\lambda-2 & \lambda^2+\lambda-2 & \lambda^3+2\lambda^2-\lambda-2 & \lambda^4+\lambda^3-\lambda^2+\lambda-2 \end{pmatrix}$.

解 设

$$\boldsymbol{A}(\lambda)=\begin{pmatrix} \lambda^2-2\lambda-8 & \lambda^2+4\lambda+4 & \lambda^2-4 & \lambda^2-3\lambda-10 \\ \lambda^4+\lambda^3-\lambda-10 & 2\lambda^2+5\lambda+2 & \lambda^3+3\lambda^2-\lambda-6 & \lambda^4+\lambda^3-2\lambda-12 \\ \lambda^4+\lambda^3-2\lambda^2-3\lambda-6 & \lambda^2+4\lambda+4 & \lambda^4+\lambda^3-2\lambda^2-\lambda-2 & \lambda^4+\lambda^3-2\lambda^2-4\lambda-8 \\ \lambda^4+\lambda^3-\lambda^2+\lambda-2 & \lambda^2+\lambda-2 & \lambda^3+2\lambda^2-\lambda-2 & \lambda^4+\lambda^3-\lambda^2+\lambda-2 \end{pmatrix}$$

对$\boldsymbol{A}(\lambda)$施行初等变换.

$$\boldsymbol{A}(\lambda)\xrightarrow{\text{第1列}\times(-1)\text{加到第4列上去}}$$

$$\begin{pmatrix} \lambda^2-2\lambda-8 & \lambda^2+4\lambda+4 & \lambda^2-4 & -\lambda-2 \\ \lambda^4+\lambda^3-\lambda-10 & 2\lambda^2+5\lambda+2 & \lambda^3+3\lambda^2-\lambda-6 & -\lambda-2 \\ \lambda^4+\lambda^3-2\lambda^2-3\lambda-6 & \lambda^2+4\lambda+4 & \lambda^4+\lambda^3-2\lambda^2-\lambda-2 & -\lambda-2 \\ \lambda^4+\lambda^3-\lambda^2+\lambda-2 & \lambda^2+\lambda-2 & \lambda^3+2\lambda^2-\lambda-2 & 0 \end{pmatrix}$$

$$\xrightarrow{\text{第1行}\times(-1)\text{分别加到第2,第3行上去}}$$

$$\begin{pmatrix} \lambda^2-2\lambda-8 & \lambda^2+4\lambda+4 & \lambda^2-4 & -\lambda-2 \\ \lambda^4+\lambda^3-\lambda^2+\lambda-2 & \lambda^2+\lambda-2 & \lambda^3+2\lambda^2-\lambda-2 & 0 \\ \lambda^4+x^3-3\lambda^2-\lambda+2 & 0 & \lambda^4+\lambda^3-3\lambda^2-\lambda+2 & 0 \\ \lambda^4+\lambda^3-\lambda^2+\lambda-2 & \lambda^2+\lambda-2 & \lambda^3+2\lambda^2-\lambda-2 & 0 \end{pmatrix}$$

$$\xrightarrow{\text{第2行}\times(-1)\text{加到第4行上去}}$$

$$\begin{pmatrix} \lambda^2-2\lambda-8 & \lambda^2+4\lambda+4 & \lambda^2-4 & -\lambda-2 \\ \lambda^4+\lambda^3-\lambda^2+\lambda-2 & \lambda^2+\lambda-2 & \lambda^3+2\lambda^2-\lambda-2 & 0 \\ \lambda^4+\lambda^3-3\lambda^2-\lambda+2 & 0 & \lambda^4+\lambda^3-3\lambda^2-\lambda+2 & 0 \\ 0 & 0 & 0 & 0 \end{pmatrix}$$

$$\xrightarrow{\text{第3列}\times(-1)\text{加到第1列}}$$

$$\begin{pmatrix} -2\lambda-4 & \lambda^2+4\lambda+4 & \lambda^2-4 & -\lambda-2 \\ \lambda^4-3\lambda^2+2\lambda & \lambda^2+\lambda-2 & \lambda^3+2\lambda^2-\lambda-2 & 0 \\ 0 & 0 & \lambda^4+\lambda^3-3\lambda^2-\lambda+2 & 0 \\ 0 & 0 & 0 & 0 \end{pmatrix}\to$$

$$\begin{pmatrix} \lambda+2 & 0 & 0 & 0 \\ 0 & \lambda^4-3\lambda^2+2\lambda & \lambda^2+\lambda-2 & \lambda^3+2\lambda^2-\lambda-2 \\ 0 & 0 & 0 & \lambda^4+\lambda^3-3\lambda^2-\lambda+2 \\ 0 & 0 & 0 & 0 \end{pmatrix}\to$$

$$\begin{pmatrix} \lambda+2 & & & \\ & \lambda^2+\lambda-2 & & \\ & & \lambda^4+\lambda^3-3\lambda^2-\lambda+2 & \\ & & & 0 \end{pmatrix} \to$$

$$\begin{pmatrix} \lambda+2 & & & \\ & (\lambda+2)(\lambda-1) & & \\ & & (\lambda+2)(\lambda+1)(\lambda-1)^2 & \\ & & & 0 \end{pmatrix}$$

将初等因子按降幂排列

$$\begin{matrix} \lambda+2 & \lambda+2 & \lambda+2 & 1 \\ (\lambda-1)^2 & \lambda-1 & 1 & 1 \\ \lambda+1 & 1 & 1 & 1 \end{matrix}$$

因为$\boldsymbol{A}(\lambda)$的秩为3,故有三个不变因子.

$$E_1(\lambda)=\lambda+2,\quad E_2(\lambda)=(\lambda+2)(\lambda-1)$$

$$E_3(\lambda)=(\lambda+2)(\lambda+1)(\lambda-1)^2$$

$$E_4(\lambda)=0$$

其初等因子为

$$\lambda+1,\quad (\lambda-1)^2,\quad \lambda-1,\quad \lambda+2,\quad \lambda+2,\quad \lambda+2$$

1025. $\begin{pmatrix} \lambda^2-2 & \lambda^2+\lambda+3 & \lambda^2+2 & \lambda^2-3 \\ \lambda^2+3\lambda-1 & \lambda^2+3\lambda+3 & \lambda^2+2\lambda+1 & \lambda^2+3\lambda-2 \\ 2\lambda^2-4 & \lambda^2+\lambda+4 & \lambda^2+3 & 2\lambda^2-5 \\ 2\lambda^2+3\lambda-3 & \lambda^2+3\lambda+4 & \lambda^2+2\lambda+2 & 2\lambda^2+3\lambda-4 \end{pmatrix}$.

解 设

$$\boldsymbol{A}(\lambda)=\begin{pmatrix} \lambda^2-2 & \lambda^2+\lambda+3 & \lambda^2+2 & \lambda^2-3 \\ \lambda^2+3\lambda-1 & \lambda^2+3\lambda+3 & \lambda^2+2\lambda+1 & \lambda^2+3\lambda-2 \\ 2\lambda^2-4 & \lambda^2+\lambda+4 & \lambda^2+3 & 2\lambda^2-5 \\ 2\lambda^2+3\lambda-3 & \lambda^2+3\lambda+4 & \lambda^2+2\lambda+2 & 2\lambda^2+3\lambda-4 \end{pmatrix}$$

对$\boldsymbol{A}(\lambda)$施行初等变换

$$\boldsymbol{A}(\lambda)\xrightarrow[\text{第3列}\times(-1)\text{加到第2列上去}]{\text{第1列}\times(-1)\text{加到第4列上去}}\begin{pmatrix} \lambda^2-2 & \lambda+1 & \lambda^2+2 & -1 \\ \lambda^2+3\lambda-1 & \lambda+2 & \lambda^2+2\lambda+1 & -1 \\ 2\lambda^2-4 & \lambda+1 & \lambda^2+3 & -1 \\ 2\lambda^2+3\lambda-3 & \lambda+2 & \lambda^2+2\lambda+2 & -1 \end{pmatrix}\to$$

$$\begin{pmatrix}1 & \lambda^2-2 & \lambda+1 & \lambda^2+2\\ 1 & \lambda^2+3\lambda-1 & \lambda+2 & \lambda^2+2\lambda+1\\ 1 & 2\lambda^2-4 & \lambda+1 & \lambda^2+3\\ 1 & 2\lambda^2+3\lambda-3 & \lambda+2 & \lambda^2+2\lambda+2\end{pmatrix}\to\begin{pmatrix}1 & \lambda^2-2 & \lambda+1 & \lambda^2+2\\ 0 & 3\lambda+1 & 1 & 2\lambda-1\\ 0 & \lambda^2-2 & 0 & 1\\ 0 & \lambda^2+3\lambda-1 & 1 & 2\lambda\end{pmatrix}\to$$

$$\begin{pmatrix}1 & 0 & 0 & 0\\ 0 & 1 & 2\lambda-1 & 3\lambda+1\\ 0 & 0 & 1 & \lambda^2-2\\ 0 & 1 & 2\lambda & \lambda^2+3\lambda-1\end{pmatrix}\to\begin{pmatrix}1 & 0 & 0\\ & 1 & 2\lambda-1 & 3\lambda+1\\ & & 1 & \lambda^2-2\\ & & 1 & \lambda^2-2\end{pmatrix}\to\begin{pmatrix}1 & & & \\ & 1 & & \\ & & 1 & \\ & & & 0\end{pmatrix}$$

由此可见,初等因子不存在.

在有理数域、实数域、复数域中求下列 λ 矩阵的初等因子:

1026. $\begin{pmatrix}\lambda^2+2 & \lambda^2+1 & 2\lambda^2-2\\ \lambda^2+1 & \lambda^2+1 & 2\lambda^2-2\\ \lambda^2+2 & \lambda^2+1 & 3\lambda^2-5\end{pmatrix}$.

解　设

$$\boldsymbol{A}(\lambda)=\begin{pmatrix}\lambda^2+2 & \lambda^2+1 & 2\lambda^2-2\\ \lambda^2+1 & \lambda^2+1 & 2\lambda^2-2\\ \lambda^2+2 & \lambda^2+1 & 3\lambda^2-5\end{pmatrix}$$

对 $\boldsymbol{A}(\lambda)$ 施行初等变换

$$\boldsymbol{A}(\lambda)=\begin{pmatrix}\lambda^2+2 & \lambda^2+1 & 2\lambda^2-2\\ \lambda^2+1 & \lambda^2+1 & 2\lambda^2-2\\ \lambda^2+2 & \lambda^2+1 & 3\lambda^2-5\end{pmatrix}\xrightarrow[\text{第2列}\times(-2)\text{加到第3列}]{\text{第2列}\times(-1)\text{加到第1列}}\begin{pmatrix}1 & \lambda^2+1 & -4\\ 0 & \lambda^2+1 & -4\\ 1 & \lambda^2+1 & \lambda^2-7\end{pmatrix}\xrightarrow[\text{第2行}\times(-1)\text{加到第3行}]{\text{第2行}\times(-1)\text{加到第1行}}$$

$$\begin{pmatrix}1 & 0 & 0\\ 0 & \lambda^2+1 & -4\\ 1 & 0 & \lambda^2-3\end{pmatrix}\to\begin{pmatrix}1 & 0 & 0\\ 0 & \lambda^2+1 & \lambda^2-3\\ 0 & 0 & \lambda^2-3\end{pmatrix}\to\begin{pmatrix}1 & & \\ & \lambda^2+1 & \\ & & \lambda^2-3\end{pmatrix}$$

初等因子:

有理数域:　λ^2+1,　λ^2-3.

实数域:　λ^2+1,　$\lambda+\sqrt{3}$,　$\lambda-\sqrt{3}$.

复数域:　$\lambda-\mathrm{i}$,　$\lambda+\mathrm{i}$,　$\lambda+\sqrt{3}$,　$\lambda-\sqrt{3}$.

1027. $\begin{pmatrix}2\lambda^2+3 & \lambda^2+1 & \lambda^6+6\lambda^4+\lambda^2+2\\ 4\lambda^2+11 & 2\lambda^2+5 & 2\lambda^6+12\lambda^4+2\lambda^2-26\\ 2\lambda^2+3 & \lambda^2+1 & 2\lambda^6+12\lambda^4+\lambda^2-30\end{pmatrix}$.

解　设

$$A(\lambda)=\begin{pmatrix}2\lambda^2+3 & \lambda^2+1 & \lambda^6+6\lambda^4+\lambda^2+2\\ 4\lambda^2+11 & 2\lambda^2+5 & 2\lambda^6+12\lambda^4+2\lambda^2-26\\ 2\lambda^2+3 & \lambda^2+1 & 2\lambda^6+12\lambda^4+\lambda^2-30\end{pmatrix}$$

对 $A(\lambda)$ 施行初等变换

$$A(\lambda)\xrightarrow{\text{第 2 列}\times(-2)\text{加到第 1 列上去}}\begin{pmatrix}1 & \lambda^2+1 & \lambda^6+6\lambda^4+\lambda^2+2\\ 1 & 2\lambda^2+5 & 2\lambda^6+12\lambda^4+2\lambda^2-26\\ 1 & \lambda^2+1 & 2\lambda^6+12\lambda^4+\lambda^2-30\end{pmatrix}\to$$

$$\begin{pmatrix}1 & \lambda^2+1 & \lambda^6+6\lambda^4+\lambda^2+2\\ 0 & \lambda^2+4 & \lambda^6+6\lambda^4+\lambda^2-28\\ 0 & 0 & \lambda^6+6\lambda^4-32\end{pmatrix}\to\begin{pmatrix}1 & 0 & 0\\ 0 & \lambda^2+4 & \lambda^2+4\\ 0 & 0 & \lambda^6+6\lambda^4-32\end{pmatrix}\to\begin{pmatrix}1 & & \\ & \lambda^2+4 & \\ & & \lambda^6+6\lambda^4-32\end{pmatrix}$$

$$\lambda^6+6\lambda^4-32=(\lambda^2-2)(\lambda^4+8\lambda^2+16)=(\lambda^2-2)(\lambda^2+4)^2$$

初等因子：

在有理数域：

$$\lambda^2+4,\quad \lambda^2-2,(\lambda^2+4)^2$$

在实数域：

$$\lambda^2+4,\quad \lambda+\sqrt{2},\quad \lambda-\sqrt{2},\quad (\lambda^2+4)^2$$

在复数域：

$$\lambda+\sqrt{2},\quad \lambda-\sqrt{2},\quad \lambda+2\mathrm{i},\quad \lambda-2\mathrm{i},\quad (\lambda+2\mathrm{i})^2,\quad (\lambda-2\mathrm{i})^2$$

1028. $\begin{pmatrix}\lambda^4+1 & \lambda^7-\lambda^4+\lambda^3-1 & \lambda^4-4\lambda^3+4\lambda-5\\ 2\lambda^4+3 & 2\lambda^7-2\lambda^4+4\lambda^3-2 & 3\lambda^4-10\lambda^3+\lambda^2+10\lambda-14\\ \lambda^4+2 & \lambda^7-\lambda^4+2\lambda^3-2 & 2\lambda^4-6\lambda^3+\lambda^2+6\lambda-9\end{pmatrix}$.

解　设

$$A(\lambda)=\begin{pmatrix}\lambda^4+1 & \lambda^7-\lambda^4+\lambda^3-1 & \lambda^4-4\lambda^3+4\lambda-5\\ 2\lambda^4+3 & 2\lambda^7-2\lambda^4+4\lambda^3-2 & 3\lambda^4-10\lambda^3+\lambda^2+10\lambda-14\\ \lambda^4+2 & \lambda^7-\lambda^4+2\lambda^3-2 & 2\lambda^4-6\lambda^3+\lambda^2+6\lambda-9\end{pmatrix}$$

对 $A(\lambda)$ 施行初等变换

$$A(\lambda)\xrightarrow[\text{第 1 行}\times(-1)\text{加到第 3 行上去}]{\text{第 1 行}\times(-2)\text{加到第 2 行上去}}\begin{pmatrix}\lambda^4+1 & \lambda^7-\lambda^4+\lambda^3-1 & \lambda^4-4\lambda^3+4\lambda-5\\ 1 & 2\lambda^3 & \lambda^4-2\lambda^3+\lambda^2+2\lambda-4\\ 1 & \lambda^3-1 & \lambda^4-2\lambda^3+\lambda^2+2\lambda-4\end{pmatrix}$$

$$\xrightarrow{\text{第 1 列}\times(-\lambda^3)\text{加到第 2 列上去}}\begin{pmatrix}\lambda^4+1 & -\lambda^4-1 & \lambda^4-4\lambda^3+4\lambda-5\\ 1 & \lambda^3 & \lambda^4-2\lambda^3+\lambda^2+2\lambda-4\\ 1 & -1 & \lambda^4-2\lambda^3+\lambda^2+2\lambda-4\end{pmatrix}\to$$

$$\begin{pmatrix}\lambda^4+1 & 0 & \lambda^4-4\lambda^3+4\lambda-5\\ 1 & \lambda^3+1 & \lambda^4-2\lambda^3+\lambda^2+2\lambda-4\\ 1 & 0 & \lambda^4-2\lambda^3+\lambda^2+2\lambda-4\end{pmatrix}\to\begin{pmatrix}\lambda^4+1 & 0 & \lambda^4-4\lambda^3+4\lambda-5\\ 0 & \lambda^3+1 & 0\\ 1 & 0 & \lambda^4-2\lambda^3+\lambda^2+2\lambda-4\end{pmatrix}\to$$

$$\begin{pmatrix}\lambda^4 & 0 & -2\lambda^3-\lambda^2+2\lambda-1\\ 0 & \lambda^3+1 & 0\\ 1 & 0 & \lambda^4-2\lambda^3+\lambda^2+2\lambda-4\end{pmatrix}\to\begin{pmatrix}1 & 0 & \lambda^4-2\lambda^3+\lambda^2+2\lambda-4\\ 0 & \lambda^3+1 & 0\\ \lambda^4 & 0 & -2\lambda^3-\lambda^2+2\lambda-1\end{pmatrix}\to$$

$$\begin{pmatrix}1 & & \\ & \lambda^3+1 & \\ & & -\lambda^8+2\lambda^7-\lambda^6-2\lambda^5+4\lambda^4-2\lambda^3-\lambda^2+2\lambda-1\end{pmatrix}\to$$

$$\begin{pmatrix}1 & & \\ & \lambda^3+1 & \\ & & \lambda^8-2\lambda^7+\lambda^6+2\lambda^5-4\lambda^4+2\lambda^3+\lambda^2-2\lambda+1\end{pmatrix}\to$$

$$\begin{pmatrix}1 & & \\ & \lambda^3+1 & \\ & & (\lambda-1)^2(\lambda^3+1)^2\end{pmatrix}$$

初等因子：

在有理数域和在实数域：

$(\lambda-1)^2$，　$(\lambda+1)^2$，　$\lambda+1$，　$(\lambda^2-\lambda+1)^2$，　$\lambda^2-\lambda+1$

在复数域：$(\lambda-1)^2$，　$(\lambda+1)^2$，　$\lambda+1$，　$\left(\lambda-\dfrac{1+\mathrm{i}\sqrt{3}}{2}\right)^2$，$\left(\lambda-\dfrac{1-\mathrm{i}\sqrt{3}}{2}\right)^2$

$\lambda-\dfrac{1+\mathrm{i}\sqrt{3}}{2}$，　$\lambda-\dfrac{1-\mathrm{i}\sqrt{3}}{2}$

求 λ 方阵的法对角形，如果已知它的初等因子，秩 γ 以及阶 n，如下：

1029. $\lambda+1$，　$\lambda+1$，　$(\lambda+1)^2$，　$\lambda-1$，$(\lambda-1)^2$；　$\gamma=4$，　$n=5$.

解　将初等因子按降幂排列

$$\begin{matrix}(\lambda+1)^2, & \lambda+1, & \lambda+1, & 1\\ (\lambda-1)^2, & \lambda-1, & 1, & 1\end{matrix}$$

$$\boldsymbol{J}=\begin{pmatrix}1 & & & & \\ & \lambda+1 & & & \\ & & (\lambda+1)(\lambda-1) & & \\ & & & (\lambda+1)^2(\lambda-1)^2 & \\ & & & & 0\end{pmatrix}$$

1030. $\lambda+2$，　$(\lambda+2)^2$，　$(\lambda+2)^3$，　$\lambda-2$，　$(\lambda-2)^3$；　$\gamma=n=4$.

解　将初等因子按降幂排列

$$\begin{matrix}(\lambda+2)^3, & (\lambda+2)^2, & \lambda+2, & 1\\ (\lambda-2)^3, & \lambda-2, & 1, & 1\end{matrix}$$

由于 $\boldsymbol{A}(\lambda)$ 的秩为 4，故有 4 个不变因子，且

$$E_1(\lambda)=1$$
$$E_2(\lambda)=\lambda+2$$
$$E_3(\lambda)=(\lambda-2)(\lambda+2)^2$$
$$E_4(\lambda)=(\lambda-2)^3(\lambda+2)^3$$

$\boldsymbol{A}(\lambda)$方阵的法对角形是

$$\boldsymbol{J}(\lambda)=\begin{pmatrix}1&&&\\&\lambda+2&&\\&&(\lambda-2)(\lambda+2)^2&\\&&&(\lambda-2)^3(\lambda+2)^3\end{pmatrix}$$
$$=\begin{pmatrix}1&&&\\&\lambda+2&&\\&&\lambda^3+2\lambda^2-4\lambda-8&\\&&&\lambda^6-12\lambda^4+48\lambda^2-64\end{pmatrix}$$

1031. $\lambda-1,\quad \lambda-1,\quad (\lambda-1)^3,\quad \lambda+2,\quad (\lambda+2)^2;\quad \gamma=4,\quad n=5.$

解　将初等因子按降幂排列

$$(\lambda-1)^3,\quad \lambda-1,\quad \lambda-1,\quad 1$$
$$(\lambda+2)^2,\quad \lambda+2,\quad 1,\quad 1$$

由于 $r(\boldsymbol{A})=4$,

$$E_1(\lambda)=1,\quad E_2(\lambda)=\lambda-1,\quad E_3(\lambda)=(\lambda-1)(\lambda+2)$$
$$E_4(\lambda)=(\lambda-1)^3(\lambda+2)^2,\quad E_5(\lambda)=0$$

$\boldsymbol{A}(\lambda)$方阵的法对角形是

$$\boldsymbol{J}(\lambda)=\begin{pmatrix}1&&&&\\&\lambda-1&&&\\&&\lambda^2+\lambda-2&&\\&&&\lambda^5+\lambda^4-5\lambda^3-\lambda^2+8\lambda-4&\\&&&&0\end{pmatrix}$$

1032. 证明:对角形的 λ 矩阵的初等因子组,由这个矩阵的所有对角线元素的初等因子组合并(带有适当的重复)而得到.

证明　设 λ 矩阵 $\boldsymbol{A}(\lambda)$ 的不变因子为 $E_1(\lambda),E_2(\lambda),\cdots,E_\gamma(\lambda)$,在复数域内将它们分解成一次因式的幂的乘积:

$$E_1(\lambda)=(\lambda-\lambda_1)^{e_{11}}(\lambda-\lambda_2)^{e_{12}}\cdots(\lambda-\lambda_s)^{e_{1s}}$$
$$E_2(\lambda)=(\lambda-\lambda_1)^{e_{21}}(\lambda-\lambda_2)^{e_{22}}\cdots(1-i_s)^{e_{2s}}$$
$$\cdots$$
$$E_\gamma(\lambda)=(\lambda-\lambda_1)^{e_{\gamma1}}(\lambda-\lambda_2)^{e_{\gamma2}}\cdots(\lambda-\lambda_s)^{e_{\gamma s}}$$

其中 $\lambda_1,\cdots,\lambda_s$ 是互异的复数,e_{ij}是非负整数. 因为 $E_i(\lambda) \mid E_{i+1}(\lambda)(i=1,\cdots,\gamma-1)$,所以 e_{ij} 满足如下关系

$$
\begin{gathered}
0\leqslant e_{11}\leqslant e_{21}\leqslant\cdots\leqslant e_{\gamma 1}\\
0\leqslant e_{12}\leqslant e_{22}\leqslant\cdots\leqslant e_{\gamma 2}\\
\cdots\\
0\leqslant e_{1s}\leqslant e_{2s}\leqslant\cdots\leqslant e_{\gamma s}
\end{gathered}
$$

以上的步骤表明,对角形的 λ 矩阵的初等因子组,由这个矩阵的所有对角线元素的初等因子组合并(带有适当的重复)而得到.

1033. 证明:分块对角形 λ 矩阵的初等因子组等于它所有对角线小块的初等因子组的并(带有适当的重复).

定理 2.2.2 设 λ 矩阵

$$
\boldsymbol{A}(\lambda)=\begin{pmatrix}\boldsymbol{B}(\lambda) & 0\\ 0 & \boldsymbol{C}(\lambda)\end{pmatrix}
$$

为准对角形矩阵,则 $\boldsymbol{B}(\lambda),\boldsymbol{C}(\lambda)$ 的各个初等因子之全体是 $\boldsymbol{A}(\lambda)$ 的全部初等因子.

证明 先将 $\boldsymbol{B}(\lambda)$ 和 $\boldsymbol{C}(\lambda)$ 分别化成标准形

$$
\boldsymbol{B}(\lambda)\simeq\begin{pmatrix}E_1(\lambda) & & & & & & \\ & E_2(\lambda) & & & & & \\ & & \ddots & & & & \\ & & & E_{\gamma_1}(\lambda) & & & \\ & & & & 0 & & \\ & & & & & \ddots & \\ & & & & & & 0\end{pmatrix}
$$

$$
\boldsymbol{C}(\lambda)\simeq\begin{pmatrix}\widetilde{E}_1(\lambda) & & & & & & \\ & \widetilde{E}_2(\lambda) & & & & & \\ & & \ddots & & & & \\ & & & \widetilde{E}_{\gamma_2}(\lambda) & & & \\ & & & & 0 & & \\ & & & & & \ddots & \\ & & & & & & 0\end{pmatrix}
$$

$\boldsymbol{A}(\lambda)$的秩 $r=\gamma_1+\gamma_2$. 把 $E_i(\lambda)$和 $\widetilde{E}_i(\lambda)$分解为不同的一次因式的幂积,即

$$
E_i(\lambda)=(\lambda-\lambda_1)^{e_{i1}}(\lambda-\lambda_2)^{e_{i2}}\cdots(\lambda-\lambda_t)^{e_{it}}
$$

和

$$
\widetilde{E}_j(\lambda)=(\lambda-\lambda_1)^{h_{j1}}(\lambda-\lambda_2)^{h_{j2}}\cdots(\lambda-\lambda_t)^{h_{jt}}
$$

中不为常数的幂.

现在证明 $\boldsymbol{B}(\lambda)$,$\boldsymbol{C}(\lambda)$ 的初等因子就是 $\boldsymbol{A}(\lambda)$ 的全部初等因子. 将$(\lambda-\lambda_1)$的指数

$$e_{11},e_{21},\cdots,e_{\gamma_1 1},h_{11},h_{21},\cdots,h_{\gamma_2 1}$$

按大小的顺序排列,设为

$$0\leqslant C_1\leqslant C_2\leqslant\cdots\leqslant C_\gamma$$

因为 $\boldsymbol{A}(\lambda)$ 是 $\boldsymbol{B}(\lambda)$ 与 $\boldsymbol{C}(\lambda)$ 所构成的准对角形矩阵,所以在 $\boldsymbol{B}(\lambda)$ 与 $\boldsymbol{C}(\lambda)$ 上施行初等交换,实际上是在 $\boldsymbol{A}(\lambda)$ 上施行初等交换,于是

$$\boldsymbol{A}(\lambda)\simeq\begin{pmatrix}E_1(\lambda)&&&&&&&&&\\&E_2(\lambda)&&&&&&&&\\&&\ddots&&&&&&&\\&&&E_{\gamma_1}(\lambda)&&&&&&\\&&&&\widetilde{E}_1(\lambda)&&&&&\\&&&&&\widetilde{E}_2(\lambda)&&&&\\&&&&&&\ddots&&&\\&&&&&&&\widetilde{E}_{\gamma_2}(\lambda)&&\\&&&&&&&&0&\\&&&&&&&&&\ddots\\&&&&&&&&&&0\end{pmatrix}$$

$$\simeq\begin{pmatrix}(\lambda-\lambda_1)^{C_1}\varphi_1(\lambda)&&&&&&\\&(\lambda-\lambda_1)^{C_2}\varphi_2(\lambda)&&&&&\\&&\ddots&&&&\\&&&(\lambda-\lambda_1)^{C_\gamma}\varphi_\gamma(\lambda)&&&\\&&&&0&&\\&&&&&\ddots&\\&&&&&&0\end{pmatrix}$$

式中 γ 个多项式 $\varphi_1(\lambda),\varphi_2(\lambda),\cdots,\varphi_\gamma(\lambda)$ 都不含因式$(\lambda-\lambda_1)$. 设 $\boldsymbol{A}(\lambda)$ 的行列式因子为

$$D_1^*(\lambda),D_2^*(\lambda),\cdots,D_\gamma^*(\lambda)$$

所以在这些行列式因子中因式$(\lambda-\lambda_1)$的最高幂指数分别等于

$$C_1,\quad\sum_{i=1}^{2}C_i,\cdots,\sum_{i=1}^{\gamma-1}C_i,\quad\sum_{i=1}^{\gamma}C_i$$

根据行列式因子与不变因子的关系式(2.1.5)①,则知含在不变因子 $E_1^*(\lambda),E_2^*(\lambda),\cdots,E_\gamma^*(\lambda)$ 中因式$(\lambda-\lambda_1)$的最高幂指数分别等于 $C_1,C_2,\cdots,C_\gamma$,这就是说,$\boldsymbol{A}(\lambda)$ 中与$(\lambda-\lambda_1)$相应的初等因子是

---

① 见《矩阵分析》史荣昌,魏丰编著第 90 页. 北京理工大学出版社 2005 年 9 月第 2 版.

$$(\lambda-\lambda_1)^{C_1},(\lambda-\lambda_1)^{C_2},\cdots,(\lambda-\lambda_1)^{C_\gamma}$$

中不为零指数的幂$(\lambda-\lambda_1)^{C_j}$(即 $C_j\neq 0$),因而就是$\boldsymbol{B}(\lambda)$,$\boldsymbol{C}(\lambda)$中与$(\lambda-\lambda_1)$相应的全部初等因子. 同理,对$(\lambda-\lambda_2)$,$(\lambda-\lambda_3)$,$\cdots$,$(\lambda-\lambda_t)$也可得相同结论. 于是我们证明了$\boldsymbol{B}(\lambda)$,$\boldsymbol{C}(\lambda)$的全部初等因子都是$\boldsymbol{A}(\lambda)$的初等因子.

剩下要证明,除此之外,$\boldsymbol{A}(\lambda)$再没有别的初等因子.

设$(\lambda-a)^k$是$\boldsymbol{A}(\lambda)$的一个初等因子,于是$(\lambda-a)^k$一定是包含在某一个不变因子$E_i^*(\lambda)$中$(\lambda-a)$的最高次幂,因此,$(\lambda-a)^k \mid E_\gamma^*(\lambda)$,故$(\lambda-a)^k \mid D_\gamma^*(\lambda)$,此即$\lambda=a$是$D_\gamma^*(\lambda)$的一个零点,即$D_\gamma^*(a)=0$,另一方面,由于

$$\boldsymbol{A}(\lambda)\simeq\begin{pmatrix}E_1(\lambda)&&&&&&&&\\&\ddots&&&&&&&\\&&E_{\gamma_1}(\lambda)&&&&&&\\&&&\widetilde{E}_1(\lambda)&&&&&\\&&&&\ddots&&&&\\&&&&&\widetilde{E}_{\gamma_2}(\lambda)&&&\\&&&&&&0&&\\&&&&&&&\ddots&\\&&&&&&&&0\end{pmatrix}$$

故

$$D_r^*(\lambda)=E_1(\lambda)E_2(\lambda)\cdots E_{r_1}(\lambda)\widetilde{E}_1(\lambda)\widetilde{E}_2(\lambda)\cdots\widetilde{E}_{r_2}(\lambda)$$

因为

$$E_i(\lambda)\mid E_{i+1}(\lambda),\quad \widetilde{E}_j(\lambda)\mid\widetilde{E}_{j+1}(\lambda)\quad(i=1,2,\cdots,\gamma_1,j=1,2,\cdots,\gamma_2)$$

所以

$$E_{\gamma_1}(a)\widetilde{E}_{\gamma_2}(a)=0$$

这表明a必是$\lambda_1,\lambda_2,\cdots,\lambda_t$中的某一个,所以$(\lambda-a)^k$是与某个$(\lambda-\lambda_i)(i=1,2,\cdots,t)$相应的一个初等因子. 由上面的证明可知,$(\lambda-a)^k$一定是某个$(\lambda-a)^{h_{il}}$或$(\lambda-a)^{e_{jl}}$ $(i=1,2,\cdots,\gamma_1;j=1,2,\cdots,\gamma_2;l=1,2,\cdots,t)$,此即证明了除$\boldsymbol{B}(\lambda)$与$\boldsymbol{C}(\lambda)$的全部初等因子外,$\boldsymbol{A}(\lambda)$再没有别的初等因子.

应用归纳法,可把定理2.2.2推广为

定理2.2.3 若λ矩阵

$$\boldsymbol{A}(\lambda)=\begin{pmatrix}\boldsymbol{B}_1(\lambda)&&&\\&\boldsymbol{B}_2(\lambda)&&\\&&\ddots&\\&&&\boldsymbol{B}_t(\lambda)\end{pmatrix}$$

则$\boldsymbol{B}_1(\lambda)$,$\boldsymbol{B}_2(\lambda)$,$\cdots$,$\boldsymbol{B}_t(\lambda)$各个初等因子的全体构成$\boldsymbol{A}(\lambda)$的全部初等因子.

利用习题1032或1033,求下列λ矩阵的法对角形:

1034. $\begin{pmatrix} \lambda(\lambda-1)^2 & 0 & 0 & 0 \\ 0 & \lambda^2(\lambda+1) & 0 & 0 \\ 0 & 0 & \lambda^2-1 & 0 \\ 0 & 0 & 0 & \lambda(\lambda+1)^3 \end{pmatrix}$.

解　将初等因子按降幂排列

$$\begin{array}{llll} (\lambda+1)^3, & \lambda+1, & \lambda+1, & 1 \\ (\lambda-1)^2, & \lambda-1, & 1, & 1 \\ \lambda^2, & \lambda, & \lambda, & 1 \end{array}$$

$$E_1(\lambda)=1$$

$$E_2(\lambda)=\lambda(\lambda+1)$$

$$E_3(\lambda)=\lambda(\lambda^2-1)$$

$$E_4(\lambda)=\lambda^2(\lambda-1)^2(\lambda+1)^3$$

故所求 λ 矩阵的法对角形为

$$\begin{pmatrix} 1 & & & \\ & \lambda(\lambda+1) & & \\ & & \lambda(\lambda^2-1) & \\ & & & \lambda^2(\lambda-1)^2(\lambda+1)^3 \end{pmatrix}$$

1035. $\begin{pmatrix} \lambda^2-4 & 0 & 0 & 0 \\ 0 & \lambda^2+2\lambda & 0 & 0 \\ 0 & 0 & \lambda^3-2\lambda^2 & 0 \\ 0 & 0 & 0 & \lambda^3-4\lambda \end{pmatrix}$.

解　将初等因子按降幂排列

$$\begin{array}{llll} \lambda^2, & \lambda, & \lambda, & 1 \\ \lambda+2, & \lambda+2, & \lambda+2, & 1 \\ \lambda-2, & \lambda-2, & \lambda-2 & 1 \end{array}$$

$$E_1(\lambda)=1$$

$$E_2(\lambda)=\lambda(\lambda^2-4)$$

$$E_3(\lambda)=\lambda(\lambda^2-4)$$

$$E_4(\lambda)=\lambda(\lambda^2-4)$$

故所求 λ 矩阵的法对角形为

$$\begin{pmatrix} 1 & & & \\ & \lambda(\lambda^2-4) & & \\ & & \lambda(\lambda^2-4) & \\ & & & \lambda(\lambda^2-4) \end{pmatrix}$$

1036. $\begin{pmatrix} 0 & 0 & 0 & \lambda^3+6\lambda^2+9\lambda \\ 0 & 0 & \lambda^3+\lambda^2-6\lambda & 0 \\ 0 & \lambda^2-4\lambda+4 & 0 & 0 \\ \lambda^4+\lambda^3-6\lambda^2 & 0 & 0 & 0 \end{pmatrix}$.

解　将 λ 矩阵经初等变换化为对角形. 即第 1 列和第 4 列对换,第 2 列和第 3 列对换.

$$\begin{pmatrix} \lambda^3+6\lambda^2+9\lambda & & & \\ & \lambda^3+\lambda^2-6\lambda & & \\ & & \lambda^2-4\lambda+4 & \\ & & & \lambda^4+\lambda^3-6\lambda^2 \end{pmatrix}=$$

$$\begin{pmatrix} \lambda(\lambda+3)^2 & & & \\ & \lambda(\lambda+3)(\lambda-2) & & \\ & & (\lambda-2)^2 & \\ & & & \lambda^2(\lambda+3)(\lambda-2) \end{pmatrix}$$

将初等因子按降幂排列

$$(\lambda-2)^2,\quad \lambda-2,\quad \lambda-2,\quad 1$$
$$(\lambda+3)^2,\quad \lambda+3,\quad \lambda+3,\quad 1$$
$$\lambda^2,\quad \lambda,\quad \lambda,\quad 1$$
$$E_1(\lambda)=1$$
$$E_2(\lambda)=\lambda^3+\lambda^2-6\lambda$$
$$E_3(\lambda)=\lambda^3+\lambda^2-6\lambda$$
$$E_4(\lambda)=\lambda^2(\lambda^2+\lambda-6)^2$$

故所求 λ 矩阵的法对角形为

$$\begin{pmatrix} 1 & & & \\ & \lambda^3+\lambda^2-6\lambda & & \\ & & \lambda^3+\lambda^2-6\lambda & \\ & & & \lambda^2(\lambda^2+\lambda-6)^2 \end{pmatrix}$$

1037. $\begin{pmatrix} 0 & 0 & 0 & \lambda^4+2\lambda^3-2\lambda-1 \\ 0 & 0 & \lambda^4-2\lambda^3+2\lambda-1 & 0 \\ 0 & \lambda^2+2\lambda+1 & 0 & 0 \\ \lambda^2-2\lambda+1 & 0 & 0 & 0 \end{pmatrix}$.

解　将 λ 矩阵经初等变换化为对角形. 即第 1 行与第 4 行对换,第 2 行与第 3 行对换

$$原式\to\begin{pmatrix} (\lambda-1)^2 & & & \\ & (\lambda+1)^2 & & \\ & & (\lambda-1)^3(\lambda+1) & \\ & & & (\lambda+1)^3(\lambda-1) \end{pmatrix}$$

将初等因子按降幂排列

$$(\lambda-1)^3,\quad (\lambda-1)^2,\quad \lambda-1,\quad 1$$
$$(\lambda+1)^3,\quad (\lambda+1)^2,\quad \lambda+1,\quad 1$$

$E_1(\lambda)=1$, $E_2(\lambda)=\lambda^2-1$, $E_3(\lambda)=(\lambda^2-1)^2$, $E_4(\lambda)=(\lambda^2-1)^3$.

故所求 λ 矩阵的法对角形为

$$\begin{pmatrix}1 & & & \\ & \lambda^2-1 & & \\ & & (\lambda^2-1)^2 & \\ & & & (\lambda^2-1)^3\end{pmatrix}$$

1038. $\begin{pmatrix}\lambda^2+2\lambda-3 & \lambda^2+\lambda-2 & 0 & 0\\ 2\lambda^2+2\lambda-4 & 2\lambda^2+\lambda-3 & 0 & 0\\ 0 & 0 & \lambda+1 & \lambda+2\\ 0 & 0 & \lambda^2-1 & \lambda^2+\lambda-2\end{pmatrix}$.

解 按照1033题,分块对角形 λ 矩阵的初等因子组等于它所有对角线小块的初等因子组的并(带有适当的重复).

$$\boldsymbol{B}(\lambda)=\begin{pmatrix}\lambda^2+2\lambda-3 & \lambda^2+\lambda-2\\ 2\lambda^2+2\lambda-4 & 2\lambda^2+\lambda-3\end{pmatrix}\to\begin{pmatrix}\lambda-1 & \lambda^2+\lambda-2\\ \lambda-1 & 2\lambda^2+\lambda-3\end{pmatrix}\to\begin{pmatrix}\lambda-1 & \lambda^2+\lambda-2\\ 0 & \lambda^2-1\end{pmatrix}\to$$
$$\begin{pmatrix}\lambda-1 & 0\\ 0 & \lambda^2-1\end{pmatrix}$$

$$\boldsymbol{C}(\lambda)=\begin{pmatrix}\lambda+1 & \lambda+2\\ \lambda^2-1 & \lambda^2+\lambda-2\end{pmatrix}\to\begin{pmatrix}\lambda+1 & 1\\ \lambda^2-1 & \lambda-1\end{pmatrix}\to\begin{pmatrix}1 & 0\\ \lambda-1 & 0\end{pmatrix}\to\begin{pmatrix}1 & 0\\ 0 & 0\end{pmatrix}$$

$$\boldsymbol{J}(\lambda)=\begin{pmatrix}1 & & & \\ & \lambda-1 & & \\ & & \lambda^2-1 & \\ & & & 0\end{pmatrix}$$

1039. $\begin{pmatrix}\lambda^2-\lambda-2 & \lambda^3+\lambda^2-\lambda-1 & 0 & 0\\ \lambda^2-4 & \lambda^3+2\lambda^2-\lambda-2 & 0 & 0\\ 0 & 0 & \lambda^2+2\lambda & \lambda^2+6\lambda-2\\ 0 & 0 & \lambda^2+\lambda-2 & \lambda^2+5\lambda-7\end{pmatrix}$.

解 按照1033题,分块对角形 λ 矩阵的初等因子组等于它所有对角线小块的初等因子组的并(带有适当的重复).

$$\boldsymbol{B}(\lambda)=\begin{pmatrix}\lambda^2-\lambda-2 & \lambda^3+\lambda^2-\lambda-1\\ \lambda^2-4 & \lambda^3+2\lambda^2-\lambda-2\end{pmatrix}\to\begin{pmatrix}\lambda^2-\lambda-2 & \lambda^3+\lambda^2-\lambda-1\\ \lambda-2 & \lambda^2-1\end{pmatrix}\xrightarrow[\text{到第1行上去}]{\text{第2行}\times(-\lambda)\text{加}}$$
$$\begin{pmatrix}\lambda-2 & \lambda^2-1\\ \lambda-2 & \lambda^2-1\end{pmatrix}\to\begin{pmatrix}\lambda-2 & 2\lambda-1\\ 0 & 0\end{pmatrix}\to\begin{pmatrix}\lambda-2 & 3\\ 0 & 0\end{pmatrix}\to\begin{pmatrix}1 & 0\\ 0 & 0\end{pmatrix}$$

$$\boldsymbol{C}(\lambda)=\begin{pmatrix}\lambda^2+2\lambda & \lambda^2+6\lambda-2\\ \lambda^2+\lambda-2 & \lambda^2+5\lambda-7\end{pmatrix}\to\begin{pmatrix}\lambda+2 & \lambda+5\\ \lambda^2+\lambda-2 & \lambda^2+5\lambda-7\end{pmatrix}\to\begin{pmatrix}\lambda+2 & \lambda+5\\ -\lambda-2 & -7\end{pmatrix}\to\begin{pmatrix}\lambda+2 & \lambda+5\\ 0 & \lambda-2\end{pmatrix}$$

$$\to\begin{pmatrix}\lambda+2 & 3\\ 0 & \lambda-2\end{pmatrix}\to\begin{pmatrix}\lambda+2 & \lambda+1\\ 0 & \lambda-2\end{pmatrix}\to\begin{pmatrix}\lambda+2 & -1\\ 0 & \lambda-2\end{pmatrix}\to\begin{pmatrix}\lambda+2 & -1\\ \lambda^2-4 & 0\end{pmatrix}\to\begin{pmatrix}1 & \\ & \lambda^2-4\end{pmatrix}$$

所以$\boldsymbol{A}(\lambda)$的法对角形是

$$\boldsymbol{J}(\lambda)=\begin{pmatrix}1 & & & \\ & 1 & & \\ & & \lambda^2-4 & \\ & & & 0\end{pmatrix}$$

1040. $\begin{pmatrix}0 & 0 & \lambda^3-\lambda^2-\lambda-2 & \lambda^3-2\lambda-4\\ 0 & 0 & \lambda^3+\lambda^2-6\lambda & \lambda^2+\lambda-6\\ \lambda^2-2\lambda+1 & \lambda-2 & 0 & 0\\ \lambda^3-2\lambda^2+6\lambda-1 & \lambda^2-2\lambda+5 & 0 & 0\end{pmatrix}$.

解　首先把λ矩阵经过初等变换化为分块对角形λ矩阵,即第1行和第3行对换,第2行和第4行对换,得

$$\begin{pmatrix}\lambda^2-2\lambda+1 & \lambda-2 & 0 & 0\\ \lambda^3-2\lambda^2+6\lambda-1 & \lambda^2-2\lambda+5 & 0 & 0\\ 0 & 0 & \lambda^3-\lambda^2-\lambda-2 & \lambda^3-2\lambda-4\\ 0 & 0 & \lambda^3+\lambda^2-6\lambda & \lambda^2+\lambda-6\end{pmatrix}$$

$$\boldsymbol{B}(\lambda)=\begin{pmatrix}\lambda^2-2\lambda+1 & \lambda-2\\ \lambda^3-2\lambda^2+6\lambda-1 & \lambda^2-2\lambda+5\end{pmatrix}\xrightarrow[\text{第 2 行}]{\text{第 1 行}\times(-\lambda)\text{加到}}\begin{pmatrix}\lambda^2-2\lambda+1 & \lambda-2\\ 5\lambda-1 & 5\end{pmatrix}$$

$$\xrightarrow{\text{第 2 列}\times(-\lambda)\text{加到第 1 列上去}}\begin{pmatrix}1 & \lambda-2\\ -1 & 5\end{pmatrix}\to\begin{pmatrix}1 & 0\\ 0 & \lambda+3\end{pmatrix}$$

$$\boldsymbol{C}(\lambda)=\begin{pmatrix}\lambda^3-\lambda^2-\lambda-2 & \lambda^3-2\lambda-4\\ \lambda^3+\lambda^2-6\lambda & \lambda^2+\lambda-6\end{pmatrix}\to\begin{pmatrix}-\lambda^4+\lambda^3+\lambda^2+3\lambda-2 & \lambda^3-2\lambda-4\\ 0 & \lambda^2+\lambda-6\end{pmatrix}\to$$

$$\begin{pmatrix}-\lambda^4+\lambda^3+\lambda^2+3\lambda-2 & -\lambda^2+4\lambda-4\\ 0 & \lambda^2+\lambda-6\end{pmatrix}\to\begin{pmatrix}-\lambda^4+\lambda^3+\lambda^2+3\lambda-2 & 5\lambda-10\\ 0 & \lambda^2+\lambda-6\end{pmatrix}\to$$

$$\begin{pmatrix}\lambda-2 & 0\\ 0 & \lambda-2\end{pmatrix}\begin{pmatrix}-\lambda^3-\lambda^2-\lambda+1 & 5\\ 0 & \lambda+3\end{pmatrix}\to\begin{pmatrix}\lambda-2 & 0\\ 0 & \lambda-2\end{pmatrix}\begin{pmatrix}-\lambda^3-\lambda^2-\lambda+1 & 1\\ 0 & \frac{1}{5}(\lambda+3)\end{pmatrix}\to$$

$$\begin{pmatrix}\lambda-2 & 0\\ 0 & \lambda-2\end{pmatrix}\begin{pmatrix}-\lambda^3-\lambda^2-\lambda+1 & 1\\ -\frac{1}{5}(\lambda+3)(-\lambda^3-\lambda^2-\lambda+1) & 0\end{pmatrix}\to\begin{pmatrix}\lambda-2 & 0\\ 0 & \lambda-2\end{pmatrix}\begin{pmatrix}1 & 0\\ 0 & \frac{1}{5}(\lambda+3)(\lambda^3+\lambda^2+\lambda-1)\end{pmatrix}\to$$

$$\begin{pmatrix}\lambda-2 & 0\\ 0 & (\lambda^2+\lambda-6)(\lambda^3+\lambda^2+\lambda-1)\end{pmatrix}$$

$$A(\lambda)\to\begin{pmatrix}1&&&\\&\lambda-2&&\\&&\lambda+3&\\&&&(\lambda-2)(\lambda+3)(\lambda^3+\lambda^2+\lambda-1)\end{pmatrix}$$

将初等因子按降幂排列，$n=\gamma=4$.

$$\begin{matrix}\lambda-2, & \lambda-2, & 1, & 1\\ \lambda+3, & \lambda+3, & 1, & 1\\ \lambda^3+\lambda^2+\lambda-1, & 1, & 1, & 1\end{matrix}$$

$$E_1(\lambda)=1$$

$$E_2(\lambda)=1$$

$$E_3(\lambda)=\lambda^2+\lambda-6$$

$$E_4(\lambda)=(\lambda^2+\lambda-6)(\lambda^3+\lambda^2+\lambda-1)$$

故所求 λ 矩阵的法对角形为

$$J(\lambda)=\begin{pmatrix}1&&&\\&1&&\\&&\lambda^2+\lambda-6&\\&&&(\lambda^2+\lambda-6)(\lambda^3+\lambda^2+\lambda-1)\end{pmatrix}$$

为了得到答案

$$\begin{pmatrix}1&&&\\&1&&\\&&\lambda^2+\lambda-6&\\&&&\lambda^2+\lambda-6\end{pmatrix}$$

$$C(\lambda)=\begin{pmatrix}\lambda-2&0\\0&\lambda-2\end{pmatrix}\begin{pmatrix}\lambda^2+\lambda+1&\lambda+1\\\lambda^2+3\lambda&\lambda+3\end{pmatrix}$$

必须把 $a_{14}=\lambda^3-2\lambda-4$

修改为 $\lambda^2-\lambda-2$

如果 a_{14} 不动

$$\begin{pmatrix}\lambda^3+2\lambda^2+2\lambda+1&\lambda^2+2\lambda+2\\\lambda^2+3\lambda&\lambda+3\end{pmatrix}$$

a_{13} 应为

$$\lambda^3+2\lambda^2+2\lambda+1$$

$$\begin{array}{ccccc} &&&\lambda-2&\\ \hline &-2&-4&-4&-2\\ 1&2&2&1&\\ \hline 1&&-2&-3&-2\end{array}$$

$$a_{13}=\lambda^4-2\lambda^2-3\lambda-2$$

1041. $\begin{pmatrix} 0 & 0 & 0 & \lambda^2-2\lambda-3 & \lambda^3+\lambda^2-9\lambda-9 \\ 0 & 0 & 0 & \lambda^2-\lambda-2 & \lambda^3+2\lambda^2-5\lambda-6 \\ 0 & 0 & \lambda^2-2\lambda+1 & 0 & 0 \\ \lambda^2+2\lambda-3 & \lambda^2+\lambda-2 & 0 & 0 & 0 \\ \lambda^3+2\lambda^2+\lambda-4 & \lambda^3+2\lambda^2-3 & 0 & 0 & 0 \end{pmatrix}$.

解

$$\text{原式}\xrightarrow{\text{经初等变换}}\begin{pmatrix} \lambda^2+2\lambda-3 & \lambda^2+\lambda-2 & & & \\ \lambda^3+2\lambda^2+\lambda-4 & \lambda^3+2\lambda^2-3 & & & \\ & & \lambda^2-2\lambda+1 & & \\ & & & \lambda^2-2\lambda-3 & \lambda^3+\lambda^2-9\lambda-9 \\ & & & \lambda^2-\lambda-2 & \lambda^3+2\lambda^2-5\lambda-6 \end{pmatrix}$$

$$\boldsymbol{B}(\lambda)=\begin{pmatrix} \lambda^2+2\lambda-3 & \lambda^2+\lambda-2 \\ \lambda^3+2\lambda^2+\lambda-4 & \lambda^3+2\lambda^2-3 \end{pmatrix}\to\begin{pmatrix} \lambda-1 & \lambda^2+\lambda-2 \\ \lambda-1 & \lambda^3+2\lambda^2-3 \end{pmatrix}\to\begin{pmatrix} \lambda-1 & \lambda^2+\lambda-2 \\ 0 & \lambda^3+\lambda^2-\lambda-1 \end{pmatrix}\to$$
$$\begin{pmatrix} \lambda-1 & \\ & (\lambda-1)(\lambda+1)^2 \end{pmatrix}$$

$$\boldsymbol{C}(\lambda)\to(\lambda-1)^2$$

$$\boldsymbol{D}(\lambda)=\begin{pmatrix} \lambda^2-2\lambda-3 & \lambda^3+\lambda^2-9\lambda-9 \\ \lambda^2-\lambda-2 & \lambda^3+2\lambda^2-5\lambda-6 \end{pmatrix}\to\begin{pmatrix} \lambda^2-2\lambda-3 & \lambda^3+\lambda^2-9\lambda-9 \\ \lambda+1 & \lambda^2+4\lambda+3 \end{pmatrix}\xrightarrow[\text{加到第 2 列上去}]{\text{第 1 列}\times(-\lambda)}$$
$$\begin{pmatrix} \lambda^2-2\lambda-3 & 3\lambda^2-6\lambda-9 \\ \lambda+1 & 3\lambda+3 \end{pmatrix}\to\begin{pmatrix} \lambda^2-2\lambda-3 & \lambda^2-2\lambda-3 \\ \lambda+1 & \lambda+1 \end{pmatrix}\to\begin{pmatrix} -3\lambda-3 & 0 \\ \lambda+1 & 0 \end{pmatrix}\to\begin{pmatrix} \lambda+1 & 0 \\ 0 & 0 \end{pmatrix}$$

$n=5$,　$\gamma=4$.

将初等因子按降幂排列

$$\begin{matrix} (\lambda-1)^2, & (\lambda-1), & (\lambda-1), & 1 \\ (\lambda+1)^2, & (\lambda+1), & 1, & 1 \end{matrix}$$

故所求 λ 矩阵的法对角形为

$$\boldsymbol{J}(\lambda)=\begin{pmatrix} 1 & & & & \\ & \lambda-1 & & & \\ & & \lambda^2-1 & & \\ & & & (\lambda^2-1)^2 & \\ & & & & 0 \end{pmatrix}$$

定义了整数矩阵的等价性和法对角形之后(参看习题 942,943),用借助于初等变换把矩阵化为法对角形的方法,求下列矩阵 k 阶子式的最大公因子 D_k.

1042. $\begin{pmatrix} 0 & 2 & 4 & -1 \\ 6 & 12 & 14 & 5 \\ 0 & 4 & 14 & -1 \\ 10 & 6 & -4 & 11 \end{pmatrix}$.

解

$$A=\begin{pmatrix}0&2&4&-1\\6&12&14&5\\0&4&14&-1\\10&6&-4&11\end{pmatrix}\xrightarrow[\text{第4列变号}]{\text{第1.4两列对换}}\begin{pmatrix}1&2&4&0\\-5&12&14&6\\1&4&14&0\\-11&6&-4&10\end{pmatrix}\to\begin{pmatrix}1&2&4&0\\0&22&34&6\\0&2&10&0\\0&28&40&10\end{pmatrix}\xrightarrow[\text{对换}]{\text{第2、3两行}}$$

$$\begin{pmatrix}1&2&4&0\\0&2&10&0\\0&22&34&6\\0&28&40&10\end{pmatrix}\to\begin{pmatrix}1&2&4&0\\0&2&10&0\\0&0&-76&6\\0&0&-100&10\end{pmatrix}\to\begin{pmatrix}1&2&4&0\\&2&10&0\\&&-16&6\\&&&10\end{pmatrix}\to\begin{pmatrix}1&2&-4&0\\&2&-10&0\\&&16&6\\&&&10\end{pmatrix}$$

$$D_1(\lambda)=1$$

$$D_2(\lambda)=\begin{vmatrix}2&-1\\4&-1\end{vmatrix}=2$$

$$D_2(\lambda)=2$$

$$D_3=\begin{vmatrix}2&4&-1\\12&14&5\\4&14&-1\end{vmatrix}=\begin{vmatrix}2&4&-1\\12&14&5\\2&10&0\end{vmatrix}=\begin{vmatrix}2&4&-1\\22&34&0\\2&10&0\end{vmatrix}=-152$$

$$D_3=\begin{vmatrix}2&4&-1\\4&14&-1\\6&-4&11\end{vmatrix}=\begin{vmatrix}0&0&-1\\2&10&-1\\28&40&11\end{vmatrix}=200$$

$$E_1=1$$

$$E_2=2$$

$$E_3=2$$

$$E_4=80$$

补充三阶子式

$$D_3=\begin{vmatrix}0&2&-1\\6&12&5\\0&4&-1\end{vmatrix}=-6\begin{vmatrix}2&-1\\4&-1\end{vmatrix}=-12$$

$$D_3=(200,152,12)=4$$

$$D_4=320$$

1043. $\begin{pmatrix}0&6&-9&-3\\12&24&9&9\\30&42&45&27\\66&78&81&63\end{pmatrix}$.

解

$$\begin{pmatrix}0&6&-9&-3\\12&24&9&9\\30&42&45&27\\66&78&81&63\end{pmatrix}=\begin{pmatrix}3&&&\\&3&&\\&&3&\\&&&3\end{pmatrix}\begin{pmatrix}0&2&-3&-1\\4&8&3&3\\10&14&15&9\\22&26&27&21\end{pmatrix}$$

只要求

$$\begin{pmatrix} 0 & 2 & -3 & -1 \\ 4 & 8 & 3 & 3 \\ 10 & 14 & 15 & 9 \\ 22 & 26 & 27 & 21 \end{pmatrix} \text{的 } D_k.$$

$D_1 = 1.$

$$D_2: \begin{vmatrix} 2 & -1 \\ 8 & 3 \end{vmatrix} = 14.$$

$$\begin{vmatrix} -3 & -1 \\ 3 & 3 \end{vmatrix} = -6.$$

$D_2 = 2.$

$$\begin{vmatrix} 2 & -3 & -1 \\ 8 & 3 & 3 \\ 26 & 27 & 21 \end{vmatrix} = \begin{vmatrix} 3 & -2 & -1 \\ 5 & 0 & 3 \\ 5 & 6 & 21 \end{vmatrix} = \begin{vmatrix} 3 & -2 & -1 \\ 5 & 0 & 3 \\ 14 & 0 & 18 \end{vmatrix} = 2 \times 48.$$

$$\begin{vmatrix} 0 & -3 & -1 \\ 4 & 3 & 3 \\ 10 & 15 & 9 \end{vmatrix} = \begin{vmatrix} 0 & 0 & -1 \\ 4 & -6 & 3 \\ 10 & -12 & 9 \end{vmatrix} = -(60-48) = -12.$$

$$\begin{vmatrix} 2 & -3 & -1 \\ 14 & 15 & 9 \\ 26 & 27 & 21 \end{vmatrix} = \begin{vmatrix} 0 & 0 & -1 \\ 32 & -12 & 9 \\ 68 & -36 & 21 \end{vmatrix} = 32 \times 36 - 12 \times 68 = 12(96-68) = 12 \times 28.$$

$D_3 = 12.$

$$D_4 = \begin{vmatrix} 0 & 2 & -3 & -1 \\ 4 & 8 & 3 & 3 \\ 10 & 14 & 15 & 9 \\ 22 & 26 & 27 & 21 \end{vmatrix} = 4\begin{vmatrix} 0 & 1 & -3 & -1 \\ 2 & 4 & 3 & 3 \\ 5 & 7 & 15 & 9 \\ 11 & 13 & 27 & 21 \end{vmatrix} = 12\begin{vmatrix} 0 & 1 & -1 & -1 \\ 2 & 4 & 1 & 3 \\ 5 & 7 & 5 & 9 \\ 11 & 13 & 9 & 21 \end{vmatrix}$$

$$= 12\begin{vmatrix} 0 & 1 & 0 & 0 \\ 2 & 4 & 5 & 7 \\ 5 & 7 & 12 & 16 \\ 11 & 13 & 22 & 34 \end{vmatrix} = -12\begin{vmatrix} 2 & 5 & 7 \\ 5 & 12 & 16 \\ 11 & 22 & 34 \end{vmatrix} = -12\begin{vmatrix} 2 & 1 & 2 \\ 5 & 2 & 4 \\ 11 & 0 & 12 \end{vmatrix}$$

$$= -12\begin{vmatrix} 2 & 1 & 2 \\ 1 & 0 & 0 \\ 11 & 0 & 12 \end{vmatrix} = 144.$$

回到原始矩阵上来：

$D_1 = 3.$

$D_2 = 18.$

$D_3 = 12 \times 3^3 = 324.$

$D_4 = 144 \times 3^4 = 11\ 664.$

1044. 说明:任何秩为 γ 的 λ 矩阵,可仅用行(或仅用列)的一些初等变换化为三角形或梯形的形式,并且主对角线之上或之下为零可随意,而不为零的元素反位于前 γ 行(或前 γ 列).

为建立矩阵的三角分解理论,以下我们使用矩阵语言来描述高斯消元程序. 设 $\boldsymbol{A}^0=\boldsymbol{A}$,其元素 $a_{ij}^{(0)}=a_{ij}$,记 $\boldsymbol{A}$ 的 k 阶顺序主子式为 $\Delta_k(k=1,2,\cdots,n)$. 如果 $\Delta_1=a_{11}^{(0)}\neq 0$,令 $C_{i1}=\dfrac{a_{i1}^{(0)}}{a_{11}^{(0)}}(i=2,3,\cdots,n)$,对应于高斯消元程序,构造消元矩阵

$$\boldsymbol{L}_1=\begin{pmatrix}1&&&&\\-C_{21}&1&&&\\-C_{31}&0&1&&\\\vdots&\vdots&\vdots&\ddots&\\-C_{n1}&0&0&\cdots&1\end{pmatrix};\begin{pmatrix}a_{11}^{(0)}&a_{12}^{(0)}&a_{13}^{(0)}&\cdots&a_{1n}^{(0)}\\a_{21}^{(0)}&a_{22}^{(0)}&a_{23}^{(0)}&\cdots&a_{2n}^{(0)}\\a_{31}^{(0)}&a_{32}^{(0)}&a_{33}^{(0)}&\cdots&a_{3n}^{(0)}\\\vdots&\vdots&\vdots&&\vdots\\a_{n1}^{(0)}&a_{n2}^{(0)}&a_{n3}^{(0)}&\cdots&a_{nn}^{(0)}\end{pmatrix}$$

于是有

$$\boldsymbol{L}_1\boldsymbol{A}^{(0)}=\begin{pmatrix}a_{11}^{(0)}&a_{12}^{(0)}&\cdots&a_{1n}^{(0)}\\0&a_{22}^{(1)}&\cdots&a_{2n}^{(1)}\\0&a_{32}^{(1)}&\cdots&a_{3n}^{(1)}\\\vdots&\vdots&&\vdots\\0&a_{n2}^{(1)}&\cdots&a_{nn}^{(1)}\end{pmatrix}=\boldsymbol{A}^{(1)}\text{ 且 }\boldsymbol{L}_1^{-1}=\begin{pmatrix}1&&&&\\C_{21}&1&&&\\C_{31}&&1&&\\\vdots&&&\ddots&\\C_{n1}&0&0&\cdots&1\end{pmatrix}$$

由于 $|\boldsymbol{A}|=|\boldsymbol{A}^{(0)}|=|\boldsymbol{L}_1\boldsymbol{A}^{(0)}|$,所以由 $\boldsymbol{A}^{(1)}$ 得 $\boldsymbol{A}$ 的二阶顺序主子式为 $\Delta_2=a_{11}^{(0)}a_{22}^{(1)}$. 如果 $\Delta_2\neq 0$,则 $a_{22}^{(1)}\neq 0$. 令 $C_{i2}=\dfrac{a_{i2}^{(1)}}{C_{22}^{(1)}}(i=3,4,\cdots,n)$,并构造消元矩阵

$$\boldsymbol{L}_2=\begin{pmatrix}1&&&&\\0&1&&&\\0&-C_{32}&1&&\\\vdots&\vdots&&\ddots&\\0&-C_{n2}&\cdots&\cdots&1\end{pmatrix}$$

于是有

$$\boldsymbol{L}_2\boldsymbol{A}^{(1)}=\begin{pmatrix}a_{11}^{(0)}&a_{12}^{(0)}&a_{13}^{(0)}&\cdots&a_{1n}^{(0)}\\0&a_{22}^{(1)}&a_{23}^{(1)}&\cdots&a_{2n}^{(1)}\\&&a_{33}^{(2)}&\cdots&a_{3n}^{(2)}\\&\boldsymbol{O}&\vdots&&\vdots\\&&a_{n3}^{(2)}&\cdots&a_{nn}^{(2)}\end{pmatrix}=\boldsymbol{A}^{(2)},\quad\boldsymbol{L}_2^{-1}=\begin{pmatrix}1&&&&&\\0&1&&&&\\0&C_{32}&1&&&\\0&C_{42}&&1&&\\\vdots&\vdots&&&\ddots&\\0&C_{n2}&0&0&\cdots&1\end{pmatrix}$$

同理,由 $\boldsymbol{A}^{(2)}$ 可得 $\boldsymbol{A}$ 的 3 阶顺序主子式 $\Delta_3=a_{11}^{(0)}a_{22}^{(1)}a_{33}^{(2)}$. 如果 $\Delta_3\neq 0$,则 $a_{33}^{(2)}\neq 0$,继续下去……直到第 γ 步,这时 $\Delta_\gamma\neq 0$,则 $a_{\gamma\gamma}^{(r-1)}\neq 0$ 且有

$$L_\gamma A^{(r-1)}=\begin{pmatrix} a_{11}^{(0)} & \cdots & a_{1r}^{(0)} & a_{1r+1}^{(0)} & \cdots & a_{1n}^{(0)} \\ & \ddots & \vdots & \vdots & & \vdots \\ & & a_{\gamma\gamma}^{(r-1)} & a_{r,r+1}^{(r-1)} & \cdots & a_{rn}^{(r-1)} \\ & & & a_{r+1,r+1}^{(r)} & \cdots & a_{r+1,n}^{(r)} \\ & & & \vdots & & \vdots \\ & & & a_{n,r+1}^{(r)} & \cdots & a_{nn}^{(r)} \end{pmatrix}=A^{(r)}$$

这里

$$L_r=\begin{pmatrix} 1 & & & & & \\ \vdots & \ddots & & & & \\ 0 & & 1 & & & \\ 0 & & -C_{r+1,r} & 1 & & \\ \vdots & & \vdots & & \ddots & \\ 0 & \cdots & -C_{nr} & 0 & \cdots & 1 \end{pmatrix} \text{而 } L_r^{-1}=\begin{pmatrix} 1 & & & & & \\ \vdots & \ddots & & & & \\ 0 & & 1 & & & \\ 0 & & C_{r+1,r} & 1 & & \\ \vdots & & \vdots & & \ddots & \\ 0 & \cdots & C_{nr} & 0 & \cdots & 1 \end{pmatrix}$$

如果这时 $\Delta_{r+1}=0$ 即 $a_{r+1,r+1}^{(r)}=0$,那么高斯消元过程中断;否则,可以一直进行下去,则在第 $n-1$ 步,当 $\Delta_{n-1}\neq 0$ 即 $a_{n-1,n-1}^{(n-2)}\neq 0$ 时,就有

$$L_{n-1}A^{(n-2)}=\begin{pmatrix} a_{11}^{(0)} & a_{12}^{(0)} & \cdots & a_{1,n-1}^{(0)} & a_{1n}^{(0)} \\ & a_{22}^{(1)} & \cdots & a_{2,n-1}^{(1)} & a_{2n}^{(1)} \\ & & \ddots & \vdots & \vdots \\ & & & a_{n-1,n-1}^{(n-2)} & a_{n-1,n}^{(n-2)} \\ & & & & a_{nn}^{(n-1)} \end{pmatrix}=A^{(n-1)}$$

这里

$$L_{n-1}=\begin{pmatrix} 1 & & & \\ \vdots & \ddots & & \\ 0 & & 1 & \\ 0 & \cdots & -C_{n,n-1} & 1 \end{pmatrix} \text{且 } L_{n-1}^{-1}=\begin{pmatrix} 1 & & & \\ \vdots & \ddots & & \\ 0 & & 1 & \\ 0 & \cdots & C_{n,n-1} & 1 \end{pmatrix}$$

$$C_{n,n-1}=\frac{a_{n,n-1}^{(n-2)}}{a_{n-1,n-1}^{(n-2)}}$$

由上可知对矩阵 A 的高斯消元程序能够进行到最后一行的充分必要条件是 $a_{11}^{(0)}$, $a_{22}^{(1)},\cdots,a_{n-1,n-1}^{(n-2)}$ 皆不为零,也即 A 的前 $n-1$ 个顺序主子式

$$\Delta_k\neq 0 \quad (k=1,2,\cdots,n-1) \tag{3.1.2}$$

因为高斯消元的上述过程未用到行、列的交换,所以附加条件(3.1.2)是合理的. 我们看到当条件(3.1.2)满足时,有

$$L_{n-1}\cdots L_2L_1A^{(0)}=A^{(n-1)}$$

也即

$$A=A^{(0)}=L_1^{-1}L_2^{-1}\cdots L_{n-1}^{-1}A^{(n-1)}$$

令 $L=L_1^{-1}L_2^{-1}\cdots L_{n-1}^{-1}$,容易算出单位下三角矩阵

$$
\boldsymbol{L}=\begin{pmatrix}
1 & & & & \\
C_{21} & 1 & & & \\
\vdots & \vdots & \ddots & & \\
C_{n-1,1} & C_{n-1,2} & \cdots & 1 & \\
C_{n1} & C_{n,2} & \cdots & C_{n,n-1} & 1
\end{pmatrix}
$$

它是一个主对角元都是 1 的下三角矩阵,称为单位下三角矩阵. 矩阵 $\boldsymbol{A}$ 在行列式等值的初等变换化为上三角矩阵. 而且主对角线上不为零的元素有 γ 个等于矩阵 $\boldsymbol{A}$ 的秩. 无论行还是列超过足数大于 γ 的元素的都是 0.

1045. 证明:每一个非奇异 λ 矩阵 $\boldsymbol{A}$ 可以表为形式 $\boldsymbol{A}=\boldsymbol{PR}$,其中 $\boldsymbol{P}$ 是么模 λ 矩阵,而 $\boldsymbol{R}$ 是三角形 λ 矩阵,它的主对角线元素首项系数等于 1,主对角线下面的元素等于零,而主对角线以上的元素的次数小于同列主对角线元素的次数(或者等于零);并且这种表示法是唯一的.

证明　上题实现了 $\boldsymbol{A}=\boldsymbol{LU}$ 分解.

$$
\boldsymbol{A}=\boldsymbol{L}\begin{pmatrix}
d_1 & & & \\
 & d_2 & & \\
 & & \ddots & \\
 & & & d_n
\end{pmatrix}\begin{pmatrix}
1 & \dfrac{a_{12}^{(0)}}{d_1} & \cdots & a_{1n}^{(0)} \\
 & \ddots & & \vdots \\
 & & 1 & a_{n-1,n}^{(n-2)} \\
 & & & 1
\end{pmatrix}=\boldsymbol{LDU}
$$

经过初等变换总可以达到主对角线以上的元素的次数小于同列主对角线元素的次数. 因为 $\boldsymbol{A}$ 是非奇异 λ 矩阵,经过上述步骤找到了 $\boldsymbol{LD}$. 它符合题目的要求,并且表示法是唯一的.

§ 14　相似矩阵、特征多项式和最小多项式矩阵的 JORDAN 形、对角形以及矩阵函数

1046. 称矩阵 $\boldsymbol{A}$ 与矩阵 $\boldsymbol{B}$ 相似(用 $\boldsymbol{A}\sim\boldsymbol{B}$ 表示),如果存在非奇异矩阵 $\boldsymbol{T}$,使有 $\boldsymbol{B}=\boldsymbol{T}^{-1}\boldsymbol{A}\boldsymbol{T}$. 证明:相似关系具有下列性质:

(a) $\boldsymbol{A}\sim\boldsymbol{A}$;

(b) 如果 $\boldsymbol{A}\sim\boldsymbol{B}$,则 $\boldsymbol{B}\sim\boldsymbol{A}$;

(c) 如果 $\boldsymbol{A}\sim\boldsymbol{B}$ 和 $\boldsymbol{B}\sim\boldsymbol{C}$,则 $\boldsymbol{A}\sim\boldsymbol{C}$.

证明

(a) $\boldsymbol{A}=\boldsymbol{E}^{-1}\boldsymbol{A}\boldsymbol{E}$.

令 $\boldsymbol{T}=\boldsymbol{E}$.　所以 $\boldsymbol{A}\sim\boldsymbol{A}$.

(b) $\boldsymbol{B}=\boldsymbol{T}^{-1}\boldsymbol{A}\boldsymbol{T}$. 因为 $\boldsymbol{T}$ 是非奇异阵,所以

$$\boldsymbol{A}=\boldsymbol{T}\boldsymbol{B}\boldsymbol{T}^{-1}=(\boldsymbol{T}^{-1})^{-1}\boldsymbol{B}\boldsymbol{T}^{-1}$$

(c) $\boldsymbol{B}=\boldsymbol{T}_1^{-1}\boldsymbol{A}\boldsymbol{T}_1$, $\boldsymbol{C}=\boldsymbol{T}_2^{-1}\boldsymbol{B}\boldsymbol{T}_2$

$$\boldsymbol{C}=\boldsymbol{T}_2^{-1}(\boldsymbol{T}_1^{-1}\boldsymbol{A}\boldsymbol{T}_1)\boldsymbol{T}_2=(\boldsymbol{T}_1\boldsymbol{T}_2)^{-1}\boldsymbol{A}(\boldsymbol{T}_1\boldsymbol{T}_2)$$

所以 $\boldsymbol{A}\sim\boldsymbol{C}$.

1047. 证明:如果两个矩阵 $\boldsymbol{A}$,$\boldsymbol{B}$ 中至少有一个是非奇异的,则矩阵 $\boldsymbol{AB}$ 和 $\boldsymbol{BA}$ 相似.

证明　不失一般性,假定 $\boldsymbol{A}$ 非奇异,$\boldsymbol{A}^{-1}$存在.

$$\boldsymbol{BA}=\boldsymbol{Z}^{-1}\boldsymbol{ABZ}$$

令 $\boldsymbol{Z}=\boldsymbol{A}$,则 $\boldsymbol{A}^{-1}\boldsymbol{A}\cdot\boldsymbol{BA}=\boldsymbol{BA}=$左边,所以

$$\boldsymbol{AB}\sim\boldsymbol{BA}$$

举出两个奇异矩阵 $\boldsymbol{A}$,$\boldsymbol{B}$,使得矩阵 $\boldsymbol{AB}$ 和 $\boldsymbol{BA}$ 不相似.

$$\boldsymbol{A}=\begin{pmatrix}1&1\\0&0\end{pmatrix},\quad \boldsymbol{B}=\begin{pmatrix}1&0\\1&0\end{pmatrix}$$

$$\boldsymbol{AB}=\begin{pmatrix}1&1\\0&0\end{pmatrix}\begin{pmatrix}1&0\\1&0\end{pmatrix}=\begin{pmatrix}2&0\\0&0\end{pmatrix}$$

$$\boldsymbol{BA}=\begin{pmatrix}1&0\\1&0\end{pmatrix}\begin{pmatrix}1&1\\0&0\end{pmatrix}=\begin{pmatrix}1&1\\1&1\end{pmatrix}$$

$$\boldsymbol{BA}=\boldsymbol{T}^{-1}(\boldsymbol{AB})\boldsymbol{T}$$

$$\boldsymbol{Z}(\boldsymbol{BA})=(\boldsymbol{AB})\boldsymbol{Z}$$

$$\begin{pmatrix}Z_{11}&Z_{12}\\Z_{21}&Z_{22}\end{pmatrix}\begin{pmatrix}1&1\\1&1\end{pmatrix}=\begin{pmatrix}2&0\\0&0\end{pmatrix}\begin{pmatrix}Z_{11}&Z_{12}\\Z_{21}&Z_{22}\end{pmatrix}$$

$$\begin{cases}Z_{11}+Z_{12}=2Z_{11}\\Z_{11}+Z_{12}=0\\Z_{21}+Z_{22}=0\end{cases}\Rightarrow\begin{cases}-Z_{11}+Z_{12}=0\\Z_{11}+Z_{12}=0\end{cases}\Rightarrow Z_{11}=Z_{12}=0$$

因为 $\boldsymbol{Z}$ 是奇异阵,故 $\boldsymbol{T}$ 无解.

$\boldsymbol{AB}$ 和 $\boldsymbol{BA}$ 不相以.

1048. 求出只有自己与自己相似的所有矩阵.

解　二阶

$$\begin{pmatrix} Z_{11} & Z_{12} \\ Z_{21} & Z_{22} \end{pmatrix}\begin{pmatrix} a_{11} & a_{12} \\ a_{21} & a_{22} \end{pmatrix}=\begin{pmatrix} a_{11} & a_{12} \\ a_{21} & a_{22} \end{pmatrix}\begin{pmatrix} Z_{11} & Z_{12} \\ Z_{21} & Z_{22} \end{pmatrix}$$

$$a_{11}Z_{11}+a_{21}Z_{12}=a_{11}Z_{11}+a_{12}Z_{21}$$

$$a_{12}Z_{11}+a_{22}Z_{12}=a_{11}Z_{12}+a_{12}Z_{22}$$

$$a_{11}Z_{21}+a_{21}Z_{22}=a_{21}Z_{11}+a_{22}Z_{21}$$

$$a_{12}Z_{21}+a_{22}Z_{22}=a_{21}Z_{12}+a_{22}Z_{22}$$

$$a_{12}Z_{21}=a_{21}Z_{12}$$

$$a_{12}Z_{11}+(a_{22}-a_{11})Z_{12}-a_{12}Z_{22}=0,\quad a_{12}(Z_{11}-Z_{22})+(a_{22}-a_{11})Z_{12}=0$$

$$a_{21}Z_{11}+(a_{22}-a_{11})Z_{21}-a_{21}Z_{22}=0,\quad a_{21}(Z_{11}-Z_{22})+(a_{22}-a_{11})Z_{21}=0$$

$$Z_{21}=\frac{a_{21}}{a_{12}}\cdot Z_{12},\quad a_{21}(Z_{11}-Z_{22})+(a_{22}-a_{11})\frac{a_{21}}{a_{12}}Z_{12}=0$$

$$\begin{cases} Z_{21}=a_{21} \\ Z_{12}=a_{12} \\ Z_{11}=a_{11} \\ Z_{22}=a_{22} \end{cases}\quad \text{或者}\quad \begin{cases} Z_{12}=Z_{21}=0 \\ Z_{11}=Z_{22} \end{cases},\text{如果}\quad Z_{12}=Z_{21}\to a_{12}=a_{21}$$

当 $a_{11}=a_{22}$ 时

$$a_{12}=a_{21}=0$$

818. 如果 $\boldsymbol{AB}=\boldsymbol{BA}$,则称矩阵 $\boldsymbol{A}$ 和 $\boldsymbol{B}$ 是可换的. 方阵 $\boldsymbol{A}$ 称为纯量矩阵,如果它所有主对角线之外的元素都等于零,而主对角线元素彼此相等,即 $\boldsymbol{A}=\boldsymbol{CE}$,其中 $\boldsymbol{C}$ 是一数,而 $\boldsymbol{E}$ 是单位矩阵. 证明:为使方阵 $\boldsymbol{A}$ 是可换阵(即 $\boldsymbol{A}$ 与所有和它同阶的方阵可换),必要且充分的条件是:矩阵 $\boldsymbol{A}$ 是纯量矩阵.

为了对任何矩阵 $\boldsymbol{Z}$ 可交换,$\boldsymbol{A}=\boldsymbol{CE}$.

不利用 818 题的方法.

$$\begin{pmatrix} a_{11} & a_{12} & a_{13} & a_{14} \\ a_{21} & a_{22} & a_{23} & a_{24} \\ a_{31} & a_{32} & a_{33} & a_{34} \\ a_{41} & a_{42} & a_{43} & a_{44} \end{pmatrix}\begin{pmatrix} 0 & 0 & 0 & 0 \\ 0 & 0 & 1 & 0 \\ 0 & 0 & 0 & 0 \\ 0 & 0 & 0 & 0 \end{pmatrix}=\begin{pmatrix} 0 & 0 & 0 & 0 \\ 0 & 0 & 1 & 0 \\ 0 & 0 & 0 & 0 \\ 0 & 0 & 0 & 0 \end{pmatrix}\begin{pmatrix} a_{11} & a_{12} & a_{13} & a_{14} \\ a_{21} & a_{22} & a_{23} & a_{24} \\ a_{31} & a_{32} & a_{33} & a_{34} \\ a_{41} & a_{42} & a_{43} & a_{44} \end{pmatrix}$$

$$a_{12}=0,\quad a_{22}=a_{33},\quad a_{32}=0,\quad a_{42}=0\to a_{ij}=0,\quad a_{ii}=a_{jj}$$

1049. 令矩阵 $\boldsymbol{B}$ 是从 $\boldsymbol{A}$ 交换第 i 行和第 j 行,还交换第 i 列和第 j 列所得到的. 证明:$\boldsymbol{A}$ 和 $\boldsymbol{B}$ 相似,并求非奇异矩阵 $\boldsymbol{T}$,使得 $\boldsymbol{B}=\boldsymbol{T}^{-1}\boldsymbol{AT}$.

证明　按照定义,第一种初等阵又称对换阵,它是单位阵的 p,q 两行或 p,q 两列施以第一种初等变换的结果,用 $\boldsymbol{I}_{pq}$ 表示:

$$I_{pq}=\begin{pmatrix}1&&&&&&&&\\&\ddots&&&&&&&\\&&1&&&&&&\\&&&0&&&1&&\\&&&&1&&&&\\&&&&&\ddots&&&\\&&&1&&&1&&\\&&&&&&&0&&\\&&&&&&&&\ddots&\\&&&&&&&&&1\end{pmatrix}_{n\times n}\begin{matrix}\\ \\ \\ p\text{行}\\ \\ \\ q\text{行}\\ \\ \\ \\ \end{matrix}\quad(1\leqslant p<q\leqslant n)$$

p 列 q 列

矩阵 $\boldsymbol{B}$ 是"从 $\boldsymbol{A}$ 交换第 i 行和第 j 行"就是对矩阵 $\boldsymbol{A}$ 左乘初等阵 $\boldsymbol{I}_{ij}$;"交换第 i 列和第 j 列"就是对矩阵 $\boldsymbol{I}_{ij}\boldsymbol{A}$ 右乘初等阵 $\boldsymbol{I}_{ij}$.

$$\boldsymbol{B}=\boldsymbol{I}_{ij}\boldsymbol{A}\boldsymbol{I}_{ij}$$

初等阵的逆阵还是初等阵

$$\boldsymbol{I}_{ij}^{-1}=\boldsymbol{I}_{ij}$$
$$\boldsymbol{B}=\boldsymbol{I}_{ij}^{-1}\boldsymbol{A}\boldsymbol{I}_{ij}$$
$$\boldsymbol{T}=\boldsymbol{I}_{ij}$$
$$\boldsymbol{B}=\boldsymbol{T}^{-1}\boldsymbol{A}\boldsymbol{T}$$

证毕.

1050. 从矩阵 $\boldsymbol{A}$ 作中心反射得到矩阵 $\boldsymbol{B}$,证明 $\boldsymbol{A}$ 和 $\boldsymbol{B}$ 相似.

证明 三阶

$$\boldsymbol{A}=\begin{pmatrix}a_{11}&a_{12}&a_{13}\\a_{21}&a_{22}&a_{23}\\a_{31}&a_{32}&a_{33}\end{pmatrix}$$

作中心反射得

$$\boldsymbol{B}=\begin{pmatrix}a_{33}&a_{32}&a_{31}\\a_{23}&a_{22}&a_{21}\\a_{13}&a_{12}&a_{11}\end{pmatrix}$$

$$\boldsymbol{A}\xrightarrow{\text{第 1 行、第 3 行对换}}\begin{pmatrix}a_{31}&a_{32}&a_{33}\\a_{21}&a_{22}&a_{23}\\a_{11}&a_{12}&a_{13}\end{pmatrix}\xrightarrow{\text{第 1 列、第 3 列对换}}\begin{pmatrix}a_{33}&a_{32}&a_{31}\\a_{23}&a_{22}&a_{21}\\a_{13}&a_{12}&a_{11}\end{pmatrix}$$

$$\boldsymbol{B}=\boldsymbol{I}_{13}\boldsymbol{A}\boldsymbol{I}_{13}$$

初等阵的逆阵还是初等阵

$$\boldsymbol{I}_{13}^{-1}=\boldsymbol{I}_{13}$$
$$\boldsymbol{B}=\boldsymbol{I}_{13}^{-1}\boldsymbol{A}\boldsymbol{I}_{13}$$
$$\boldsymbol{T}=\boldsymbol{I}_{13}$$
$$\boldsymbol{B}=\boldsymbol{T}^{-1}\boldsymbol{A}\boldsymbol{T}$$

四阶

$$A=\begin{pmatrix}a_{11}&a_{12}&a_{13}&a_{14}\\a_{21}&a_{22}&a_{23}&a_{24}\\a_{31}&a_{32}&a_{33}&a_{34}\\a_{41}&a_{42}&a_{43}&a_{44}\end{pmatrix}$$

作中心反射得

$$B=\begin{pmatrix}a_{44}&a_{43}&a_{42}&a_{41}\\a_{34}&a_{33}&a_{32}&a_{31}\\a_{24}&a_{23}&a_{22}&a_{21}\\a_{14}&a_{13}&a_{12}&a_{11}\end{pmatrix}$$

$$A\xrightarrow{1、4\text{行互换},2、3\text{行互换}}\begin{pmatrix}a_{41}&a_{42}&a_{43}&a_{44}\\a_{31}&a_{32}&a_{33}&a_{34}\\a_{21}&a_{22}&a_{23}&a_{24}\\a_{11}&a_{12}&a_{13}&a_{14}\end{pmatrix}\xrightarrow{1、4\text{列互换},2、3\text{列互换}}\begin{pmatrix}a_{44}&a_{43}&a_{42}&a_{41}\\a_{34}&a_{33}&a_{32}&a_{31}\\a_{24}&a_{23}&a_{22}&a_{21}\\a_{14}&a_{13}&a_{12}&a_{11}\end{pmatrix}$$

$$B=I_{23}I_{14}AI_{14}I_{23}$$

$$(I_{14}I_{23})^{-1}=I_{23}^{-1}I_{14}^{-1}=I_{23}I_{14}$$

$$T=I_{14}I_{23}$$

$$B=T^{-1}AT$$

一般地,当 n 为偶数时　$n=2k$

$$B=I_{k,k+1}\cdots I_{2,2k-1}I_{1,2k}AI_{1,2k}I_{2,2k-1}\cdots I_{k,k+1}$$

$$T=I_{1,2k}I_{2,2k-1}\cdots I_{k,k+1}$$

当 n 为奇数时　$n=2k+1$

$$B=I_{k,k+2}\cdots I_{1,2k+1}AI_{1,2k+1}I_{2,2k}\cdots I_{k,k+2}$$

$$T=I_{1,2k+1}I_{2,2k}\cdots I_{k,k+2}$$

因为 $I_{ij}^{-1}=I_{ij}$,所以有

$$B=T^{-1}AT$$

证完.

1051. 令 $i_1,i_2,\cdots,i_n$ 是数 $1,2,\cdots,n$ 的任何一个排列,证明:
矩阵

$$A=\begin{pmatrix}a_{11}&a_{12}&\cdots&a_{1n}\\a_{21}&a_{22}&\cdots&a_{2n}\\\vdots&\vdots&&\vdots\\a_{n1}&a_{n2}&\cdots&a_{nn}\end{pmatrix}\text{和}\ B=\begin{pmatrix}a_{i_1i_1}&a_{i_1i_2}&\cdots&a_{i_1i_n}\\a_{i_2i_1}&a_{i_2i_2}&\cdots&a_{i_2in}\\\vdots&\vdots&&\vdots\\a_{i_ni_1}&a_{i_ni_2}&\cdots&a_{i_ni_n}\end{pmatrix}$$

相似.

证明　对矩阵 A 施行 $2n$ 次初等变换化到矩阵 B.
为了把 a_{11} 换成 $a_{i_1i_1}$ 施行 1 行和 i_1 行对换,即左乘 I_{1i_1}. 施行 1 列和 i_1 列对换,即右乘 I_{1i_1}.

为了把 a_{22} 换成 $a_{i_2i_2}$ 施行 2 行和 i_2 行对换,即左乘 $\boldsymbol{I}_{2i_2}$. 施行 2 列和 i_2 列对换即右乘 $\boldsymbol{I}_{2i_2}$.

…

为了把 $a_{n-1,n-1}$ 换成 $a_{i_{n-1},i_{n-1}}$ 施行 $n-1$ 行和 i_{n-1} 行对换,施行 $n-1$ 列和 i_{n-1} 列对换即右乘 $\boldsymbol{I}_{n-1,i_{n-1}}$.

即左乘 $\boldsymbol{I}_{n-1,i_{n-1}}$

$$\boldsymbol{B}=\boldsymbol{I}_{n-1,i_{n-1}}\boldsymbol{I}_{n-2,i_{n-2}}\cdots\boldsymbol{I}_{2i_2}\boldsymbol{I}_{1i_1}\boldsymbol{A}\boldsymbol{I}_{1i_1}\boldsymbol{I}_{2i_2}\cdots\boldsymbol{I}_{n-2,i_{n-2}}\boldsymbol{I}_{n-1,i_{n-1}}$$

因为

$$\boldsymbol{I}_{1i_1}^{-1}=\boldsymbol{I}_{1i_1}$$

$$\boldsymbol{I}_{2i_2}^{-1}=\boldsymbol{I}_{2i_2}$$

$$\cdots$$

$$\boldsymbol{I}_{n-1,i_{n-1}}^{-1}=\boldsymbol{I}_{n-1,i_{n-1}}$$

因为 $i_1,i_2,\cdots,i_n$ 是 $1,2,\cdots,n$ 的一个排列,前 $n-1$ 个数依次对应为 $i_1,\cdots,i_{n-1}$,则第 n 个数一定是 i_n.

$$\boldsymbol{I}_{1i1}\boldsymbol{I}_{2i_2}\cdots\boldsymbol{I}_{n-2,i_{n-2}}\boldsymbol{I}_{n-1,i_{n-1}}=\boldsymbol{I}_{n-1,i_{n-1}}\boldsymbol{I}_{n-2,i_{n-2}}^{-1}\cdots\boldsymbol{I}_{2i_2}^{-1}\boldsymbol{I}_{1i_1}^{-1}=\boldsymbol{I}_{n-1,i_{n-1}}\boldsymbol{I}_{n-2,i_{n-2}}\cdots\boldsymbol{I}_{2i_2}\boldsymbol{I}_{1i_1}$$

$$\boldsymbol{T}=\boldsymbol{I}_{1i_1}\boldsymbol{I}_{2i_2}\cdots\boldsymbol{I}_{n-2,i_{n-2}}\boldsymbol{I}_{n-1,i_{n-1}}$$

$$\boldsymbol{B}=\boldsymbol{T}^{-1}\boldsymbol{A}\boldsymbol{T}$$

所以 $\boldsymbol{A}\sim\boldsymbol{B}$

1052. 令给定两个彼此相似的矩阵 $\boldsymbol{A}$ 和 $\boldsymbol{B}$. 证明:使得 $\boldsymbol{B}=\boldsymbol{T}^{-1}\boldsymbol{A}\boldsymbol{T}$ 的所有非奇异矩阵 $\boldsymbol{T}$ 的集合,可以用以下方法而得到,就是:将与 $\boldsymbol{A}$ 可换的所有非奇异矩阵的集合中的矩阵,右乘以一个任何具有性质 $\boldsymbol{B}=\boldsymbol{T}_0^{-1}\boldsymbol{A}\boldsymbol{T}_0$ 的矩阵 $\boldsymbol{T}_0$ 而得到.

证明　818 题:证明:为使方阵 $\boldsymbol{A}$ 是可换阵(即 $\boldsymbol{A}$ 与所有和它同阶的方阵可换),必要且充分的条件是:矩阵 $\boldsymbol{A}$ 是纯量矩阵.

设与 $\boldsymbol{A}$ 可换的非奇异矩阵是数量矩阵 $\boldsymbol{P}=a\boldsymbol{E}$,　$\boldsymbol{AP}=\boldsymbol{PA}$.

令

$$\boldsymbol{T}=\boldsymbol{P}\boldsymbol{T}_0$$

$$(\boldsymbol{P}\boldsymbol{T}_0)^{-1}\boldsymbol{A}\boldsymbol{P}\boldsymbol{T}_0=\boldsymbol{T}_0^{-1}\boldsymbol{P}^{-1}\boldsymbol{A}\boldsymbol{P}\boldsymbol{T}_0=\boldsymbol{T}_0^{-1}\boldsymbol{A}\boldsymbol{T}_0=\boldsymbol{B}$$

证完.

1053. 证明:如果矩阵 $\boldsymbol{A}$ 相似于对角矩阵,则它的 p 级相伴矩阵 $\boldsymbol{A}_p$(见习题 969)也相似于对角矩阵.

证明　设

$$\boldsymbol{A}=\begin{pmatrix}a_{11}&a_{12}&a_{13}\\a_{21}&a_{22}&a_{23}\\a_{31}&a_{32}&a_{33}\end{pmatrix}$$

$$\boldsymbol{T}^{-1}\boldsymbol{A}\boldsymbol{T}=\begin{pmatrix}\lambda_1&&\\&\lambda_2&\\&&\lambda_3\end{pmatrix}$$

$\boldsymbol{A}$ 的二级相伴矩阵是

$$\begin{matrix} 1 & 2 & 3 \\ 12 & 13 & 23 \end{matrix}$$

$$\boldsymbol{A}_2=\begin{pmatrix} a_{11} & a_{12} & a_{11} & a_{13} & a_{12} & a_{13} \\ a_{21} & a_{22} & a_{21} & a_{23} & a_{22} & a_{23} \\ a_{11} & a_{12} & a_{11} & a_{13} & a_{12} & a_{13} \\ a_{31} & a_{32} & a_{31} & a_{33} & a_{32} & a_{33} \\ a_{21} & a_{22} & a_{21} & a_{23} & a_{22} & a_{23} \\ a_{31} & a_{32} & a_{31} & a_{33} & a_{32} & a_{33} \end{pmatrix}$$

命

$$\boldsymbol{T}=\begin{pmatrix} T_{11} & T_{12} & T_{13} \\ T_{21} & T_{22} & T_{23} \\ T_{31} & T_{32} & T_{33} \end{pmatrix},\qquad \boldsymbol{T}^{-1}=\begin{pmatrix} u_{11} & u_{12} & u_{13} \\ u_{21} & u_{22} & u_{23} \\ u_{31} & u_{32} & u_{33} \end{pmatrix}$$

$$\boldsymbol{T}^{-1}\boldsymbol{A}_2\boldsymbol{T}=\begin{pmatrix} \lambda_1 & 0 & \lambda_1 & 0 & 0 & 0 \\ 0 & \lambda_2 & 0 & 0 & \lambda_2 & 0 \\ \lambda_1 & 0 & \lambda_1 & 0 & 0 & 0 \\ 0 & 0 & 0 & \lambda_3 & 0 & \lambda_3 \\ 0 & \lambda_2 & 0 & 0 & \lambda_2 & 0 \\ 0 & 0 & 0 & \lambda_3 & 0 & \lambda_3 \end{pmatrix}=\begin{pmatrix} \lambda_1\lambda_2 & & \\ & \lambda_1\lambda_3 & \\ & & \lambda_2\lambda_3 \end{pmatrix}$$

对于一般的 $\boldsymbol{A}_p$，本质上也是类似的过程，它的 p 级相伴矩阵在同样的 $\boldsymbol{T}$ 相似变换下仍然是对角矩阵.

$$\begin{vmatrix} a_{11} & a_{12} \\ a_{21} & a_{22} \end{vmatrix}=\begin{vmatrix} \lambda_1 & 0 \\ 0 & \lambda_2 \end{vmatrix}=\lambda_1\lambda_2,\quad \begin{vmatrix} a_{11} & a_{13} \\ a_{21} & a_{23} \end{vmatrix}=\begin{vmatrix} \lambda_1 & 0 \\ 0 & 0 \end{vmatrix}=0,\quad \begin{vmatrix} a_{12} & a_{13} \\ a_{22} & a_{23} \end{vmatrix}=\begin{vmatrix} 0 & 0 \\ \lambda_2 & 0 \end{vmatrix}=0$$

$$\begin{vmatrix} a_{11} & a_{12} \\ a_{31} & a_{32} \end{vmatrix}=\begin{vmatrix} \lambda_1 & 0 \\ 0 & 0 \end{vmatrix}=0,\quad \begin{vmatrix} a_{11} & a_{13} \\ a_{31} & a_{33} \end{vmatrix}=\begin{vmatrix} \lambda_1 & 0 \\ 0 & \lambda_3 \end{vmatrix}=\lambda_1\lambda_3,\quad \begin{vmatrix} a_{12} & a_{13} \\ a_{32} & a_{33} \end{vmatrix}=\begin{vmatrix} 0 & 0 \\ 0 & \lambda_3 \end{vmatrix}=0$$

$$\begin{vmatrix} a_{21} & a_{22} \\ a_{31} & a_{32} \end{vmatrix}=\begin{vmatrix} 0 & \lambda_2 \\ 0 & 0 \end{vmatrix}=0,\quad \begin{vmatrix} a_{21} & a_{23} \\ a_{31} & a_{33} \end{vmatrix}=\begin{vmatrix} 0 & 0 \\ 0 & \lambda_3 \end{vmatrix}=0,\quad \begin{vmatrix} a_{22} & a_{23} \\ a_{32} & a_{33} \end{vmatrix}=\begin{vmatrix} \lambda_2 & 0 \\ 0 & \lambda_3 \end{vmatrix}=\lambda_2\lambda_3$$

1054. 证明：如果两个矩阵 $\boldsymbol{A}$ 和 $\boldsymbol{B}$ 都相似于对角矩阵，则它们的 Kronecker 乘积 $\boldsymbol{A}\times\boldsymbol{B}$（见习题 963）也是一个相似于对角矩阵的矩阵.

证明

$$\boldsymbol{A}=\begin{pmatrix} a_{11} & a_{12} \\ a_{21} & a_{22} \end{pmatrix},\quad \boldsymbol{B}=\begin{pmatrix} b_{11} & b_{12} & b_{13} \\ b_{21} & b_{22} & b_{23} \\ b_{31} & b_{32} & b_{33} \end{pmatrix}$$

$(i,j)=(1,1)\quad(1,2)\quad(1,3)$

编号　　6　　5　　4

$$\begin{matrix} (2,1) & (2,2) & (2,3) \\ 3 & 2 & 1 \end{matrix}$$

共六个元素.

$$\begin{array}{lll}
C_{11}=a_{22}b_{33}, & C_{21}=a_{22}b_{23}, & C_{31}=a_{22}b_{13} \\
C_{12}=a_{22}b_{32}, & C_{22}=a_{22}b_{22}, & C_{32}=a_{22}b_{12} \\
C_{13}=a_{22}b_{31}, & C_{23}=a_{22}b_{21}, & C_{33}=a_{22}b_{11} \\
C_{14}=a_{21}b_{33}, & C_{24}=a_{21}b_{23}, & C_{34}=a_{21}b_{13} \\
C_{15}=a_{21}b_{32}, & C_{25}=a_{21}b_{22}, & C_{35}=a_{21}b_{12} \\
C_{16}=a_{21}b_{31}, & C_{26}=a_{21}b_{21}, & C_{36}=a_{21}b_{11} \\
C_{41}=a_{12}b_{33}, & C_{51}=a_{12}b_{23}, & C_{61}=a_{12}b_{13} \\
C_{42}=a_{12}b_{32}, & C_{52}=a_{12}b_{22}, & C_{62}=a_{12}b_{12} \\
C_{43}=a_{12}b_{31}, & C_{53}=a_{12}b_{21}, & C_{63}=a_{12}b_{11} \\
C_{44}=a_{11}b_{33}, & C_{54}=a_{11}b_{23}, & C_{64}=a_{11}b_{13} \\
C_{45}=a_{11}b_{32}, & C_{55}=a_{11}b_{22}, & C_{65}=a_{11}b_{12} \\
C_{46}=a_{11}b_{31}, & C_{56}=a_{11}b_{21}, & C_{66}=a_{11}b_{11}
\end{array}$$

$$\boldsymbol{A}\times\boldsymbol{B}=\begin{pmatrix} a_{22}\begin{pmatrix} b_{33} & b_{23} & b_{13} \\ b_{32} & b_{22} & b_{12} \\ b_{31} & b_{21} & b_{11} \end{pmatrix} & a_{12}\begin{pmatrix} b_{33} & b_{23} & b_{13} \\ b_{32} & b_{22} & b_{12} \\ b_{31} & b_{21} & b_{11} \end{pmatrix} \\ a_{21}\begin{pmatrix} b_{33} & b_{23} & b_{13} \\ b_{32} & b_{22} & b_{12} \\ b_{31} & b_{21} & b_{11} \end{pmatrix} & a_{11}\begin{pmatrix} b_{33} & b_{23} & b_{13} \\ b_{32} & b_{22} & b_{12} \\ b_{31} & b_{21} & b_{11} \end{pmatrix} \end{pmatrix}$$

题 1055 ~ 1057 略.

1058. 将矩阵

$$\boldsymbol{A}=\begin{pmatrix} -2\lambda^2+5\lambda+3 & -\lambda^2+3\lambda+2 & -\lambda+6 \\ -3\lambda^2+7\lambda+11 & -3\lambda^2+9\lambda+1 & -2\lambda+8 \\ -\lambda^2+2\lambda+8 & -2\lambda^2+5\lambda+3 & -\lambda+4 \end{pmatrix}$$

左除以 $\boldsymbol{B}-\lambda\boldsymbol{E}$，其中 $\boldsymbol{B}=\begin{pmatrix} 2 & 1 & -1 \\ 2 & 1 & 2 \\ 2 & -1 & 3 \end{pmatrix}$.

解 $\boldsymbol{A}=\begin{pmatrix} -2 & -1 & 0 \\ -3 & -3 & 0 \\ -1 & -2 & 0 \end{pmatrix}\lambda^2+\begin{pmatrix} 5 & 3 & -1 \\ 7 & 9 & -2 \\ 2 & 5 & -1 \end{pmatrix}\lambda+\begin{pmatrix} 3 & 2 & 6 \\ 11 & 1 & 8 \\ 8 & 3 & 4 \end{pmatrix}$

$\boldsymbol{Q}=\boldsymbol{Q}_1\lambda+\boldsymbol{Q}_0$，因为 $\boldsymbol{A}=(\boldsymbol{B}-\lambda\boldsymbol{E})\cdot\boldsymbol{Q}+\boldsymbol{R}_1$

必须 $\boldsymbol{Q}_1=\begin{pmatrix}2&1&0\\3&3&0\\1&2&0\end{pmatrix}$.

对于 λ 一次项

$$\begin{pmatrix}5&3&-1\\7&9&-2\\2&5&-1\end{pmatrix}=\boldsymbol{B}\boldsymbol{Q}_1-\boldsymbol{Q}_0=\begin{pmatrix}2&1&-1\\2&1&2\\2&-1&3\end{pmatrix}\begin{pmatrix}2&1&0\\3&3&0\\1&2&0\end{pmatrix}-\boldsymbol{Q}_0=\begin{pmatrix}6&3&0\\9&9&0\\4&5&0\end{pmatrix}-\boldsymbol{Q}_0$$

$$\boldsymbol{Q}_0=\begin{pmatrix}6&3&0\\9&9&0\\4&5&0\end{pmatrix}-\begin{pmatrix}5&3&-1\\7&9&-2\\2&5&-1\end{pmatrix}=\begin{pmatrix}1&0&1\\2&0&2\\2&0&1\end{pmatrix}$$

$$\boldsymbol{Q}=\begin{pmatrix}2&1&0\\3&3&0\\1&2&0\end{pmatrix}\lambda+\begin{pmatrix}1&0&1\\2&0&2\\2&0&1\end{pmatrix}=\begin{pmatrix}2\lambda+1&\lambda&1\\3\lambda+2&3\lambda&2\\\lambda+2&2\lambda&1\end{pmatrix}$$

$$\boldsymbol{A}=(\boldsymbol{B}-\lambda\boldsymbol{E})(\boldsymbol{Q}_1\lambda+\boldsymbol{Q}_0)+\boldsymbol{R}_1$$

$$\begin{pmatrix}-2&-1&0\\-3&-3&0\\-1&-2&0\end{pmatrix}\lambda^2+\begin{pmatrix}5&3&-1\\7&9&-2\\2&5&-1\end{pmatrix}\lambda+\begin{pmatrix}3&2&6\\11&1&8\\8&3&4\end{pmatrix}=(\boldsymbol{B}-\lambda\boldsymbol{E})(\boldsymbol{Q}_1\lambda+\boldsymbol{Q}_0)+\boldsymbol{R}_1$$

$$\begin{pmatrix}3&2&6\\11&1&8\\8&3&4\end{pmatrix}=\boldsymbol{B}\boldsymbol{Q}_0+\boldsymbol{R}_1$$

$$\boldsymbol{R}_1=\begin{pmatrix}3&2&6\\11&1&8\\8&3&4\end{pmatrix}-\begin{pmatrix}2&1&-1\\2&1&2\\2&-1&3\end{pmatrix}\begin{pmatrix}1&0&1\\2&0&2\\2&0&1\end{pmatrix}=\begin{pmatrix}3&2&6\\11&1&8\\8&3&4\end{pmatrix}-\begin{pmatrix}2&0&3\\8&0&6\\6&0&3\end{pmatrix}=\begin{pmatrix}1&2&3\\3&1&2\\2&3&1\end{pmatrix}.$$

$$\boldsymbol{P}_1^{-1}\boldsymbol{A}\boldsymbol{P}_1=\begin{pmatrix}\lambda_1&0\\0&\lambda_2\end{pmatrix},\quad \boldsymbol{A}=\boldsymbol{P}_1\begin{pmatrix}\lambda_1&0\\0&\lambda_2\end{pmatrix}\boldsymbol{P}_1^{-1}$$

$$\boldsymbol{P}_2^{-1}\boldsymbol{B}\boldsymbol{P}_2=\begin{pmatrix}\lambda_3&&\\&\lambda_4&\\&&\lambda_5\end{pmatrix},\quad \boldsymbol{B}=\boldsymbol{P}_2\begin{pmatrix}\lambda_3&&\\&\lambda_4&\\&&\lambda_5\end{pmatrix}\boldsymbol{P}_2^{-1}$$

$$\boldsymbol{A}\times\boldsymbol{B}=\boldsymbol{A}\cdot\boldsymbol{B}=P_1\begin{pmatrix}\lambda_1&\\&\lambda_2\end{pmatrix}\boldsymbol{P}_1^{-1}\boldsymbol{P}_2\begin{pmatrix}\lambda_3&&\\&\lambda_4&\\&&\lambda_5\end{pmatrix}\boldsymbol{P}_2^{-1}$$

$$\overset{\text{}}{\underset{\text{从分块矩阵理解}}{=\!=\!=}}\begin{pmatrix}\lambda_1\lambda_3&&&&&\\&\lambda_1\lambda_4&&&&\\&&\lambda_1\lambda_5&&&\\&&&\lambda_2\lambda_3&&\\&&&&\lambda_2\lambda_4&\\&&&&&\lambda_2\lambda_5\end{pmatrix}$$

由此证明了 $\boldsymbol{A}\times\boldsymbol{B}$ 也是相似于对角矩阵的矩阵.

1059. 将矩阵

$$\boldsymbol{A}=\begin{pmatrix}-\lambda^3+\lambda^2+3\lambda+6 & \lambda^2+2\lambda & \lambda^2+2\lambda+6\\ -2\lambda^3+2\lambda^2+9\lambda+8 & \lambda^2+6\lambda+1 & 2\lambda^2+7\lambda+8\\ -\lambda^3+\lambda^2+3\lambda+5 & \lambda^2+2\lambda-9 & \lambda^2+5\lambda-2\end{pmatrix}$$

右除以 $\boldsymbol{B}-\lambda\boldsymbol{E}$，其中 $\boldsymbol{B}=\begin{pmatrix}1&2&1\\3&2&3\\1&2&3\end{pmatrix}$.

解 $\boldsymbol{A}=\begin{pmatrix}-1&0&0\\-2&0&0\\-1&0&0\end{pmatrix}\lambda^3+\begin{pmatrix}1&1&1\\2&1&2\\1&1&1\end{pmatrix}\lambda^2+\begin{pmatrix}3&2&2\\9&6&7\\3&2&5\end{pmatrix}\lambda+\begin{pmatrix}6&0&6\\8&1&8\\5&-9&-2\end{pmatrix}$.

$$\boldsymbol{A}=\boldsymbol{Q}_2(\boldsymbol{B}-\lambda\boldsymbol{E})+\boldsymbol{R}_2$$

其中

$$\boldsymbol{Q}_2=\boldsymbol{Q}_{22}\lambda^2+\boldsymbol{Q}_{21}\lambda+\boldsymbol{Q}_{20}$$

代入

$$\boldsymbol{A}=(\boldsymbol{Q}_{22}\lambda^2+\boldsymbol{Q}_{21}\lambda+\boldsymbol{Q}_{20})(\boldsymbol{B}-\lambda\boldsymbol{E})+\boldsymbol{R}_2$$

$$\begin{pmatrix}-1&0&0\\-2&0&0\\-1&0&0\end{pmatrix}=-\boldsymbol{Q}_{22},\quad \boldsymbol{Q}_{22}=\begin{pmatrix}1&0&0\\2&0&0\\1&0&0\end{pmatrix}$$

$$\begin{pmatrix}1&1&1\\2&1&2\\1&1&1\end{pmatrix}=-\boldsymbol{Q}_{21}+\boldsymbol{Q}_{22}\boldsymbol{B}=-\boldsymbol{Q}_{21}+\begin{pmatrix}1&0&0\\2&0&0\\1&0&0\end{pmatrix}\begin{pmatrix}1&2&1\\3&2&3\\1&2&3\end{pmatrix}=-\boldsymbol{Q}_{21}+\begin{pmatrix}1&2&1\\2&4&2\\1&2&1\end{pmatrix}$$

$$\boldsymbol{Q}_{21}=\begin{pmatrix}1&2&1\\2&4&2\\1&2&1\end{pmatrix}-\begin{pmatrix}1&1&1\\2&1&2\\1&1&1\end{pmatrix}=\begin{pmatrix}0&1&0\\0&3&0\\0&1&0\end{pmatrix}$$

$$\begin{pmatrix}3&2&2\\9&6&7\\3&2&5\end{pmatrix}=\boldsymbol{Q}_{21}\boldsymbol{B}-\boldsymbol{Q}_{20}=\begin{pmatrix}0&1&0\\0&3&0\\0&1&0\end{pmatrix}\begin{pmatrix}1&2&1\\3&2&3\\1&2&3\end{pmatrix}-\boldsymbol{Q}_{20}$$

1060. 证明：如果两个数值元素（或元素取自任一域 p）的矩阵 $\boldsymbol{A}$ 和 $\boldsymbol{B}$ 相似，则它们的特征矩阵 $\boldsymbol{A}-\lambda\boldsymbol{E}$ 和 $\boldsymbol{B}-\lambda\boldsymbol{E}$ 等价.

证明

$$\boldsymbol{A}\sim\boldsymbol{B}$$

$$\boldsymbol{B}=\boldsymbol{T}^{-1}\boldsymbol{A}\boldsymbol{T}$$

$$\boldsymbol{B}-\lambda\boldsymbol{E}=\boldsymbol{T}^{-1}\boldsymbol{A}\boldsymbol{T}-\lambda\boldsymbol{E}$$

$$\boldsymbol{B}-\lambda\boldsymbol{E}=\boldsymbol{T}^{-1}(\boldsymbol{A}-\lambda\boldsymbol{E})\boldsymbol{T}$$

因为 $\boldsymbol{T},\boldsymbol{T}^{-1}$ 都是可逆矩阵，所以 $\boldsymbol{B}-\lambda\boldsymbol{E}$ 和 $\boldsymbol{A}-\lambda\boldsymbol{E}$ 等价.

1061. 证明：如果两个矩阵 $\boldsymbol{A}$ 和 $\boldsymbol{B}$ 的特征矩阵 $\boldsymbol{A}-\lambda\boldsymbol{E}$ 和 $\boldsymbol{B}-\lambda\boldsymbol{E}$ 是等价的，则这两个矩阵本身是相似的. 还证明：如果 $\boldsymbol{B}-\lambda\boldsymbol{E}=\boldsymbol{P}(\boldsymbol{A}-\lambda\boldsymbol{E})\boldsymbol{Q}$，其中 $\boldsymbol{P}$ 和 $\boldsymbol{Q}$ 是么模 λ 矩阵，又 $\boldsymbol{P}_0,\boldsymbol{Q}_0$ 是

用 $B-\lambda E$ 左除 P，右除 Q 的剩余，则 $B=P_0AQ_0$ 和 $P_0Q_0=E$，即矩阵 Q_0 实现了由矩阵 A 到矩阵 B 的相似变换.

解　令 $P=(B-\lambda E)P_1+P_0$ 和 $Q=Q_1(B-\lambda E)+Q_0$，利用这些关系式，等式

$$B-\lambda E=P(A-\lambda E)Q \tag{1}$$

可以化为

$$\begin{aligned}B-\lambda E&=P(A-\lambda E)[Q_1(B-\lambda E)+Q_0]\\&=P(A-\lambda E)Q_1(B-\lambda E)+P(A-\lambda E)Q_0\\&=P(A-\lambda E)Q_1(B-\lambda E)+(B-\lambda E)P_1(A-\lambda E)Q_0+P_0(A-\lambda E)Q_0\end{aligned}$$

$$\begin{aligned}B-\lambda E-P_0(A-\lambda E)Q_0={}&P(A-\lambda E)Q_1(B-\lambda E)+\\&(B-\lambda E)P_1(A-\lambda E)Q-(B-\lambda E)P_1(A-\lambda E)Q_1(B-\lambda E)\end{aligned}$$

根据式(1)有

$$P(A-\lambda E)=(B-\lambda E)Q^{-1},\quad (A-\lambda E)Q=P^{-1}(B-\lambda E)$$

将它们代入上式得到

$$B-\lambda E-P_0(A-\lambda E)Q_0=(B-\lambda E)[P_1P^{-1}+Q^{-1}Q_1-P_1(A-\lambda E)Q_1](B-\lambda E)$$

等式右端方括号中的表达式应当等于0，否则的话右端关于 λ 的幂不低于2，然而左端的幂不高于1. 所以 $B-\lambda E=P_0(A-\lambda E)Q_0$ 在这等式中令 λ 的系数和常数项相等. 求得

$$P_0Q_0=E \text{ 和 } B=P_0AQ_0$$

1062. 证明：任何方阵 A 与自己的转置矩阵 A' 相似.

证明　转置矩阵 A' 的 k 阶子式和方阵 A 的 k 阶子式，它们的行列式值相等. 因此，转置矩阵 A' 的各阶公因式和 A 的各阶公因式相等. 所以，A' 的不变因子和 A 的不变因子完全相同. 根据定理 2.4.2：n 阶矩阵 A 与 n 阶 JORDAN 标准形矩阵 J 相似的充分条件是它们的不变因子相同.

所以 $A'=T^{-1}AT$.

查明以下矩阵是否相似：

1063. $A=\begin{pmatrix}3&2&-5\\2&6&-10\\1&2&-3\end{pmatrix}$；$B=\begin{pmatrix}6&20&-34\\6&32&-51\\4&20&-32\end{pmatrix}$.

$$|\lambda E-A|=\begin{vmatrix}\lambda-3&-2&5\\-2&\lambda-6&10\\-1&-2&\lambda+3\end{vmatrix}=\begin{vmatrix}\lambda&-2&5\\\lambda+2&\lambda-6&10\\\lambda&-2&\lambda+3\end{vmatrix}$$

$$=\begin{vmatrix}0&0&-\lambda+2\\\lambda+2&\lambda-6&10\\\lambda&-2&\lambda+3\end{vmatrix}$$

$$=(-\lambda+2)(-2\lambda-4-\lambda^2+6\lambda)=(\lambda-2)(\lambda^2-4\lambda+4)=(\lambda-2)^3$$

$$\begin{vmatrix} 2\lambda^3-\lambda^2+2\lambda-1 & \lambda^3-2\lambda^2+\lambda-2 & 5\lambda^3-2\lambda^2+5\lambda-2 \\ \lambda^3-2\lambda^2+\lambda-2 & 2\lambda^3-\lambda^2+2\lambda-1 & -2\lambda^3-\lambda^2-2\lambda-1 \\ 3\lambda^3-2\lambda^2+3\lambda-2 & 2\lambda^3-3\lambda^2+2\lambda-3 & 6\lambda^3-3\lambda^2+6\lambda-3 \end{vmatrix}$$

$$= \begin{vmatrix} 2\lambda(\lambda^2+1)-(\lambda^2+1) & \lambda(\lambda^2+1)-2(\lambda^2+1) & 5\lambda(\lambda^2+1)-2(\lambda^2+1) \\ \lambda(\lambda^2+1)-2(\lambda^2+1) & 2\lambda(\lambda^2+1)-(\lambda^2+1) & -2\lambda(\lambda^2+1)-(\lambda^2+1) \\ 3\lambda(\lambda^2+1)-2(\lambda^2+1) & 2\lambda(\lambda^2+1)-3(\lambda^2+1) & 6\lambda(\lambda^2+1)-3(\lambda^2+1) \end{vmatrix}$$

$$= (\lambda^2+1)^3 \begin{vmatrix} 2\lambda-1 & \lambda-2 & 5\lambda-2 \\ \lambda-2 & 2\lambda-1 & -2\lambda-1 \\ 3\lambda-2 & 2\lambda-3 & 6\lambda-3 \end{vmatrix} = (\lambda^2+1)^3(\lambda-1) \begin{vmatrix} 3 & \lambda-2 & 5\lambda-2 \\ 3 & 2\lambda-1 & -2\lambda-1 \\ 5 & 2\lambda-3 & 6\lambda-3 \end{vmatrix}$$

$$= (\lambda^2+1)^3(\lambda-1) \begin{vmatrix} 3 & \lambda-2 & 5\lambda-2 \\ 0 & \lambda+1 & -7\lambda+1 \\ 5 & 2\lambda-3 & 6\lambda-3 \end{vmatrix}$$

$$= (\lambda^2+1)^3(\lambda-1)[3(6\lambda^2+3\lambda-3+14\lambda^2-23\lambda+3)+$$
$$5(-7\lambda^2+15\lambda-2-5\lambda^2-3\lambda+2)]$$
$$= (\lambda^2+1)^3(\lambda-1)(60\lambda^2-60\lambda-60\lambda^2+60\lambda) = 0$$

$$(\lambda^2+1)^4 \begin{pmatrix} 2\lambda-1 & 2\lambda-3 & \lambda-2 & 5\lambda-2 \\ \lambda+1 & \lambda-3 & -\lambda-1 & 7\lambda-1 \\ \lambda-2 & \lambda & 2\lambda-1 & -2\lambda-1 \\ 3\lambda-2 & 3\lambda-4 & 2\lambda-3 & 6\lambda-3 \end{pmatrix}$$

$$= (\lambda^2+1)^4(\lambda-1) \begin{pmatrix} 3 & 2\lambda-3 & \lambda-2 & 5\lambda-2 \\ 0 & \lambda-3 & -\lambda-1 & 7\lambda-1 \\ 3 & \lambda & 2\lambda-1 & -2\lambda-1 \\ 5 & 3\lambda-4 & 2\lambda-3 & 6\lambda-3 \end{pmatrix}$$

$$\begin{vmatrix} 2\lambda-3 & \lambda-2 \\ \lambda-3 & -\lambda-1 \end{vmatrix} = \begin{vmatrix} 2\lambda-3 & 3\lambda-5 \\ \lambda-3 & -4 \end{vmatrix}$$
$$= -8\lambda+12-3\lambda^2+14\lambda-15$$
$$= -3\lambda^2+6\lambda-3 = -3(\lambda-1)^2$$

$$\begin{vmatrix} \lambda-2 & 5\lambda-2 \\ -\lambda-1 & 7\lambda-1 \end{vmatrix} = 7\lambda^2-15\lambda+2$$

①行 − ②行 = ③行

$$5\lambda^2-2\lambda+5\lambda-2$$
$$= 12\lambda^2-12\lambda+0$$
$$= 12\lambda(\lambda-1)$$

5 × ①行 − 3 × ④行 = ②行

$$\begin{pmatrix} 3 & 2\lambda-3 & \lambda-2 & 5\lambda-2 \\ 0 & \lambda-3 & -\lambda-1 & 7\lambda-1 \end{pmatrix} \to \begin{pmatrix} 1 & 0 & 0 & 0 \\ 0 & \lambda-3 & -\lambda-1 & 7\lambda-1 \end{pmatrix}$$

$$\to\begin{pmatrix}1&0&0&0\\0&-4&-\lambda-1&7\lambda-1\end{pmatrix}\to\begin{pmatrix}1&0&0&0\\0&1&0&0\end{pmatrix}$$

$d_1(\lambda)=D_1(\lambda)=\lambda^2+1$.

$d_2(\lambda)=\dfrac{D_2(\lambda)}{D_1(\lambda)}=(\lambda^2+1)(\lambda-1)=\lambda^3-\lambda^2+\lambda-1$.

$r(\boldsymbol{A})=2$.

$\boldsymbol{B}$:

$$\begin{pmatrix}2\lambda^2+2\lambda-4&3\lambda^2+2\lambda-5&\lambda^2+2\lambda-3&1&0\\2\lambda^2+\lambda-3&3\lambda^2+\lambda-4&\lambda^2+\lambda-2&0&1\\1&0&0&&\\0&1&0&\boldsymbol{O}&\\0&0&1&&\end{pmatrix}\to$$

$$\begin{pmatrix}2\lambda^2+2\lambda-4&3\lambda^2+2\lambda-5&\lambda^2+2\lambda-3&1&0\\-\lambda+1&-\lambda+1&-\lambda+1&-1&1\\1&0&0&&\\0&1&0&\boldsymbol{O}&\\0&0&1&&\end{pmatrix}\to$$

$$\begin{pmatrix}2\lambda^2+2\lambda-4&\lambda^2-1&-\lambda^2+1&1&0\\-\lambda+1&0&0&-1&1\\1&-1&-1&&\\0&1&0&\boldsymbol{O}&\\0&0&1&&\end{pmatrix}\to\begin{pmatrix}2\lambda-2&0&-\lambda^2+1&1&0\\-\lambda+1&0&0&-1&1\\-1&-2&-1&&\\0&1&0&\boldsymbol{O}&\\2&1&1&&\end{pmatrix}\to$$

$$\begin{pmatrix}0&0&-\lambda^2+1&-1&2\\-\lambda+1&0&0&-1&1\\-1&-2&-1&&\\0&1&0&\boldsymbol{O}&\\2&1&1&&\end{pmatrix}\to\begin{pmatrix}\lambda-1&0&0&-1&1\\0&\lambda^2-1&0&-1&2\\1&1&-2&&\\0&0&1&\boldsymbol{O}&\\-2&-1&1&&\end{pmatrix}$$

$$\begin{pmatrix}\lambda-1&0&0\\0&\lambda^2-1&0\end{pmatrix}=\begin{pmatrix}2&-1\\1&-1\end{pmatrix}\boldsymbol{A}\begin{pmatrix}0&0&1\\1&1&-2\\-1&-2&1\end{pmatrix}$$

$$\begin{pmatrix}\lambda-1&0&0\\0&\lambda^2-1&0\end{pmatrix}=\begin{pmatrix}-1&1\\-1&2\end{pmatrix}\boldsymbol{B}\begin{pmatrix}1&1&-2\\0&0&1\\-2&-1&1\end{pmatrix}$$

$$\boldsymbol{P}=\begin{pmatrix}-1&1\\-1&2\end{pmatrix}^{-1}\begin{pmatrix}2&-1\\1&-1\end{pmatrix}=\begin{pmatrix}-2&1\\-1&1\end{pmatrix}\begin{pmatrix}2&-1\\1&-1\end{pmatrix}=\begin{pmatrix}-3&1\\-1&0\end{pmatrix}$$

求 $\boldsymbol{P}_2^{-1}$:

$$\begin{pmatrix}-1&1&1&0\\-1&2&0&1\end{pmatrix}\to\begin{pmatrix}1&-1&-1&0\\0&1&-1&1\end{pmatrix}\to\begin{pmatrix}1&0&-2&1\\0&1&-1&1\end{pmatrix}$$

求 $\boldsymbol{Q}_2^{-1}$：

$$\begin{pmatrix} 1 & 1 & -2 & 1 & & \\ 0 & 0 & 1 & & 1 & \\ -2 & -1 & 1 & & & 1 \end{pmatrix} \to \begin{pmatrix} -1 & 0 & 0 & 1 & 1 & 1 \\ & 1 & -2 & 2 & 1 & 1 \\ & & 1 & 0 & 1 & 0 \end{pmatrix} \to \begin{pmatrix} 1 & 0 & 0 & -1 & -1 & -1 \\ & 1 & 0 & 2 & 3 & 1 \\ & & 1 & 0 & 1 & 0 \end{pmatrix}$$

$$\boldsymbol{Q} = \boldsymbol{Q}_1 \cdot \boldsymbol{Q}_2^{-1} = \begin{pmatrix} 0 & 0 & 1 \\ 1 & 1 & -2 \\ -1 & -2 & 1 \end{pmatrix} \begin{pmatrix} -1 & -1 & -1 \\ 2 & 3 & 1 \\ 0 & 1 & 0 \end{pmatrix} = \begin{pmatrix} 0 & 1 & 0 \\ 1 & 0 & 0 \\ -3 & -4 & -1 \end{pmatrix}$$

这时有

$$\boldsymbol{B} = \boldsymbol{PAQ}$$

把 λ 矩阵 $\boldsymbol{A}$ 的不变因子 $d_1(\lambda), d_2(\lambda), \cdots, d_n(\lambda)$ 分解成不可约因子方幂的积，包含在各分解式中的各不可约因子的最高次方幂，设为多项式 $e_1(\lambda), e_2(\lambda), \cdots, e_s(\lambda)$（要求首项系数等于1），它们称为 λ 矩阵 $\boldsymbol{A}$ 的初等因子. 同时，有多少个不变因子 $E_k(\lambda)$ 在自己的分解式中包含 $e_i(\lambda)$，则 $e_i(\lambda)$ 在初等因子组中就重复多少次. 作为矩阵 $\boldsymbol{A}$ 的元素的多项式是在哪个域上考虑的，就在哪个域上进行不可约因子的分解.

1064. $\boldsymbol{A} = \begin{pmatrix} 6 & 6 & -15 \\ 1 & 5 & -5 \\ 1 & 2 & -2 \end{pmatrix}$；$\boldsymbol{B} = \begin{pmatrix} 37 & -20 & -4 \\ 34 & -17 & -4 \\ 119 & -70 & -11 \end{pmatrix}$.

解　$$|\lambda \boldsymbol{E} - \boldsymbol{A}| = \begin{vmatrix} \lambda - 6 & -6 & 15 \\ -1 & \lambda - 5 & 5 \\ -1 & -2 & \lambda + 2 \end{vmatrix} = \begin{vmatrix} \lambda - 6 & -6 & 15 \\ 0 & \lambda - 3 & -\lambda + 3 \\ -1 & -2 & \lambda + 2 \end{vmatrix}$$

$$= \begin{vmatrix} \lambda - 6 & -6 & 9 \\ 0 & \lambda - 3 & 0 \\ -1 & -2 & \lambda \end{vmatrix}$$

$$= (\lambda - 3)(\lambda^2 - 6\lambda + 9) = (\lambda - 3)^3$$

$$|\lambda \boldsymbol{E} - \boldsymbol{B}| = \begin{vmatrix} \lambda - 37 & 20 & 4 \\ -34 & \lambda + 17 & 4 \\ -119 & 70 & \lambda + 11 \end{vmatrix} = \begin{vmatrix} \lambda - 3 & -\lambda + 3 & 0 \\ -34 & \lambda + 17 & 4 \\ -119 & 70 & \lambda + 11 \end{vmatrix}$$

$$= \begin{vmatrix} \lambda - 3 & 0 & 0 \\ -34 & \lambda - 17 & 4 \\ -119 & -49 & \lambda + 11 \end{vmatrix}$$

$$= (\lambda - 3)(\lambda^2 - 6\lambda + 9) = (\lambda - 3)^3$$

第二步求 $(3\boldsymbol{I} - \boldsymbol{A})^j$ 的秩：

$$r_1(3) = r\begin{pmatrix} -3 & -6 & 15 \\ -1 & -2 & 5 \\ -1 & -2 & 5 \end{pmatrix} = 1.$$

$$r_2(3)=r\begin{pmatrix}-3&-6&15\\-1&-2&5\\-1&-2&5\end{pmatrix}^2=r\begin{pmatrix}0&0&0\\0&0&0\\0&0&0\end{pmatrix}=0.$$

JORDAN 的个数和阶数.

$b_1(3)=3-2r_1(3)+r_2(3)=1.$

$b_2(3)=r_3(3)-2r_2(3)+r_1(3)=1.$

$$\boldsymbol{J}=\begin{pmatrix}3&0&0\\&3&1\\&&3\end{pmatrix}$$

第二步求 $(3\boldsymbol{I}-\boldsymbol{B})^j$ 的秩.

$$r_1(3)=r\begin{pmatrix}-34&20&4\\-34&20&4\\-119&70&14\end{pmatrix}=1.$$

$$r_2(3)=r\begin{pmatrix}-34&20&4\\-34&20&4\\-119&70&14\end{pmatrix}^2=r\begin{pmatrix}0&0&0\\0&0&0\\0&0&0\end{pmatrix}=0.$$

$r_3(3)=0.$

$b_1(3)=3-2\cdot 1+0=1.$

$b_2(3)=r_3(3)-2r_2(3)+r_1(3)=1.$

$$\boldsymbol{J}=\begin{pmatrix}3&0&0\\&3&1\\&&3\end{pmatrix}$$

根据波尔曼方法确定 $\boldsymbol{A},\boldsymbol{B}$ 的标准 JORDAN 是完全相同的. 所以 $\boldsymbol{B}=\boldsymbol{T}^{-1}\boldsymbol{A}\boldsymbol{T}$.

1065. $\boldsymbol{A}=\begin{pmatrix}4&6&-15\\1&3&-5\\1&2&-4\end{pmatrix}$; $\boldsymbol{B}=\begin{pmatrix}1&-3&3\\-2&-6&13\\-1&-4&8\end{pmatrix}$; $\boldsymbol{C}=\begin{pmatrix}-13&-70&119\\-4&-19&34\\-4&-20&35\end{pmatrix}$.

追加第二步求 $(\boldsymbol{I}-\boldsymbol{A})^j$ 的秩

$$r_1(1)=r\begin{pmatrix}-3&-6&15\\-1&-2&5\\-1&-2&5\end{pmatrix}=1$$

$$r_2(1)=r\begin{pmatrix}0&0&0\\0&0&0\\0&0&0\end{pmatrix}=0$$

$$b_1(1)=3-2\times 1=1$$

$$b_2(1)=r_3(1)-2r_2(1)+r_1(1)=1$$

波尔曼方法确定 JORDAN 标准形为

$$\begin{pmatrix}1 & 0 & 0\\ & 1 & 1\\ & & 1\end{pmatrix}$$

所以 $\boldsymbol{A} \sim \boldsymbol{C}$.

而 $\boldsymbol{B}$ 单独一类,是一个三维若当块.

1066. $\boldsymbol{A}=\begin{pmatrix}14 & -2 & -7 & -1\\ 20 & -2 & -11 & -2\\ 19 & -3 & -9 & -1\\ -6 & 1 & 3 & 1\end{pmatrix}$; $\boldsymbol{B}=\begin{pmatrix}4 & 10 & -19 & 4\\ 1 & 6 & -8 & 3\\ 1 & 4 & -6 & 2\\ 0 & -1 & 1 & 0\end{pmatrix}$;

$$\boldsymbol{C}=\begin{pmatrix}41 & -4 & -26 & -7\\ 14 & -13 & -91 & -18\\ 40 & -4 & -25 & -8\\ 0 & 0 & 0 & 1\end{pmatrix}.$$

解　考虑 $\boldsymbol{A}$:

$$|\lambda\boldsymbol{E}-\boldsymbol{A}|=\begin{vmatrix}\lambda-14 & 2 & 7 & 1\\ -20 & \lambda+2 & 11 & 2\\ -19 & 3 & \lambda+9 & 1\\ 6 & -1 & -3 & \lambda-1\end{vmatrix}=\begin{vmatrix}\lambda-14 & 0 & 7 & 1\\ -20 & \lambda-2 & 11 & 2\\ -19 & 1 & \lambda+9 & 1\\ 6 & -2\lambda+1 & -3 & \lambda-1\end{vmatrix}$$

$$=\begin{vmatrix}\lambda-14 & 0 & 7 & 1\\ -20 & \lambda-2 & 11 & 2\\ -\lambda-5 & 1 & \lambda+2 & 0\\ 6 & -2\lambda+1 & -3 & \lambda-1\end{vmatrix}=\begin{vmatrix}\lambda-7 & 0 & 7 & 1\\ -9 & \lambda-2 & 11 & 2\\ -3 & 1 & \lambda+2 & 0\\ 3 & -2\lambda+1 & -3 & \lambda-1\end{vmatrix}$$

$$=\begin{vmatrix}\lambda-7 & 0 & \lambda & 1\\ -9 & \lambda-2 & 2 & 2\\ -3 & 1 & \lambda-1 & 0\\ 3 & -2\lambda+1 & 0 & \lambda-1\end{vmatrix}=\begin{vmatrix}\lambda-7 & 0 & \lambda-1 & 1\\ -9 & \lambda-2 & 0 & 2\\ -3 & 1 & \lambda-1 & 0\\ 3 & -2\lambda+1 & -\lambda+1 & \lambda-1\end{vmatrix}$$

利用习题 1061 所指出的方法,对下列给定的矩阵 $\boldsymbol{A}$ 和 $\boldsymbol{B}$ 求非奇异矩阵 $\boldsymbol{T}$,使得 $\boldsymbol{B}=\boldsymbol{T}^{-1}\boldsymbol{A}\boldsymbol{T}$(所求矩阵 $\boldsymbol{T}$ 不唯一确定):

1067. $\boldsymbol{A}=\begin{pmatrix}5 & -1\\ 9 & -1\end{pmatrix}$; $\boldsymbol{B}=\begin{pmatrix}38 & -81\\ 16 & -34\end{pmatrix}$.

解

$$\begin{pmatrix}Z_{11} & Z_{12}\\ Z_{21} & Z_{22}\end{pmatrix}\begin{pmatrix}38 & -81\\ 16 & -34\end{pmatrix}=\begin{pmatrix}5 & -1\\ 9 & -1\end{pmatrix}\begin{pmatrix}Z_{11} & Z_{12}\\ Z_{21} & Z_{22}\end{pmatrix}$$

$$38Z_{11}+16Z_{12}=5Z_{11}-Z_{21},\quad -81Z_{11}-34Z_{12}=5Z_{12}-Z_{22}$$

$$38Z_{21}+16Z_{22}=9Z_{11}-Z_{21},\quad -81Z_{21}-34Z_{22}=9Z_{12}-Z_{22}$$

$$33Z_{11}+16Z_{12}=-Z_{21},\quad -81Z_{11}+Z_{22}=39Z_{12}$$

$$39Z_{21}+16Z_{22}=9Z_{11},\quad -81Z_{21}-9Z_{12}-33Z_{22}=0$$

$$Z_{21}=-33Z_{11}-16Z_{12}=-33Z_{11}-16\times\left(-\frac{81}{39}Z_{11}+\frac{1}{39}Z_{22}\right)$$

$$=-33Z_{11}+\frac{16\times 27}{13}Z_{11}-\frac{16}{39}Z_{22}$$

$$-33\times 39Z_{11}+16\times 27\times 3Z_{11}-16Z_{22}+16Z_{22}=9Z_{11}$$

$$-11\times 13Z_{11}+16\cdot 9Z_{11}=Z_{11},\quad -27Z_{21}-3Z_{12}-11Z_{22}=0$$

$$-143Z_{11}+144Z_{11}=Z_{11},\quad -81Z_{11}-39Z_{12}+Z_{22}=0$$

$$33Z_{11}+16Z_{12}+Z_{21}=0$$

$$-9Z_{11}+39Z_{21}+16Z_{22}=0$$

$$\begin{matrix} Z_{11} & Z_{12} & Z_{21} & Z_{22} \end{matrix}$$

$$\begin{pmatrix} 0 & -3 & -27 & -11 \\ -81 & -39 & 0 & 1 \\ 33 & 16 & 1 & 0 \\ -9 & 0 & 39 & 16 \end{pmatrix}\to\begin{pmatrix} 1 & 0 & -\frac{13}{3} & -\frac{16}{9} \\ 0 & 1 & 9 & \frac{11}{3} \\ 0 & -39 & 39\times(-9) & 16\times(-9)+1 \\ 33 & 16 & 1 & 0 \end{pmatrix}\to$$

$$\begin{pmatrix} 1 & 0 & -\frac{13}{3} & \frac{16}{9} \\ 0 & 1 & 9 & \frac{11}{3} \\ 0 & 3 & 27 & 11 \\ 33 & 16 & 1 & 0 \end{pmatrix}\to\begin{pmatrix} 1 & 0 & -\frac{13}{3} & \frac{16}{9} \\ 0 & 1 & 9 & \frac{11}{3} \\ 0 & 16 & 144 & \frac{16}{3}\times 11 \\ 0 & 0 & 0 & 0 \end{pmatrix}\to\begin{pmatrix} 1 & 0 & -\frac{13}{3} & \frac{16}{9} \\ 0 & 1 & 9 & \frac{11}{3} \\ 0 & 1 & 9 & \frac{11}{3} \\ 0 & 0 & 0 & 0 \end{pmatrix}\to$$

$$\begin{pmatrix} 1 & 0 & -\frac{13}{3} & \frac{16}{9} \\ 0 & 1 & 9 & \frac{11}{3} \\ 0 & 0 & 0 & 0 \\ 0 & 0 & 0 & 0 \end{pmatrix}$$

$$\begin{pmatrix} \frac{13}{3} \\ -9 \\ 1 \\ 0 \end{pmatrix},\quad\begin{pmatrix} +\frac{16}{9} \\ -\frac{11}{3} \\ 0 \\ 1 \end{pmatrix}$$

$$\boldsymbol{Z}_1=\begin{pmatrix} \frac{13}{3} & -9 \\ 1 & 0 \end{pmatrix},\ \boldsymbol{Z}_2=\begin{pmatrix} +\frac{16}{9} & -\frac{11}{3} \\ 0 & 1 \end{pmatrix}$$

求逆

$$\begin{pmatrix} \frac{13}{3} & -9 & 1 & \\ 1 & 0 & & 1 \end{pmatrix}\to\begin{pmatrix} 13 & -27 & 3 & \\ 1 & 0 & & 1 \end{pmatrix}\to\begin{pmatrix} 1 & 0 & 0 & 1 \\ 0 & -27 & 3 & -13 \end{pmatrix}\to\begin{pmatrix} 1 & & 0 & 1 \\ & 1 & -\frac{1}{9} & \frac{13}{27} \end{pmatrix}$$

检验：

$$\begin{pmatrix} 0 & 1 \\ -\frac{1}{9} & \frac{13}{27} \end{pmatrix}\begin{pmatrix} \frac{13}{3} & -9 \\ 1 & 0 \end{pmatrix} = \begin{pmatrix} 1 & \\ & 1 \end{pmatrix}$$

$$\boldsymbol{B} = \begin{pmatrix} 38 & -81 \\ 16 & -34 \end{pmatrix}$$

$$\boldsymbol{Z}^{-1}\boldsymbol{A}\boldsymbol{Z} = \begin{pmatrix} 0 & 1 \\ -\frac{1}{9} & \frac{13}{27} \end{pmatrix}\begin{pmatrix} 5 & -1 \\ 9 & -1 \end{pmatrix}\begin{pmatrix} \frac{13}{3} & -9 \\ 1 & 0 \end{pmatrix} = \begin{pmatrix} 0 & 1 \\ -\frac{1}{9} & \frac{13}{27} \end{pmatrix}\begin{pmatrix} \frac{62}{3} & -45 \\ 38 & -81 \end{pmatrix}$$

$$= \begin{pmatrix} 38 & -81 \\ 16 & -34 \end{pmatrix}$$

求逆：

$$\begin{pmatrix} \frac{16}{9} & -\frac{11}{3} & 1 & \\ 0 & 1 & & 1 \end{pmatrix} \to \begin{pmatrix} 16 & -33 & 9 & \\ 0 & 1 & & 1 \end{pmatrix} \to \begin{pmatrix} 16 & 0 & 9 & 33 \\ 0 & 1 & 0 & 1 \end{pmatrix} \to$$

$$\begin{pmatrix} 1 & & \frac{9}{16} & \frac{33}{16} \\ & 1 & 0 & 1 \end{pmatrix}$$

检验：

$$\begin{pmatrix} \frac{9}{16} & \frac{33}{16} \\ 0 & 1 \end{pmatrix}\begin{pmatrix} \frac{16}{9} & -\frac{11}{3} \\ 0 & 1 \end{pmatrix} = \begin{pmatrix} 1 & \\ & 1 \end{pmatrix}$$

$$\boldsymbol{B} = \begin{pmatrix} 38 & -81 \\ 16 & -34 \end{pmatrix}$$

$$\boldsymbol{Z}^{-1}\boldsymbol{A}\boldsymbol{Z} = \begin{pmatrix} \frac{9}{16} & \frac{33}{16} \\ 0 & 1 \end{pmatrix}\begin{pmatrix} 5 & -1 \\ 9 & -1 \end{pmatrix}\begin{pmatrix} +\frac{16}{9} & -\frac{11}{3} \\ 0 & 1 \end{pmatrix} = \begin{pmatrix} \frac{9}{16} & \frac{33}{16} \\ 0 & 1 \end{pmatrix}\begin{pmatrix} \frac{80}{9} & -\frac{58}{3} \\ 16 & -34 \end{pmatrix}$$

$$= \begin{pmatrix} 38 & -81 \\ 16 & -34 \end{pmatrix}$$

利用解方程组，找出二个基础解系作为 $\boldsymbol{T}$. 完全成功.

尽管四个方程式，真正独立的只有两个，但有非零解.

如果一定要求 $\boldsymbol{T}$ 是整数作为元素的矩阵，可以通过选取 k_1, k_2 适当的数而得到. 例如 $k_1 = 3$, $k_2 = 9$ 即可.

1068. $\boldsymbol{A} = \begin{pmatrix} 17 & -6 \\ 45 & -16 \end{pmatrix}$; $\boldsymbol{B} = \begin{pmatrix} 14 & -60 \\ 3 & -13 \end{pmatrix}$.

解

$$\boldsymbol{B} = \boldsymbol{Z}^{-1}\boldsymbol{A}\boldsymbol{Z}$$

$$\begin{pmatrix} Z_{11} & Z_{12} \\ Z_{21} & Z_{22} \end{pmatrix}\begin{pmatrix} 14 & -60 \\ 3 & -13 \end{pmatrix} = \begin{pmatrix} 17 & -6 \\ 45 & -16 \end{pmatrix}\begin{pmatrix} Z_{11} & Z_{12} \\ Z_{21} & Z_{22} \end{pmatrix}$$

$$\begin{matrix} Z_{11} & Z_{12} & Z_{21} & Z_{22} \end{matrix}$$

$$\begin{pmatrix} -3 & 3 & 6 & 0 \\ -60 & -30 & 0 & 6 \\ 45 & 0 & -30 & -3 \\ 0 & 45 & 60 & -3 \end{pmatrix} \to \begin{pmatrix} 1 & -1 & -2 & 0 \\ 10 & 5 & 0 & -1 \\ 15 & 0 & -10 & -1 \\ 0 & 15 & 20 & -1 \end{pmatrix} \to \begin{pmatrix} 1 & 0 & -\frac{2}{3} & -\frac{1}{15} \\ 0 & 1 & \frac{4}{3} & -\frac{1}{15} \\ 0 & 0 & 0 & 0 \\ 0 & 0 & 0 & 0 \end{pmatrix}$$

$$\begin{aligned} 14Z_{11} + 3Z_{12} &= 17Z_{11} - 6Z_{21} \\ -60Z_{11} - 13Z_{12} &= 17Z_{12} - 6Z_{22} \\ 14Z_{21} + 3Z_{22} &= 45Z_{11} - 16Z_{21} \\ -60Z_{21} - 13Z_{22} &= 45Z_{12} - 16Z_{22} \end{aligned}$$

$$\begin{pmatrix} \frac{2}{3} \\ \frac{-4}{3} \\ 1 \\ 0 \end{pmatrix};\begin{pmatrix} \frac{1}{15} \\ \frac{1}{15} \\ 0 \\ 1 \end{pmatrix}$$

整数化

$$\boldsymbol{Z}_1 = \begin{pmatrix} 2 & -4 \\ 3 & 0 \end{pmatrix}, \boldsymbol{Z}_2 = \begin{pmatrix} 1 & 1 \\ 0 & 15 \end{pmatrix}$$

对 $\boldsymbol{Z}_1$ 求逆

$$\begin{pmatrix} 2 & -4 & 1 & 0 \\ 3 & 0 & 0 & 1 \end{pmatrix} \to \begin{pmatrix} 1 & 0 & 0 & \frac{1}{3} \\ 0 & -4 & 1 & \frac{-2}{3} \end{pmatrix} \to \begin{pmatrix} 1 & 0 & 0 & \frac{1}{3} \\ 0 & 1 & -\frac{1}{4} & \frac{1}{6} \end{pmatrix}$$

检验：

$$\begin{pmatrix} 0 & \frac{1}{3} \\ -\frac{1}{4} & \frac{1}{6} \end{pmatrix}\begin{pmatrix} 2 & -4 \\ 3 & 0 \end{pmatrix} = \begin{pmatrix} 1 & 0 \\ 0 & 1 \end{pmatrix}$$

$$\boldsymbol{Z}^{-1}\boldsymbol{A}\boldsymbol{Z} = \begin{pmatrix} 0 & \frac{1}{3} \\ -\frac{1}{4} & \frac{1}{6} \end{pmatrix}\begin{pmatrix} 17 & -6 \\ 45 & -16 \end{pmatrix}\begin{pmatrix} 2 & -4 \\ 3 & 0 \end{pmatrix} = \begin{pmatrix} 0 & \frac{1}{3} \\ -\frac{1}{4} & \frac{1}{6} \end{pmatrix}\begin{pmatrix} 16 & -68 \\ 42 & -180 \end{pmatrix} = \begin{pmatrix} 14 & -60 \\ 3 & -13 \end{pmatrix}$$

对 $\boldsymbol{Z}_2$ 求逆

$$\begin{pmatrix} 1 & 1 & 1 & 0 \\ 0 & 15 & 0 & 1 \end{pmatrix} \to \begin{pmatrix} 1 & 1 & 1 & 0 \\ 0 & 1 & 0 & \frac{1}{15} \end{pmatrix} \to \begin{pmatrix} 1 & 0 & 1 & -\frac{1}{15} \\ 0 & 1 & 0 & \frac{1}{15} \end{pmatrix}$$

检验：

$$\begin{pmatrix}1 & -\frac{1}{15}\\ 0 & \frac{1}{15}\end{pmatrix}\begin{pmatrix}1 & 1\\ 0 & 15\end{pmatrix}=\begin{pmatrix}1 & 0\\ 0 & 1\end{pmatrix}$$

$$\boldsymbol{Z}^{-1}\boldsymbol{A}\boldsymbol{Z}=\begin{pmatrix}1 & -\frac{1}{15}\\ 0 & \frac{1}{15}\end{pmatrix}\begin{pmatrix}17 & -6\\ 45 & -16\end{pmatrix}\begin{pmatrix}1 & 1\\ 0 & 15\end{pmatrix}=\begin{pmatrix}1 & -\frac{1}{15}\\ 0 & \frac{1}{15}\end{pmatrix}\begin{pmatrix}17 & -73\\ 45 & -195\end{pmatrix}$$

$$=\begin{pmatrix}14 & -60\\ 3 & -13\end{pmatrix}$$

抓住矩阵与线性方程组的核心关键求解矩阵方程是非常正常的思考习惯和方法.

1069. $\boldsymbol{A}=\begin{pmatrix}3 & -2 & 1\\ 2 & -2 & 2\\ 3 & -6 & 5\end{pmatrix}$; $\boldsymbol{B}=\begin{pmatrix}24 & -11 & -22\\ 20 & -8 & -20\\ 12 & -6 & -10\end{pmatrix}$.

解　矩阵方程

$$\boldsymbol{B}=\boldsymbol{Z}^{-1}\boldsymbol{A}\boldsymbol{Z}$$

$$\boldsymbol{Z}\boldsymbol{B}=\boldsymbol{A}\boldsymbol{Z}$$

$$\begin{pmatrix}Z_{11} & Z_{12} & Z_{13}\\ Z_{21} & Z_{22} & Z_{23}\\ Z_{31} & Z_{32} & Z_{33}\end{pmatrix}\begin{pmatrix}24 & -11 & -22\\ 20 & -8 & -20\\ 12 & -6 & -10\end{pmatrix}=\begin{pmatrix}3 & -2 & 1\\ 2 & -2 & 2\\ 3 & -6 & 5\end{pmatrix}\begin{pmatrix}Z_{11} & Z_{12} & Z_{13}\\ Z_{21} & Z_{22} & Z_{23}\\ Z_{31} & Z_{32} & Z_{33}\end{pmatrix}$$

Z_{11}	Z_{12}	Z_{13}	Z_{21}	Z_{22}	Z_{23}	Z_{31}	Z_{32}	Z_{33}
24 − 3	20	12				− 1		
			2				− 1	
− 11	− 8 − 3	− 6		2				
− 22	− 20	− 10 − 3						− 1
					2			
− 2			24	20	12			
			+ 2			− 2		
	− 2		− 11	− 8	− 6		− 2	
				2				
		− 2	− 22	− 20	− 10			− 2
					2			
− 3			6			24 − 5	20	12
	− 3						− 8 − 5	− 6
		− 3		6		− 11		− 10 − 5
					6	− 22	20	

$$
\begin{pmatrix}
21 & 20 & 12 & 2 & 0 & 0 & -1 & 0 & 0 \\
-11 & -11 & -6 & 0 & 2 & 0 & 0 & -1 & 0 \\
-22 & -20 & -13 & 0 & 0 & 2 & 0 & 0 & -1 \\
-2 & 0 & 0 & 26 & 20 & 12 & -2 & 0 & 0 \\
0 & -2 & 0 & -11 & -6 & -6 & 0 & -2 & 0 \\
0 & 0 & -2 & -22 & -20 & -8 & 0 & 0 & -2 \\
-3 & 0 & 0 & 6 & 0 & 0 & 19 & 20 & 12 \\
0 & -3 & 0 & 0 & 6 & 0 & -11 & -13 & -6 \\
0 & 0 & -3 & 0 & 0 & 6 & -22 & -20 & -15
\end{pmatrix} \to
$$

$$
\begin{pmatrix}
-1 & 0 & -1 & 2 & 0 & 2 & -1 & 0 & -1 \\
0 & -2 & 1 & 0 & 4 & -2 & 0 & -2 & 1 \\
11 & 11 & 6 & 0 & -2 & 0 & 0 & 1 & 0 \\
-2 & 0 & -2 & 4 & 0 & 4 & -2 & 0 & -2 \\
0 & -4 & 2 & 0 & 8 & -4 & 0 & -4 & 2 \\
0 & 0 & 2 & 22 & 20 & 8 & 0 & 0 & 2 \\
-3 & 0 & -3 & 6 & 0 & 6 & -3 & 0 & -3 \\
0 & -3 & 0 & 0 & 6 & 0 & -11 & -13 & -6 \\
0 & 0 & -3 & 0 & 0 & 6 & -22 & -20 & -15
\end{pmatrix} \to
$$

$$
\begin{pmatrix}
-1 & 0 & -1 & 2 & 0 & 2 & -1 & 0 & -1 \\
0 & -2 & 1 & 0 & 4 & -2 & 0 & -2 & 1 \\
11 & 11 & 6 & 0 & -2 & 0 & 0 & 1 & 0 \\
0 & 0 & 1 & 11 & 10 & 84 & 0 & 0 & 1 \\
0 & -6 & 3 & 0 & 12 & -6 & 0 & -6 & 3 \\
0 & 0 & -3 & 0 & 0 & 6 & -22 & -20 & -15
\end{pmatrix} \to
$$

$$
\begin{pmatrix}
1 & 0 & 1 & -2 & 0 & -2 & 1 & 0 & 1 \\
0 & -2 & 1 & 0 & 4 & -2 & 0 & -2 & 1 \\
11 & 11 & 6 & 0 & -2 & 0 & 0 & 1 & 0 \\
0 & 0 & 1 & 11 & 10 & 4 & 0 & 0 & 1 \\
0 & 0 & -3 & 0 & 0 & 6 & -22 & -20 & -15 \\
0 & 0 & -1 & 0 & 0 & 2 & -\frac{22}{3} & -\frac{20}{3} & -5
\end{pmatrix} \to
$$

$$
\begin{pmatrix}
1 & 0 & 0 & -2 & 0 & 0 & -\frac{19}{3} & -\frac{20}{3} & -4 \\
0 & -2 & 0 & 0 & 4 & 0 & -\frac{22}{3} & -\frac{26}{3} & -4 \\
11 & 11 & 0 & 0 & -2 & 12 & -44 & -39 & -30 \\
0 & 0 & 0 & 11 & 10 & 6 & -\frac{22}{3} & -\frac{20}{3} & -4 \\
0 & 0 & 1 & 11 & 10 & 4 & 0 & 0 & 1
\end{pmatrix} \to
$$

$$
\begin{pmatrix}
1 & 0 & 0 & -2 & 0 & 0 & -\frac{19}{3} & -\frac{20}{3} & -4 \\
0 & -2 & 0 & 0 & 4 & 0 & -\frac{22}{3} & -\frac{26}{3} & -4 \\
1 & 1 & 0 & 0 & -\frac{2}{11} & \frac{12}{11} & -4 & -\frac{39}{11} & -\frac{30}{11} \\
0 & 0 & 0 & 0 & & & & & \\
0 & 0 & 0 & 1 & \frac{10}{11} & \frac{6}{11} & -\frac{2}{3} & -\frac{20}{33} & -\frac{4}{11} \\
0 & 0 & 1 & 11 & 10 & 4 & 0 & 0 & 1
\end{pmatrix} \to
$$

$$
\begin{pmatrix}
1 & 0 & 0 & -2 & 0 & 0 & -\frac{19}{3} & -\frac{20}{3} & -4 \\
0 & -1 & 0 & 0 & 2 & 0 & -\frac{11}{3} & -\frac{13}{3} & -2 \\
0 & 0 & 0 & 2 & \frac{20}{11} & \frac{12}{11} & -\frac{4}{3} & -\frac{40}{33} & -\frac{8}{11} \\
0 & 0 & 0 & 1 & \frac{10}{11} & \frac{6}{11} & -\frac{2}{3} & -\frac{20}{33} & -\frac{4}{11} \\
0 & 0 & 1 & 11 & 10 & 4 & 0 & 0 & 1
\end{pmatrix} \to
$$

$$
\begin{pmatrix}
1 & 0 & 0 & -2 & 0 & 0 & -\frac{19}{3} & -\frac{20}{3} & -4 \\
0 & 1 & 0 & 0 & -2 & 0 & \frac{11}{3} & \frac{13}{3} & 2 \\
0 & 0 & 0 & 1 & \frac{10}{11} & \frac{6}{11} & -\frac{2}{3} & -\frac{20}{33} & -\frac{4}{11} \\
0 & 0 & 1 & 11 & 10 & 4 & 0 & 0 & 1
\end{pmatrix} \to
$$

$$
\begin{pmatrix}
1 & 0 & 0 & -2 & 0 & 0 & -\frac{19}{3} & -\frac{20}{3} & -4 \\
0 & 1 & 0 & 0 & -2 & 0 & \frac{11}{3} & \frac{13}{3} & 2 \\
0 & 0 & 1 & 11 & 10 & 4 & 0 & 0 & 1 \\
0 & 0 & 0 & 1 & \frac{10}{11} & \frac{6}{11} & -\frac{2}{3} & -\frac{20}{33} & -\frac{4}{11}
\end{pmatrix} \to
$$

$$
\begin{array}{ccccccccc}
Z_{11} & Z_{12} & Z_{13} & Z_{21} & Z_{22} & Z_{23} & Z_{31} & Z_{32} & Z_{33}
\end{array}
$$

$$
\begin{pmatrix}
1 & & & & \frac{20}{11} & \frac{12}{11} & -\frac{23}{3} & -\frac{260}{33} & -\frac{52}{11} \\
 & 1 & & & -2 & 0 & \frac{11}{3} & \frac{13}{3} & 2 \\
 & & 1 & & 0 & -2 & \frac{22}{3} & \frac{20}{3} & 5 \\
 & & & 1 & \frac{10}{11} & \frac{6}{11} & -\frac{2}{3} & -\frac{20}{33} & -\frac{4}{11}
\end{pmatrix}
$$

为了 $\boldsymbol{Z}$ 非奇异,我们取 $Z_{22}=Z_{33}=1$. 其余为 0 ,得 $\begin{pmatrix} -\frac{20}{11}+\frac{52}{11} \\ 0 \\ -5 \\ -\frac{6}{11} \\ 1 \\ 0 \\ 0 \\ 0 \\ 1 \end{pmatrix}$ 即

$$\boldsymbol{Z}=\begin{pmatrix} \frac{32}{11} \\ 0 \\ -5 \\ -\frac{6}{11} \\ 1 \\ 0 \\ 0 \\ 0 \\ 1 \end{pmatrix}, \qquad \boldsymbol{Z}=\begin{pmatrix} \frac{32}{11} & 0 & -5 \\ -\frac{6}{11} & 1 & 0 \\ 0 & 0 & 1 \end{pmatrix}.$$

求逆阵:

$$\begin{pmatrix} \frac{32}{11} & 0 & -5 & 1 & & \\ -\frac{6}{11} & 1 & 0 & & 1 & \\ 0 & 0 & 1 & & & 1 \end{pmatrix} \to \begin{pmatrix} 32 & 0 & -55 & 11 & 0 & 0 \\ -6 & 11 & 0 & & 11 & 0 \\ 0 & 0 & 1 & & & 1 \end{pmatrix} \to$$

$$\begin{pmatrix} 1 & 0 & -\frac{55}{32} & \frac{11}{32} & & \\ 1 & -\frac{11}{6} & 0 & & -\frac{11}{6} & \\ 0 & 0 & 1 & & & 1 \end{pmatrix} \to \begin{pmatrix} 1 & 0 & -\frac{55}{32} & \frac{11}{32} & 0 & 0 \\ & -\frac{11}{6} & \frac{55}{32} & -\frac{11}{32} & -\frac{11}{6} & 0 \\ & & 1 & 0 & 0 & 1 \end{pmatrix} \to$$

$$\begin{pmatrix} 1 & 0 & -\frac{55}{32} & \frac{11}{32} & 0 & 0 \\ & 1 & -\frac{15}{16} & \frac{3}{16} & 1 & 0 \\ & & 1 & 0 & 0 & 1 \end{pmatrix} \to \begin{pmatrix} 1 & & & \frac{11}{32} & 0 & \frac{55}{32} \\ & 1 & & \frac{3}{16} & 1 & \frac{15}{16} \\ & & 1 & 0 & 0 & 1 \end{pmatrix}$$

检验:

$$\begin{pmatrix} \frac{11}{32} & 0 & \frac{55}{32} \\ \frac{3}{16} & 1 & \frac{15}{16} \\ 0 & 0 & 1 \end{pmatrix}\begin{pmatrix} \frac{32}{11} & 0 & -5 \\ -\frac{6}{11} & 1 & 0 \\ 0 & 0 & 1 \end{pmatrix} = \begin{pmatrix} 1 & & \\ & 1 & \\ & & 1 \end{pmatrix}$$

$$\boldsymbol{Z}^{-1}\boldsymbol{AZ} = \begin{pmatrix} \frac{11}{32} & 0 & \frac{55}{32} \\ \frac{3}{16} & 1 & \frac{15}{16} \\ 0 & 0 & 1 \end{pmatrix}\begin{pmatrix} 3 & -2 & 1 \\ 2 & -2 & 2 \\ 3 & -6 & 5 \end{pmatrix}\begin{pmatrix} \frac{32}{11} & 0 & -5 \\ -\frac{6}{11} & 1 & 0 \\ 0 & 0 & 1 \end{pmatrix} = \begin{pmatrix} \frac{11}{32} & 0 & \frac{55}{32} \\ \frac{3}{16} & 1 & \frac{15}{16} \\ 0 & 0 & 1 \end{pmatrix}\begin{pmatrix} \frac{108}{11} & -2 & -14 \\ \frac{76}{11} & -2 & -8 \\ \frac{132}{11} & -6 & -10 \end{pmatrix}$$

$$= \begin{pmatrix} 24 & -11 & -22 \\ 20 & -8 & -20 \\ 12 & -6 & -10 \end{pmatrix} = \boldsymbol{B}$$

完全成功.

在利用线性方程组的特性简化方程组方面有新的启发和突破,找到了解这类方程组的突破口和关键点,强化了我们解这类题目的信心,不要被未知数目多所吓倒.

1070. 证明:矩阵 $\boldsymbol{A}$ 的特征多项式 $|\boldsymbol{A}-\lambda\boldsymbol{E}|$ 的系数可用这个矩阵的元素以下列方式表出:

$$|\boldsymbol{A}-\lambda\boldsymbol{E}| = (-\lambda)^n + C_1(-\lambda)^{n-1} + C_2(-\lambda)^{n-2} + \cdots + C_n$$

其中 C_k 是矩阵 $\boldsymbol{A}$ 的 k 阶的所有主子式之和(如果子式所处行的号码和列的号码相同,则称为主子式).

定理 2　设 $n \times n$ 矩阵 $\boldsymbol{A}=(a_{ij})$ 的特征多项式为

$$f(\lambda) = \det(\lambda\boldsymbol{E}-\boldsymbol{A}) = \lambda^n + b_1\lambda^{n-1} + \cdots + b_{n-1}\lambda + b_n$$

则它的系数

$$b_k = (-1)^k \sum_{1 \leqslant i_1 < i_2 < \cdots < i_k \leqslant n} \begin{vmatrix} a_{i_1i_1} & a_{i_1i_2} & \cdots & a_{i_1i_k} \\ a_{i_2i_1} & a_{i_2i_2} & \cdots & a_{i_2i_k} \\ \vdots & \vdots & & \vdots \\ a_{i_ki_1} & a_{i_ki_2} & \cdots & a_{i_ki_k} \end{vmatrix}$$

其中 $k=1,2,\cdots,n$,而和号 $\sum\limits_{1 \leqslant i < i < \cdots < i_k \leqslant n}$ 表示对所有可能的 1 至 n 中的整数 $i_1,i_2,\cdots,i_k$ 求和.

特别

$$b_1 = (-1)\sum_{1 \leqslant i_1 \leqslant n} a_{i_1i_1} = -\sum_{i=1}^{n} a_{ii}$$

$$b_n = (-1)^n \sum_{1 \leq i_1 < i_2 < \cdots < i_n \leq n} \begin{vmatrix} a_{i_1i_1} & a_{i_1i_2} & \cdots & a_{i_1i_n} \\ a_{i_2i_1} & a_{i_2i_2} & \cdots & a_{i_2i_n} \\ \vdots & \vdots & & \vdots \\ a_{i_ni_1} & a_{i_ni_2} & \cdots & a_{i_ni_n} \end{vmatrix}$$

$$= (-1)^n \begin{vmatrix} a_{11} & a_{12} & \cdots & a_{1n} \\ a_{21} & a_{22} & \cdots & a_{2n} \\ \vdots & \vdots & & \vdots \\ a_{n1} & a_{n2} & \cdots & a_{nn} \end{vmatrix} = (-1)^n \det \boldsymbol{A}$$

证明

$$f(\lambda) = \begin{vmatrix} \lambda - a_{11} & -a_{12} & \cdots & -a_{1n} \\ -a_{21} & \lambda - a_{22} & \cdots & -a_{2n} \\ \vdots & \vdots & & \vdots \\ -a_{n1} & -a_{n2} & \cdots & \lambda - a_{nn} \end{vmatrix} \tag{7.1}$$

记

$$|f(\boldsymbol{A})| = a_0^n \prod_{j=1}^{s} |\boldsymbol{A} - \mu_j \boldsymbol{E}| = a_0^n \prod_{j=1}^{s} \varphi(\mu_j) = a_0^n \prod_{j=1}^{s} \prod_{i=1}^{n} (\lambda_i - \mu_j)$$

$$= \prod_{i=1}^{n} \left[a_0 \prod_{j=1}^{s} (\lambda_i - \mu_j) \right] = \prod_{i=1}^{n} f(\lambda_i)$$

设在 P 的某一个这样的扩展域,使 $f(x)$ 在它里面有 n 个根 $\boldsymbol{\alpha}_1, \boldsymbol{\alpha}_2, \cdots, \boldsymbol{\alpha}_n$,而 $g(x)$ 有 s 个根, $\boldsymbol{\beta}_1, \boldsymbol{\beta}_2, \cdots, \boldsymbol{\beta}_s$;可以取乘积 $f(x)g(x)$ 的分解域为 $\overline{P}$. 域 $\overline{P}$ 中元素

$$R(f,g) = \prod_{i=1}^{n} \prod_{j=1}^{s} (\boldsymbol{\alpha}_i - \boldsymbol{\beta}_j) \tag{2}$$

叫作多项式 $f(x)$ 和 $g(x)$ 的结式.

很明显的 $f(x)$ 和 $g(x)$ 当且仅当 $R(f,g) = 0$ 时始在 P 中有公根. 由式(2)知

$$R(g,f) = (-1)^{ns} R(f,g)$$

又由等式

$$f(x) = \prod_{i=1}^{n} (x - \boldsymbol{\alpha}_i), \quad g(x) = \prod_{j=1}^{s} (x - \boldsymbol{\beta}_j)$$

亦可以写

$$R(f,g) = \prod_{i=1}^{n} g(\boldsymbol{\alpha}_i) = (-1)^{ns} \prod_{j=1}^{s} f(\boldsymbol{\beta}_j)$$

另外,根据结式的定义

$$|f(\boldsymbol{A})| = a_0^n \prod_{j=1}^{s} \varphi(\mu_j) = R(f, \varphi)$$

1071. 求矩阵 $\boldsymbol{A}'\boldsymbol{A}$ 的特征值(特征多项式的根),其中 $\boldsymbol{A} = (\boldsymbol{\alpha}_1, \boldsymbol{\alpha}_2, \cdots, \boldsymbol{\alpha}_n)$,而 $\boldsymbol{A}'$ 是 $\boldsymbol{A}$ 的转置矩阵.

[869]设 $\boldsymbol{A}=(b_1,b_2,\cdots,b_n)$. 证明:方阵 $\boldsymbol{A}'\boldsymbol{A}$ 的特征根为0及 $b_1^2+b_2^2+\cdots+b_n^2$,且0是一个 $n-1$ 重根.

证明　本题实为867题之特例下给出的另证法. 由于

$$\boldsymbol{A}'\boldsymbol{A}=\begin{pmatrix} b_1^2 & b_1b_2 & \cdots & b_1b_n \\ b_2b_1 & b_2^2 & \cdots & b_2b_n \\ \vdots & \vdots & & \vdots \\ b_nb_1 & b_nb_2 & \cdots & b_n^2 \end{pmatrix}$$

$$|\lambda\boldsymbol{E}-\boldsymbol{A}'\boldsymbol{A}|=\begin{vmatrix} \lambda-b_1^2 & -b_1b_2 & \cdots & -b_1b_n \\ -b_2b_1 & \lambda-b_2^2 & \cdots & -b_2b_n \\ \vdots & \vdots & & \vdots \\ -b_nb_1 & -b_nb_2 & \cdots & \lambda-b_n^2 \end{vmatrix}$$

$$=\begin{vmatrix} \lambda-b_1(b_1+\cdots+b_n) & \lambda-b_2(b_1+\cdots+b_n) & \cdots & \lambda-b_n(b_1+\cdots+b_n) \\ -b_2b_1 & \lambda-b_2^2 & \cdots & -b_2b_n \\ -b_3b_1 & -b_3b_2 & \cdots & -b_3b_n \\ \vdots & \vdots & & \vdots \\ -b_nb_1 & -b_nb_2 & \cdots & \lambda-b_n^2 \end{vmatrix}$$

$$=\lambda\begin{vmatrix} 1 & 1 & 1 & \cdots & 1 \\ -b_2b_1 & \lambda-b_2^2 & -b_2b_3 & \cdots & -b_2b_n \\ -b_3b_1 & -b_3b_2 & \lambda-b_3^2 & \cdots & -b_3b_n \\ \vdots & \vdots & \vdots & & \vdots \\ -b_nb_1 & -b_nb_2 & -b_nb_3 & \cdots & \lambda-b_n^2 \end{vmatrix}+$$

$$(b_1+b_2+\cdots+b_n)\begin{vmatrix} -b_1 & -b_2 & -b_3 & \cdots & -b_n \\ -b_2b_1 & \lambda-b_2^2 & -b_2b_3 & \cdots & -b_2b_n \\ -b_3b_1 & -b_3b_2 & \lambda-b_3^2 & \cdots & -b_3b_n \\ \vdots & \vdots & \vdots & & \vdots \\ -b_nb_1 & -b_nb_2 & -b_nb_3 & \cdots & \lambda-b_n^2 \end{vmatrix}$$

$$=\lambda\begin{vmatrix} 1 & 1-\dfrac{b_2}{b_1} & 1-\dfrac{b_3}{b_1} & \cdots & 1-\dfrac{b_n}{b_1} \\ -b_2b_1 & \lambda & 0 & \cdots & 0 \\ -b_3b_1 & 0 & \lambda & \cdots & 0 \\ \vdots & \vdots & \vdots & & \vdots \\ -b_nb_1 & 0 & 0 & \cdots & \lambda \end{vmatrix}+(b_1+\cdots+b_n)\begin{vmatrix} -b_1 & 0 & 0 & \cdots & 0 \\ -b_2b_1 & \lambda & 0 & \cdots & 0 \\ -b_3b_1 & 0 & \lambda & \cdots & 0 \\ \vdots & \vdots & \vdots & & \vdots \\ -b_nb_1 & 0 & 0 & \cdots & \lambda \end{vmatrix}$$

$$= \lambda^n + b_2 b_1\left(1 - \frac{b_2}{b_1}\right)\lambda^{n-1} + b_3 b_1\left(1 - \frac{b_3}{b_1}\right)\lambda^{n-1} + b_4 b_1\left(1 - \frac{b_4}{b_1}\right)\lambda^{n-1} + \cdots + b_n b_1\left(1 - \frac{b_n}{b_1}\right)\lambda^{n-1} - b_1(b_1 + b_2 + \cdots + b_n)\lambda^{n-1}$$

$$= \lambda^n + (b_1 b_2 - b_2^2 + b_1 b_3 - b_3^2 + b_1 b_4 - b_4^2 + \cdots + b_1 b_n - b_n^2)\lambda^{n-1} + (-b_1^2 - b_1 b_2 - b_1 b_3 - b_1 b_4 - b_1 b_n)\lambda^{n-1}$$

$$= \lambda^{n-1}[\lambda - (b_1^2 + b_2^2 + \cdots + b_n^2)]$$

$$\lambda_1 = b_1^2 + b_2^2 + \cdots + b_n^2, \quad \lambda_2 = \cdots = \lambda_n = 0$$

1072. 证明：矩阵 $\boldsymbol{A}$ 的特征值的和等于矩阵的迹（即主对角线元素之和），而矩阵 $\boldsymbol{A}$ 的特征值的积等于行列式 $|\boldsymbol{A}|$.

复旦课本定理 2 建立了矩阵 $\boldsymbol{A}$ 的特征多项式的系数和 $\boldsymbol{A}$ 的各阶主子式之间的一种关系.

矩阵的特征多项式的系数与特征值之间也有关系. 设 $n \times n$ 矩阵 $\boldsymbol{A}$ 的特征多项式

$$f(\lambda) = \det(\lambda \boldsymbol{E} - \boldsymbol{A}) = \lambda^n + b_1\lambda^{n-1} + b_2\lambda^{n-2} + \cdots + b_{n-1}\lambda + b_n$$

的 n 个根为 $\lambda_1, \lambda_2, \cdots, \lambda_n$（有重根时重复出现），利用根与系数的关系知

$$b_1 = -(\lambda_1 + \lambda_2 + \cdots + \lambda_n)$$

$$b_2 = \lambda_1\lambda_2 + \lambda_1\lambda_3 + \cdots + \lambda_{n-1}\lambda_n$$

$$\cdots$$

$$b_k = (-1)^k \sum_{1 \leqslant i_1 < i_2 < \cdots < i_k \leqslant n} \lambda_{i_1}\lambda_{i_2}\cdots\lambda_{i_k}$$

$$\cdots$$

$$b_n = (-1)^n \lambda_1\lambda_2\cdots\lambda_n$$

定理 3　$n \times n$ 矩阵 $\boldsymbol{A}$ 的特征多项式的 n 个根 $\lambda_1, \lambda_2, \cdots, \lambda_n$（有重根时重复出现）与 $\boldsymbol{A}$ 的主子式之间有如下关系

$$\sum_{1 \leqslant i_1 < i_2 < \cdots < i_k \leqslant n} \lambda_{i_1}\lambda_{i_2}\cdots\lambda_{i_k} = \sum_{1 \leqslant i_1 < i_2 < \cdots < i_k \leqslant n} \begin{vmatrix} a_{i_1 i_1} & a_{i_1 i_2} & \cdots & a_{i_1 i_k} \\ a_{i_2 i_1} & a_{i_2 i_2} & \cdots & a_{i_2 i_k} \\ \vdots & \vdots & & \vdots \\ a_{i_k i_1} & a_{i_k i_2} & \cdots & a_{i_k i_k} \end{vmatrix}$$

特别有

$$\lambda_1 + \lambda_2 + \cdots + \lambda_n = a_{11} + a_{22} + \cdots + a_{nn} = \boldsymbol{S}_p\boldsymbol{A}$$

$$\lambda_1\lambda_2\cdots\lambda_n = \det\boldsymbol{A}$$

1073. 证明：矩阵 $\boldsymbol{A}$ 的所有特征值都不为零当且仅当矩阵是非奇异的.

证明　因为

$$\lambda_1\lambda_2\cdots\lambda_n = |\boldsymbol{A}|$$

$$\lambda_i \neq 0 \quad (i = 1, 2, \cdots, n) \to |\boldsymbol{A}| \neq 0$$

$$|\boldsymbol{A}| \neq 0 \rightarrow \lambda_i \neq 0 \quad (i = 1,2,\cdots,n)$$

1074. 令 $p > 0$ 是 n 阶矩阵 $\boldsymbol{A}$ 的特征多项式 $|\boldsymbol{A} - \lambda \boldsymbol{E}|$ 的根 λ_0 的重数，r 和 $d = n - r$ 是矩阵 $A - \lambda_0 E$ 的秩和缺. 证明：不等式 $1 \leqslant d = n - r \leqslant p$ 成立.

定理 6 矩阵 $\boldsymbol{A}$ 的特征值的度数小于或等于它的重数.

证明 设 $n \times n$ 矩阵 $\boldsymbol{A}$ 的特征值 λ_0 的度数是 s，重数是 m，则存在 s 个线性无关的向量

$$\boldsymbol{\eta}_1, \boldsymbol{\eta}_2, \cdots, \boldsymbol{\eta}_s$$

它们都是对应于特征值 λ_0 的特征向量. 由第六章线性空间的理论可知，必存在 $n - s$ 个向量

$$\boldsymbol{\zeta}_1, \boldsymbol{\zeta}_2, \cdots, \boldsymbol{\zeta}_{n-s}$$

使得

$$\boldsymbol{\eta}_1, \boldsymbol{\eta}_2, \cdots, \boldsymbol{\eta}_s, \boldsymbol{\zeta}_1, \boldsymbol{\zeta}_2, \cdots, \boldsymbol{\zeta}_{n-s} \tag{7.4}$$

是 n 个线性无关的向量. 以这 n 个向量为列的矩阵记为

$$(\boldsymbol{\eta}_1, \boldsymbol{\eta}_2, \cdots, \boldsymbol{\eta}_s, \boldsymbol{\zeta}_1, \boldsymbol{\zeta}_2, \cdots, \boldsymbol{\zeta}_{n-s})$$

于是

$$\begin{aligned}&\boldsymbol{A}(\boldsymbol{\eta}_1, \boldsymbol{\eta}_2, \cdots, \boldsymbol{\eta}_s, \boldsymbol{\zeta}_1, \boldsymbol{\zeta}_2, \cdots, \boldsymbol{\zeta}_{n-s})^{AT}\\ &= (\lambda_0\boldsymbol{\eta}_1, \lambda_0\boldsymbol{\eta}_2, \lambda_0\boldsymbol{\eta}_3, \cdots, \lambda_0\boldsymbol{\eta}_s, \boldsymbol{A}\boldsymbol{\zeta}_1, \boldsymbol{A}\boldsymbol{\zeta}_2, \cdots, \boldsymbol{A}\boldsymbol{\zeta}_{n-s})\end{aligned}$$

但向量 $\boldsymbol{A}\boldsymbol{\zeta}_j$ 一定可以用向量(7.4)线性表示，即

$$\boldsymbol{A}\boldsymbol{\zeta}_j = a_{1j}\boldsymbol{\eta}_1 + \cdots + a_{sj}\boldsymbol{\eta}_s + b_{1j}\boldsymbol{\zeta}_1 + \cdots + b_{n-s,j}\boldsymbol{\zeta}_{n-s}$$

这里 $a_{1j}, \cdots, a_{sj}, b_{1j}, \cdots, b_{n-s,j}$ 都是常数，因此

$$(\lambda_0\boldsymbol{\eta}_1, \lambda_0\boldsymbol{\eta}_2, \cdots, \lambda_0\boldsymbol{\eta}_s, \boldsymbol{A}\boldsymbol{\zeta}_1, \boldsymbol{A}\boldsymbol{\zeta}_2, \cdots, \boldsymbol{A}\boldsymbol{\zeta}_{n-s})$$

$$= (\boldsymbol{\eta}_1, \boldsymbol{\eta}_2, \cdots, \boldsymbol{\eta}_s, \boldsymbol{\zeta}_1, \boldsymbol{\zeta}_2, \cdots, \boldsymbol{\zeta}_{n-s}) \cdot \boldsymbol{TB}\begin{pmatrix} \lambda_0 & 0 & \cdots & 0 & a_{11} & a_{12} & \cdots & a_{1,n-s} \\ 0 & \ddots & & \vdots & a_{21} & a_{22} & \cdots & a_{2,n-s} \\ \vdots & & \ddots & 0 & \vdots & \vdots & & \vdots \\ 0 & \cdots & 0 & \lambda_0 & a_{s1} & a_{s2} & \cdots & a_{s,n-s} \\ 0 & \cdots & \cdots & 0 & b_{11} & b_{12} & \cdots & b_{1,n-s} \\ \vdots & & & \vdots & \vdots & \vdots & & \vdots \\ 0 & \cdots & \cdots & 0 & b_{n-s,1} & b_{n-s,2} & \cdots & b_{n-s,n-s} \end{pmatrix}$$

则

$$\boldsymbol{AT} = \boldsymbol{TB}$$

$$\boldsymbol{A} = \boldsymbol{TBT}^{-1}$$

这说明矩阵 $\boldsymbol{B}$ 与 $\boldsymbol{A}$ 相似，所以 $\boldsymbol{A}$ 和 $\boldsymbol{B}$ 的特征多项式相同. 但 $\boldsymbol{B}$ 的特征多项式为

$$\det(\lambda\boldsymbol{E} - \boldsymbol{B}) = (\lambda - \lambda_0)^s \begin{vmatrix} \lambda - b_{11} & -b_{12} & \cdots & -b_{1,n-s} \\ -b_{21} & \lambda - b_{22} & \cdots & -b_{2,n-s} \\ \vdots & \vdots & & \vdots \\ -b_{n-s,1} & -b_{n-s,2} & \cdots & \lambda - b_{n-s,n-s} \end{vmatrix}$$

所以 λ_0 的重数 m 至少等于 s，即 $s \leqslant m$. 证完.

1075. 举出 n 阶矩阵的例子,使得前题第一或第二个不等式变成等式,即 $d = 1$ 或 $d = p$.

解

$$A = \begin{pmatrix} 0 & \frac{1}{n-1} & \cdots & \frac{1}{n-1} \\ \frac{1}{n-1} & 0 & \cdots & \frac{1}{n-1} \\ \vdots & \vdots & & \vdots \\ \frac{1}{n-1} & \frac{1}{n-1} & \cdots & 0 \end{pmatrix}$$

在正交变换下化为对角形

$$|A - \lambda E| = \begin{vmatrix} -\lambda & \frac{1}{n-1} & \cdots & \frac{1}{n-1} \\ \frac{1}{n-1} & -\lambda & \cdots & \frac{1}{n-1} \\ \vdots & \vdots & & \vdots \\ \frac{1}{n-1} & \frac{1}{n-1} & \cdots & -\lambda \end{vmatrix} = (1 - \lambda)\left(-\lambda - \frac{1}{n-1}\right)^{n-1}$$

$$\lambda_1 = 1, \lambda_2 = \cdots = \lambda_n = -\frac{1}{n-1}$$

求与特征值 $\lambda = -\frac{1}{n-1}$ 相对应的特征向量.

$$\begin{cases} \frac{1}{n-1}Z_1 + \frac{1}{n-1}Z_2 + \cdots + \frac{1}{n-1}Z_n = 0 \\ \frac{1}{n-1}Z_1 + \frac{1}{n-1}Z_2 + \cdots + \frac{1}{n-1}Z_n = 0 \\ \cdots \\ \frac{1}{n-1}Z_1 + \frac{1}{n-1}Z_2 + \cdots + \frac{1}{n-1}Z_n = 0 \end{cases}$$

A 的增广矩阵

$$\begin{pmatrix} \frac{1}{n-1} & \frac{1}{n-1} & \cdots & \frac{1}{n-1} & 0 \\ \frac{1}{n-1} & \frac{1}{n-1} & \cdots & \frac{1}{n-1} & 0 \\ \vdots & \vdots & & \vdots & \vdots \\ \frac{1}{n-1} & \frac{1}{n-1} & \cdots & \frac{1}{n-1} & 0 \end{pmatrix} \to \begin{pmatrix} 1 & 1 & \cdots & 1 & 0 \\ & & & & 0 \\ & & & & \vdots \\ & & & & 0 \end{pmatrix}$$

$$Z_1 + Z_2 + \cdots + Z_n = 0$$

$r(A) = 1$, $\lambda = -\frac{1}{n-1}$ 的重数是 $n - 1$. $A - \lambda E = A - \lambda$ 的秩是 1.

$d = n - r = n - 1 = p$ 符合第二个不等式变成等式.

在空间 $P[x]_n$ 中取一组基

$$1, x, \frac{x^2}{2!}, \cdots, \frac{x^{n-1}}{(n-1)!}$$

微分运算 D 在此基下的矩阵为

$$\boldsymbol{A} = \begin{pmatrix} 0 & 1 & 0 & \cdots & 0 \\ 0 & 0 & 1 & \cdots & 0 \\ \vdots & \vdots & \vdots & & \vdots \\ 0 & 0 & 0 & \cdots & 1 \\ 0 & 0 & 0 & \cdots & 0 \end{pmatrix}$$

于是

$$|\lambda \boldsymbol{E} - \boldsymbol{A}| = \begin{vmatrix} \lambda & -1 & 0 & \cdots & 0 \\ 0 & \lambda & -1 & \cdots & 0 \\ \vdots & \vdots & \vdots & & \vdots \\ 0 & 0 & 0 & \cdots & -1 \\ 0 & 0 & 0 & \cdots & \lambda \end{vmatrix} = \lambda^n$$

D 的特征值为

$$\lambda_1 = \cdots = \lambda_n = 0$$

又由于对应特征根 $\lambda = 0$ 的齐次线性方程组 $-\boldsymbol{AZ} = \boldsymbol{0}$ 的系数矩阵的秩为 $n-1$,从而基础解系只含有一个线性无关向量. $d = n - (n-1) = 1$. 此例符合第一个不等式变为等式的情况,正是题目所要求的例子.

1076. 证明:逆矩阵 $\boldsymbol{A}^{-1}$ 的特征值等于(考虑到它们的重数)矩阵 $\boldsymbol{A}$ 的特征值的倒数.

证明　设 $\boldsymbol{\alpha}$ 是可逆矩阵 $\boldsymbol{A}$ 的属于特征值 λ_0 的特征向量. 即

$$\boldsymbol{A\alpha} = \lambda_0 \boldsymbol{\alpha}$$

由题设 $\boldsymbol{A}$ 可逆,则逆矩阵 $\boldsymbol{A}^{-1}$ 存在,左乘上式两边

$$\boldsymbol{A}^{-1}\boldsymbol{A\alpha} = \boldsymbol{A}^{-1}\lambda_0\boldsymbol{\alpha}$$

$$\boldsymbol{\alpha} = \lambda_0 \boldsymbol{A}^{-1}\boldsymbol{\alpha}$$

$$\boldsymbol{A}^{-1}\boldsymbol{\alpha} = \frac{1}{\lambda_0}\boldsymbol{\alpha}$$

这式子按照定义,$\boldsymbol{\alpha}$ 是可逆矩阵 $\boldsymbol{A}^{-1}$ 的属于特征值 $\frac{1}{\lambda_0}$ 的特征向量. 由此证明了逆矩阵 $\boldsymbol{A}^{-1}$ 的特征值等于(考虑到它们的重数)矩阵 $\boldsymbol{A}$ 的特征值的倒数.

1077. 证明:矩阵 $\boldsymbol{A}^2$ 的特征值等于(考虑到它们的重数)矩阵 $\boldsymbol{A}$ 的特征值的平方.

证明　设 $\boldsymbol{\alpha}$ 是矩阵 $\boldsymbol{A}$ 的属于特征值 λ 的特征向量,即

$$\boldsymbol{A\alpha} = \lambda\boldsymbol{\alpha}$$

$$\boldsymbol{A}^2\boldsymbol{\alpha} = \boldsymbol{A}(\lambda\boldsymbol{\alpha}) = \lambda\boldsymbol{A\alpha} = \lambda^2\boldsymbol{\alpha}$$

按照上式来说，$\boldsymbol{\alpha}$ 是矩阵 $\boldsymbol{A}^2$ 的特征向量，其特征值是 λ^2 .

1078. 证明：矩阵 $\boldsymbol{A}^p$ 的特征值等于（考虑到它们的重数）矩阵 $\boldsymbol{A}$ 的特征值的 p 次方.

证明

$$\boldsymbol{A\alpha} = \lambda\boldsymbol{\alpha}$$

$$\boldsymbol{A}^p\boldsymbol{\alpha} = \boldsymbol{A}^{p-1}\cdot\lambda\boldsymbol{\alpha} = \cdots = \lambda^p\boldsymbol{\alpha}$$

$\boldsymbol{\alpha}$ 是矩阵 $\boldsymbol{A}$ 属于特征值 λ 的特征向量，那么 $\boldsymbol{\alpha}$ 也是矩阵 $\boldsymbol{A}^p$ 属于特征值 λ^p 的特征向量.

1079. 令 $\varphi(\lambda) = |\boldsymbol{A} - \lambda\boldsymbol{E}|$ 是矩阵 $\boldsymbol{A}$ 的特征多项式，$\lambda_1,\lambda_2,\cdots,\lambda_n$ 是 $\boldsymbol{A}$ 的特征值，而 $f(\lambda)$ 是任一多项式. 证明：矩阵 $f(\boldsymbol{A})$ 的行列式满足等式

$$|f(\boldsymbol{A})| = f(\lambda_1)f(\lambda_2)\cdots f(\lambda_n) = R(f,\varphi)$$

其中 $R(f,\varphi)$ 是多项式 f 和 φ 的结式. 假如定义特征多项式为 $\varphi(\lambda) = |\lambda\boldsymbol{E} - \boldsymbol{A}|$.

1080. 证明：如果 $\lambda_1,\lambda_2,\cdots,\lambda_n$ 是矩阵 $\boldsymbol{A}$ 的特征值，而 $f(x)$ 是一个多项式，则 $f(\lambda_1)$ ，$f(\lambda_2)$ ，$\cdots$，$f(\lambda_n)$ 是矩阵 $f(\boldsymbol{A})$ 的特征值.

证明　已知

$$|\lambda\boldsymbol{E} - \boldsymbol{A}| = (\lambda - \lambda_1)(\lambda - \lambda_2)\cdots(\lambda - \lambda_n)$$

每个复系数矩阵都与一个上三角矩阵相似.

如果 $\boldsymbol{A}$ 与上三角矩阵 $\boldsymbol{B}$ 相似，那么 $\boldsymbol{B}$ 的主对角线元素正好是 $\boldsymbol{A}$ 的特征多项式的全部特征根（重根按重数计算）.

$$\boldsymbol{U}^{-1}\boldsymbol{AU} = \begin{pmatrix} \lambda_1 & & & \\ & \lambda_2 & & \\ & & \ddots & \\ & & & \lambda_n \end{pmatrix}$$

$$\boldsymbol{A} = \boldsymbol{U}\begin{pmatrix} \lambda_1 & & & \\ & \lambda_2 & & \\ & & \ddots & \\ & & & \lambda_n \end{pmatrix}\boldsymbol{U}^{-1}$$

$$\boldsymbol{A}^k = \boldsymbol{U}\begin{pmatrix} \lambda_1^k & & & \\ & \lambda_2^k & & \\ & & \ddots & \\ & & & \lambda_n^k \end{pmatrix}\boldsymbol{U}^{-1}, \text{其中} \begin{pmatrix} \lambda_1 & & & \\ & \lambda_2 & & \\ & & \ddots & \\ & & & \lambda_n \end{pmatrix}^k = \begin{pmatrix} \lambda_1^k & & & \\ & \lambda_2^k & & \\ & & \ddots & \\ & & & \lambda_n^k \end{pmatrix}$$

$$f(\boldsymbol{A}) = \boldsymbol{U}\begin{pmatrix} \lambda_1^n & & & \\ & \lambda_2^n & & \\ & & \ddots & \\ & & & \lambda_n^n \end{pmatrix}\boldsymbol{U}^{-1} + a_1\boldsymbol{U}\begin{pmatrix} \lambda_1^{n-1} & & & \\ & \lambda_2^{n-1} & & \\ & & \ddots & \\ & & & \lambda_n^{n-1} \end{pmatrix}U^{-1} + \cdots +$$

$$a_{n-1}U\begin{pmatrix}\lambda_1 & & & \\ & \lambda_2 & & \\ & & \ddots & \\ & & & \lambda_n\end{pmatrix}U^{-1}+a_nE$$

$$f(A)=U\begin{pmatrix}f(\lambda_1) & & & \\ & f(\lambda_2) & & \\ & & \ddots & \\ & & & f(\lambda_n)\end{pmatrix}U^{-1}$$

$$|\lambda E-f(A)|=0$$

$$\lambda^{(1)}=f(\lambda_1)$$

$$\lambda^{(2)}=f(\lambda_2)$$

$$\cdots$$

$$\lambda^{(n)}=f(\lambda_n)$$

证完.

1081. 证明:如果 $\lambda_1,\lambda_2,\cdots,\lambda_n$ 是矩阵 A 的特征值,而 $f(x)=\dfrac{g(x)}{h(x)}$ 是对 $x=A$ 有定义的有理函数(即满足条件 $|h(A)|\neq 0$ 的函数),则 $|f(A)|=f(\lambda_1)f(\lambda_2)\cdots f(\lambda_n)$,且数 $f(\lambda_1)$, $f(\lambda_2)$, $\cdots$, $f(\lambda_n)$ 是矩阵 $f(A)$ 的特征值.

证明　根据假设,根据特征值的定义,杨子胥下册.793.

$$\varphi(\lambda)=|\lambda E-A|=(\lambda-\lambda_1)(\lambda-\lambda_2)\cdots(\lambda-\lambda_n)$$

设

$$f(x)=a_0(x-C_1)(x-C_2)\cdots(x-C_m)$$

$$f(A)=a_0(A-C_1E)(A-C_2E)\cdots(A-C_mE)$$

$$\begin{aligned}|f(A)|&=a_0^n(-1)^{mn}|C_1E-A|\,|C_2E-A|\cdots|C_mE-A|\\&=(-1)^{mn}a_0^n\varphi(C_1)\varphi(C_2)\cdots\varphi(C_m)\\&=(-1)^{mn}a_0^n\prod_{i=1}^{m}\prod_{j=1}^{n}(C_i-\lambda_j)=a_0^n\prod_{i=1}^{m}\prod_{j=1}^{n}(\lambda_j-C_i)\\&=f(\lambda_1)f(\lambda_2)\cdots f(\lambda_n)\end{aligned}$$

现在把 λ 看作自由变量,在上式中用 $\lambda-f(x)$ 去代替 $f(x)$,得

$$|\lambda E-f(A)|=[\lambda-f(\lambda_1)][\lambda-f(\lambda_2)]\cdots[\lambda-f(\lambda_n)]$$

即 $f(A)$ 的特征根为 $f(\lambda_1)$, $f(\lambda_2)$, $\cdots$, $f(\lambda_n)$. 则

$$|f(A)|=f(\lambda_1)f(\lambda_2)\cdots f(\lambda_n)$$

1082. 证明:如果 A 和 B 是同阶方阵,则矩阵 AB 和 BA 的特征多项式相同.

证明　如果 A 是非奇异行列阵,则

$$|BA-\lambda E|=|A^{-1}(AB-\lambda E)A|=|A^{-1}|\,|AB-\lambda E|\,|A|=|AB-\lambda E|$$

“$\boldsymbol{A}$ 是非奇异阵”这个假设,如果用极限过程或关于多变量多项式的恒等式的定理,就可以免除.

也可以应用矩阵的乘法直接计算多项式 $|\boldsymbol{AB}-\lambda\boldsymbol{E}|$ 与 $|\boldsymbol{BA}-\lambda\boldsymbol{E}|$ 的系数而证实其相等.

在一般情形可以应用习题 920 和 1070. 对于具有无穷多(或者相当多)个元素的域上的矩阵,从所要求的等式对非奇异矩阵成立推出它恒成立.

最后,对具有数值元素的矩阵,对于奇异矩阵 $\boldsymbol{A}$ 的等式可以用取极限的方法而得到. 例如,如果 $\lambda_1,\lambda_2,\cdots,\lambda_n$ 是奇异矩阵 $\boldsymbol{A}$ 的特征值,则这样选择数列 $\varepsilon_1,\varepsilon_2,\cdots$, 使得它们全都与 $\lambda_1,\lambda_2,\cdots,\lambda_n$ 不同且 $\lim\limits_{k\to\infty}\varepsilon_k=0$ 矩阵 $\boldsymbol{A}_k=\boldsymbol{A}-\varepsilon_k\boldsymbol{E}$ 是非奇异的. 所以 $|\boldsymbol{A}_k\boldsymbol{B}-\lambda\boldsymbol{E}|=|\boldsymbol{BA}_k-\lambda\boldsymbol{E}|$. 通过取 $k\to\infty$ 时的极限,便得出需要的等式.

1083. 求循环矩阵

$$\boldsymbol{A}=\begin{pmatrix} a_1 & a_2 & a_3 & \cdots & a_n \\ a_n & a_1 & a_2 & \cdots & a_{n-1} \\ a_{n-1} & a_n & a_1 & \cdots & a_{n-2} \\ \vdots & \vdots & \vdots & & \vdots \\ a_2 & a_3 & a_4 & \cdots & a_1 \end{pmatrix}$$

的特征值.

解　研究乘积

$$\begin{vmatrix} \lambda-a_1 & -a_2 & -a_3 & \cdots & -a_n \\ -a_n & \lambda-a_1 & -a_2 & \cdots & -a_{n-1} \\ -a_{n-1} & -a_n & \lambda-a_1 & \cdots & -a_{n-2} \\ \vdots & \vdots & \vdots & & \vdots \\ -a_2 & -a_3 & -a_4 & \cdots & \lambda-a_1 \end{vmatrix}\cdot\begin{vmatrix} 1 & 1 & 1 & \cdots & 1 \\ 1 & \varepsilon_1 & \varepsilon_2 & \cdots & \varepsilon_{n-1} \\ 1 & \varepsilon_1^2 & \varepsilon_2^2 & \cdots & \varepsilon_{n-1}^2 \\ \vdots & \vdots & \vdots & & \vdots \\ 1 & \varepsilon_1^{n-1} & \varepsilon_2^{n-1} & \cdots & \varepsilon_{n-1}^{n-1} \end{vmatrix}=$$

$$\begin{vmatrix} \lambda-a_1-a_2\cdots-a_n & \lambda-a_1-a_2\varepsilon_1-a_3\varepsilon_1^2-\cdots-a_n\varepsilon_1^{n-1} & \cdots & \lambda-a_1-a_2\varepsilon_{n-1}-\cdots-a_n\varepsilon_{n-1}^{n-1} \\ \lambda-a_1-a_2\cdots-a_n & -a_n+(\lambda-a_1)\varepsilon_1-a_2\varepsilon_1^2-\cdots-a_{n-1}\varepsilon_1^{n-1} & \cdots & -a_n+(\lambda-a_1)\varepsilon_{n-1}-a_2\varepsilon_{n-1}^2-\cdots-a_{n-1}\varepsilon_{n-1}^{n-1} \\ \lambda-a_1-a_2\cdots-a_n & -a_{n-1}-a_n\varepsilon_1+(\lambda-a_1)\varepsilon_1^2-\cdots-a_{n-2}\varepsilon_1^{n-1} & \cdots & -a_{n-1}-a_n\varepsilon_{n-1}+(\lambda-a_1)\varepsilon_{n-1}^2-\cdots-a_{n-2}\varepsilon_{n-1}^{n-1} \\ \vdots & \vdots & & \vdots \\ \lambda-a_1-a_2\cdots-a_n & -a_2-a_3\varepsilon_1-a_4\varepsilon_1^2-\cdots+(\lambda-a_1)\varepsilon_1^{n-1} & \cdots & -a_2-a_3\varepsilon_{n-1}-a_4\varepsilon_{n-1}^2-\cdots+(\lambda-a_1)\varepsilon_{n-1}^{n-1} \end{vmatrix}$$

$$=(\lambda-a_1-a_2-\cdots-a_n)(\lambda-a_1-a_2\varepsilon_1-a_3\varepsilon_1^2-\cdots-a_n\varepsilon_1^{n-1})(\lambda-a_1-a_2\varepsilon_2-a_3\varepsilon_2^2-\cdots-a_n\varepsilon_2^{n-1})\cdot\cdots\cdot$$

$$(\lambda - a_1 - a_2\varepsilon_{n-1} - a_3\varepsilon_{n-1}^2 - \cdots - a_n\varepsilon_{n-1}^{n-1}) \cdot \begin{vmatrix} 1 & 1 & 1 & 1 & \cdots & 1 \\ 1 & \varepsilon_1 & \varepsilon_2 & \varepsilon_3 & \cdots & \varepsilon_{n-1} \\ 1 & \varepsilon_1^2 & \varepsilon_2^2 & \varepsilon_3^2 & \cdots & \varepsilon_{n-1}^2 \\ \vdots & \vdots & \vdots & \vdots & & \vdots \\ 1 & \varepsilon_1^{n-1} & \varepsilon_2^{n-1} & \varepsilon_3^{n-1} & \cdots & \varepsilon_{n-1}^{n-1} \end{vmatrix}$$

所以 $|\lambda \boldsymbol{E} - \boldsymbol{A}| = \prod_{k=0}^{n-1}(\lambda - a_1 - a_2\varepsilon_k - a_3\varepsilon_k^2 - \cdots - a_n\varepsilon_k^{n-1})$

$$\lambda_i = a_1 + a_2\varepsilon_i + a_3\varepsilon_i^2 + \cdots + a_n\varepsilon_i^{n-1}$$

$$i = 0,1,2,\cdots,n-1$$

1084. 求 n 阶矩阵

$$\boldsymbol{A} = \begin{pmatrix} 0 & -1 & 0 & \cdots & 0 & 0 \\ 1 & 0 & -1 & \cdots & 0 & 0 \\ 0 & 1 & 0 & \cdots & 0 & 0 \\ \vdots & \vdots & \vdots & & \vdots & \vdots \\ 0 & 0 & 0 & \cdots & 1 & 0 \end{pmatrix}$$

的特征值.

解　$a_1 = 0$, $a_2 = -1$, $a_n = 1$.

$\lambda_1 = -\varepsilon_1 + \varepsilon_1^{n-1}$,　$\lambda_2 = -\varepsilon_2 + \varepsilon_2^{n-1}$,　$\cdots$,　$\lambda_{n-1} = -\varepsilon_{n-1} + \varepsilon_{n-1}^{n-1}$,　$\lambda_n = -1 + 1 = 0$

$$|\lambda \boldsymbol{E} - \boldsymbol{A}| = \begin{vmatrix} \lambda & 1 & & & & & \\ -1 & \lambda & 1 & & & & \\ & -1 & \lambda & 1 & & & \\ & & & \ddots & & & \\ & & & \ddots & 1 & & \\ & & & & \lambda & 1 \\ & & & & -1 & \lambda \end{vmatrix} = \lambda I_{n-1} + I_{n-2}$$

$$I_1 = \lambda, I_2 = \lambda^2 + 1, I_3 = \lambda^3 + 2\lambda$$

$$a_n = \lambda a_{n-1} + a_{n-2}$$

用母函数方法求数列的通项

$$a_n - \lambda a_{n-1} - a_{n-2} = 0$$

设母函数为

$$\begin{aligned} f(x) &= a_0 + a_1x + a_2x^2 + \cdots \quad + a_nx^n + \cdots \\ -\lambda x f(x) &= -\lambda a_0 x - a_1\lambda x^2 - \cdots \quad -\lambda a_{n-1}x^n + \cdots \\ -x^2 f(x) &= -a_0x^2 - \cdots \quad -a_{n-2}x^n \end{aligned}$$

命 $a_0 = 0, a_1 = \lambda, a_2 = \lambda^2 + 1$.

$$(1 - \lambda x - x^2)f(x) = \lambda x$$

$$f(x)=\frac{\lambda x}{1-\lambda x-x^2}=\frac{-\lambda x}{\left(x+\frac{\lambda}{2}\right)^2-1-\frac{\lambda^2}{4}}=\frac{-\lambda x}{\left(x+\frac{\lambda}{2}-\sqrt{1+\frac{\lambda^2}{4}}\right)\left(x+\frac{\lambda}{2}+\sqrt{1+\frac{\lambda^2}{4}}\right)}$$

$$=\frac{A}{x+\frac{\lambda}{2}-\sqrt{1+\frac{\lambda^2}{4}}}+\frac{B}{x+\frac{\lambda}{2}+\sqrt{1+\frac{\lambda^2}{4}}}$$

$$-\lambda x=A\left(x+\frac{\lambda}{2}+\sqrt{1+\frac{\lambda^2}{4}}\right)+B\left(x+\frac{\lambda}{2}-\sqrt{1+\frac{\lambda^2}{4}}\right)$$

$$A+B=-\lambda$$

$$A\left(\frac{\lambda}{2}+\sqrt{1+\frac{\lambda^2}{4}}\right)+B\left(\frac{\lambda}{2}-\sqrt{1+\frac{\lambda^2}{4}}\right)=0$$

$$A+B=-\lambda$$

$$\frac{\lambda}{2}(A+B)+(A-B)\cdot\sqrt{1+\frac{\lambda^2}{4}}=0$$

$$-\frac{\lambda^2}{2}+(A-B)\sqrt{1+\frac{\lambda^2}{4}}=0$$

$$A+B=-\lambda,\qquad A=\frac{-\lambda+\frac{\lambda^2}{\sqrt{4+\lambda^2}}}{2}$$

$$A-B=\frac{\lambda^2}{2}\cdot\frac{1}{\sqrt{1+\frac{\lambda^2}{4}}},\qquad B=\frac{-\lambda-\frac{\lambda^2}{\sqrt{4+\lambda^2}}}{2}$$

$$f(x)=\frac{\frac{-\lambda+\frac{\lambda^2}{\sqrt{4+\lambda^2}}}{2}}{x+\frac{\lambda}{2}-\sqrt{1+\frac{\lambda^2}{4}}}+\frac{\frac{\lambda-\frac{\lambda^2}{\sqrt{4+\lambda^2}}}{2}}{x+\frac{\lambda}{2}+\sqrt{1+\frac{\lambda^2}{4}}}=\frac{\frac{\lambda-\sqrt{4+\lambda^2}}{2\sqrt{4+\lambda^2}}\lambda}{x+\frac{\lambda-\sqrt{4+\lambda^2}}{2}}+\frac{\frac{-\lambda+\sqrt{4+\lambda^2}}{2\sqrt{4+\lambda^2}}\lambda}{x+\frac{\lambda+\sqrt{4+\lambda^2}}{2}}$$

$$=\frac{\lambda-\sqrt{4+\lambda^2}}{2\sqrt{4+\lambda^2}}\lambda\cdot\frac{1}{\frac{\lambda-\sqrt{4+\lambda}}{2}\left(1+\frac{2}{\lambda-\sqrt{4+\lambda}}x\right)}+\frac{\frac{-\lambda+\sqrt{4+\lambda^2}}{2\sqrt{4+\lambda^2}}\lambda}{\frac{\lambda+\sqrt{4+\lambda^2}}{2}\left(1+\frac{2}{\lambda+\sqrt{4+\lambda^2}}\lambda\right)}$$

的特征值.

解 I　利用上题, $a_1=0, a_2=-1, a_n=1$.

$\lambda_1=-\varepsilon_1+\varepsilon_1^{n-1}, \lambda_2=-\varepsilon_2+\varepsilon_2^{n-1}, \cdots, \lambda_{n-1}=-\varepsilon_{n-1}+\varepsilon_{n-1}^{n-1}, \lambda_n=0$.

解Ⅱ　$|\lambda \boldsymbol{E}-\boldsymbol{A}|=\begin{vmatrix} \lambda & 1 & & & & \\ -1 & \lambda & 1 & & & \\ & -1 & \lambda & 1 & & \\ & & & \ddots & \ddots & \\ & & & & \lambda & 1 \\ & & & & -1 & \lambda \end{vmatrix}=\lambda I_{n-1}+I_{n-2}$

$$I_1=\lambda, I_2=\lambda^2+1, I_3=\lambda^3+2\lambda$$

$$a_n=\lambda a_{n-1}+a_{n-2}$$

用母函数方法求数列的通项

$$a_n-\lambda a_{n-1}-a_{n-2}=0\ ,\ a_0=0, a_1=\lambda, a_2=\lambda^2+1$$

设母函数为

$$\begin{aligned} f(x) &= a_0+a_1x+a_2x^2+\cdots \qquad +a_nx^n+\cdots \\ -\lambda xf(x) &= -\lambda a_0x-\lambda a_1x^2-\cdots \quad -\lambda a_{n-1}x^n+\cdots \\ -x^2f(x) &= \qquad -a_0x^2-\cdots \quad -a_{n-2}x^n-\cdots \end{aligned}$$

$$(1-\lambda x-x^2)f(x)=\lambda x$$

$$f(x)=\frac{\lambda x}{1-\lambda x-x^2}=\frac{\dfrac{-\dfrac{\lambda^2}{2}-\lambda\sqrt{1+\dfrac{\lambda^2}{4}}}{2\sqrt{1+\dfrac{\lambda^2}{4}}}}{x+\dfrac{\lambda}{2}+\sqrt{1+\dfrac{\lambda^2}{4}}}+\frac{\dfrac{\dfrac{\lambda^2}{2}-\lambda\sqrt{1+\dfrac{\lambda^2}{4}}}{2\sqrt{1+\dfrac{\lambda^2}{4}}}}{x+\dfrac{\lambda}{2}-\sqrt{1+\dfrac{\lambda^2}{4}}}$$

当 $\lambda=-\sqrt{3}$ 时

特征向量为
$$\begin{pmatrix} 3-\sqrt{3} \\ 1+\dfrac{\sqrt{3}}{3} \\ 1 \end{pmatrix}$$

$$\boldsymbol{T}=\begin{pmatrix} 1 & 3+\sqrt{3} & 3-\sqrt{3} \\ 2 & 1-\dfrac{\sqrt{3}}{3} & 1+\dfrac{\sqrt{3}}{3} \\ 1 & 1 & 1 \end{pmatrix}$$

求逆阵

$$\begin{pmatrix} 1 & 3+\sqrt{3} & 3-\sqrt{3} & 1 & & \\ 2 & 1-\dfrac{\sqrt{3}}{3} & 1+\dfrac{\sqrt{3}}{3} & & 1 & \\ 1 & 1 & 1 & & & 1 \end{pmatrix}\to\begin{pmatrix} 1 & 3+\sqrt{3} & 3-\sqrt{3} & 1 & & \\ 6 & 3-\sqrt{3} & 3+\sqrt{3} & & 3 & \\ 1 & 1 & 1 & & & 1 \end{pmatrix}\to$$

$$\begin{pmatrix}1&1&1&0&0&1\\7&6&6&1&3&0\\1&3+\sqrt{3}&3-\sqrt{3}&1&0&0\end{pmatrix}\rightarrow\begin{pmatrix}1&0&0&1&3&-6\\0&2+\sqrt{3}&2-\sqrt{3}&1&0&-1\\0&1&1&-1&-3&7\end{pmatrix}\rightarrow$$

$$\begin{pmatrix}1&0&0&1&3&-6\\0&1&1&-1&-3&7\\0&\sqrt{3}&-\sqrt{3}&3&6&-15\end{pmatrix}\rightarrow\begin{pmatrix}1&0&0&1&3&-6\\0&1&1&-1&-3&7\\0&1&-1&\sqrt{3}&2\sqrt{3}&-5\sqrt{3}\end{pmatrix}\rightarrow$$

$$\begin{pmatrix}1&0&0&1&3&-6\\0&1&1&-1&-3&7\\0&0&2&-1-\sqrt{3}&-3-2\sqrt{3}&7+5\sqrt{3}\end{pmatrix}\rightarrow$$

$$\begin{pmatrix}1&0&0&1&3&-6\\0&1&1&-1&-3&7\\0&0&1&\dfrac{-1-\sqrt{3}}{2}&-\dfrac{3+2\sqrt{3}}{2}&\dfrac{7+5\sqrt{3}}{2}\end{pmatrix}\rightarrow$$

$$\begin{pmatrix}1&&&1&3&-6\\&1&&-\dfrac{1}{2}+\dfrac{\sqrt{3}}{2}&-\dfrac{3}{2}+\sqrt{3}&\dfrac{7}{2}-\dfrac{5}{2}\sqrt{3}\\&&1&-\dfrac{1}{2}-\dfrac{\sqrt{3}}{2}&-\dfrac{3}{2}-\sqrt{3}&\dfrac{7}{2}+\dfrac{5}{2}\sqrt{3}\end{pmatrix}$$

检验：

$$\begin{pmatrix}1&3+\sqrt{3}&3-\sqrt{3}\\2&1-\dfrac{\sqrt{3}}{3}&1+\dfrac{\sqrt{3}}{3}\\1&1&1\end{pmatrix}\begin{pmatrix}1&3&-6\\\dfrac{1}{2}+\dfrac{\sqrt{3}}{2}&-\dfrac{3}{2}+\sqrt{3}&\dfrac{7}{2}-\dfrac{5}{2}\sqrt{3}\\-\dfrac{1}{2}-\dfrac{\sqrt{3}}{2}&-\dfrac{3}{2}-\sqrt{3}&\dfrac{7}{2}+\dfrac{5}{2}\sqrt{3}\end{pmatrix}=\begin{pmatrix}1&&\\&1&\\&&1\end{pmatrix}$$

$$\boldsymbol{T}^{-1}\boldsymbol{A}\boldsymbol{T}=\begin{pmatrix}1&3&-6\\\dfrac{-1+\sqrt{3}}{2}&\dfrac{-3+2\sqrt{3}}{2}&\dfrac{7-5\sqrt{3}}{2}\\\dfrac{-1-\sqrt{3}}{2}&\dfrac{-3-2\sqrt{3}}{2}&\dfrac{7+5\sqrt{3}}{2}\end{pmatrix}\begin{pmatrix}8&15&-36\\8&21&-46\\5&12&-27\end{pmatrix}\begin{pmatrix}1&3+\sqrt{3}&3-\sqrt{3}\\2&\dfrac{3-\sqrt{3}}{3}&\dfrac{3+\sqrt{3}}{3}\\1&1&1\end{pmatrix}$$

$$=\begin{pmatrix}1&3&-6\\\dfrac{-1+\sqrt{3}}{2}&\dfrac{-3+2\sqrt{3}}{2}&\dfrac{7-5\sqrt{3}}{2}\\\dfrac{-1-\sqrt{3}}{2}&\dfrac{-3-2\sqrt{3}}{2}&\dfrac{7+5\sqrt{3}}{2}\end{pmatrix}\begin{pmatrix}2&3+3\sqrt{3}&3-3\sqrt{3}\\4&-1+\sqrt{3}&-1-\sqrt{3}\\2&\sqrt{3}&-\sqrt{3}\end{pmatrix}$$

$$=\begin{pmatrix}2&&\\&\sqrt{3}&\\&&-\sqrt{3}\end{pmatrix}$$

题 1085 ~ 1089 略.

1090. $\begin{pmatrix} 0 & 1 & 0 \\ -4 & 4 & 0 \\ -2 & 1 & 2 \end{pmatrix}$.

解　$|\lambda \boldsymbol{E} - \boldsymbol{A}| = \begin{vmatrix} \lambda & -1 & 0 \\ 4 & \lambda - 4 & 0 \\ 2 & -1 & \lambda - 2 \end{vmatrix} = (\lambda - 2)(\lambda^2 - 4\lambda + 4) = (\lambda - 2)^3$

$$\lambda = 2$$

$$\begin{pmatrix} 2 & -1 & 0 \\ 4 & -2 & 0 \\ 2 & -1 & 0 \end{pmatrix} \to \begin{pmatrix} 2 & -1 & 0 \\ 0 & 0 & 0 \\ 0 & 0 & 0 \end{pmatrix}$$

$$2\xi_1 - \xi_2 = 0$$

特征向量

$$\boldsymbol{\eta}_1 = \begin{pmatrix} 2 \\ 4 \\ 5 \end{pmatrix}, \boldsymbol{\eta}_2 = \begin{pmatrix} 1 \\ 2 \\ 7 \end{pmatrix}$$

但非齐次方程组

$$(\boldsymbol{A} - 2\boldsymbol{E})\boldsymbol{\xi} = \boldsymbol{\eta}_1, (\boldsymbol{A} - 2\boldsymbol{E})\boldsymbol{\xi} = \boldsymbol{\eta}_2$$

都无解. 因为

$$(\boldsymbol{A} - 2\boldsymbol{E} \vdots \boldsymbol{\eta}_1) = \begin{pmatrix} 2 & -1 & 0 & 2 \\ 4 & -2 & 0 & 4 \\ 2 & -1 & 0 & 5 \end{pmatrix}$$

$$(\boldsymbol{A} - 2\boldsymbol{E} \vdots \boldsymbol{\eta}_2) = \begin{pmatrix} 2 & -1 & 0 & 1 \\ 4 & -2 & 0 & 2 \\ 2 & -1 & 0 & 7 \end{pmatrix}$$

的秩都大于 1.

$$\begin{pmatrix} 2 & -1 & 0 & 2K_1 + K_2 \\ 4 & -2 & 0 & 4K_1 + 2K_2 \\ 2 & -1 & 0 & 5K_1 + 7K_2 \end{pmatrix}$$

为了秩是 1,必须

$$4K_1 + 2K_2 = 2 \cdot (2K_1 + K_2)$$

$$5K_1 + 7K_2 = 2K_1 + K_2$$

$$3K_1 + 6K_2 = 0$$

$$K_1 + 2K_2 = 0$$

$$K_2 = -1, \qquad K_1 = 2$$

$$2\boldsymbol{\eta}_1 - \boldsymbol{\eta}_2 = \begin{pmatrix} 4 \\ 8 \\ 10 \end{pmatrix} - \begin{pmatrix} 1 \\ 2 \\ 7 \end{pmatrix} = \begin{pmatrix} 3 \\ 6 \\ 3 \end{pmatrix}. \quad \text{即特征向量} \begin{pmatrix} 1 \\ 2 \\ 1 \end{pmatrix}.$$

我们求 $\boldsymbol{A}$ 的 2 级根向量:

$$\begin{pmatrix}2 & -1 & 0\\4 & -2 & 0\\2 & -1 & 0\end{pmatrix}\begin{pmatrix}\xi_1\\\xi_2\\\xi_3\end{pmatrix}=\begin{pmatrix}1\\2\\1\end{pmatrix}\qquad 2\xi_1-\xi_2=1$$

二级根向量：

$$\begin{pmatrix}1\\1\\1\end{pmatrix}$$

$$(\boldsymbol{A}-2\boldsymbol{E})\begin{pmatrix}1\\1\\1\end{pmatrix}=\begin{pmatrix}2 & -1 & 0\\4 & -2 & 0\\2 & -1 & 0\end{pmatrix}\begin{pmatrix}1\\1\\1\end{pmatrix}=\begin{pmatrix}1\\2\\1\end{pmatrix}$$

$$(\boldsymbol{A}-2\boldsymbol{E})^2\begin{pmatrix}1\\1\\1\end{pmatrix}=\begin{pmatrix}2 & -1 & 0\\4 & -2 & 0\\2 & -1 & 0\end{pmatrix}\begin{pmatrix}1\\2\\1\end{pmatrix}=0$$

所以要取特殊的1级根向量$\begin{pmatrix}1\\2\\1\end{pmatrix}$,才能从$(\boldsymbol{A}-\lambda_0\boldsymbol{E})\boldsymbol{\xi}=\boldsymbol{\eta}$求出2级根向量$\boldsymbol{\xi}=\begin{pmatrix}1\\1\\1\end{pmatrix}$. 此时$\boldsymbol{\xi}$称为从$\boldsymbol{\eta}$导出的.

我们得到了全部的特征向量.

$$\boldsymbol{T}_1=\begin{pmatrix}2\\4\\5\end{pmatrix},\qquad \boldsymbol{T}_2=\begin{pmatrix}1\\2\\1\end{pmatrix},\qquad T_3=\begin{pmatrix}1\\1\\1\end{pmatrix}$$

$$\boldsymbol{T}=\begin{pmatrix}2 & 1 & 1\\4 & 2 & 1\\5 & 1 & 1\end{pmatrix}$$

求$\boldsymbol{T}^{-1}$：

$$\begin{pmatrix}2 & 1 & 1 & 1 & 0 & 0\\4 & 2 & 1 & 0 & 1 & 0\\5 & 1 & 1 & 0 & 0 & 1\end{pmatrix}\to\begin{pmatrix}2 & 1 & 1 & 1 & 0 & 0\\0 & 0 & -1 & -2 & 1 & 0\\1 & -1 & 0 & 0 & -1 & 1\end{pmatrix}\to\begin{pmatrix}1 & -1 & 0 & 0 & -1 & 1\\0 & 3 & 1 & 1 & 2 & -2\\0 & 0 & 1 & 2 & -1 & 0\end{pmatrix}\to$$

$$\begin{pmatrix}1 & -1 & 0 & 0 & -1 & 1\\0 & 3 & 0 & -1 & 3 & -2\\0 & 0 & 1 & 2 & -1 & 0\end{pmatrix}\to\begin{pmatrix}1 & 0 & 0 & -\frac{1}{3} & 0 & \frac{1}{3}\\0 & 1 & 0 & -\frac{1}{3} & 1 & -\frac{2}{3}\\0 & 0 & 1 & 2 & -1 & 0\end{pmatrix}$$

检验：

$$\begin{pmatrix}-\frac{1}{3} & 0 & \frac{1}{3}\\-\frac{1}{3} & 1 & -\frac{2}{3}\\2 & -1 & 0\end{pmatrix}\begin{pmatrix}2 & 1 & 1\\4 & 2 & 1\\5 & 1 & 1\end{pmatrix}=\begin{pmatrix}1 & 0 & 0\\0 & 1 & 0\\0 & 0 & 1\end{pmatrix}$$

$$T^{-1}AT=\begin{pmatrix}-\frac{1}{3} & 0 & \frac{1}{3}\\ -\frac{1}{3} & 1 & -\frac{2}{3}\\ 2 & -1 & 0\end{pmatrix}\begin{pmatrix}0 & 1 & 0\\ -4 & 4 & 0\\ -2 & 1 & 2\end{pmatrix}\begin{pmatrix}2 & 1 & 1\\ 4 & 2 & 1\\ 5 & 1 & 1\end{pmatrix}=\begin{pmatrix}-\frac{2}{3} & 0 & \frac{2}{3}\\ -\frac{8}{3} & 3 & -\frac{4}{3}\\ 4 & -2 & 0\end{pmatrix}\begin{pmatrix}2 & 1 & 1\\ 4 & 2 & 1\\ 5 & 1 & 1\end{pmatrix}$$

$$=\begin{pmatrix}2 & 0 & 0\\ 0 & 2 & -1\\ 0 & 0 & 2\end{pmatrix}$$

$$\begin{pmatrix}1 & 0 & 0\\ 0 & 1 & 0\\ 0 & 0 & -1\end{pmatrix}\begin{pmatrix}2 & 0 & 0\\ 0 & 2 & -1\\ 0 & 0 & 2\end{pmatrix}\begin{pmatrix}1 & 0 & 0\\ 0 & 1 & 0\\ 0 & 0 & -1\end{pmatrix}=\begin{pmatrix}2 & 0 & 0\\ 0 & 2 & -1\\ 0 & 0 & -2\end{pmatrix}\begin{pmatrix}1 & 0 & 0\\ 0 & 1 & 0\\ 0 & 0 & -1\end{pmatrix}=\begin{pmatrix}2 & 0 & 0\\ 0 & 2 & 1\\ 0 & 0 & 2\end{pmatrix}$$

$$T^{*}=\begin{pmatrix}2 & 1 & 1\\ 4 & 2 & 1\\ 5 & 1 & 1\end{pmatrix}\begin{pmatrix}1 & 0 & 0\\ 0 & 1 & 0\\ 0 & 0 & -1\end{pmatrix}=\begin{pmatrix}2 & 1 & -1\\ 4 & 2 & -1\\ 5 & 1 & -1\end{pmatrix}$$

$$T^{*'}=\begin{pmatrix}1 & 0 & 0\\ 0 & 1 & 0\\ 0 & 0 & -1\end{pmatrix}\begin{pmatrix}-\frac{1}{3} & 0 & \frac{1}{3}\\ -\frac{1}{3} & 1 & -\frac{2}{3}\\ 2 & -1 & 0\end{pmatrix}=\begin{pmatrix}-\frac{1}{3} & 0 & \frac{1}{3}\\ -\frac{1}{3} & 1 & -\frac{2}{3}\\ -2 & 1 & 0\end{pmatrix}\text{成功!}$$

1091. $\begin{pmatrix}2 & 6 & -15\\ 1 & 1 & -5\\ 1 & 2 & -6\end{pmatrix}$.

解

$$|\lambda E-A|=\begin{vmatrix}\lambda-2 & -6 & 15\\ -1 & \lambda-1 & 5\\ -1 & -2 & \lambda+6\end{vmatrix}=\begin{vmatrix}\lambda-2 & -6 & 15\\ -1 & \lambda-1 & 5\\ 0 & -\lambda-1 & \lambda+1\end{vmatrix}$$

$$=(\lambda+1)\begin{vmatrix}\lambda-2 & -6 & 15\\ -1 & \lambda-1 & 5\\ 0 & -1 & 1\end{vmatrix}=(\lambda+1)\begin{vmatrix}\lambda-2 & 9 & 15\\ -1 & \lambda+4 & 5\\ 0 & 0 & 1\end{vmatrix}$$

$$=(\lambda+1)(\lambda^2+2\lambda-8+9)=(\lambda+1)^3$$

$$\lambda=-1$$

$$|\lambda E-A|=\begin{vmatrix}-3 & -6 & 15\\ -1 & -2 & 5\\ -1 & -2 & 5\end{vmatrix},\quad \xi_1+2\xi_2-5\xi_3=0\Rightarrow \xi_3=\frac{\xi_1+2\xi_2}{5}$$

取

$$\boldsymbol{\eta}_1=\begin{pmatrix}1\\ 2\\ 1\end{pmatrix},\qquad \boldsymbol{\eta}_2=\begin{pmatrix}4\\ 3\\ 2\end{pmatrix}$$

$$\begin{pmatrix} -3 & -6 & 15 & K_1+4K_2 \\ -1 & -2 & 5 & 2K_1+3K_2 \\ -1 & -2 & 5 & K_1+2K_2 \end{pmatrix}$$

为了秩为 1.

$$\begin{matrix} (2K_1+3K_2)\cdot 3 = K_1+4K_2,\quad 5K_1+5K_2=0 \\ 2K_1+3K_2=K_1+2K_2,\quad K_1+K_2=0 \end{matrix} \Rightarrow K_1=-K_2$$

$$\boldsymbol{\eta}_2-\boldsymbol{\eta}_1=\begin{pmatrix} 3 \\ 1 \\ 1 \end{pmatrix}$$

由 $\begin{pmatrix} -3 & -6 & 15 & 3 \\ -1 & -2 & 5 & 1 \\ -1 & -2 & 5 & 1 \end{pmatrix}$ 求解二级根向量:

$$-\xi_1-2\xi_2+5\xi_3=1$$

$$\boldsymbol{\xi}=\begin{pmatrix} 0 \\ 2 \\ 1 \end{pmatrix}$$

$$(\boldsymbol{A}+\boldsymbol{E})\begin{pmatrix} 1 \\ 2 \\ 1 \end{pmatrix}=\begin{pmatrix} 3 & 6 & -15 \\ 1 & 2 & -5 \\ 1 & 2 & -5 \end{pmatrix}\begin{pmatrix} 0 \\ 2 \\ 1 \end{pmatrix}=\begin{pmatrix} -3 \\ -1 \\ -1 \end{pmatrix}$$

$$(\boldsymbol{A}+\boldsymbol{E})^2\begin{pmatrix} 1 \\ 2 \\ 1 \end{pmatrix}=(\boldsymbol{A}+\boldsymbol{E})\begin{pmatrix} -3 \\ -1 \\ -1 \end{pmatrix}=0$$

$$\boldsymbol{T}=\begin{pmatrix} 1 & 3 & 0 \\ 2 & 1 & 2 \\ 1 & 1 & 1 \end{pmatrix}$$

求 $\boldsymbol{T}^{-1}$:

$$\begin{pmatrix} 1 & 3 & 0 & 1 & 0 & 0 \\ 2 & 1 & 2 & 0 & 1 & 0 \\ 1 & 1 & 1 & 0 & 0 & 1 \end{pmatrix}\to\begin{pmatrix} 1 & 1 & 1 & 0 & 0 & 1 \\ 0 & 2 & -1 & 1 & 0 & -1 \\ 0 & -1 & 0 & 0 & 1 & -2 \end{pmatrix}\to\begin{pmatrix} 1 & 0 & 1 & 0 & 1 & -1 \\ 0 & 1 & 0 & 0 & -1 & 2 \\ 0 & 0 & -1 & 1 & 2 & -5 \end{pmatrix}\to$$

$$\begin{pmatrix} 1 & 0 & 0 & 1 & 3 & -6 \\ 0 & 1 & 0 & 0 & -1 & 2 \\ 0 & 0 & 1 & -1 & -2 & 5 \end{pmatrix}$$

检验：

$$\begin{pmatrix}1 & 3 & -6\\0 & -1 & 2\\-1 & -2 & 5\end{pmatrix}\begin{pmatrix}1 & 3 & 0\\2 & 1 & 2\\1 & 1 & 1\end{pmatrix}=\begin{pmatrix}1 & 0 & 0\\0 & 1 & 0\\0 & 0 & 1\end{pmatrix}$$

$$\boldsymbol{T}^{-1}\boldsymbol{A}\boldsymbol{T}=\begin{pmatrix}1 & 3 & -6\\0 & -1 & 2\\-1 & -2 & 5\end{pmatrix}\begin{pmatrix}2 & 6 & -15\\1 & 1 & -5\\1 & 2 & -6\end{pmatrix}\begin{pmatrix}1 & 3 & 0\\2 & 1 & 2\\1 & 1 & 1\end{pmatrix}=\begin{pmatrix}-1 & -3 & 6\\1 & 3 & -7\\1 & 2 & -5\end{pmatrix}\begin{pmatrix}1 & 3 & 0\\2 & 1 & 2\\1 & 1 & 1\end{pmatrix}$$

$$=\begin{pmatrix}-1 & 0 & 0\\0 & -1 & -1\\0 & 0 & -1\end{pmatrix}$$

$$\boldsymbol{T}^{*}=\begin{pmatrix}1 & 3 & 0\\2 & 1 & 2\\1 & 1 & 1\end{pmatrix}\begin{pmatrix}1 & 0 & 0\\0 & 1 & 0\\0 & 0 & -1\end{pmatrix}=\begin{pmatrix}1 & 3 & 0\\2 & 1 & -2\\1 & 1 & -1\end{pmatrix}$$

$$\boldsymbol{T}^{*-1}=\begin{pmatrix}1 & 0 & 0\\0 & 1 & 0\\0 & 0 & -1\end{pmatrix}\begin{pmatrix}1 & 3 & -6\\0 & -1 & 2\\-1 & -2 & 5\end{pmatrix}=\begin{pmatrix}1 & 3 & -6\\0 & -1 & 2\\1 & 2 & -5\end{pmatrix}$$

$$\boldsymbol{T}^{*-1}\boldsymbol{A}\boldsymbol{T}^{*}=\begin{pmatrix}-1 & 0 & 0\\0 & -1 & 1\\0 & 0 & -1\end{pmatrix}$$

1092. $\begin{pmatrix}9 & -6 & -2\\18 & -12 & -3\\18 & -9 & -6\end{pmatrix}$.

解　$$|\lambda\boldsymbol{E}-\boldsymbol{A}|=\begin{vmatrix}\lambda-9 & 6 & 2\\-18 & \lambda+12 & 3\\-18 & 9 & \lambda+6\end{vmatrix}=\begin{vmatrix}\lambda-9 & 6 & 2\\-18 & \lambda+12 & 3\\0 & -\lambda-3 & \lambda+3\end{vmatrix}$$

$$=(\lambda+3)\begin{vmatrix}\lambda-9 & 6 & 2\\-18 & \lambda+12 & 3\\0 & -1 & 1\end{vmatrix}=(\lambda+3)\begin{vmatrix}\lambda-9 & 8\\-18 & \lambda+15\end{vmatrix}$$

$$=(\lambda+3)(\lambda^2+6\lambda+8\times18-15\times9)=(\lambda+3)(\lambda^2+6\lambda+9)=(\lambda+3)^3$$

当 $\lambda=-3$ 时

$$\begin{pmatrix}-12 & 6 & 2\\-18 & 9 & 3\\-18 & 9 & 3\end{pmatrix}\to\begin{pmatrix}-6 & 3 & 1\\-6 & 3 & 1\\-6 & 3 & 1\end{pmatrix},\quad \xi_1=\frac{3\xi_2+\xi_3}{6}.$$

取

$$\boldsymbol{\eta}_1=\begin{pmatrix}1\\2\\0\end{pmatrix},\qquad \boldsymbol{\eta}_2=\begin{pmatrix}1\\0\\6\end{pmatrix}$$

$$\begin{pmatrix} -12 & 6 & 2 & K_1+K_2 \\ -18 & 9 & 3 & 2K_1 \\ -18 & 9 & 3 & 6K_2 \end{pmatrix}$$

为了秩为1，
$$3(K_1+K_2)=2\cdot 2K_1,$$
$$K_1-3K_2=0,\quad 2K_1\neq K_2$$
$$\Rightarrow K_1=3K_2$$

$$\boldsymbol{\zeta}=3\begin{pmatrix}1\\2\\0\end{pmatrix}+\begin{pmatrix}1\\0\\6\end{pmatrix}=\begin{pmatrix}4\\6\\6\end{pmatrix}$$

$$\begin{pmatrix} -12 & 6 & 2 \\ -18 & 9 & 3 \\ -18 & 9 & 3 \end{pmatrix}\begin{pmatrix}\xi_1\\ \xi_2\\ \xi_3\end{pmatrix}=\begin{pmatrix}2\\3\\3\end{pmatrix}$$

$$-12\xi_1+6\xi_2+2\xi_3=2$$
$$-6\xi_1+3\xi_2+\xi_3=1$$
$$\xi_1=\frac{3\xi_2+\xi_3-1}{6}$$

二级根向量为

$$\begin{pmatrix}1\\2\\1\end{pmatrix}$$

$$(\boldsymbol{A}+3\boldsymbol{E})^2=\begin{pmatrix} 12 & -6 & -2 \\ 18 & -9 & -3 \\ 18 & -9 & -3 \end{pmatrix}^2\begin{pmatrix}1\\2\\1\end{pmatrix}=\begin{pmatrix} 12 & -6 & -2 \\ 18 & -9 & -3 \\ 18 & -9 & -3 \end{pmatrix}\begin{pmatrix}-2\\-3\\-3\end{pmatrix}=0$$

$$\boldsymbol{T}=\begin{pmatrix} 1 & 2 & 1 \\ 2 & 3 & 2 \\ 0 & 3 & 1 \end{pmatrix}$$

求 $\boldsymbol{T}^{-1}$：

$$\begin{pmatrix} 1 & 2 & 1 & 1 & 0 & 0 \\ 2 & 3 & 2 & 0 & 1 & 0 \\ 0 & 3 & 1 & 0 & 0 & 1 \end{pmatrix}\to\begin{pmatrix} 0 & -1 & 0 & -2 & 1 & 0 \\ 0 & 3 & 1 & 0 & 0 & 1 \\ 1 & 2 & 1 & 1 & 0 & 0 \end{pmatrix}\to\begin{pmatrix} 1 & 0 & 1 & -3 & 2 & 0 \\ 0 & 1 & 0 & 2 & -1 & 0 \\ 0 & 0 & 1 & -6 & 3 & 1 \end{pmatrix}\to$$

$$\begin{pmatrix} 1 & 0 & 0 & 3 & -1 & -1 \\ 0 & 1 & 0 & 2 & -1 & 0 \\ 0 & 0 & 1 & -6 & 3 & 1 \end{pmatrix}$$

检验：

$$\begin{pmatrix} 3 & -1 & -1 \\ 2 & -1 & 0 \\ -6 & 3 & 1 \end{pmatrix}\begin{pmatrix} 1 & 2 & 1 \\ 2 & 3 & 2 \\ 0 & 3 & 1 \end{pmatrix}=\begin{pmatrix} 1 & 0 & 0 \\ 0 & 1 & 0 \\ 0 & 0 & 1 \end{pmatrix}$$

$$\begin{pmatrix}3 & -1 & -1\\2 & -1 & 0\\-6 & 3 & 1\end{pmatrix}\begin{pmatrix}9 & -6 & -2\\18 & -12 & -3\\18 & -9 & -6\end{pmatrix}\begin{pmatrix}1 & 2 & 1\\2 & 3 & 2\\0 & 3 & 1\end{pmatrix}=\begin{pmatrix}-9 & 3 & 3\\0 & 0 & -1\\18 & -9 & -3\end{pmatrix}\begin{pmatrix}1 & 2 & 1\\2 & 3 & 2\\0 & 3 & 1\end{pmatrix}$$

$$=\begin{pmatrix}-3 & 0 & 0\\0 & -3 & -1\\0 & 0 & -3\end{pmatrix}$$

$$\boldsymbol{T}^{*}=\boldsymbol{T}\cdot\begin{pmatrix}1 & 0 & 0\\0 & 1 & 0\\0 & 0 & -1\end{pmatrix}=\begin{pmatrix}1 & 2 & -1\\2 & 3 & -2\\0 & 3 & -1\end{pmatrix}$$

$$\boldsymbol{T}^{*-1}=\begin{pmatrix}3 & -1 & -1\\2 & -1 & 0\\6 & -3 & -1\end{pmatrix}$$

所以

$$\boldsymbol{T}^{*-1}\boldsymbol{A}\boldsymbol{T}^{*}=\begin{pmatrix}-3 & 0 & 0\\0 & -3 & 1\\0 & 0 & -3\end{pmatrix}$$

1093. $\begin{pmatrix}4 & 6 & -15\\1 & 3 & -5\\1 & 2 & -4\end{pmatrix}$.

解

$$|\lambda\boldsymbol{E}-\boldsymbol{A}|=\begin{vmatrix}\lambda-4 & -6 & 15\\-1 & \lambda-3 & 5\\-1 & -2 & \lambda+4\end{vmatrix}=\begin{vmatrix}\lambda-4 & -6 & 15\\-1 & \lambda-3 & 5\\0 & -\lambda+1 & \lambda-1\end{vmatrix}=(\lambda-1)\begin{vmatrix}\lambda-4 & -6 & 15\\-1 & \lambda-3 & 5\\0 & -1 & 1\end{vmatrix}$$

$$=(\lambda-1)\begin{vmatrix}\lambda-4 & 9 & 15\\-1 & \lambda+2 & 5\\0 & 0 & 1\end{vmatrix}=(\lambda-1)(\lambda^2-2\lambda-8+9)=(\lambda-1)^3$$

$$\lambda=1$$

$$\begin{pmatrix}-3 & -6 & 15\\-1 & -2 & 5\\-1 & -2 & 5\end{pmatrix}\to\begin{pmatrix}1 & 2 & -5\\0 & 0 & 0\\0 & 0 & 0\end{pmatrix}$$

$$\xi_1+2\xi_2-5\xi_3=0,\quad \xi_3=\frac{\xi_1+2\xi_2}{5}$$

$$\boldsymbol{\eta}_1=\begin{pmatrix}1\\2\\1\end{pmatrix},\quad \boldsymbol{\eta}_2=\begin{pmatrix}5\\0\\1\end{pmatrix}$$

$$\boldsymbol{A}-\boldsymbol{E}=\begin{pmatrix}3 & 6 & -15\\1 & 2 & -5\\1 & 2 & -5\end{pmatrix}\qquad \begin{matrix}K_1+5K_2\\2K_1+0\\K_1+K_2\end{matrix}$$

$$2K_1=K_1+K_2,\quad 6K_1=K_1+5K_2\Rightarrow$$

$$K_1=K_2,\qquad 5K_1=5K_2$$

$$\eta_1+\eta_2=\begin{pmatrix}6\\2\\2\end{pmatrix}\text{或}\begin{pmatrix}3\\1\\1\end{pmatrix}$$

$$\begin{pmatrix}3&6&-15\\1&2&-5\\1&2&-5\end{pmatrix}\begin{pmatrix}\xi_1\\\xi_2\\\xi_3\end{pmatrix}=\begin{pmatrix}3\\1\\1\end{pmatrix}$$

$$\xi_1+2\xi_2-5\xi_3=1$$

$$\xi_3=\frac{\xi_1+2\xi_2-1}{5}$$

二级根向量为

$$\begin{pmatrix}2\\2\\1\end{pmatrix}$$

$$(\boldsymbol{A}-\boldsymbol{E})^2\begin{pmatrix}2\\2\\1\end{pmatrix}=\begin{pmatrix}3&6&-15\\1&2&-5\\1&2&-5\end{pmatrix}^2\begin{pmatrix}2\\2\\1\end{pmatrix}=\begin{pmatrix}3&6&-15\\1&2&-5\\1&2&-5\end{pmatrix}\begin{pmatrix}3\\1\\1\end{pmatrix}=0$$

$$\boldsymbol{T}=\begin{pmatrix}1&3&2\\2&1&2\\1&1&1\end{pmatrix}$$

求 $\boldsymbol{T}^{-1}$：

$$\begin{pmatrix}1&3&2&1&0&0\\2&1&2&0&1&0\\1&1&1&0&0&1\end{pmatrix}\to\begin{pmatrix}1&1&1&0&0&1\\0&2&1&1&0&-1\\0&-1&0&0&1&-2\end{pmatrix}\to\begin{pmatrix}1&0&1&0&1&-1\\0&1&0&0&-1&2\\0&0&1&1&2&-5\end{pmatrix}\to$$

$$\begin{pmatrix}1&0&0&-1&-1&4\\0&1&0&0&-1&2\\0&0&1&1&2&-5\end{pmatrix}$$

$$\boldsymbol{T}^{-1}=\begin{pmatrix}-1&-1&4\\0&-1&2\\1&2&-5\end{pmatrix}$$

检验：

$$\begin{pmatrix}-1&-1&4\\0&-1&2\\1&2&-5\end{pmatrix}\begin{pmatrix}1&3&2\\2&1&2\\1&1&1\end{pmatrix}=\begin{pmatrix}1&0&0\\0&1&0\\0&0&1\end{pmatrix}$$

$$\boldsymbol{T}^{-1}\boldsymbol{AT}=\begin{pmatrix}-1&-1&4\\0&-1&2\\1&2&-5\end{pmatrix}\begin{pmatrix}4&6&-15\\1&3&-5\\1&2&-4\end{pmatrix}\begin{pmatrix}1&3&2\\2&1&2\\1&1&1\end{pmatrix}=\begin{pmatrix}-1&-1&4\\1&1&-3\\1&2&-5\end{pmatrix}\begin{pmatrix}1&3&2\\2&1&2\\1&1&1\end{pmatrix}=\begin{pmatrix}1&0&0\\0&1&1\\0&0&1\end{pmatrix}$$

成功！

1094. $\begin{pmatrix} 0 & -4 & 0 \\ 1 & -4 & 0 \\ 1 & -2 & -2 \end{pmatrix}$.

解 $|\lambda \boldsymbol{E} - \boldsymbol{A}| = \begin{vmatrix} \lambda & 4 & 0 \\ -1 & \lambda+4 & 0 \\ -1 & 2 & \lambda+2 \end{vmatrix} = (\lambda+2)(\lambda^2+4\lambda+4) = (\lambda+2)^3$

$$\lambda = -2$$

$$\begin{pmatrix} -2 & 4 & 0 \\ -1 & 2 & 0 \\ -1 & 2 & 0 \end{pmatrix}, \qquad \boldsymbol{\xi}_1 = 2\boldsymbol{\xi}_2$$

$$\boldsymbol{\eta}_1 = \begin{pmatrix} 2 \\ 1 \\ 0 \end{pmatrix}, \qquad \boldsymbol{\eta}_2 = \begin{pmatrix} 0 \\ 0 \\ 1 \end{pmatrix}$$

$$\boldsymbol{A} + 2\boldsymbol{E} = \begin{pmatrix} 2 & -4 & 0 \\ 1 & -2 & 0 \\ 1 & -2 & 0 \end{pmatrix} \qquad \begin{matrix} 2K_1 \\ K_1 \\ K_2 \end{matrix}$$

$$K_1 = K_2$$

得

$$\begin{pmatrix} 2 \\ 1 \\ 1 \end{pmatrix}$$

$$\begin{pmatrix} -2 & 4 & 0 \\ -1 & 2 & 0 \\ -1 & 2 & 0 \end{pmatrix} \begin{pmatrix} \xi_1 \\ \xi_2 \\ \xi_3 \end{pmatrix} = \begin{pmatrix} 2 \\ 1 \\ 1 \end{pmatrix}$$

$$-\xi_1 + 2\xi_2 = 1$$

$$\xi_1 = 2\xi_2 - 1$$

二级根向量为

$$\begin{pmatrix} 1 \\ 1 \\ 1 \end{pmatrix}$$

$$(\boldsymbol{A} + 2\boldsymbol{E})^2 \begin{pmatrix} 1 \\ 1 \\ 1 \end{pmatrix} = \begin{pmatrix} 2 & -4 & 0 \\ 1 & -2 & 0 \\ 1 & -2 & 0 \end{pmatrix} \begin{pmatrix} -2 \\ -1 \\ -1 \end{pmatrix}$$

$$= 0$$

求 $\boldsymbol{T}^{-1}$:

$$T=\begin{pmatrix}2&-2&1\\1&-1&1\\0&-1&1\end{pmatrix}$$

$$\begin{pmatrix}2&-2&1&1&0&0\\1&-1&1&0&1&0\\0&-1&1&0&0&1\end{pmatrix}\to\begin{pmatrix}1&0&0&0&1&-1\\0&-1&1&0&0&1\\0&0&-1&1&-2&0\end{pmatrix}\to\begin{pmatrix}1&0&0&0&1&-1\\0&1&-1&0&0&-1\\0&0&1&-1&2&0\end{pmatrix}\to$$

$$\begin{pmatrix}1&0&0&0&1&-1\\0&1&0&-1&2&-1\\0&0&1&-1&2&0\end{pmatrix}$$

检验：

$$\begin{pmatrix}0&1&-1\\-1&2&-1\\-1&2&0\end{pmatrix}\begin{pmatrix}2&-2&1\\1&-1&1\\0&-1&1\end{pmatrix}=\begin{pmatrix}1&0&0\\0&1&0\\0&0&1\end{pmatrix}$$

$$T^{-1}AT=\begin{pmatrix}0&1&-1\\-1&2&-1\\-1&2&0\end{pmatrix}\begin{pmatrix}0&-4&0\\1&-4&0\\1&-2&-2\end{pmatrix}\begin{pmatrix}2&-2&1\\1&-1&1\\0&-1&1\end{pmatrix}=\begin{pmatrix}0&-2&2\\1&-2&2\\2&-4&0\end{pmatrix}\begin{pmatrix}2&-2&1\\1&-1&1\\0&-1&1\end{pmatrix}$$

$$=\begin{pmatrix}-2&0&0\\0&-2&1\\0&0&-2\end{pmatrix}$$

1095. $\begin{pmatrix}12&-6&-2\\18&-9&-3\\18&-9&-3\end{pmatrix}$.

解　$$|\lambda E-A|=\begin{vmatrix}\lambda-12&6&2\\-18&\lambda+9&3\\-18&9&\lambda+3\end{vmatrix}=\begin{vmatrix}\lambda-12&6&2\\-18&\lambda+9&3\\0&-\lambda&\lambda\end{vmatrix}=\lambda\begin{vmatrix}\lambda-12&8&2\\-18&\lambda+12&3\\0&0&1\end{vmatrix}$$

$$=\lambda(\lambda^2-144+144)=\lambda^3$$

$$\lambda=0$$

$$\begin{pmatrix}-12&6&2\\-18&9&3\\-18&9&3\end{pmatrix}\to\begin{pmatrix}-6&3&1\\0&0&0\\0&0&0\end{pmatrix}$$

$$-6\xi_1+3\xi_2+\xi_3=0,\quad \xi_1=\frac{3\xi_2+\xi_3}{6}$$

$$\boldsymbol{\eta}_1=\begin{pmatrix}1\\1\\3\end{pmatrix},\quad \boldsymbol{\eta}_2=\begin{pmatrix}1\\0\\6\end{pmatrix}$$

$$\begin{pmatrix}-12&6&2\\-18&9&3\\-18&9&3\end{pmatrix}\begin{matrix}K_1+K_2\\K_1+0\\3K_1+6K_2\end{matrix}\Longrightarrow\begin{matrix}3(K_1+K_2)=2K_1\\K_1+3K_2=0\end{matrix}$$

$$K_1 = 3K_1 + 6K_2$$

$$2K_1 + 6K_2 = 0$$

$$K_1 + 3K_2 = 0$$

$$K_2 = 1, \quad K_1 = -3$$

$$-3\boldsymbol{\eta}_1 + \boldsymbol{\eta}_2 = \begin{pmatrix} -3 \\ -3 \\ -9 \end{pmatrix} + \begin{pmatrix} 1 \\ 0 \\ 6 \end{pmatrix} = \begin{pmatrix} -2 \\ -3 \\ -3 \end{pmatrix}$$

$$\begin{pmatrix} -12 & 6 & 2 & -2 \\ -18 & 9 & 3 & -3 \\ -18 & 9 & 3 & -3 \end{pmatrix}$$

$$-6\xi_1 + 3\xi_2 + \xi_3 = -1$$

得

$$\begin{pmatrix} 1 \\ 1 \\ 2 \end{pmatrix}, \quad \begin{pmatrix} 0 \\ 0 \\ -1 \end{pmatrix}$$

$$\boldsymbol{A}^2 \cdot \begin{pmatrix} 1 \\ 1 \\ 2 \end{pmatrix} = \begin{pmatrix} 12 & -6 & -2 \\ 18 & -9 & -3 \\ 18 & -9 & -3 \end{pmatrix}^2 \begin{pmatrix} 1 \\ 1 \\ 2 \end{pmatrix} = \begin{pmatrix} 12 & -6 & -2 \\ 18 & -9 & -3 \\ 18 & -9 & -3 \end{pmatrix} \begin{pmatrix} 2 \\ 3 \\ 3 \end{pmatrix} = 0$$

$$\boldsymbol{T} = \begin{pmatrix} 1 & 2 & 1 \\ 1 & 3 & 1 \\ 3 & 3 & 2 \end{pmatrix}$$

求 $\boldsymbol{T}^{-1}$:

$$\begin{pmatrix} 1 & 2 & 1 & 1 & 0 & 0 \\ 1 & 3 & 1 & 0 & 1 & 0 \\ 3 & 3 & 2 & 0 & 0 & 1 \end{pmatrix} \to \begin{pmatrix} 0 & 1 & 0 & -1 & 1 & 0 \\ 1 & 0 & 1 & 3 & -2 & 0 \\ 0 & -6 & -1 & 0 & -3 & 1 \end{pmatrix} \to \begin{pmatrix} 1 & 0 & 1 & 3 & -2 & 0 \\ 0 & 1 & 0 & -1 & 1 & 0 \\ 0 & 0 & -1 & -6 & 3 & 1 \end{pmatrix} \to$$

$$\begin{pmatrix} 1 & 0 & 0 & -3 & 1 & 1 \\ 0 & 1 & 0 & -1 & 1 & 0 \\ 0 & 0 & 1 & 6 & -3 & -1 \end{pmatrix}$$

检验:

$$\begin{pmatrix} -3 & 1 & 1 \\ -1 & 1 & 0 \\ 6 & -3 & -1 \end{pmatrix} \begin{pmatrix} 1 & 2 & 1 \\ 1 & 3 & 1 \\ 3 & 3 & 2 \end{pmatrix} = \begin{pmatrix} 1 & 0 & 0 \\ 0 & 1 & 0 \\ 0 & 0 & 1 \end{pmatrix}$$

$$\boldsymbol{T}^{-1}\boldsymbol{AT} = \begin{pmatrix} -3 & 1 & 1 \\ -1 & 1 & 0 \\ 6 & -3 & -1 \end{pmatrix} \begin{pmatrix} 12 & -6 & -2 \\ 18 & -9 & -3 \\ 18 & -9 & -3 \end{pmatrix} \begin{pmatrix} 1 & 2 & 1 \\ 1 & 3 & 1 \\ 3 & 3 & 2 \end{pmatrix} = \begin{pmatrix} -3 & 1 & 1 \\ -1 & 1 & 0 \\ 6 & -3 & -1 \end{pmatrix} \cdot$$

$$\begin{pmatrix} 0 & 0 & 2 \\ 0 & 0 & 3 \\ 0 & 0 & 3 \end{pmatrix} = \begin{pmatrix} 0 & 0 & 0 \\ 0 & 0 & 1 \\ 0 & 0 & 0 \end{pmatrix}$$

成功.

1096. $\begin{pmatrix}4 & -5 & 2\\ 5 & -7 & 3\\ 6 & -9 & 4\end{pmatrix}$.

解　$|\lambda E - A| = \begin{vmatrix}\lambda-4 & 5 & -2\\ -5 & \lambda+7 & -3\\ -6 & 9 & \lambda-4\end{vmatrix} = \begin{vmatrix}\lambda-1 & 5 & -2\\ \lambda-1 & \lambda+7 & -3\\ \lambda-1 & 9 & \lambda-4\end{vmatrix}$

$= (\lambda-1)\begin{vmatrix}1 & 5 & -2\\ 1 & \lambda+7 & -3\\ 1 & 9 & \lambda-4\end{vmatrix} = (\lambda-1)\begin{vmatrix}1 & 5 & -2\\ 0 & \lambda+2 & -1\\ 0 & 4 & \lambda-2\end{vmatrix}$

$= (\lambda-1)(\lambda^2-4+4) = \lambda^2(\lambda-1)$

当 $\lambda=1$ 时

$$\begin{pmatrix}-3 & 5 & -2\\ -5 & 8 & -3\\ -6 & 9 & -3\end{pmatrix}\rightarrow\begin{pmatrix}-1 & 1 & 0\\ 0 & -1 & 1\\ 0 & 0 & 0\end{pmatrix}.$$

$$\xi_1 = \xi_2 = \xi_3$$

得根向量$\begin{pmatrix}1\\1\\1\end{pmatrix}$.

当 $\lambda=0$ 时

$$\begin{pmatrix}-4 & 5 & -2\\ -5 & 7 & -3\\ -6 & 9 & -4\end{pmatrix}\rightarrow\begin{pmatrix}-1 & 2 & -1\\ 0 & -3 & 2\\ 0 & 0 & 0\end{pmatrix}\rightarrow\begin{pmatrix}1 & -2 & 1\\ 0 & 1 & -\frac{2}{3}\\ 0 & 0 & 0\end{pmatrix}\rightarrow\begin{pmatrix}1 & 0 & -\frac{1}{3}\\ 0 & 1 & -\frac{2}{3}\\ 0 & 0 & 0\end{pmatrix}$$

得根向量　$\begin{pmatrix}1\\2\\3\end{pmatrix}$

再求二级根向量

$$\boldsymbol{\alpha}_1$$

$$\boldsymbol{\alpha}_2$$

$$\boldsymbol{\alpha}_3$$

$$\begin{pmatrix}-4 & 5 & -2\\ -5 & 7 & -3\\ -6 & 9 & -4\end{pmatrix}\begin{pmatrix}\xi_1\\ \xi_2\\ \xi_3\end{pmatrix} = \begin{pmatrix}1\\2\\3\end{pmatrix}$$

$$-\xi_1 + 2\xi_2 - \xi_3 = 1$$

得　$\begin{pmatrix}-1\\1\\2\end{pmatrix}$

$$\begin{pmatrix}-4&5&-2\\-5&7&-3\\-6&9&-4\end{pmatrix}^2\begin{pmatrix}-1\\1\\2\end{pmatrix}=\begin{pmatrix}-4&5&-2\\-5&7&-3\\-6&9&-4\end{pmatrix}\begin{pmatrix}5\\6\\7\end{pmatrix}$$

$$\begin{vmatrix}-4&5&-2\\-5&7&-3\\-6&9&-4\end{vmatrix}=\begin{vmatrix}-1&5&-2\\-1&7&-3\\-1&9&-4\end{vmatrix}=\begin{vmatrix}-1&5&-2\\0&2&-1\\0&2&-1\end{vmatrix}=0$$

$\boldsymbol{\alpha}_3-\boldsymbol{\alpha}_2=\boldsymbol{\alpha}_2-\boldsymbol{\alpha}_1$

$\boldsymbol{\alpha}_3+\boldsymbol{\alpha}_1=2\boldsymbol{\alpha}_2$

$$\begin{pmatrix}-4&5&-2&1\\-6&9&-4&3\end{pmatrix}\to\begin{pmatrix}1&-\frac{5}{4}&\frac{1}{2}&-\frac{1}{4}\\1&-\frac{9}{6}&\frac{2}{3}&-\frac{1}{2}\end{pmatrix}\to\begin{pmatrix}1&-\frac{5}{4}&\frac{1}{2}&-\frac{1}{4}\\0&-\frac{1}{4}&\frac{1}{6}&-\frac{1}{4}\end{pmatrix}\to$$

$$\begin{pmatrix}1&-\frac{5}{4}&\frac{1}{2}&-\frac{1}{4}\\0&1&-\frac{2}{3}&1\end{pmatrix}\to\begin{pmatrix}1&0&-\frac{1}{3}&1\\0&1&-\frac{2}{3}&1\end{pmatrix}$$

二级根向量为$\begin{pmatrix}2\\3\\3\end{pmatrix}$.

$$\begin{pmatrix}4&-5&2\\5&-7&3\\6&-9&4\end{pmatrix}^2\begin{pmatrix}2\\3\\3\end{pmatrix}=\begin{pmatrix}4&-5&2\\5&-7&3\\6&-9&4\end{pmatrix}\begin{pmatrix}-1\\-2\\-3\end{pmatrix}=\begin{pmatrix}0\\0\\0\end{pmatrix}$$

$$\boldsymbol{T}=\begin{pmatrix}1&1&2\\1&2&3\\1&3&3\end{pmatrix}$$

求$\boldsymbol{T}^{-1}$：

$$\begin{pmatrix}1&1&2&1&0&0\\1&2&3&0&1&0\\1&3&3&0&0&1\end{pmatrix}\to\begin{pmatrix}1&1&2&1&0&0\\0&1&1&-1&1&0\\0&1&0&0&-1&1\end{pmatrix}\to\begin{pmatrix}1&0&1&2&-1&0\\0&1&1&-1&1&0\\0&0&1&-1&2&-1\end{pmatrix}\to$$

$$\begin{pmatrix}1&0&0&3&-3&1\\0&1&0&0&-1&1\\0&0&1&-1&2&-1\end{pmatrix}$$

检验：

$$\begin{pmatrix}3&-3&1\\0&-1&1\\-1&2&-1\end{pmatrix}\begin{pmatrix}1&1&2\\1&2&3\\1&3&3\end{pmatrix}=\begin{pmatrix}1&0&0\\0&1&0\\0&0&1\end{pmatrix}$$

$$\boldsymbol{T}^{-1}\boldsymbol{A}\boldsymbol{T}=\begin{pmatrix}3&-3&1\\0&-1&1\\-1&2&-1\end{pmatrix}\begin{pmatrix}4&-5&2\\5&-7&3\\6&-9&4\end{pmatrix}\begin{pmatrix}1&1&2\\1&2&3\\1&3&3\end{pmatrix}=\begin{pmatrix}3&-3&1\\1&-2&1\\0&0&0\end{pmatrix}.$$

$$\begin{pmatrix}1&1&2\\1&2&3\\1&3&3\end{pmatrix}=\begin{pmatrix}1&0&0\\0&0&-1\\0&0&0\end{pmatrix}$$

$$T^*=\begin{pmatrix}1&1&2\\1&2&3\\1&3&3\end{pmatrix}\cdot\begin{pmatrix}1&0&0\\0&1&0\\0&0&-1\end{pmatrix}=\begin{pmatrix}1&1&-2\\1&2&-3\\1&3&-3\end{pmatrix}$$

$$T^{*-1}=\begin{pmatrix}1&0&0\\0&1&0\\0&0&-1\end{pmatrix}\begin{pmatrix}3&-3&1\\0&-1&1\\-1&2&-1\end{pmatrix}=\begin{pmatrix}3&-3&1\\0&-1&1\\1&-2&1\end{pmatrix}$$

所以
$$T^{*-1}AT^*=\begin{pmatrix}1&0&0\\0&0&1\\0&0&0\end{pmatrix}$$

1097. $\begin{pmatrix}5&-3&2\\6&-4&4\\4&-4&5\end{pmatrix}$.

解　$$|\lambda E-A|=\begin{vmatrix}\lambda-5&3&-2\\-6&\lambda+4&-4\\-4&4&\lambda-5\end{vmatrix}=\begin{vmatrix}\lambda-2&3&-2\\\lambda-2&\lambda+4&-4\\0&4&\lambda-5\end{vmatrix}=(\lambda-2)\cdot$$

$$\begin{vmatrix}1&3&-2\\0&\lambda+1&-2\\0&4&\lambda-5\end{vmatrix}=(\lambda-2)(\lambda^2-4\lambda-5+8)$$

$$=(\lambda-2)(\lambda^2-4\lambda+3)=(\lambda-2)(\lambda-3)(\lambda-1)$$

当 $\lambda=1$ 时

$$\begin{pmatrix}-4&3&-2\\-6&5&-4\\-4&4&-4\end{pmatrix}\to\begin{pmatrix}-4&3&-2\\0&1&-2\\-2&2&-2\end{pmatrix}\to\begin{pmatrix}1&-1&1\\0&1&-2\\0&0&0\end{pmatrix}\to\begin{pmatrix}1&0&-1\\0&1&-2\\0&0&0\end{pmatrix}$$

得根向量
$$\begin{pmatrix}1\\2\\1\end{pmatrix}$$

当 $\lambda=2$ 时

$$\begin{pmatrix}-3&3&-2\\-6&6&-4\\-4&4&-3\end{pmatrix}\to\begin{pmatrix}3&-3&2\\-1&1&-1\\0&0&0\end{pmatrix}\to\begin{pmatrix}1&-1&0\\0&0&1\\0&0&0\end{pmatrix}\qquad\text{得根向量}\begin{pmatrix}1\\1\\0\end{pmatrix}$$

当 $\lambda=3$ 时

$$\begin{pmatrix}-2&3&-2\\-6&7&-4\\-4&4&-2\end{pmatrix}\to\begin{pmatrix}-2&1&0\\0&-2&2\\0&0&0\end{pmatrix}\to\begin{pmatrix}-2&1&0\\0&1&-1\\0&0&0\end{pmatrix}\qquad\text{得根向量}\begin{pmatrix}\frac{1}{2}\\1\\1\end{pmatrix}\text{和}\begin{pmatrix}1\\2\\2\end{pmatrix}$$

$$T=\begin{pmatrix}1&1&1\\2&1&2\\1&0&2\end{pmatrix}$$

求 T^{-1}:

$$\begin{pmatrix}1&1&1&1&0&0\\2&1&2&0&1&0\\1&0&2&0&0&1\end{pmatrix}\to\begin{pmatrix}1&0&1&-1&1&0\\0&1&0&2&-1&0\\0&0&1&1&-1&1\end{pmatrix}\to\begin{pmatrix}1&0&0&-2&2&-1\\0&1&0&2&-1&0\\0&0&1&1&-1&1\end{pmatrix}$$

检验:

$$\begin{pmatrix}-2&2&-1\\2&-1&0\\1&-1&1\end{pmatrix}\begin{pmatrix}1&1&1\\2&1&2\\1&0&2\end{pmatrix}=\begin{pmatrix}1&0&0\\0&1&0\\0&0&1\end{pmatrix}$$

$$T^{-1}AT=\begin{pmatrix}-2&2&-1\\2&-1&0\\1&-1&1\end{pmatrix}\begin{pmatrix}5&-3&2\\6&-4&4\\4&-4&5\end{pmatrix}\begin{pmatrix}1&1&1\\2&1&2\\1&0&2\end{pmatrix}=\begin{pmatrix}-2&2&-1\\4&-2&0\\3&-3&3\end{pmatrix}\begin{pmatrix}1&1&1\\2&1&2\\1&0&2\end{pmatrix}$$

$$=\begin{pmatrix}1&0&0\\0&2&0\\0&0&3\end{pmatrix}$$

1098. $\begin{pmatrix}1&-3&3\\-2&-6&13\\-1&-4&8\end{pmatrix}$.

解　$|\lambda E-A|=\begin{vmatrix}\lambda-1&3&-3\\2&\lambda+6&-13\\1&4&\lambda-8\end{vmatrix}=\begin{vmatrix}\lambda-1&3&-3\\0&\lambda-2&-2\lambda+3\\1&4&\lambda-8\end{vmatrix}$

$$=\begin{vmatrix}\lambda-1&3&0\\0&\lambda-2&-\lambda+1\\1&4&\lambda-4\end{vmatrix}=\begin{vmatrix}\lambda-1&3&3\\0&\lambda-2&-1\\1&4&\lambda\end{vmatrix}$$

$$=\lambda(\lambda^2-3\lambda+2)-3-3(\lambda-2)+4(\lambda-1)=\lambda^3-3\lambda^2+2\lambda+\lambda-1$$

$$=\lambda^3-3\lambda^2+3\lambda-1=(\lambda-1)^3$$

$$\lambda=1$$

$$\begin{pmatrix}0&3&-3\\2&7&-13\\1&4&-7\end{pmatrix}\to\begin{pmatrix}0&1&-1\\0&-1&1\\1&0&-3\end{pmatrix}\to\begin{pmatrix}1&0&-3\\0&1&-1\\0&0&0\end{pmatrix}$$

得根向量

$$\begin{pmatrix}3\\1\\1\end{pmatrix}$$

求二级根向量,即求方程组

$$\begin{cases} 3\xi_2 - 3\xi_3 = 3 \\ 2\xi_1 + 7\xi_2 - 13\xi_3 = 1, \\ \xi_1 + 4\xi_2 - 7\xi_3 = 1 \end{cases} \begin{cases} \xi_2 - \xi_3 = 1 \\ 2\xi_1 - 6\xi_3 + 7 = 1, \\ \xi_1 - 3\xi_3 + 4 = 1 \end{cases} \begin{cases} \xi_2 - \xi_3 = 1 \\ \xi_1 - 3\xi_3 = -3 \\ \xi_1 - 3\xi_3 = -3 \end{cases}$$

二级根向量为$\begin{pmatrix} 0 \\ 2 \\ 1 \end{pmatrix}$

求三级根向量,即求方程组$\begin{cases} \xi_2 - \xi_3 = 0 \\ 2\xi_1 + 7\xi_2 - 13\xi_3 = 2 \\ \xi_1 + 4\xi_2 - 7\xi_3 = 1 \end{cases} \Rightarrow \begin{cases} \xi_2 = \xi_3 \\ 2\xi_1 - 6\xi_3 = 2 \\ \xi_1 - 3\xi_3 = 1 \end{cases}$

得三级根向量为$\begin{pmatrix} 4 \\ 1 \\ 1 \end{pmatrix}$.

检验:

$$(\boldsymbol{A} - \boldsymbol{E})^3 \begin{pmatrix} 4 \\ 1 \\ 1 \end{pmatrix} = \begin{pmatrix} 0 & -3 & 3 \\ -2 & -7 & 13 \\ -1 & -4 & 7 \end{pmatrix}^2 \begin{pmatrix} 0 \\ -2 \\ -1 \end{pmatrix} = \begin{pmatrix} 0 & -3 & 3 \\ -2 & -7 & 13 \\ -1 & -4 & 7 \end{pmatrix} \begin{pmatrix} 3 \\ 1 \\ 1 \end{pmatrix} = 0$$

$$\boldsymbol{T} = \begin{pmatrix} 3 & 0 & 4 \\ 1 & -2 & 1 \\ 1 & -1 & 1 \end{pmatrix}$$

求 $\boldsymbol{T}^{-1}$:

$$\begin{pmatrix} 3 & 0 & 4 & 1 & 0 & 0 \\ 1 & -2 & 1 & 0 & 1 & 0 \\ 1 & -1 & 1 & 0 & 0 & 1 \end{pmatrix} \to \begin{pmatrix} 0 & 1 & 0 & 0 & -1 & 1 \\ 1 & 0 & 1 & 0 & -1 & 2 \\ 0 & 0 & 1 & 1 & 3 & -6 \end{pmatrix} \to \begin{pmatrix} 1 & 0 & 0 & -1 & -4 & 8 \\ 0 & 1 & 0 & 0 & -1 & 1 \\ 0 & 0 & 1 & 1 & 3 & -6 \end{pmatrix}$$

检验:

$$\begin{pmatrix} -1 & -4 & 8 \\ 0 & -1 & 1 \\ 1 & 3 & -6 \end{pmatrix} \begin{pmatrix} 3 & 0 & 4 \\ 1 & -2 & 1 \\ 1 & -1 & 1 \end{pmatrix} = \begin{pmatrix} 1 & 0 & 0 \\ 0 & 1 & 0 \\ 0 & 0 & 1 \end{pmatrix}$$

$$\boldsymbol{T}^{-1}\boldsymbol{A}\boldsymbol{T} = \begin{pmatrix} -1 & -4 & 8 \\ 0 & -1 & 1 \\ 1 & 3 & -6 \end{pmatrix} \begin{pmatrix} 1 & -3 & 3 \\ -2 & -6 & 13 \\ -1 & -4 & 8 \end{pmatrix} \begin{pmatrix} 3 & 0 & 4 \\ 1 & -2 & 1 \\ 1 & -1 & 1 \end{pmatrix}$$

$$= \begin{pmatrix} -1 & -5 & 9 \\ 1 & 2 & -5 \\ 1 & 3 & -6 \end{pmatrix} \begin{pmatrix} 3 & 0 & 4 \\ 1 & -2 & 1 \\ 1 & -1 & 1 \end{pmatrix} = \begin{pmatrix} 1 & 1 & 0 \\ 0 & 1 & 1 \\ 0 & 0 & 1 \end{pmatrix}$$

成功!

1099. $\begin{pmatrix}7 & -12 & 6\\10 & -19 & 10\\12 & -24 & 13\end{pmatrix}$.

解 $|\lambda E-A|=\begin{vmatrix}\lambda-7 & 12 & -6\\-10 & \lambda+19 & -10\\-12 & 24 & \lambda-13\end{vmatrix}=\begin{vmatrix}\lambda-1 & 12 & -6\\0 & \lambda+19 & -10\\-\lambda+1 & 24 & \lambda-13\end{vmatrix}$

$$=(\lambda-1)\begin{vmatrix}1 & 12 & -6\\0 & \lambda+19 & -10\\-1 & 24 & \lambda-13\end{vmatrix}=(\lambda-1)\begin{vmatrix}\lambda+19 & -10\\36 & \lambda-19\end{vmatrix}$$

$$=(\lambda-1)(\lambda^2-361+360)=(\lambda+1)(\lambda-1)^2$$

$$\lambda=-1$$

$$\begin{pmatrix}-8 & 12 & -6\\-10 & 18 & -10\\-12 & 24 & -14\end{pmatrix}\to\begin{pmatrix}4 & -6 & 3\\5 & -9 & 5\\6 & -12 & 7\end{pmatrix}\to\begin{pmatrix}1 & -3 & 2\\4 & -6 & 3\\0 & 0 & 0\end{pmatrix}\to\begin{pmatrix}0 & 6 & -5\\1 & -3 & 2\\0 & 0 & 0\end{pmatrix}\to\begin{pmatrix}0 & 1 & -\frac{5}{6}\\1 & 0 & -\frac{1}{2}\end{pmatrix}$$

得根向量 $\begin{pmatrix}3\\5\\6\end{pmatrix}$

$$\lambda=1$$

$$\begin{pmatrix}-6 & 12 & -6\\-10 & 20 & -10\\-12 & 24 & -12\end{pmatrix}\to\begin{pmatrix}1 & -2 & 1\\0 & 0 & 0\\0 & 0 & 0\end{pmatrix}$$

$$\xi_1=2\xi_2-\xi_3$$

得根向量$\begin{pmatrix}2\\1\\0\end{pmatrix}$和$\begin{pmatrix}-1\\0\\1\end{pmatrix}$.

求二级根向量 $\begin{pmatrix}-6 & 12 & -6 & 2K_1+K_2\\-10 & 20 & -10 & K_1+K_2\\-12 & 24 & -12 & K_2\end{pmatrix}$,无解.

依次类推,没有 j 级根向量,无解.

$$\boldsymbol{T}=\begin{pmatrix}3 & 2 & -1\\5 & 1 & 0\\6 & 0 & 1\end{pmatrix}$$

求 $\boldsymbol{T}^{-1}$:

$$\begin{pmatrix}3 & 2 & -1 & 1 & 0 & 0\\5 & 1 & 0 & 0 & 1 & 0\\6 & 0 & 1 & 0 & 0 & 1\end{pmatrix}\to\begin{pmatrix}2 & -1 & 1 & -1 & 1 & 0\\1 & -1 & 1 & 0 & -1 & 1\\3 & 2 & -1 & 1 & 0 & 0\end{pmatrix}\to\begin{pmatrix}1 & 0 & 0 & -1 & 2 & -1\\0 & 1 & -1 & -1 & 3 & -2\\1 & -1 & 1 & 0 & -1 & 1\\0 & 5 & -4 & 1 & 3 & -3\end{pmatrix}\to$$

$$\begin{pmatrix}1&0&0&-1&2&-1\\0&1&-1&-1&3&-2\\0&0&1&6&-12&7\end{pmatrix}\to\begin{pmatrix}1&0&0&-1&2&-1\\0&1&0&5&-9&5\\0&0&1&6&-12&7\end{pmatrix}$$

检验：

$$\begin{pmatrix}-1&2&-1\\5&-9&5\\6&-12&7\end{pmatrix}\begin{pmatrix}3&2&-1\\5&1&0\\6&0&1\end{pmatrix}=\begin{pmatrix}1&0&0\\0&1&0\\0&0&1\end{pmatrix}$$

$$\begin{aligned}\boldsymbol{T}^{-1}\boldsymbol{A}\boldsymbol{T}&=\begin{pmatrix}-1&2&-1\\5&-9&5\\6&-12&7\end{pmatrix}\begin{pmatrix}7&-12&6\\10&-19&10\\12&-24&13\end{pmatrix}\begin{pmatrix}3&2&-1\\5&1&0\\6&0&1\end{pmatrix}\\&=\begin{pmatrix}-1&2&-1\\5&-9&5\\6&-12&7\end{pmatrix}\begin{pmatrix}-3&2&-1\\-5&1&0\\-6&0&1\end{pmatrix}=\begin{pmatrix}-1&0&0\\0&1&0\\0&0&1\end{pmatrix}\end{aligned}$$

1100. $\begin{pmatrix}1&-3&4\\4&-7&8\\6&-7&7\end{pmatrix}$.

解　$|\lambda\boldsymbol{E}-\boldsymbol{A}|=\begin{vmatrix}\lambda-1&3&-4\\-4&\lambda+7&-8\\-6&7&\lambda-7\end{vmatrix}$

$$\begin{aligned}&=(\lambda-1)(\lambda^2-49)+8\times18+16\times7-24(\lambda+7)+56(\lambda-1)+12(\lambda-7)\\&=\lambda^3-\lambda^2-49\lambda+49+16\times16+44\lambda-8\times21-8\times7-12\times7\\&=\lambda^3-\lambda^2-5\lambda+305-8\times28-84=\lambda^3-\lambda^2-5\lambda-3=(\lambda-3)(\lambda+1)^2\end{aligned}$$

当 $\lambda=3$ 时

$$\begin{pmatrix}2&3&-4\\-4&10&-8\\-6&7&-4\end{pmatrix}\to\begin{pmatrix}2&3&-4\\-2&5&-4\\-6&7&-4\end{pmatrix}\to\begin{pmatrix}-4&2&0\\-4&2&0\\0&16&-16\end{pmatrix}\to\begin{pmatrix}-2&1&0\\0&1&-1\\0&0&0\end{pmatrix}$$

得根向量$\begin{pmatrix}\frac{1}{2}\\1\\1\end{pmatrix}$即$\begin{pmatrix}1\\2\\2\end{pmatrix}$.

当 $\lambda=-1$ 时

$$\begin{pmatrix}-2&3&-4\\-4&6&-8\\-6&7&-8\end{pmatrix}\to\begin{pmatrix}-2&3&-4\\0&-2&4\\0&0&0\end{pmatrix}\to\begin{pmatrix}-2&3&-4\\0&1&-2\\0&0&0\end{pmatrix}\to\begin{pmatrix}-2&1&0\\0&1&-2\\0&0&0\end{pmatrix}$$

得根向量$\begin{pmatrix}\frac{1}{2}\\1\\\frac{1}{2}\end{pmatrix}$即$\begin{pmatrix}1\\2\\1\end{pmatrix}$.

求二级根向量,解方程组$\begin{cases}-2\xi_1+3\xi_2-4\xi_3=1\\-6\xi_1+7\xi_2-8\xi_3=1\end{cases}$

$$-2\xi_2+4\xi_3=-2\Rightarrow-\xi_2+2\xi_3=-1.$$

二级根向量为

$$\begin{pmatrix}2\\3\\1\end{pmatrix}$$

$$-2\xi_1+\xi_2=-1$$

$$\boldsymbol{T}=\begin{pmatrix}1&1&2\\2&2&3\\2&1&1\end{pmatrix}$$

求$\boldsymbol{T}^{-1}$:

$$\begin{pmatrix}1&1&2&1&0&0\\2&2&3&0&1&0\\2&1&1&0&0&1\end{pmatrix}\to\begin{pmatrix}0&0&-1&-2&1&0\\0&1&2&0&1&-1\\1&1&2&1&0&0\end{pmatrix}\to\begin{pmatrix}1&0&0&1&-1&1\\0&1&0&-4&3&-1\\0&0&1&2&-1&0\end{pmatrix}$$

检验:

$$\begin{pmatrix}1&-1&1\\-4&3&-1\\2&-1&0\end{pmatrix}\begin{pmatrix}1&1&2\\2&2&3\\2&1&1\end{pmatrix}=\begin{pmatrix}1&0&0\\0&1&0\\0&0&1\end{pmatrix}$$

$$\boldsymbol{T}^{-1}\boldsymbol{A}\boldsymbol{T}=\begin{pmatrix}1&-1&1\\-4&3&-1\\2&-1&0\end{pmatrix}\begin{pmatrix}1&-3&4\\4&-7&8\\6&-7&7\end{pmatrix}\begin{pmatrix}1&1&2\\2&2&3\\2&1&1\end{pmatrix}=\begin{pmatrix}3&-3&3\\2&-2&1\\-2&1&0\end{pmatrix}\begin{pmatrix}1&1&2\\2&2&3\\2&1&1\end{pmatrix}$$

$$=\begin{pmatrix}3&0&0\\0&-1&-1\\0&0&-1\end{pmatrix}$$

为了把a_{23}变号,左右分别乘$\begin{pmatrix}1&0&0\\0&1&0\\0&0&-1\end{pmatrix}$.

$$\boldsymbol{T}^*=\begin{pmatrix}1&1&2\\2&2&3\\2&1&1\end{pmatrix}\begin{pmatrix}1&0&0\\0&1&0\\0&0&-1\end{pmatrix}=\begin{pmatrix}1&1&-2\\2&2&-3\\2&1&-1\end{pmatrix}$$

$$\boldsymbol{T}^{*-1}=\begin{pmatrix}1&0&0\\0&1&0\\0&0&-1\end{pmatrix}\begin{pmatrix}1&-1&1\\-4&3&-1\\2&-1&0\end{pmatrix}=\begin{pmatrix}1&-1&1\\-4&3&-1\\-2&1&0\end{pmatrix}$$

那么

$$T^{*-1}AT^{*}=\begin{pmatrix}3&0&0\\0&-1&1\\0&0&-1\end{pmatrix}$$

1101. $\begin{pmatrix}\alpha&0&0\\0&\alpha&0\\\alpha&0&\alpha\end{pmatrix}$,其中 $\alpha\neq 0$.

解

$$|\lambda E-A|=\begin{vmatrix}\lambda-\alpha&0&0\\0&\lambda-\alpha&0\\-\alpha&0&\lambda-\alpha\end{vmatrix}=(\lambda-\alpha)^3$$

$$\lambda=\alpha$$

$$\begin{pmatrix}0&0&0\\0&0&0\\-\alpha&0&0\end{pmatrix}$$

$$-\alpha\xi_1=0$$

$$-\alpha\xi_1+0\cdot\xi_2+0\cdot\xi_3=0$$

秩是 1.

当 $\xi_1=0$ 时,取 $\begin{pmatrix}0\\1\\0\end{pmatrix},\begin{pmatrix}0\\0\\1\end{pmatrix}$.

根向量为 $\begin{pmatrix}0&0&0&0&0\\0&0&0&K_1&0\\-\alpha&0&0&0&K_2\end{pmatrix}$.

必须 $K_1=0$.　$K_2=\alpha$ 时

$$\xi_1=-1$$

二级根向量为

$$\begin{pmatrix}-1\\1\\1\end{pmatrix}$$

$$(A-\alpha E)=\begin{pmatrix}0&0&0\\0&0&0\\\alpha&0&0\end{pmatrix}$$

$$(A-\alpha E)^2\begin{pmatrix}-1\\1\\1\end{pmatrix}=\begin{pmatrix}0&0&0\\0&0&0\\\alpha&0&0\end{pmatrix}^2\begin{pmatrix}-1\\1\\1\end{pmatrix}=\begin{pmatrix}0&0&0\\0&0&0\\\alpha&0&0\end{pmatrix}\begin{pmatrix}0\\0\\-\alpha\end{pmatrix}=\begin{pmatrix}0\\0\\0\end{pmatrix}$$

$$T=\begin{pmatrix}0&0&-1\\1&0&1\\0&-\alpha&1\end{pmatrix}$$

求 $\boldsymbol{T}^{-1}$:

$$\begin{pmatrix}0&0&-1&1&0&0\\1&0&1&0&1&0\\0&-\alpha&1&0&0&1\end{pmatrix}\to\begin{pmatrix}1&0&1&0&1&0\\0&1&-\frac{1}{\alpha}&0&0&-\frac{1}{\alpha}\\0&0&1&-1&0&0\end{pmatrix}\to\begin{pmatrix}1&0&0&1&1&0\\0&1&0&-\frac{1}{\alpha}&0&-\frac{1}{\alpha}\\0&0&1&-1&0&0\end{pmatrix}$$

检验:

$$\begin{pmatrix}1&1&0\\-\frac{1}{\alpha}&0&-\frac{1}{\alpha}\\-1&0&0\end{pmatrix}\begin{pmatrix}0&0&-1\\1&0&1\\0&-\alpha&1\end{pmatrix}=\begin{pmatrix}1&0&0\\0&1&0\\0&0&1\end{pmatrix}$$

$$\boldsymbol{T}^{-1}\boldsymbol{A}\boldsymbol{T}=\begin{pmatrix}1&1&0\\-\frac{1}{\alpha}&0&-\frac{1}{\alpha}\\-1&0&0\end{pmatrix}\begin{pmatrix}\alpha&0&0\\0&\alpha&0\\\alpha&0&\alpha\end{pmatrix}\begin{pmatrix}0&0&-1\\1&0&1\\0&-\alpha&1\end{pmatrix}=\begin{pmatrix}\alpha&\alpha&0\\-2&0&-1\\-\alpha&0&0\end{pmatrix}\begin{pmatrix}0&0&-1\\1&0&1\\0&-\alpha&1\end{pmatrix}$$

$$=\begin{pmatrix}\alpha&0&0\\0&\alpha&1\\0&0&\alpha\end{pmatrix}$$

成功!

1102. $\begin{pmatrix}3&-1&0\\6&-3&2\\8&-6&5\end{pmatrix}$.

解　$$|\lambda\boldsymbol{E}-\boldsymbol{A}|=\begin{vmatrix}\lambda-3&1&0\\-6&\lambda+3&-2\\-8&6&\lambda-5\end{vmatrix}$$

$$=(\lambda^2-9)(\lambda-5)+16+12(\lambda-3)+6(\lambda-5)$$

$$=\lambda^3-5\lambda^2-9\lambda+45+16+12\lambda-36+6\lambda-30$$

$$=\lambda^3-5\lambda^2+9\lambda-5=(\lambda-1)(\lambda-2+\mathrm{i})(\lambda-2-\mathrm{i})$$

当 $\lambda=1$ 时

$$\begin{pmatrix}-2&1&0\\-6&4&-2\\-8&6&-4\end{pmatrix}\to\begin{pmatrix}-2&1&0\\-3&2&-1\\-4&3&-2\end{pmatrix}\to\begin{pmatrix}0&1&-2\\-1&1&-1\\0&0&0\end{pmatrix}\to\begin{pmatrix}-1&0&1\\0&1&-2\\0&0&0\end{pmatrix}$$

得根向量 $\begin{pmatrix}1\\2\\1\end{pmatrix}$.

当 $\lambda=2-\mathrm{i}$ 时

$$\begin{pmatrix}-1-\mathrm{i}&1&0\\-6&5-\mathrm{i}&-2\\-8&6&-3-\mathrm{i}\end{pmatrix}\to\begin{pmatrix}2&-1+\mathrm{i}&0\\-6&5-\mathrm{i}&-2\\-8&6&-3-\mathrm{i}\end{pmatrix}\to\begin{pmatrix}-4&4&-2\\2&-1+\mathrm{i}&0\\-8&6&-3-\mathrm{i}\end{pmatrix}\to$$

$$\begin{pmatrix}-2 & 2 & -1\\ 2 & -1+i & 0\\ 0 & -2 & 1-i\end{pmatrix}\to\begin{pmatrix}2 & -1+i & 0\\ -2 & 0 & -i\\ 0 & 0 & 0\end{pmatrix}\to\begin{pmatrix}2 & -1+i & 0\\ 0 & -1+i & -i\\ 0 & 0 & 0\end{pmatrix}\to\begin{pmatrix}2 & -1+i & 0\\ 0 & 1+i & -1\\ 0 & 0 & 0\end{pmatrix}$$

得根向量 $\begin{pmatrix}\frac{1-i}{2}\\ 1\\ 1+i\end{pmatrix}$ 或 $\begin{pmatrix}1-i\\ 2\\ 2(1+i)\end{pmatrix}$.

当 $\lambda=2+i$ 时

$$|\lambda \boldsymbol{E}-\boldsymbol{A}|=\begin{pmatrix}-1+i & 1 & 0\\ -6 & 5+i & -2\\ -8 & 6 & -3+i\end{pmatrix}$$

得根向量 $\begin{pmatrix}\frac{1+i}{2}\\ 1\\ 1-i\end{pmatrix}$ 或 $\begin{pmatrix}1+i\\ 2\\ 2(1-i)\end{pmatrix}$.

$$\boldsymbol{T}=\begin{pmatrix}1 & 1-i & 1+i\\ 2 & 2 & 2\\ 1 & 2+2i & 2-2i\end{pmatrix}$$

求 $\boldsymbol{T}^{-1}$:

$$\begin{pmatrix}1 & 1-i & 1+i & 1 & 0 & 0\\ 2 & 2 & 2 & 0 & 1 & 0\\ 1 & 2+2i & 2-2i & 0 & 0 & 1\end{pmatrix}\to\begin{pmatrix}1 & 1-i & 1+i & 1 & 0 & 0\\ 1 & 1 & 1 & 0 & \frac{1}{2} & 0\\ 1 & 2+2i & 2-2i & 0 & 0 & 1\end{pmatrix}\to$$

$$\begin{pmatrix}0 & -i & i & 1 & -\frac{1}{2} & 0\\ 1 & 1 & 1 & 0 & \frac{1}{2} & 0\\ 0 & 1+2i & 1-2i & 0 & -\frac{1}{2} & 1\end{pmatrix}\to\begin{pmatrix}1 & 1 & 1 & 0 & \frac{1}{2} & 0\\ 0 & -i & i & 1 & -\frac{1}{2} & 0\\ 0 & 1 & 1 & 2 & -\frac{3}{2} & 1\end{pmatrix}\to$$

$$\begin{pmatrix}1 & 0 & 0 & -2 & 2 & -1\\ 0 & 1 & 1 & 2 & -\frac{3}{2} & 1\\ 0 & 1 & -1 & i & -\frac{1}{2}i & 0\end{pmatrix}\to\begin{pmatrix}1 & 0 & 0 & -2 & 2 & -1\\ 0 & 2 & 0 & 2+i & -\frac{3}{2}-\frac{i}{2} & 1\\ 0 & 0 & 2 & 2-i & -\frac{3}{2}+\frac{i}{2} & 1\end{pmatrix}\to$$

$$\begin{pmatrix}1 & 0 & 0 & -2 & 2 & -1\\ 0 & 1 & 0 & 1+\frac{i}{2} & -\frac{3}{4}-\frac{i}{4} & \frac{1}{2}\\ 0 & 0 & 1 & 1-\frac{i}{2} & -\frac{3}{4}+\frac{i}{4} & \frac{1}{2}\end{pmatrix}$$

检验:

$$\begin{pmatrix} -2 & 2 & -1 \\ 1+\frac{i}{2} & -\frac{3}{4}-\frac{i}{4} & \frac{1}{2} \\ 1-\frac{i}{2} & -\frac{3}{4}+\frac{i}{4} & \frac{1}{2} \end{pmatrix}\begin{pmatrix} 1 & 1-i & 1+i \\ 2 & 2 & 2 \\ 1 & 2+2i & 2-2i \end{pmatrix}=\begin{pmatrix} 1 & 0 & 0 \\ 0 & 1 & 0 \\ 0 & 0 & 1 \end{pmatrix}$$

$$\boldsymbol{T}^{-1}\boldsymbol{AT}=\begin{pmatrix} -2 & 2 & -1 \\ 1+\frac{i}{2} & -\frac{3}{4}-\frac{i}{4} & \frac{1}{2} \\ 1-\frac{i}{2} & -\frac{3}{4}+\frac{i}{4} & \frac{1}{2} \end{pmatrix}\begin{pmatrix} 3 & -1 & 0 \\ 6 & -3 & 2 \\ 8 & -6 & 5 \end{pmatrix}\begin{pmatrix} 1 & 1-i & 1+i \\ 2 & 2 & 2 \\ 1 & 2+2i & 2-2i \end{pmatrix}$$

$$=\begin{pmatrix} -2 & 2 & -1 \\ 1+\frac{i}{2} & -\frac{3}{4}-\frac{i}{4} & \frac{1}{2} \\ 1-\frac{i}{2} & -\frac{3}{4}+\frac{i}{4} & \frac{1}{2} \end{pmatrix}\begin{pmatrix} 1 & 1-3i & 1+3i \\ 2 & 4-2i & 4+2i \\ 1 & 6+2i & 6-2i \end{pmatrix}=\begin{pmatrix} 1 & 0 & 0 \\ 0 & 2-i & 0 \\ 0 & 0 & 2+i \end{pmatrix}$$

完全正确.

1103. $\begin{pmatrix} 4 & 6 & -15 \\ 3 & 4 & -12 \\ 2 & 3 & -8 \end{pmatrix}$.

$$|\lambda \boldsymbol{E}-\boldsymbol{A}|=\begin{vmatrix} \lambda-4 & -6 & 15 \\ -3 & \lambda-4 & 12 \\ -2 & -3 & \lambda+8 \end{vmatrix}=\begin{vmatrix} \lambda+5 & -6 & 15 \\ \lambda+5 & \lambda-4 & 12 \\ \lambda+3 & -3 & \lambda+8 \end{vmatrix}$$

$$=\begin{vmatrix} 0 & -\lambda-2 & 3 \\ 2 & \lambda-1 & -\lambda+4 \\ \lambda+3 & -3 & \lambda+8 \end{vmatrix}$$

$$=(\lambda+3)(\lambda+2)(\lambda-4)-18-3(\lambda-1)(\lambda+3)+2(\lambda+2)(\lambda+8)$$

$$=\lambda^3+\lambda^2-14\lambda-24-18-3(\lambda^2+2\lambda-3)+2(\lambda^2+10\lambda+16)$$

$$=\lambda^3+\lambda^2-14\lambda-42-3\lambda^2-6\lambda+9+2\lambda^2+20\lambda+32$$

$$=\lambda^3-1$$

$$=(\lambda-1)(\lambda-\omega)(\lambda-\omega^2)$$

当 $\lambda=1$ 时

$$\begin{pmatrix} -3 & -6 & 15 \\ -3 & -3 & 12 \\ -2 & -3 & 9 \end{pmatrix}\rightarrow\begin{pmatrix} -1 & -2 & 5 \\ -1 & -1 & 4 \\ -2 & -3 & 9 \end{pmatrix}\xrightarrow[\alpha_1+\alpha_2=\alpha_3]{}\begin{pmatrix} 1 & 2 & -5 \\ 1 & 1 & -4 \end{pmatrix}\rightarrow$$

$$\begin{pmatrix} 1 & 1 & -4 \\ 0 & 1 & -1 \end{pmatrix}\rightarrow\begin{pmatrix} 1 & 0 & -3 \\ 0 & 1 & -1 \end{pmatrix}$$

得根向量 $\begin{pmatrix} 3 \\ 1 \\ 1 \end{pmatrix}$.

当 $\lambda=\omega$ 时

$$\begin{pmatrix}\omega-4 & -6 & 15\\ -3 & \omega-4 & 12\\ -2 & -3 & \omega+8\end{pmatrix}\rightarrow\begin{pmatrix}\omega & 0 & -2\omega-1\\ 0 & 2\omega+1 & -3\omega\\ 0 & 0 & 0\end{pmatrix}$$

得根向量
$$\begin{pmatrix}\dfrac{1+2\omega}{\omega}\\ \dfrac{3\omega}{1+2\omega}\\ 1\end{pmatrix}$$

当 $\lambda=\omega^2$ 时

得根向量
$$\begin{pmatrix}\dfrac{1+2\omega^2}{\omega^2}\\ \dfrac{3\omega^2}{1+2\omega^2}\\ 1\end{pmatrix}$$

$$\boldsymbol{T}=\begin{pmatrix}3 & \dfrac{1+2\omega}{\omega} & \dfrac{1+2\omega^2}{\omega^2}\\ 1 & \dfrac{3\omega}{1+2\omega} & \dfrac{3\omega^2}{1+2\omega^2}\\ 1 & 1 & 1\end{pmatrix}$$

求 $\boldsymbol{T}^{-1}$：

$$\begin{pmatrix}3 & \dfrac{1+2\omega}{\omega} & \dfrac{1+2\omega^2}{\omega^2} & 1 & 0 & 0\\ 1 & \dfrac{3\omega}{1+2\omega} & \dfrac{3\omega^2}{1+2\omega^2} & 0 & 1 & 0\\ 1 & 1 & 1 & 0 & 0 & 1\end{pmatrix}\rightarrow\begin{pmatrix}1 & \dfrac{1+2\omega}{3\omega} & \dfrac{1+2\omega^2}{3\omega^2} & \dfrac{1}{3} & 0 & 0\\ 1 & \dfrac{3\omega}{1+2\omega} & \dfrac{3\omega^2}{1+2\omega^2} & 0 & 1 & 0\\ 1 & 1 & 1 & 0 & 0 & 1\end{pmatrix}$$

$$\begin{pmatrix}1 & 1 & 1 & 0 & 1\\ 0 & \dfrac{1+2\omega}{3\omega}-1 & \dfrac{1+2\omega^2}{3\omega^2}-1 & \dfrac{1}{3} & -1\\ 0 & \dfrac{3\omega}{1+2\omega}-1 & \dfrac{3\omega^2}{1+2\omega^2}-1 & 1 & -1\end{pmatrix}\rightarrow\begin{pmatrix}1 & 1 & 1 & 0 & 0 & 1\\ 0 & \dfrac{1-\omega}{3\omega} & \dfrac{1-\omega^2}{3\omega^2} & \dfrac{1}{3} & 0 & -1\\ 0 & \dfrac{\omega-1}{1+2\omega} & \dfrac{\omega^2-1}{1+2\omega^2} & 0 & 1 & -1\end{pmatrix}$$

$$\begin{pmatrix}1 & 1 & 1 & 0 & 0 & 1\\ 0 & \dfrac{-1+\omega^2}{3} & \dfrac{-1+\omega}{3} & \dfrac{1}{3} & 0 & -1\\ 0 & \dfrac{2+\omega}{1-\omega} & -\omega & 0 & 1 & -1\end{pmatrix}\rightarrow\begin{pmatrix}1 & 1 & 1 & 0 & 0 & 1\\ 0 & \dfrac{-2-\omega}{3} & \dfrac{-1+\omega}{3} & \dfrac{1}{3} & 0 & -1\\ 0 & 1+\omega & -\omega & 0 & 1 & -1\end{pmatrix}\rightarrow$$

$$\begin{pmatrix}1 & 1 & 1 & 0 & 0 & 1\\ 0 & -2-\omega & -1+\omega & 1 & 0 & -3\\ 0 & 1+\omega & -\omega & 0 & 1 & -1\end{pmatrix}\rightarrow\begin{pmatrix}1 & 1 & 1 & 0 & 0 & 1\\ 0 & -1 & -1 & 1 & 1 & -4\\ 0 & 1+\omega & -\omega & 0 & 1 & -1\end{pmatrix}\rightarrow$$

$$\begin{pmatrix}1&0&0&1&1&-3\\0&1&1&-1&-1&4\\0&-\omega^2&-\omega&0&1&-1\end{pmatrix}\to\begin{pmatrix}1&0&0&1&1&-3\\0&1&1&-1&-1&4\\0&1&\omega^2&0&-\omega&\omega\end{pmatrix}\to$$

$$\begin{pmatrix}1&0&0&1&1&-3\\0&1&1&-1&-1&4\\0&0&\omega^2-1&1&1-\omega&-4+\omega\end{pmatrix}\to$$

$$\begin{pmatrix}1&0&0&1&1&-3\\0&1&0&-1-\dfrac{1}{\omega^2-1}&-1+\dfrac{1}{\omega+1}&4-\dfrac{\omega-4}{\omega^2-1}\\0&0&1&\dfrac{1}{\omega^2-1}&-\dfrac{1}{\omega+1}&\dfrac{\omega-4}{\omega^2-1}\end{pmatrix}\to$$

$$\begin{pmatrix}1&0&0&1&1&-3\\0&1&0&-\dfrac{\omega^2}{\omega^2-1}&-\dfrac{\omega}{\omega+1}&\dfrac{4\omega^2-\omega}{\omega^2-1}\\0&0&1&\dfrac{1}{\omega^2-1}&-\dfrac{1}{\omega+1}&\dfrac{\omega-4}{\omega^2-1}\end{pmatrix}$$

检验：

$$\begin{pmatrix}1&1&-3\\-\dfrac{\omega^2}{\omega^2-1}&-\dfrac{\omega}{\omega+1}&\dfrac{4\omega^2-\omega}{\omega^2-1}\\\dfrac{1}{\omega^2-1}&-\dfrac{1}{\omega+1}&\dfrac{\omega-4}{\omega^2-1}\end{pmatrix}\begin{pmatrix}3&\dfrac{1+2\omega}{\omega}&\dfrac{1+2\omega^2}{\omega^2}\\1&\dfrac{3\omega}{1+2\omega}&\dfrac{3\omega^2}{1+2\omega^2}\\1&1&1\end{pmatrix}=\begin{pmatrix}1&0&0\\0&1&0\\0&0&1\end{pmatrix}$$

$$I_{22}=-\frac{\omega(1+2\omega)}{\omega^2-1}-\frac{3\omega^2}{(1+\omega)(1+2\omega)}+\frac{4\omega^2-\omega}{\omega^2-1}=\frac{4\omega^2-\omega-\omega-2\omega^2}{\omega^2-1}-\frac{3\omega^2}{(1+\omega)(1+2\omega)}$$

$$=\frac{2\omega}{\omega+1}-\frac{3\omega^2}{(1+\omega)(1+2\omega)}=\frac{\omega}{(1+\omega)(1+2\omega)}(2+4\omega-3\omega)=\frac{\omega(2+\omega)}{(1+\omega)(1+2\omega)}$$

$$=\frac{\omega(1-\omega^2)}{(1+\omega)(1+2\omega)}=\frac{\omega(1-\omega)}{1+2\omega}=\frac{\omega-\omega^2}{\omega-\omega^2}=1.$$

$$I_{23}=\frac{-1-2\omega^2}{\omega^2-1}-\frac{3}{(\omega+1)(1+2\omega^2)}+\frac{4\omega^2-\omega}{\omega^2-1}=\frac{\omega-\omega^2}{\omega^2-1}-\frac{3}{(\omega+1)(1+2\omega^2)}+\frac{4\omega^2-\omega}{\omega^2-1}$$

$$=\frac{3\omega^2}{\omega^2-1}-\frac{3}{(1+\omega)(1+2\omega^2)}=\frac{3\omega^2}{\omega+2\omega^2}-\frac{3}{(1+\omega)(\omega^2-\omega)}$$

$$=\frac{3\omega}{1+2\omega}-\frac{3}{(1+\omega)\omega(\omega-1)}$$

$$=\frac{3\omega}{\omega-\omega^2}-\frac{3}{\omega(\omega^2-1)}=\frac{3}{1-\omega}-\frac{3}{\omega(\omega^2-1)}=\frac{3[\omega(1+\omega)+1]}{\omega(1-\omega^2)}=0.$$

$$I_{32}=\frac{(1+2\omega)}{\omega(\omega^2-1)}-\frac{1}{1+\omega}\cdot\frac{3\omega}{1+2\omega}+\frac{\omega-4}{\omega^2-1}=\frac{\omega-\omega^2}{\omega(\omega^2-1)}-\frac{3\omega}{(1+\omega)(\omega-\omega^2)}+\frac{\omega-4}{\omega^2-1}$$

$$=\frac{\omega-\omega^2+\omega^2-4\omega}{\omega(\omega^2-1)}-\frac{3\omega}{\omega(1-\omega^2)}=\frac{-3\omega}{\omega(\omega^2-1)}+\frac{3\omega}{\omega(\omega^2-1)}=0.$$

$$I_{33}=\frac{1+2\omega^2}{(\omega^2-1)\omega^2}-\frac{1}{1+\omega}\frac{3\omega^2}{1+2\omega^2}+\frac{\omega-4}{\omega^2-1}=\frac{\omega^2-\omega}{(\omega^2-1)\omega^2}-\frac{1}{1+\omega}\frac{3\omega^2}{\omega^2-\omega}+\frac{\omega-4}{\omega^2-1}$$

$$=\frac{\omega^2-\omega+\omega^3-4\omega^2}{(\omega^2-1)\omega^2}-\frac{3\omega}{(1+\omega)(\omega-1)}=\frac{\omega^3-3\omega^2-\omega-3\omega^3}{\omega^2(\omega^2-1)}=\frac{-2\omega^2-3\omega-1}{\omega(\omega^2-1)}$$

$$=\frac{-\omega^2-2\omega}{\omega(\omega^2-1)}=\frac{-\omega-2}{\omega^2-1}=\frac{\omega^2-1}{\omega^2-1}=1.$$

$$\boldsymbol{T}^{-1}\boldsymbol{AT}=\begin{pmatrix}1&1&-3\\-\frac{\omega^2}{\omega^2-1}&\frac{-\omega}{\omega+1}&\frac{4\omega^2-\omega}{\omega^2-1}\\\frac{1}{\omega^2-1}&\frac{-1}{\omega+1}&\frac{\omega-4}{\omega^2-1}\end{pmatrix}\begin{pmatrix}4&6&-15\\3&4&-12\\2&3&-8\end{pmatrix}\begin{pmatrix}3&\frac{1+2\omega}{\omega}&\frac{1+2\omega^2}{\omega^2}\\1&\frac{3\omega}{1+2\omega}&\frac{3\omega^2}{1+2\omega^2}\\1&1&1\end{pmatrix}$$

$$=\begin{pmatrix}1&1&-3\\\frac{\omega}{\omega-1}&1&\frac{-\omega^2+4}{\omega^2-1}\\-\frac{1}{\omega-1}&-\frac{\omega+2}{\omega^2-1}&\frac{4\omega+5}{\omega^2-1}\end{pmatrix}\begin{pmatrix}3&\frac{1+2\omega}{\omega}&\frac{1+2\omega^2}{\omega^2}\\1&\frac{3\omega}{1+2\omega}&\frac{3\omega^2}{1+2\omega^2}\\1&1&1\end{pmatrix}=\begin{pmatrix}1&0&0\\0&\omega&0\\0&0&\omega^2\end{pmatrix}$$

1104. $\begin{pmatrix}4&-5&7\\1&-4&9\\-4&0&5\end{pmatrix}$.

解　$|\lambda\boldsymbol{E}-\boldsymbol{A}|=\begin{vmatrix}\lambda-4&5&-7\\-1&\lambda+4&-9\\4&0&\lambda-5\end{vmatrix}=\begin{vmatrix}\lambda-4&5&-2\\-1&\lambda+4&\lambda-5\\4&0&\lambda-5\end{vmatrix}=\begin{vmatrix}\lambda-4&5&-2\\-5&\lambda+4&0\\4&0&\lambda-5\end{vmatrix}$

$=(\lambda^2-16)(\lambda-5)+8(\lambda+4)+25(\lambda-5)$

$=\lambda^3-5\lambda^2-16\lambda+80+8\lambda+32+25\lambda-125=\lambda^3-5\lambda^2+17\lambda-13$

$=(\lambda-1)(\lambda^2-4\lambda+13)$

$=(\lambda-1)(\lambda-2-3\mathrm{i})(\lambda-2+3\mathrm{i})$

当 $\lambda=1$ 时

$$\begin{pmatrix}-3&5&-7\\-1&5&-9\\4&0&-4\end{pmatrix}\to\begin{pmatrix}0&0&0\\0&5&-10\\1&0&-1\end{pmatrix}\to\begin{pmatrix}1&0&-1\\0&1&-2\\0&0&0\end{pmatrix}$$

得根向量　$\begin{pmatrix}1\\2\\1\end{pmatrix}$

当 $\lambda=2+3\mathrm{i}$ 时

$$\begin{pmatrix} -2+3i & 5 & -7 \\ -1 & 6+3i & -9 \\ 4 & 0 & -3+3i \end{pmatrix} \to \begin{pmatrix} 0 & 0 & 0 \\ 0 & 24+12i & -39+3i \\ -(6-3i) & 45 & -9(6-3i) \end{pmatrix} \to$$

$$\begin{pmatrix} 0 & 0 & \frac{3}{4}(1+3i) \\ 1-2i & 0 & 0 \\ 0 & 1 & \frac{-13+i}{8+4i} \end{pmatrix} \to \begin{pmatrix} 1 & 0 & \frac{3(1+3i)}{4(1-2i)} \\ 0 & 1 & \frac{-13+i}{8+4i} \end{pmatrix}$$

得根向量

$$\begin{pmatrix} -\frac{3(1+3i)}{4(1-2i)} \\ -\frac{-13+i}{8+4i} \\ 1 \end{pmatrix} \to \begin{pmatrix} \frac{3-3i}{4} \\ \frac{5-3i}{4} \\ 1 \end{pmatrix} \to \begin{pmatrix} 3-3i \\ 5-3i \\ 4 \end{pmatrix}$$

当 $\lambda=2-3i$ 时

$$\begin{pmatrix} -2-3i & 5 & -7 \\ -1 & 6-3i & -9 \\ 4 & 0 & -3-3i \end{pmatrix} \to \begin{pmatrix} 1 & 0 & -\frac{3}{4}(1+i) \\ 0 & 12(2-i) & -39-3i \\ 0 & 0 & 0 \end{pmatrix} \to$$

$$\begin{pmatrix} 1 & 0 & \frac{-3}{4}(1+i) \\ 0 & 1 & \frac{-39-3i}{12(2-i)} \end{pmatrix}$$

得根向量

$$\begin{pmatrix} \frac{3}{4}(1+i) \\ \frac{39+3i}{12(2-i)} \\ 1 \end{pmatrix} \to \begin{pmatrix} \frac{3+3i}{4} \\ \frac{5+3i}{4} \\ 1 \end{pmatrix} \to \begin{pmatrix} 3+3i \\ 5+3i \\ 4 \end{pmatrix}$$

$$\boldsymbol{T} = \begin{pmatrix} 1 & 3-3i & 3+3i \\ 2 & 5-3i & 5+3i \\ 1 & 4 & 4 \end{pmatrix}$$

求 $\boldsymbol{T}^{-1}$

$$\begin{pmatrix} 1 & 3-3i & 3+3i & 1 & 0 & 0 \\ 2 & 5-3i & 5+3i & 0 & 1 & 0 \\ 1 & 4 & 4 & 0 & 0 & 1 \end{pmatrix} \to \begin{pmatrix} 1 & 3-3i & 3+3i & 1 & 0 & 0 \\ 1 & \frac{5-3i}{2} & \frac{5+3i}{2} & 0 & \frac{1}{2} & 0 \\ 1 & 4 & 4 & 0 & 0 & 1 \end{pmatrix} \to$$

$$\begin{pmatrix} 1 & 4 & 4 & 0 & 0 & 1 \\ 0 & -1-3i & -1+3i & 1 & 0 & -1 \\ 0 & \frac{-3-3i}{2} & \frac{-3+3i}{2} & 0 & \frac{1}{2} & -1 \end{pmatrix} \to \begin{pmatrix} 1 & 4 & 4 & 0 & 0 & 1 \\ 0 & -1-3i & -1+3i & 1 & 0 & -1 \\ 0 & -3-3i & -3+3i & 0 & 1 & -2 \end{pmatrix} \to$$

$$\begin{pmatrix}1 & 4 & 4 & 0 & 0 & 1\\ 0 & 2 & 2 & 1 & -1 & 1\\ 0 & -1-3\mathrm{i} & -1+3\mathrm{i} & 1 & 0 & -1\end{pmatrix}\to\begin{pmatrix}1 & 0 & 0 & -2 & 2 & -1\\ 0 & 1 & 1 & \frac{1}{2} & -\frac{1}{2} & \frac{1}{2}\\ 0 & -3\mathrm{i} & 3\mathrm{i} & \frac{3}{2} & -\frac{1}{2} & -\frac{1}{2}\end{pmatrix}\to$$

$$\begin{pmatrix}1 & 0 & 0 & -2 & 2 & -1\\ 0 & 1 & 1 & \frac{1}{2} & -\frac{1}{2} & \frac{1}{2}\\ 0 & 3 & -3 & \frac{3}{2}\mathrm{i} & -\frac{\mathrm{i}}{2} & -\frac{\mathrm{i}}{2}\end{pmatrix}\to\begin{pmatrix}1 & 0 & 0 & -2 & 2 & -1\\ 0 & 1 & 1 & \frac{1}{2} & -\frac{1}{2} & \frac{1}{2}\\ 0 & 1 & -1 & \frac{\mathrm{i}}{2} & -\frac{\mathrm{i}}{6} & -\frac{\mathrm{i}}{6}\end{pmatrix}\to$$

$$\begin{pmatrix}1 & 0 & 0 & -2 & 2 & -1\\ 0 & 1 & 1 & \frac{1}{2} & -\frac{1}{2} & \frac{1}{2}\\ 0 & 0 & 2 & \frac{1-\mathrm{i}}{2} & -\frac{1}{2}+\frac{\mathrm{i}}{6} & \frac{1}{2}+\frac{\mathrm{i}}{6}\end{pmatrix}\to\begin{pmatrix}1 & 0 & 0 & -2 & 2 & -1\\ 0 & 1 & 0 & \frac{1}{4}+\frac{\mathrm{i}}{4} & -\frac{1}{4}-\frac{\mathrm{i}}{12} & \frac{1}{4}-\frac{\mathrm{i}}{12}\\ 0 & & 1 & \frac{1-\mathrm{i}}{4} & -\frac{1}{4}+\frac{\mathrm{i}}{12} & \frac{1}{4}+\frac{\mathrm{i}}{12}\end{pmatrix}$$

检验：

$$\begin{pmatrix}-2 & 2 & -1\\ \frac{1+\mathrm{i}}{4} & -\frac{3+\mathrm{i}}{12} & \frac{3-\mathrm{i}}{12}\\ \frac{1-\mathrm{i}}{4} & -\frac{3-\mathrm{i}}{12} & \frac{3+\mathrm{i}}{12}\end{pmatrix}\begin{pmatrix}1 & 3-3\mathrm{i} & 3+3\mathrm{i}\\ 2 & 5-3\mathrm{i} & 5+3\mathrm{i}\\ 1 & 4 & 4\end{pmatrix}=\begin{pmatrix}1 & 0 & 0\\ 0 & 1 & 0\\ 0 & 0 & 1\end{pmatrix}$$

$$\begin{pmatrix}-2 & 2 & -1\\ \frac{1+\mathrm{i}}{4} & -\frac{3+\mathrm{i}}{12} & \frac{3-\mathrm{i}}{12}\\ \frac{1-\mathrm{i}}{4} & -\frac{3-\mathrm{i}}{12} & \frac{3+\mathrm{i}}{12}\end{pmatrix}\begin{pmatrix}4 & -5 & 7\\ 1 & -4 & 9\\ -4 & 0 & 5\end{pmatrix}\begin{pmatrix}1 & 3-3\mathrm{i} & 3+3\mathrm{i}\\ 2 & 5-3\mathrm{i} & 5+3\mathrm{i}\\ 1 & 4 & 4\end{pmatrix}$$

$$=\begin{pmatrix}-2 & 2 & -1\\ \frac{1+\mathrm{i}}{4} & -\frac{3+\mathrm{i}}{12} & \frac{3-\mathrm{i}}{12}\\ \frac{1-\mathrm{i}}{4} & -\frac{3-\mathrm{i}}{12} & \frac{3+\mathrm{i}}{12}\end{pmatrix}\begin{pmatrix}1 & 15+3\mathrm{i} & 15-3\mathrm{i}\\ 2 & 19+9\mathrm{i} & 19-9\mathrm{i}\\ 1 & 8+12\mathrm{i} & 8-12\mathrm{i}\end{pmatrix}=\begin{pmatrix}1 & 0 & 0\\ 0 & 2+3\mathrm{i} & 0\\ 0 & 0 & 2-3\mathrm{i}\end{pmatrix}$$

1105. $\begin{pmatrix}1 & -3 & 0 & 3\\ -2 & -6 & 0 & 13\\ 0 & -3 & 1 & 3\\ -1 & -4 & 0 & 8\end{pmatrix}$.

解　$|\lambda\boldsymbol{E}-\boldsymbol{A}|=\begin{vmatrix}\lambda-1 & 3 & 0 & -3\\ 2 & \lambda+6 & 0 & -13\\ 0 & 3 & \lambda-1 & -3\\ 1 & 4 & 0 & \lambda-8\end{vmatrix}=(\lambda-1)\begin{vmatrix}\lambda-1 & 3 & -3\\ 2 & \lambda+6 & -13\\ 1 & 4 & \lambda-8\end{vmatrix}$

$$= (\lambda-1)(\lambda+6)(\lambda-8) = \lambda^3 - 3\lambda^2 + (-6+8-48)\lambda + 48 = \lambda^3 - 3\lambda^2 - 46\lambda + 48 - 39 - 24$$
$$= \lambda^3 - 3\lambda^2 - 46\lambda - 15$$

$$3(\lambda+6) + 52(\lambda-1) - 6(\lambda-8) = 3\lambda + 18 + 52\lambda - 52 - 6\lambda + 48 = 49\lambda + 14$$

所以
$$|\lambda \boldsymbol{E} - \boldsymbol{A}| = (\lambda-1)(\lambda^3 - 3\lambda^2 + 3\lambda - 1) = (\lambda-1)^4$$
$$\lambda = 1$$

$$\begin{pmatrix} 0 & 3 & 0 & -3 \\ 2 & 7 & 0 & -13 \\ 0 & 3 & 0 & -3 \\ 1 & 4 & 0 & -7 \end{pmatrix} \to \begin{pmatrix} 0 & 1 & 0 & -1 \\ 2 & 0 & 0 & -6 \\ 0 & 1 & 0 & -1 \\ 1 & 0 & 0 & -3 \end{pmatrix} \to \begin{pmatrix} 1 & 0 & 0 & -3 \\ 0 & 1 & 0 & -1 \\ 0 & 0 & 0 & 0 \\ 0 & 0 & 0 & 0 \end{pmatrix} \qquad \begin{cases} \xi_1 = 0 \cdot \xi_3 + 3\xi_4 \\ \xi_2 = 0 \cdot \xi_3 + \xi_4 \end{cases}$$

二个线性无关的特征向量为

$$\boldsymbol{\eta}_1 = \begin{pmatrix} 3 \\ 1 \\ 0 \\ 1 \end{pmatrix}, \qquad \boldsymbol{\eta}_2 = \begin{pmatrix} 0 \\ 0 \\ 1 \\ 0 \end{pmatrix}$$

但非齐次方程组

$$(\boldsymbol{A} - \boldsymbol{E})\xi = \boldsymbol{\eta}_1, \qquad (\boldsymbol{A} - \boldsymbol{E})\xi = \boldsymbol{\eta}_2$$

都无解,因为

$$(\boldsymbol{A} - \boldsymbol{E} \vdots \boldsymbol{\eta}_1) = \begin{pmatrix} 0 & -3 & 0 & 3 & 3 \\ -2 & -7 & 0 & 13 & 1 \\ 0 & -3 & 0 & 3 & 0 \\ -1 & -4 & 0 & 7 & 1 \end{pmatrix} \text{和} (\boldsymbol{A} - \boldsymbol{E} \vdots \boldsymbol{\eta}_2) = \begin{pmatrix} 0 & -3 & 0 & 3 & 0 \\ -2 & -7 & 0 & 13 & 0 \\ 0 & -3 & 0 & 3 & 1 \\ -1 & -4 & 0 & 7 & 0 \end{pmatrix}$$

的秩都大于 2.

$$\begin{pmatrix} 0 & -3 & 0 & 3 & 3K_1 \\ -2 & -7 & 0 & 13 & K_1 \\ 0 & -3 & 0 & 3 & 0 + K_2 \\ -1 & -4 & 0 & 7 & K_1 \end{pmatrix}$$

为了增广矩阵的秩不增加,必须 $K_2 = 3K_1$. 令 $K_1 = 1, K_2 = 3$. 则选一级根向量为

$$\boldsymbol{\eta}_1 + 3\boldsymbol{\eta}_2 = \begin{pmatrix} 3 \\ 1 \\ 3 \\ 1 \end{pmatrix}$$

我们求二级根向量,即求方程组

$$\begin{cases} -3\xi_2 + 3\xi_4 = 3 \\ -2\xi_1 - 7\xi_2 + 13\xi_4 = 1 \\ -3\xi_2 + 3\xi_4 = 3 \\ -\xi_1 - 4\xi_2 + 7\xi_4 = 1 \end{cases} \Rightarrow \begin{cases} -\xi_2 + \xi_4 = 1 \\ -2\xi_1 + 6\xi_4 = 1 - 7 = -6 \\ -\xi_1 + 3\xi_4 = 1 - 4 = -3 \end{cases} \Rightarrow \begin{cases} \xi_2 = \xi_4 - 1 \\ \xi_1 = 3\xi_4 + 3 \end{cases}$$

得二级根向量

$$\begin{pmatrix} 6 \\ 0 \\ 6 \\ 1 \end{pmatrix} \text{和} \begin{pmatrix} 3 \\ -1 \\ 3 \\ 0 \end{pmatrix}$$

求三级根向量,即求方程组 $\begin{cases} -\xi_2+\xi_4=2 \\ -2\xi_1+14+6\xi_4=0 \\ -\xi_1+3\xi_4=-7 \\ -\xi_1+3\xi_4+8=1 \end{cases} \Rightarrow \begin{cases} \xi_2=\xi_4-2 \\ \xi_1=3\xi_4+7 \end{cases}$

三级根向量为

$$\begin{pmatrix} 10 \\ -1 \\ 10 \\ 1 \end{pmatrix}$$

求四级根向量,即求方程组

$$\begin{cases} -3\xi_2+3\xi_4=10 \\ -2\xi_1-7\xi_2+13\xi_4=-1 \\ -\xi_1-4\xi_2+7\xi_4=1 \end{cases} \Rightarrow \begin{cases} -\xi_2+\xi_4=\dfrac{10}{3} \\ -2\xi_1+6\xi_4=-1-\dfrac{70}{3} \\ -\xi_1+3\xi_4=-\dfrac{73}{6} \\ -\xi_1+3\xi_4=1-\dfrac{40}{3} \end{cases}$$ 四级根向量找不到.

$$\boldsymbol{A}-\boldsymbol{E}=\begin{pmatrix} 0 & -3 & 0 & 3 \\ -2 & -7 & 0 & 13 \\ 0 & -3 & 0 & 3 \\ -1 & -4 & 0 & 7 \end{pmatrix}\begin{pmatrix} 10 \\ -1 \\ 10 \\ 1 \end{pmatrix}=\begin{pmatrix} 0 & -3 & 0 & 3 \\ -2 & -7 & 0 & 13 \\ 0 & -3 & 0 & 3 \\ -1 & -4 & 0 & 7 \end{pmatrix}$$

$$\begin{pmatrix} 6 \\ 0 \\ 6 \\ 1 \end{pmatrix}=\begin{pmatrix} 0 & -3 & 0 & 3 \\ -2 & -7 & 0 & 13 \\ 0 & -3 & 0 & 3 \\ -1 & -4 & 0 & 7 \end{pmatrix}\begin{pmatrix} 3 \\ 1 \\ 3 \\ 1 \end{pmatrix}=0$$

$$\boldsymbol{T}=\begin{pmatrix} 3 & 6 & 0 & 10 \\ 1 & 0 & 0 & -1 \\ 3 & 6 & 1 & 10 \\ 1 & 1 & 0 & 1 \end{pmatrix}$$

求 $\boldsymbol{T}^{-1}$

$$\begin{pmatrix} 3 & 6 & 0 & 10 & 1 & 0 & 0 & 0 \\ 1 & 0 & 0 & -1 & 0 & 1 & 0 & 0 \\ 3 & 6 & 1 & 10 & 0 & 0 & 1 & 0 \\ 1 & 1 & 0 & 1 & 0 & 0 & 0 & 1 \end{pmatrix}\to\begin{pmatrix} 1 & 0 & 0 & -1 & 0 & 1 & 0 & 0 \\ 0 & 1 & 0 & 2 & 0 & -1 & 0 & 1 \\ 0 & 0 & 1 & 0 & -1 & 0 & 1 & 0 \\ 0 & 6 & 0 & 13 & 1 & -3 & 0 & 0 \end{pmatrix}\to$$

$$\begin{pmatrix} 1 & 0 & 0 & -1 & 0 & 1 & 0 & 0 \\ 0 & 1 & 0 & 2 & 0 & -1 & 0 & 1 \\ 0 & 0 & 0 & 1 & 1 & 3 & 0 & -6 \\ 0 & 0 & 1 & 0 & -1 & 0 & 1 & 0 \end{pmatrix}\to\begin{pmatrix} 1 & 0 & 0 & 0 & 1 & 4 & 0 & -6 \\ 0 & 1 & 0 & 0 & -2 & -7 & 0 & 13 \\ 0 & 0 & 1 & 0 & -1 & 0 & 1 & 0 \\ 0 & 0 & 0 & 1 & 1 & 3 & 0 & -6 \end{pmatrix}$$

检验：

$$\begin{pmatrix}1&4&0&-6\\-2&-7&0&13\\-1&0&1&0\\1&3&0&-6\end{pmatrix}\begin{pmatrix}3&6&0&10\\1&0&0&-1\\3&6&1&10\\1&1&0&1\end{pmatrix}=\begin{pmatrix}1&0&0&0\\0&1&0&0\\0&0&1&0\\0&0&0&1\end{pmatrix}$$

$$\boldsymbol{T}^{-1}\boldsymbol{AT}=\begin{pmatrix}1&4&0&-6\\-2&-7&0&13\\-1&0&1&0\\1&3&0&-6\end{pmatrix}\begin{pmatrix}1&-3&0&3\\-2&-6&0&13\\0&-3&1&3\\-1&-4&0&8\end{pmatrix}\begin{pmatrix}3&6&0&10\\1&0&0&-1\\3&6&1&10\\1&1&0&1\end{pmatrix}$$

$$=\begin{pmatrix}-1&-3&0&7\\-1&-4&0&7\\-1&0&1&0\\1&3&0&-6\end{pmatrix}\begin{pmatrix}3&6&0&10\\1&0&0&-1\\3&6&1&10\\1&1&0&1\end{pmatrix}=\begin{pmatrix}1&1&0&0\\0&1&0&1\\0&0&1&0\\0&0&0&1\end{pmatrix}$$

交换特征向量顺序：

$$\boldsymbol{T}=\begin{pmatrix}0&3&6&10\\0&1&0&-1\\1&3&6&10\\0&1&1&1\end{pmatrix}$$

求 $\boldsymbol{T}^{-1}$.

$$\begin{pmatrix}0&3&6&10&1&0&0&0\\0&1&0&-1&0&1&0&0\\1&3&6&10&0&0&1&0\\0&1&1&1&0&0&0&1\end{pmatrix}\to\begin{pmatrix}1&0&0&0&-1&0&1&0\\0&1&0&-1&0&1&0&0\\0&0&1&2&0&-1&0&1\\0&0&6&13&1&-3&0&0\end{pmatrix}\to$$

$$\begin{pmatrix}1&0&0&0&-1&0&1&0\\0&1&0&-1&0&1&0&0\\0&0&1&2&0&-1&0&1\\0&0&0&1&1&3&0&-6\end{pmatrix}\to\begin{pmatrix}1&0&0&0&-1&0&1&0\\0&1&0&0&1&4&0&-6\\0&0&1&0&-2&-7&0&13\\0&0&0&1&1&3&0&-6\end{pmatrix}$$

检验：

$$\begin{pmatrix}-1&0&1&0\\1&4&0&-6\\-2&-7&0&13\\1&3&0&-6\end{pmatrix}\begin{pmatrix}0&3&6&10\\0&1&0&-1\\1&3&6&10\\0&1&1&1\end{pmatrix}=\begin{pmatrix}1&0&0&0\\0&1&0&0\\0&0&1&0\\0&0&0&1\end{pmatrix}$$

$$\boldsymbol{T}^{-1}\boldsymbol{AT}=\begin{pmatrix}-1&0&1&0\\1&4&0&-6\\-2&-7&0&13\\1&3&0&-6\end{pmatrix}\begin{pmatrix}1&-3&0&3\\-2&-6&0&13\\0&-3&1&3\\-1&-4&0&8\end{pmatrix}\begin{pmatrix}0&3&6&10\\0&1&0&-1\\1&3&6&10\\0&1&0&1\end{pmatrix}$$

$$=\begin{pmatrix}-1&0&1&0\\-1&-3&0&7\\-1&-4&0&7\\1&3&0&-6\end{pmatrix}\begin{pmatrix}0&3&6&10\\0&1&0&-1\\1&3&6&10\\0&1&1&1\end{pmatrix}=\begin{pmatrix}1&0&0&0\\0&1&1&0\\0&0&1&1\\0&0&0&1\end{pmatrix}$$

通过做题实践,认识到特征向量独立与相关.由低级的根向量求高一级的根向量的方法,是求 JORDAN 标准形的必不可少的内容和步骤.

1106. $\begin{pmatrix}3&-1&0&0\\1&1&0&0\\3&0&5&-3\\4&-1&3&-1\end{pmatrix}$.

解　$$|\lambda E-A|=\begin{vmatrix}\lambda-3&1&0&0\\-1&\lambda-1&0&0\\-3&0&\lambda-5&3\\-4&1&-3&\lambda+1\end{vmatrix}=(\lambda^2-4\lambda+3+1)(\lambda^2-4\lambda-5+9)=(\lambda-2)^4$$

$$\lambda=2$$

$$\begin{pmatrix}-1&1&0&0\\-1&1&0&0\\-3&0&-3&3\\-4&1&-3&3\end{pmatrix}\to\begin{pmatrix}-1&1&0&0\\-1&0&-1&1\\0&0&0&0\\0&0&0&0\end{pmatrix}\to\begin{pmatrix}1&-1&0&0\\1&0&1&-1\\0&0&0&0\\0&0&0&0\end{pmatrix}\to\begin{pmatrix}1&0&1&-1\\0&1&1&-1\\0&0&0&0\\0&0&0&0\end{pmatrix}$$

$$\begin{cases}\xi_1=-\xi_3+\xi_4\\\xi_2=-\xi_3+\xi_4\end{cases}$$

得根向量
$$\begin{pmatrix}-1\\-1\\1\\0\end{pmatrix},\quad\begin{pmatrix}1\\1\\0\\1\end{pmatrix}$$

求二级根向量,即求方程组
$$\begin{cases}-\xi_1+\xi_2=-1\\-3\xi_1-3\xi_3+3\xi_4=1\end{cases}\Rightarrow\begin{cases}-\xi_1+\xi_2=1\\-\xi_1-\xi_3+\xi_4=0\end{cases}$$

得二级根向量
$$\begin{pmatrix}2\\1\\0\\\frac{7}{3}\end{pmatrix},\quad\begin{pmatrix}1\\0\\1\\2\end{pmatrix}$$

$$(A-2E)^2=\begin{pmatrix}1&-1&0&0\\1&-1&0&0\\3&0&3&-3\\4&-1&3&-3\end{pmatrix}^2\begin{pmatrix}2\\1\\0\\\frac{7}{3}\end{pmatrix}=\begin{pmatrix}1&-1&0&0\\1&-1&0&0\\3&0&3&-3\\4&-1&3&-3\end{pmatrix}\begin{pmatrix}1\\1\\-1\\0\end{pmatrix}=0$$

$$(\boldsymbol{A}-2\boldsymbol{E})^2=\begin{pmatrix}1&-1&0&0\\1&-1&0&0\\3&0&3&-3\\4&-1&3&-3\end{pmatrix}^2\begin{pmatrix}1\\0\\1\\2\end{pmatrix}=\begin{pmatrix}1&-1&0&0\\1&-1&0&0\\3&0&3&-3\\4&-1&3&-3\end{pmatrix}\begin{pmatrix}1\\1\\0\\1\end{pmatrix}=0$$

$$\boldsymbol{T}=\begin{pmatrix}1&2&1&1\\1&1&1&0\\-1&0&0&1\\0&\frac{7}{3}&1&2\end{pmatrix}$$

求 $\boldsymbol{T}^{-1}$

$$\begin{pmatrix}1&2&1&1&1&0&0&0\\1&1&1&0&0&1&0&0\\-1&0&0&1&0&0&1&0\\0&\frac{7}{3}&1&2&0&0&0&1\end{pmatrix}\to\begin{pmatrix}1&0&0&-1&0&0&-1&0\\0&1&1&1&0&1&1&0\\0&2&1&2&1&0&1&0\\0&1&\frac{3}{7}&\frac{6}{7}&0&0&0&\frac{3}{7}\end{pmatrix}\to$$

$$\begin{pmatrix}1&0&0&-1&0&0&-1&0\\0&1&0&1&1&-1&0&0\\0&0&\frac{4}{7}&\frac{1}{7}&0&1&1&-\frac{3}{7}\\0&0&1&0&-1&2&1&0\end{pmatrix}\to\begin{pmatrix}1&0&0&-1&0&0&-1&0\\0&1&0&1&1&-1&0&0\\0&0&1&0&-1&2&1&0\\0&0&4&1&0&7&7&-3\end{pmatrix}\to$$

$$\begin{pmatrix}1&0&0&-1&0&0&-1&0\\0&1&0&1&1&-1&0&0\\0&0&1&0&-1&2&1&0\\0&0&0&1&4&-1&3&-3\end{pmatrix}\to\begin{pmatrix}1&0&0&0&4&-1&2&-3\\0&1&0&0&-3&0&-3&3\\0&0&1&0&-1&2&1&0\\0&0&0&1&4&-1&3&-3\end{pmatrix}$$

检验：

$$\begin{pmatrix}4&-1&2&-3\\-3&0&-3&3\\-1&2&1&0\\4&-1&3&-3\end{pmatrix}\begin{pmatrix}1&2&1&1\\1&1&1&0\\-1&0&0&1\\0&\frac{7}{3}&1&2\end{pmatrix}=\begin{pmatrix}1&0&0&0\\0&1&0&0\\0&0&1&0\\0&0&0&1\end{pmatrix}$$

$$\boldsymbol{T}^{-1}\boldsymbol{A}\boldsymbol{T}=\begin{pmatrix}4&-1&2&-3\\-3&0&-3&3\\-1&2&1&0\\4&-1&3&-3\end{pmatrix}\begin{pmatrix}3&-1&0&0\\1&1&0&0\\3&0&5&-3\\4&-1&3&-1\end{pmatrix}\begin{pmatrix}1&2&1&1\\1&1&1&0\\-1&0&0&1\\0&\frac{7}{3}&1&2\end{pmatrix}$$

$$=\begin{pmatrix}5&-2&1&-3\\-6&0&-6&6\\2&3&5&-3\\8&-2&6&-6\end{pmatrix}\begin{pmatrix}1&2&1&1\\1&1&1&0\\-1&0&0&1\\0&\frac{7}{3}&1&2\end{pmatrix}=\begin{pmatrix}2&1&0&0\\0&2&0&0\\0&0&2&1\\0&0&0&2\end{pmatrix}$$

1107. $\begin{pmatrix} 3 & -4 & 0 & 2 \\ 4 & -5 & -2 & 4 \\ 0 & 0 & 3 & -2 \\ 0 & 0 & 2 & -1 \end{pmatrix}$.

解

$$|\lambda\boldsymbol{E}-\boldsymbol{A}| = \begin{vmatrix} \lambda-3 & 4 & 0 & -2 \\ -4 & \lambda+5 & 2 & -4 \\ 0 & 0 & \lambda-3 & 2 \\ 0 & 0 & -2 & \lambda+1 \end{vmatrix} = (\lambda^2+2\lambda-15+16)(\lambda^2-2\lambda-3+4)$$

$$= (\lambda+1)^2(\lambda-1)^2$$

当 $\lambda=1$ 时

$$\begin{pmatrix} -2 & 4 & 0 & -2 \\ -4 & 6 & 2 & -4 \\ 0 & 0 & -2 & 2 \\ 0 & 0 & -2 & 2 \end{pmatrix} \to \begin{pmatrix} -1 & 2 & 0 & -1 \\ -2 & 3 & 0 & -1 \\ 0 & 0 & 1 & -1 \\ 0 & 0 & 0 & 0 \end{pmatrix} \to \begin{pmatrix} -1 & 2 & 0 & -1 \\ -1 & 1 & 0 & 0 \\ 0 & 0 & 1 & -1 \\ 0 & 0 & 0 & 0 \end{pmatrix} \to \begin{pmatrix} 1 & -1 & 0 & 0 \\ 0 & 1 & 0 & -1 \\ 0 & 0 & 1 & -1 \\ 0 & 0 & 0 & 0 \end{pmatrix}$$

得根向量

$$\begin{pmatrix} 1 \\ 1 \\ 1 \\ 1 \end{pmatrix}$$

求二级根向量

$$\begin{cases} -2\xi_1+4\xi_2 \qquad\quad -2\xi_4 = 1 \\ -4\xi_1+6\xi_2+2\xi_3-4\xi_4 = 1 \\ \qquad\qquad -2\xi_3+2\xi_4 = 1 \end{cases} \Rightarrow \begin{cases} \xi_2 = \dfrac{1+2\xi_1}{2} \\ \xi_4 = \dfrac{1}{2}+\xi_1 \\ \xi_3 = \xi_1 \end{cases}$$

得二级根向量

$$\begin{pmatrix} 1 \\ \frac{3}{2} \\ 1 \\ \frac{3}{2} \end{pmatrix}$$

$$(\boldsymbol{A}-\boldsymbol{E})^2 = \begin{pmatrix} 2 & -4 & 0 & 2 \\ 4 & -6 & -2 & 4 \\ 0 & 0 & 2 & -2 \\ 0 & 0 & 2 & -2 \end{pmatrix}^2 \begin{pmatrix} 2 \\ 3 \\ 2 \\ 3 \end{pmatrix} = \begin{pmatrix} 2 & -4 & 0 & 2 \\ 4 & -6 & -2 & 4 \\ 0 & 0 & 2 & -2 \\ 0 & 0 & 2 & -2 \end{pmatrix} \begin{pmatrix} -2 \\ -2 \\ -2 \\ -2 \end{pmatrix} = 0$$

当 $\lambda=-1$ 时

$$\begin{pmatrix}-4 & 4 & 0 & -2\\ -4 & 4 & 2 & -4\\ 0 & 0 & -4 & 2\\ 0 & 0 & -2 & 0\end{pmatrix}\to\begin{pmatrix}1 & -1 & 0 & 0\\ 0 & 0 & 1 & 0\\ 0 & 0 & 0 & 1\\ 0 & 0 & 0 & 0\end{pmatrix}$$

得根向量
$$\begin{pmatrix}1\\1\\0\\0\end{pmatrix}$$

求二级根向量
$$-4\xi_1+4\xi_2=1$$
$$-\xi_1+\xi_2=\frac{1}{4}$$
$$\xi_1=1,\quad \xi_2=\frac{5}{4}$$

二级根向量为
$$\begin{pmatrix}1\\ \frac{5}{4}\\ 0\\ 0\end{pmatrix}$$

$$(\boldsymbol{A}+\boldsymbol{E})^2=\begin{pmatrix}4 & -4 & 0 & 2\\ 4 & -4 & -2 & 4\\ 0 & 0 & 3 & -2\\ 0 & 0 & 2 & -1\end{pmatrix}^2\begin{pmatrix}1\\ \frac{5}{4}\\ 0\\ 0\end{pmatrix}=\begin{pmatrix}4 & -4 & 0 & 2\\ 4 & -4 & -2 & 4\\ 0 & 0 & 3 & -2\\ 0 & 0 & 2 & -1\end{pmatrix}\begin{pmatrix}-1\\ -1\\ 0\\ 0\end{pmatrix}=0$$

$$\boldsymbol{T}=\begin{pmatrix}1 & 2 & 1 & 1\\ 1 & 3 & 1 & \frac{5}{4}\\ 1 & 2 & 0 & 0\\ 1 & 3 & 0 & 0\end{pmatrix}$$

求 $\boldsymbol{T}^{-1}$：

$$\begin{pmatrix}1 & 2 & 1 & 1 & 1 & 0 & 0 & 0\\ 1 & 3 & 1 & \frac{5}{4} & 0 & 1 & 0 & 0\\ 1 & 2 & 0 & 0 & 0 & 0 & 1 & 0\\ 1 & 3 & 0 & 0 & 0 & 0 & 0 & 1\end{pmatrix}\to\begin{pmatrix}1 & 2 & 1 & 1 & 1 & 0 & 0 & 0\\ 0 & 1 & 0 & \frac{1}{4} & -1 & 1 & 0 & 0\\ 1 & 0 & 0 & -\frac{1}{2} & 2 & -2 & 1 & 0\\ 0 & 1 & 0 & 0 & 0 & 0 & -1 & 1\end{pmatrix}\to$$

$$\begin{pmatrix}1 & 0 & 0 & -\frac{1}{2} & 2 & -2 & 1 & 0\\ 0 & 1 & 0 & 0 & 0 & 0 & -1 & 1\\ 0 & 0 & 0 & \frac{1}{4} & -1 & 1 & 1 & -1\\ 0 & 0 & 1 & 1 & 1 & 0 & -1 & 0\end{pmatrix}\to\begin{pmatrix}1 & 0 & 0 & 0 & 0 & 0 & 3 & -2\\ 0 & 1 & 0 & 0 & 0 & 0 & -1 & 1\\ 0 & 0 & 1 & 1 & 1 & 0 & -1 & 0\\ 0 & 0 & 0 & 1 & -4 & 4 & 4 & -4\end{pmatrix}\to$$

$$\begin{pmatrix} 1 & 0 & 0 & 0 & 0 & 0 & 3 & -2 \\ 0 & 1 & 0 & 0 & 0 & 0 & -1 & 1 \\ 0 & 0 & 1 & 0 & 5 & -4 & -5 & 4 \\ 0 & 0 & 0 & 1 & -4 & 4 & 4 & -4 \end{pmatrix}$$

检验：$\begin{pmatrix} 0 & 0 & 3 & -2 \\ 0 & 0 & -1 & 1 \\ 5 & -4 & -5 & 4 \\ -4 & 4 & 4 & -4 \end{pmatrix}\begin{pmatrix} 1 & 2 & 1 & 1 \\ 1 & 3 & 1 & \frac{5}{4} \\ 1 & 2 & 0 & 0 \\ 1 & 3 & 0 & 0 \end{pmatrix} = \begin{pmatrix} 1 & 0 & 0 & 0 \\ 0 & 1 & 0 & 0 \\ 0 & 0 & 1 & 0 \\ 0 & 0 & 0 & 1 \end{pmatrix}$

$$\boldsymbol{T}^{-1}\boldsymbol{A}\boldsymbol{T} = \begin{pmatrix} 0 & 0 & 3 & -2 \\ 0 & 0 & -1 & 1 \\ 5 & -4 & -5 & 4 \\ -4 & 4 & 4 & -4 \end{pmatrix}\begin{pmatrix} 3 & -4 & 0 & 2 \\ 4 & -5 & -2 & 4 \\ 0 & 0 & 3 & -2 \\ 0 & 0 & 2 & -1 \end{pmatrix}\begin{pmatrix} 1 & 2 & 1 & 1 \\ 1 & 3 & 1 & \frac{5}{4} \\ 1 & 2 & 0 & 0 \\ 1 & 3 & 0 & 0 \end{pmatrix}$$

$$= \begin{pmatrix} 0 & 0 & 5 & -4 \\ 0 & 0 & -1 & 1 \\ -1 & 0 & 1 & 0 \\ 4 & -4 & -4 & 4 \end{pmatrix}\begin{pmatrix} 1 & 2 & 1 & 1 \\ 1 & 3 & 1 & \frac{5}{4} \\ 1 & 2 & 0 & 0 \\ 1 & 3 & 0 & 0 \end{pmatrix} = \begin{pmatrix} 1 & -2 & 0 & 0 \\ 0 & 1 & 0 & 0 \\ 0 & 0 & -1 & -1 \\ 0 & 0 & 0 & -1 \end{pmatrix}$$

$$\boldsymbol{T} = \begin{pmatrix} -2 & 2 & -1 & 1 \\ -2 & 3 & -1 & \frac{5}{4} \\ -2 & 2 & 0 & 0 \\ -2 & 3 & 0 & 0 \end{pmatrix}$$

求 $\boldsymbol{T}^{-1}$：

$$\begin{pmatrix} -2 & 2 & -1 & 1 & 1 & 0 & 0 & 0 \\ -2 & 3 & -1 & \frac{5}{4} & 0 & 1 & 0 & 0 \\ -2 & 2 & 0 & 0 & 0 & 0 & 1 & 0 \\ -2 & 3 & 0 & 0 & 0 & 0 & 0 & 1 \end{pmatrix} \rightarrow \begin{pmatrix} 1 & -1 & \frac{1}{2} & -\frac{1}{2} & -\frac{1}{2} & 0 & 0 & 0 \\ 0 & 1 & 0 & \frac{1}{4} & -1 & 1 & 0 & 0 \\ 1 & -1 & 0 & 0 & 0 & 0 & -\frac{1}{2} & 0 \\ 0 & 1 & 0 & 0 & 0 & 0 & -1 & 1 \end{pmatrix} \rightarrow$$

$$\begin{pmatrix} 1 & -1 & 0 & 0 & 0 & 0 & -\frac{1}{2} & 0 \\ 0 & 0 & \frac{1}{2} & -\frac{1}{2} & -\frac{1}{2} & 0 & \frac{1}{2} & 0 \\ 0 & 1 & 0 & \frac{1}{4} & -1 & 1 & 0 & 0 \\ 0 & 0 & 0 & 0 & \frac{1}{4} & -1 & 1 & 1 \end{pmatrix} \rightarrow \begin{pmatrix} 1 & -1 & 0 & 0 & 0 & 0 & -\frac{1}{2} & 0 \\ 0 & 1 & 0 & \frac{1}{4} & -1 & 1 & 0 & 0 \\ 0 & 0 & 1 & -1 & -1 & 0 & 1 & 0 \\ 0 & 0 & 0 & 1 & -4 & 4 & 4 & -4 \end{pmatrix} \rightarrow$$

$$\begin{pmatrix} 1 & 0 & 0 & 0 & 0 & 0 & -\frac{3}{2} & 1 \\ 0 & 1 & 0 & 0 & 0 & 0 & -1 & 1 \\ 0 & 0 & 1 & 0 & -5 & 4 & 5 & -4 \\ 0 & 0 & 0 & 1 & -4 & 4 & 4 & -4 \end{pmatrix}$$

检验：

$$\begin{pmatrix} 0 & 0 & -\frac{3}{2} & 1 \\ 0 & 0 & -1 & 1 \\ -5 & 4 & 5 & -4 \\ -4 & 4 & 4 & -4 \end{pmatrix}\begin{pmatrix} -2 & 2 & -1 & 1 \\ -2 & 3 & -1 & \frac{5}{4} \\ -2 & 2 & 0 & 0 \\ -2 & 3 & 0 & 0 \end{pmatrix} = \begin{pmatrix} 1 & 0 & 0 & 0 \\ 0 & 1 & 0 & 0 \\ 0 & 0 & 1 & 0 \\ 0 & 0 & 0 & 1 \end{pmatrix}$$

$$\boldsymbol{T}^{-1}\boldsymbol{AT} = \begin{pmatrix} 0 & 0 & -\frac{3}{2} & 1 \\ 0 & 0 & -1 & 1 \\ -5 & 4 & 5 & -4 \\ -4 & 4 & 4 & -4 \end{pmatrix}\begin{pmatrix} 3 & -4 & 0 & 2 \\ 4 & -5 & -2 & 4 \\ 0 & 0 & 3 & -2 \\ 0 & 0 & 2 & -1 \end{pmatrix}\begin{pmatrix} -2 & 2 & -1 & 1 \\ -2 & 3 & -1 & \frac{5}{4} \\ -2 & 2 & 0 & 0 \\ -2 & 3 & 0 & 0 \end{pmatrix}$$

$$= \begin{pmatrix} 0 & 0 & -\frac{5}{2} & 2 \\ 0 & 0 & -1 & 1 \\ 1 & 0 & -1 & 0 \\ 4 & -4 & -4 & 4 \end{pmatrix}\begin{pmatrix} -2 & 2 & -1 & 1 \\ -2 & 3 & -1 & \frac{5}{4} \\ -2 & 2 & 0 & 0 \\ -2 & 3 & 0 & 0 \end{pmatrix} = \begin{pmatrix} 1 & 1 & 0 & 0 \\ 0 & 1 & 0 & 0 \\ 0 & 0 & -1 & 1 \\ 0 & 0 & 0 & -1 \end{pmatrix}$$

本题说明在求高级根向量时，最好用原始代入$(\boldsymbol{A}-\lambda\boldsymbol{E})^p$的系列根向量，这样才能保证得到JORDAN标准形的最终结果. 否则特征值的关联值“1”将会出现异常.

1108. $\begin{pmatrix} 3 & -1 & 1 & -7 \\ 9 & -3 & -7 & -1 \\ 0 & 0 & 4 & -8 \\ 0 & 0 & 2 & -4 \end{pmatrix}$.

解 $|\lambda\boldsymbol{E}-\boldsymbol{A}| = \begin{vmatrix} \lambda-3 & 1 & -1 & 7 \\ -9 & \lambda+3 & 7 & 1 \\ 0 & 0 & \lambda-4 & 8 \\ 0 & 0 & -2 & \lambda+4 \end{vmatrix} = (\lambda^2-9+9)(\lambda^2-16+16) = \lambda^4$

$$\lambda = 0$$

$$\begin{pmatrix} -3 & 1 & -1 & 7 \\ -9 & 3 & 7 & 1 \\ 0 & 0 & -4 & 8 \\ 0 & 0 & -2 & 4 \end{pmatrix} \to \begin{pmatrix} -3 & 1 & 0 & 5 \\ -9 & 3 & 0 & 15 \\ 0 & 0 & -1 & 2 \\ 0 & 0 & 0 & 0 \end{pmatrix} \to \begin{pmatrix} -3 & 1 & 0 & 5 \\ 0 & 0 & 1 & -2 \\ 0 & 0 & 0 & 0 \\ 0 & 0 & 0 & 0 \end{pmatrix}$$

$$\begin{cases} -3\xi_1 + \xi_2 + 5\xi_4 = 0 \\ \xi_3 = 2\xi_4 \end{cases}$$

得根向量
$$\begin{pmatrix} 1 \\ 3 \\ 0 \\ 0 \end{pmatrix}, \quad \begin{pmatrix} 0 \\ -5 \\ 2 \\ 1 \end{pmatrix}$$

由
$$\begin{pmatrix} 3 & -1 & 1 & -7 & 1 \\ 9 & -3 & -7 & -1 & 3 \\ 0 & 0 & 4 & -8 & 0 \\ 0 & 0 & 2 & -4 & 0 \end{pmatrix}$$

得二级根向量
$$\begin{pmatrix} 1 \\ 2 \\ 0 \\ 0 \end{pmatrix}$$

由
$$\begin{pmatrix} 3 & -1 & 1 & -7 & 0 \\ 9 & -3 & -7 & -1 & -5 \\ 0 & 0 & 4 & -8 & 2 \\ 0 & 0 & 2 & -4 & 1 \end{pmatrix}$$

得二级根向量
$$\begin{pmatrix} 1 \\ -\frac{3}{2} \\ \frac{5}{2} \\ 1 \end{pmatrix} \text{即} \begin{pmatrix} 2 \\ -3 \\ 5 \\ 2 \end{pmatrix}.$$

$$\begin{pmatrix} 3 & -1 & 1 & -7 \\ 9 & -3 & -7 & -1 \\ 0 & 0 & 4 & -8 \\ 0 & 0 & 2 & -4 \end{pmatrix}^2 \begin{pmatrix} 1 \\ 2 \\ 0 \\ 0 \end{pmatrix} = \begin{pmatrix} 3 & -1 & 1 & -7 \\ 9 & -3 & -7 & -1 \\ 0 & 0 & 4 & -8 \\ 0 & 0 & 2 & -4 \end{pmatrix} \begin{pmatrix} 1 \\ 3 \\ 0 \\ 0 \end{pmatrix} = 0$$

$$\begin{pmatrix} 3 & -1 & 1 & -7 \\ 9 & -3 & -7 & -1 \\ 0 & 0 & 4 & -8 \\ 0 & 0 & 2 & -4 \end{pmatrix}^2 \begin{pmatrix} 2 \\ -3 \\ 5 \\ 2 \end{pmatrix} = \begin{pmatrix} 3 & -1 & 1 & -7 \\ 9 & -3 & -7 & -1 \\ 0 & 0 & 4 & -8 \\ 0 & 0 & 2 & -4 \end{pmatrix} \begin{pmatrix} 0 \\ -10 \\ 4 \\ 2 \end{pmatrix} = 0$$

$$\boldsymbol{T} = \begin{pmatrix} 1 & 1 & 0 & 2 \\ 3 & 2 & -10 & -3 \\ 0 & 0 & 4 & 5 \\ 0 & 0 & 2 & 2 \end{pmatrix}$$

求 $\boldsymbol{T}^{-1}$：

$$\begin{pmatrix}1&1&0&2&1&0&0&0\\3&2&-10&-3&0&1&0&0\\0&0&4&5&0&0&1&0\\0&0&2&2&0&0&0&1\end{pmatrix}\to\begin{pmatrix}1&1&0&2&1&0&0&0\\0&-1&-10&-9&-3&1&0&0\\0&0&4&5&0&0&1&0\\0&0&2&2&0&0&0&1\end{pmatrix}\to$$

$$\begin{pmatrix}1&0&-10&-7&-2&1&0&0\\0&1&10&9&3&-1&0&0\\0&0&0&1&0&0&1&-2\\0&0&2&0&0&0&-2&5\end{pmatrix}\to\begin{pmatrix}1&0&-10&-7&-2&1&0&0\\0&1&10&9&3&-1&0&0\\0&0&1&0&0&0&-1&\frac{5}{2}\\0&0&0&1&0&0&1&-2\end{pmatrix}\to$$

$$\begin{pmatrix}1&0&0&-7&-2&1&-10&25\\0&1&0&9&3&-1&10&-25\\0&0&1&0&0&0&-1&\frac{5}{2}\\0&0&0&1&0&0&1&-2\end{pmatrix}\to\begin{pmatrix}1&0&0&0&-2&1&-3&11\\0&1&0&0&3&-1&1&-7\\0&0&1&0&0&0&-1&\frac{5}{2}\\0&0&0&1&0&0&1&-2\end{pmatrix}$$

检验：

$$\begin{pmatrix}-2&1&-3&11\\3&-1&1&-7\\0&0&-1&\frac{5}{2}\\0&0&1&-2\end{pmatrix}\begin{pmatrix}1&1&0&2\\3&2&-10&-3\\0&0&4&5\\0&0&2&2\end{pmatrix}=\begin{pmatrix}1&0&0&0\\0&1&0&0\\0&0&1&0\\0&0&0&1\end{pmatrix}$$

$$\boldsymbol{T}^{-1}\boldsymbol{A}\boldsymbol{T}=\begin{pmatrix}-2&1&-3&11\\3&-1&1&-7\\0&0&-1&\frac{5}{2}\\0&0&1&-2\end{pmatrix}\begin{pmatrix}3&-1&1&-7\\9&-3&-7&-1\\0&0&4&-8\\0&0&2&-4\end{pmatrix}\begin{pmatrix}1&1&0&2\\3&2&-10&-3\\0&0&4&5\\0&0&2&2\end{pmatrix}$$

$$=\begin{pmatrix}3&-1&1&-7\\0&0&0&0\\0&0&1&-2\\0&0&0&0\end{pmatrix}\begin{pmatrix}1&1&0&2\\3&2&-10&-3\\0&0&4&5\\0&0&2&2\end{pmatrix}=\begin{pmatrix}0&1&0&0\\0&0&0&0\\0&0&0&1\\0&0&0&0\end{pmatrix}$$

1109. $\begin{pmatrix} 1 & -1 & 0 & 0 & \cdots & 0 & 0 \\ 0 & 1 & -1 & 0 & \cdots & 0 & 0 \\ 0 & 0 & 1 & -1 & \cdots & 0 & 0 \\ \vdots & \vdots & \vdots & \vdots & & \vdots & \vdots \\ 0 & 0 & 0 & 0 & \cdots & 1 & -1 \\ 0 & 0 & 0 & 0 & \cdots & 0 & 1 \end{pmatrix}$（$n$ 阶矩阵）.

解

$$|\lambda \boldsymbol{E} - \boldsymbol{A}| = \begin{vmatrix} \lambda-1 & 1 & 0 & 0 & \cdots & 0 & 0 \\ 0 & \lambda-1 & 1 & 0 & \cdots & 0 & 0 \\ 0 & 0 & \lambda-1 & 1 & \cdots & 0 & 0 \\ \vdots & \vdots & \vdots & \vdots & & \vdots & \vdots \\ 0 & 0 & 0 & 0 & \cdots & \lambda-1 & 1 \\ 0 & 0 & 0 & 0 & \cdots & 0 & \lambda-1 \end{vmatrix} = (\lambda-1)^n$$

$$\lambda = 1$$

$$\begin{pmatrix} 0 & 1 & 0 & 0 & \cdots & 0 & 0 \\ 0 & 0 & 1 & 0 & \cdots & 0 & 0 \\ 0 & 0 & 0 & 1 & \cdots & 0 & 0 \\ \vdots & \vdots & \vdots & \vdots & & \vdots & \vdots \\ & & & & & & 1 \\ 0 & 0 & 0 & 0 & \cdots & 0 & 0 \end{pmatrix}$$

$$\xi_2 = \xi_3 = \cdots = \xi_n = 0$$

得特征向量

$$\begin{pmatrix} 1 \\ 0 \\ 0 \\ \vdots \\ 0 \end{pmatrix}$$

得二级根向量

$$\xi_2 = 1, \quad \xi_3 = \cdots = \xi_n = 0$$

$$\begin{pmatrix} 0 \\ 1 \\ 0 \\ \vdots \\ 0 \end{pmatrix}$$

得三级根向量

$$\begin{pmatrix} 0 \\ 0 \\ 1 \\ 0 \\ \vdots \\ 0 \end{pmatrix}$$

得 n 级根向量

$$\begin{pmatrix}0\\0\\\vdots\\1\end{pmatrix}$$

$$(\boldsymbol{A}-\boldsymbol{E})^n=\begin{pmatrix}0&-1&0&\cdots&0&0\\0&0&-1&\cdots&0&0\\0&0&0&\cdots&0&0\\\vdots&\vdots&\vdots&&\vdots&\vdots\\0&0&0&\cdots&0&-1\\0&0&0&\cdots&0&0\end{pmatrix}^n\begin{pmatrix}0\\0\\0\\\vdots\\0\\1\end{pmatrix}=\begin{pmatrix}0&-1&0&\cdots&0\\0&0&-1&\cdots&0\\0&0&0&\cdots&0\\\vdots&\vdots&\vdots&&\vdots\\0&0&0&\cdots&-1\\0&0&0&\cdots&0\end{pmatrix}^{n-1}\begin{pmatrix}0\\0\\0\\\vdots\\-1\\0\end{pmatrix}$$

$$=(\boldsymbol{A}-\boldsymbol{E})^{n-2}\cdot\begin{pmatrix}0\\\vdots\\0\\1\\0\end{pmatrix}$$

$$\boldsymbol{T}=\begin{pmatrix}1&&&&&\\&-1&&&&\\&&1&&&\\&&&\ddots&&\\&&&&-1&\\&&&&&1\end{pmatrix}$$

为了确定起见,命 $n=8$.

$$\boldsymbol{T}=\begin{pmatrix}1&&&&&&&\\&-1&&&&&&\\&&1&&&&&\\&&&-1&&&&\\&&&&1&&&\\&&&&&-1&&\\&&&&&&1&\\&&&&&&&-1\end{pmatrix}\quad \boldsymbol{T}^{-1}=\boldsymbol{T}$$

$$\boldsymbol{T}^{-1}\boldsymbol{A}\boldsymbol{T}=\begin{pmatrix}1&&&&&&&\\&-1&&&&&&\\&&1&&&&&\\&&&-1&&&&\\&&&&1&&&\\&&&&&-1&&\\&&&&&&1&-1\end{pmatrix}\begin{pmatrix}1&-1&&&&&&\\&1&-1&&&&&\\&&1&-1&&&&\\&&&1&-1&&&\\&&&&1&-1&&\\&&&&&1&-1&\\&&&&&&1&-1\end{pmatrix}.$$

$$\begin{pmatrix}1&&&&&&&\\&-1&&&&&&\\&&1&&&&&\\&&&-1&&&&\\&&&&1&&&\\&&&&&-1&&\\&&&&&&1&\\&&&&&&&-1\end{pmatrix}=\begin{pmatrix}1&-1&&&&&&\\&-1&1&&&&&\\&&1&-1&&&&\\&&&-1&1&&&\\&&&&1&-1&&\\&&&&&-1&1&\\&&&&&&1&-1\\&&&&&&&1\end{pmatrix}.$$

$$\left(\begin{array}{cccccccc}1&&&&&&&\\&-1&&&&&&\\\hline&&1&&&&&\\&&&-1&&&&\\\hline&&&&1&&&\\&&&&&-1&&\\&&&&&&1&\\&&&&&&&-1\end{array}\right)=\begin{pmatrix}1&1&&&&&&\\&1&1&&&&&\\&&1&1&&&&\\&&&1&1&&&\\&&&&1&1&&\\&&&&&1&1&\\&&&&&&1&1\\&&&&&&&1\end{pmatrix}$$

1110. $\begin{pmatrix}1&1&1&1&\cdots&1\\0&1&1&1&\cdots&1\\0&0&1&1&\cdots&1\\\vdots&\vdots&\vdots&\vdots&&\vdots\\0&0&0&0&\cdots&1\end{pmatrix}.$

解 $|\lambda \boldsymbol{E}-\boldsymbol{A}|=\begin{pmatrix}\lambda-1&-1&-1&\cdots&-1\\0&\lambda-1&-1&\cdots&-1\\0&0&\lambda-1&\cdots&-1\\\vdots&\vdots&\vdots&&\vdots\\0&0&0&\cdots&\lambda-1\end{pmatrix}=(\lambda-1)^n$

$$\lambda=1$$

$$\begin{pmatrix}0&-1&-1&-1&\cdots&-1\\&0&-1&-1&\cdots&-1\\&&0&-1&\cdots&-1\\&&&0&\ddots&-1\\&&&&&0\end{pmatrix}$$

得特征向量

$$\begin{pmatrix}1\\0\\0\\\vdots\\0\end{pmatrix}$$

求得

$$\text{二级根向量}\begin{pmatrix}0\\-1\\0\\\vdots\\0\end{pmatrix},\quad \text{三级根向量}\begin{pmatrix}0\\0\\1\\0\\\vdots\\0\end{pmatrix},\quad \text{四级根向量}\begin{pmatrix}0\\0\\0\\-1\\\vdots\end{pmatrix},\quad \text{五级根向量}\begin{pmatrix}0\\0\\0\\0\\1\\\vdots\end{pmatrix}$$

$$(\boldsymbol{A}-\boldsymbol{E})^n=\begin{pmatrix}0&1&1&1&\cdots&1\\&0&1&1&\cdots&1\\&&0&1&\cdots&1\\&&&0&&\vdots\\&&&&\ddots&\\&&&&&0\end{pmatrix}^n\begin{pmatrix}0\\0\\\vdots\\0\\1\end{pmatrix}=\begin{pmatrix}0&&&\\&\ddots&&\boldsymbol{I}\\&&\ddots&\\&&&\ddots\\&&&&0\end{pmatrix}^{n-1}\begin{pmatrix}1\\1\\\vdots\\1\\0\end{pmatrix}$$

$$\begin{pmatrix}0&1&1&1&1&1&1&1\\&0&1&1&1&1&1&1\\&&0&1&1&1&1&1\\&&&0&1&1&1&1\\&&&&0&1&1&1\\&&&&&0&1&1\\&&&&&&0&1\\&&&&&&&0\end{pmatrix}\begin{pmatrix}0\\1\\0\\0\\0\\0\\0\\0\\0\\0\end{pmatrix}=\begin{pmatrix}1\\0\\0\\\vdots\\0\end{pmatrix}$$

$$\begin{pmatrix}0&&&&&\\&0&&&\boldsymbol{I}&\\&&0&&&\\&&&0&&\\&&&&\ddots&\\&&&&&0\end{pmatrix}\begin{pmatrix}0\\0\\1\\0\\\vdots\\0\end{pmatrix}=\begin{pmatrix}1\\1\\0\\0\\\vdots\\0\end{pmatrix}$$

$$\boldsymbol{\eta}_1=\begin{pmatrix}-1\\0\\0\\\vdots\\0\end{pmatrix},\quad \boldsymbol{\eta}_2=\begin{pmatrix}0\\1\\0\\0\\\vdots\\0\end{pmatrix},\quad \boldsymbol{\eta}_3=\begin{pmatrix}0\\0\\-1\\0\\\vdots\\0\end{pmatrix}$$

$$\begin{pmatrix} 0 & 1 & & & & & & & \\ 0 & 0 & 1 & & & & & & \\ 0 & 0 & 0 & 1 & & & & & \\ 0 & 0 & 0 & 0 & 1 & & & & \\ 0 & 0 & 0 & 0 & 0 & 1 & & & \\ 0 & 0 & 0 & 0 & 0 & 0 & 1 & & \\ 0 & 0 & 0 & 0 & 0 & 0 & 0 & 1 & \\ 0 & 0 & 0 & 0 & 0 & 0 & 0 & 0 & 1 \end{pmatrix} \begin{pmatrix} 0 \\ 0 \\ 0 \\ 1 \\ 0 \\ 0 \\ 0 \\ 0 \end{pmatrix} = \begin{pmatrix} 0 \\ 0 \\ 1 \\ 0 \\ 0 \\ 0 \\ 0 \end{pmatrix}$$

因为

$$\begin{pmatrix} 0 & 1 & & & & & & \\ 0 & 0 & 1 & & & & & \\ 0 & 0 & 0 & 1 & & & & \\ 0 & 0 & 0 & 0 & 1 & & & \\ 0 & 0 & 0 & 0 & 0 & 1 & & \\ 0 & 0 & 0 & 0 & 0 & 0 & 1 & \\ 0 & 0 & 0 & 0 & 0 & 0 & 0 & 1 \\ 0 & 0 & 0 & 0 & 0 & 0 & 0 & 0 \end{pmatrix}^8 \begin{pmatrix} 0 \\ 0 \\ 0 \\ 0 \\ 0 \\ 0 \\ 0 \\ 1 \end{pmatrix} = \begin{pmatrix} 0 & 1 & & & & & & \\ 0 & 0 & 1 & & & & & \\ 0 & 0 & 0 & 1 & & & & \\ 0 & 0 & 0 & 0 & 1 & & & \\ 0 & 0 & 0 & 0 & 0 & 1 & & \\ 0 & 0 & 0 & 0 & 0 & 0 & 1 & \\ 0 & 0 & 0 & 0 & 0 & 0 & 0 & 1 \\ 0 & 0 & 0 & 0 & 0 & 0 & 0 & 0 \end{pmatrix}^7 \begin{pmatrix} 0 \\ 0 \\ 0 \\ 0 \\ 0 \\ 0 \\ 1 \\ 0 \end{pmatrix}$$

$$= \begin{pmatrix} 0 & 1 & & & & & & \\ 0 & 0 & 1 & & & & & \\ 0 & 0 & 0 & 1 & & & & \\ 0 & 0 & 0 & 0 & 1 & & & \\ 0 & 0 & 0 & 0 & 0 & 1 & & \\ 0 & 0 & 0 & 0 & 0 & 0 & 1 & \\ 0 & 0 & 0 & 0 & 0 & 0 & 0 & 1 \\ 0 & 0 & 0 & 0 & 0 & 0 & 0 & 0 \end{pmatrix}^6 \cdot \begin{pmatrix} 0 \\ 0 \\ 0 \\ 0 \\ 0 \\ 1 \\ 0 \\ 0 \end{pmatrix}$$

$$= \cdots = \begin{pmatrix} 0 & 1 & & & & & & \\ 0 & 0 & 1 & & & & & \\ 0 & 0 & 0 & 1 & & & & \\ 0 & 0 & 0 & 0 & 1 & & & \\ 0 & 0 & 0 & 0 & 0 & 1 & & \\ 0 & 0 & 0 & 0 & 0 & 0 & 1 & \\ 0 & 0 & 0 & 0 & 0 & 0 & 0 & 1 \\ 0 & 0 & 0 & 0 & 0 & 0 & 0 & 0 \end{pmatrix}^2 \begin{pmatrix} 0 \\ 1 \\ 0 \\ 0 \\ 0 \\ 0 \\ 0 \\ 0 \end{pmatrix}$$

$$= (\boldsymbol{A} - \boldsymbol{E}) \begin{pmatrix} 1 \\ 0 \\ 0 \\ \vdots \\ 0 \end{pmatrix} = 0$$

继续这个过程得

$$\text{三级根向量}\begin{pmatrix}1\\0\\1\\0\end{pmatrix},\quad \text{四级根向量}\begin{pmatrix}1\\0\\0\\1\end{pmatrix}$$

$$\boldsymbol{T}=\begin{pmatrix}1&1&-1&-1\\0&1&0&0\\0&0&1&0\\0&0&0&1\end{pmatrix}$$

求 $\boldsymbol{T}^{-1}$：

$$\left(\begin{array}{cccc|cccc}1&1&-1&-1&1&0&0&0\\0&1&0&0&0&1&0&0\\0&0&1&0&0&0&1&0\\0&0&0&1&0&0&0&1\end{array}\right)\to\left(\begin{array}{cccc|cccc}1&0&0&0&1&-1&1&1\\0&1&0&0&0&1&0&0\\0&0&1&0&0&0&1&0\\0&0&0&1&0&0&0&1\end{array}\right)$$

检验：

$$\begin{pmatrix}1&-1&1&1\\0&1&0&0\\0&0&1&0\\0&0&0&1\end{pmatrix}\begin{pmatrix}1&1&-1&-1\\0&1&0&0\\0&0&1&0\\0&0&0&1\end{pmatrix}=\begin{pmatrix}1&0&0&0\\0&1&0&0\\0&0&1&0\\0&0&0&1\end{pmatrix}$$

$$\boldsymbol{T}^{-1}\boldsymbol{A}\boldsymbol{T}=\begin{pmatrix}1&-1&1&1\\0&1&0&0\\0&0&1&0\\0&0&0&1\end{pmatrix}\begin{pmatrix}1&1&1&1\\0&1&1&1\\0&0&1&1\\0&0&0&1\end{pmatrix}\begin{pmatrix}1&1&-1&-1\\0&1&0&0\\0&0&1&0\\0&0&0&1\end{pmatrix}=\begin{pmatrix}1&0&1&0\\0&1&1&1\\0&0&1&1\\0&0&0&1\end{pmatrix}$$

$$\begin{pmatrix}1&*&*&*\\&1&0&0\\&&1&0\\&&&1\end{pmatrix}\begin{pmatrix}1&1&1&1\\&1&1&1\\&&1&1\\&&&1\end{pmatrix}\begin{pmatrix}1&*&*&*\\&1&0&0\\&&1&0\\&&&1\end{pmatrix}=\begin{pmatrix}1&1&0&0\\&1&1&0\\&&1&1\\&&&1\end{pmatrix}$$

其中

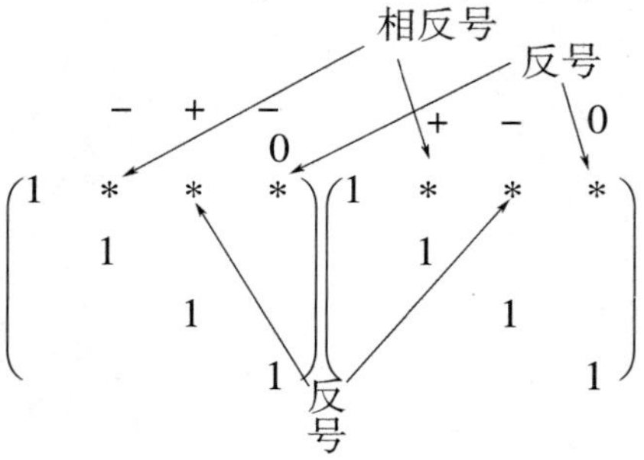

$$\begin{pmatrix}1&\overset{-}{*}&\overset{+}{*}&\overset{-,\,0}{*}\\&1&&\\&&1&\\&&&1\end{pmatrix}\begin{pmatrix}1&\overset{+}{*}&\overset{-}{*}&\overset{0}{*}\\&1&&\\&&1&\\&&&1\end{pmatrix}$$

相反号

反号

反号

$$\begin{pmatrix}1&-1&1&-1\\0&1&0&0\\0&0&1&0\\0&0&0&1\end{pmatrix}\begin{pmatrix}1&1&-1&1\\0&1&0&0\\0&0&1&0\\0&0&0&1\end{pmatrix}=\begin{pmatrix}1&0&0&0\\0&1&0&0\\0&0&1&0\\0&0&0&1\end{pmatrix}=\begin{pmatrix}1&1&-1&1\\0&1&0&0\\0&0&1&0\\0&0&0&1\end{pmatrix}$$

$$\begin{pmatrix}1&-1&1&-1\\0&1&0&0\\0&0&1&0\\0&0&0&1\end{pmatrix}\begin{pmatrix}1&1&1&1\\0&1&1&1\\0&0&1&1\\0&0&0&1\end{pmatrix}\begin{pmatrix}1&1&-1&1\\0&1&0&0\\0&0&1&0\\0&0&0&1\end{pmatrix}=\begin{pmatrix}1&0&1&0\\0&1&1&1\\0&0&1&1\\0&0&0&1\end{pmatrix}$$

$$\begin{pmatrix}1 & -1 & 0 & 0\\0 & 1 & 0 & 0\\0 & 0 & 1 & 0\\0 & 0 & 0 & 1\end{pmatrix}\begin{pmatrix}1 & 1 & 1 & 1\\0 & 1 & 1 & 1\\0 & 0 & 1 & 1\\0 & 0 & 0 & 1\end{pmatrix}\begin{pmatrix}1 & 1 & 0 & 0\\0 & 1 & 0 & 0\\0 & 0 & 1 & 0\\0 & 0 & 0 & 1\end{pmatrix}$$

$$=\begin{pmatrix}1 & 0 & 0 & 0\\0 & 1 & 1 & 1\\0 & 0 & 1 & 1\\0 & 0 & 0 & 1\end{pmatrix}\begin{pmatrix}1 & 1 & & \\ & 1 & & \\ & & & \\ & & & \end{pmatrix}$$

得特征向量

$$\begin{pmatrix}1\\0\\0\\0\end{pmatrix}$$

二级根向量

$$\begin{pmatrix}1\\1\\0\\0\end{pmatrix}$$

有

$$\begin{pmatrix}0 & 1 & 1 & 1\\ & 0 & 1 & 1\\ & & 0 & 1\\ & & & 0\end{pmatrix}^2\begin{pmatrix}1\\1\\0\\0\end{pmatrix}=\begin{pmatrix}0 & 1 & 1 & 1\\ & 0 & 1 & 1\\ & & 0 & 1\\ & & & 0\end{pmatrix}\begin{pmatrix}1\\0\\0\\0\end{pmatrix}.$$

三级根向量

$$\begin{pmatrix}1\\0\\1\\0\end{pmatrix}$$

有

$$\begin{pmatrix}0 & 1 & 1 & 1\\ & 0 & 1 & 1\\ & & 0 & 1\\ & & & 0\end{pmatrix}^3\begin{pmatrix}1\\0\\1\\0\end{pmatrix}=\begin{pmatrix}0 & 1 & 1 & 1\\ & 0 & 1 & 1\\ & & 0 & 1\\ & & & 0\end{pmatrix}^2\begin{pmatrix}1\\1\\0\\0\end{pmatrix}=\begin{pmatrix}0 & 1 & 1 & 1\\ & 0 & 1 & 1\\ & & 0 & 1\\ & & & 0\end{pmatrix}\begin{pmatrix}1\\0\\0\\0\end{pmatrix}=0$$

四级根向量

$$\begin{pmatrix}1\\1\\-1\\1\end{pmatrix}$$

有

$$\begin{pmatrix}0 & 1 & 1 & 1\\ & 0 & 1 & 1\\ & & 0 & 1\\ & & & 0\end{pmatrix}^4\begin{pmatrix}1\\1\\-1\\1\end{pmatrix}=\begin{pmatrix}0 & 1 & 1 & 1\\ & 0 & 1 & 1\\ & & 0 & 1\\ & & & 0\end{pmatrix}^3\begin{pmatrix}1\\0\\1\\0\end{pmatrix}$$

$$T = \begin{pmatrix} 1 & 1 & 1 & 1 \\ 0 & 1 & 0 & 1 \\ 0 & 0 & 1 & -1 \\ 0 & 0 & 0 & 1 \end{pmatrix}$$

求 T^{-1}:

$$\begin{pmatrix} 1 & 1 & 1 & 1 & 1 & 0 & 0 & 0 \\ 0 & 1 & 0 & 1 & 0 & 1 & 0 & 0 \\ 0 & 0 & 1 & -1 & 0 & 0 & 1 & 0 \\ 0 & 0 & 0 & 1 & 0 & 0 & 0 & 1 \end{pmatrix} \to \begin{pmatrix} 1 & 0 & 0 & 0 & 1 & -1 & -1 & -1 \\ 0 & 1 & 0 & 0 & 0 & 1 & 0 & -1 \\ 0 & 0 & 1 & 0 & 0 & 0 & 1 & 1 \\ 0 & 0 & 0 & 1 & 0 & 0 & 0 & 1 \end{pmatrix}$$

$$T^{-1} = \begin{pmatrix} 1 & -1 & -1 & -1 \\ 0 & 1 & 0 & -1 \\ 0 & 0 & 1 & 1 \\ 0 & 0 & 0 & 1 \end{pmatrix}$$

$$T^{-1}AT = \begin{pmatrix} 1 & -1 & -1 & -1 \\ 0 & 1 & 0 & -1 \\ 0 & 0 & 1 & 1 \\ 0 & 0 & 0 & 1 \end{pmatrix} \begin{pmatrix} 1 & 1 & 1 & 1 \\ 0 & 1 & 1 & 1 \\ 0 & 0 & 1 & 1 \\ 0 & 0 & 0 & 1 \end{pmatrix} \begin{pmatrix} 1 & 1 & 1 & 1 \\ 0 & 1 & 0 & 1 \\ 0 & 0 & 1 & -1 \\ 0 & 0 & 0 & 1 \end{pmatrix}$$

$$= \begin{pmatrix} 1 & -1 & -1 & -1 \\ 0 & 1 & 0 & -1 \\ 0 & 0 & 1 & 1 \\ 0 & 0 & 0 & 1 \end{pmatrix} \begin{pmatrix} 1 & 2 & 2 & 2 \\ 0 & 1 & 1 & 1 \\ 0 & 0 & 1 & 0 \\ 0 & 0 & 0 & 1 \end{pmatrix}$$

完全不需要作急,从具体简单的入手. 掌握规律,才能通向目的地.

$$A = \begin{pmatrix} 1 & 1 & 1 & 1 & 1 \\ & 1 & 1 & 1 & 1 \\ & & 1 & 1 & 1 \\ & & & 1 & 1 \\ & & & & 1 \end{pmatrix}$$

类似地,得特征向量

$$\begin{pmatrix} 1 \\ 0 \\ 0 \\ 0 \\ 0 \end{pmatrix}$$

二级根向量 $\begin{pmatrix} 1 \\ 1 \\ 0 \\ 0 \\ 0 \end{pmatrix}$, 三级根向量 $\begin{pmatrix} 1 \\ 0 \\ 1 \\ 0 \\ 0 \end{pmatrix}$

有
$$\begin{pmatrix}0&1&1&1&1\\&0&1&1&1\\&&0&1&1\\&&&0&1\\&&&&0\end{pmatrix}^3\begin{pmatrix}1\\0\\1\\0\\0\end{pmatrix}=\begin{pmatrix}0&1&1&1&1\\&0&1&1&1\\&&0&1&1\\&&&0&1\\&&&&0\end{pmatrix}^2\begin{pmatrix}1\\1\\0\\0\\0\end{pmatrix}=\begin{pmatrix}0&1&1&1&1\\&0&1&1&1\\&&0&1&1\\&&&0&1\\&&&&0\end{pmatrix}\begin{pmatrix}1\\0\\0\\0\\0\end{pmatrix}=0$$

四级根向量

$$\begin{pmatrix}1\\1\\-1\\1\\0\end{pmatrix}$$

$$\begin{pmatrix}0&1&1&1&1\\&0&1&1&1\\&&0&1&1\\&&&0&1\\&&&&0\end{pmatrix}^4\begin{pmatrix}1\\1\\-1\\1\\0\end{pmatrix}=\begin{pmatrix}0&1&1&1&1\\&0&1&1&1\\&&0&1&1\\&&&0&1\\&&&&0\end{pmatrix}^3\begin{pmatrix}1\\0\\1\\0\\0\end{pmatrix}=\cdots=0$$

五级根向量
$$\begin{pmatrix}1\\0\\2\\-2\\1\end{pmatrix}$$

有
$$\begin{pmatrix}0&1&1&1&1\\&0&1&1&1\\&&0&1&1\\&&&0&1\\&&&&0\end{pmatrix}^5\begin{pmatrix}1\\0\\2\\-2\\1\end{pmatrix}=\begin{pmatrix}0&1&1&1&1\\&0&1&1&1\\&&0&1&1\\&&&0&1\\&&&&0\end{pmatrix}^4\begin{pmatrix}1\\1\\-1\\1\\0\end{pmatrix}$$

$$\boldsymbol{T}=\begin{pmatrix}1&1&1&1&1\\0&1&0&1&0\\0&0&1&-1&2\\0&0&0&1&-2\\0&0&0&0&1\end{pmatrix}$$

求 $\boldsymbol{T}^{-1}$：

$$\begin{pmatrix}1&1&1&1&1&1&0&0&0&0\\0&1&0&1&0&0&1&0&0&0\\0&0&1&-1&2&0&0&1&0&0\\0&0&0&1&-2&0&0&0&1&0\\0&0&0&0&1&0&0&0&0&1\end{pmatrix}\to\begin{pmatrix}1&0&0&0&0&1&-1&-1&-1&-1\\0&1&0&0&0&0&1&0&-1&-2\\0&0&1&0&0&0&0&1&1&0\\0&0&0&1&0&0&0&0&1&2\\0&0&0&0&1&0&0&0&0&1\end{pmatrix}$$

检验:

$$\begin{pmatrix}1&-1&-1&-1&-1\\0&1&0&-1&-2\\0&0&1&1&0\\0&0&0&1&2\\0&0&0&0&1\end{pmatrix}\begin{pmatrix}1&1&1&1&1\\0&1&0&1&0\\0&0&1&-1&2\\0&0&0&1&-2\\0&0&0&0&1\end{pmatrix}=\begin{pmatrix}1&0&0&0&0\\0&1&0&0&0\\0&0&1&0&0\\0&0&0&1&0\\0&0&0&0&1\end{pmatrix}$$

$$\boldsymbol{T}^{-1}\boldsymbol{A}\boldsymbol{T}=\begin{pmatrix}1&-1&-1&-1&-1\\0&1&0&-1&-2\\0&0&1&1&0\\0&0&0&1&2\\0&0&0&0&1\end{pmatrix}\begin{pmatrix}1&1&1&1&1\\0&1&1&1&1\\0&0&1&1&1\\0&0&0&1&1\\0&0&0&0&1\end{pmatrix}\begin{pmatrix}1&1&1&1&1\\0&1&0&1&0\\0&0&1&-1&2\\0&0&0&1&-2\\0&0&0&0&1\end{pmatrix}$$

$$=\begin{pmatrix}1&0&-1&-2&-3\\0&1&1&0&-2\\0&0&1&2&2\\0&0&0&1&3\\0&0&0&0&1\end{pmatrix}\begin{pmatrix}1&1&1&1&1\\0&1&0&1&0\\0&0&1&-1&2\\0&0&0&1&-2\\0&0&0&0&1\end{pmatrix}=\begin{pmatrix}1&1&0&0&0\\0&1&1&0&0\\0&0&1&1&0\\0&0&0&1&1\\0&0&0&0&1\end{pmatrix}$$

终于走上了正确的轨道.还是从简单地方开始,容易探索出道路来.

$$\boldsymbol{A}=\begin{pmatrix}1&1&1&1&1&1\\0&1&1&1&1&1\\0&0&1&1&1&1\\0&0&0&1&1&1\\0&0&0&0&1&1\\0&0&0&0&0&1\end{pmatrix}$$

$$\boldsymbol{\eta}_1=\begin{pmatrix}1\\0\\0\\0\\0\\0\end{pmatrix},\quad \boldsymbol{\eta}_2=\begin{pmatrix}1\\1\\0\\0\\0\\0\end{pmatrix},\quad \boldsymbol{\eta}_3=\begin{pmatrix}1\\0\\1\\0\\0\\0\end{pmatrix},\quad \boldsymbol{\eta}_4=\begin{pmatrix}1\\1\\-1\\1\\0\\0\end{pmatrix},\quad \boldsymbol{\eta}_5=\begin{pmatrix}1\\0\\2\\-2\\1\\0\end{pmatrix}$$

求六级根向量:

$$\begin{pmatrix}0&1&1&1&1&1&1\\0&0&1&1&1&1&0\\0&0&0&1&1&1&2\\0&0&0&0&1&1&-2\\0&0&0&0&0&1&1\\0&0&0&0&0&0&0\end{pmatrix}$$

$(\boldsymbol{A}-\boldsymbol{E})\xi=\boldsymbol{\eta}_5$.

$$\begin{aligned}\xi_6&=1\\ \xi_5&=-3\\ \xi_4&=4\\ \xi_3&=-2\\ \xi_2&=1\end{aligned},\quad \boldsymbol{\eta}_6=\begin{pmatrix}1\\1\\-2\\4\\-3\\1\end{pmatrix}$$

$$\boldsymbol{T}=\begin{pmatrix}1&1&1&1&1&1\\0&1&0&1&0&1\\0&0&1&-1&2&-2\\0&0&0&1&-2&4\\0&0&0&0&1&-3\\0&0&0&0&0&1\end{pmatrix}$$

求 $\boldsymbol{T}^{-1}$：

$$\begin{pmatrix}1&1&1&1&1&1&1&&&&&\\&1&0&1&0&1&&1&&&&\\&&1&-1&2&-2&&&1&&&\\&&&1&-2&4&&&&1&&\\&&&&1&-3&&&&&1&\\&&&&&1&&&&&&1\end{pmatrix}\rightarrow$$

$$\begin{pmatrix}1&0&0&0&0&0&1&-1&-1&-1&-1&-1\\0&1&0&0&0&0&0&1&0&-1&-2&-3\\0&0&1&0&0&0&0&0&1&1&0&-2\\0&0&0&1&0&0&0&0&0&1&2&2\\0&0&0&0&1&0&0&0&0&0&1&3\\0&0&0&0&0&1&0&0&0&0&0&1\end{pmatrix}$$

检验：

$$\begin{pmatrix}1&-1&-1&-1&-1&-1\\0&1&0&-1&-2&-3\\0&0&1&1&0&-2\\0&0&0&1&2&2\\0&0&0&0&1&3\\0&0&0&0&0&1\end{pmatrix}\begin{pmatrix}1&1&1&1&1&1\\0&1&0&1&0&1\\0&0&1&-1&2&-2\\0&0&0&1&-2&4\\0&0&0&0&1&-3\\0&0&0&0&0&1\end{pmatrix}$$

$$=\begin{pmatrix}1&0&0&0&0&0\\0&1&0&0&0&0\\0&0&1&0&0&0\\0&0&0&1&0&0\\0&0&0&0&1&0\\0&0&0&0&0&1\end{pmatrix}$$

$$T^{-1}AT=\begin{pmatrix}1&-1&-1&-1&-1&-1\\0&1&0&-1&-2&-3\\0&0&1&1&0&-2\\0&0&0&1&2&2\\0&0&0&0&1&3\\0&0&0&0&0&1\end{pmatrix}\begin{pmatrix}1&1&1&1&1&1\\0&1&1&1&1&1\\0&0&1&1&1&1\\0&0&0&1&1&1\\0&0&0&0&1&1\\0&0&0&0&0&1\end{pmatrix}\begin{pmatrix}1&1&1&1&1&1\\0&1&0&1&0&1\\0&0&1&-1&2&-2\\0&0&0&1&-2&4\\0&0&0&0&1&-3\\0&0&0&0&0&1\end{pmatrix}$$

$$=\begin{pmatrix}1&0&-1&-2&-3&-4\\0&1&1&0&-2&-5\\0&0&1&2&2&0\\0&0&0&1&3&5\\0&0&0&0&1&4\\0&0&0&0&0&1\end{pmatrix}\begin{pmatrix}1&1&1&1&1&1\\0&1&0&1&0&1\\0&0&1&-1&2&-2\\0&0&0&1&-2&4\\0&0&0&0&1&-3\\0&0&0&0&0&1\end{pmatrix}$$

$$=\begin{pmatrix}1&1&0&0&0&0\\0&1&1&0&0&0\\0&0&1&1&0&0\\0&0&0&1&1&0\\0&0&0&0&1&1\\0&0&0&0&0&1\end{pmatrix}$$

成功!

上述过程确定了由低级根向量,寻找高级根向量的方法和步骤. 对字母 n 进行数学归纳就是从这个方向去做的. 可能很麻烦,暂时到此为止.

1111. $\begin{pmatrix}1&2&3&4&\cdots&n\\0&1&2&3&\cdots&n-1\\0&0&1&2&\cdots&n-2\\\vdots&\vdots&\vdots&\vdots&&\vdots\\0&0&0&0&\cdots&1\end{pmatrix}$　n 阶矩阵.

解　$n=6$ 时

$$|\lambda E-A|=\begin{vmatrix}\lambda-1&-2&-3&-4&-5&-6\\&\lambda-1&-2&-3&-4&-5\\&&\lambda-1&-2&-3&-4\\&&&\lambda-1&-2&-3\\&&&&\lambda-1&-2\\&&&&&\lambda-1\end{vmatrix}=(\lambda-1)^6$$

$$\lambda=1$$

$$\begin{pmatrix} 2 & 3 & 4 & 5 & 6 \\ & 2 & 3 & 4 & 5 \\ & & 2 & 3 & 4 \\ & & & 2 & 3 \\ & & & & 2 \end{pmatrix} \to \begin{pmatrix} 1 & & & & \\ & 1 & & & \\ & & 1 & & \\ & & & 1 & \\ & & & & 1 \end{pmatrix}$$

得特征向量

$$\begin{pmatrix} 1 \\ 0 \\ 0 \\ 0 \\ 0 \\ 0 \end{pmatrix}$$

增广矩阵的秩没有增加,求二级根向量.

$$2\xi_2=1 \text{得} \boldsymbol{\eta}_2=\begin{pmatrix} 1 \\ \frac{1}{2} \\ 0 \\ 0 \\ 0 \\ 0 \end{pmatrix}$$

由二级根向量求三级根向量

$$\begin{pmatrix} 2 & 3 & 4 & 5 & 6 & 1 \\ & 2 & 3 & 4 & 5 & \frac{1}{2} \\ & & 2 & 3 & 4 & 0 \\ & & & 2 & 3 & 0 \\ & & & & 2 & 0 \\ & & & & 0 & 0 \end{pmatrix}$$

$$\begin{cases} \xi_3=\frac{1}{4} \\ 2\xi_2+\frac{3}{4}=1 \end{cases} \Rightarrow \quad \xi_2=\frac{1}{8} \text{得} \boldsymbol{\eta}_3=\begin{pmatrix} 1 \\ \frac{1}{8} \\ \frac{1}{4} \\ 0 \\ 0 \\ 0 \end{pmatrix}$$

求四级根向量

$$\begin{pmatrix} 2 & 3 & 4 & 5 & 6 & 1 \\ & 2 & 3 & 4 & 5 & \frac{1}{8} \\ & & 2 & 3 & 4 & \frac{1}{4} \\ & & & 2 & 3 & 0 \\ & & & & 2 & 0 \\ & & & & 0 & 0 \end{pmatrix}$$

$$\begin{cases} \xi_4 = \frac{1}{8} \\ 2\xi_3 + \frac{3}{8} = \frac{1}{8} \\ 2\xi_2 - \frac{3}{8} + \frac{1}{2} = 1 \end{cases} \Rightarrow \begin{cases} \xi_3 = -\frac{1}{8} \\ \xi_2 = \frac{7}{16} \end{cases}, \quad \eta_4 = \begin{pmatrix} 1 \\ \frac{7}{16} \\ -\frac{1}{8} \\ \frac{1}{8} \\ 0 \\ 0 \end{pmatrix}$$

求五级根向量

$$\begin{pmatrix} 2 & 3 & 4 & 5 & 6 & 1 \\ & 2 & 3 & 4 & 5 & \frac{7}{16} \\ & & 2 & 3 & 4 & -\frac{1}{8} \\ & & & 2 & 3 & \frac{1}{8} \\ & & & & 2 & 0 \\ & & & & 0 & 0 \end{pmatrix}$$

$$\begin{cases} \xi_5 = \frac{1}{16} \\ 2\xi_4 + \frac{3}{16} = -\frac{1}{8} \\ 2\xi_3 - \frac{15}{32} + \frac{1}{4} = \frac{7}{16} \\ 2\xi_2 + \frac{63}{64} - \frac{5}{8} + \frac{5}{16} = 1 \end{cases} \Rightarrow \begin{cases} \xi_4 = -\frac{5}{32} \\ \xi_3 = \frac{21}{64} \\ \xi_2 = \frac{21}{128} \end{cases}$$

$$\boldsymbol{\eta}_5 = \begin{pmatrix} 1 \\ \frac{21}{128} \\ \frac{21}{64} \\ -\frac{5}{32} \\ \frac{1}{16} \\ 0 \end{pmatrix}$$

求六级根向量

$$\begin{pmatrix} 2 & 3 & 4 & 5 & 6 & 1 \\ & 2 & 3 & 4 & 5 & \frac{21}{128} \\ & & 2 & 3 & 4 & \frac{21}{64} \\ & & & 2 & 3 & -\frac{5}{32} \\ & & & & 2 & \frac{1}{16} \\ & & & & 0 & 0 \end{pmatrix}$$

$$\begin{cases} \xi_6 = \frac{1}{32} \\ 2\xi_5 + \frac{3}{32} = -\frac{5}{32} \\ 2\xi_4 - \frac{3}{8} + \frac{1}{8} = \frac{21}{64} \\ 2\xi_3 + \frac{111}{128} - \frac{1}{2} + \frac{5}{32} = \frac{21}{128} \\ 2\xi_2 - \frac{69}{128} + \frac{37}{32} - \frac{5}{8} + \frac{3}{16} = 1 \end{cases} \Rightarrow \begin{cases} \xi_5 = -\frac{1}{8} \\ \xi_4 = \frac{37}{128} \\ \xi_3 = -\frac{23}{128} \\ \xi_2 = \frac{105}{256} \end{cases}, \quad \boldsymbol{\eta}_6 = \begin{pmatrix} 1 \\ \frac{105}{256} \\ -\frac{23}{128} \\ \frac{37}{128} \\ -\frac{1}{8} \\ \frac{1}{32} \end{pmatrix}$$

$$\boldsymbol{T} = \begin{pmatrix} 1 & 1 & 1 & 1 & 1 & 1 \\ 0 & \frac{1}{2} & \frac{1}{8} & \frac{7}{16} & \frac{21}{128} & \frac{105}{256} \\ 0 & 0 & \frac{1}{4} & -\frac{1}{8} & \frac{21}{64} & -\frac{23}{128} \\ 0 & 0 & 0 & \frac{1}{8} & -\frac{5}{32} & \frac{37}{128} \\ 0 & 0 & 0 & 0 & \frac{1}{16} & -\frac{1}{8} \\ 0 & 0 & 0 & 0 & 0 & \frac{1}{32} \end{pmatrix}$$

求 $\boldsymbol{T}^{-1}$：

$$\left(\begin{array}{cccccc|cccccc} 1 & 1 & 1 & 1 & 1 & 1 & 1 & & & & & \\ 0 & \frac{1}{2} & \frac{1}{8} & \frac{7}{16} & \frac{21}{128} & \frac{105}{256} & & 1 & & & & \\ 0 & 0 & \frac{1}{4} & -\frac{1}{8} & \frac{21}{64} & -\frac{23}{128} & & & 1 & & & \\ 0 & 0 & 0 & \frac{1}{8} & -\frac{5}{32} & \frac{37}{128} & & & & 1 & & \\ 0 & 0 & 0 & 0 & \frac{1}{16} & -\frac{1}{8} & & & & & 1 & \\ 0 & 0 & 0 & 0 & 0 & \frac{1}{32} & & & & & & 1 \end{array}\right) \to$$

$$
\begin{pmatrix}
1 & 1 & 1 & 1 & 1 & 1 & 1 & & & & & \\
 & 1 & \frac{1}{4} & \frac{7}{8} & \frac{21}{64} & \frac{105}{128} & & 2 & & & & \\
 & & 1 & -\frac{1}{2} & \frac{21}{16} & -\frac{23}{32} & & & 4 & & & \\
 & & & 1 & -\frac{5}{4} & \frac{37}{16} & & & & 8 & & \\
 & & & & 1 & -2 & & & & & 16 & \\
 & & & & & 1 & & & & & & 32
\end{pmatrix} \to
$$

$$
\begin{pmatrix}
1 & 1 & 1 & 1 & 1 & 0 & 1 & 0 & 0 & 0 & 0 & -32 \\
 & 1 & \frac{1}{4} & \frac{7}{8} & \frac{21}{64} & 0 & 0 & 2 & 0 & 0 & 0 & -\frac{105}{4} \\
 & & 1 & -\frac{1}{2} & \frac{21}{16} & 0 & 0 & 0 & 4 & 0 & 0 & 23 \\
 & & & 1 & -\frac{5}{4} & 0 & 0 & 0 & 0 & 8 & 0 & -74 \\
 & & & & 1 & 0 & 0 & 0 & 0 & 0 & 16 & 64 \\
 & & & & & 1 & 0 & 0 & 0 & 0 & 0 & 32
\end{pmatrix} \to
$$

$$
\begin{pmatrix}
1 & 1 & 1 & 1 & 0 & 0 & 1 & 0 & 0 & 0 & -16 & -96 \\
 & 1 & \frac{1}{4} & \frac{7}{8} & 0 & 0 & 0 & 2 & 0 & 0 & -\frac{21}{4} & -\frac{189}{4} \\
 & & 1 & -\frac{1}{2} & 0 & 0 & 0 & 0 & 4 & 0 & -21 & -61 \\
 & & & 1 & 0 & 0 & 0 & 0 & 0 & 8 & 20 & 6 \\
 & & & & 1 & 0 & 0 & 0 & 0 & 0 & 16 & 64 \\
 & & & & & 1 & 0 & 0 & 0 & 0 & 0 & 32
\end{pmatrix} \to
$$

$$
\begin{pmatrix}
1 & 1 & 1 & 0 & 0 & 0 & 1 & 0 & 0 & -8 & -36 & -102 \\
 & 1 & \frac{1}{4} & 0 & 0 & 0 & 0 & 2 & 0 & -7 & -\frac{91}{4} & -\frac{105}{2} \\
 & & 1 & 0 & 0 & 0 & 0 & 0 & 4 & 4 & -11 & -58 \\
 & & & 1 & 0 & 0 & 0 & 0 & 0 & 8 & 20 & 6 \\
 & & & & 1 & 0 & 0 & 0 & 0 & 0 & 16 & 64 \\
 & & & & & 1 & 0 & 0 & 0 & 0 & 0 & 32
\end{pmatrix} \to
$$

$$
\begin{pmatrix}
1 & 1 & 1 & 0 & 0 & 0 & 1 & 0 & 0 & -8 & -36 & -102 \\
 & 1 & \frac{1}{4} & 0 & 0 & 0 & 0 & 2 & 0 & -7 & -\frac{91}{4} & -\frac{105}{2} \\
 & & 1 & 0 & 0 & 0 & 0 & 0 & 4 & 4 & -11 & -58 \\
 & & & 1 & 0 & 0 & 0 & 0 & 0 & 8 & 20 & 6 \\
 & & & & 1 & 0 & 0 & 0 & 0 & 0 & 16 & 64 \\
 & & & & & 1 & 0 & 0 & 0 & 0 & 0 & 32
\end{pmatrix} \to
$$

$$
\begin{pmatrix}
1 & 1 & 0 & 0 & 0 & 0 & 1 & 0 & -4 & -12 & -25 & -44 \\
0 & 1 & 0 & 0 & 0 & 0 & 0 & 2 & -1 & -8 & -20 & -38 \\
0 & 0 & 1 & 0 & 0 & 0 & 0 & 0 & 4 & 4 & -11 & -58 \\
0 & 0 & 0 & 1 & 0 & 0 & 0 & 0 & 0 & 8 & 20 & 6 \\
0 & 0 & 0 & 0 & 1 & 0 & 0 & 0 & 0 & 0 & 16 & 64 \\
0 & 0 & 0 & 0 & 0 & 1 & 0 & 0 & 0 & 0 & 0 & 32
\end{pmatrix} \to
$$

$$
\begin{pmatrix}
1 & & & & & & 1 & -2 & -3 & -4 & -5 & -6 \\
& 1 & & & & & & 2 & -1 & -8 & -20 & -38 \\
& & 1 & & & & & & 4 & 4 & -11 & -58 \\
& & & 1 & & & & & & 8 & 20 & 6 \\
& & & & 1 & & & & & & 16 & 64 \\
& & & & & 1 & & & & & & 32
\end{pmatrix}
$$

检验

$$
\boldsymbol{T}^{-1}\boldsymbol{T} = \begin{pmatrix}
1 & -2 & -3 & -4 & -5 & -6 \\
& 2 & -1 & -8 & -20 & -38 \\
& & 4 & 4 & -11 & -58 \\
& & & 8 & 20 & 6 \\
& & & & 16 & 64 \\
& & & & & 32
\end{pmatrix}
\begin{pmatrix}
1 & 1 & 1 & 1 & 1 & 1 \\
0 & \frac{1}{2} & \frac{1}{8} & \frac{7}{16} & \frac{21}{128} & \frac{105}{256} \\
0 & 0 & \frac{1}{4} & -\frac{1}{8} & \frac{21}{64} & -\frac{23}{128} \\
0 & 0 & 0 & \frac{1}{8} & -\frac{5}{32} & \frac{37}{128} \\
0 & 0 & 0 & 0 & \frac{1}{16} & -\frac{1}{8} \\
0 & 0 & 0 & 0 & 0 & \frac{1}{32}
\end{pmatrix}
$$

$$
= \begin{pmatrix}
1 & 0 & 0 & 0 & 0 & 0 \\
0 & 1 & 0 & 0 & 0 & 0 \\
0 & 0 & 1 & 0 & 0 & 0 \\
0 & 0 & 0 & 1 & 0 & 0 \\
0 & 0 & 0 & 0 & 1 & 0 \\
0 & 0 & 0 & 0 & 0 & 1
\end{pmatrix}
$$

$$
\boldsymbol{T}^{-1}\boldsymbol{A}\boldsymbol{T} = \begin{pmatrix}
1 & -2 & -3 & -4 & -5 & -6 \\
& 2 & -1 & -8 & -20 & -38 \\
& & 4 & 4 & -11 & -58 \\
& & & 8 & 20 & 6 \\
& & & & 16 & 64 \\
& & & & & 32
\end{pmatrix}
\begin{pmatrix}
1 & 2 & 3 & 4 & 5 & 6 \\
& 1 & 2 & 3 & 4 & 5 \\
& & 1 & 2 & 3 & 4 \\
& & & 1 & 2 & 3 \\
& & & & 1 & 2 \\
& & & & & 1
\end{pmatrix}.
$$

$$\begin{pmatrix}1&1&1&1&1&1\\0&\frac{1}{2}&\frac{1}{8}&\frac{7}{16}&\frac{21}{128}&\frac{105}{256}\\0&0&\frac{1}{4}&-\frac{1}{8}&\frac{21}{64}&-\frac{23}{128}\\0&0&0&\frac{1}{8}&-\frac{5}{32}&\frac{37}{128}\\0&0&0&0&\frac{1}{16}&-\frac{1}{8}\\0&0&0&0&0&\frac{1}{32}\end{pmatrix}=\begin{pmatrix}1&0&-4&-12&-25&-44\\0&2&3&-4&-31&-96\\0&0&4&12&9&-52\\0&0&0&8&36&70\\0&0&0&0&16&96\\0&0&0&0&0&32\end{pmatrix}.$$

$$\begin{pmatrix}1&1&1&1&1&1\\0&\frac{1}{2}&\frac{1}{8}&\frac{7}{16}&\frac{21}{128}&\frac{105}{256}\\0&0&\frac{1}{4}&-\frac{1}{8}&\frac{21}{64}&-\frac{23}{128}\\0&0&0&\frac{1}{8}&-\frac{5}{32}&\frac{37}{128}\\0&0&0&0&\frac{1}{16}&-\frac{1}{8}\\0&0&0&0&0&\frac{1}{32}\end{pmatrix}=\begin{pmatrix}1&1&0&0&0&0\\0&1&1&0&0&0\\0&0&1&1&0&0\\0&0&0&1&1&0\\0&0&0&0&1&1\\0&0&0&0&0&1\end{pmatrix}$$

1112. $\begin{pmatrix}n&n-1&n-2&\cdots&1\\0&n&n-1&\cdots&2\\0&0&n&\cdots&3\\\vdots&\vdots&\vdots&&\vdots\\0&0&0&\cdots&n\end{pmatrix}$.

解　当 $n=6$ 时

$$|\lambda\boldsymbol{E}-\boldsymbol{A}|=\begin{vmatrix}\lambda-6&-5&-4&-3&-2&-1\\&\lambda-6&-5&-4&-3&-2\\&&\lambda-6&-5&-4&-3\\&&&\lambda-6&-5&-4\\&&&&\lambda-6&-5\\&&&&&\lambda-6\end{vmatrix}=(\lambda-6)^6$$

$$\lambda=6$$

$$\begin{pmatrix}0&5&4&3&2&1\\&0&5&4&3&2\\&&0&5&4&3\\&&&0&5&4\\&&&&0&5\\&&&&&0\end{pmatrix}\to\begin{pmatrix}0&1&&&&\\&0&1&&&\\&&0&1&&\\&&&0&1&\\&&&&0&1\\&&&&&0\end{pmatrix}$$

特征向量

$$\boldsymbol{\eta}_1=\begin{pmatrix}1\\0\\0\\0\\0\\0\end{pmatrix}$$

增广矩阵的秩没有增加,求二级根向量.

$$(\boldsymbol{A}-6\boldsymbol{E})\xi=\boldsymbol{\eta}_1$$

$$\xi_2=\frac{1}{5},\qquad \boldsymbol{\eta}_2=\begin{pmatrix}1\\\frac{1}{5}\\0\\0\\0\\0\end{pmatrix}$$

由二级根向量求三级根向量

$$\begin{pmatrix}0&5&4&3&2&1&1\\&0&5&4&3&2&\frac{1}{5}\\&&0&5&4&3&0\\&&&0&5&4&0\\&&&&0&5&0\\&&&&&0&0\end{pmatrix}\quad\begin{cases}\xi_3=\frac{1}{25}\\5\xi_2+\frac{4}{25}=1\end{cases}\Rightarrow\xi_2=\frac{21}{125},\quad\boldsymbol{\eta}_3=\begin{pmatrix}1\\\frac{21}{125}\\\frac{1}{25}\\0\\0\\0\end{pmatrix}$$

求四级根向量

$$\begin{pmatrix}0&5&4&3&2&1&1\\&0&5&4&3&2&\frac{21}{125}\\&&0&5&4&3&\frac{1}{25}\\&&&0&5&4&0\\&&&&0&5&0\\&&&&&0&0\end{pmatrix}\quad\begin{cases}\xi_4=\frac{1}{125}\\5\xi_3+\frac{4}{125}=\frac{21}{125}\\5\xi_2+\frac{68}{625}+\frac{3}{125}=1\end{cases}\Rightarrow\begin{cases}\xi_3=\frac{17}{625}\\\xi_2=\frac{542}{3\,125}\end{cases},\quad\boldsymbol{\eta}_4=\begin{pmatrix}1\\\frac{542}{3\,125}\\\frac{17}{625}\\\frac{1}{125}\\0\\0\end{pmatrix}$$

求五级根向量

$$\begin{pmatrix}0&5&4&3&2&1&1\\&0&5&4&3&2&\frac{542}{3\,125}\\&&0&5&4&3&\frac{17}{625}\\&&&0&5&4&\frac{1}{125}\\&&&&0&5&0\\&&&&&0&0\end{pmatrix}\text{得}\begin{cases}\xi_5=\frac{1}{625}\\5\xi_4+\frac{4}{625}=\frac{17}{625}\\5\xi_3+\frac{52}{3\,125}+\frac{3}{625}=\frac{542}{3\,125}\\5\xi_2+\frac{76}{625}+\frac{39}{3\,125}+\frac{2}{625}=1\end{cases}\Rightarrow\begin{cases}\xi_4=\frac{13}{3\,125}\\\xi_3=\frac{19}{625}\\\xi_2=\frac{2\,696}{3\,125\times 5}\end{cases}$$

$$\boldsymbol{\eta}_5 = \begin{pmatrix} 1 \\ \frac{2\,696}{5^6} \\ \frac{19}{625} \\ \frac{13}{3\,125} \\ \frac{1}{625} \\ 0 \end{pmatrix}$$

求六级根向量

$$\begin{pmatrix} 0 & 5 & 4 & 3 & 2 & 1 & 1 \\ & 0 & 5 & 4 & 3 & 2 & \frac{2\,696}{5^6} \\ & & 0 & 5 & 4 & 3 & \frac{19}{625} \\ & & & 0 & 5 & 4 & \frac{13}{3\,125} \\ & & & & 0 & 5 & \frac{1}{625} \\ & & & & & 0 & 0 \end{pmatrix} \text{得} \begin{cases} 5\xi_5 + \frac{4}{3\,125} = \frac{13}{3\,125} \\ 5\xi_4 + \frac{36}{5^6} + \frac{3}{3\,125} = \frac{19}{625} \\ 5\xi_3 + \frac{424 \times 4}{5^7} + \frac{27}{5^6} + \frac{2}{3\,125} = \frac{2\,696}{5^6} \\ 5\xi_2 + \frac{11\,599 \times 4}{5^8} + \frac{424}{5^7} \cdot 3 + \frac{18}{5^6} + \frac{1}{3\,125} = 1. \end{cases} \Rightarrow$$

$$\begin{cases} \xi_6 = \frac{1}{3\,125} \\ \xi_5 = \frac{9}{5^6} \\ \xi_4 = \frac{424}{5^7} \\ \xi_3 = \frac{11\,599}{5^8} \end{cases}$$

$$\boldsymbol{\eta}_6 = \begin{pmatrix} 1 \\ \frac{337\,294}{5^9} \\ \frac{11\,599}{5^8} \\ \frac{424}{5^7} \\ \frac{9}{5^6} \\ \frac{1}{3\,125} \end{pmatrix}, \quad \xi_2 = \frac{337\,294}{5^9}$$

检验：

$$(\boldsymbol{A}-6\boldsymbol{E})^6\boldsymbol{\eta}_6=\begin{pmatrix}0&5&4&3&2&1\\&0&5&4&3&2\\&&0&5&4&3\\&&&0&5&4\\&&&&0&5\\&&&&&0\end{pmatrix}^6\begin{pmatrix}1\\\dfrac{337\ 294}{5^9}\\\dfrac{11\ 599}{5^8}\\\dfrac{424}{5^7}\\\dfrac{9}{5^6}\\\dfrac{1}{3\ 125}\end{pmatrix}=\begin{pmatrix}0&5&4&3&2&1\\&0&5&4&3&2\\&&0&5&4&3\\&&&0&5&4\\&&&&0&5\\&&&&&0\end{pmatrix}^5\begin{pmatrix}1\\\dfrac{2\ 696}{5^6}\\\dfrac{19}{625}\\\dfrac{13}{3\ 125}\\\dfrac{1}{625}\\0\end{pmatrix}$$

$$=\begin{pmatrix}0&5&4&3&2&1\\&0&5&4&3&2\\&&0&5&4&3\\&&&0&5&4\\&&&&0&5\\&&&&&0\end{pmatrix}^4\begin{pmatrix}1\\\dfrac{542}{3\ 125}\\\dfrac{17}{625}\\\dfrac{1}{125}\\0\\0\end{pmatrix}$$

$$=(\boldsymbol{A}-6\boldsymbol{E})^3\begin{pmatrix}1\\\dfrac{21}{125}\\\dfrac{1}{25}\\0\\0\\0\end{pmatrix}=(\boldsymbol{A}-6\boldsymbol{E})^2\begin{pmatrix}1\\\dfrac{1}{5}\\0\\0\\0\\0\end{pmatrix}=(\boldsymbol{A}-6\boldsymbol{E})\begin{pmatrix}1\\0\\0\\0\\0\\0\end{pmatrix}=0$$

$$\boldsymbol{T}=\begin{pmatrix}1&1&1&1&1&1\\0&\dfrac{1}{5}&\dfrac{21}{125}&\dfrac{542}{3\ 125}&\dfrac{2\ 696}{5^6}&\dfrac{337\ 294}{5^9}\\0&0&\dfrac{1}{25}&\dfrac{17}{625}&\dfrac{19}{625}&\dfrac{11\ 599}{5^6}\\0&0&0&\dfrac{1}{125}&\dfrac{13}{3\ 215}&\dfrac{424}{5^7}\\0&0&0&0&\dfrac{1}{625}&\dfrac{9}{5^6}\\0&0&0&0&0&\dfrac{1}{3\ 125}\end{pmatrix}$$

求 $\boldsymbol{T}^{-1}$：

$$\begin{pmatrix}
1 & 1 & 1 & 1 & 1 & 1 & 1 & & & & & \\
 & \frac{1}{5} & \frac{21}{125} & \frac{542}{3\,125} & \frac{2\,696}{5^6} & \frac{337\,294}{5^9} & & 1 & & & & \\
 & & \frac{1}{25} & \frac{17}{625} & \frac{19}{625} & \frac{11\,599}{5^8} & & & 1 & & & \\
 & & & \frac{1}{125} & \frac{13}{3\,125} & \frac{424}{5^7} & & & & 1 & & \\
 & & & & \frac{1}{625} & \frac{9}{5^6} & & & & & 1 & \\
 & & & & & \frac{1}{3\,125} & & & & & & 1
\end{pmatrix} \to$$

$$\begin{pmatrix}
1 & 1 & 1 & 1 & 1 & 1 & 1 & & & & & \\
 & 1 & \frac{21}{25} & \frac{542}{625} & \frac{2\,696}{3\,125} & \frac{337\,294}{5^8} & & 5 & & & & \\
 & & 1 & \frac{17}{25} & \frac{19}{25} & \frac{11\,599}{5^6} & & & 25 & & & \\
 & & & 1 & \frac{13}{25} & \frac{424}{625} & & & & 125 & & \\
 & & & & 1 & \frac{9}{25} & & & & & 625 & \\
 & & & & & 1 & & & & & & 3\,125
\end{pmatrix} \to$$

$$\begin{pmatrix}
1 & 1 & 1 & 1 & 1 & 0 & 1 & & & & & -3\,125 \\
 & 1 & \frac{21}{25} & \frac{542}{625} & \frac{2\,696}{3\,125} & 0 & & 5 & & & & -\frac{337\,294}{125} \\
 & & 1 & \frac{17}{25} & \frac{19}{25} & 0 & & & 25 & & & -\frac{11\,599}{5} \\
 & & & 1 & \frac{13}{25} & 0 & & & & 125 & & -2\,120 \\
 & & & & 1 & 0 & & & & & 625 & -1\,125 \\
 & & & & & 1 & & & & & & 3\,125
\end{pmatrix} \to$$

$$\begin{pmatrix}
1 & 1 & 1 & 1 & 0 & 0 & 1 & 0 & 0 & 0 & -625 & -2\,000 \\
 & 1 & \frac{21}{25} & \frac{542}{625} & 0 & 0 & & 5 & 0 & 0 & -\frac{2\,696}{5} & -\frac{215\,974}{125} \\
 & & 1 & \frac{17}{25} & 0 & 0 & & & 25 & 0 & -475 & -\frac{7\,324}{5} \\
 & & & 1 & 0 & 0 & & & & 125 & -325 & -1\,535 \\
 & & & & 1 & 0 & & & & & 625 & -1\,125 \\
 & & & & & 1 & & & & & & 3\,125
\end{pmatrix} \to$$

$$\begin{pmatrix}1&1&1&0&0&1&0&0&-125&-300&-465\\ &1&\frac{21}{25}&0&0&&5&0&-\frac{542}{5}&-\frac{6\,434}{25}&-\frac{9\,916}{25}\\ &&1&0&0&&&25&-85&-254&-421\\ &&&1&0&&&&125&-325&-1\,535\\ &&&&1&0&&&&625&-1\,125\\ &&&&&1&0&&&&3\,125\end{pmatrix}\to$$

$$\begin{pmatrix}1&1&&&&&1&&-25&-40&-46&-44\\ &1&0&&&&&5&-21&-37&-44&-43\\ &&1&0&&&&&25&-85&-254&-421\\ &&&1&0&&&&&125&-325&-1\,535\\ &&&&1&0&&&&&625&-1\,125\\ &&&&&1&&&&&&3\,125\end{pmatrix}\to$$

$$\begin{pmatrix}1&&&&&&1&-5&-4&-3&-2&-1\\ &1&&&&&&5&-21&-37&-44&-43\\ &&1&&&&&&25&-85&-254&-421\\ &&&1&&&&&&125&-325&-1\,535\\ &&&&1&&&&&&625&-1\,125\\ &&&&&1&&&&&&3\,125\end{pmatrix}$$

检验：

$$\begin{pmatrix}1&-5&-4&-3&-2&-1\\ &5&-21&-37&-44&-43\\ &&25&-85&-254&-421\\ &&&125&-325&-1\,535\\ &&&&625&-1\,125\\ &&&&&3\,125\end{pmatrix}\begin{pmatrix}1&1&1&1&1&1\\ &\frac{1}{5}&\frac{21}{125}&\frac{542}{3\,125}&\frac{2\,696}{625\times25}&\frac{337\,294}{5^9}\\ &&\frac{1}{25}&\frac{17}{625}&\frac{19}{625}&\frac{11\,599}{5^8}\\ &&&\frac{1}{125}&\frac{13}{3\,125}&\frac{424}{625\times125}\\ &&&&\frac{1}{625}&\frac{9}{625\times25}\\ &&&&&\frac{1}{3\,125}\end{pmatrix}=\boldsymbol{E}$$

$$T^{-1}AT=\begin{pmatrix}1 & -5 & -4 & -3 & -2 & -1\\ & 5 & -21 & -37 & -44 & -43\\ & & 25 & -85 & -254 & -421\\ & & & 125 & -325 & -1\,535\\ & & & & 625 & -1\,125\\ & & & & & 3\,125\end{pmatrix}\begin{pmatrix}6 & 5 & 4 & 3 & 2 & 1\\ & 6 & 5 & 4 & 3 & 2\\ & & 6 & 5 & 4 & 3\\ & & & 6 & 5 & 4\\ & & & & 6 & 5\\ & & & & & 6\end{pmatrix}.$$

$$\begin{pmatrix}1 & 1 & 1 & 1 & 1 & 1\\ & \frac{1}{5} & \frac{21}{125} & \frac{542}{3\,125} & \frac{2\,696}{625\times 25} & \frac{337\,294}{5^9}\\ & & \frac{1}{25} & \frac{17}{625} & \frac{19}{625} & \frac{11\,599}{5^8}\\ & & & \frac{1}{125} & \frac{13}{3\,125} & \frac{424}{625\times 125}\\ & & & & \frac{1}{625} & \frac{9}{625\times 25}\\ & & & & & \frac{1}{3\,125}\end{pmatrix}=\begin{pmatrix}6 & -25 & -45 & -55 & -56 & -49\\ 0 & 30 & -101 & -307 & -518 & -679\\ 0 & 0 & 150 & -385 & -1\,849 & -4\,061\\ 0 & 0 & 0 & 750 & -1\,325 & -10\,335\\ 0 & 0 & 0 & 0 & 3\,750 & -3\,625\\ 0 & 0 & 0 & 0 & 0 & 18\,750\end{pmatrix}.$$

$$\begin{pmatrix}1 & 1 & 1 & 1 & 1 & 1\\ & \frac{1}{5} & \frac{21}{125} & \frac{542}{3\,125} & \frac{2\,696}{625\times 25} & \frac{337\,294}{5^9}\\ & & \frac{1}{25} & \frac{17}{625} & \frac{19}{625} & \frac{11\,599}{5^8}\\ & & & \frac{1}{125} & \frac{13}{3\,125} & \frac{424}{625\times 125}\\ & & & & \frac{1}{625} & \frac{9}{625\times 25}\\ & & & & & \frac{1}{3\,125}\end{pmatrix}=\begin{pmatrix}6 & 1 & 0 & 0 & 0 & 0\\ 0 & 6 & 1 & 0 & 0 & 0\\ 0 & 0 & 6 & 1 & 0 & 0\\ 0 & 0 & 0 & 6 & 1 & 0\\ 0 & 0 & 0 & 0 & 6 & 1\\ 0 & 0 & 0 & 0 & 0 & 6\end{pmatrix}$$

全部工作完成了.

1113. $\begin{pmatrix}1 & 0 & 0 & 0 & \cdots & 0\\ 1 & 2 & 0 & 0 & \cdots & 0\\ 1 & 2 & 3 & 0 & \cdots & 0\\ \vdots & \vdots & \vdots & \vdots & & \vdots\\ 1 & 2 & 3 & 4 & \cdots & n\end{pmatrix}.$

解

$$|\lambda E - A| = \begin{vmatrix} \lambda-1 & & & & \\ -1 & \lambda-2 & & & \\ -1 & -2 & \lambda-3 & & \\ \vdots & \vdots & \vdots & \ddots & \\ -1 & -2 & -3 & \cdots & \lambda-n \end{vmatrix} = (\lambda-1)(\lambda-2)\cdots(\lambda-n)$$

若矩阵 A 的特征根全是单根,则 A 可对角化.

$$\begin{pmatrix} 1 & & & \\ 1 & 2 & & \\ 1 & 2 & 3 & \\ 1 & 2 & 3 & 4 \end{pmatrix}\begin{pmatrix} P_{11} & P_{12} & P_{13} & P_{14} \\ P_{21} & P_{22} & P_{23} & P_{24} \\ P_{31} & P_{32} & P_{33} & P_{34} \\ P_{41} & P_{42} & P_{43} & P_{44} \end{pmatrix} = \begin{pmatrix} P_{11} & P_{12} & P_{13} & P_{14} \\ P_{21} & P_{22} & P_{23} & P_{24} \\ P_{31} & P_{32} & P_{33} & P_{34} \\ P_{41} & P_{42} & P_{43} & P_{44} \end{pmatrix}\begin{pmatrix} 1 & & & \\ & 2 & & \\ & & 3 & \\ & & & 4 \end{pmatrix}$$

命 $P_{11}=1$, $P_{12}=2P_{12}$, $P_{13}=3P_{13}$, $P_{14}=4P_{14}$, $P_{12}=P_{13}=P_{14}=0$

$P_{11}+2P_{21}=P_{21}$, $P_{12}+2P_{22}=2P_{22}$, $P_{13}+2P_{23}=3P_{23}$, $P_{14}+2P_{24}=4P_{24}$

$P_{21}=-1$, $P_{12}=0$, $P_{22}=1$, $P_{23}=0$, $P_{23}=P_{24}=0$

$P_{11}+2P_{21}+3P_{31}=P_{31}$, $P_{12}+2P_{22}+3P_{32}=2P_{32}$

$P_{31}=\frac{1}{2}$, $P_{32}=-2$

$P_{13}+2P_{23}+3P_{33}=3P_{33}$, $P_{14}+2P_{24}+3P_{34}=4P_{34}$

命 $P_{33}=1$, $P_{34}=0$

$P_{11}+2P_{21}+3P_{31}+4P_{41}=P_{41}$, $P_{12}+2P_{22}+3P_{32}+4P_{42}=2P_{42}$, $P_{13}+2P_{23}+3P_{33}+4P_{43}=3P_{43}$

$-1+\frac{3}{2}+3P_{41}=0$, $2-6+2P_{42}=0$

$P_{41}=-\frac{1}{6}$, $P_{42}=2$, $P_{43}=-3$

$$P = \begin{pmatrix} 1 & 0 & 0 & 0 \\ -1 & 1 & 0 & 0 \\ \frac{1}{2} & -2 & 1 & 0 \\ -\frac{1}{6} & 2 & -3 & 1 \end{pmatrix}$$

当 $\lambda=1$ 时

$$\begin{pmatrix} 0 & & & & & \\ -1 & -1 & & & & \\ -1 & -2 & -2 & & & \\ -1 & -2 & -3 & -3 & & \\ -1 & -2 & -3 & -4 & -4 & \\ -1 & -2 & -3 & -4 & -5 & -5 \end{pmatrix} \to \begin{pmatrix} 1 & 1 & & & & \\ & 1 & 2 & & & \\ & & 1 & 3 & & \\ & & & 1 & 4 & \\ & & & & 1 & 5 \end{pmatrix}$$

得特征向量
$$\begin{pmatrix} 1 \\ -1 \\ \frac{1}{2} \\ -\frac{1}{6} \\ \frac{1}{4!} \\ -\frac{1}{5!} \end{pmatrix}$$

当 $\lambda=2$ 时

$$\begin{pmatrix} 1 & & & & & \\ -1 & 0 & & & & \\ -1 & -2 & -1 & & & \\ -1 & -2 & -3 & -2 & & \\ -1 & -2 & -3 & -4 & -3 & \\ -1 & -2 & -3 & -4 & -5 & -4 \end{pmatrix} \to \begin{pmatrix} 1 & & & & & \\ & 2 & 1 & & & \\ & & 1 & 1 & & \\ & & & 2 & 3 & \\ & & & & 1 & 2 \end{pmatrix}$$

得特征向量
$$\begin{pmatrix} 0 \\ 1 \\ -2 \\ 2 \\ -\frac{4}{3} \\ \frac{2}{3} \end{pmatrix}$$

当 $\lambda=3$ 时

$$\begin{pmatrix} 2 & & & & & \\ -1 & 1 & & & & \\ -1 & -2 & 0 & & & \\ -1 & -2 & -3 & -1 & & \\ -1 & -2 & -3 & -4 & -2 & \\ -1 & -2 & -3 & -4 & -5 & -3 \end{pmatrix} \to \begin{pmatrix} 1 & 0 & & & & \\ & 1 & 0 & & & \\ & & 3 & 1 & & \\ & & & 3 & 2 & \\ & & & & 1 & 1 \\ & & & & & 0 \end{pmatrix}$$

得特征向量
$$\begin{pmatrix} 0 \\ 0 \\ 1 \\ -3 \\ \frac{9}{2} \\ -\frac{9}{2} \end{pmatrix}$$

当 $\lambda=4$ 时

$$\begin{pmatrix} 3 & & & & & \\ -1 & 2 & & & & \\ -1 & -2 & 1 & & & \\ -1 & -2 & -3 & 0 & & \\ -1 & -2 & -3 & -4 & -1 & \\ -1 & -2 & -3 & -4 & -5 & -2 \end{pmatrix} \to \begin{pmatrix} & & & 4 & 1 & 0 \\ & & & & 4 & 2 \\ & & & & & 0 \\ & & & & & 0 \\ & & & & & 0 \\ & & & & & 0 \end{pmatrix}$$

得特征向量 $\begin{pmatrix} 0 \\ 0 \\ 0 \\ 1 \\ -4 \\ 8 \end{pmatrix}$

当 $\lambda=5$ 时

$$\begin{pmatrix} 4 & & & & & \\ -1 & 3 & & & & \\ -1 & -2 & 2 & & & \\ -1 & -2 & -3 & 1 & & \\ -1 & -2 & -3 & -4 & 0 & \\ -1 & -2 & -3 & -4 & -5 & -1 \end{pmatrix} \to \begin{pmatrix} 1 & 0 & & & & \\ & 1 & 0 & & & \\ & & 1 & 0 & & \\ & & & 1 & 0 & \\ & & & & 5 & 1 \end{pmatrix}$$

得特征向量 $\begin{pmatrix} 0 \\ 0 \\ 0 \\ 0 \\ 1 \\ -5 \end{pmatrix}$

当 $\lambda=6$ 时

$$\begin{pmatrix} 5 & & & & & \\ -1 & 4 & & & & \\ -1 & -2 & 3 & & & \\ -1 & -2 & -3 & 2 & & \\ -1 & -2 & -3 & -4 & 1 & \\ -1 & -2 & -3 & -4 & -5 & 0 \end{pmatrix}$$ 得特征向量 $\begin{pmatrix} 0 \\ 0 \\ 0 \\ 0 \\ 0 \\ 1 \end{pmatrix}$

$$\boldsymbol{T}=\begin{pmatrix} 1 & 0 & 0 & 0 & 0 & 0 \\ -1 & 1 & 0 & 0 & 0 & 0 \\ \frac{1}{2} & -2 & 1 & 0 & 0 & 0 \\ -\frac{1}{6} & 2 & -3 & 1 & 0 & 0 \\ \frac{1}{4!} & -\frac{4}{3} & \frac{9}{2} & -4 & 1 & 0 \\ -\frac{1}{5!} & \frac{2}{3} & -\frac{9}{2} & 8 & -5 & 1 \end{pmatrix}$$

求 $\boldsymbol{T}^{-1}$：

$$\left(\begin{array}{cccccccccccc}
1 & & & & & & 1 & & & & & \\
-1 & 1 & & & & & & 1 & & & & \\
\frac{1}{2} & -2 & 1 & & & & & & 1 & & & \\
-\frac{1}{6} & 2 & -3 & 1 & & & & & & 1 & & \\
\frac{1}{4!} & -\frac{4}{3} & \frac{9}{2} & -4 & 1 & & & & & & 1 & \\
-\frac{1}{5!} & \frac{2}{3} & -\frac{9}{2} & 8 & -5 & 1 & & & & & & 1
\end{array}\right)\to$$

$$\left(\begin{array}{cccccccccccc}
1 & & & & & & 1 & & & & & \\
0 & 1 & & & & & 1 & 1 & & & & \\
0 & -2 & 1 & & & & -\frac{1}{2} & 0 & 1 & & & \\
0 & 2 & -3 & 1 & & & \frac{1}{6} & 0 & 0 & 1 & & \\
0 & -\frac{4}{3} & \frac{9}{2} & -4 & 1 & & -\frac{1}{4!} & 0 & 0 & 0 & 1 & \\
0 & \frac{2}{3} & -\frac{9}{2} & 8 & -5 & 1 & \frac{1}{5!} & 0 & 0 & 0 & 0 & 1
\end{array}\right)\to$$

$$\left(\begin{array}{cccccccccccc}
1 & & & & & & 1 & & & & & \\
0 & 1 & & & & & 1 & 1 & & & & \\
0 & 0 & 1 & & & & \frac{3}{2} & 2 & 1 & & & \\
0 & 0 & -3 & 1 & & & -\frac{11}{6} & -2 & 0 & 1 & & \\
0 & 0 & \frac{9}{2} & -4 & 1 & & \frac{31}{24} & \frac{4}{3} & 0 & 0 & 1 & \\
0 & 0 & -\frac{9}{2} & 8 & -5 & 1 & -\frac{79}{120} & -\frac{2}{3} & 0 & 0 & 0 & 1
\end{array}\right)\to$$

$$\left(\begin{array}{cccccccccccc}
1 & & & & & & 1 & & & & & \\
0 & 1 & & & & & 1 & 1 & & & & \\
0 & 0 & 1 & & & & \frac{3}{2} & 2 & 1 & & & \\
0 & 0 & 0 & 1 & & & \frac{8}{3} & 4 & 3 & 1 & & \\
0 & 0 & 0 & -4 & 1 & & -\frac{131}{24} & -\frac{23}{3} & -\frac{9}{2} & 0 & 1 & \\
0 & 0 & 0 & 8 & -5 & 1 & \frac{731}{120} & \frac{25}{3} & \frac{9}{2} & 0 & 0 & 1
\end{array}\right)\to$$

$$
\begin{pmatrix}
1 & & & & & & 1 & & & & & \\
0 & 1 & & & & & 1 & 1 & & & & \\
0 & 0 & 1 & & & & \frac{3}{2} & 2 & 1 & & & \\
0 & 0 & 0 & 1 & & & \frac{8}{3} & 4 & 3 & 1 & & \\
0 & 0 & 0 & -4 & 1 & & -\frac{131}{24} & -\frac{23}{3} & -\frac{9}{2} & 0 & 1 & \\
0 & 0 & 0 & 8 & -5 & 1 & \frac{731}{120} & \frac{25}{3} & \frac{9}{2} & 0 & 0 & 1
\end{pmatrix}\rightarrow
$$

$$
\begin{pmatrix}
1 & & & & & & 1 & & & & & \\
0 & 1 & & & & & 1 & 1 & & & & \\
0 & 0 & 1 & & & & \frac{3}{2} & 2 & 1 & & & \\
0 & 0 & 0 & 1 & & & \frac{8}{3} & 4 & 3 & 1 & & \\
0 & 0 & 0 & 0 & 1 & & \frac{125}{24} & \frac{25}{3} & \frac{15}{2} & 4 & 1 & \\
0 & 0 & 0 & 0 & -5 & 1 & -\frac{1\,829}{120} & -\frac{71}{3} & -\frac{39}{2} & -8 & 0 & 1
\end{pmatrix}\rightarrow
$$

$$
\begin{pmatrix}
1 & & & & & & 1 & & & & & \\
 & 1 & & & & & 1 & 1 & & & & \\
 & & 1 & & & & \frac{3}{2} & 2 & 1 & & & \\
 & & & 1 & & & \frac{8}{3} & 4 & 3 & 1 & & \\
 & & & & 1 & & \frac{125}{24} & \frac{25}{3} & \frac{15}{2} & 4 & 1 & \\
 & & & & & 1 & \frac{54}{5} & 18 & 18 & 12 & 5 & 1
\end{pmatrix}
$$

检验：

$$
\begin{pmatrix}
1 & & & & & \\
1 & 1 & & & & \\
\frac{3}{2} & 2 & 1 & & & \\
\frac{8}{3} & 4 & 3 & 1 & & \\
\frac{125}{24} & \frac{25}{3} & \frac{15}{2} & 4 & 1 & \\
\frac{54}{5} & 18 & 18 & 12 & 5 & 1
\end{pmatrix}
\begin{pmatrix}
1 & 0 & & & & \\
-1 & 1 & & & & \\
\frac{1}{2} & -2 & 1 & & & \\
-\frac{1}{6} & 2 & -3 & 1 & & \\
\frac{1}{24} & -\frac{4}{3} & \frac{9}{2} & -4 & 1 & \\
-\frac{1}{120} & \frac{2}{3} & -\frac{9}{2} & 8 & -5 & 1
\end{pmatrix}
=
\begin{pmatrix}
1 & & & & & \\
 & 1 & & & & \\
 & & 1 & & & \\
 & & & 1 & & \\
 & & & & 1 & \\
 & & & & & 1
\end{pmatrix}
$$

$$T^{-1}AT=\begin{pmatrix}1\\1&1\\\frac{3}{2}&2&1\\\frac{8}{3}&4&3&1\\\frac{125}{24}&\frac{25}{3}&\frac{15}{2}&4&1\\\frac{54}{5}&18&18&12&5&1\end{pmatrix}\begin{pmatrix}1\\1&2\\1&2&3\\1&2&3&4\\1&2&3&4&5\\1&2&3&4&5&6\end{pmatrix}\begin{pmatrix}1\\-1&1\\\frac{1}{2}&-2&1\\-\frac{1}{6}&2&-3&1\\\frac{1}{24}&-\frac{4}{3}&\frac{9}{2}&-4&1\\-\frac{1}{120}&\frac{2}{3}&-\frac{9}{2}&8&-5&1\end{pmatrix}$$

$$=\begin{pmatrix}1\\2&2\\\frac{9}{2}&6&3\\\frac{32}{3}&16&12&4\\\frac{625}{24}&\frac{125}{3}&\frac{75}{2}&20&5\\\frac{324}{5}&108&108&72&30&6\end{pmatrix}\begin{pmatrix}1\\-1&1\\\frac{1}{2}&-2&1\\-\frac{1}{6}&2&-3&1\\\frac{1}{24}&-\frac{4}{3}&\frac{9}{2}&-4&1\\-\frac{1}{120}&\frac{2}{3}&-\frac{9}{2}&8&-5&1\end{pmatrix}$$

$$=\begin{pmatrix}1\\0&2\\0&0&3\\0&0&0&4\\0&0&0&0&5\\0&0&0&0&0&6\end{pmatrix}$$

1114. $\begin{pmatrix}0&\alpha&0&0&\cdots&0\\0&0&\alpha&0&\cdots&0\\0&0&0&\alpha&\cdots&0\\\vdots&\vdots&\vdots&\vdots&&\vdots\\0&0&0&0&\cdots&\alpha\\\alpha&0&0&0&\cdots&0\end{pmatrix}$.

解

$$|\lambda E-A|=\begin{vmatrix}\lambda&-\alpha\\0&\lambda&-\alpha\\0&0&\lambda&-\alpha\\\vdots&\vdots&\vdots&&\ddots\\0&0&0&0&\cdots&-\alpha\\-\alpha&0&0&0&\cdots&\lambda\end{vmatrix}=\lambda^{n}+(-1)^{n+1}(-\alpha)\cdot(-\alpha)^{n-1}$$

$$= \lambda^n + (-1)^{n+1}(-\alpha)^n = \lambda^n + (-1)^{2n+1}\alpha^n = \lambda^n - \alpha^n$$

$\lambda = \alpha, \alpha\varepsilon, \alpha\varepsilon^2, \cdots, \alpha\varepsilon^{n-1}$，其中 ε 是 1 单 n 次本原单位根.

当 $\lambda = \alpha$ 时

$$\begin{pmatrix} \alpha & -\alpha & & & \\ & \alpha & -\alpha & & \\ & & \alpha & -\alpha & \\ & & & \ddots & \ddots \\ -\alpha & & & 0 & -\alpha \end{pmatrix} \to \begin{pmatrix} 1 & -1 & & & \\ & 1 & -1 & & \\ & & \ddots & \ddots & \\ & & & 1 & -1 \\ 1 & & & 0 & 1 \end{pmatrix}$$

得特征向量 $\begin{pmatrix} 1 \\ 1 \\ \vdots \\ \vdots \\ 1 \end{pmatrix}$

当 $\lambda = \alpha\varepsilon$ 时

$$\begin{pmatrix} \alpha\epsilon & -\alpha & & \\ & \alpha\epsilon & -\alpha & \\ & & \ddots & \ddots \\ & & & \alpha\epsilon & -\alpha \end{pmatrix} \quad \text{得特征向量} \begin{pmatrix} 1 \\ \varepsilon \\ \varepsilon^2 \\ \vdots \\ \epsilon^{n-1} \end{pmatrix}$$

当 $\lambda = \alpha\varepsilon^2$ 时

$$\begin{pmatrix} \alpha\varepsilon^2 & -\alpha & & \\ & \alpha\epsilon^2 & -\alpha & \\ & & \ddots & \ddots \\ & & & \alpha\epsilon^2 & -\alpha \end{pmatrix} \quad \text{得特征向量} \begin{pmatrix} 1 \\ \varepsilon^2 \\ \varepsilon^4 \\ \vdots \\ \varepsilon^{2n-2} \end{pmatrix}$$

根据二级根向量确定三级根向量

$$\begin{pmatrix} a_{12} & a_{13} & \cdots & a_{1n} & 1 \\ & a_{23} & \cdots & a_{2n} & \dfrac{1}{a_{12}} \\ & & \ddots & \vdots & 0 \\ & & & a_{n-1,n} & 0 \\ & & & & 0 \end{pmatrix}$$

$$\begin{cases} \xi_3 = \dfrac{1}{a_{12}a_{23}} \\ a_{12}\xi_2 + a_{13} \cdot \dfrac{1}{a_{12}a_{23}} = 1, \\ \xi_2 = \dfrac{1}{a_{12}}\left(1 - \dfrac{a_{13}}{a_{12}a_{23}}\right) \end{cases} \quad \boldsymbol{\eta}_3 = \begin{pmatrix} 1 \\ \dfrac{1}{a_{12}}\left(1 - \dfrac{a_{13}}{a_{12}a_{23}}\right) \\ \dfrac{1}{a_{12}a_{23}} \\ 0 \\ \vdots \\ 0 \end{pmatrix}$$

求四级根向量

$$\begin{pmatrix} a_{12} & a_{13} & a_{14} & a_{15} & \cdots & 1 \\ & a_{23} & a_{24} & a_{25} & \cdots & \frac{1}{a_{12}}\left(1-\frac{a_{13}}{a_{12}a_{23}}\right) \\ & & a_{34} & a_{35} & \cdots & \frac{1}{a_{12}a_{23}} \\ & & & a_{45} & \ddots & 0 \\ & & & & \ddots & 0 \\ & & & & & 0 \end{pmatrix}$$

$$\begin{cases} \xi_4 = \dfrac{1}{a_{12}a_{23}a_{34}} \\ a_{23}\xi_3 + a_{24} \cdot \dfrac{1}{a_{12}a_{23}a_{34}} = \dfrac{1}{a_{12}}\left(1-\dfrac{a_{13}}{a_{12}a_{23}}\right) \\ \xi_3 = \dfrac{1}{a_{23}}\left(a_{12}-\dfrac{a_{13}}{a_{12}^2 a_{23}}-\dfrac{a_{24}}{a_{12}a_{23}a_{34}}\right) \\ a_{12}\xi_2 + a_{13}\xi_3 + a_{14}\xi_4 = 1 \end{cases}$$

得出 $\xi_2 = \dfrac{1}{a_{12}} \cdot (1 - a_{13}\xi_3 - a_{14}\xi_4)$

$$得\ \boldsymbol{\eta}_4 = \begin{pmatrix} 1 \\ \xi_2 \\ \xi_3 \\ \xi_4 \\ 0 \\ \vdots \\ 0 \end{pmatrix}$$

找到 n 级根向量后

$$\boldsymbol{T} = \begin{pmatrix} 1 & 1 & 1 & 1 & \cdots & 1 \\ 0 & b_{22} & b_{23} & b_{24} & \cdots & b_{2n} \\ 0 & 0 & b_{33} & b_{34} & \cdots & b_{3n} \\ 0 & 0 & 0 & b_{44} & \cdots & b_{4n} \\ \vdots & \vdots & \vdots & 0 & & \vdots \\ 0 & 0 & 0 & 0 & \cdots & b_{nn} \end{pmatrix}$$

…

$\lambda_n = \alpha\epsilon_{n-1}$

$$\boldsymbol{T} = \begin{pmatrix} 1 & 1 & 1 & \cdots & 1 \\ 1 & \varepsilon_1 & \varepsilon_2 & \cdots & \varepsilon_{n-1} \\ 1 & \varepsilon_1^2 & \varepsilon_2^2 & \cdots & \varepsilon_{n-1}^2 \\ \vdots & \vdots & \vdots & & \vdots \\ 1 & \varepsilon_1^{n-1} & \varepsilon_2^{n-1} & \cdots & \varepsilon_{n-1}^{n-1} \end{pmatrix}. \qquad 得特征向量 \begin{pmatrix} 1 \\ \varepsilon_{n-1} \\ \vdots \\ \varepsilon_{n-1}^{n-1} \end{pmatrix}$$

$$\boldsymbol{T}^{-1}\boldsymbol{A}\boldsymbol{T} = \mathrm{diag}(\alpha, \alpha\varepsilon, \cdots, \alpha\epsilon^{n-1})$$

1115. 在条件 $a_{12}, a_{23}, \cdots, a_{n-1,n} \neq 0$ 之下,求矩阵

$$\begin{pmatrix} \alpha & a_{12} & a_{13} & \cdots & a_{1n} \\ 0 & \alpha & a_{23} & \cdots & a_{2n} \\ 0 & 0 & \alpha & \cdots & a_{3n} \\ \vdots & \vdots & \vdots & & \vdots \\ 0 & 0 & 0 & \cdots & \alpha \end{pmatrix}$$

的 JORDAN 标准形.

解　$|\lambda \boldsymbol{E} - \boldsymbol{A}| = \begin{vmatrix} \lambda - \alpha & -a_{12} & -a_{13} & \cdots & -a_{1n} \\ & \lambda - \alpha & -a_{23} & \cdots & -a_{2n} \\ & & & \ddots & \vdots \\ & & & & \lambda - \alpha \end{vmatrix} = (\lambda - \alpha)^n$

$\lambda = \alpha, n$ 重根

$$\begin{pmatrix} a_{12} & a_{13} & \cdots & a_{1n} \\ & a_{23} & \cdots & a_{2n} \\ & & \ddots & \vdots \\ & & & a_{n-1,n} \\ & & & 0 \end{pmatrix} \qquad \text{特征向量 } \boldsymbol{\eta}_1 = \begin{pmatrix} 1 \\ 0 \\ 0 \\ \vdots \\ 0 \end{pmatrix}$$

$(\boldsymbol{A} - \alpha \boldsymbol{E})\xi = \boldsymbol{\eta}_1$,这时增广矩阵的秩不增加,非齐次线性方程组有解.我们找二级根向量,因此 $a_{12} \neq 0$.

$$\boldsymbol{\eta}_2 = \begin{pmatrix} 1 \\ \dfrac{1}{a_{12}} \\ 0 \\ 0 \\ \vdots \\ 0 \end{pmatrix}$$

所以
$$\boldsymbol{T}^{-1}\boldsymbol{A}\boldsymbol{T} = \begin{pmatrix} \alpha & 1 & & & & \\ & \alpha & 1 & & & \\ & & \alpha & 1 & & \\ & & & \ddots & & \\ & & & & \ddots & 1 \\ & & & & & \alpha \end{pmatrix}$$

1116. 证明:如果矩阵 $\boldsymbol{A}$ 的特征多项式 $|\boldsymbol{A} - \lambda \boldsymbol{E}|$ 没有重根,则 $\boldsymbol{A}$ 相似于对角阵(把 $\boldsymbol{A}$ 变为对角形阵的矩阵 $\boldsymbol{T}$ 的元素,属于包含 $\boldsymbol{A}$ 所有特征值的域).

证明　设 $\boldsymbol{A}$ 的全部不相同的特征值为 $\lambda_1, \lambda_2, \cdots, \lambda_n$,它们的关于 $\boldsymbol{A}$ 的特征向量分别是 $\eta_1, \eta_2, \cdots, \eta_n$,组成 $\boldsymbol{A}$ 的完全特征向量系.而且它们是线性无关的,于是矩阵

$$\boldsymbol{T} = (\boldsymbol{\eta}_1, \boldsymbol{\eta}_2, \cdots, \boldsymbol{\eta}_n)$$

是可逆的,由于

$$AT = T\begin{pmatrix} \lambda_1 & & & \\ & \lambda_2 & & \\ & & \ddots & \\ & & & \lambda_n \end{pmatrix}$$

从而可知 $\boldsymbol{A}$ 相似于对角阵.

1117. 证明:给定域 P 上的矩阵 $\boldsymbol{A}$ 相似于对角形阵当且仅当:特征矩阵 $\boldsymbol{A}-\lambda\boldsymbol{E}$ 的最后一个不变因子 $\boldsymbol{E}_n(\lambda)$ 没有重根且它的所有根属于域 P.

证明　最后一个不变因子 $\boldsymbol{E}_n(\lambda)$ 没有重根. 根据初等因子按降幂排列,可以推出所有初等因子都是一次的. 因此,矩阵 $\boldsymbol{A}$ 有完全特征向量系,复矩阵 $\boldsymbol{A}$ 在相似变换下可化为对角形.

在有理数域、实数域、复数域中,查明下列矩阵是否相似于对角形阵:

1118. $\begin{pmatrix} 5 & 2 & -3 \\ 4 & 5 & -4 \\ 6 & 4 & -4 \end{pmatrix}$.

解

$$|\lambda\boldsymbol{E}-\boldsymbol{A}| = \begin{vmatrix} \lambda-5 & -2 & 3 \\ -4 & \lambda-5 & 4 \\ -6 & -4 & \lambda+4 \end{vmatrix} = \begin{vmatrix} \lambda-2 & -2 & 3 \\ 0 & \lambda-5 & 4 \\ \lambda-2 & -4 & \lambda+4 \end{vmatrix}$$

$$= (\lambda-2)\begin{vmatrix} 1 & -2 & 3 \\ 0 & \lambda-5 & 4 \\ 1 & -4 & \lambda+4 \end{vmatrix} = (\lambda-2)\begin{vmatrix} 1 & -2 & 3 \\ 0 & \lambda-5 & 4 \\ 0 & -2 & \lambda+1 \end{vmatrix}$$

$$= (\lambda-2)(\lambda^2-4\lambda-5+8)$$

$$= (\lambda-2)(\lambda^2-4\lambda+3)$$

$$= (\lambda-2)(\lambda-1)(\lambda-3)$$

当 $\lambda=1$ 时

$$\begin{pmatrix} -4 & -2 & 3 \\ -4 & -4 & 4 \\ -6 & -4 & 5 \end{pmatrix} \to \begin{pmatrix} -4 & -2 & 3 \\ 0 & -2 & 1 \\ -2 & -2 & 2 \end{pmatrix} \to \begin{pmatrix} -4 & -2 & 3 \\ 0 & -2 & 1 \\ 1 & 1 & -1 \end{pmatrix} \to \begin{pmatrix} -4 & 0 & 2 \\ 0 & -2 & 1 \\ 1 & 1 & -1 \end{pmatrix} \to$$

$$\begin{pmatrix} 2 & 0 & -1 \\ 0 & 2 & -1 \\ 1 & 1 & -1 \end{pmatrix} \to \begin{pmatrix} 1 & 0 & -\frac{1}{2} \\ 0 & 1 & -\frac{1}{2} \\ 0 & 0 & 0 \end{pmatrix}$$

得特征向量

$$\begin{pmatrix} 1 \\ 1 \\ 2 \end{pmatrix}$$

当 $\lambda=2$ 时

$$\begin{pmatrix}-3&-2&3\\-4&-3&4\\-6&-4&6\end{pmatrix}\to\begin{pmatrix}-3&-2&3\\-1&-1&1\\0&0&0\end{pmatrix}\to\begin{pmatrix}0&1&0\\1&1&-1\\0&0&0\end{pmatrix}$$

得特征向量
$$\begin{pmatrix}1\\0\\1\end{pmatrix}$$

当 $\lambda=3$ 时

$$\begin{pmatrix}-2&-2&3\\-4&-2&4\\-6&-4&7\end{pmatrix}\to\begin{pmatrix}-2&-2&3\\0&2&-2\\0&2&-2\end{pmatrix}\to\begin{pmatrix}2&2&-3\\0&1&-1\\0&0&0\end{pmatrix}\to\begin{pmatrix}2&0&-1\\0&1&-1\\0&0&0\end{pmatrix}$$

得特征向量
$$\begin{pmatrix}1\\2\\2\end{pmatrix}$$

$$\boldsymbol{T}=\begin{pmatrix}1&1&1\\1&0&2\\2&1&2\end{pmatrix}$$

求逆阵

$$\begin{pmatrix}1&1&1&1&&\\1&0&2&&1&\\2&1&2&&&1\end{pmatrix}\to\begin{pmatrix}1&0&2&0&1&0\\0&1&-1&1&-1&0\\0&1&-2&0&-2&1\end{pmatrix}\to$$

$$\begin{pmatrix}1&0&2&0&1&0\\0&1&-1&1&-1&0\\0&0&1&1&1&-1\end{pmatrix}\to\begin{pmatrix}1&&&-2&-1&2\\&1&&2&0&-1\\&&1&1&1&-1\end{pmatrix}$$

检验:

$$\begin{pmatrix}1&1&1\\1&0&2\\2&1&2\end{pmatrix}\begin{pmatrix}-2&-1&2\\2&0&-1\\1&1&-1\end{pmatrix}=\begin{pmatrix}1&&\\&1&\\&&1\end{pmatrix}$$

$$\boldsymbol{T}^{-1}\boldsymbol{A}\boldsymbol{T}=\begin{pmatrix}-2&-1&2\\2&0&-1\\1&1&-1\end{pmatrix}\begin{pmatrix}5&2&-3\\4&5&-4\\6&4&-4\end{pmatrix}\begin{pmatrix}1&1&1\\1&0&2\\2&1&2\end{pmatrix}$$

$$=\begin{pmatrix}-2&-1&2\\4&0&-2\\3&3&-3\end{pmatrix}\begin{pmatrix}1&1&1\\1&0&2\\2&1&2\end{pmatrix}=\begin{pmatrix}1&0&0\\0&2&0\\0&0&3\end{pmatrix}$$

完成了.

1119. $\begin{pmatrix} 8 & 15 & -36 \\ 8 & 21 & -46 \\ 5 & 12 & -27 \end{pmatrix}$.

$$|\lambda \boldsymbol{E}-\boldsymbol{A}| = \begin{vmatrix} \lambda-8 & -15 & 36 \\ -8 & \lambda-21 & 46 \\ -5 & -12 & \lambda+27 \end{vmatrix} = \begin{vmatrix} \lambda-8 & -15 & 36 \\ -\lambda & \lambda-6 & 10 \\ -5 & -12 & \lambda+27 \end{vmatrix}$$

$$= \begin{vmatrix} \lambda-8 & -15 & 6 \\ -\lambda & \lambda-6 & 2\lambda-2 \\ -5 & -12 & \lambda+3 \end{vmatrix} = \begin{vmatrix} \lambda-2 & -15 & 6 \\ \lambda-2 & \lambda-6 & 2\lambda-2 \\ \lambda-2 & -12 & \lambda+3 \end{vmatrix}$$

$$= (\lambda-2)\begin{vmatrix} 1 & -15 & 6 \\ 1 & \lambda-6 & 2\lambda-2 \\ 1 & -12 & \lambda+3 \end{vmatrix} = (\lambda-2)\begin{vmatrix} 1 & -15 & 6 \\ 0 & \lambda+9 & 2\lambda-8 \\ 0 & 3 & \lambda-3 \end{vmatrix}$$

$$= (\lambda-2)(\lambda^2+6\lambda-27-6\lambda+24) = (\lambda-2)(\lambda^2-3)$$

$$= (\lambda-2)(\lambda+\sqrt{3})(\lambda-\sqrt{3}).$$

当 $\lambda=2$ 时

$$\begin{pmatrix} -6 & -15 & 36 \\ -8 & -19 & 46 \\ -5 & -12 & 29 \end{pmatrix} \to \begin{pmatrix} -5 & -12 & 29 \\ -1 & -3 & 7 \\ -3 & -7 & 17 \end{pmatrix} \to \begin{pmatrix} 1 & 3 & -7 \\ 0 & 2 & -4 \\ 0 & 3 & -6 \end{pmatrix} \to \begin{pmatrix} 1 & 3 & -7 \\ 0 & 1 & -2 \\ 0 & 0 & 0 \end{pmatrix} \to \begin{pmatrix} 1 & & -1 \\ & 1 & -2 \\ & & 0 \end{pmatrix}$$

得特征向量 $\begin{pmatrix} 1 \\ 2 \\ 1 \end{pmatrix}$

当 $\lambda=\sqrt{3}$时

$$\begin{pmatrix} \sqrt{3}-8 & -15 & 36 \\ -8 & \sqrt{3}-6 & 46 \\ -5 & -12 & \sqrt{3}+27 \end{pmatrix} \to \begin{pmatrix} -61 & -15(\sqrt{3}+8) & 36(\sqrt{3}+8) \\ -8 & \sqrt{3}-6 & 46 \\ -5 & -12 & \sqrt{3}+27 \end{pmatrix} \to$$

$$\begin{pmatrix} 1 & \frac{15}{61}(\sqrt{3}+8) & -\frac{36}{61}(\sqrt{3}+8) \\ 1 & -\frac{1}{8}(\sqrt{3}-6) & -\frac{46}{8} \\ 1 & \frac{12}{5} & -\frac{1}{5}(\sqrt{3}+27) \end{pmatrix}$$

1120. $\begin{pmatrix} 4 & 7 & -5 \\ -4 & 5 & 0 \\ 1 & 9 & -4 \end{pmatrix}$.

解　求特征多项式

$$|\lambda E - A| = \begin{vmatrix} \lambda-4 & -7 & 5 \\ 4 & \lambda-5 & 0 \\ -1 & -9 & \lambda+4 \end{vmatrix} = \begin{vmatrix} \lambda-4 & \lambda-11 & 5 \\ 4 & \lambda-1 & 0 \\ -1 & -10 & \lambda+4 \end{vmatrix}$$

$$= \begin{vmatrix} \lambda-3 & \lambda-1 & -\lambda+1 \\ 4 & \lambda-1 & 0 \\ -1 & -10 & \lambda+4 \end{vmatrix} = \begin{vmatrix} -2 & 0 & -\lambda+1 \\ 4 & \lambda-1 & 0 \\ \lambda+3 & \lambda-6 & \lambda+4 \end{vmatrix}$$

$$= \begin{vmatrix} -2 & 0 & -\lambda+1 \\ 0 & \lambda-1 & 2(-\lambda+1) \\ \lambda+3 & \lambda-6 & \lambda+4 \end{vmatrix} = (\lambda-1)\begin{vmatrix} -2 & 0 & -\lambda+1 \\ 0 & 1 & -2 \\ \lambda+3 & \lambda-6 & \lambda+4 \end{vmatrix}$$

$$= (\lambda-1)\begin{vmatrix} -2 & 0 & -\lambda+1 \\ 0 & 1 & 0 \\ \lambda+3 & \lambda-6 & 3\lambda-8 \end{vmatrix} = (\lambda-1)[-6\lambda+16-(\lambda+3)(1-\lambda)]$$

$$= (\lambda-1)[\lambda^2-4\lambda+13] = (\lambda-1)(\lambda-2-3i)(\lambda-2+3i)$$

当 $\lambda = 1$ 时

$$\begin{pmatrix} -3 & -7 & 5 \\ 4 & -4 & 0 \\ -1 & -9 & 5 \end{pmatrix} \to \begin{pmatrix} 1 & -1 & \\ 0 & -10 & 5 \\ 0 & 0 & 0 \end{pmatrix} \to \begin{pmatrix} 1 & -1 & 0 \\ 0 & -2 & 1 \\ 0 & 0 & 0 \end{pmatrix}$$

得特征向量　$\begin{pmatrix} 1 \\ 1 \\ 2 \end{pmatrix}$

当 $\lambda = 2 + 3i$ 时

$$\begin{pmatrix} -2+3i & -7 & 5 \\ 4 & -3+3i & 0 \\ -1 & -9 & 6+3i \end{pmatrix} \to \begin{pmatrix} 1 & 9 & -6-3i \\ 1 & -\frac{3}{4}+\frac{3}{4}i & 0 \\ 13 & -7(-2-3i) & 5(-2-3i) \end{pmatrix} \to$$

$$\begin{pmatrix} 0 & \frac{39}{4}-\frac{3}{4}i & -6-3i \\ -\frac{11}{9}+3i & 0 & \frac{1-7i}{3} \end{pmatrix} \to \begin{pmatrix} 0 & \frac{13}{4}-\frac{1}{4}i & -2-i \\ -11+27i & 0 & 3-21i \end{pmatrix} \to$$

$$\begin{pmatrix} 0 & 13-i & -8-4i \\ -11+27i & 0 & 3-21i \end{pmatrix} \to \begin{pmatrix} 0 & 1 & \frac{-8-4i}{13-i} \\ 1 & 0 & \frac{3-21i}{-11+27i} \end{pmatrix}$$

$$\begin{pmatrix} \frac{3-21i}{11-27i} \\ \frac{8+4i}{13-i} \\ 1 \end{pmatrix} \to \begin{pmatrix} \frac{(3-21i)(11+27i)}{11^2+27^2} \\ \frac{(8+4i)(13+i)}{170} \\ 1 \end{pmatrix} \to \begin{pmatrix} \frac{600-150i}{850} \\ \frac{100+60i}{170} \\ 1 \end{pmatrix} \to \begin{pmatrix} \frac{60-15i}{85} \\ \frac{10+6i}{17} \\ 1 \end{pmatrix} \to \begin{pmatrix} 60-15i \\ 50+30i \\ 85 \end{pmatrix} \to$$

$$\begin{pmatrix} 12-3i \\ 10+6i \\ 17 \end{pmatrix}$$

当 $\lambda = 2-3i$ 时

得特征向量

$$\begin{pmatrix} 12+3i \\ 10-6i \\ 17 \end{pmatrix}$$

$$\boldsymbol{T} = \begin{pmatrix} 1 & 12-3i & 12+3i \\ 1 & 10+6i & 10-6i \\ 2 & 17 & 17 \end{pmatrix}$$

求 $\boldsymbol{T}^{-1}$：

$$\begin{pmatrix} 1 & 12-3i & 12+3i & 1 & & \\ 1 & 10+6i & 10-6i & & 1 & \\ 2 & 17 & 17 & & & 1 \end{pmatrix} \to \begin{pmatrix} 1 & 12-3i & 12+3i & 1 & & \\ 1 & 10+6i & 10-6i & & 1 & \\ 1 & \frac{17}{2} & \frac{17}{2} & & & \frac{1}{2} \end{pmatrix} \to$$

$$\begin{pmatrix} 1 & \frac{17}{2} & \frac{17}{2} & 0 & 0 & \frac{1}{2} \\ 0 & \frac{7}{2}-3i & \frac{7}{2}+3i & 1 & 0 & -\frac{1}{2} \\ 0 & \frac{3}{2}+6i & \frac{3}{2}-6i & 0 & 1 & -\frac{1}{2} \end{pmatrix} \to \begin{pmatrix} 1 & \frac{17}{2} & \frac{17}{2} & 0 & 0 & \frac{1}{2} \\ 0 & \frac{17}{2} & \frac{17}{2} & 2 & 1 & -\frac{3}{2} \\ 0 & \frac{7}{2}-3i & \frac{7}{2}+3i & 1 & 0 & -\frac{1}{2} \end{pmatrix} \to$$

$$\begin{pmatrix} 1 & 0 & 0 & -\frac{2\times 17}{15} & -\frac{17}{15} & \frac{17}{10}+\frac{1}{2} \\ 0 & 1 & 1 & \frac{4}{15} & \frac{2}{15} & -\frac{1}{5} \\ 0 & \frac{7}{2}-3i & \frac{7}{2}+3i & 1 & 0 & -\frac{1}{2} \end{pmatrix} \to$$

$$\begin{pmatrix} 1 & 0 & 0 & -\frac{34}{15} & -\frac{17}{15} & \frac{11}{5} \\ 0 & 1 & 1 & \frac{4}{15} & \frac{2}{15} & -\frac{1}{5} \\ 0 & -3i & 3i & 1-\frac{14}{15} & -\frac{7}{15} & -\frac{1}{2}+\frac{7}{10} \end{pmatrix} \to \begin{pmatrix} 1 & 0 & 0 & -\frac{34}{15} & -\frac{17}{15} & \frac{11}{5} \\ 0 & 1 & 1 & \frac{4}{15} & \frac{2}{15} & -\frac{1}{5} \\ 0 & -3i & 3i & \frac{1}{15} & -\frac{7}{15} & \frac{1}{5} \end{pmatrix} \to$$

$$\begin{pmatrix} 1 & 0 & 0 & -\frac{34}{15} & -\frac{17}{15} & \frac{11}{5} \\ 0 & 1 & 1 & \frac{4}{15} & \frac{2}{15} & -\frac{1}{5} \\ 0 & 3 & -3 & \frac{1}{15}i & -\frac{7}{15}i & \frac{1}{5}i \end{pmatrix} \to \begin{pmatrix} 1 & 0 & 0 & -\frac{34}{15} & -\frac{17}{15} & \frac{11}{5} \\ 0 & 1 & 1 & \frac{4}{15} & \frac{2}{15} & -\frac{1}{5} \\ 0 & 1 & -1 & \frac{1}{45}i & -\frac{7}{45}i & \frac{1}{15}i \end{pmatrix} \to$$

$$\begin{pmatrix} 1 & & & -\frac{34}{15} & -\frac{17}{15} & \frac{11}{5} \\ & 1 & & \frac{2}{15}+\frac{1}{90}i & \frac{1}{15}-\frac{7}{90}i & -\frac{1}{10}+\frac{1}{30}i \\ & & 1 & \frac{2}{15}-\frac{1}{90}i & \frac{1}{15}+\frac{7}{90}i & -\frac{1}{10}-\frac{1}{30}i \end{pmatrix}$$

检验：

$$\begin{pmatrix} 1 & 12-3i & 12+3i \\ 1 & 10+6i & 10-6i \\ 2 & 17 & 17 \end{pmatrix} \begin{pmatrix} -\frac{34}{15} & -\frac{17}{15} & \frac{11}{5} \\ \frac{2}{15}+\frac{1}{90}i & \frac{1}{15}-\frac{7}{90}i & -\frac{1}{10}+\frac{1}{30}i \\ \frac{2}{15}-\frac{1}{90}i & \frac{1}{15}+\frac{7}{90}i & -\frac{1}{10}-\frac{1}{30}i \end{pmatrix} = \begin{pmatrix} 1 & & \\ & 1 & \\ & & 1 \end{pmatrix}$$

⑬ $\begin{pmatrix} a_{12} \\ a_{14} \\ a_{23} \\ a_{34} \end{pmatrix} \begin{pmatrix} b_{23} \\ -b_{34} \\ b_{12} \\ -b_{14} \end{pmatrix} = 0$,　　㉔ $\begin{pmatrix} a_{12} \\ a_{14} \\ a_{23} \\ a_{34} \end{pmatrix} \begin{pmatrix} b_{14} \\ b_{12} \\ -b_{34} \\ -b_{23} \end{pmatrix} = 0$

我们取

$$b_{23} = b_{14}$$
$$b_{12} = -b_{34}$$

为了简单起见,令 $b_{23} = 0$.

⑭ $\begin{pmatrix} a_{12} \\ a_{13} \\ a_{24} \\ a_{34} \end{pmatrix} \begin{pmatrix} b_{24} \\ b_{34} \\ b_{12} \\ b_{13} \end{pmatrix} = 0$,　　㉓ $\begin{pmatrix} a_{12} \\ a_{13} \\ a_{24} \\ a_{34} \end{pmatrix} \begin{pmatrix} b_{13} \\ b_{12} \\ b_{34} \\ b_{24} \end{pmatrix} = 0$

我们取

$$b_{34} = b_{12} = 0$$

例如,取

$$b_{13} = b_{24} = 1$$

在 **B** 选定的情况下,求 **A** . 以 **B** 向量为主异. 求 a_{ij} .

⑫ $\begin{pmatrix} b_{23} \\ b_{24} \\ b_{13} \\ b_{14} \end{pmatrix} \begin{pmatrix} a_{13} \\ a_{14} \\ a_{23} \\ a_{24} \end{pmatrix} = 0$,　　㉞ $\begin{pmatrix} b_{23} \\ b_{24} \\ b_{13} \\ b_{14} \end{pmatrix} \begin{pmatrix} a_{13} \\ a_{14} \\ a_{23} \\ a_{24} \end{pmatrix} = 0$

⑬ $\begin{pmatrix} b_{23} \\ b_{34} \\ b_{12} \\ b_{14} \end{pmatrix} \begin{pmatrix} a_{12} \\ -a_{14} \\ a_{23} \\ -a_{34} \end{pmatrix} = 0$,　　㉔ $\begin{pmatrix} b_{14} \\ b_{12} \\ b_{34} \\ b_{24} \end{pmatrix} \begin{pmatrix} a_{12} \\ a_{14} \\ -a_{23} \\ -a_{34} \end{pmatrix} = 0$

$$-a_{14} = a_{14}, \qquad a_{14} = 0$$
$$a_{23} = -a_{23}, \qquad a_{23} = 0$$

a_{34} 任意,设定 $a_{34} = -1$.

⑭ $\begin{pmatrix} b_{24} \\ b_{34} \\ b_{12} \\ b_{13} \end{pmatrix} \begin{pmatrix} a_{12} \\ a_{13} \\ a_{24} \\ a_{34} \end{pmatrix} = 0$,　　㉓ $\begin{pmatrix} b_{13} \\ b_{12} \\ b_{34} \\ b_{24} \end{pmatrix} \begin{pmatrix} a_{12} \\ a_{13} \\ a_{24} \\ a_{34} \end{pmatrix} = 0$

$$b_{13} = b_{24} = 1$$
$$a_{12} + a_{34} = 0$$
$$a_{12} = 1$$

$$A = \begin{pmatrix} 0 & 1 & 0 & 0 \\ -1 & 0 & 0 & 0 \\ 0 & 0 & 0 & -1 \\ 0 & 0 & 1 & 0 \end{pmatrix}$$

$$B = \begin{pmatrix} 0 & 0 & 1 & 0 \\ 0 & 0 & 0 & 1 \\ -1 & 0 & 0 & 0 \\ 0 & -1 & 0 & 0 \end{pmatrix}$$

检验:

$$AB = \begin{pmatrix} 0 & 1 & 0 & 0 \\ -1 & 0 & 0 & 0 \\ 0 & 0 & 0 & -1 \\ 0 & 0 & 1 & 0 \end{pmatrix}\begin{pmatrix} 0 & 0 & 1 & 0 \\ 0 & 0 & 0 & 1 \\ -1 & 0 & 0 & 0 \\ 0 & -1 & 0 & 0 \end{pmatrix} = \begin{pmatrix} 0 & 0 & 0 & 1 \\ 0 & 0 & -1 & 0 \\ 0 & 1 & 0 & 0 \\ -1 & 0 & 0 & 0 \end{pmatrix}$$

$$BA = \begin{pmatrix} 0 & 0 & 0 & -1 \\ 0 & 0 & 1 & 0 \\ 0 & -1 & 0 & 0 \\ 1 & 0 & 0 & 0 \end{pmatrix}$$

$$AB = -BA$$